딱정벌레 도감

세밀화로 그린 보리 큰도감
딱정벌레 도감

초판 펴낸 날 2022년 10월 10일

그림 옥영관
글 강태화, 김종현
디자인 이안디자인
기획실 김소영, 김수연, 김용란
제작 심준엽
영업·홍보 나길훈, 안명선, 양병희, 원숙영, 조현정
독자 사업(잡지) 김빛나래, 정영지
새사업팀 조서연
경영 지원 신종호, 임혜정, 한선희
인쇄 (주)로얄프로세스
제본 과성제책

펴낸이 유문숙
펴낸 곳 (주) 도서출판 보리
출판등록 1991년 8월 6일 제 9-279호
주소 경기도 파주시 직지길 492 (우편번호 10881)
전화 (031)955-3535 / **전송** (031)950-9501
누리집 www.boribook.com **전자우편** bori@boribook.com

값 80,000원
보리는 나무 한 그루를 베어 낼 가치가 있는지 생각하며 책을 만듭니다.

ISBN 979-11-6314-053-5 06490 978-89-8428-832-4 (세트)

딱정벌레 도감

세밀화로 그린 보리 큰도감

우리나라에 사는 딱정벌레 808종

그림 옥영관 / 글 강태화, 김종현

보리

일러두기

1. 이 책에는 우리나라에 사는 딱정벌레 808종이 실려 있다. 세밀화는 성신여자대학교 자연사 박물관 소장 표본, 저자와 감수자 소장 표본, 구입한 표본과 실물과 사진을 참고해서 그렸다. 딱정벌레 가운데 암컷과 수컷 생김새가 다르거나 색깔 변이가 있는 종은 가능한 모두 그렸다. 또 애벌레나 먹이 활동, 짝짓기, 방어 행동 같은 생태 그림도 그려 넣었다.
2. 딱정벌레는 분류 차례대로 실었다. 딱정벌레 이름과 학명, 분류는 저자 의견과 《2021 국가생물종목록》(환경부 국립생물자원관)을 따랐다. 과가 달라질 때마다 색깔을 다르게 표시해 놓았다.
3. 1부에는 딱정벌레에 대해 알아야 할 내용과 무리별 설명을 따로 정리해 놓았다. 2부에는 딱정벌레 종 하나하나에 대한 생태와 생김새를 설명해 놓았다.
4. 맞춤법과 띄어쓰기는 국립 국어원 누리집에 있는 《표준국어대사전》을 따랐다. 하지만 전문용어는 띄어쓰기를 하지 않았다.

   예. 멸종위기종, 마디동물 따위
5. 과 이름에는 사이시옷을 적용하지 않았다.

   예. 딱정벌렛과 – 딱정벌레과
6. 몸길이는 머리부터 꽁무니까지 잰 길이다.

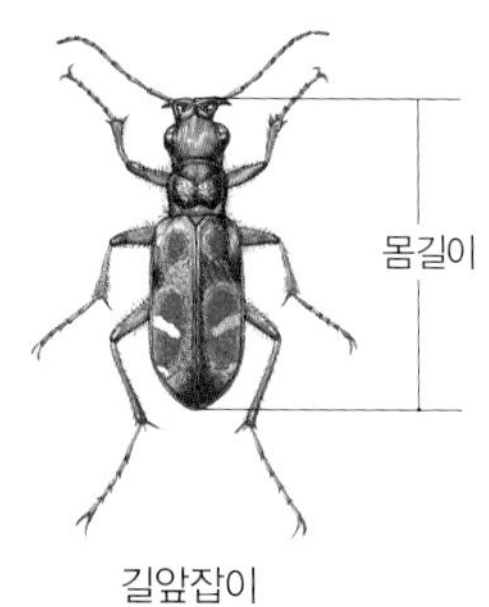

길앞잡이

7. 중요한 개체 정보는 아이콘으로 만들어 정리했다.

   몸길이

   나오는 때

   겨울나기

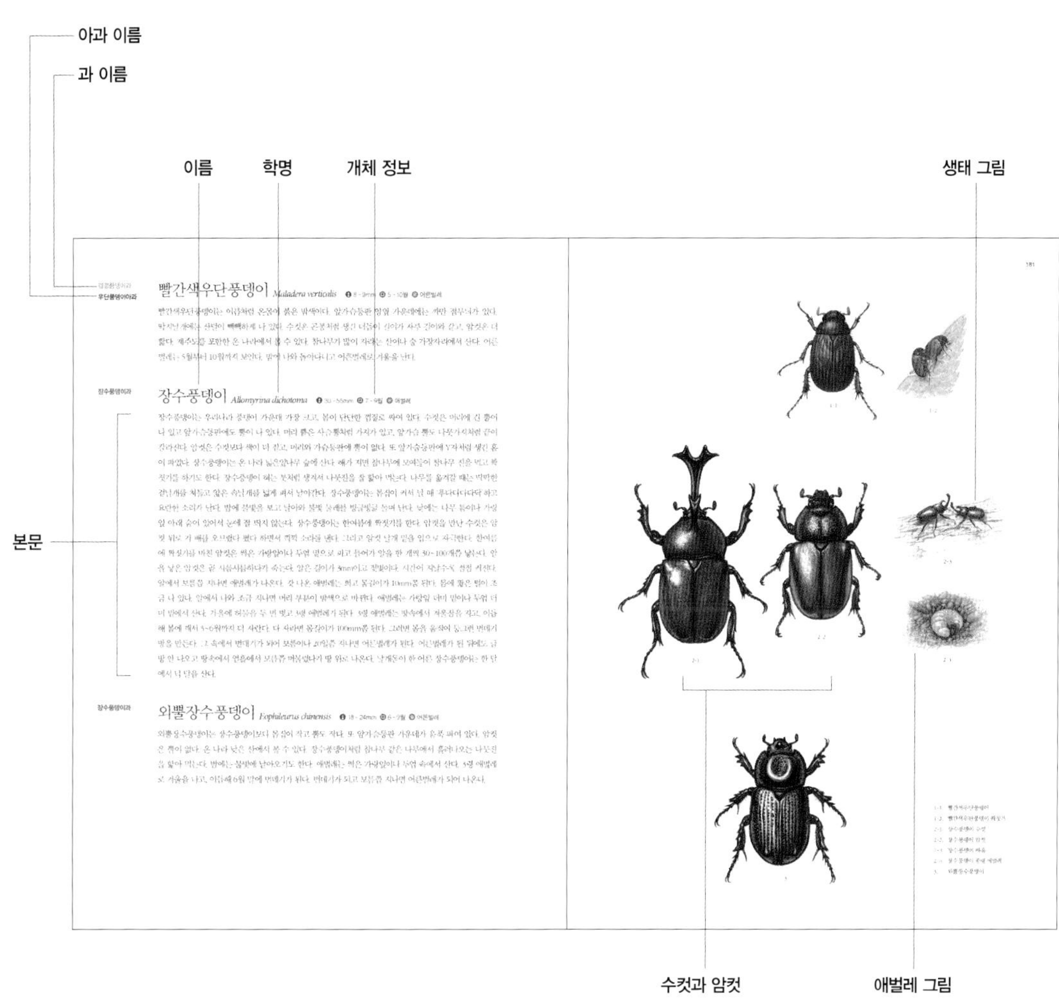

아과 이름
과 이름
이름
학명
개체 정보
생태 그림
본문
빨간색우단풍뎅이 Maladera verticalis
장수풍뎅이 Allomyrina dichotoma
외뿔장수풍뎅이 Eophileurus chinensis
수컷과 암컷
애벌레 그림

차례

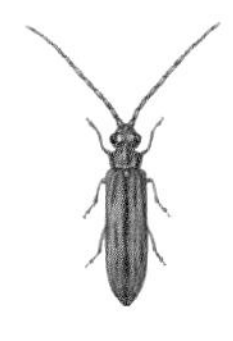
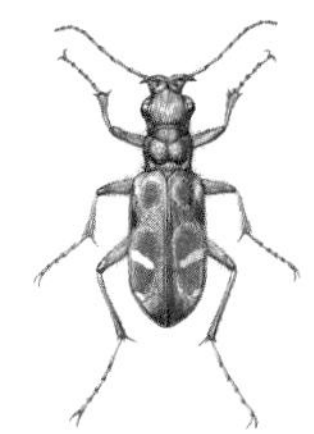
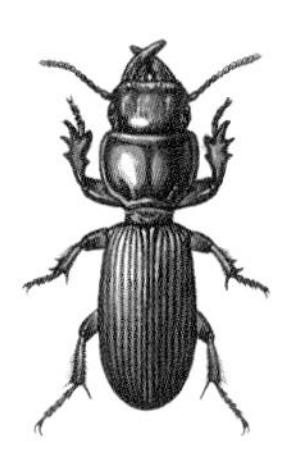
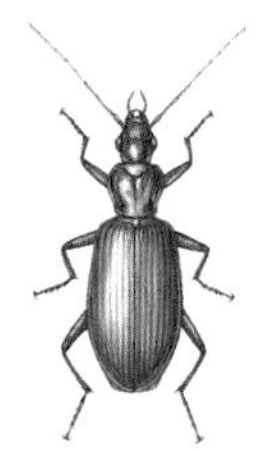

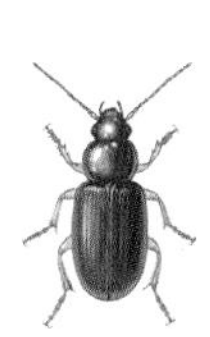
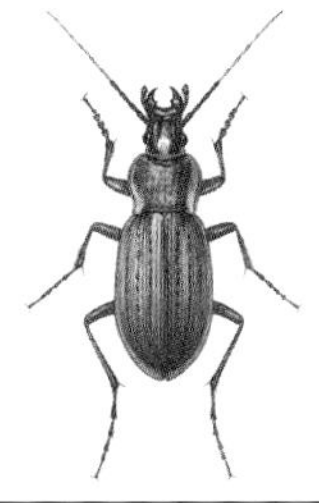
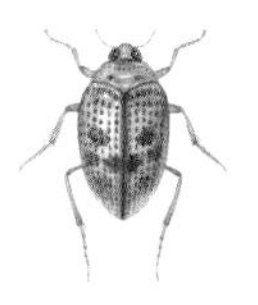
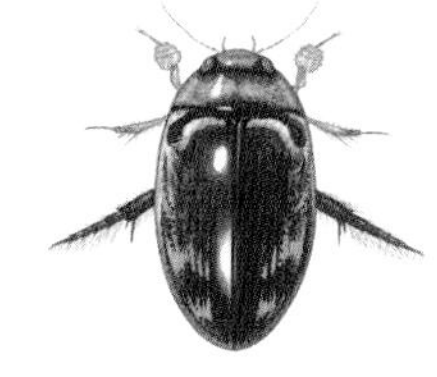

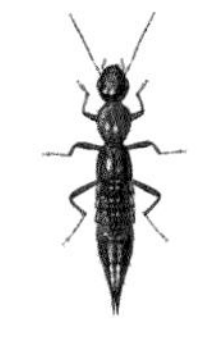
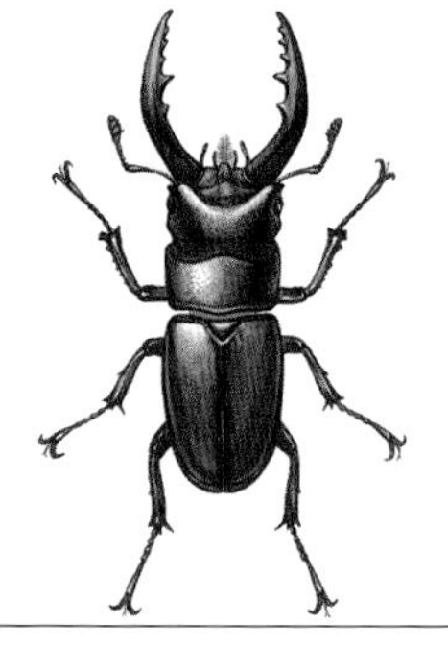
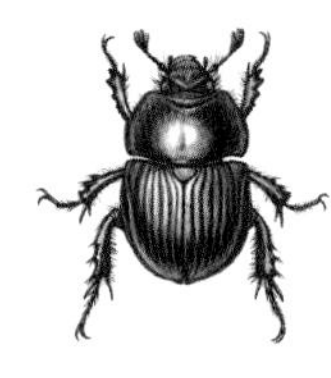

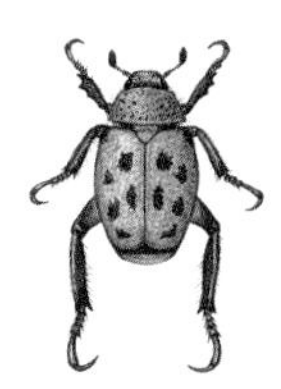
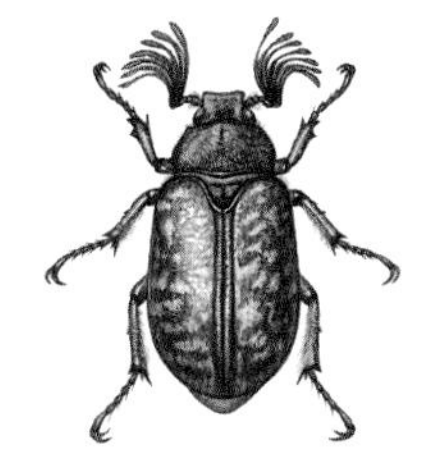
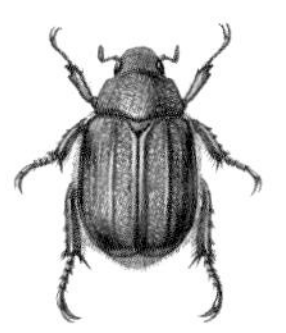

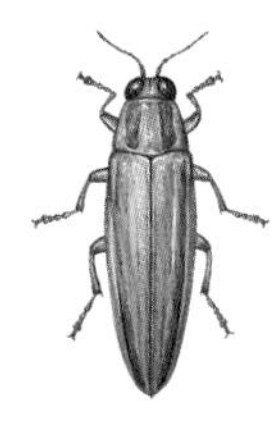
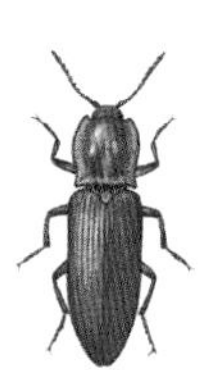

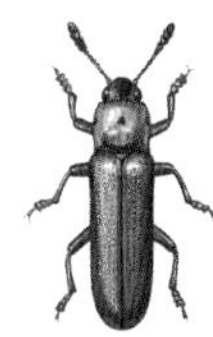

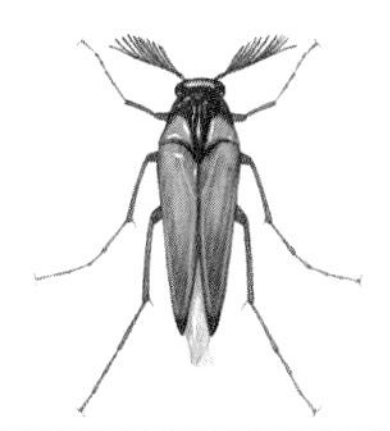

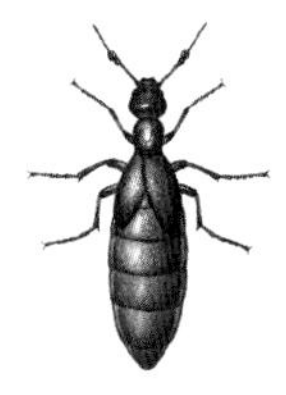
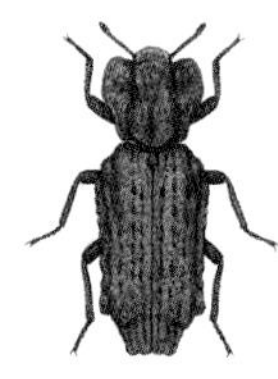
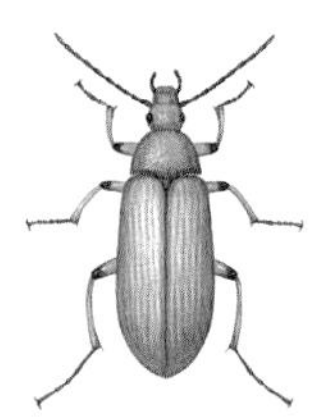
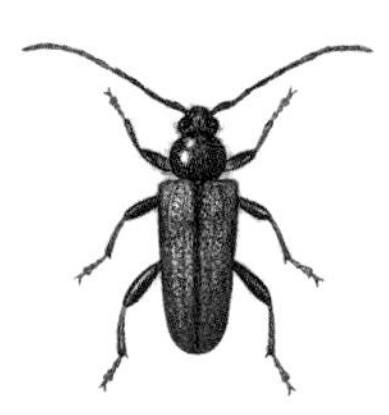

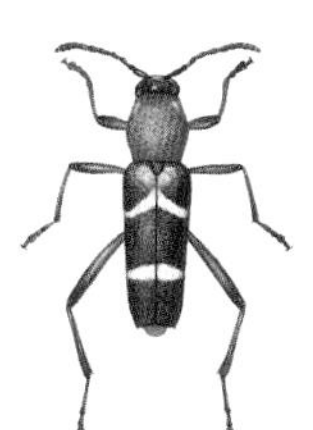
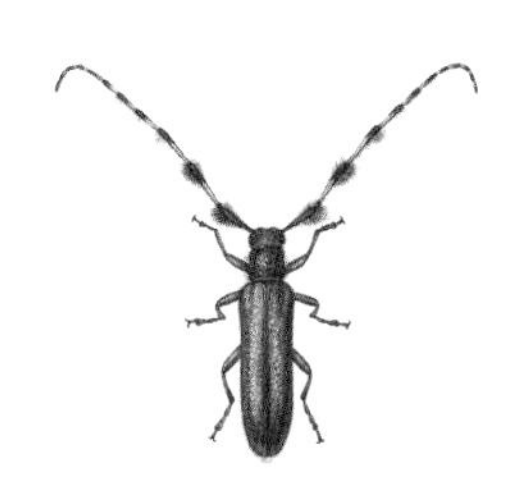
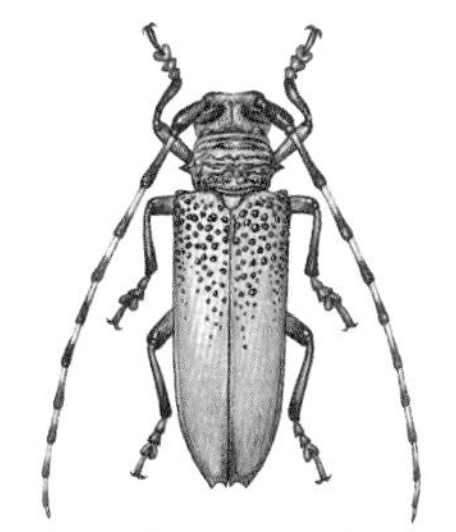

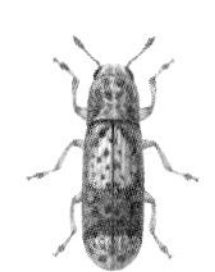

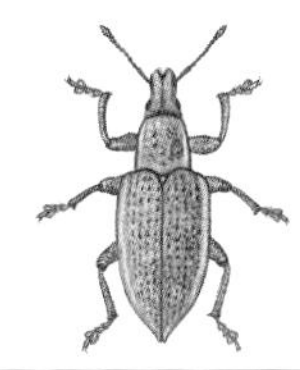

더 알아보기

딱정벌레란 무엇인가?

딱정벌레란 무엇인가?

딱정벌레는 분류학으로 보면 동물계>절지동물문>곤충강>딱정벌레목에 속한다. 동물계는 모든 동물이 속하는 맨 위 단계이다. 딱정벌레는 노래기나 새우나 게처럼 몸이 마디로 나뉘어 있어서 '절지동물문'에 속한다. 절지동물은 우리말로 '마디동물'이라고 한다. 마디동물 가운데 몸은 왼쪽과 오른쪽이 대칭이고, 머리, 가슴, 배 세 마디로 나뉘고, 다리가 여섯 개이고, 날개가 넉 장인 특징을 가진 무리가 '곤충강'이다. 이 가운데 앞날개가 딱딱하게 굳어진 딱지날개를 가지고 있는 곤충 무리가 '딱정벌레'다.

보통 곤충은 몸마디가 20마디로 되어 있다. 그 가운데 머리가 6마디, 가슴이 3마디, 배가 11마디로 나뉜다. 딱정벌레도 곤충과 같지만 머리 일부와 배 일부 마디가 퇴화해서 마디가 더 적은 것처럼 보인다.

딱정벌레목은 영어로 'Coleoptera'라고 한다. 옛날 그리스 철학자 아리스토텔레스는 딱정벌레를 날개 덮개를 가진 곤충이라고 했다. 그래서 '칼집, 덮개'라는 뜻인 그리스 말 'koleon'과 날개라는 뜻인 'pteron'이 합쳐져 딱정벌레목(Coleoptera)이 되었다. 우리말인 딱정벌레는 '닥쟝벌레'라는 옛말에서 왔다.

우리가 사는 지구에는 수많은 생명들이 산다. 종(species)을 기준으로 볼 때 적게는 천만 종에서 많게는 1억 종 가까운 생물들이 살 것으로 여기고 있다. 이 가운데 식물과 동물이 있고, 동물 가운데 곤충 수가 가장 많다. 그리고 곤충 가운데 딱정벌레 수가 가장 많다.

곤충은 모든 동물 가운데 4분의 1을 차지하고, 모든 생물 가운데에서는 5분의 1을 차지한다고 한다. 종 수로는 물고기가 30,000종쯤, 새가 9,000종쯤, 포유류가 4,000종쯤 된다. 곤충은 100만에서 200만 종쯤 되는데, 그 가운데 딱정벌레가 4분의 1을 차지한다. 아직까지도 새로운 딱정벌레를 찾아내고 있다. 딱정벌레는 온 세계에 30만 종이 넘게 사는 것으로 보인다. 우리나라에는 국립생물자원관이 발표한 〈2020년 국가 생물 종 목록〉에 따르면 19,249종이 사는 것으로 보인다. 지금까지 알려진 딱정벌레 가운데 3분의 2는 8개 과가 차지한다. 딱정벌레과, 풍뎅이과, 비단벌레과, 하늘소과, 잎벌레과, 바구미과, 반날개과, 거저리과다. 이 가운데 바구미과 종이 가장 많다. 바구미 무리는 온 세계에 5만 종이 넘게 사는 것으로 보인다.

여러 가지 딱정벌레 무리

딱정벌레과

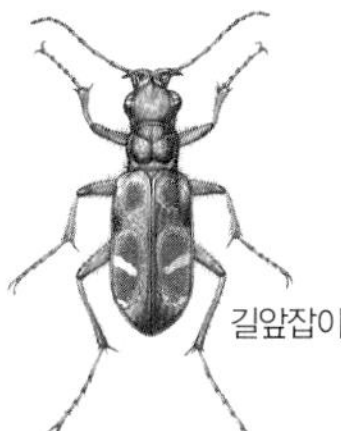
길앞잡이

먼지벌레

풀색명주딱정벌레

물진드기과

물진드기

물방개과

물방개

물땡땡이과

물땡땡이

송장벌레과

송장벌레

반날개과

청딱지개미반날개

사슴벌레과

사슴벌레

금풍뎅이과

보라금풍뎅이

소똥구리과

왕소똥구리

풍뎅이과

풍뎅이

꽃무지과

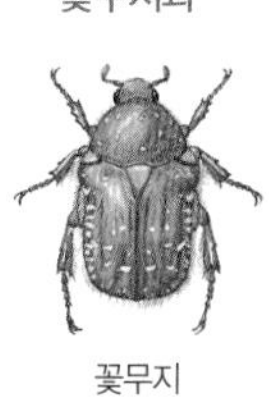
꽃무지

비단벌레과

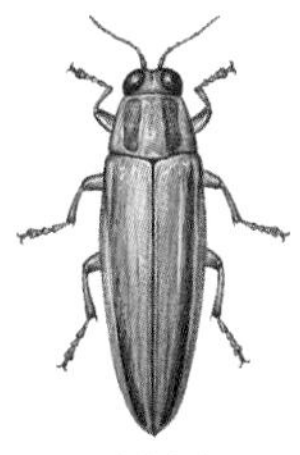
비단벌레

방아벌레과

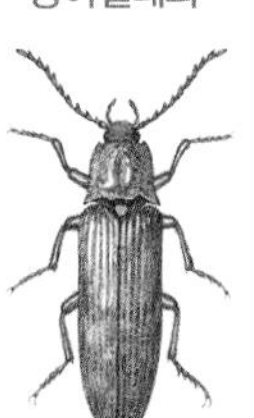
왕빗살방아벌레

반딧불이과

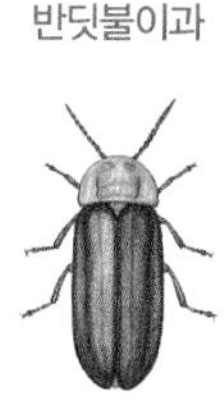
늦반딧불이

무당벌레과

무당벌레

거저리과

큰거저리

하늘소과

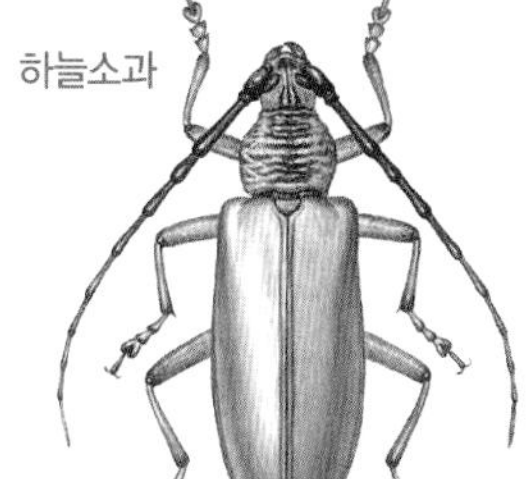
하늘소

잎벌레과

사시나무잎벌레

거위벌레과

거위벌레

바구미과

왕바구미

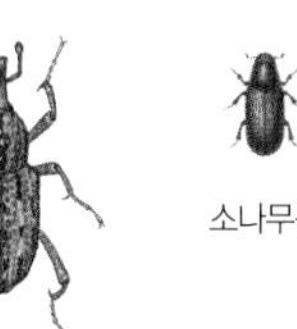
소나무좀

생김새

딱정벌레는 여러 가지 무리가 있다. 분류학으로 말하면 딱정벌레목(目) 아래에 딱정벌레과, 풍뎅이과, 하늘소과처럼 여러 가지 과(科)가 있다. 과마다 몸 생김새, 몸 빛깔이 사뭇 다르지만 딱정벌레 무리는 모두 앞날개가 딱딱한 딱지날개로 되어 있다.

몸

곤충 가운데 한 무리인 딱정벌레는 몸이 머리와 가슴, 배로 나뉜다. 머리에는 겹눈과 더듬이, 입이 있다. 가슴은 앞가슴과 가운데가슴, 뒷가슴이 있다. 하지만 위에서 보면 가운데가슴과 뒷가슴은 딱지날개에 가려 보이지 않는다. 배도 거의 보이지 않는다. 배는 보통 9마디로 나뉘어 있지만, 앞쪽 배마디와 뒤쪽 배마디는 여러 마디가 합쳐 적게는 3마디에서 많게는 9마디까지 종이나 무리에 따라 여러 가지다. 배마디 옆이나 위쪽으로 숨을 쉴 수 있는 숨구멍이 있다. 배 속에는 소화 기관과 배설 기관, 생식 기관이 들어 있다. 날개는 앞날개와 뒷날개가 있는데 앞날개는 딱딱한 딱지날개다. 딱지날개 속에 얇은 뒷날개가 부채처럼 접혀 들어가 있다. 날 때는 딱지날개를 들어 올린 뒤 속날개를 펴고 날기도 하고, 딱지날개를 딱 붙인 뒤 옆구리에서 속날개를 펼쳐 날기도 한다. 가슴마다 다리가 한 쌍씩 모두 세 쌍 붙어 있다. 다리도 여러 마디로 이루어졌다.

딱정벌레는 모두 이런 몸 구조를 가지고 있지만, 무리나 종마다 조금씩 다르다. 몸 생김새도 조금씩 달라서 무당벌레처럼 동그랗기도 하고, 하늘소처럼 길쭉하기도, 밑빠진벌레처럼 납작하기도 하다. 몸 크기도 쌀바구미처럼 눈으로 겨우 보일락 말락 한 것부터 장수하늘소처럼 사람 손바닥만 하게 큰 것도 있다. 몸빛도 길앞잡이나 홍날개처럼 아주 화려하거나 눈에 잘 띄는 빛깔을 띠는 종도 있고, 무당벌레처럼 무늬가 있는 종도 있고, 아무 무늬 없이 까맣거나 둘레 색깔과 비슷한 빛깔을 띠어서 몸을 숨기는 종까지 여러 가지다.

딱정벌레는 사람과 달리 뼈가 바깥에 있는 동물이다. 한자로 '외골격'이라고 하고, 영어로 '익스터널 스켈레톤(external skeleton)'이라고 한다. 이 겉뼈는 단단해서 몸을 지켜 주고, 몸속에 있는 물기가 날아가지 않게 막아 준다. 하지만 사람 뼈와 달리 딱정벌레 뼈는 '큐티클'이라고 하는 키틴과 단백질로 되어 있으며, 뼈 안쪽에 근육이 붙어 있다. 또 이처럼 겉뼈로 둘러싸인 딱정벌레 살갗에는 가시나 털이 덮여 있거나, 몸에서 나온 미끌미끌한 왁스 따위로 덮여 있다.

톱사슴벌레 생김새

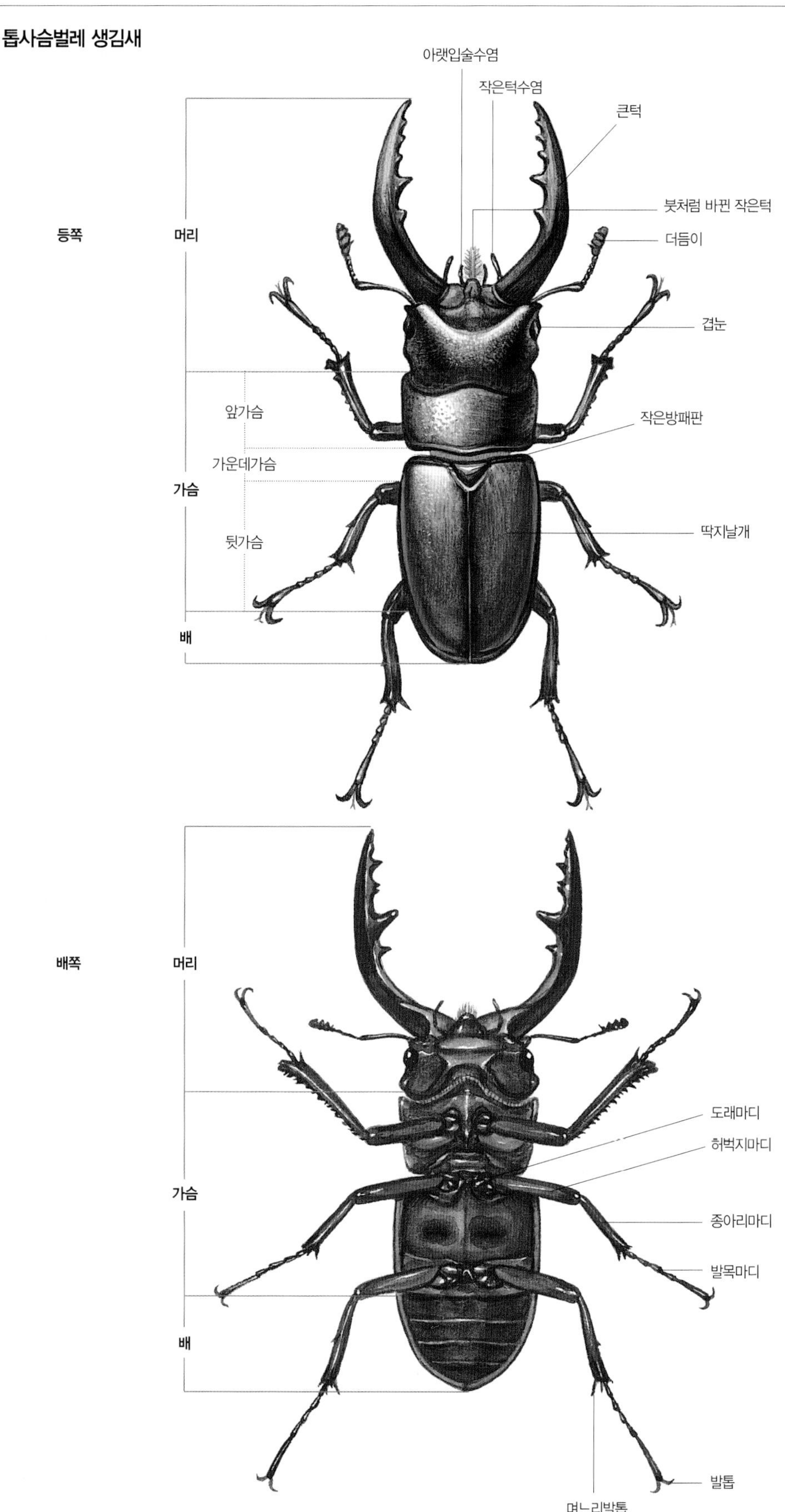

아랫입술수염
작은턱수염
큰턱
붓처럼 바뀐 작은턱
더듬이
겹눈
작은방패판
딱지날개
등쪽
머리
앞가슴
가운데가슴
가슴
뒷가슴
배
배쪽
머리
가슴
배
도래마디
허벅지마디
종아리마디
발목마디
발톱
며느리발톱

머리

딱정벌레 머리에는 중요한 감각 기관인 겹눈과 더듬이, 먹이를 먹을 수 있는 입틀이 있는데, 무리마다 그 생김새가 다르다. 소똥구리처럼 머리 앞쪽이 넓은 판자처럼 펼쳐진 모양도 있고, 장수풍뎅이처럼 뿔이 솟은 것도 있고, 바구미 무리처럼 코끼리 코마냥 길게 늘어나기도 한다. 이렇게 늘어난 바구미 머리를 따로 '주둥이(rostrum)'라고 한다. 또 왕거위벌레는 머리 뒤쪽이 길게 늘어났다.

입틀은 큰턱과 작은턱, 윗입술과 아랫입술로 이루어졌다. 거기에 아랫입술수염과 작은턱수염이 나 있어서 먹이를 먹을 때 손가락처럼 도와준다. 곤충은 입이라고 하지 않고 입틀이라고 한다. 사람 입처럼 하나로 보이는 것이 아니라 여러 마디로 되어 있는 기관이 따로따로 다 보이기 때문에 '입틀'이라고 한다. 딱정벌레 입틀은 대부분 씹어 먹을 수 있는 모양으로 되어 있다. 사람과 달리 위아래가 아니라 옆으로 움직여 먹이를 잡아 물어뜯거나 씹는다. 길앞잡이처럼 다른 벌레를 잡아먹는 딱정벌레는 큰턱이 아주 날카롭다. 사슴벌레 수컷은 큰턱이 사슴뿔처럼 아주 크다. 이 큰턱은 먹는 데 쓰지 않고 수컷끼리 싸울 때 쓴다. 사슴벌레는 나뭇진을 훑어 먹기 좋게 작은턱이 솔처럼 바뀌었다. 바구미는 긴 주둥이 끝에 입틀이 있다.

거의 모든 딱정벌레는 겹눈이 한 쌍 있다. 겹눈은 사람 눈과는 달리 자외선이나 적외선까지 볼 수 있다.

여러 가지 머리 생김새

길앞잡이 큰턱

길앞잡이 **홍단딱정벌레**

큰턱이 아주 날카롭다.

톱사슴벌레 큰턱이 뿔처럼 길게 뻗는다.

장수풍뎅이 **뿔소똥구리**

머리에 뿔이 솟았다.

왕거위벌레 목이 거위처럼 길다.

눈

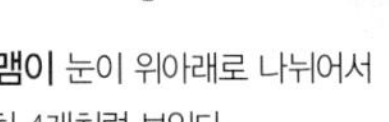

물맴이 눈이 위아래로 나뉘어서 마치 4개처럼 보인다.

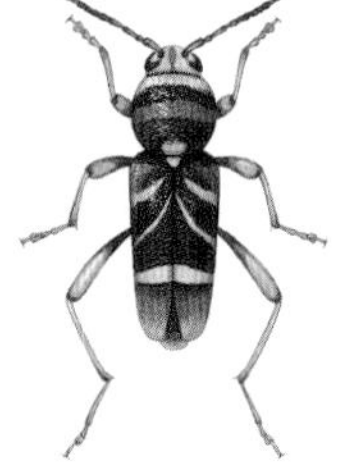

호랑하늘소 하늘소 무리는 눈이 강낭콩처럼 찌그러졌다.

대부분 길앞잡이처럼 둥글게 튀어나온 모양이지만 거저리나 하늘소 같은 딱정벌레 겹눈은 콩팥처럼 찌그러진 모양이다. 물맴이 무리는 물 위쪽을 보는 눈과 아래쪽을 보는 눈으로 나뉘어 마치 겹눈이 네 개 있는 것처럼 보인다. 또 드물게 수시렁이 무리와 몇몇 반날개처럼 홑눈도 있다. 이 홑눈으로 빛 밝기를 알아챈다.

딱정벌레 더듬이는 겹눈과 겹눈 사이에 붙어 있다. 기본으로 11마디로 되어 있지만 3~12마디까지 무리에 따라 여러 가지다. 더듬이 생김새도 무리마다 다르다. 실처럼 길쭉하거나, 염주처럼 동글동글 이어지거나, 톱니처럼 뾰족하게 이어진다. 또 부채처럼 활짝 펼쳐지기도 하고, 끄트머리가 곤봉처럼 불룩하기도 하다. 하늘소는 더듬이가 자기 몸보다 길고, 바구미는 기다란 주둥이 가운데쯤에 ㄴ자처럼 꺾여 나 있다. 더듬이는 둘레에서 벌어지는 환경 변화를 알아채는 감각 기관이다. 사람 코처럼 여러 가지 냄새를 맡아 먹이가 있는 곳을 찾기도 하고, 같은 종이 내뿜는 '페로몬'을 통해 서로 무리 지어 있는 곳을 알아내기도 한다. 또 둘레에서 오는 떨림이나 온도, 습도 변화도 알아챈다. 이를 통해 먹이가 있는 곳, 숨을 곳, 알 낳을 곳처럼 기어서 가고자 하는 곳의 환경 변화를 빠르게 알아챈다.

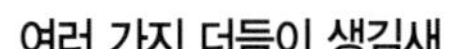

여러 가지 더듬이 생김새

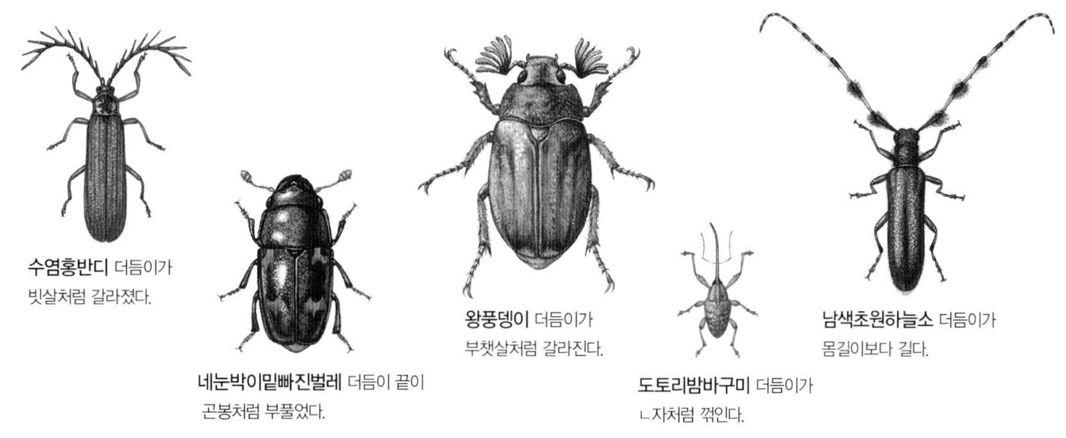

수염홍반디 더듬이가 빗살처럼 갈라졌다.

네눈박이밑빠진벌레 더듬이 끝이 곤봉처럼 부풀었다.

왕풍뎅이 더듬이가 부챗살처럼 갈라진다.

도토리밤바구미 더듬이가 ㄴ자처럼 꺾인다.

남색초원하늘소 더듬이가 몸길이보다 길다.

더듬이 구조

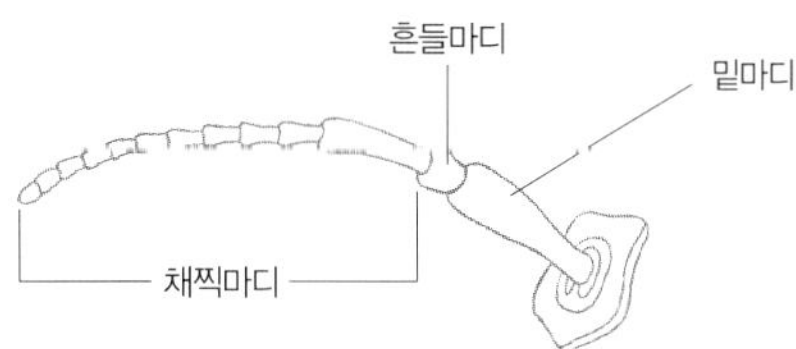

더듬이 생김새

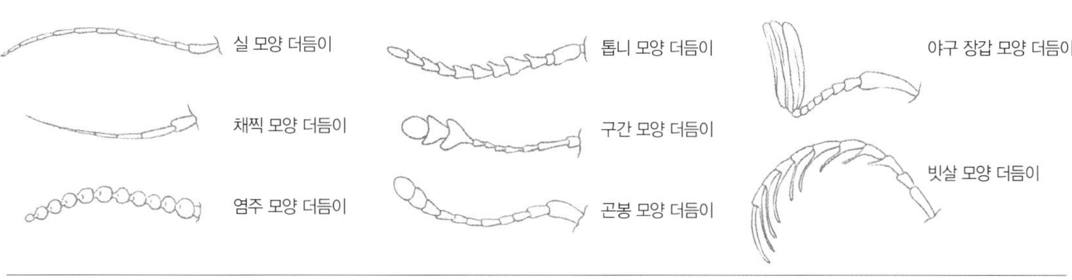

가슴

딱정벌레 가슴은 앞가슴, 가운데가슴, 뒷가슴으로 나뉘었다. 가슴은 위쪽, 아래쪽마다 따로 나뉜 판으로 되어 있다. 위쪽은 '등판', 아래쪽 배는 '복판'이라고 한다. 그래서 앞가슴 위쪽을 '앞가슴등판', 배 쪽을 '앞가슴복판'이라고 한다. 앞가슴, 가운데가슴, 뒷가슴마다 이렇게 이름을 붙인다. 그런데 가운데가슴과 뒷가슴은 딱지날개에 가려져 있기 때문에 우리가 위에서 내려다볼 때 앞가슴등판만 보인다. 앞가슴등판에는 장수풍뎅이처럼 뿔이 돋기도 한다. 가슴에는 날개와 다리가 있어 먹이를 찾아다니거나 위험을 피해 다른 곳으로 가는 데 필요한 중요한 운동 기관이 있다. 가슴마다 다리가 한 쌍씩 달려 있고, 가운데가슴과 뒷가슴에는 앞날개와 뒷날개가 달려 있다. 앞날개는 딱딱한 딱지날개이고, 뒷날개는 투명하고 얇은 막질로 되어 있다. 뒷날개를 딱지날개에 부채처럼 접어서 숨긴다. 날아갈 때는 딱지날개를 위로 들어 올린 뒤 속날개를 펴고 날아간다. 하지만 꽃무지 무리 가운데 몇몇 종은 딱지날개를 위로 들어 올리지 않고, 옆구리에 난 홈으로 뒷날개를 내밀어 날아간다. 또 홍단딱정벌레 같은 딱정벌레아과 곤충은 뒷날개가 퇴화해서 날지를 못한다. 딱지날개에는 여러 가지 무늬가 나 있거나, 홈이 파여 있거나, 울퉁불퉁 고랑이 나 있기도 하다. 곤충은 모든 동물 가운데 가장 먼저 하늘을 날아다닌 동물이다. 이 날개는 새와 달리 팔다리가 바뀌어서 생긴 것이 아니라 등에서 생겼다고 한다. 곤충 날개가 어떻게 생겨났는지는 아직까지 뚜렷하게 밝혀지지 않았다.

다리는 가슴마다 한 쌍씩 달려 있다. 앞가슴에 있는 다리는 앞다리, 가운데가슴에 있는 다리는 가운뎃다리, 뒷가슴에 있는 다리는 뒷다리다. 다리는 밑마디, 도래마디, 허벅지마디, 종아리마디, 발목마디로 되어 있으며, 끝에 발톱 한 쌍이 붙어 있다. 허벅지마디는 사람 허벅지, 종아리마디는 사람 종아리, 발목마디는 사람 발과 발가락으로 볼 수 있다. 허벅지마디는 근육이 발달해서 굵고, 종아리마디는 거의 막대기처럼 길쭉한데 끝으로 갈수록 시나브로 넓어지며 안쪽에 뾰족한 며느리발톱이 두 개 붙어 있다. 발목마디는 보통 5개가 붙어 있지만 종마다 다르다. 그래서 종을 나눌 때 앞다리, 가운뎃다리, 뒷다리 발목마디 개수를 5-5-5처럼 숫자로 써서 나타낸다. 발목마디에는 짧고 억센 털이 빽빽하게 나 있어 식물이나 물체에 잘 붙어 떨어지지 않는다. 또 발목마디 끝에 발톱이 갈고리처럼 날카롭게 휘어져 있고, 발톱 안쪽에 끈적이는 빨판이 있어 매달리거나 다른 물체에 잘 붙을 수 있다.

딱정벌레 다리는 굴을 파거나, 헤엄을 치거나, 빨리 달리거나, 높이 뛰어오르기에 알맞게 저마다 다르게 생겼다. 앞다리는 먹이를 잡거나 짝짓기할 때 수컷이 암컷을 붙잡는 데 쓴다. 달리기를 잘하는 길앞잡이는 다리가 아주 길쭉하고, 똥을 먹는 소똥구리는 앞다리 종아리마디가 삽처럼 넓적하다. 물에 사는 물방개는 뒷다리가 헤엄치기에 알맞게 배를 젓는 노처럼 바뀌었고 억센 털이 나 있다. 또 앞다리 발목마디가 빨판으로 되어 있어서 짝짓기를 할 때 암컷 딱지날개를 붙잡을 수 있다. 사슴풍뎅이는 앞다리가 아주 길다. 알꽃벼룩이나 벼룩잎벌레는 높이 뛰어오를 수 있게 뒷다리가 알통처럼 툭 불거졌다.

여러 가지 딱지날개 생김새

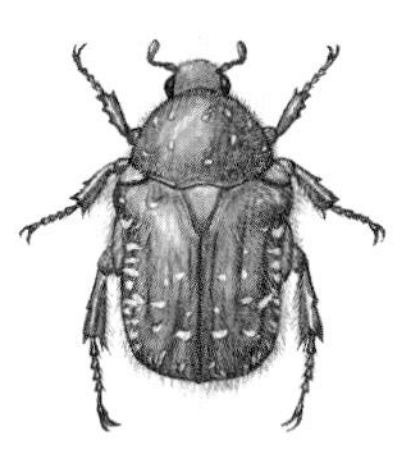

꽃무지 딱지날개를 위로 들어 올리지 않고 뒷날개를 내밀어 난다.

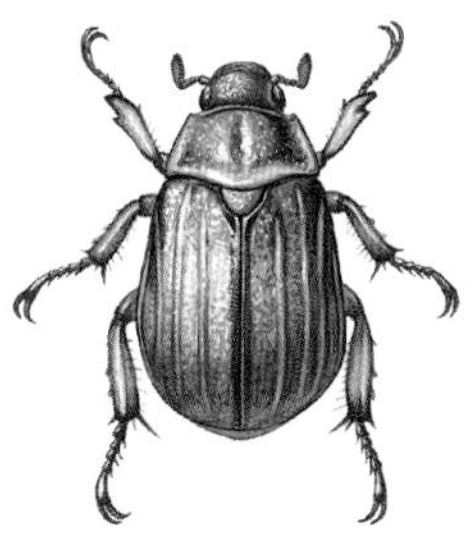

별줄풍뎅이 딱지날개에 굵은 세로줄이 나 있다.

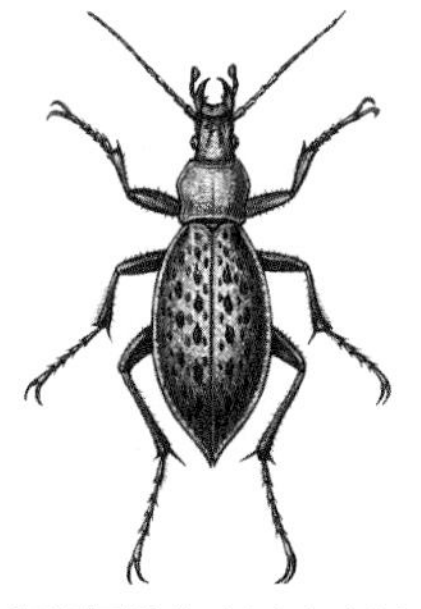

홍단딱정벌레 뒷날개가 없어져서 날지를 못한다. 등에는 작은 홈이 옴폭옴폭 파였다.

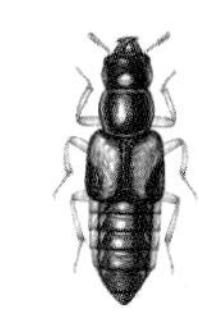

극동입치레반날개 딱지날개가 짧아서 배를 다 덮지 못한다.

극동버들바구미 딱지날개가 움푹움푹 파였다.

검정송장벌레 딱지날개를 들어 올리고 속날개를 펼쳐 날아가고 있다.

무당벌레 딱지날개에 여러 무늬가 나 있다.

여러 가지 다리 생김새

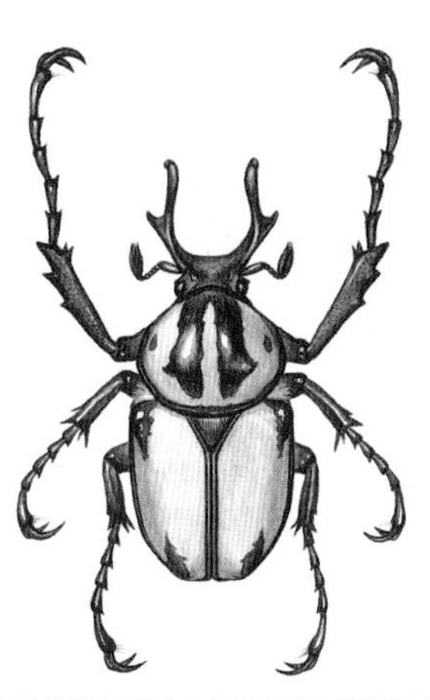

사슴풍뎅이 앞다리가 아주 길다. 위험할 때 앞다리를 치켜 든다.

왕소똥구리 앞다리가 삽처럼 넓적하다. 앞다리로 굴을 판다.

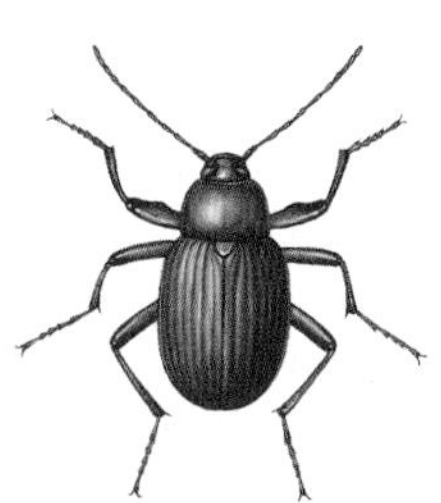

산맴돌이거저리 다리가 길어서 땅 위를 잘 돌아다닌다.

물방개 뒷다리에 억센 털이 나 있다. 이 뒷다리를 노처럼 저어 헤엄친다.

딱정벌레 다리 구조

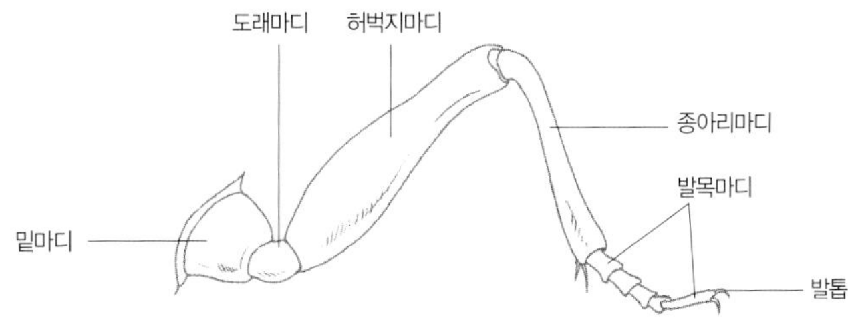

배

딱정벌레 배는 거의 9마디로 되어 있다. 하지만 첫 번째 마디와 두 번째 마디와 배 끝마디가 작아서 눈으로는 다섯 마디나 여섯 마디만 보인다. 배에도 가슴처럼 위쪽, 아래쪽마다 '등판', '배판'이 붙어 있고 마디마다 잘 늘어나고 줄어드는 막으로 이어져 있다. 배에는 숨을 쉬고, 소화를 시키고, 똥을 싸고, 짝짓기를 하고 알을 낳는 기관이 모여 있다. 거의 모든 딱정벌레는 딱지날개에 가려 배가 드러나지 않는다. 하지만 반날개나 밑빠진벌레, 몇몇 송장벌레는 딱지날개가 짧아서 배가 드러난다. 가뢰나 좀남색잎벌레 암컷은 배에 알이 가득 차서 아주 커다랗다. 반딧불이는 배에서 빛이 난다.

배마디 옆판에는 숨을 쉬는 구멍이 뚫려 있다. 이 숨구멍으로 숨을 쉰다. 사람과 달리 배를 움직여 숨을 쉬는 것이 아니고, 숨구멍으로 들어온 공기가 확산 원리에 따라 압력이 높은 곳에서 낮은 곳으로 퍼지며 숨을 쉰다. 물방개나 물땡땡이 같은 물속에 들어가는 딱정벌레는 딱지날개 밑과 배 사이, 털이 많이 난 몸 아래쪽에 공기 방울을 만들어 숨을 쉬기도 한다. 이 공기 방울 때문에 물속에서 오래도록 숨을 쉬며 돌아다닐 수 있다.

딱정벌레는 딱딱한 나무부터 나뭇진 같은 액체까지 여러 가지를 먹는다. 몸속에 들어간 먹이는 앞 창자, 가운데 창자, 뒤 창자를 거쳐 똥이 되어 나온다. 나뭇진을 먹는 딱정벌레는 마치 오줌을 싸는 것처럼 보이지만, 나뭇진이 액체이기 때문에 물로 된 똥을 싼다.

딱정벌레는 사람과는 달리 몸 위쪽에 심장이 있고, 몸 아래쪽에 신경이 있다. 심장은 하나만 있는 것이 아니고 여러 개가 이어져 있다. 딱정벌레 몸에도 피가 흐르는데 이 피는 산소를 나르지 않고, 단지 영양물질과 호르몬을 나른다.

여러 가지 배 생김새

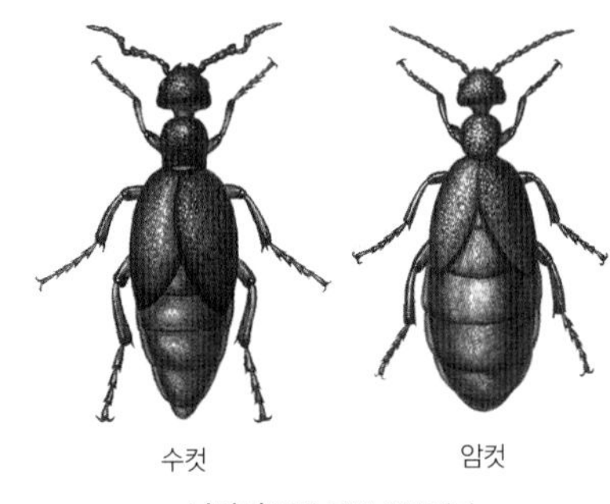
수컷 암컷

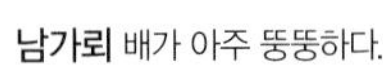
남가뢰 배가 아주 뚱뚱하다.

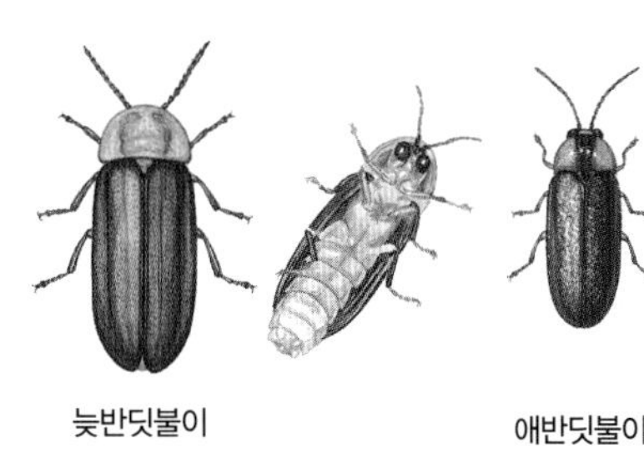
늦반딧불이 **애반딧불이**

배에서 불빛이 난다.

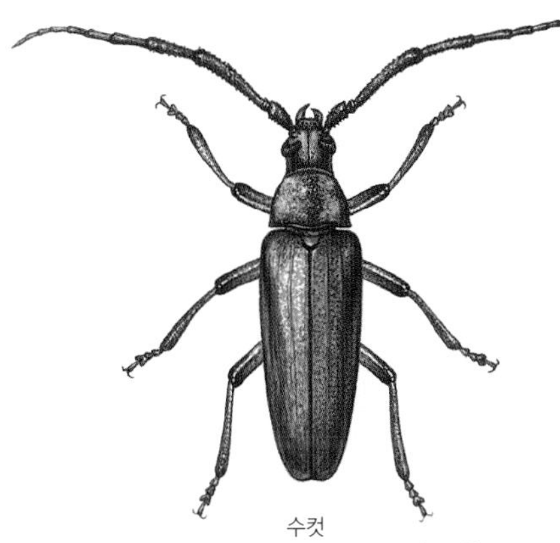
수컷

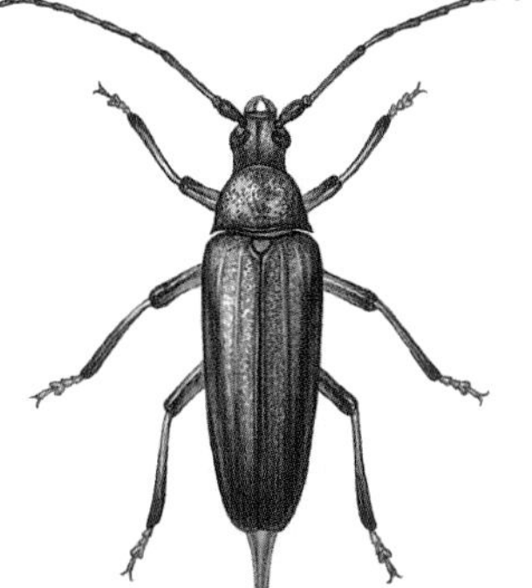
암컷

버들하늘소 암컷 꽁무니에 알을 낳는 대롱이 길게 나와 있다.

수컷 암컷

좀남색잎벌레 암컷은 수컷과 달리 배에 알이 가득 차서 뚱뚱하게 부풀어 올랐고 노랗다.

청딱지개미반날개 **해변반날개**

딱지날개가 작아 배가 드러난다. 배는 딱딱하다.

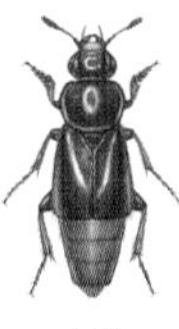
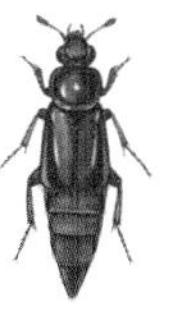
수컷 암컷

꼬마검정송장벌레 딱지날개가 아주 짧아서 배가 반쯤 드러난다.

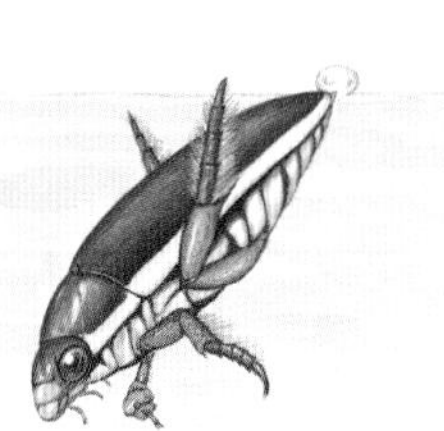
물방개 딱지날개와 몸통 사이에 공기를 채워 물속으로 들어가 숨을 쉰다.

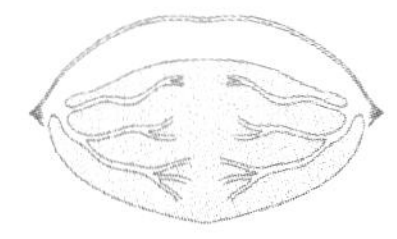
물방개 배에는 숨 쉬는 기관이 있다.

한살이

딱정벌레 무리는 한살이가 알, 애벌레, 번데기, 어른벌레 단계로 구분되는 갖춘탈바꿈을 하는 무리이다. 이렇게 알에서 어른벌레가 되는 한살이는 보통 한 해에 한 번 날개돋이하는 주기로 이어진다. 그래서 종에 따라 다르기는 하지만 어른벌레가 나타나는 때는 한 달이나 한 달 반쯤 된다. 무당벌레처럼 한 해에 여러 번 날개돋이하는 딱정벌레가 있는가 하면, 애홍날개처럼 한 해에 한 번 하거나, 톱사슴벌레처럼 두 해가 지나서야 어른벌레로 날개돋이하는 종도 있다. 무당벌레처럼 한 해에 여러 번 날개돋이하는 딱정벌레는 어른벌레가 7달가량 길게 보인다. 그래서 무당벌레는 날개돋이한 때에 따라서 딱지날개 색깔이 다르게 나타나기도 한다. 날씨가 선선하고 온도가 낮은 때에 날개돋이한 무당벌레는 몸이 빨리 마르지 않아 몸 색깔을 나타내는 멜라닌이 더 짙게 된다. 그래서 날개가 빨간색을 띠게 된다. 하지만 날씨가 뜨겁고 온도가 높은 때에 날개돋이한 무당벌레는 멜라닌이 짙어지기 전에 몸이 마르기 때문에 딱지날개가 노란색을 띤다.

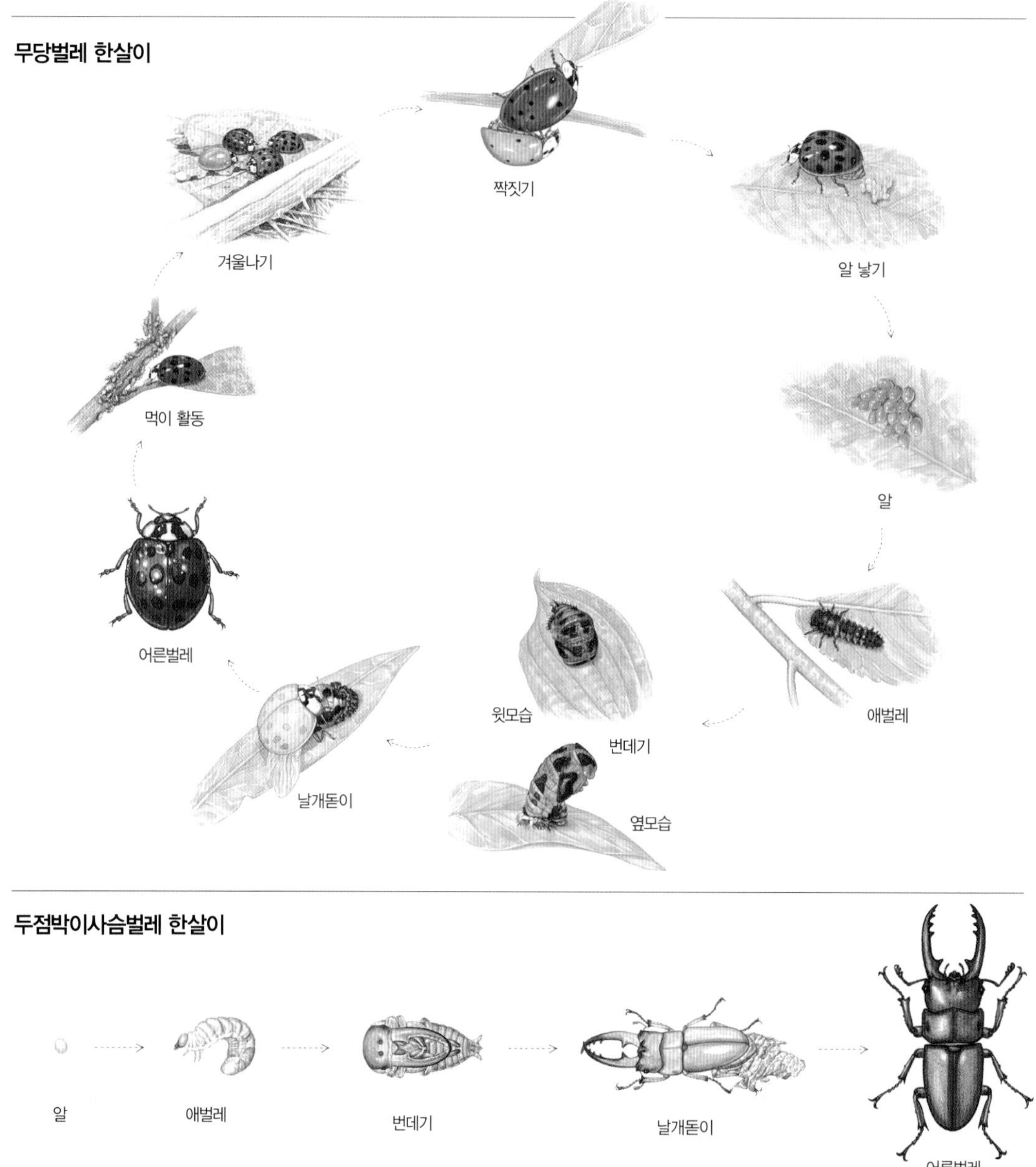

한살이

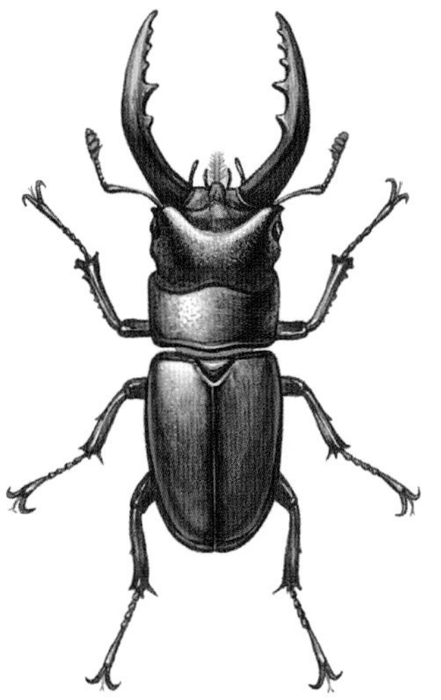

톱사슴벌레 애벌레는 허물을 세 번 벗고 어른벌레가 된다. 어른벌레가 되는 데 2~3년 걸린다.

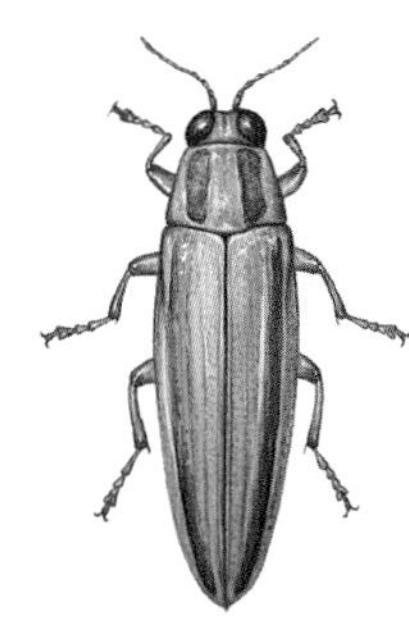

비단벌레 어른벌레가 되는 데 2~3년 걸린다.

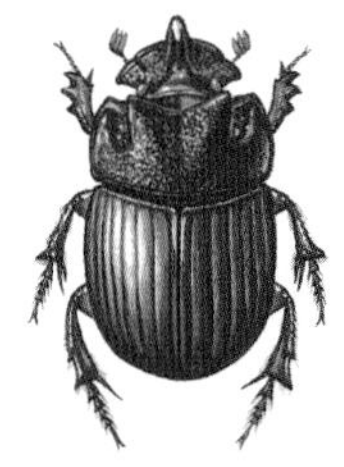

뿔소똥구리 알에서 나온 애벌레는 한두 달쯤 똥 경단을 먹고 큰다. 어른벌레가 되는 데 두 달쯤 걸린다.

홍띠수시렁이 애벌레는 5~10번쯤 허물을 벗고 자란다. 두 달쯤 지나면 어른벌레가 된다.

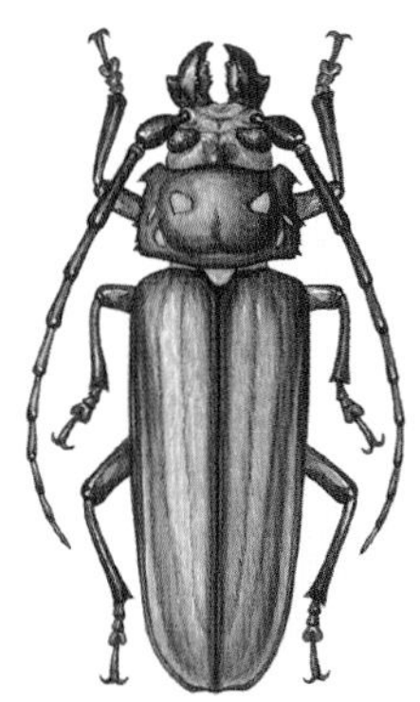

장수하늘소 알에서 어른벌레가 되는 데 3~5년쯤 걸린다.

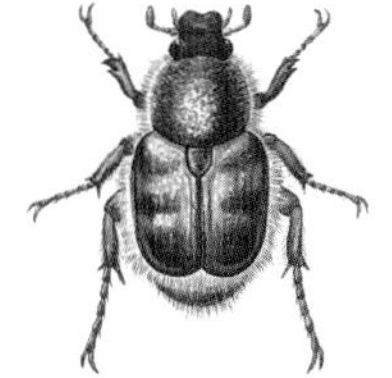

호랑꽃무지 애벌레는 썩은 나무속을 파먹고 산다. 어른벌레가 되는 데 한두 해 걸린다.

남가뢰 애벌레가 허물을 7번 벗고 어른벌레가 된다. 애벌레는 허물을 벗을 때마다 생김새가 아주 달라진다.

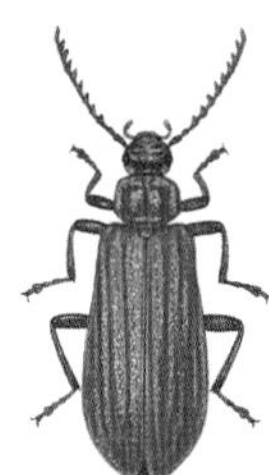

애홍날개 한 해에 한 번 어른벌레가 된다.

칠성무당벌레 한 해에 너덧 번쯤 날개돋이한다.

팥바구미 애벌레는 보름쯤 지나면 어른벌레로 날개돋이한다.

알

한살이 모든 단계마다 뚜렷한 목적이 있다. 알은 어른이 되기 위해 꾸준히 세포 분열이 일어나는 때이다. 사람으로 치면 엄마 배 속에서 자라는 아기 때라고 볼 수 있다.

딱정벌레 무리는 종류에 따라 알 낳는 방법이 다르다. 일반적으로 무당벌레 무리나 잎벌레 무리처럼 애벌레 먹이가 되는 진딧물이 많거나 먹이가 되는 잎에 알 덩어리로 낳는다. 그래서 알에서 깨어난 애벌레가 바로 먹이를 먹을 수 있게 한다. 소똥구리 무리, 거위벌레 무리, 콩바구미 무리, 몇몇 바구미 무리 같은 딱정벌레는 애벌레 먹이가 되는 곳에 알을 하나씩 낳아 붙인다. 그 가운데 소똥구리 무리는 알에서 나온 애벌레가 번데기가 되기 전까지 어른벌레가 똥 구슬 옆에서 지키면서 애벌레가 똥 구슬 껍데기까지 파먹으면 바로 침을 섞어 똥 구슬을 고쳐 주기도 한다. 나무 속살을 파먹는 딱정벌레 무리는 나무껍질을 파서 하나씩 알을 낳거나 나무 틈에 산란관을 넣어 알을 낳는다.

딱정벌레 알은 종에 따라 생김새나 색깔이 여러 가지다. 보통 알은 1~3mm 안팎이고, 동그랗거나 달걀처럼 생겨 양끝이 뾰족하게 생겼다. 알 색깔도 여러 가지인데, 무당벌레 무리 같은 경우 네점가슴무당벌레는 상아색, 무당벌레는 노란색, 남생이무당벌레는 주홍색을 띤다.

알

고려비단벌레 짝짓기를 마친 고려비단벌레 암컷이 나무 틈에 알을 낳고 있다.

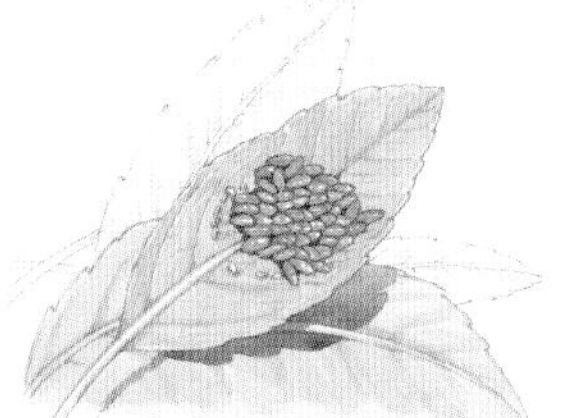

사시나무잎벌레 나뭇잎에 무더기로 알을 낳았다.

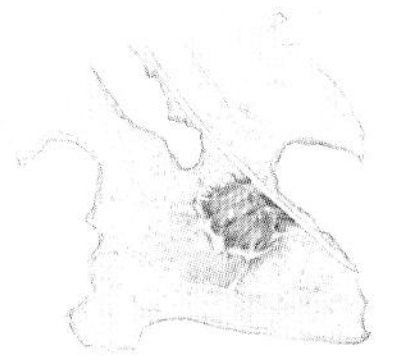

남생이잎벌레 알을 낳은 뒤 투명한 물을 내어 알을 덮었다.

남생이무당벌레 나뭇가지에 알을 낳았다.

청가뢰 땅속에 알을 낳고 있다.

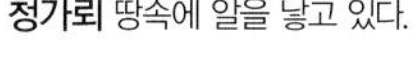

백합긴가슴잎벌레 나뭇잎에 알을 낳았다.

애딱정벌레 암컷이 땅 여기저기를 돌아다니며 알 낳을 곳을 찾고 있다.

긴다리소똥구리 알을 낳을 소똥을 굴려 굴로 가져가고 있다.

왕거위벌레의 알 낳을 집 짓기

왕거위벌레 알

왕거위벌레 나뭇잎을 돌돌 만 뒤 그 속에 알을 낳는다.

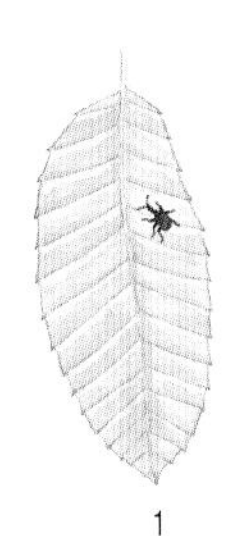

1

2

3

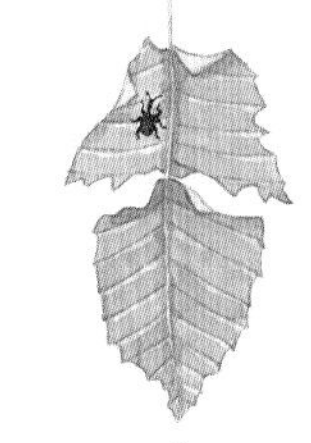

4

5

왕거위벌레의 집 짓기

1. 왕거위벌레 암컷이 알을 낳을 잎 크기와 상태를 살피고 있다.
2. 암컷이 주맥을 중심으로 양쪽 잎을 먼저 자른다.
3. 암컷이 주맥을 군데군데 씹어 집 짓기 좋도록 잎사귀를 시들게 한다.
4. 잎 가운데쯤을 양쪽으로 자른다.
5. 잎사귀 아래쪽부터 잎을 말아 올린다.

6~7. 이미 잘라 놓은 잎사귀 가운데까지 잎을 말아 올린다.

8. 애벌레 집이 완성되었다.

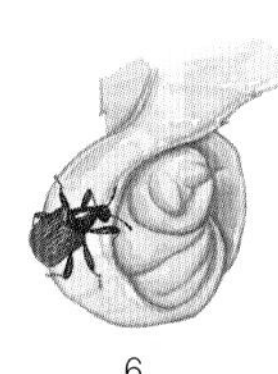

6

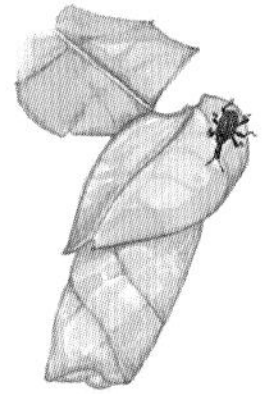

7

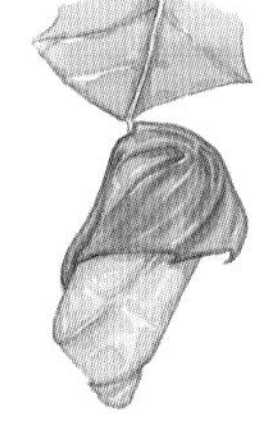

8

애벌레

딱정벌레 애벌레는 어른벌레가 되기 위해 꾸준히 먹고 허물을 벗는 일을 되풀이한다. 번데기 때가 없는 안갖춘탈바꿈을 하는 무리와 함께 모든 곤충은 어른벌레가 되기 전까지 단계마다 겉살을 벗는 허물벗기를 거쳐 성장한다. 이처럼 허물을 벗고 크는 까닭은 뼈가 가장 바깥쪽에 나와 있고 그 안에 살이 차 있는 외골격 구조를 가지고 있기 때문이다. 애벌레 살갗은 부드럽고 말랑말랑해 보이지만 어른벌레와 마찬가지로 질긴 큐티클로 싸여 있다. 곤충은 먹이를 먹고 외골격 안에 살이 차오르면 더 이상 외골격이 내부 조직(살)을 담고 있기 어렵다. 그래서 허물벗기를 통해 외골격을 더 크게 만들어 준다. 내골격을 가진 동물은 뼈가 성장하면서 살이 붙으며 큰다. 딱정벌레를 포함한 곤충은 내골격 동물과 달리 내부 조직(살)이 늘어나면 그것을 담고 있는 외골격을 키우는 방식으로 성장한다. 이 허물벗기는 유충 호르몬과 탈피 호르몬이 서로 어울려 조절이 된다. 몸 안에 유충 호르몬이 많을 때는 탈피 호르몬이 나오지 낳아 허물을 벗지 않는다. 그러다 유충 호르몬이 줄어들면서 탈피 호르몬이 나오기 시작하면 애벌레는 허물을 벗을 준비를 한다. 허물벗기가 끝나면 다시 유충 호르몬이 많아지고 탈피 호르몬은 줄어든다. 이처럼 허물벗기를 하는 것을 한자로 '령'이라고 한다. 허물을 한 번 벗으면 '1령', 두 번 벗으면 '2령'이라고 한다.

딱정벌레 무리 애벌레는 보통 머리에 겹눈이 없고 홑눈만 있다. 더듬이는 짧고, 입틀은 큰턱이 잘 발달한 씹는 모양으로 되어 있다. 가슴에는 다리가 3쌍 달려 있고 날개는 안 보인다. 몸은 물렁물렁한 껍질로 싸여 있는데 마치 물풍선 같은 느낌이 난다. 하지만 애벌레 생김새는 종류에 따라 다르다. 먼지벌레 무리 애벌레는 큰턱이 앞으로 튀어나온 1자 모양이고, 풍뎅이 무리는 C자처럼 몸이 굽은 굼벵이 모양이다. 나무속을 파먹고 사는 비단벌레 무리나 하늘소 무리 애벌레는 다리가 없고 앞가슴이 딱딱하게 굳은 1자 모양을 하고 있다. 방아벌레 애벌레는 온몸이 딱딱하게 굳어 있고, 거저리 애벌레는 긴 막대기처럼 생겼다. 그래서 애벌레 생김새만 가지고 종을 구분하기도 한다.

몇몇 딱정벌레는 사는 때에 따라 애벌레 모습을 바꾸기도 한다. 가뢰 무리 애벌레는 꽃벌이나 호박벌 둥지에서 더부살이한다. 이를 위해서 1령 애벌레는 꽃벌이나 호박벌 둥지로 숨어들어 가기 위해 쐐기처럼 생겼다. 다리가 잘 발달했고 벌 몸에 난 털을 잘 움켜잡을 수 있게 발톱 3개가 '()(' 모양으로 생겼다. 1령 애벌레는 떼를 지어 꽃벌이나 호박벌이 날아오는 꽃 위에 올라가 앉아 있다가 벌 몸에 붙어 벌 둥지로 간다. 벌 둥지에 간 1령 애벌레는 벌 애벌레는 잡아먹고 허물을 벗은 뒤 벌 애벌레처럼 굼벵이 모양으로 탈바꿈한다. 그리고 벌 애벌레인 척 일벌이 가져오는 꽃가루를 먹고 큰 뒤 번데기가 된다. 완전탈바꿈하는 곤충은 애벌레, 번데기, 어른벌레로 세 번 모습을 바꾸는데, 가뢰는 4번 넘게 모습을 바꾼다. 이처럼 4번 넘게 모습을 바꾸며 허물을 벗는 것을 '과변태'라고 한다.

애벌레

흰점박이꽃무지 애벌레 몸이 통통하고 몸을 둥글게 말고 있다. 꽃무지 애벌레는 흔히 '굼벵이'라고 한다.

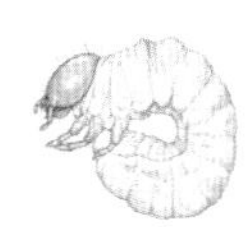

원표애보라사슴벌레 애벌레 몸이 통통하다.

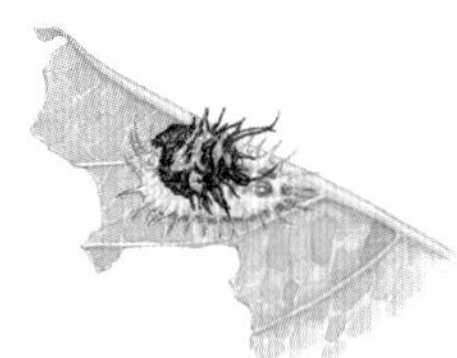

큰남생이잎벌레 애벌레 허물과 똥을 등에 짊어지고 다닌다.

왕벼룩잎벌레 애벌레들 몸에 똥을 뒤집어쓴 채 개옻나무 잎을 갉아 먹고 있다.

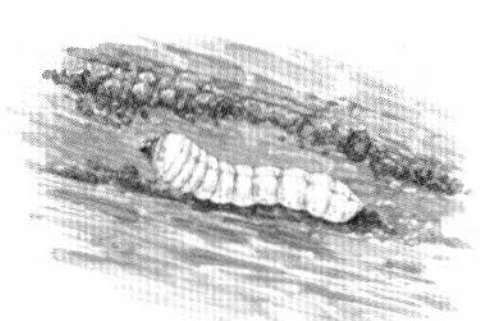

하늘소 애벌레 나무속을 갉아 먹고 있다.

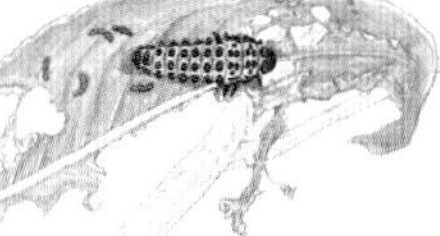

버들잎벌레 애벌레 잎을 갉아 먹고 있다.

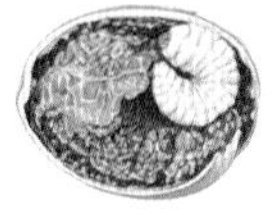

도토리거위벌레 애벌레 도토리 속을 갉아 먹는다.

백합긴가슴잎벌레 애벌레 자기가 싼 똥을 온몸에 뒤집어쓰고 있다.

왕사슴벌레 애벌레 나무속을 갉아 먹는다.

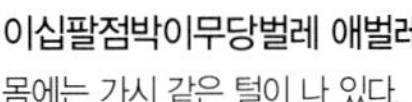

이십팔점박이무당벌레 애벌레 몸에는 가시 같은 털이 나 있다.

늦반딧불이 애벌레 땅 위를 돌아다니다 달팽이를 잡아먹고 있다.

송장벌레 애벌레 죽은 동물을 파먹는다.

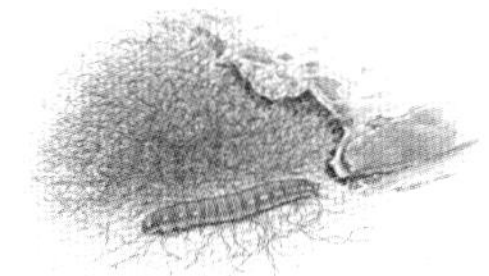

흑진주거저리 애벌레 버섯을 먹고 실처럼 기다란 똥을 싸 놓았다.

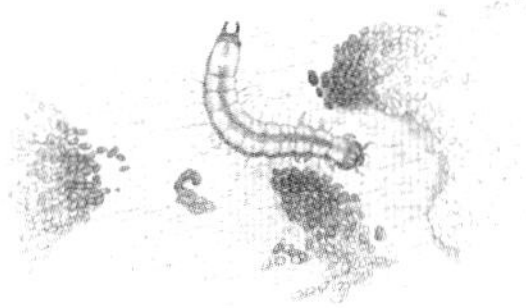

홍날개 애벌레 나무껍질 밑을 돌아다니며 다른 벌레를 잡아먹는다.

조롱박먼지벌레 애벌레 큰턱이 아주 크다. 여기저기 돌아다니며 작은 벌레를 잡아먹는다.

애반딧불이 애벌레 물속을 돌아다니며 다슬기를 잡아먹는다.

잔물땡땡이 애벌레

물땡땡이 애벌레

애벌레가 물속에서 산다.

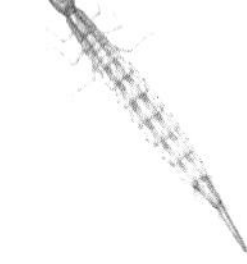

물방개 애벌레 물속에서 살면서 작은 벌레나 물고기를 잡아먹는다.

참뜰길앞잡이 어른벌레처럼 큰턱이 날카롭다. 굴속에 숨어 있다가 지나가는 벌레를 잡아먹는다.

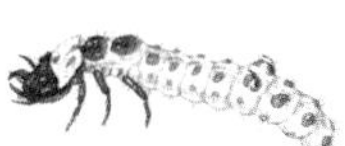

길앞잡이 땅속에 굴을 파고 숨어 있다가 지나가는 개미 따위를 잡아먹는다.

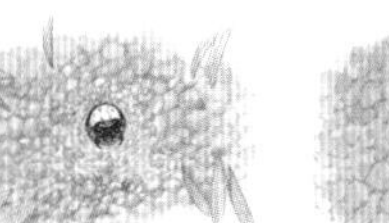

길앞잡이 애벌레 굴

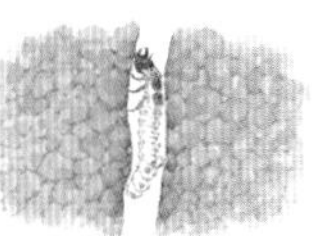

애벌레 굴 단면

애벌레 곰개미 사냥

검정물방개 애벌레 가시고기를 잡아먹고 있다.

번데기

번데기는 딱정벌레가 어른이 되기 위해서는 반드시 거쳐야 하는 단계다. 이때 애벌레 모습과는 전혀 다른 어른벌레 모습으로 탈바꿈한다. 이처럼 모습이 완전히 바뀔 때에는 엄청난 에너지를 쓰기 때문에 번데기 때에는 스스로 위협을 느끼지 않는 한 거의 움직이지 않는다.

번데기는 날개 싹이 애벌레 몸속에 있는 곤충들만 거치는 단계다. 번데기 단계가 없는 안갖춘탈바꿈을 하는 곤충 무리는 애벌레 때 날개 싹이 몸 밖으로 나와 있어 쉽게 볼 수 있다. 하지만 번데기 때를 거치는 갖춘탈바꿈을 하는 곤충 무리는 애벌레 때 날개 싹을 볼 수 없다. 그래서 번데기에서 어른벌레로 탈바꿈하는 과정을 '날개돋이(우화)'라고 한다.

딱정벌레 무리 번데기는 종마다 모양이 다른데, 주로 번데기 방을 만들고 그 안에서 번데기가 된다. 날개돋이할 때는 번데기 방에 몸을 기대고 허물을 벗는다. 무당벌레 무리나 잎벌레 무리는 배 끝을 나뭇잎에 붙인 뒤 번데기가 된다. 이때 고정한 부위를 지지대로 이용하여 날개돋이하거나 버들잎벌레처럼 거꾸로 뒤집혀 중력을 날개돋이하는 데 써먹기도 한다. 몇몇 딱정벌레는 마지막 령 애벌레 껍질을 그대로 둔 채 그 안에서 번데기가 되기도 한다. 드물게는 돼지풀잎벌레처럼 고치를 만들고 그 안에서 번데기가 된다.

번데기

하늘소 어른 모습을 다 갖추었다.

버들잎벌레 애벌레는 잎 뒤에 거꾸로 붙어 번데기가 된다.

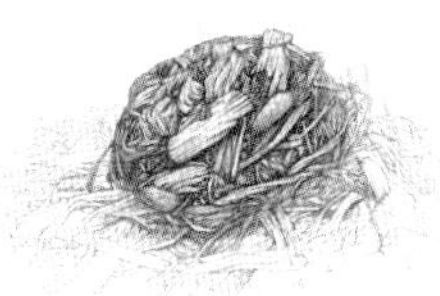

흰점박이꽃무지 애벌레는 지푸라기와 흙을 둥그렇게 뭉쳐 번데기 방을 만든다.

홍날개 나무속에서 번데기가 되었다.

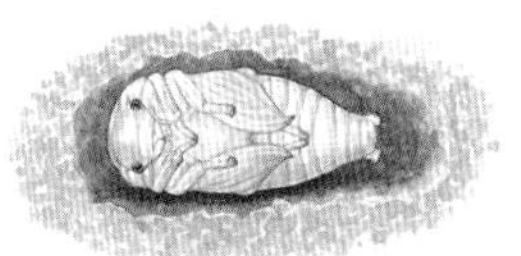

털보왕사슴벌레 땅속에 방을 만들고 번데기가 되었다.

날개돋이

버들잎벌레 잎에 거꾸로 매달린 번데기에서 어른벌레가 날개돋이해서 나왔다.

무당벌레 막 날개돋이를 했다. 아직 몸이 굳지 않아 몸빛이 노랗다.

짝짓기

어른벌레는 짝짓기를 통해 자손을 잇는 것이 목적이다. 이를 위해서 막 날개돋이를 마친 어른벌레는 몸이 마르자마자 짝을 찾아 다른 곳으로 날거나 기어서 옮겨 간다. 그런 뒤 간단히 먹이를 먹고 짝을 찾아 짝짓기한다. 짝을 찾는 방법은 여러 가지다. 거의 모든 딱정벌레는 먹이가 많은 곳에 암컷과 수컷이 모여들어 짝짓기한다. 주로 풀을 갉아 먹는 딱정벌레나 그런 딱정벌레를 잡아먹는 종들이 이런 짝짓기를 한다. 몇몇 종은 성페로몬을 뿜어내기도 하고, 반딧불이처럼 불빛을 반짝이거나, 사번충처럼 소리를 내어 암컷을 부르기도 한다. 이때 힘이 세고 강한 수컷이 암컷과 짝짓기를 하게 되고, 결국 생존력이 강한 유전자가 세대를 거쳐 이어지게 된다. 풍뎅이나 홍반디처럼 페로몬을 뿜어 짝짓기하는 딱정벌레는 더듬이가 아주 발달했다.

사슴벌레 무리나 장수풍뎅이 무리는 밤에 나뭇진이 흐르는 곳에 날아와 수컷끼리 암컷을 두고 싸우기도 하며, 사슴풍뎅이는 낮에 날아와 수컷끼리 서로 힘자랑을 한다. 이때 마지막 남은 승자만이 짝짓기 기회를 얻을 수 있다. 소똥구리는 먹이인 똥에 모여 짝짓기를 하는데, 역시 몸집이 가장 큰 소똥구리가 먼저 암컷과 짝짓기를 한다. 수컷이나 암컷을 부르는 딱정벌레는 가장 먼저 도착한 개체가 짝짓기 기회를 얻을 수 있다. 물방개 무리는 가장 독특한 방법으로 힘자랑을 한다. 물방개 수컷은 앞다리 종아리마디에 흡반이 있다. 물속에서 짝짓기할 때 이 종아리마디로 암컷 딱지날개를 잡는다. 그런데 암컷 딱지날개는 쭈글쭈글 주름져 있어서 흡반으로 잡더라도 쉽게 안 잡힌다. 결국 수컷들 가운데 쭈글쭈글한 암컷 딱지날개를 꽉 붙잡을 수 있을 만큼 힘이 센 수컷이 암컷과 짝짓기할 수 있다.

짝짓기

수염홍반디 풀 위에서 짝짓기를 하고 있다.

비단벌레 풀에 매달려 짝짓기를 하고 있다.

고오람왕버섯벌레 나무줄기에서 짝짓기하고 있다.

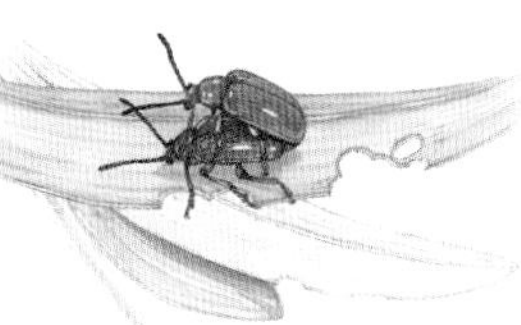
백합긴가슴잎벌레 풀 위에서 짝짓기하고 있다.

붉은산꽃하늘소 풀 위에서 짝짓기를 하고 있다.

국화하늘소 개망초 줄기에서 짝짓기를 하고 있다.

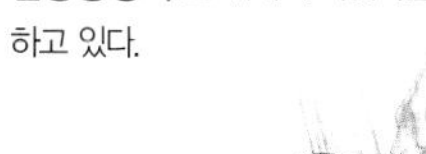
참콩풍뎅이 풀 위에서 짝짓기를 하고 있다.

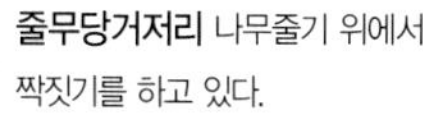
줄무당거저리 나무줄기 위에서 짝짓기를 하고 있다.

버들잎벌레 버드나무에서 짝짓기하고 있다.

좀남색잎벌레 암컷은 배에 알이 가득 차서 배가 아주 뚱뚱하다.

참뜰길앞잡이 수컷이 큰턱으로 암컷을 꼼짝 못 하게 잡은 뒤 짝짓기를 하고 있다.

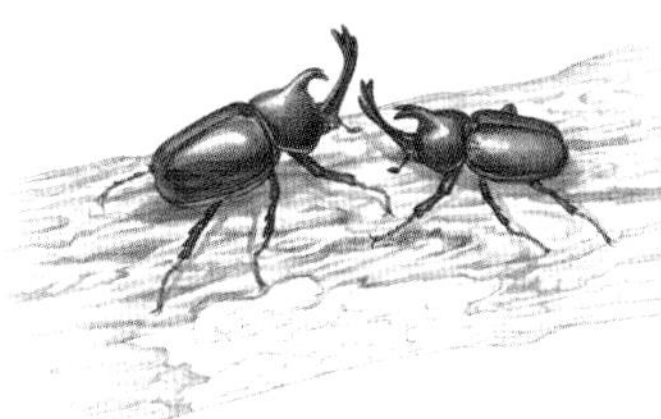
장수풍뎅이 수컷들이 큰 뿔을 들이대며 서로 싸우고 있다.

홍날개 수컷이 가뢰 몸에서 나오는 '칸타리딘'을 얻으러 왔다. 이 독물을 얻어야 암컷과 짝짓기를 할 수 있다.

사슴풍뎅이 수컷들이 긴 앞다리를 들고 서로 싸우고 있다.

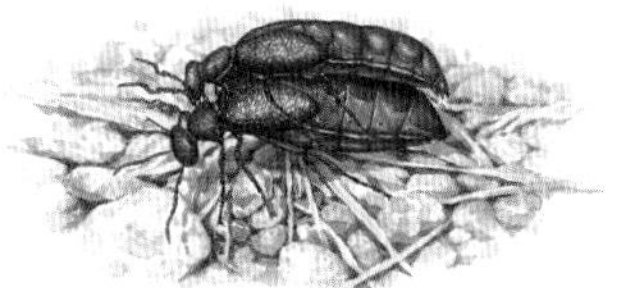
남가뢰 땅 위에서 짝짓기를 하고 있다.

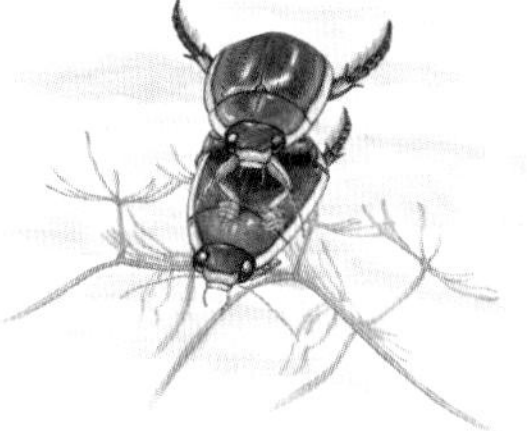
물방개 수컷 앞다리는 빨판처럼 넓적하다. 미끄러운 암컷 딱지날개를 이 앞다리로 딱 붙잡고 짝짓기를 한다.

대모송장벌레 죽은 두꺼비 위에서 짝짓기하고 있다.

먹이 활동

딱정벌레 어른벌레는 아주 여러 가지를 먹는다. 크게 식물을 먹기도 하고, 다른 동물을 잡아먹거나, 죽은 동물을 먹기도 하고, 똥이나 버섯 같은 균을 먹기도 한다. 또 집에 갈무리한 곡식뿐만 아니라 마른 생선이나 표본, 마른 가죽 같은 여러 가지를 갉아 먹기도 한다.

많은 딱정벌레들이 다른 동물을 잡아먹는다. 길앞잡이 무리와 물방개 무리, 딱정벌레 무리는 다른 벌레를 잡아먹는다. 길앞잡이 무리는 다리가 아주 길어서 재빠르게 돌아다니며 벌레를 잡는다. 큰턱도 아주 날카롭다. 무당벌레는 진딧물을 많이 잡아먹어서 농사에 도움을 준다. 홍단딱정벌레는 땅바닥을 돌아다니며 달팽이를 잡아먹는다. 병대벌레나 의병벌레, 개미붙이 무리도 다른 벌레를 잡아먹는다.

식물을 먹는 딱정벌레는 잎, 나무껍질, 뿌리, 나뭇진, 꽃가루, 나무속 따위를 먹는다. 잎벌레 무리는 여러 가지 식물 잎을 갉아 먹는데, 저마다 좋아하는 식물이 따로 있는 종들이 많다. 꽃무지나 풍뎅이, 잎벌레, 하늘소, 바구미 무리는 여러 가지 식물 잎이나 꽃, 꽃가루, 열매 따위를 먹는다. 사슴벌레 무리나 장수풍뎅이는 솔처럼 생긴 입으로 나뭇진을 핥아 먹는다. 풍뎅이나 꽃무지, 꽃하늘소 무리는 꽃에 앉아 꽃잎이나 꽃가루를 먹고, 나무좀은 나무속에 굴을 뚫고 다니며 나무속을 갉아 먹는다. 밑빠진벌레는 어른벌레나 애벌레 모두 꽃가루나 썩은 과일, 나뭇진, 썩은 나무에 붙은 균을 먹는다. 밤바구미 애벌레는 밤이나 도토리 열매 속을 파먹고, 여러 가지 하늘소와 바구미 애벌레는 나무속을 파먹고 산다.

쌀바구미는 갈무리해 둔 쌀을 갉아 먹어서 피해를 준다. 소똥구리나 똥풍뎅이 무리는 소나 말 같은 짐승들이 싼 똥을 먹고 산다. 송장벌레 무리는 죽은 동물 주검을 먹고 산다. 개미사돈은 개미집에 더불어 살면서 개미가 가져오는 먹이를 먹는다. 수시렁이 무리는 죽은 동물이나 말린 생선, 옷, 동물 표본 같은 것을 갉아 먹는다.

균을 먹는 딱정벌레는 주로 버섯을 잘 먹는다. 거저리나 송장벌레 몇몇 종이나 버섯벌레 무리는 버섯을 먹고 살고, 광릉긴나무좀은 나무속에 균을 키워 먹고 산다.

다른 동물을 잡아먹는 딱정벌레

길앞잡이 애벌레를 잡아먹고 있다.

참뜰길앞잡이 애벌레를 잡아먹고 있다.

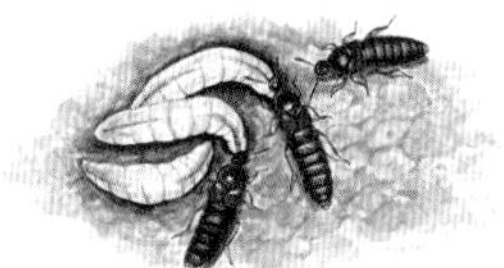

홍딱지바수염반날개 죽은 동물에 꼬인 구더기를 잡아먹고 있다.

무당벌레 진딧물을 아주 많이 잡아먹는다.

홍단딱정벌레 나무에 기어올라 나방 애벌레를 잡아먹고 있다.

칠성무당벌레 나방을 잡아먹고 있다.

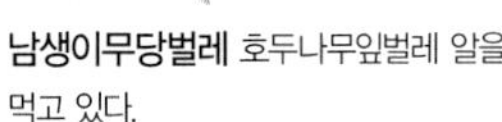

남생이무당벌레 호두나무잎벌레 알을 먹고 있다.

잎이나 꽃을 갉아 먹는 딱정벌레

풍뎅이 해당화 잎을 갉아 먹고 있다.

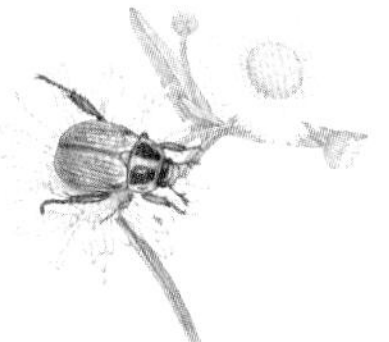
연노랑풍뎅이 개망초 꽃을 갉아 먹고 있다.

육점박이범하늘소 으아리 꽃을 갉아 먹고 있다.

삼하늘소 이름처럼 삼 잎을 갉아 먹는다.

풀색꽃무지 여러 가지 꽃을 갉아 먹는다.

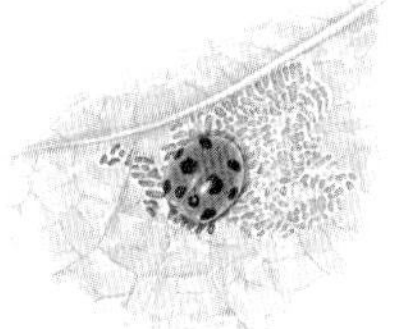
중국무당벌레 나뭇잎을 갉아 먹고 있다.

점박이긴다리풍뎅이 찔레꽃을 갉아 먹으러 왔다.

남가뢰 독이 있는 꿩의바람꽃 잎을 갉아 먹고 있다.

벼물바구미 벼 잎을 갉아 먹는다.

나뭇진을 핥아 먹는 딱정벌레

톱사슴벌레 참나무 진을 핥아 먹고 있다.

버들하늘소 나뭇진을 핥아 먹고 있다.

홍다리사슴벌레 오리나무에서 흘러나오는 나뭇진을 핥아 먹고 있다.

버섯을 갉아 먹는 딱정벌레

고오람왕버섯벌레 버섯을 갉아 먹고 있다.

대모송장벌레 노랑망태버섯을 먹으러 찾아왔다.

흑진주거저리 삼색도장버섯을 파먹고 있다.

넓적가시거저리 아까시목재버섯을 갉아 먹고 있다.

곡식이나 나무속을 갉아 먹는 딱정벌레

어리쌀바구미 쌀을 갉아 먹고 있다.

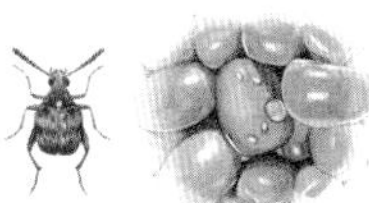
팥바구미 팥알 속을 파먹는다.

소나무좀 나무속을 파먹었다. 마치 무늬처럼 굴이 나 있다.

죽은 동물이나 똥을 먹는 딱정벌레

뿔소똥구리 소똥을 먹고 있다.

보라금풍뎅이 사슴 똥을 먹으러 찾아왔다.

물맴이 물낯을 빙글빙글 돌며 헤엄치다가 물낯에 떨어진 벌레를 잡아먹는다.

홍띠수시렁이 마른 동물 가죽이나 박물관 표본, 바닥 깔개 따위를 갉아 먹는다.

몸 지키기

딱정벌레 무리 몸은 뼈가 밖으로 나와 살을 덮고 있다. 또 앞날개가 딱딱하게 굳은 딱지날개로 덮여 있어서 날아다닐 때 쓰는 뒷날개와 내부 장기가 들어 있는 배를 보호한다. 이렇게 딱정벌레는 온몸이 딱딱한 껍질로 싸여 있어서 자기 몸을 잘 지킬 수 있다. 톱사슴벌레나 장수풍뎅이 같은 딱정벌레는 몸이 단단해서 웬만한 다른 벌레들이 잡아먹으려고 달려들지 못한다. 그런가 하면 거의 모든 딱정벌레는 몸집이 작아 눈에 잘 띄지 않는다. 더구나 둘레 환경에 어울리는 몸빛을 가지고 있어서 더욱 눈에 잘 띄지 않는다. 길앞잡이처럼 몸빛이 화려해도 땅 위에 가만히 앉아 있으면 잘 보이지 않는다. 이런 몸빛을 한자말로 '보호색'이라고 한다. 몸이 납작한 딱정벌레는 작은 돌 틈이나 나무 틈에 쏙 들어가 숨는다.

많은 딱정벌레들이 위험을 느끼거나 누가 건들면 땅에 뚝 떨어져 죽은 척한다. 죽은 척이라고 하지만 사실 진짜로 정신을 잃고 떨어져 꼼짝을 못 하는 것이다. 그러다 안전하다 싶으면 정신을 차리고 일어나 재빨리 도망간다. 그런데 방아벌레는 죽은 척하고 땅에 떨어졌다가 깨어나면 뒤집힌 몸이 하늘로 톡 튀어 오른다. 그러고는 천적이 깜짝 놀라 당황할 때 재빨리 도망친다.

위험을 느끼면 적극적으로 자기 몸을 지키는 딱정벌레도 있다. 폭탄먼지벌레는 꽁무니에서 강한 산성 가스를 내뿜는다. 무당벌레나 홍반디, 가뢰는 위험하면 몸에서 독물이 나온다. 또 청딱지개미반날개나 개미붙이는 생김새가 꼭 개미를 닮았는데, 몸에서 독이 나온다. 사람이 맨손으로 잡으면 살갗에 물집이 잡힐 수 있다. 홍반디 무리도 몸에서 고약한 냄새가 나고 쓴맛이 나는 물을 낸다. 그래서 몸빛이 눈에 잘 띄는 '경고색'을 띤다. 홍날개는 이런 홍반디와 생김새가 비슷하다. 홍날개는 자기 몸을 지킬 무기가 없지만 이렇게 홍반디를 흉내 내서 몸을 지킨다. 개미붙이는 개미를 흉내 내고 몇몇 하늘소는 벌을 흉내 내서 몸을 지킨다. 거저리 무리는 몸에서 시큼한 냄새를 풍겨 천적을 쫓아낸다. 또 하늘소는 앞가슴과 가운데가슴을 비벼서 마치 소가 우는 소리처럼 '끽, 끽' 소리를 낸다.

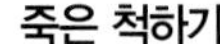
죽은 척하기

대유동방아벌레 위험할 때 땅에 뚝 떨어져 죽은 척한다. 그러다 하늘로 높이 튀어오른다.

혹바구미 땅에 떨어져 죽은 척하고 있다.

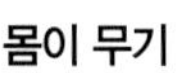
몸이 무기

사슴풍뎅이 위험을 느끼자 기다란 앞다리를 한껏 벌리고 있다.

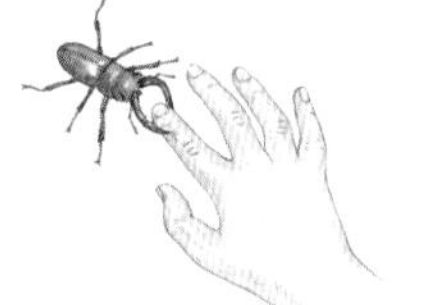
톱사슴벌레 큰턱으로 손가락을 깨물고 있다.

왕벼룩잎벌레 뒷다리가 아주 굵고 튼튼하다. 위험할 때는 벼룩처럼 높이 뛰어올라 도망간다

넓적사슴벌레 위험을 느끼자 큰턱을 짝 벌리고 있다.

큰조롱박먼지벌레 위험을 느끼자 큰턱을 크게 벌리고 위협하고 있다.

큰남생이잎벌레 바닥에 몸을 딱 붙이고 있으면 개미도 어쩌지 못한다.

독

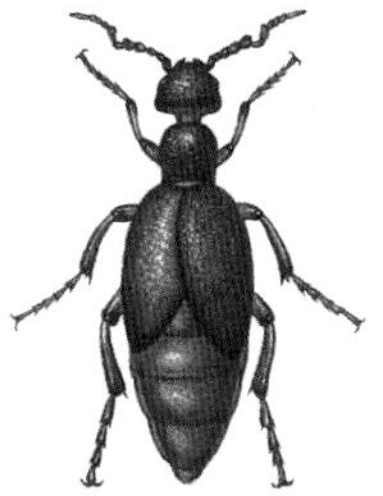

남가뢰 몸에 아주 센 독을 지니고 있다. 다른 동물이 함부로 못 잡아먹는다.

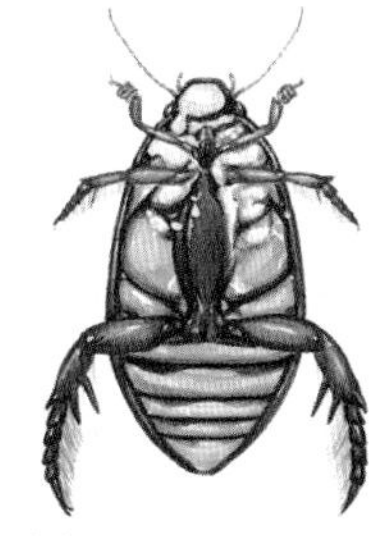

물방개 몸에서 허연 독물이 나온다.

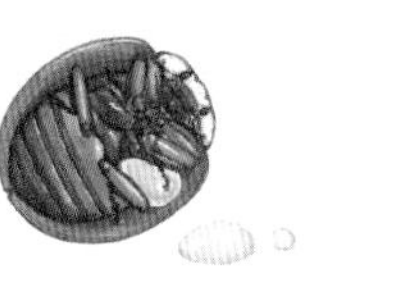

무당벌레 몸에서 누런 독물이 나온다.

남생이무당벌레 위험할 때 몸에서 빨건 독물이 나온다. 맛이 아주 쓰고 역겹다.

청딱지개미반날개 **개미붙이**

몸에서 독이 나온다. 사람 손에 물집이 잡히기도 한다.

수염홍반디 위험할 때 몸에서 허연 독물이 나온다.

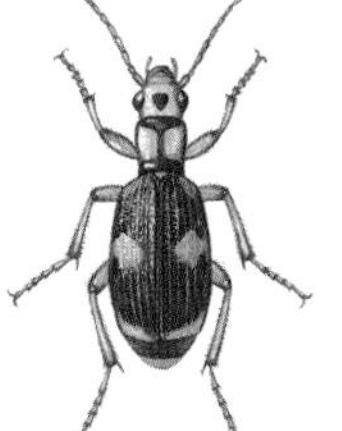

폭탄먼지벌레 꽁무니에서 아주 독한 폭탄 방귀를 터뜨린다.

보호색

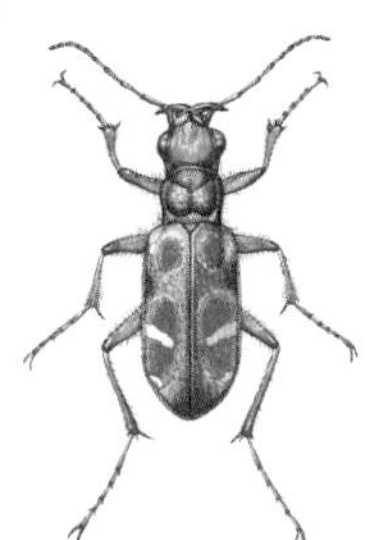

길앞잡이 몸빛이 화려해 보이지만 길바닥 위에 있으면 눈에 잘 띄지 않는다.

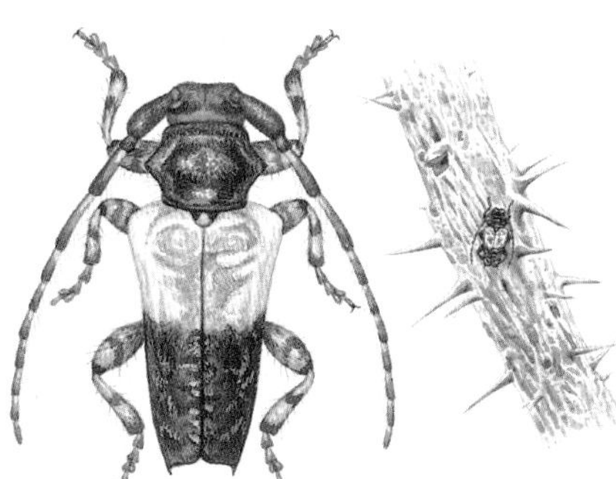

새똥하늘소 몸빛이 새똥처럼 보여서 천적을 피한다.

극동버들바구미 **흰가슴바구미**

극동버들바구미와 흰가슴바구미도 새똥처럼 보인다.

왕바구미 몸빛이 나무껍질과 비슷하다.

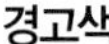

경고색

무당벌레

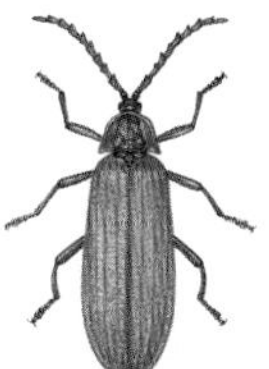

큰홍반디 몸빛이 눈에 잘 띄는 붉은색을 띤다. 몸에 독이 있으니 건들지 말라는 뜻이다.

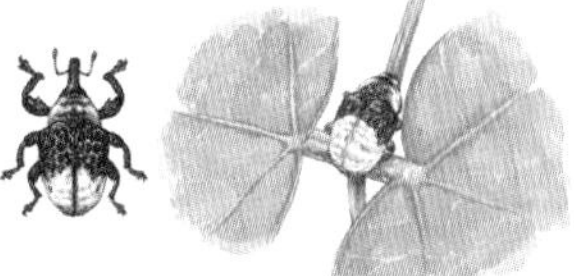

배자바구미 생김새가 꼭 새똥을 닮았다.

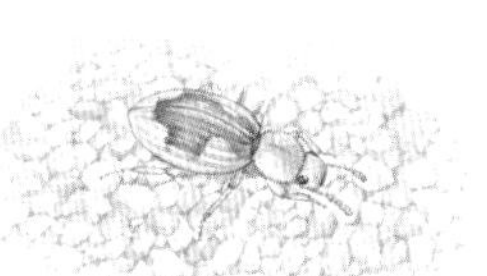

바닷가거저리 몸빛은 모래 색깔과 비슷해서 자기 몸을 숨긴다.

흉내 내기

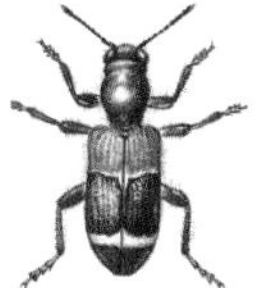

청딱지개미반날개 **개미붙이**

개미를 닮았다.

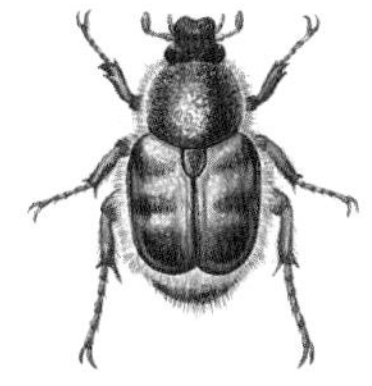

호랑꽃무지 생김새가 벌을 닮아 자기 몸을 지킨다.

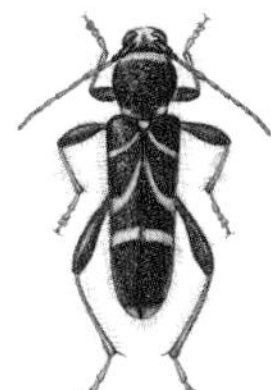

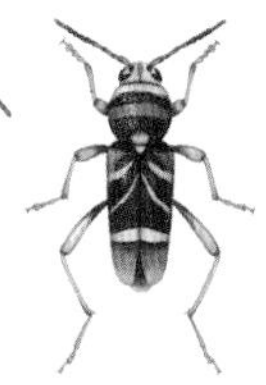

벌호랑하늘소 **호랑하늘소**

생김새가 말벌을 닮았다.

애홍날개 독이 있는 큰홍반디를 닮아서 독이 있는 척한다.

사는 곳

딱정벌레 무리는 다른 어떤 곤충 무리보다 사는 곳이 넓다. 산과 들, 물, 집, 논밭 어디에서도 산다. 심지어 애벌레도 나무속, 풀 줄기 속, 땅속, 물속에서 산다. 산길을 걷다 보면 풀쩍 달아나는 길앞잡이를 볼 수 있다. 땅을 들여다보면 여러 가지 딱정벌레와 먼지벌레를 볼 수 있다. 죽은 동물에는 송장벌레나 반날개가 꼬이고, 동물 똥에는 여러 가지 똥풍뎅이와 소똥구리가 모인다. 참나무에 흐르는 나뭇진에는 톱사슴벌레와 밑빠진벌레, 하늘소 따위를 볼 수 있다. 참나무에서는 도토리거위벌레도 보인다. 다른 여러 가지 나무에는 방아벌레와 비단벌레, 잎벌레, 하늘소 따위를 볼 수 있다. 썩은 나무속에서는 나무좀이나 여러 가지 딱정벌레 애벌레들이 속을 파먹는다. 여러 가지 꽃에는 꽃무지와 하늘소를 볼 수 있다. 버섯에서는 여러 가지 버섯

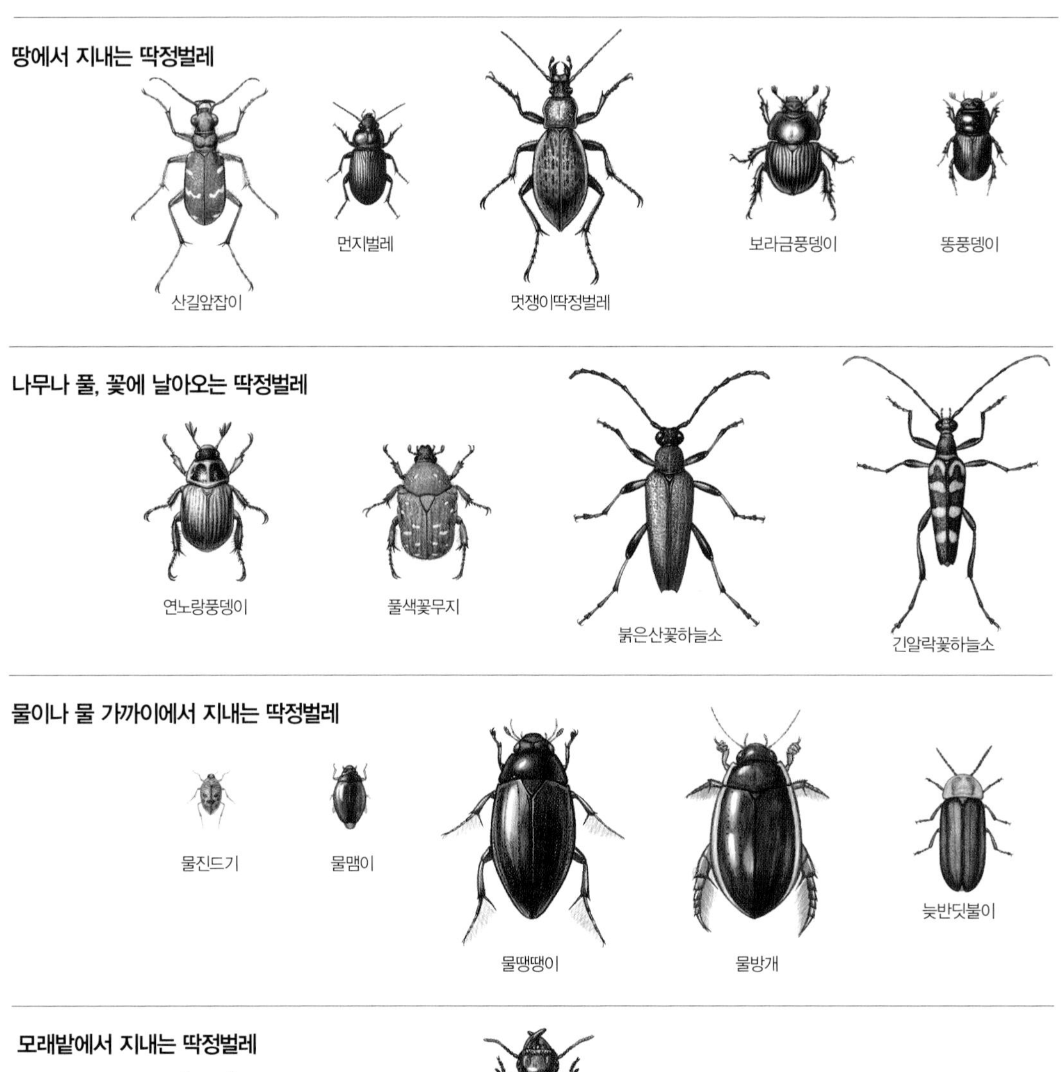

벌레가 산다.

들판 여기저기에서는 무당벌레가 보이고, 버드나무에서는 잎을 갉아 먹는 잎벌레를 볼 수 있다. 물이 맑은 골짜기에서는 반딧불이가 날아다닌다. 물웅덩이에서는 물방개나 물맴이, 물땡땡이를 볼 수 있다. 강가나 바닷가 모래밭에서는 모래거저리나 바닷가거저리 같은 거저리 무리가 산다.

집에 갈무리한 곡식에는 쌀바구미나 콩바구미, 팥바구미 같은 딱정벌레가 꼬인다. 수시렁이는 말린 생선이나 동물 표본, 가죽 따위를 갉아 먹는다. 논에는 벼물바구미가 날아오고 밭에는 진딧물을 잡아먹으러 무당벌레 무리가 날아온다. 큰이십팔점박이무당벌레는 밭에 날아와 채소 잎을 갉아 먹는다.

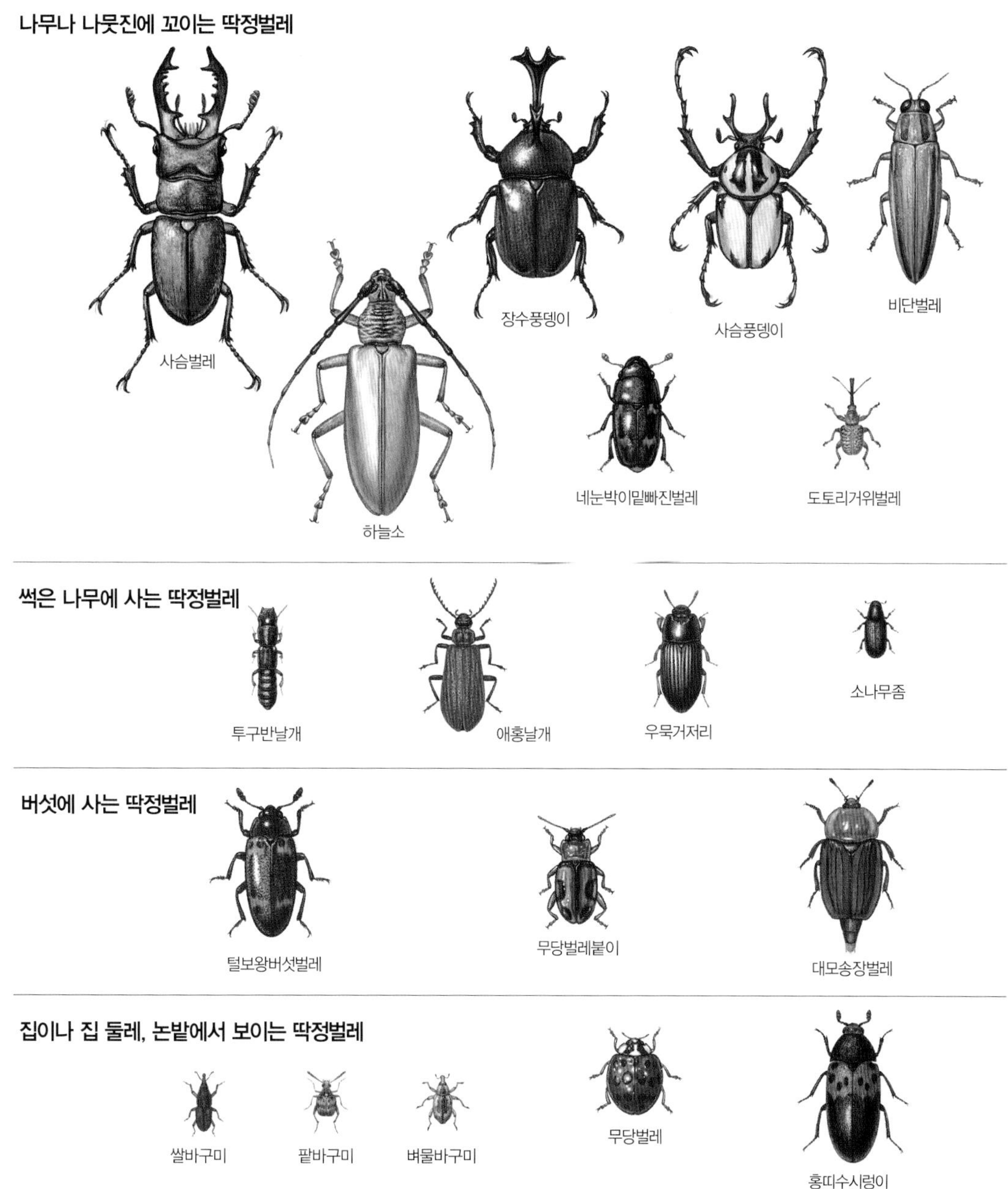

사람과 딱정벌레

곤충은 지금까지 알려진 동물 가운데 75%를 차지할 만큼 종 수가 많다. 이 가운데 딱정벌레 무리는 벌 무리, 파리 무리, 나비 무리 들과 함께 가장 많은 종이 알려진 무리이다. 그렇지만 딱정벌레 가운데 사람과 직접 관계를 맺는 딱정벌레는 거의 없다고 봐도 된다. 요즘에서야 연구를 통해 딱정벌레 가운데 몇몇 종들이 사람들이 농사를 짓는 데 영향을 미칠 수 있다고 알려졌을 뿐이다. 많은 무당벌레는 진딧물을 많이 잡아먹어서 농사에 도움을 주지만, 큰이십팔점박이무당벌레는 채소 잎을 갉아 먹어서 피해를 준다. 오이잎벌레 같은 많은 잎벌레도 여러 가지 채소나 농작물 잎을 갉아 먹어서 피해를 준다. 버섯벌레 무리는 사람이 기르는 버섯을 갉아 먹는다. 또 많은 하늘소는 나무속을 갉아 먹어 나무를 말려 죽이기도 하고, 소나무재선충 같은 병을 옮기기도 한다. 또 나무속을 파먹기 때문에 나무를 쓸모없게 만들기도 한다. 밤바구미나 쌀바구미, 콩바구미 같은 딱정벌레는 곡식과 열매를 갉아 먹어서 피해를 준다. 외국에서 들어온 벼물바구미는 벼를 갉아 먹고, 돼지풀잎벌레는 외래 식물인 돼지풀을 갉아 먹는다. 수시렁이 무리는 사람 집에 있는 여러 가지 물건을 갉아 먹기도 한다. 또 가뢰나 청딱지개미반날개처럼 독이 있는 딱정벌레는 맨손으로 만지면 안 된다. 맨손으로 만지면 독을 살갗에 붙인다. 그러면 불에 덴 것처럼 물집이 잡혀 상처를 남기기도 한다.

사람들은 딱정벌레로 쓸모 있는 것들을 만들어 내기도 했다. 옛날 사람들은 비단벌레를 잡아 장신구를 만들었다. 가뢰 몸에서 나오는 독물로는 사람에게 도움이 되는 약을 만들기도 한다. 또 반딧불이가 꽁무니에서 내는 빛은 뜨거운 열이 나지 않고, 에너지 효율이 거의 100%에 가깝다고 한다. 우리가 쓰는 전구는 10%쯤만 빛을 내고 나머지는 열로 나간다. 반딧불이가 내는 불빛을 연구해서 더 좋은 전구를 만들 수도 있다. 딱정벌레가 오랫동안 진화해 오면서 가지게 된 수많은 능력들을 잘 연구한다면 사람에게 도움이 되는 기술을 찾아낼 수도 있을 것이다. 또 앞으로 딱정벌레와 애벌레는 사람들에게 중요한 먹을거리가 될 수도 있다. 옛날부터 사람들은 물방개를 구워 먹거나, 꽃무지나 장수풍뎅이 애벌레인 굼벵이를 달여 약을 만들어 먹었다. 요즘에는 농촌진흥청에서 갈색거저리를 먹을거리로 연구 개발했다.

사람들 삶이 나아지고 자연환경에 대한 관심이 높아지면서 딱정벌레에 대한 관심도 자연스레 늘어나고 있다. 요즘에는 표본을 만드는 일을 넘어 생태를 관찰하거나 손수 기르는 사람들도 많이 늘고 있다. 이 때문에 우리가 미처 알지 못했던 딱정벌레 종을 찾기도 하고 딱정벌레 행동이나 먹이, 생활 방식 같은 여러 가지 사는 모습을 더 알게 될 것이다. 곤충에 호기심을 가진 어른이나 아이들에게 생김새와 사는 모습이 다양한 딱정벌레만큼 재미있는 곤충도 없을 것이다.

사람과 딱정벌레

오이잎벌레 **큰이십팔점무당벌레**

채소 잎을 뜯어 먹는다.

칠성무당벌레 곡식과 채소에 꼬이는 진딧물을 잡아먹는다.

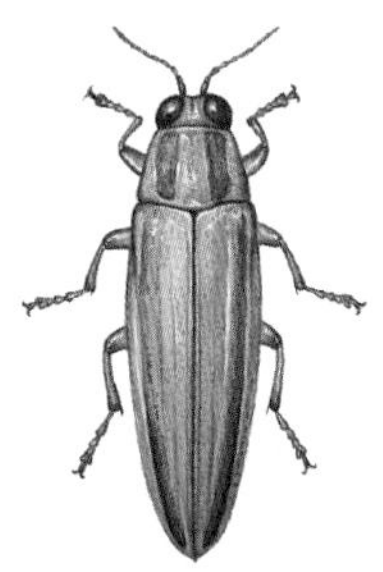

비단벌레 딱지날개 빛깔이 예뻐서 옛날 사람들은 장신구를 만들었다.

왕소똥구리 짐승 똥을 땅에 묻어 땅을 기름지게 하고, 똥을 치워 청소부 노릇을 한다.

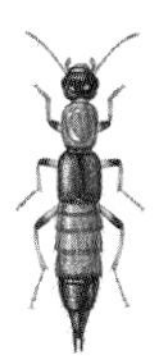

청딱지개미반날개 사람이 맨손으로 잡으면 물집이 잡힐 수도 있다.

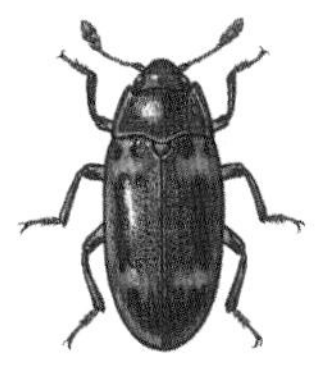

모라윗왕버섯벌레 사람이 기르는 버섯을 갉아 먹는다.

송장벌레 동물 주검을 깨끗이 먹어 치워 청소부 노릇을 한다.

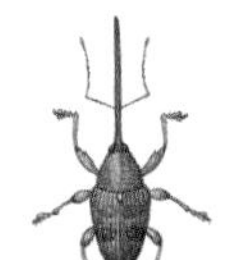

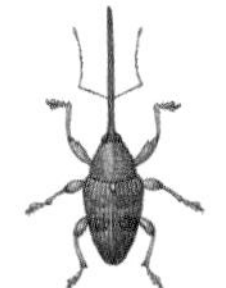

쌀바구미 쌀을 갉아 먹는다. **밤바구미** 밤 속을 갉아 먹는다.

벼물비구미 애벌레는 벼 뿌리를 갉아 먹고, 어른벌레는 벼 잎을 갉아 먹는다.

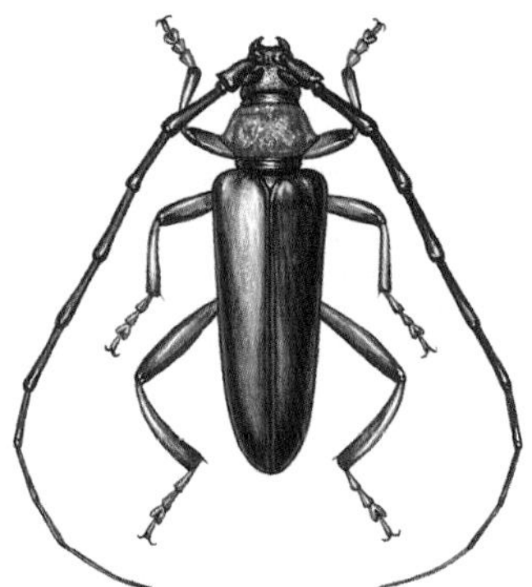

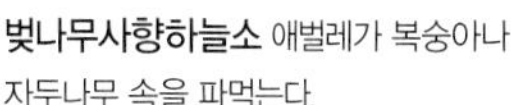

벚나무사향하늘소 애벌레가 복숭아나 자두나무 속을 파먹는다.

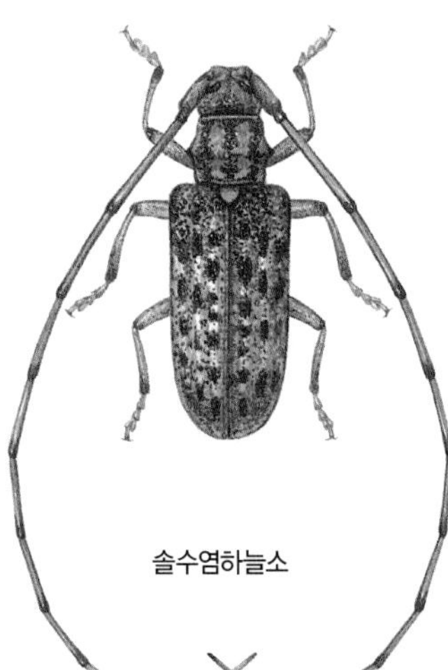

솔수염하늘소

북방수염하늘소

소나무재선충을 옮긴다.

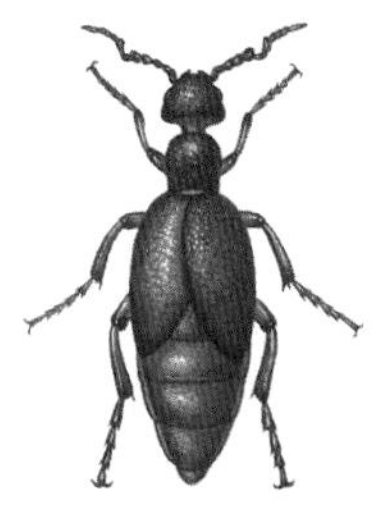

남가뢰 남가뢰 독으로 새로운 약을 연구하고 있다.

딱정벌레 무리별 특징

곰보벌레과

곰보벌레는 딱정벌레 무리 가운데 가장 원시적인 무리다. 곰보벌레과는 온 세계에 20종쯤 사는데, 우리나라에는 곰보벌레 한 종만 산다. 낮은 산이나 들판에 있는 썩은 넓은잎나무 나무껍질 밑에 산다.

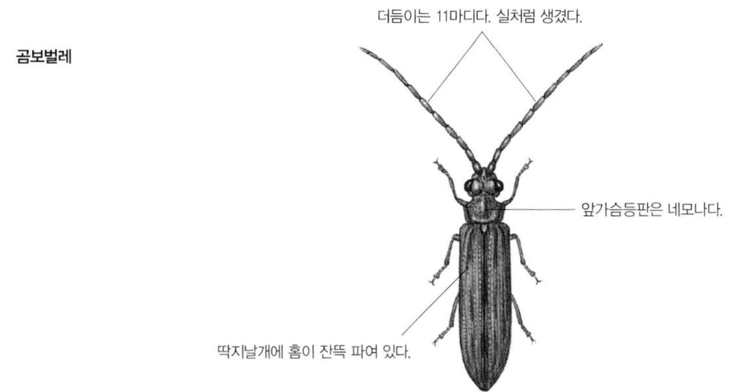

딱정벌레과

딱정벌레과는 우리나라에 485종쯤이 산다. 그래서 딱정벌레과는 여러 작은 무리인 아과로 나눈다. 딱정벌레과 안에 길앞잡이아과, 먼지벌레아과, 딱정벌레아과 같은 작은 아과들이 있다. 여러 가지 먼지벌레 무리는 더듬이 청소구가 있고, 딱정벌레아과 무리는 더듬이 청소구가 없다. 딱정벌레과 무리는 거의 앞다리 종아리마디에 더듬이를 깨끗하게 손질하는 데 쓰는 빗처럼 생긴 모양이 있다. 뒷다리 밑마디는 커서 첫 번째 배마디를 덮고, 뒷다리 도래마디는 앞뒤로 길다. 몸을 뒤집어 보면 가슴 밑 뒷다리 밑마디 앞부분에 가로로 선이 나 있어서 다른 과와 다르다.

딱정벌레과는 논밭이나 산길, 냇가, 늪가, 갯벌, 공원, 숲 어디에서도 볼 수 있다. 돌이나 가랑잎이나 썩은 나무토막 밑에서 산다. 땅 위에 살면서 어른벌레나 애벌레 모두 달팽이나 나비 애벌레, 지렁이 같은 작은 동물들을 잡아먹고 산다. 보통은 몸집이 작고 까맣다.

길앞잡이아과 무리는 온 세계에 1,300종쯤 산다. 우리나라에는 1속 16종이 산다. 길앞잡이는 땅 위를 빠르게 날거나 뛰어다니면서 작은 벌레를 잡아먹고 산다. 입에는 집게처럼 생긴 날카로운 큰턱이 있다. 이 턱으로 작은 벌레를 잡아먹는다. 애벌레도 어른벌레처럼 큰턱이 아주 날카롭다. 땅속으로 곧게 굴을 파고 그

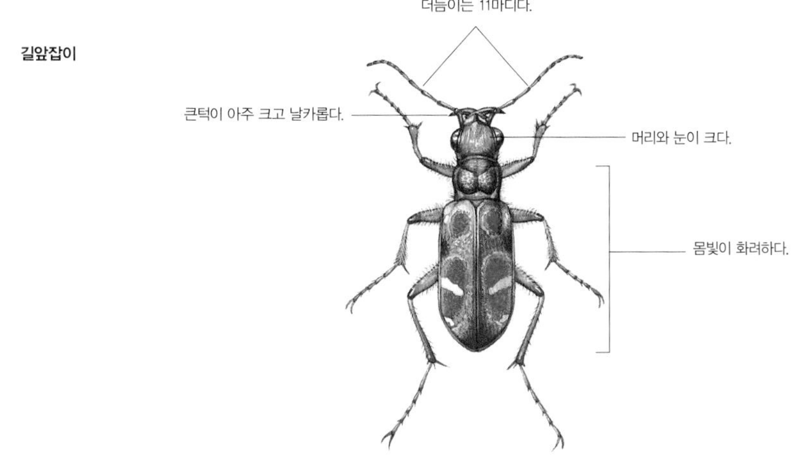

안에서 산다. 머리를 굴 뚜껑 삼아 숨어 있다가 개미 같은 작은 벌레가 굴 위로 지나가면 튀어 올라서 재빨리 문다. 그러고는 굴속으로 끌어들인 뒤 잡아먹는다. 개미를 많이 잡아먹는다고 '개미귀신'이라고도 한다.

길앞잡이는 늦봄이나 이른 여름에 산길에서 볼 수 있다. 햇볕이 잘 드는 길 위에 앉았다가 다가가면 푸르륵 날아서 다시 앞쪽 길 위에 앉는다. 몇 발자국 다시 다가가면 저만큼 다시 날아가서 앞에 앉아 다가오는 사람을 쳐다본다. 이 모습이 꼭 길을 알려주는 것처럼 앞서서 날아간다고 '길앞잡이'라는 이름이 붙었다. 사람이 보기에는 길을 앞서서 이끄는 것처럼 보이지만 사실 사람을 피해 달아나는 것이다.

먼지벌레 무리는 우리나라에서 400종쯤 알려졌지만 아직 이름도 밝혀지지 않는 종이 더 많다. 각 종 특징이 비슷해서 정확한 종 구별은 전문가의 세밀한 검토가 필요하다. 먼지벌레 무리는 가슴먼지벌레아과, 조롱박먼지벌레아과, 습지먼지벌레아과, 길쭉먼지벌레아과, 먼지벌레아과, 둥글먼지벌레아과, 무늬먼지벌레아과, 십자무늬먼지벌레아과, 폭탄먼지벌레아과처럼 여러 가지 아과로 나눈다. 생김새가 엇비슷한 종들이 많아서 눈으로 구별하기가 꽤 어렵다.

먼지벌레

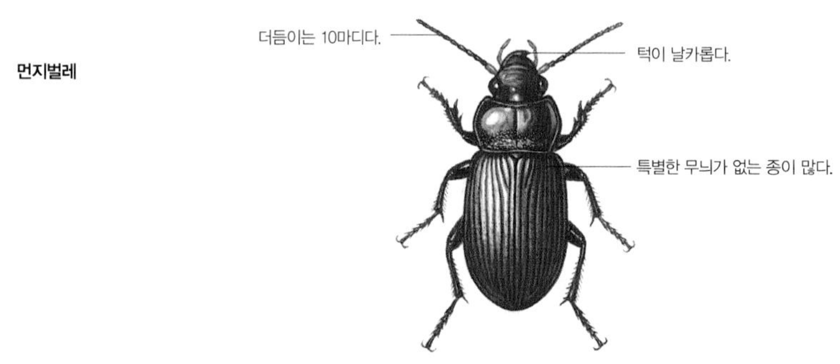

딱정벌레아과 무리는 대체로 몸집이 크고 화려하며, 명주딱정벌레 무리를 빼면 거의 뒷날개가 퇴화해서 날지 못하는 대신 땅 위를 잘 걸어 다닌다. 어른벌레나 애벌레 모두 육식성이어서 다른 곤충뿐 아니라 달팽이나 흙속 지렁이도 잘 잡아먹는다. 먹이 때문에 축축한 곳에서 많이 볼 수 있다. 딱정벌레아과는 50종쯤 알려져 있다.

멋쟁이딱정벌레

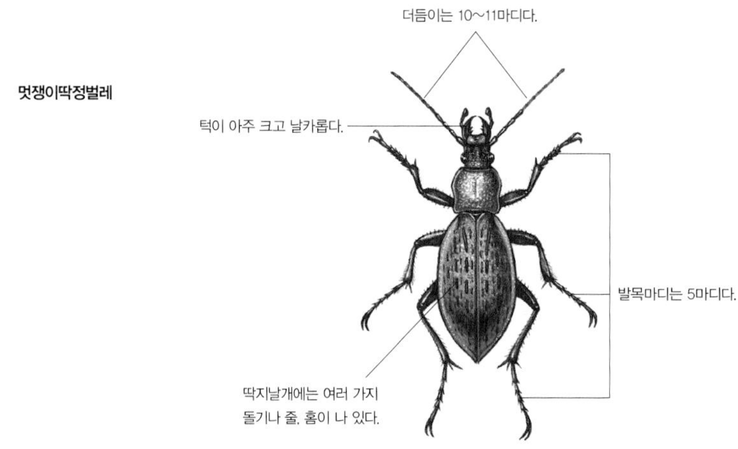

물진드기과

물진드기는 진드기만큼 크기가 작다고 붙은 이름이다. 물진드기과 무리는 온 세계에 200종쯤 살고, 우리나라에는 10종쯤 산다. 논이나 웅덩이, 연못, 호수처럼 물이 고여 있고 잔잔한 곳에서 산다. 물 가장자리 물풀에서 지낸다. 몸이 아주 작아서 2~5mm쯤 되기 때문에 꼼꼼히 살피지 않으면 잘 안 보인다. 물속에 사는 실지렁이나 새우, 깔따구 같은 작은 벌레를 잡아먹고 물풀이나 이끼도 먹는다. 물에서 헤엄칠 때는 다리를 번갈아 움직이며 헤엄친다.

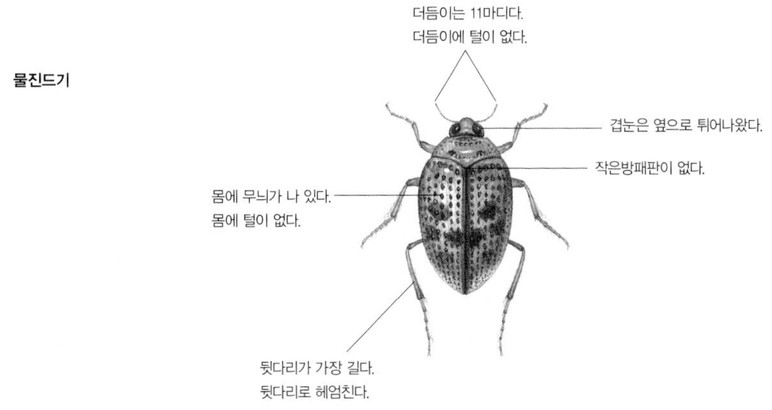

자색물방개과

자색물방개과 무리는 물이 고여 있는 논이나 연못, 호수에서 산다. 우리나라에는 3종이 산다. 물방개보다 크기가 훨씬 작다. 물방개처럼 물속에 들어가 작은 물속 벌레를 잡아먹고 죽은 물고기나 개구리 따위를 뜯어 먹기도 한다. 물속에서 빠르게 바삐 헤엄치고, 바닥에 쌓인 퇴적물 속으로 구멍을 뚫고 들어가 숨는다.

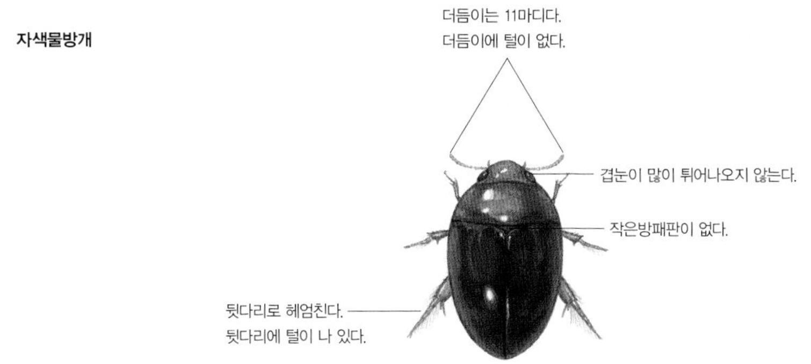

물방개과

물방개과 무리는 딱정벌레 가운데 물속에서 지내는 무리로 잘 알려졌다. 온 세계에 4,000종쯤 살고, 우리나라에는 51종쯤 산다. 물방개과 무리는 딱지날개 밑에 공기를 채워 물속에 들어가 숨을 쉰다. 딱지날개 밑 산소를 다 쓰면 물낯에 배 끝을 대고 이산화탄소와 산소를 서로 바꿔 채운 뒤 다시 물 밑으로 내려간다. 어른벌레는 뒷다리가 크고 센털이 잔뜩 나 있어서 웬만한 물고기만큼 헤엄을 잘 친다. 노처럼 생긴 뒷다리를 뒤로 쭉 뻗으면 털이 쫙 펼쳐져 물갈퀴 노릇을 한다. 물방개 무리는 수컷과 암컷 앞다리 생김새가 다르기 때문에 쉽게 알아볼 수 있다. 수컷은 앞다리 앞쪽이 불룩하다. 물속을 헤엄쳐 다니면서 작은 물고기나 물속 벌레, 개구리, 도롱뇽 따위를 잡아먹는다. 한 마리가 먹이를 잡으면 여러 마리가 몰려들어 함께 먹이를 먹는다. 짝짓기를 한 암컷은 물풀 줄기 속에 알 낳는 기관을 찔러 넣고 알을 낳는다. 알에서 나온 애벌레는 물속에서 살면서 올챙이나 잠자리 애벌레, 작은 물고기 따위를 잡아먹는다. 애벌레도 아가미가 없기 때문에 어른벌레처럼 물낯으로 올라와 배 꽁무니를 물 밖으로 내밀어 공기를 빨아들인다. 먹이를 잡으면 먹이 몸속에 소화액을 찔러 넣어 녹인 뒤에 빨아 먹는다. 허물을 두 번 벗고 자라다가 땅 위로 올라온 뒤 땅속에 들어가 번데기가 된다. 열흘쯤 지나면 어른벌레가 나온다. 어른벌레는 물속에서 지내지만 날개가 있어서 훌쩍 멀리 날아가 사는 곳을 바꾸기도 한다. 밤에 불빛에 날아오기도 한다. 우리나라에 사는 종 가운데는 물방개가 가장 크다.

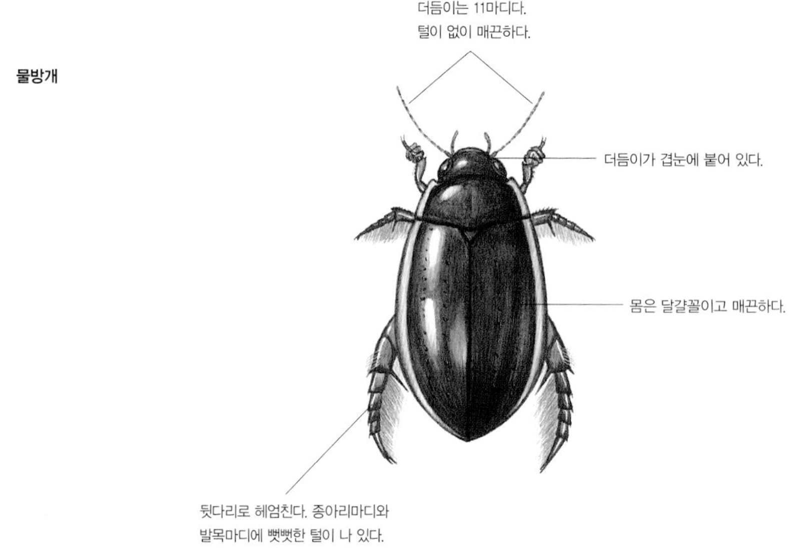

물맴이과

물맴이는 물낯에서 동글동글 맴돈다고 붙은 이름이다. 고여 있는 웅덩이나 연못, 논에서 살고 가끔 느릿느릿 흐르는 물에서도 보인다. 물낯에서 동그란 원을 그리며 뱅글뱅글 맴돌거나 재빠르게 헤엄친다. 서로 자기 자리를 맴돌다가 여러 마리가 한데 모여서 함께 빙글빙글 맴돈다. 이렇게 맴돌면서 물에 떨어진 여러 벌레를 뜯어 먹는다. 우리나라에는 6종이 산다.

물맴이 눈은 두 개이지만 위아래로 나뉘어 있어서 꼭 4개처럼 보인다. 그래서 물 위쪽과 아래쪽을 함께 볼 수 있다. 위쪽 눈은 새나 잠자리처럼 날아다니는 벌레를 보고, 아래쪽 눈은 물에 떨어진 먹이나 물속에서 물고기나 물자라 같은 천적이 다가오는지 본다. 앞다리가 다른 다리보다 훨씬 크고 튼튼해서 먹이를 끌어안아 잡기 좋다. 가운뎃다리와 뒷다리는 아주 짧고 작지만 넓적한 노처럼 생겼고 짧은 털이 나 있다. 아주 빠르게 휘저어서 헤엄친다. 위에서 보면 가운뎃다리와 뒷다리는 짧아서 잘 안 보인다. 위험할 때는 물속으로 들어가기도 한다.

물맴이는 봄부터 여름 사이에 물가에 자라는 물풀이나 물 위에 떠 있는 풀이나 나뭇조각에 알을 낳는다. 애벌레는 물속 밑바닥 흙 속에 숨어 있다가 장구벌레 같은 작은 벌레를 잡아서 체액을 빨아 먹는다. 애벌레 큰턱은 낫처럼 휘어서 날카롭고 뾰족하다. 큰턱을 먹이 몸속에 찔러 넣고 소화액을 내뿜는다. 그러면 먹이 몸이 흐물흐물 녹는데, 이때 큰턱에 뚫려 있는 관으로 빨아 먹는다. 잡아먹힌 먹이는 겉껍질만 남는다. 애벌레는 배 옆구리에 아가미가 있어서 물속에서 숨을 쉰다. 애벌레가 다 자라면 물가로 나와 흙속에서 번데기가 된다. 어른벌레는 겨울만 빼고 봄부터 가을까지 아무 때나 돌아다닌다. 지금은 논 둘레가 수로로 정비되고, 작은 둠벙들이 사라지면서 보기 힘들어졌지만, 인공적으로 빗물을 가둬 쓰려고 만든 작은 연못 같은 곳에서 가끔 볼 수 있다.

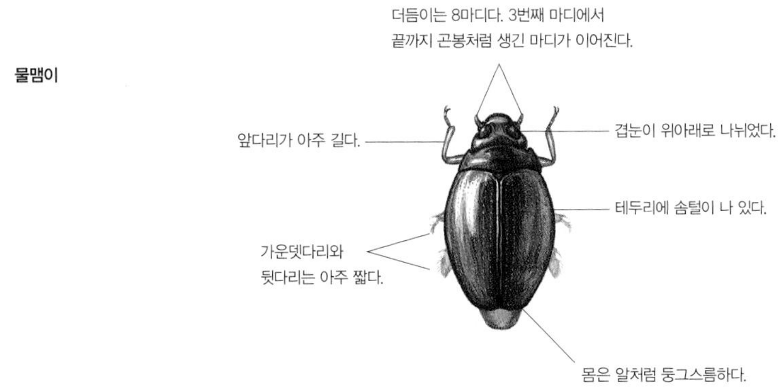

물땡땡이과

물땡땡이과 무리는 온 세계에 1,700종쯤 살고 우리나라에는 40종쯤 있다. 물땡땡이들은 겹눈이 아주 크고, 겹눈 사이에 있는 더듬이는 아주 짧고 끝이 곤봉처럼 생겼다. 봄부터 가을까지 아무 때나 볼 수 있다.

물땡땡이과 무리는 물방개처럼 연못이나 논처럼 고인 물에서 산다. 물속에 사는 종이 많지만 물이 가까운 땅속에 사는 것도 있다. 물방개나 물맴이와 달리 물속에서 썩은 풀을 갉아 먹고 살고, 몇몇 종은 죽은 동물을 뜯어 먹는다. 그래서 '물속 청소부'라고 한다. 물방개보다 몸이 조금 더 작고 더 느리게 헤엄친다. 바닥을 기어 다니기도 한다. 물방개는 뒷다리를 개구리처럼 한꺼번에 움직여 헤엄치지만, 물땡땡이는 뒷다리를 번갈아 저으면서 헤엄친다. 몸 아랫면에 털이 나 있어서 물속에서 공기를 잡아둘 수 있다. 밤에 불빛을 보고 날아오기도 한다. 물방개는 구워 먹기도 해서 '쌀방개'라고 했는데, 물땡땡이는 구워 먹지 않아서 '똥방개, 보리방개'라고도 했다.

물땡땡이과 무리는 물속에서 자라는 물풀 줄기에 알을 낳아 알 덩어리를 만들어 놓는다. 알 덩어리는 묵처럼 말랑말랑하고 속이 비친다. 물땡땡이는 알 덩어리를 물풀에 붙여 놓고, 잔물땡땡이는 물 위에 띄워 놓는다. 알에서 나온 애벌레는 알 덩어리를 빠져나와 물속 밑바닥에서 산다. 아가미가 있어서 물속에서 숨을

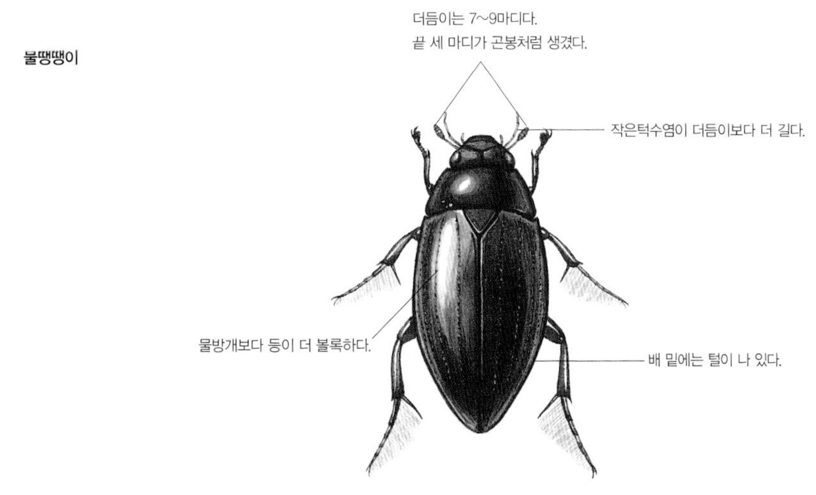

쉬며 산다. 애벌레 때에는 각다귀나 깔따구 애벌레나 실지렁이 따위를 잡아먹는 육식성 곤충이다. 그러다 땅 위로 올라와 땅속에서 번데기가 되고 어른벌레가 되어 나온다.

풍뎅이붙이과

풍뎅이와 생김새가 똑 닮았다고 풍뎅이붙이라는 이름이 붙었다. 온 세계에 3,000종쯤 살고, 우리나라에는 80종쯤 산다. 풍뎅이붙이과 무리는 온몸이 매우 딱딱하고, 생김새는 여러 가지다. 달걀처럼 둥글고 볼록한 것부터 드물게는 등이 평평하고 반듯하거나 동그란 막대기 모양처럼 생긴 종도 있다. 앞가슴등판과 딱지날개에 있는 굵은 홈줄이 종마다 달라 종을 구분할 때 자세히 살펴봐야 한다. 어른벌레와 애벌레 모두 응애나 다른 곤충들을 잡아먹는데, 유난히 파리목이나 딱정벌레목 애벌레를 좋아한다. 사는 곳도 다양해서 동물 똥, 죽은 동물, 썩은 나뭇잎 더미, 새나 젖먹이동물 둥지, 나무껍질 밑, 나무를 파먹고 사는 곤충이 만든 구멍, 드물게 갈무리한 곡식에서도 볼 수 있다.

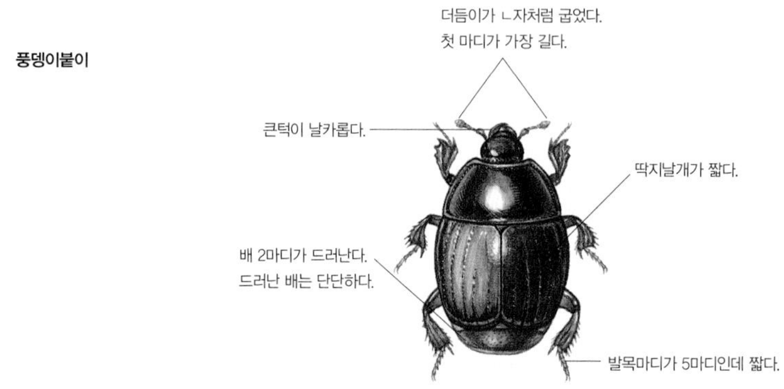

송장벌레과

송장벌레과 무리는 온 세계에 2,000종쯤 살고, 우리나라에 26종쯤 산다. 반날개 무리처럼 딱지날개가 짧아서 배 끝이 드러나는 종이 많다. 죽은 동물을 먹고 산다고 송장벌레다. 봄부터 가을 사이에 돌아다니지만 여름에 더 많다. 동물이 죽으면 썩는 냄새를 맡고 날아온다. 죽은 동물에 모인 암컷과 수컷은 짝짓기를 한 뒤 땅속으로 죽은 동물을 묻고 알을 낳는다. 그런 뒤에 알에서 나온 애벌레에게 죽은 동물을 먹고 반쯤 소화시킨 죽을 만들어 먹인다. 이렇게 죽은 동물을 땅에 묻는 모습을 보고 서양 사람들은 송장벌레를 '묻는 벌레'라는 뜻인 'Burying Beetle'이라고 한다. 어른벌레나 애벌레나 모두 죽은 동물을 깨끗이 먹어 치워서 청소부 노릇을 한다. 때로는 네눈박이송장벌레처럼 나비나 나방 애벌레를 잡아먹거나, 동물이 싼 똥이나 버섯도 먹는다. 밤에 불빛을 보고 날아오기도 한다. 어른벌레는 나무나 흙 속에서 겨울을 난다. 이른 봄에 짝짓기를 하고 알을 낳는다. 애벌레는 번데기를 거쳐서 어른벌레가 된다. 한 해에 한 번 나온다.

반날개과

반날개과 무리는 딱지날개가 반쯤 밖에 없어서 붙은 이름이다. 딱지날개가 짧아서 배가 드러난다. 딱정벌레 온 무리 가운데서도 바구미과 무리 다음으로 수가 아주 많은 무리이다. 온 세계에 4만 종이 훨씬 넘게 살고, 우리나라에도 500종이 넘게 산다. 0.5mm밖에 안 되는 아주 작은 것부터 50mm가 넘는 큰 종까지 있다.

반날개는 물속을 빼고 어디에서나 산다. 작은 젖먹이동물이나 새 둥지에 살기도 하고, 흰개미나 개미와 함께 살기도 하고, 버섯에 살기도 하고, 파리가 많이 사는 곳에 살면서 파리 알과 구더기를 먹고 번데기에 기생하기도 한다. 또 바닷가에서 살기도 한다. 하지만 대부분 땅 위를 이리저리 돌아다니면서 다른 벌레를 잡아먹고, 송장벌레처럼 죽은 동물이나 똥을 먹기도 해서 청소부 노릇도 한다. 때로는 산속에 버린 음식물 쓰레기에도 꼬인다. 밤에는 불빛을 보고 날아오기도 한다. 작은 딱지날개 속에는 속날개가 있어서 잘 난다. 땅 위를 기어 다닐 때는 속날개를 반으로 접어 작은 딱지날개 속에 집어넣는다. 밖으로 드러난 배는 아주 단단하다. 온몸이 까맣고 아무런 무늬가 없고 가늘고 길쭉한 종이 많아서 몇몇 종을 빼고는 서로 가려내기가 아주 어렵다.

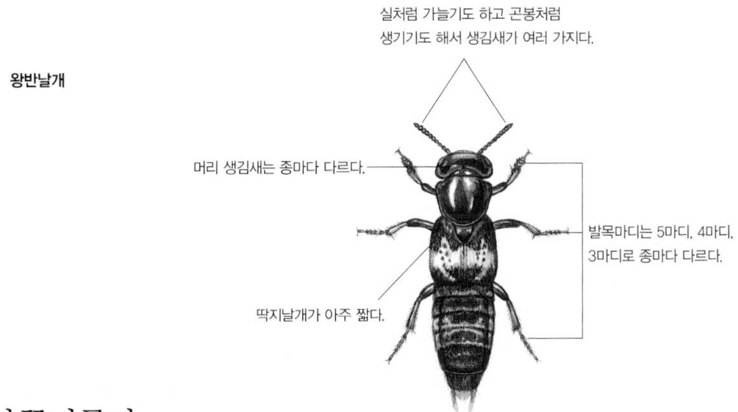

알꽃벼룩과

알꽃벼룩과 무리는 온 세계에 500종쯤 살고, 우리나라에는 검정길쭉알꽃벼룩과 알꽃벼룩 두 종이 산다. 굵은 뒷다리로 벼룩처럼 톡톡 튀어 다닌다고 붙은 이름이다. 어른벌레는 산에서 살고, 밤에 불빛을 보고 날아오기도 한다. 크기가 몹시 작고, 생김새는 동글동글하다. 어른벌레 딱지날개에는 털이 많이 나 있다. 애벌레는 물속에서 살면서 물속에 사는 작은 벌레를 잡아먹고 산다.

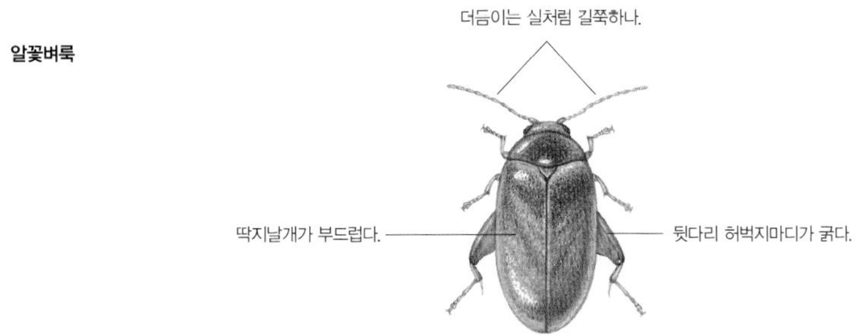

사슴벌레붙이과

사슴벌레붙이과 무리는 온 세계에 500종쯤 알려졌다. 사슴벌레붙이과 무리는 열대, 아열대, 동양구에 사는데, 아열대와 동양구에서 많은 종이 알려졌다. 모든 종이 검은색 또는 밤색인데, 매우 드물게 두 가지 색깔을 띠는 종도 있다. 온몸에는 털이 없어 반짝거리거나 반들거리며, 옆 가두리는 보통 서로 평행한 것이 특징이다. 어른벌레와 애벌레는 잘 썩은 나무 그루터기나 뿌리에 무리 지어 산다. 어른벌레와 애벌레가 같은 곳에서 사는데, 어른벌레가 썩은 나무를 큰턱으로 부스러기로 만들어 가득 채우면 애벌레가 그 부스러기를 먹는다. 그때 어른벌레는 배와 딱지날개를 비벼 소리를 내는데, 이 소리로 애벌레에게 자기 위치를 알린다.

사슴벌레붙이

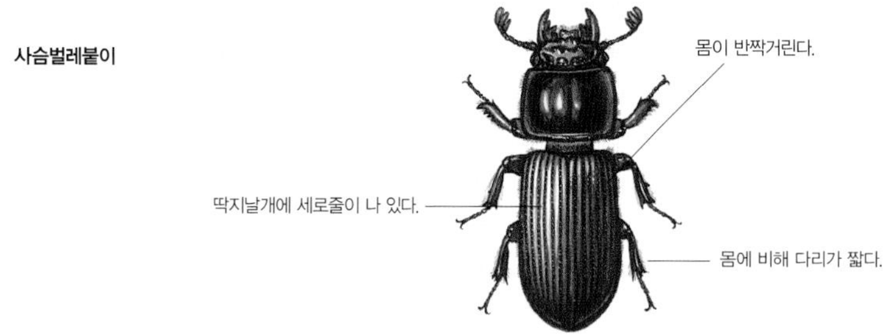

사슴벌레과

사슴벌레과 무리는 온 세계에 1,000종쯤 살고, 우리나라에는 16종쯤 산다. 넓적사슴벌레와 애사슴벌레, 톱사슴벌레를 흔하게 볼 수 있다. 사슴벌레과 무리는 거의 숲속에서 산다. 낮에는 땅속이나 나무구멍 속에서 쉬고 밤에 나뭇진을 먹으려고 나온다. 참나무나 느티나무 같은 나무에 잘 꼬인다. 나무에 흐르는 나뭇진을 작은턱이 붓처럼 바뀐 혀로 핥아 먹는다. 딱딱한 딱지날개 속에 뒷날개가 한 쌍 접혀 있는데, 주로 밤에 나오는 곤충으로 가로등 같은 불빛에 끌려 잘 날아온다.

사슴벌레과 무리는 대부분 몸집이 크다. 수컷은 사슴뿔처럼 생긴 큰턱을 가진 종들이 많다. 큰턱은 먹이를 잡거나 씹지를 못한다. 짝짓기를 할 때 암컷을 두고 수컷끼리 싸울 때 쓰일 뿐이다. 나뭇진을 먹으려고 암컷과 수컷이 모이면 짝짓기를 하려는 수컷끼리 싸움을 벌인다. 큰턱으로 서로를 밀어내거나 들어 올리거나 집어 던지거나 쳐서 떨어뜨린다.

암컷은 수컷보다 큰턱이 훨씬 작다. 알을 낳으려고 나무껍질을 뜯어내거나 파는 데 쓴다. 짝짓기를 마친

톱사슴벌레

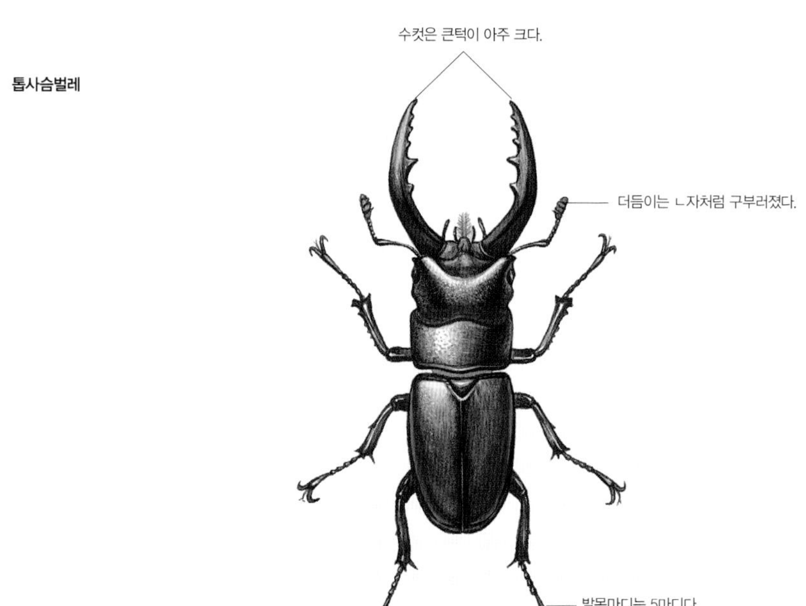

암컷은 나무껍질을 큰턱으로 뜯어내고 그 속에 꽁무니를 대고 알을 하나씩 낳는다. 알을 낳으면 나무 부스러기로 알을 덮는다. 나무둥치 밑이나 가랑잎 속에 알을 낳기도 한다. 두 주쯤 지나면 알에서 애벌레가 나온다. 애벌레는 허물을 두세 번쯤 벗고 어른벌레가 될 때까지 썩은 나무를 갉아 먹으며 큰다. 나무껍질 속에서 한 해부터 2~5년까지 겨울을 난다. 여름이 되면 번데기가 되었다가 3주쯤 지나면 어른벌레로 나온다. 어른벌레가 된 홍다리사슴벌레나 넓적사슴벌레, 애사슴벌레는 1~2년을 살고, 왕사슴벌레는 2~3년을 산다. 사슴벌레나 다우리아사슴벌레, 톱사슴벌레는 여름에 잠깐 살다가 죽는다.

송장풍뎅이과

송장풍뎅이과 무리는 이름처럼 죽은 동물에 꼬이는 딱정벌레다. 송장벌레와 함께 여러 가지 죽은 동물을 깨끗이 먹어 치워서 청소부 노릇을 한다. 온 세계에 330종쯤 살고, 우리나라에는 10종이 산다고 알려졌는데, 수가 아주 적고 사는 모습도 잘 밝혀지지 않았다. 몸 등에 혹처럼 튀어나온 돌기가 오톨도톨 잔뜩 나 있어서 서양 사람들은 '가죽딱정벌레(skin beetle)'라고 한다. 온몸은 밤색이나 잿빛이나 검은색을 띤다. 온몸은 늘 지저분한 오물을 뒤집어쓰고 있다. 더듬이는 10마디인데 마지막 세 마디는 앞쪽으로 길고 두껍게 늘어났다. 그래서 전체적으로 더듬이가 곤봉처럼 생겼다. 배마디에 있는 숨구멍이 배 옆쪽으로 나 있다. 밤에 나와 돌아다니며 죽은 동물에 모여 마른 가죽이나 새 깃털, 뼈 따위를 갉아 먹는다. 밤에 불을 보고 날아오기도 한다. 딱지날개와 배 꽁무니를 비벼서 '찍찍'하고 소리를 낸다. 애벌레로 6~8주를 산다.

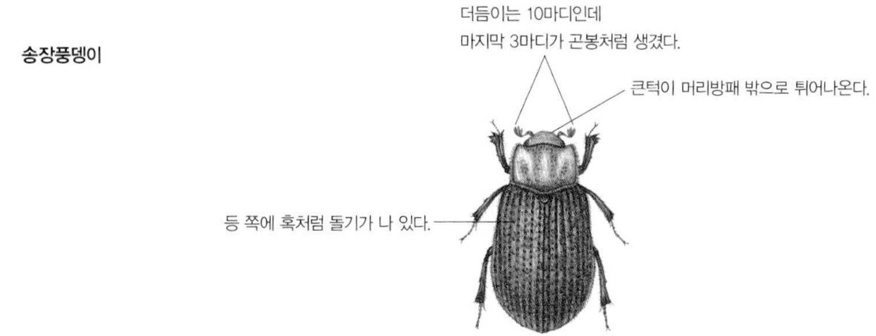

금풍뎅이과

금풍뎅이과 무리는 온 세계에 620종쯤 살고 있고, 우리나라에는 4종이 있다. 과명인 'Geotrupidae'는 땅을 뜻하는 'geos'와 파다는 뜻인 'trypetes'라는 그리스 말에서 왔다. '땅을 파는 벌레'라는 뜻이다.

금풍뎅이과 무리는 햇볕을 받으면 온몸이 아롱다롱 쇠붙이처럼 번쩍거리는 종이 많다. 몸은 둥글고 단단하다. 몸길이는 10~40mm쯤 된다. 다른 많은 딱정벌레는 더듬이가 10마디지만, 금풍뎅이 무리는 11마디다.

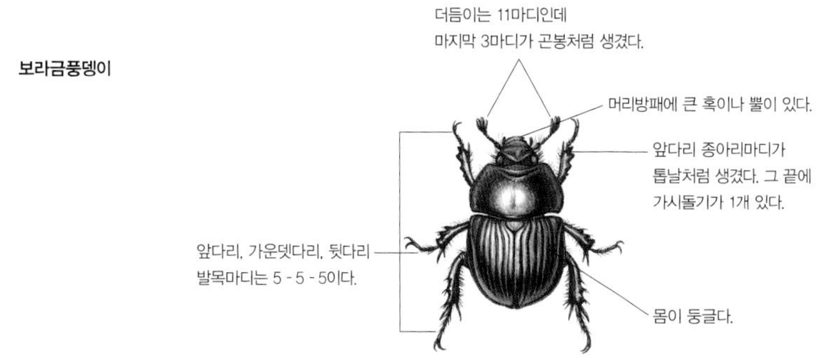

더듬이는 마지막 세 마디가 앞쪽으로 길고 두껍게 늘어나 전체적으로 곤봉처럼 생겼다. 앞다리는 넓적하게 생겨서 땅을 잘 판다. 숨구멍이 배마디 옆쪽에 나 있다. 소똥구리처럼 소나 말 같은 동물 똥을 먹는다. 불빛을 보고 날아오기도 한다. 어른벌레와 애벌레 모두 소리를 내는 종이 많다. 어른벌레는 애벌레가 먹을 수 있게 썩은 잎이나 소나 말, 사람 똥을 소시지처럼 굴속에 모아 놓는다.

소똥구리과

소똥구리과 무리는 소똥이나 말똥이 있는 곳에서 똥을 먹고 산다. 그래서 서양에서는 '똥딱정벌레(dung beetle)'라고 한다. 소똥구리과 무리는 온 세계에 5,000종쯤 사는데, 그 가운데 똥을 굴리는 소똥구리는 200종쯤 된다. 우리나라에는 33종이 사는데 소똥구리, 왕소똥구리, 긴다리소똥구리 3종만 똥을 굴린다. 어른벌레는 똥을 동그랗게 빚어 미리 파 놓은 굴로 똥 경단을 굴려 가거나 똥 바로 아래 구멍을 파고 땅속으로 똥을 가지고 내려가 경단을 만든다. 굴속에 똥을 넣은 다음 똥 경단 옆에 알을 낳고 알 위에 똥을 덧붙여 마치 배꼽이 튀어나온 서양배처럼 다져 놓는다. 알에서 나온 애벌레는 소똥 경단을 먹고 자란다. 소똥구리는 지저분한 똥을 치워 청소부 노릇을 하고, 또 똥을 땅에 묻어 땅을 기름지게 만든다. 숨구멍이 배마디 옆으로 나 있다.

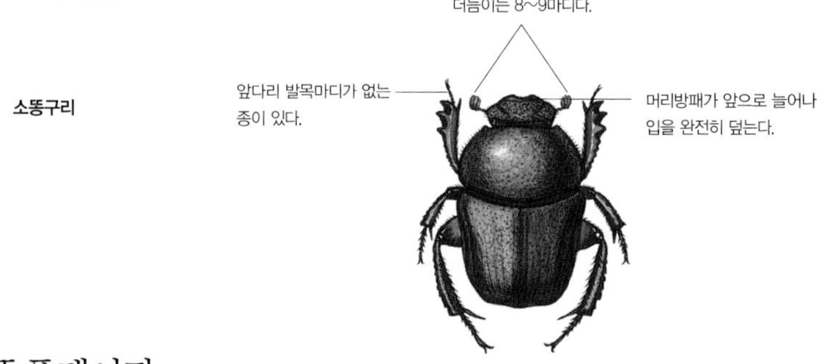

똥풍뎅이과

똥풍뎅이과 무리는 온 세계에 3,200종쯤이 살고, 우리나라에는 50종쯤 산다. 거의 모든 종은 똥을 먹고 살지만, 몇몇 종은 썩은 식물성 물질을 먹기도 한다. 매우 드물게는 식물 뿌리를 갉아 먹는다. 호주에 사는 'Aphodius howitti'라고 하는 종은 풀밭 해충으로 알려졌다. 보통은 동물 똥이나 그 둘레에서 볼 수 있지만, 드물게 흰개미나 개미집, 땅을 파서 집을 짓는 젖먹이동물 굴에서도 볼 수 있다.

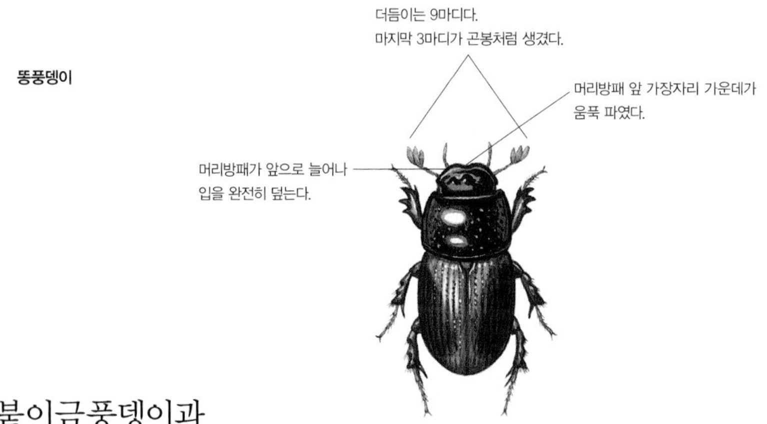

붙이금풍뎅이과

붙이금풍뎅이과 무리는 우리나라에 2종이 산다. 몸은 높고 길다. 더듬이는 9마디 또는 10마디이다. 더듬이는 끝 세 마디가 앞쪽으로 길게 늘어나 전체적으로 곤봉처럼 생겼고, 가루나 털 따위로 덮여 있다. 발목마디는 앞다리, 가운뎃다리, 뒷다리가 5-5-5마디이다. 종아리마디에 있는 며느리발톱은 앞다리에 1개, 가운뎃다리와 뒷다리에 2개 있다. 종 수는 적지만 온 세계에 산다.

검정풍뎅이과

검정풍뎅이과 무리는 온 세계에 11,000종쯤 살고, 우리나라에는 50종쯤 산다. 몸집이 작은 것부터 큰 것까지 여러 가지다. 열대 지방에 사는 것들은 몸빛이 화려한 종도 있지만, 우리나라에 사는 것들은 몸빛이 거의 거무스름하다. 숨구멍이 배 위쪽으로 나 있다. 산이나 들에서 살면서 어른벌레는 여러 가지 식물 잎을 갉아 먹는다. 애벌레는 식물 뿌리를 먹고 사는데, 밭에 기르는 곡식과 채소 뿌리를 갉아 먹기도 한다.

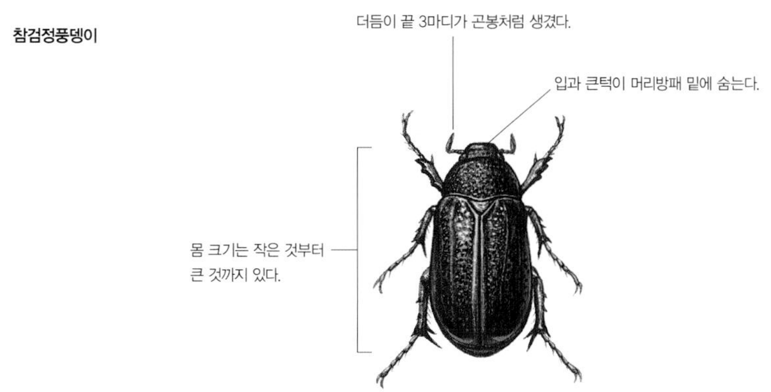

장수풍뎅이과

장수풍뎅이과 무리는 온 세계에 2,000종이 넘게 살고 있다고 한다. 장수풍뎅이과 무리는 암컷과 수컷 생김새가 다른 종들이 많다. 이것을 '성적 이형(sexual bimorphism)'이라고 한다. 이런 종들은 수컷이 암컷보다 몸집이 크고 이마방패와 앞가슴등판에 큰 뿔이 나 있다. 세상에서 가장 큰 딱정벌레로 알려진 '헤라클레스장수풍뎅이'는 뿔까지 잰 몸길이가 100mm가 넘는다. 큰 몸집에 비해 좋아하는 먹이는 썩은 유기물이나 살아 있는 식물이다. 열대 지역에 사는 종 가운데 야자열매나 사탕수수를 좋아하는 종도 있어 해충 취급을 받지만, 꽃에 꽃가루를 날라 꽃가루받이를 시켜 주는 종도 있다.

풍뎅이과

풍뎅이과 무리에는 여러 종류의 풍뎅이아과 무리가 딸려 있다. 줄풍뎅이아과 무리, 콩풍뎅이아과 무리, 다색풍뎅이아과 무리, 금줄풍뎅이아과 무리가 많이 사는데 그 가운데 줄풍뎅이아과 무리가 가장 많다. 종류는 갖가지라도 사는 모습은 다 비슷하다. 낮은 산이나 들판에 사는데 과일나무나 마당에 심은 나무에도 많다. 어른벌레는 풀잎이나 나뭇잎을 갉아 먹고, 애벌레는 땅속에서 뿌리를 갉아 먹으며 자란다.

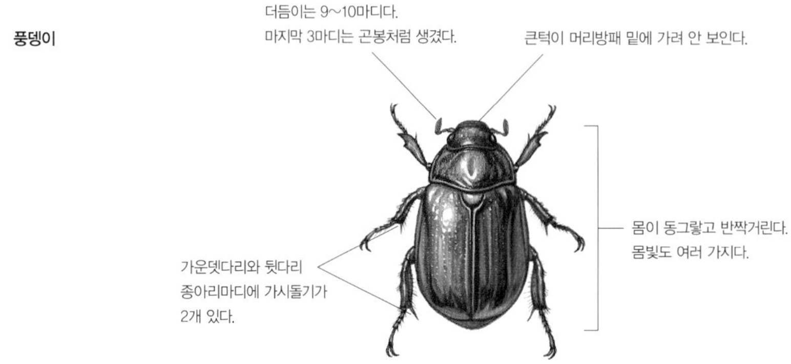

꽃무지과

꽃무지과 무리는 우리나라에 20종쯤이 알려졌다. 꽃무지 무리는 이름처럼 꽃에 날아와 꽃가루나 꿀, 꽃잎을 먹는다. 등과 딱지날개에 하얀 무늬가 흩어져 있는 종이 많아 꽃 위에 앉았을 때 보호색 역할을 한다.

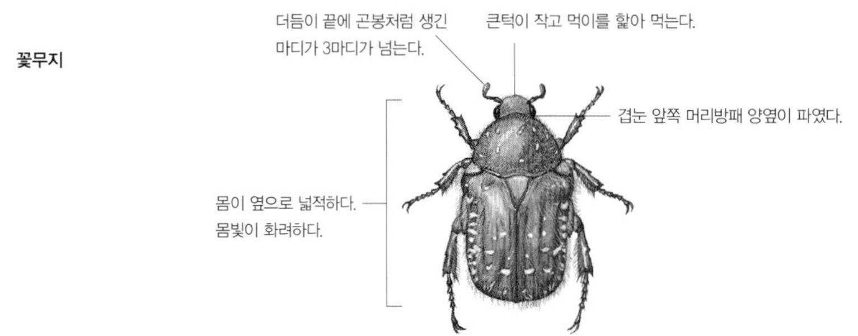

날렵하게 날지 못해서 한 꽃에 한번 앉으면 오래도록 앉아 꽃가루를 먹는다. 잘 익은 과일에도 날아온다. 애벌레 때에는 땅속에 살면서 썩은 가랑잎이나 나무 부스러기를 먹고 산다. 다른 풍뎅이들은 밤에 돌아다니는 것이 많지만 꽃무지들은 낮에 돌아다니는 것이 많다.

여울벌레과

여울벌레과 무리는 온 세계에 1,200종쯤 살고, 우리나라에는 6종쯤 산다. 애벌레는 물살이 빠른 강이나 시냇가, 연못 물속에 있는 자갈이나 호박돌, 바위 밑에서 산다. 물속에서도 숨을 쉴 수 있다. 돌에 딱 붙어 거의 움직이지 않고 지낸다. 돌에 붙은 이끼나 다슬기 같은 여러 가지 동물이나 벌레를 잡아먹고, 때때로 썩은 식물 부스러기를 먹기도 한다. 다 자란 애벌레는 물가나 강기슭으로 올라가서 번데기가 되었다가 어른벌레로 날개돋이해서 날아간다.

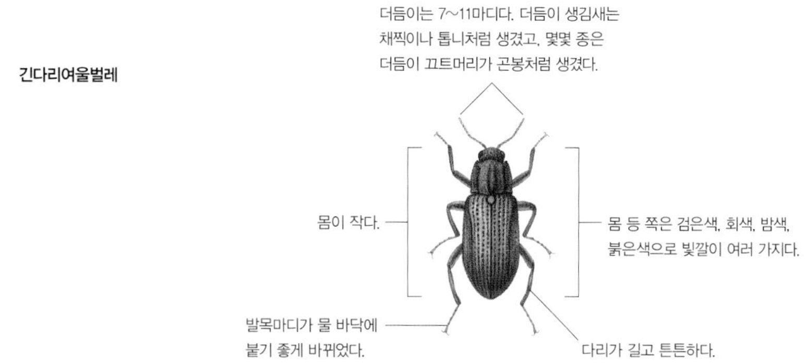

물삿갓벌레과

애벌레 생김새가 꼭 삿갓을 쓴 것처럼 생겼다고 '물삿갓벌레'라는 이름이 붙었다. 물삿갓벌레과 무리는 우리나라에 5종쯤 사는 것으로 알려졌다. 여울벌레나 진흙벌레처럼 애벌레 때에는 물속에서 살다가 물 밖으로 나와 어른벌레로 날개돋이한다. 애벌레는 강이나 시냇가 물속 바위에 딱 붙어살면서 썩은 식물 부스러기나 이끼, 작은 동물 따위를 먹고 산다. 몸 아래쪽은 넓적해서 바위에 착 달라붙는다. 다 큰 애벌레는 물 밖으로 나와 번데기가 된 뒤 어른벌레로 날개돋이한다. 짝짓기를 마친 암컷은 물가 바위에 알을 낳고 죽는다.

진흙벌레과

진흙벌레과 무리는 우리나라에 2종이 알려졌다. 애벌레는 강이나 시냇가 물속 진흙이나 모래 속에서 살면서 썩은 식물 부스러기나 이끼 따위를 먹는다. 다 자란 애벌레는 물 밖으로 나와 어른벌레로 날개돋이한다. 어른벌레가 되어도 4~6mm밖에 안 되어서 눈에 잘 띄지 않는다. 배마디 옆면에 비벼서 소리를 낼 수 있는 기관이 한 쌍 있어서 소리를 낼 수 있다.

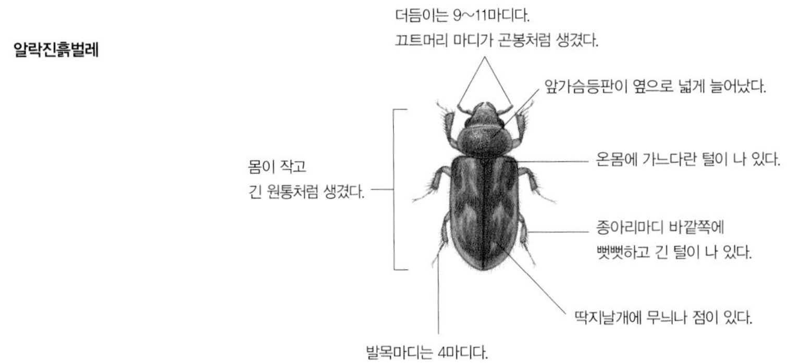

비단벌레과

몸빛이 비단처럼 예쁘다고 '비단벌레'라는 이름이 붙었다. 비단벌레과 무리는 온 세계에 12,000종쯤이 알려졌고, 우리나라에는 80종 넘게 알려졌다. 비단벌레 무리는 따뜻한 날씨를 좋아하는 종류가 많아 우리나라 남쪽으로 갈수록 많은 종을 볼 수 있다.

비단벌레 무리는 낮에 돌아다니는데, 넓은 잎 식물을 좋아해서 잎 위에서 짝짓기를 하고 암컷은 줄기나 잎맥, 애벌레가 먹는 식물 둘레 땅에 알을 낳는다. 거의 모든 종 애벌레가 나무줄기나 나무껍질 밑에서 나무 안쪽을 파먹고 산다. 애벌레는 머리가 아주 작고 눈과 다리가 없다. 몸은 하얗거나 노르스름하다.

어른벌레는 몸이 위아래로 납작하고, 앞뒤로 길쭉하다. 더듬이는 아주 짧다. 머리 앞쪽이 거의 반듯하다. 다른 딱정벌레는 딱지날개 아래에 속날개가 접혀 있는데, 비단벌레 무리는 속날개가 접혀 있지 않다. 딱지날개는 구릿빛이나 풀색, 파란색, 붉은색 따위를 띠는데, 쇠붙이처럼 아주 반짝거린다. 그래서 옛날 사람들은 비단벌레를 '옥충(玉蟲)'이라고 했고, 잡아서 가구나 옷에 장신구로 썼다.

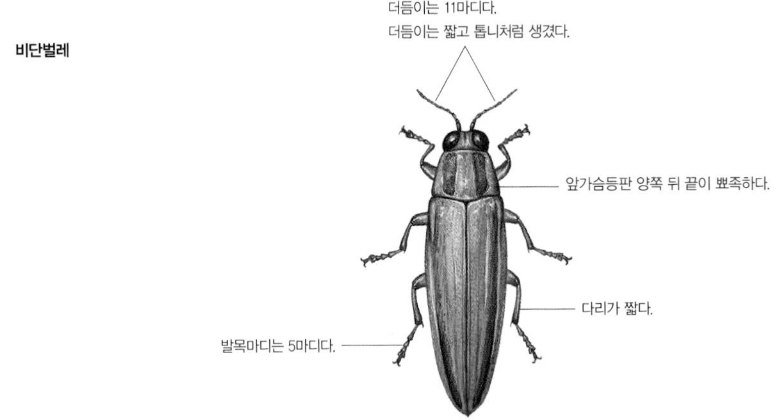

방아벌레과

방아를 찧듯이 '딱' 하는 소리를 내며 튀어 올랐다가 떨어진다고 '방아벌레'다. 똑딱 소리를 낸다고 '똑딱벌레'라고도 한다. 앞가슴 배 쪽에 기다란 돌기가 있다. 앞가슴과 가운데가슴 근육을 세게 당기면, 이 돌기가 마치 지렛대처럼 당겨지면서 높이 튀어 오른다.

방아벌레과 무리는 온 세계에 9,000종쯤 산다. 우리나라에는 100종쯤이 알려졌다. 방아벌레 무리는 몸이 납작하고 길쭉하며 단단하다. 어른벌레는 산이나 들판에서 볼 수 있다. 땅속이나 썩은 나무, 나무껍질 밑에서 산다. 나무줄기나 풀 위에 앉아 있는 일도 잦다. 더러는 개울가 모래땅에 사는 종류도 있지만 크기가 작아서 눈에 잘 띄지는 않는다. 저마다 몸 크기와 입맛이 다르다. 꽃가루나 꿀을 먹기도 하고, 진딧물 같은 작은 벌레를 잡아먹기도 한다. 밤에 나와 돌아다니고 낮에 잎 위에서 보이기도 한다. 밤에 불빛을 보고 날아오기도 한다. 애벌레는 땅속이나 나무껍질 밑, 썩은 나무속에서 산다. 몸이 길고 매끈하고 단단해서 '철사벌레'라고도 한다. 나무속을 파고 다니며 하늘소 애벌레나 거저리 애벌레, 사슴벌레 애벌레 따위를 잡아먹는다.

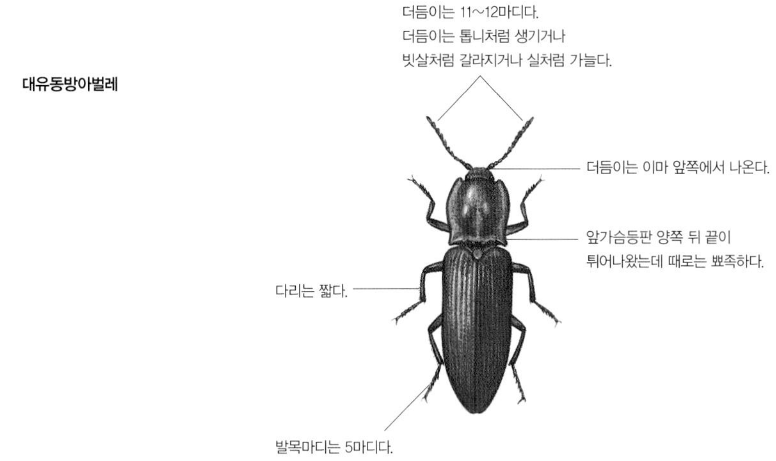

홍반디과

홍반디과 무리는 몸이 작고 길쭉하며 빛깔이 빨갛다. 눈에 잘 띄는 색깔을 가진 것은 몸에 독을 가지고 있다고 알리는 것이다. 홍반디과 무리는 사람이 나타나도 서둘러 도망치지 않고 손으로 잡으면 고약한 냄새를 피운다. 또 몸에서 쓴맛이 나는 물을 낸다.

홍반디과 무리는 온 세계에 3,000종쯤 사는데, 거의 열대 지방에서 산다. 우리나라에는 10종이 알려졌다. 그 가운데 흔히 보이는 종은 5종이다. 몸이 붉거나 까만 것이 많다. 더듬이는 톱날처럼 생겼거나 빗살처럼 생겼다. 딱지날개 맥 가운데 가로맥이 잘 발달해서 세로맥과 함께 마치 그물처럼 얽혀 있다. 그래서 영어로 'net wing beetle'이라고도 한다. 얼핏 보면 반딧불이와 비슷하게 생겼고 '반디'라는 이름이 붙었지만 반딧

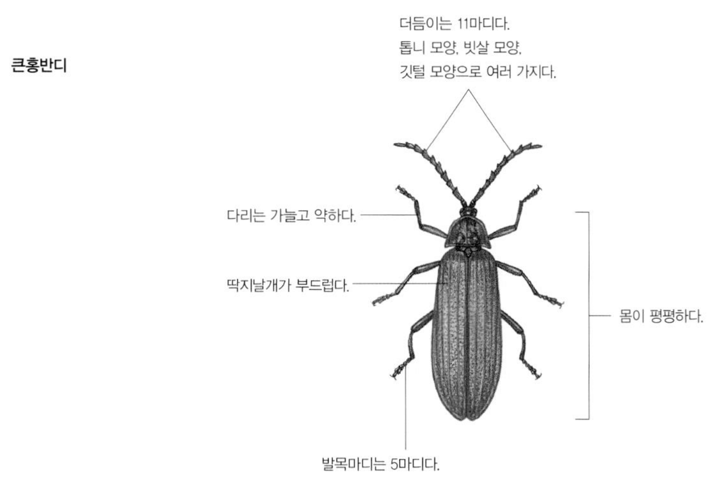

불이와 달리 밤에 빛을 내지 못한다. 또 홍날개와도 생김새가 무척 닮았다.

홍반디과 무리는 나무가 우거진 산속에서 산다. 밤에는 쉬고 낮에만 나무 그늘 밑으로 날아서 돌아다닌다. 또 여름날 낮에 나뭇잎 위에 앉아 있는 모습을 볼 수 있다. 어른벌레는 나뭇잎이나 썩은 나무 위에서 살지만, 애벌레는 나무껍질 밑이나 썩은 나무속에서 산다. 애벌레가 다 자라면 나무껍질 밑에서 번데기가 된다. 이듬해 늦봄에 어른벌레로 날개돋이해서 나온다. 한 해에 한 번 어른벌레가 된다.

반딧불이과

반짝반짝 빛을 낸다고 '반딧불이'다. 알, 애벌레, 번데기, 어른벌레 모두 빛을 낸다. 어른벌레는 축축한 곳을 좋아하는데 옛날에는 길가에 싸 놓은 개똥 밑에서 보이기도 해서 '개똥벌레'라고도 했다. 반딧불이과 무리는 거의 모두 꽁무니에서 빛을 낸다. 짝짓기를 하려고 보내는 신호다. 여름밤에 여러 마리가 떼 지어 불빛을 깜박이며 난다. 풀잎에 앉아 있기도 하고 짝을 찾아 날기도 한다. 물낯에 비친 자기 꽁무니 불빛을 보고 쫓아가다가 물에 빠져 죽기도 한다. 느리게 날아서 아이들도 손으로 잡을 수 있을 정도다. 반딧불이가 내는 불빛은 뜨겁지 않아서 손으로 잡아도 괜찮다. 꽁무니 세포 속에 있는 '루시페린'이라는 물질이 '루시페라제'라는 효소 도움을 받아 산소와 화학 작용을 일으켜 빛을 낸다고 한다. 빛을 내는 데 힘을 많이 쏟기 때문에 낮에는 나뭇잎, 풀잎, 돌 밑 같은 곳에서 꼼짝 않고 쉰다.

반딧불이과 무리는 온 세계에 2,000종쯤 산다. 우리나라에는 애반딧불이, 늦반딧불이, 꽃반딧불이, 운문산반딧불이 같은 반딧불이가 5종 산다. 애반딧불이는 깜박깜박 빛을 내고, 늦반딧불이는 깜박이지 않고 줄곧 빛을 낸다. 늦반딧불이는 우리나라에 사는 반딧불이 가운데 몸집이 가장 크다. 운문산반딧불이가 가장 먼저 나타나고, 늦반딧불이가 가장 늦어 늦여름이나 가을에 나온다. 애반딧불이는 암컷과 수컷 모두 날 수 있지만, 북방반딧불이, 늦반딧불이, 운문산반딧불이 암컷은 뒷날개가 없어서 날지 못하고, 북방반딧불이와 늦반딧불이 암컷은 딱지날개까지 퇴화해서 마치 애벌레처럼 생겼다. 수컷과 달리 날지 못하고 땅바닥을 기어 다니면서 빛을 낸다. 또 애반딧불이 애벌레만 물속에서 살고, 나머지는 땅 위에서 산다.

반딧불이과 어른벌레는 한 해에 한 번 생긴다. 논이나 개울이나 골짜기 가까이에서 산다. 낮에는 거의 숨어서 쉬고 밤에 나와 빛을 내며 날아다닌다. 불빛에는 잘 날아오지 않는다. 어른벌레가 되면 이슬만 먹고 거의 아무것도 안 먹는다. 그리고 짝짓기를 한 뒤 알을 낳고 죽는다. 여름에 짝짓기를 마친 암컷은 이삼일 뒤 물가나 논둑 둘레에 있는 이끼나 풀뿌리에 알을 300~500개쯤 낳는다. 알에서 나온 애벌레는 물속이나 땅에

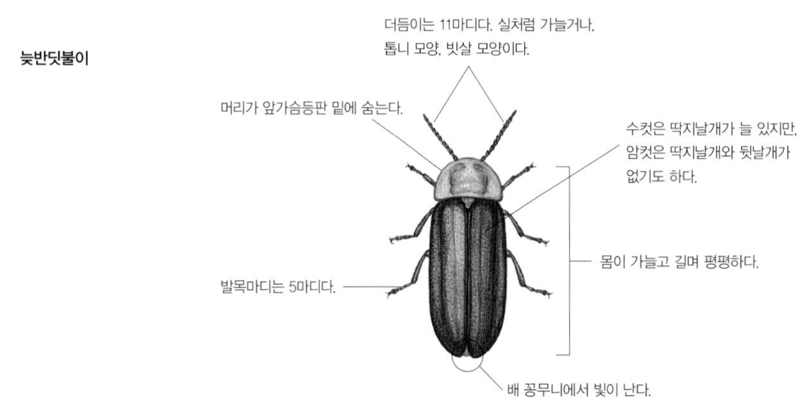

서 산다. 애벌레도 꽁무니에서 빛을 낸다. 반딧불이과 애벌레 가운데 애반딧불이 애벌레만 물속에 살면서 다슬기나 우렁이, 물달팽이를 잡아먹는다. 운문산반딧불이나 늦반딧불이 애벌레는 땅 위에서 달팽이를 잡아먹는다. 겨울이 되면 물이 얕은 곳이나 물이 말라붙은 논바닥 속에서 겨울잠을 잔다. 이듬해 늦은 봄에 땅 위로 올라와 흙으로 고치를 만들고, 그 속에서 번데기가 된다. 열흘쯤 지나면 어른벌레가 된다. 전라북도에 있는 '무주군 설천면 일원의 반딧불이와 그 먹이(다슬기) 서식지'는 1982년에 천연기념물 322호로 정했다.

병대벌레과

병대벌레과 무리는 우리나라에 37종이 산다고 알려졌다. 북녘에서는 잎에 사는 반딧불이라고 '잎반디'라고 한다. 하지만 반딧불이와 달리 꽁무니에서 빛을 내지는 못한다.

병대벌레과 무리는 딱지날개가 아주 부드럽고 약하다. 몸은 가늘고 길며 납작하다. 몸은 단단하고 저마다 몸빛과 무늬가 다르다. 겹눈은 툭 튀어나왔다. 산이나 들판에서 살고, 밤에 불빛을 보고 날아오기도 한다. 어른벌레는 4월 말부터 보이는데, 5~6월에 거의 모든 병대벌레를 볼 수 있다. 한여름에는 잘 안 보인다. 무리를 지어서 다른 벌레를 잡아먹는다. 그래서 영어로는 '군인벌레(Soldier beetle)'라고 한다. 하지만 꽃가루를 먹는 종도 있다. 여름이 되기 전에 짝짓기를 마치고 땅에 알을 낳는다. 어른벌레는 알을 낳으면 죽는다. 알에서 나온 애벌레는 땅 위를 기어 다니면서 작은 벌레나 다른 곤충이 낳아 놓은 알을 먹고 자란다. 종령 애벌레가 되면 돌 밑에서 겨울을 나고 이듬해 3월 즈음에 땅속으로 기어들어가 번데기 방을 만든다. 번데기가 된 뒤 4월 즈음에 어른벌레로 날개돋이한다.

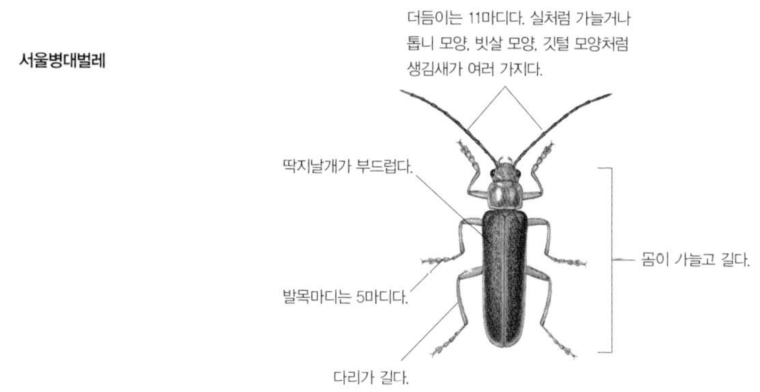

수시렁이과

수시렁이과 무리는 온 세계에 800종쯤이 살고, 우리나라에 20종쯤이 산다. 몸길이가 5mm쯤 되는 작은 종들이 많다. 온몸은 아주 작은 비늘로 덮여 있다. 비늘 색깔이 군데군데 달라서 마치 무늬처럼 보인다. 더듬이는 11마디인데, 더듬이 끄트머리 마디는 크거나 굵다. 어른벌레는 다른 딱정벌레 무리와 달리 겹눈 한 쌍 말고도 정수리에 홑눈이 한 개 있다. 애벌레는 굼벵이처럼 생겼는데, 등 쪽 마디마다 길고 빳빳한 밤색 털이 나 있다. 애벌레는 5~10번쯤 허물을 벗고 자란다. 거의 모든 수시렁이가 두 달쯤 지나면 어른벌레가 된다.

수시렁이과 무리 어른벌레는 거의 꽃꿀이나 꽃가루를 먹는다. 그 가운데 *Dermestes*속 몇몇 종만이 마른 동물성 물질을 먹기도 한다. 수시렁이 무리가 청소부로 알려진 까닭은 애벌레가 먹는 먹이 때문이다. 수시렁이 애벌레는 죽어서 마른 동물이나 가죽, 건어물, 모직물, 모피, 비단, 깃털, 곤충 표본, 거미줄, 심지어 갈무리한 곡식까지 물기 없이 마른 것을 좋아한다. 몇몇 종 애벌레는 나비나 사마귀 알집에 들어가 알을 파먹기도 한다. 옛날에 모시나 면 같은 식물성 천으로 된 옷이 많을 때는 '좀'이 옷을 갉아 먹었는데, 요즘은 모피나 가죽, 새 깃털 따위로 만든 옷이 많아지면서 '좀' 대신 수시렁이가 옷을 갉아 먹는다. 그래서 가끔 집안 옷장에서도 수시렁이가 보인다.

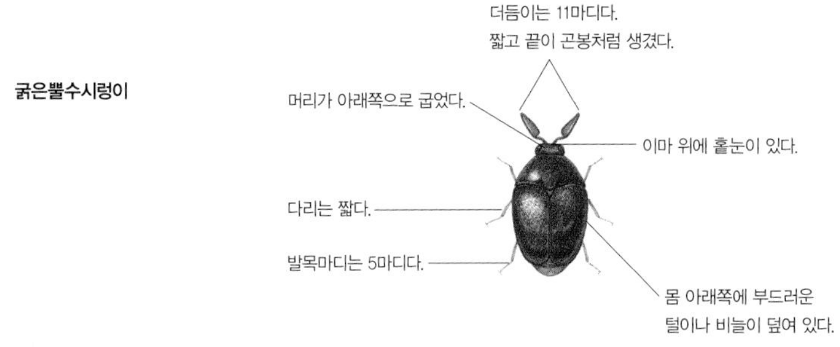

빗살수염벌레과

빗살수염벌레과 무리는 온 세계에 1,600종쯤 살고, 우리나라에는 5종쯤 산다. 거의 모든 종이 몸집이 작고 온몸에 털이 많아 북실북실한 느낌이 난다. 애벌레는 보통 죽은 식물을 먹고 자라는데, 몇몇 종은 살아 있는 나무를 먹기도 하고, 곰팡이를 먹기도 하고, 갈무리한 곡식을 좋아하는 종도 있다. 몇몇 종은 담배, 곡식, 씨앗 같은 저장물을 갉아 먹어 피해를 주기도 한다. 우리나라에서는 권연벌레가 잘 알려진 해충으로 오래된 문화재나 책, 한약재 따위를 갉아 먹는다. 유럽에서는 '사번충'이 통나무로 지은 오래된 목조 건물을 갉아 먹는 해충으로 알려졌다. '사번충'은 짝짓기를 하려는 수컷이 '딱딱딱' 소리를 꾸준히 되풀이해서 내며 암컷을 찾는다. 이 소리를 들은 옛날 유럽 사람들은 마음이 조마조마해 책상을 두드리는 소리와 비슷하다고 'death-watch beetle'이라고 했다.

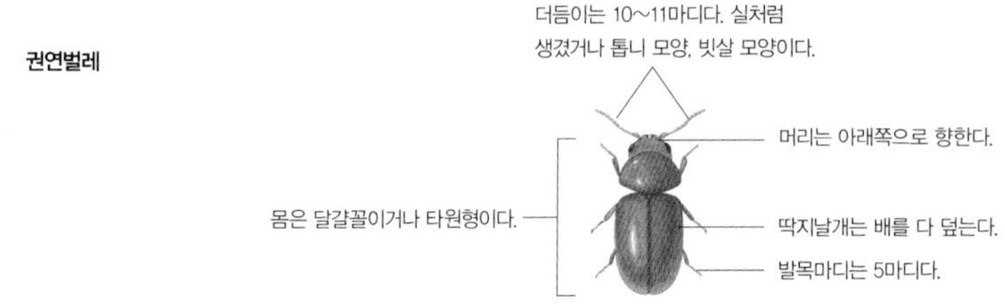

표본벌레과

표본벌레과 무리는 온 세계에 500종쯤 살고, 우리나라에는 4종쯤 알려졌다. 생김새가 거미를 닮아서 영어로는 '거미딱정벌레(Spider beetle)'라고도 한다. 어른벌레와 애벌레 모두 물기 없이 말라 있는 동물이나 식물성 물질을 먹는데, 몇몇 종은 갈무리한 곡식을 먹기도 한다. 가끔씩 모직물이나 책을 갉아 먹기도 한다. 애벌레는 동물 똥이나 새나 젖먹이동물, 개미와 같은 사회성 곤충 둥지에서도 드물게 볼 수 있다.

쌀도적과

쌀도적과 무리는 온 세계에 600종쯤 살고, 우리나라에 4종이 알려졌다. 어른벌레는 넙치처럼 넓적한 종부터 원통 막대기처럼 생긴 종까지 생김새가 여러 가지이지만, 곤봉처럼 생긴 더듬이와 발목마디 수가 4-4-4여서 다른 딱정벌레와 구분할 수 있다. 쌀도적과 무리는 보통 나무껍질 밑, 곤충이 나무에 구멍을 파서 생긴 굴, 곰팡이 따위에서 볼 수 있고, 몇몇 종만 갈무리한 곡식에서 산다. 애벌레는 보통 다른 곤충을 잡아먹거나 곰팡이를 먹는데, 갈무리한 곡식에 사는 몇몇 종은 거기에 사는 벌레를 잡아먹으면서 갈무리한 곡식도 먹는 잡식성이다.

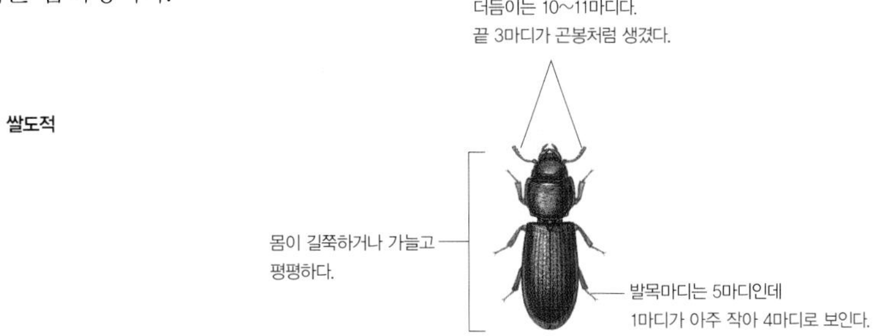

개미붙이과

생김새가 개미와 닮았다고 '개미붙이'다. 개미붙이과 무리는 온 세계에 4,000종쯤 살고, 우리나라에는 24종쯤이 알려졌다. 어른벌레가 마치 체크무늬 옷을 입고 있는 것처럼 보인다고 영어로는 '체크무늬 딱정벌레(checkered beetle)'라고 한다. 주로 죽은 나무 껍질 밑, 나무에 곤충이 판 굴, 곰팡이 덩어리, 거름흙, 죽은 동물, 꿀벌이나 말벌, 흰개미 같은 사회성 곤충 둥지, 여러 가지 갈무리한 곡식 같은 곳에서 볼 수 있다. 몇몇 종은 꽃가루를 먹기 위해 꽃에 날아오기도 한다. 어른벌레와 애벌레 모두 나무좀을 잡아먹는 천적으로 알려졌다. 나무껍질 밑이나 나무속을 돌아다니면서 나무좀뿐만 아니라 하늘소나 버섯벌레, 거저리 애벌레를 잡아먹는다.

의병벌레과

의병벌레과 무리는 온 세계에 5,000종쯤 살고 있고, 우리나라에는 7종이 알려졌다. 딱지날개가 딱딱하지

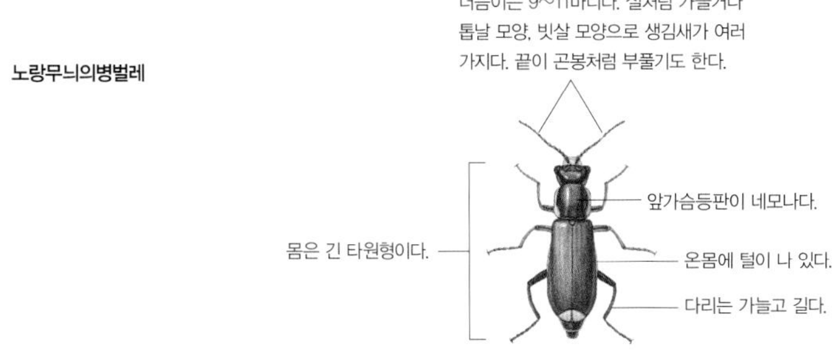

않고 물렁물렁해서 영어로는 'soft-winged beetle'이라고도 한다. 보통 어른벌레와 애벌레 모두 다른 작은 곤충을 잡아먹는데, 몇몇 종들은 꽃가루를 좋아하기도 한다. 식물을 좋아하는 종들 가운데 밀이나 벼에 피해를 주어 북미나 호주에서는 해충으로 알려진 종도 있다. 봄에 짝짓기를 하는데, 몇몇 종은 수컷 이마에서 나오는 물질을 암컷이 받아먹은 뒤 짝짓기한다. 애벌레는 흙, 거름흙, 나무껍질 밑에서 보이는데, 다른 작은 곤충 어른벌레나 애벌레를 잡아먹는다.

밑빠진벌레과

딱지날개가 배마디를 다 덮지 못하고 짧아서 꼭 밑이 빠진 것처럼 보인다고 '밑빠진벌레'라는 이름이 붙었다. 밑빠진벌레과 무리는 온 세계에 2,700종쯤 살고, 우리나라에 53종이 알려졌다. 대부분 몸집이 5mm가 안 될 만큼 작고 납작하며 동글동글하다. 딱지날개에 무늬가 없는 종들은 눈으로 구별하기가 쉽지 않다. 대부분 몸빛이 나무껍질과 비슷해서 눈에 잘 안 띈다. 딱지날개에 불그스름한 무늬가 있는 종도 있다. 더듬이는 11마디이고, 마지막 3마디가 부풀어서 꼭 곤봉처럼 생겼다. 산이나 들판에 살면서 어른벌레나 애벌레 모두 꽃가루나 썩은 과일, 나뭇진, 죽은 동물, 썩은 나무에 붙은 균류 따위를 먹고 산다. 어두운 숲속 나무에서 흐르는 나뭇진에 자주 보인다. 나뭇진에 잘 모인다고 서양에서는 '수액 먹는 딱정벌레(Sap Beetle)'라고 한다. 밤에 불빛으로 날아오기도 한다.

허리머리대장과

허리머리대장과 무리는 우리나라에 넓적머리대장, 큰턱허리머리대장, 우수리허리머리대장, 긴허리머리대장, 맵시허리머리대장 이렇게 5종이 알려졌다. 얼마 전까지 머리대장과에 속하던 무리다. 대부분 넓은잎나무 나무껍질 밑에 살면서 벌레를 잡아먹고 사는 것으로 알려졌다. 몸길이는 5mm쯤밖에 안 될 만큼 작다. 몸에 비해 더듬이는 길다. 몸이 위아래로 납작해서 나무껍질 밑에서 살기 알맞다. 제법 빠르게 돌아다니고 턱이 크고 튼튼해서 힘없는 벌레를 잡아먹는다.

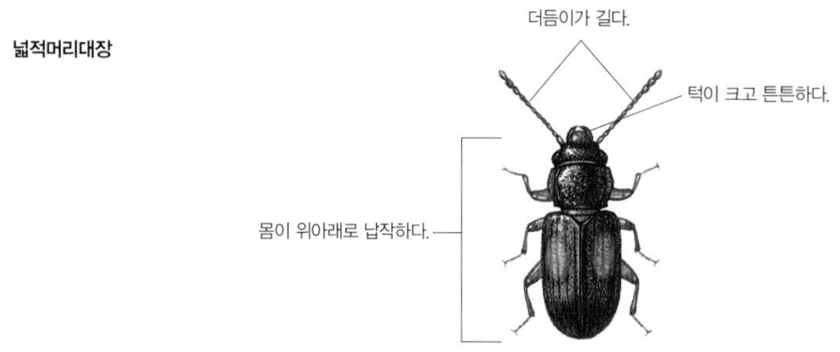

머리대장과

몸에 비해 머리가 커서 '머리대장'이라는 이름이 붙었다. 머리대장과 무리는 우리나라에 3종쯤 산다. 모두 나무껍질 밑에서 살면서 여러 가지 힘없는 애벌레를 잡아먹는다. 나무껍질 밑에 살기 좋도록 몸은 위아래로 납작하고, 나무를 파기 좋도록 머리는 커졌다. 더듬이는 10~11마디다. 딱지날개 끝은 둥그스름하고 배를 다 덮는다. 배는 5마디로 되어 있고, 발목마디는 5마디다.

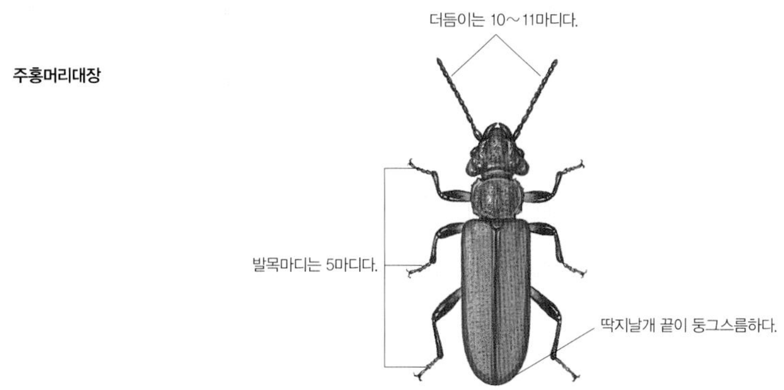

나무쑤시기과

나무쑤시기과 무리는 이름처럼 나무를 파고 사는 딱정벌레다. 나무를 잘 쑤실 수 있도록 큰턱이 잘 발달해서 머리가 뾰족한 것처럼 보인다. 우리나라에 3종이 알려졌다. 머리가 작고, 더듬이는 끝 4마디가 곤봉처럼 부풀었다. 배는 5마디다. 딱지날개 위쪽에는 동그란 무늬가 2쌍씩 있다. 발목마디는 5마디다.

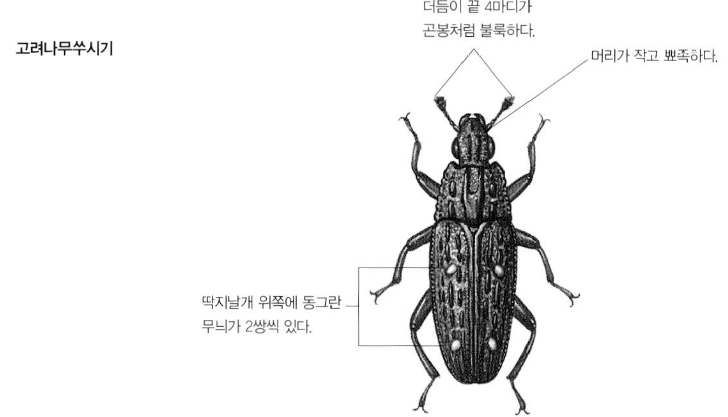

쑤시기붙이과

쑤시기붙이과 무리는 나무쑤시기과 무리와 생김새가 닮았다. 온 세계에 16종쯤이 알려졌고, 우리나라에 2종이 알려졌다. 크기가 작고, 온몸에 털이 나 있다. 여러 가지 꽃에서 많이 보인다. 짝짓기를 하면 꽃에 알을 낳는다. 두 주쯤 지나면 알에서 애벌레가 깨어 나온다. 애벌레는 어린잎이나 꽃, 열매를 갉아 먹는다. 여름이 되면 땅에 떨어져 땅속에 들어가 번데기가 되어 겨울을 난다고 한다.

방아벌레붙이과

방아벌레붙이과 무리는 온 세계에 400종쯤 살고, 우리나라에 7종이 알려졌다. 몸은 가늘고 길며 단단하고 납작하다. 온몸은 쇠붙이처럼 반짝거리고, 몸 끝과 발목마디를 빼고는 털이 없다. 더듬이는 11마디인데, 위쪽 3~6마디는 곤봉처럼 부풀어 올랐다. 머리 뒤쪽과 뒷날개에 소리를 내는 판이 있다. 그래서 머리와 앞가슴, 뒷날개와 딱지날개를 비벼서 소리를 낸다.

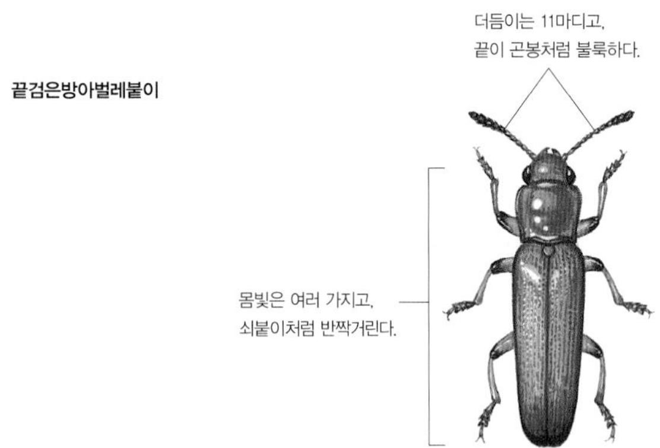

끝검은방아벌레붙이

버섯벌레과

버섯벌레과 무리는 온 세계에 2,500종쯤이 살고, 우리나라에는 25종쯤이 알려졌다. 이름처럼 버섯벌레 무리는 썩은 나무나 나무뿌리에서 자라는 버섯을 먹고 산다. 버섯이 자라는 산이나 들판에서 볼 수 있다. 저마다 생김새나 크기, 몸빛이 다르다. 더듬이는 11마디고, 끝 3~4마디가 곤봉처럼 부풀었다. 밤에 불빛으로 날아오기도 한다.

털보왕버섯벌레

무당벌레붙이과

무당벌레붙이과 무리는 무당벌레와 생김새가 닮았지만, 더듬이가 더 길다. 온 세계에 1,780종쯤 살고, 우리나라에 10종이 알려졌다. 몸은 달걀꼴이고 길쭉하며 볼록하다. 딱지날개는 반들반들 반짝거리는데 때때로 솜털이 나 있다. 발목마디는 앞다리, 가운뎃다리, 뒷다리가 4마디씩이다. 산이나 들판에서 볼 수 있다. 밤에 불빛으로 날아오기도 한다.

무당벌레붙이

무당벌레과

무당벌레과 무리는 온 세계에 5,000종쯤이 살고, 우리나라에는 90종쯤 산다. 산이나 들판에 살고, 밤에 불빛으로 날아오기도 한다. 대부분 진딧물이나 나무이, 뿌리혹벌레, 깍지벌레 따위를 잡아먹는 육식성인데, 곱추무당벌레아과에 속하는 종들은 식물을 먹는다. 30종이 진딧물을 잡아먹고, 13종이 깍지벌레를 많이 잡아먹는다. 애벌레도 어른벌레처럼 진딧물을 잡아먹는다. 우리나라에 가장 흔한 무당벌레는 '칠성무당벌레'와 '무당벌레'다. 무당벌레과 무리는 몸이 볼록하고, 딱지날개는 반들반들하다. 딱지날개에 동그란 무늬가 있는 종이 많다. 몸빛은 여러 가지다. 더듬이는 11마디인데, 때때로 10마디, 9마디, 8마디로 된 종도 있다. 발목마디는 4마디다.

무당벌레는 몸빛이 빨개서 마치 무당이 입는 옷을 떠올린다고 붙은 이름이다. 생김새가 꼭 엎어 놓은 됫박을 닮았다고 '됫박벌레'라고도 한다. 또 몸에 까만 점무늬가 있어서 북녘에서는 '점벌레'라고 한다. 몸빛이 빨간 까닭은 독이 있으니 잡아먹지 말라는 '경고색'이다. 위험을 느끼면 다리 마디에서 독물이 나온다. 아주 쓴맛이 나기 때문에 새나 다른 벌레가 섣불리 잡아먹지 못한다. 또 무당벌레는 적이 나타나면 몸을 움츠린 채 땅으로 떨어지면서 몸을 뒤집는다. 다리는 움츠려 몸에 찰싹 붙이고는 죽은 것처럼 움직이지 않는다.

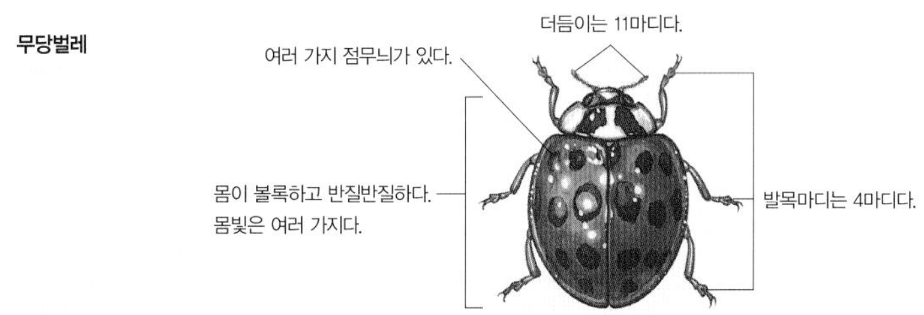

긴썩덩벌레과

긴썩덩벌레과 무리는 온 세계에 450종쯤 살고, 우리나라에는 6종이 알려졌다. 어른벌레와 애벌레는 모두 죽은 나무 껍질 밑이나 썩은 그루터기, 죽은 나무에서 자라는 곰팡이에서 볼 수 있다. 어른벌레와 애벌레 모두 썩은 나무와 곰팡이 알갱이를 먹는데, 어른벌레는 종종 꽃에 날아오기도 한다. 머리는 늘 아래쪽을 바라본다. 더듬이는 10~11마디이고, 실처럼 가늘다. 앞가슴은 뒤쪽으로 폭이 넓어진다. 배는 5마디이다.

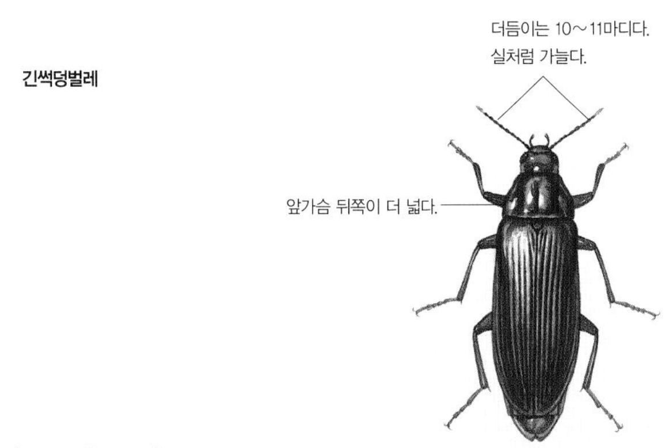

왕꽃벼룩과

왕꽃벼룩과 무리는 꽃벼룩과 무리보다 몸집이 크고, 가시처럼 생긴 꼬리가 없다. 우리나라에 4종이 알려졌다. 꽃벼룩처럼 꽃에서 살면서 꽃가루를 먹고 산다. 더듬이는 10~11마디인데 생김새가 여러 가지다. 또 암컷과 수컷 더듬이 생김새가 다르다. 애벌레는 벌이나 다른 곤충에 기생하며 벌 번데기 따위를 갉아 먹고 산다. 몸 생김새가 쐐기를 닮았다고 서양에서는 '쐐기 모양 딱정벌레(Wedge-shaped Beetle)'라고 한다.

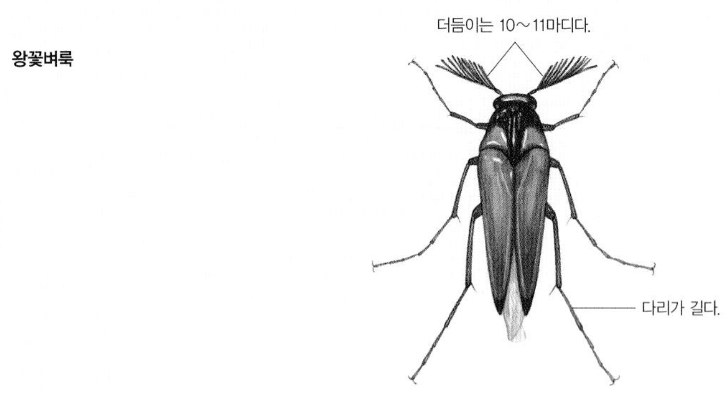

목대장과

목대장과 무리는 우리나라에 3종이 알려졌다. 저마다 몸빛과 무늬가 다르다. 몸과 다리가 긴데, 뒷다리가 유난히 길다. 머리는 아래쪽으로 구부러졌다. 눈은 콩팥처럼 찌그러졌다. 더듬이는 11마디다. 딱지날개는 길고 끝이 좁아지며, 배를 다 덮는다. 산에서 많이 보인다. 밤에 불빛으로 날아오기도 한다.

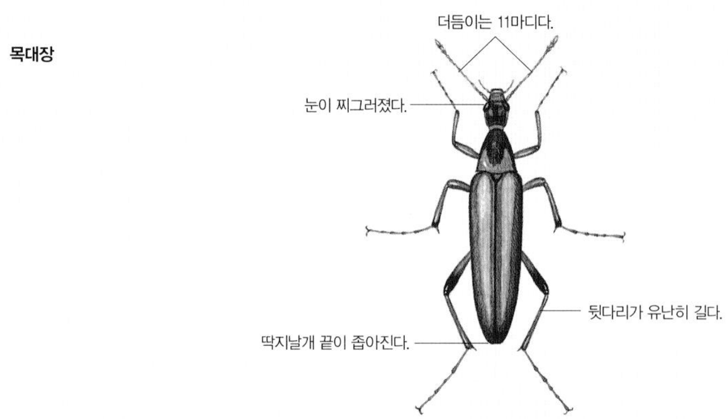

하늘소붙이과

생김새가 하늘소와 닮았다고 '하늘소붙이'다. 우리나라에는 25종쯤 알려졌다. 하늘소붙이는 저마다 몸에 난 무늬와 몸빛이 여러 가지다. 몸이 길쭉하고, 앞가슴도 길다. 앞다리 종아리마디 끝에 가시가 두 개 있다. 더듬이는 11마디다. 딱지날개 바깥쪽에 솟은 줄은 날개 가장자리 선과 만난다. 산에서 많이 보인다. 밤

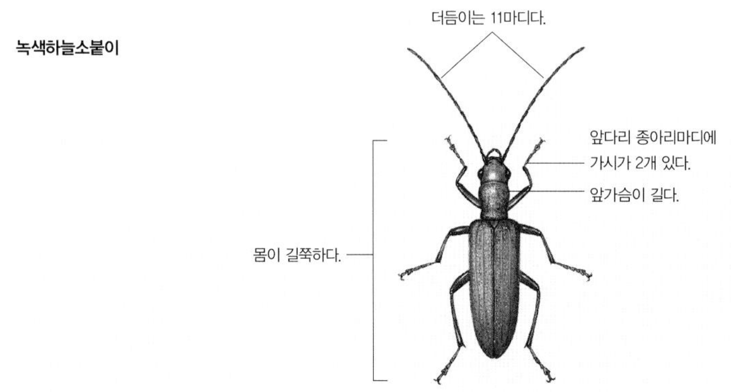

에 불빛으로 날아오기도 한다. 어른벌레는 꽃가루를 먹고, 애벌레는 썩은 나무속을 파먹는다. 딱지날개는 하늘소보다 부드럽다. 손으로 누르면 말랑말랑하다.

홍날개과

홍날개과 무리는 온 세계에 200종쯤 살고 있다. 거의 모두 온대 지역에서 살고, 남반구에는 우리나라에 살지 않는 아과 종들이 제한적으로 산다. 우리나라에는 8종이 살고 있다.

나무줄기나 꽃에 붙어 있는 어른벌레를 자주 볼 수 있다. 몇몇 종 수컷은 '칸타리딘'이라는 독물을 만드는 가뢰를 공격해서 독물을 얻는다. 그러고 나서 암컷과 짝짓기를 할 때 가뢰에게 얻은 칸타리딘을 암컷에게 건네주는 것으로 알려졌다. 암컷은 짝짓기를 한 뒤 알을 낳는데, 알에는 수컷에게 건네받은 칸타리딘 성분이 들어 있다. 애벌레는 대부분 죽은 나무 껍질 밑에서 사는데, 몇몇 종은 땅속이나 소똥 아래에서 지내기도 한다. 애벌레 소화 기관에서 섬유질이나 균류의 잔해물 같은 것이 발견되는 것으로 보아 썩은 나무나 균류를 먹는 것으로 보인다. 홍날개과 무리는 홍반디과 무리와 매우 비슷하게 생겼는데, 홍날개 무리는 앞다리, 가운뎃다리, 뒷다리 발목마디 수가 5-5-4인데, 홍반디 무리는 5-5-5여서 다르다. 또 홍날개는 거의 모든 홍반디에게서 보이는 앞가슴등판에 뚜렷하게 솟아오른 줄 모양이 없이 매끈하고 둥글다.

애홍날개

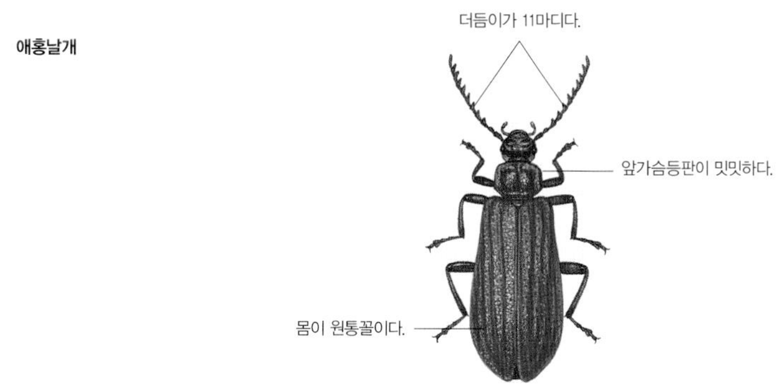

뿔벌레과

뿔벌레과 무리는 온 세계에 3,000종쯤이 살고, 우리나라에는 27종이 알려졌다. 이름처럼 앞가슴등판에 뿔처럼 생긴 돌기가 툭 튀어나왔다. 더듬이는 11마디이고 실처럼 가늘거나 톱니처럼 생기거나 살짝 곤봉처럼 불룩하기도 하다. 딱지날개는 타원형이고 옆이 반듯하다. 앞다리, 가운뎃다리, 뒷다리 발목마디는 5-5-4이다. 어른벌레는 땅 위를 기어 다니면서 죽은 곤충이나 작은 벌레 따위를 먹는다. 또 꽃가루나 균사, 홀씨

뿔벌레

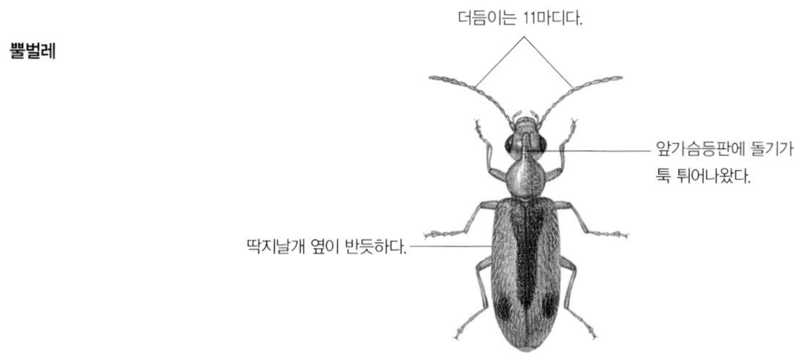

따위를 먹기도 한다. 또 몇몇 종 수컷은 홍날개처럼 가뢰에 붙어 가뢰한테서 나오는 칸타리딘을 얻는다. 수컷은 이 물질을 암컷에게 주고 짝짓기를 한다. 또 뿔벌레 몇몇 종은 몸에서 특별한 물질이 나와 개미한테 공격을 받지 않고 개미 무리 사이를 자유롭게 돌아다닌다고 한다. 애벌레는 땅속에서 살며, 몇몇 종 애벌레는 감자 땅속줄기에 구멍을 낸다.

가뢰과

가뢰과 무리는 모두 몸에 아주 센 독이 있다. 온 세계에 2,500종쯤 살고, 우리나라에는 20종쯤 산다. 5종은 몸빛이 검푸르고 배가 유난히 뚱뚱하며 딱지날개가 서로 포개져서 덮여 있는 '남가뢰' 무리이고, 나머지는 모두 몸이 길고 둥근 통처럼 생겼는데 날개가 길어서 배를 다 덮는다.

가뢰는 땅 위나 나뭇잎, 꽃 위를 기어 다니면서 잎과 꽃과 줄기를 갉아 먹고 산다. 몸 빛깔은 검푸른색이고, 배가 유난히 크고 뚱뚱하다. 배가 뚱뚱하지 않고 길고 원통꼴로 생긴 것도 있다. 앞날개는 아주 작고, 뒷날개가 없어서 날지 못한다. 보통 한낮에는 숨어 있다가 아침이나 저녁때쯤 천천히 기어서 돌아다닌다. 짝짓기를 마친 암컷은 땅속에 구멍을 파고 알을 낳는다. 알에서 나온 애벌레는 꽃 위로 떼를 지어 올라간다. 그러고는 꿀을 따러 날아오는 벌 몸에 붙어 퍼진다. 애벌레는 여러 차례 허물을 벗고 번데기를 거쳐서 어른벌레가 된다. 애벌레는 허물을 벗을 때마다 생김새가 많이 다르다. 1령 애벌레는 몸이 단단하고 잘 기어 다닌다. 그 뒤로 4번 허물을 벗고 5령 애벌레가 될 때까지는 굼벵이처럼 생겼다. 6령 애벌레가 되면 번데기처럼 딱딱해진다. 허물을 또 한 번 벗어 7령 애벌레가 되면 5령 애벌레처럼 다시 굼벵이가 되는데, 이때는 아무것도 안 먹고 있다가 번데기가 된다. 땅속에 사는 애벌레는 아주 어렸을 때는 메뚜기 알을 먹는 종류가 많고, 벌이 낳은 알을 먹고 사는 종류도 있다. 조금 자라면 다른 곤충 알이나 애벌레를 잡아먹는다.

가뢰는 몸에서 '칸타리딘'이라는 독물이 나온다. 맨손으로 가뢰를 만지면 살갗이 부풀어 오르고 진물이 날 수 있기 때문에 조심해야 한다. 몸에서 나오는 독물 때문에 움직임은 느려도 잡아먹히지 않고 산다. 이 독물은 수컷한테서만 나온다. 짝짓기를 하면 암컷 몸으로 들어가고, 애벌레도 독이 있다.

남가뢰

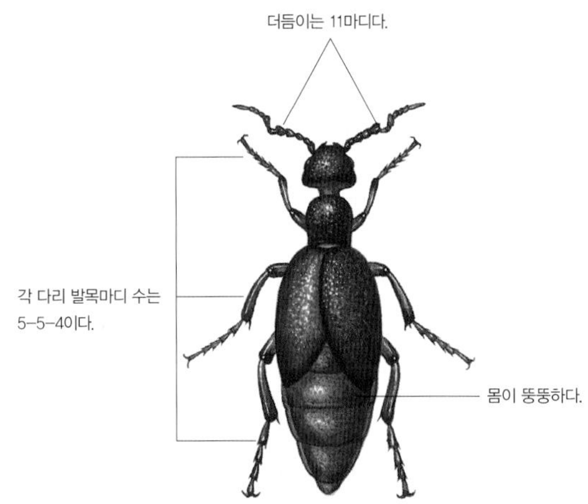

혹거저리과

혹거저리과 무리는 온 세상에 1,700종쯤 살고 있다. 주로 남반구 열대 지역에 사는 것으로 알려졌다. 우리나라에는 16종쯤 산다. 원래 혹거저리과 무리는 26속 120종쯤으로 알려졌으나, 요즘 연구에서 혹거저리 무리와 길쭉벌레 무리가 자매 무리로 밝혀졌다. 혹거저리 무리는 주로 썩은 나무처럼 식물이 썩은 곳에서 살며, 균류를 먹는 것으로 알려졌다. 또 몇몇 종들은 목재로 쓰는 나무를 먹어 구멍을 뚫어 놓는다.

혹거저리

잎벌레붙이과

잎벌레와 생김새가 닮았다고 '잎벌레붙이'다. 잎벌레붙이과 무리는 온 세계에 500종 넘게 살고, 우리나라에 12종이 알려졌다. 생김새나 몸빛이 저마다 다르다. 더듬이는 실처럼 길쭉하거나 염주를 꿴 것 같거나 곤봉처럼 생겼다. 어른벌레는 산에서 보인다. 나무나 풀, 나무껍질 속에서 산다. 밤에 불빛으로 날아오기도 한다. 애벌레는 땅속이나 썩은 나무속이나 썩은 나무껍질 속에서 산다.

큰남색잎벌레붙이

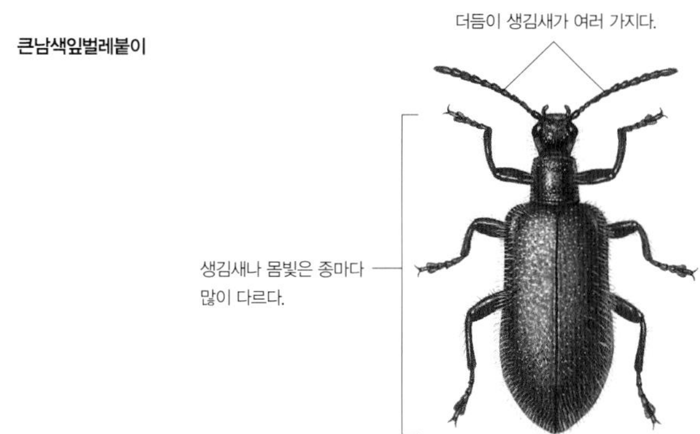

거저리과

거저리과 무리는 온 세계에 22,000종쯤이 살고 있다. 우리나라에는 130종쯤이 알려졌다. 산이나 들판, 강가, 바닷가에서 산다. 생김새가 무당벌레처럼 둥근 것부터 하늘소처럼 길쭉한 것, 먼지벌레처럼 납작한 것까지 여러 가지다. 몸 색깔은 어둡고, 밤에 나와 돌아다니거나 어두운 곳을 좋아한다. 더듬이는 11마디인데 실처럼 길쭉하거나 염주를 꿰어 놓은 것 같거나, 곤봉처럼 불룩하거나, 톱니처럼 생겼다. 대부분 식물이나 버섯을 먹지만, 썩은 고기나 식물 뿌리에 있는 균을 먹는 종도 있다. 몇몇 종은 사람들이 갈무리한 곡식을 갉아 먹어서 피해를 주기도 한다. 우리가 흔히 '밀웜'이라고 알고 있는 애벌레가 거저리 애벌레다. 특히 갈색거저리 애벌레는 사람들이 기르는 애완동물이나 동물원에 사는 원숭이, 고슴도치 같은 동물에게 주는 먹이로 쓰인다.

거저리과 무리와 먼지벌레과 무리는 생김새가 아주 닮아서 헷갈린다. 거저리과 무리 더듬이는 염주를 꿰어 놓거나, 톱니처럼 생기거나, 실처럼 길쭉한 것처럼 생김새가 여러 가지인데, 먼지벌레과 무리 더듬이는 거의 실처럼 길쭉하다. 또 거저리과 무리는 뒷다리 발목마디가 4마디인데, 먼지벌레과 무리는 모두 5마디다.

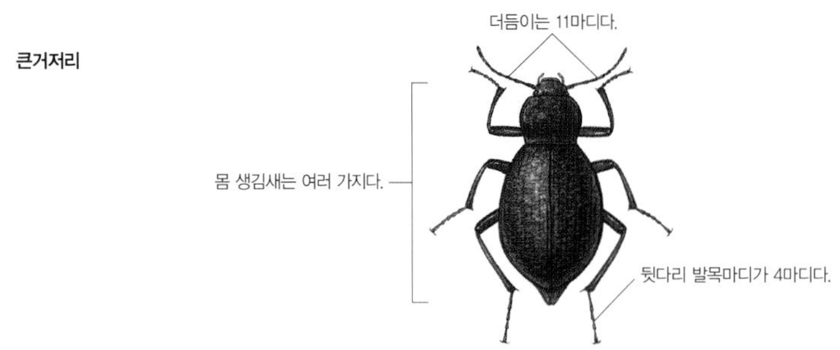

썩덩벌레과

썩덩벌레과 무리는 온 세계에 700종이 넘게 살고, 우리나라에는 14종이 알려졌다. 거저리과 무리와 생김새가 닮았는데, 발목마디에 빗살처럼 생긴 발톱이 있어서 다르다. 몸은 길쭉하다. 더듬이는 실처럼 길쭉하거나, 염주처럼 이어지거나, 톱니처럼 생겨서 여러 가지다. 거의 모두 밤에 나와 돌아다닌다. 식물 잎이나 꽃, 나무껍질에서 보이고 새 둥지에서도 보인다.

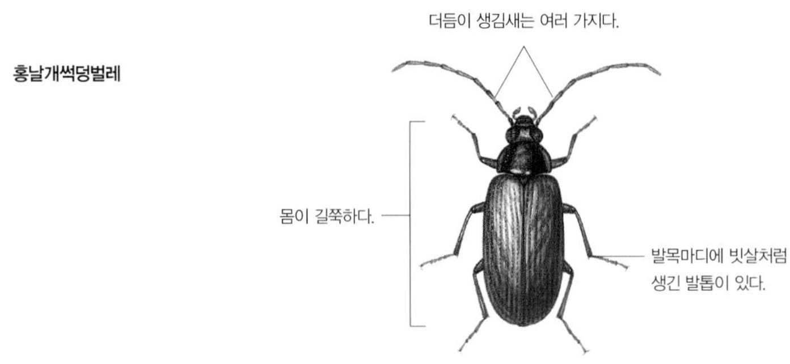

하늘소과

하늘소과 무리는 온 세계에 25,000종쯤이 살고, 우리나라에 300종이 산다고 알려졌다. 이들은 크게 7개 아과 무리로 나뉘는데 그 가운데 꽃하늘소아과 무리가 70종 가까이 되어 수가 가장 많다.

더듬이가 마치 소뿔처럼 생긴 곤충이 날아다닌다고 '하늘소'라는 이름이 붙었지만, 이 이름은 일본에서 붙인 이름을 그대로 가져온 것이다. 본디 우리 이름은 '돌드레'라고 한다. 돌드레는 하늘소가 여섯 다리로 작은 돌을 들어 올린다고 붙은 이름이다. 옛날에 아이들이 하늘소를 잡아 이런 놀이를 하고 놀았다. 서양 사람들은 더듬이가 아주 길다고 '긴 뿔 딱정벌레(Long-horn Beetle)'라고 한다. 수컷 더듬이가 몸길이보다 두 배가 넘게 긴 종들이 있다. 거의 모든 암컷은 더듬이가 몸길이보다 짧다.

하늘소 무리는 몸길이가 2mm밖에 안 되는 종부터 150mm나 되는 큰 종까지 여러 가지다. 몸빛도 저마다 다르다. 큰턱이 아주 크고 힘도 세서 대부분 썩은 나무나 살아 있는 나무줄기를 갉아 먹는다. 꿀과 꽃가루를 먹는 하늘소도 많다. 짝짓기를 마친 암컷은 나무껍질을 입으로 물어뜯은 뒤 줄기 속에 알을 하나씩 낳는다. 알에서 나온 애벌레는 나무속을 파먹으며 자란다. 나무속에서 번데기를 거쳐 어른벌레로 날개돋이한 뒤 밖으로 나온다.

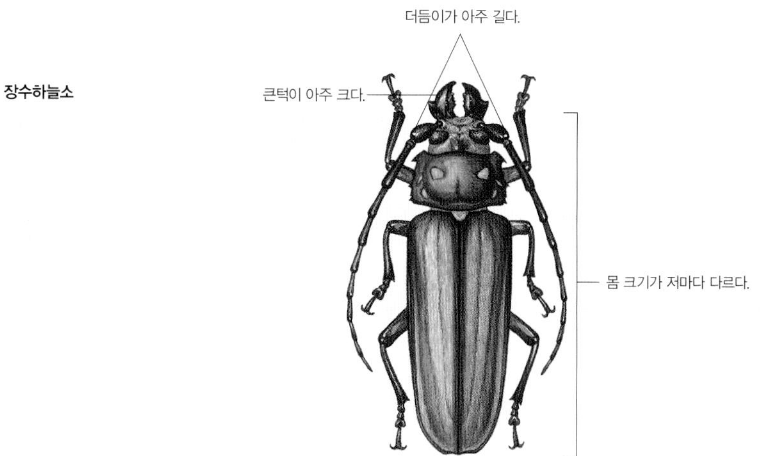

장수하늘소

잎벌레과

잎벌레과 무리는 온 세계에 37,000종쯤이 산다. 우리나라에 사는 잎벌레는 370종쯤 된다. 잎벌레 무리는 풍뎅이과, 거저리과, 하늘소과, 바구미과와 더불어 딱정벌레 무리 가운데 수가 많은 무리다. 그런데 잎벌레는 딱정벌레 가운데 몸집이 아주 작은 편이다. 몸길이가 1.5~3mm밖에 안 되는 것이 많다. 우리나라에서 크기가 가장 큰 종은 '청줄보라잎벌레'다. 몸길이가 11~15mm이다. 다음으로 큰 종들은 '중국청람색잎벌레', '열점박이별잎벌레'와 '사시나무잎벌레'다. 잎벌레는 보통 풀색이나 짙푸른색이 많고, 더듬이는 끈처럼 길다. 생김새는 저마다 다르다. 몸이 조금 길고, 앞가슴이 좁아서 마치 하늘소처럼 보이는 것도 있다. 금자라잎벌레 무리는 몸이 납작하고 둥글다. 등딱지가 속이 비치면서 금빛으로 반짝이고, 네 귀퉁이에는 검은 무늬가 다리처럼 보여서 자라와 닮았다. 가시잎벌레 무리는 고슴도치처럼 온몸에 큰 가시가 나 있다. 산이나 들판 여기저기에서 살고, 몇몇 종은 밤에 불빛으로 날아오기도 한다. 사람이 심어 기르는 곡식과 채소를 갉아 먹어서 피해를 주기도 한다. 잎벌레는 무당벌레와 생김새가 닮았다. 자세히 보면 잎벌레는 더듬이와 다리가 무당벌레보다 훨씬 길다. 무당벌레와 달리 진딧물을 먹지 않고, 잎벌레라는 이름처럼 어른벌레는 모두 다 풀잎이나 나뭇잎을 갉아 먹는다. 줄기만 남기거나 잎맥만 그물처럼 남기고 다 먹어 치우는 잎벌레도 있다. 잎벌레마다 저마다 좋아하는 잎이 따로 있다. 애벌레도 잎을 먹는데 더러는 땅속에서 뿌리를 갉아 먹거나 집을 만들어 살거나 물속에서 자라는 물풀을 먹는 것도 있다.

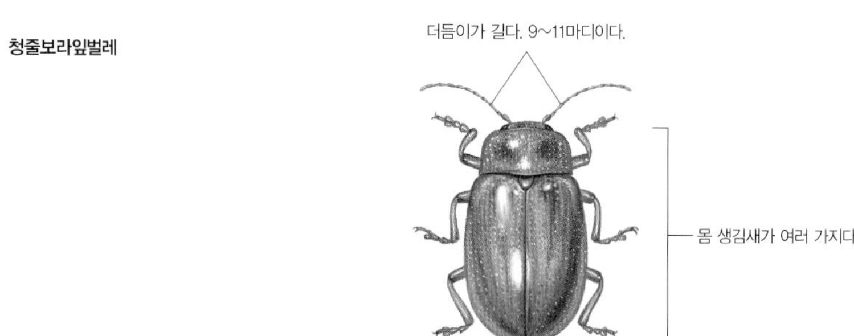

청줄보라잎벌레

콩바구미과

콩을 많이 갉아 먹는다고 '콩바구미'다. 우리나라에 9종이 알려졌다. 콩바구미과 무리는 바구미라는 이름이 들어갔지만 사실 바구미 무리보다는 하늘소나 잎벌레와 더 가까운 무리다. 바구미 무리는 주둥이가 코끼리 코처럼 쭉 늘어났지만, 콩바구미 무리 주둥이는 그렇지 않다. 더듬이는 11마디이고, 톱니처럼 생기거나 빗살처럼 갈라졌다. 딱지날개 끝이 잘린 듯 반듯하고, 배가 드러난다.

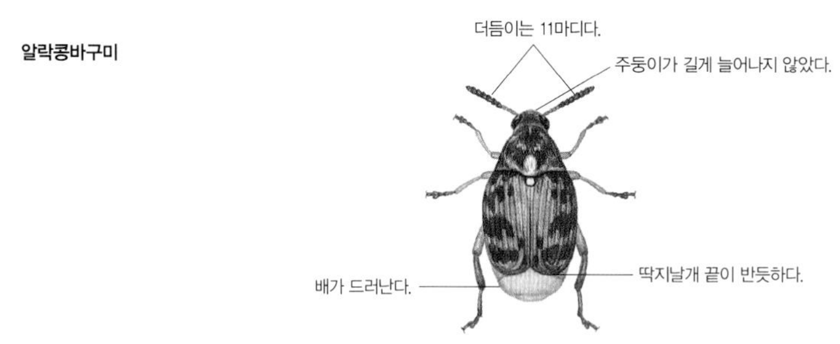

주둥이거위벌레과

주둥이거위벌레과 무리는 우리나라에 6종쯤이 알려졌다. 이름처럼 주둥이가 코끼리 코처럼 가늘고 길게 튀어나왔다. 산에서 많이 산다. 밤에 불빛으로 날아오기도 한다. 예전에는 거위벌레과에 속하는 한 아과로 여겼는데, 요즘 연구를 통해 거위벌레과와는 다른 독립된 과로 정리되었다.

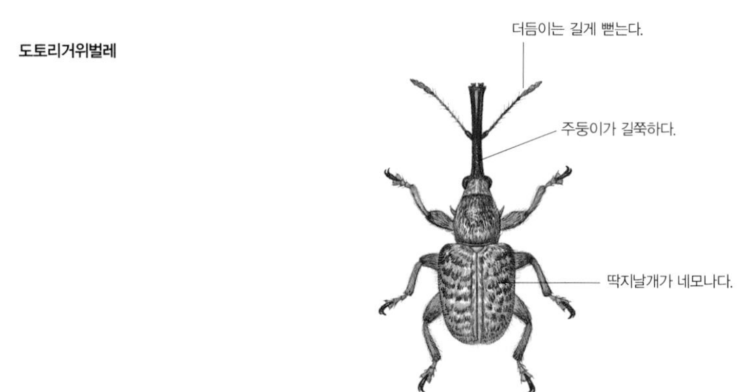

거위벌레과

거위벌레과 무리는 우리나라에 60종쯤 알려졌다. 몸집이 작은 것은 4~5mm쯤 되고, 큰 것은 8~12mm쯤 된다. 거위벌레는 딱정벌레 무리 가운데 목이 가장 길다. 바구미 무리와 사촌뻘 되는 딱정벌레 무리이다. 머리 뒤쪽이 길게 늘어나 마치 거위 목처럼 보인다고 '거위벌레'라고 한다. 바구미 무리는 주둥이가 길게 늘어났고, 거위벌레 주둥이는 조금 늘어나고 머리 뒤쪽이 많이 늘어났다. 그렇지만 거위벌레 암컷은 머리가 조금밖에 늘어나지 않았다.

거위벌레는 큰 나무가 자라는 산에 많다. 늦봄이나 이른 여름에 산에 가면 거위벌레가 말아 놓은 나뭇잎 뭉치가 가지에 매달려 있거나 길에 떨어져 있는 것을 볼 수 있다. 거위벌레 암컷은 나뭇잎 한 장을 돌돌 말거나 나뭇잎 몇 장을 같이 말고 그 속에 알을 1~3개쯤 낳는다. 걸음걸이로 나뭇잎 길이를 재고 날카로운 큰턱으로 가운데 잎맥만 두고 잎을 가로로 자른다. 잎을 물어서 단단하게 접히도록 흠집을 내고, 다리 여섯 개로 꾹꾹 누르면서 돌돌 말아 올린다. 이렇게 말아 올리는 데 두 시간쯤 걸린다. 하루에 한두 개씩 만드는데 7월까지 20~30개쯤 나뭇잎을 말아 알집을 만든다. 거위벌레마다 알을 낳는 나무가 다르고, 잎을 접는 모양이 다르다. 접은 나뭇잎을 땅에 떨어뜨리기도 하고 매달아 놓기도 한다. 나뭇잎이 아니라 열매나 나뭇가지에 알을 낳는 것도 있다. 알을 낳은 지 네댓새가 지나면 애벌레가 깨어난다. 애벌레가 깨어나면 어미가 말아 놓은 나뭇잎을 갉아 먹고 자란다. 열흘쯤 지나면 번데기가 되고 다시 일주일이 지나면 어른벌레가 된다. 애벌레는 구더기처럼 생겼다. 다리가 없고 머리가 단단하다. 다 자란 거위벌레는 먹던 나뭇잎 뭉치를 뚫고 밖으로 나온다. 몇몇 종은 애벌레가 땅속으로 들어가 번데기가 되기도 한다.

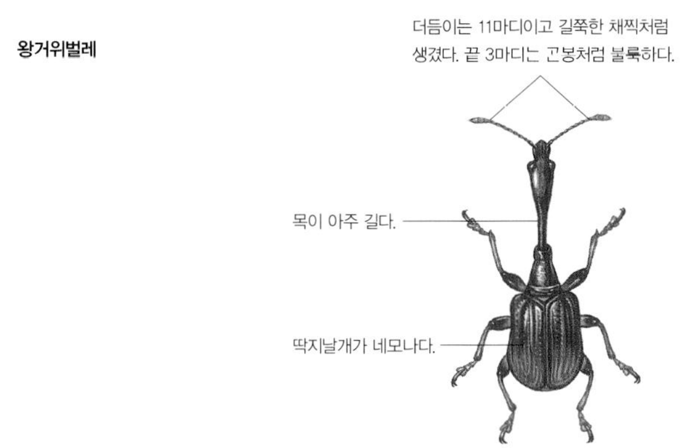

창주둥이바구미과

창주둥이바구미과 무리는 온 세계에 2,000종쯤 산다. 우리나라에 21종이 알려졌다. 대부분 몸길이가 1~5mm쯤 되는 작은 곤충이다. 몸은 호리병처럼 볼록하고, 대부분 몸빛이 까맣다. 다른 바구미 무리처럼 주둥이는 길고 둥글며, 밑으로 굽어 있다. 하지만 다른 바구미와 달리 더듬이가 꺾어지지 않고 실처럼 길쭉하다. 애벌레는 식물 열매나 줄기를 파먹고 산다.

왕바구미과

왕바구미과 무리는 온 세계에 1,100종 넘게 살고, 우리나라에 9종쯤 산다. 이름처럼 몸이 큰 종이 많다. 몸은 밤색에서 검은색을 띤다. 주둥이는 길고 가운데쯤에서 더듬이가 있다. 산에서 많이 보이는데, 사람이 갈무리해 둔 곡식에 사는 쌀바구미처럼 집 안에서 사는 종도 있다. 위험을 느끼면 땅에 떨어져 죽은 척한다.

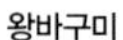

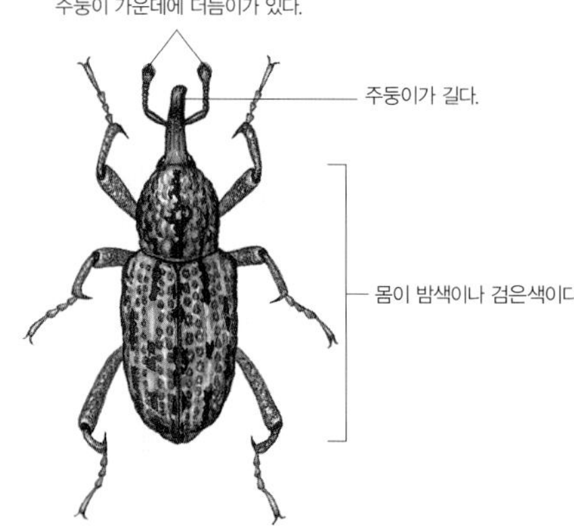

소바구미과

생김새가 꼭 소를 닮았다고 '소바구미'다. 소바구미과 무리는 온 세계에 4,000종쯤 살고, 우리나라에 39종쯤이 알려졌다. 산에서 살고, 밤에 불빛으로 날아오기도 한다. 소바구미 무리는 썩은 나무에서 돋는 버섯이나 식물 열매를 파먹고 산다. 바구미 무리는 주둥이가 가늘고 길지만, 소바구미 무리는 주둥이가 넓적하다. 또 바구미 무리는 더듬이가 ㄴ자처럼 꺾여 있지만, 소바구미 무리는 채찍처럼 길게 뻗는다. 때때로 자기 몸길이보다 더듬이가 더 길다.

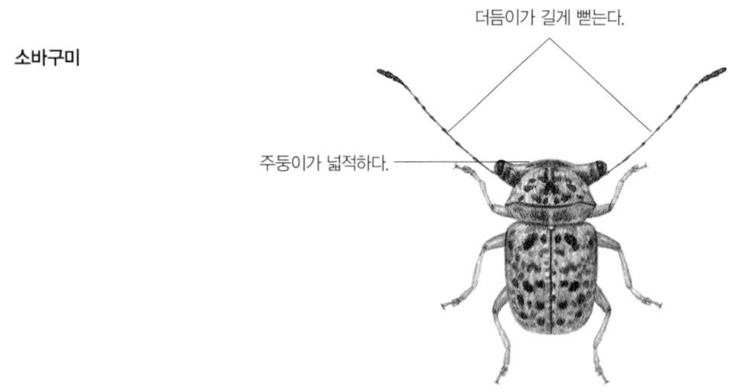

벼바구미과

벼바구미과 무리는 온 세계에 570종쯤 살고, 우리나라에 8종이 알려졌다. 대부분 몸이 작고 주둥이가 길다. 더듬이는 주둥이 앞쪽에 있다. 몸 등 쪽에 무늬가 있다. 들판에서 많이 보이고, 밤에 불빛으로 날아오기도 한다. 물가나 물에서 사는 풀 줄기나 뿌리를 갉아 먹는다. 논에서 벼 뿌리와 줄기를 갉아 먹기도 한다.

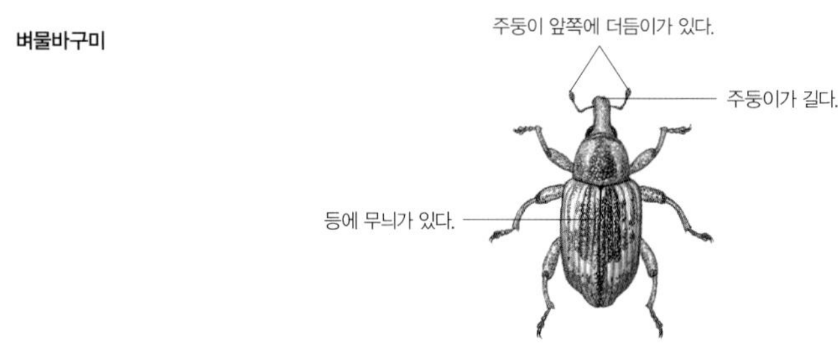

바구미과

바구미과 무리는 온 세계에 5만 종쯤이 살고, 우리나라에는 402종이 알려졌다. 딱정벌레 무리 가운데 종수가 아주 많은 무리다. 여러 가지 아과 무리가 있고, 생김새와 몸빛과 사는 곳이 저마다 다르다. 대부분 들이나 산에서 살면서 식물 잎이나 줄기, 열매 따위를 갉아 먹는다. 몇몇 종은 갈무리한 곡식을 갉아 먹는다.

바구미과 무리는 머리방패가 앞쪽으로 길게 늘어났고 그 끝이 입틀이 달려 있다. 그래서 이 머리방패를 '주둥이(rostrum)'라고 따로 용어를 만들어 부른다. 주둥이 가운데쯤에는 더듬이가 ㄴ자처럼 꺾여 있다. 더듬이는 9~12마디다. 첫 마디가 아주 길다. 움직임은 굼뜨지만, 몸이 아주 단단해서 제 몸을 지킨다. 또 위험을 느끼거나 누가 건들면 다리를 꼭 오므리고 죽은 척한다.

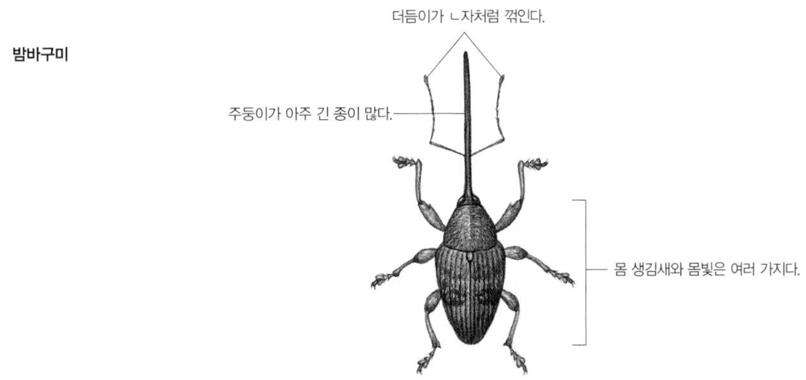

긴나무좀 무리와 나무좀 무리는 요즘에 바구미과 무리와 합쳐졌다. 둘 다 나무속을 파먹고 산다. 하지만 긴나무좀과 나무좀은 아주 다른 무리다. 긴나무좀은 머리가 앞가슴등판과 거의 같은 폭이다. 나무좀은 머리 폭이 앞가슴등판보다 훨씬 좁다. 긴나무좀은 눈이 둥글지만, 나무좀은 타원형이거나 위아래로 눈이 나뉘었다. 긴나무좀은 발목마디가 제법 긴데, 나무좀은 발목마디가 짧다.

긴나무좀 무리는 온 세계에 1,000종쯤 살고, 우리나라에 5종이 알려졌다. 나무속에 살면서 바늘처럼 뾰족하고 둥근 구멍을 내며 파먹는다. 그래서 서양 사람들은 '바늘구멍 딱정벌레(Pin-hole Beetle)'라고 한다.

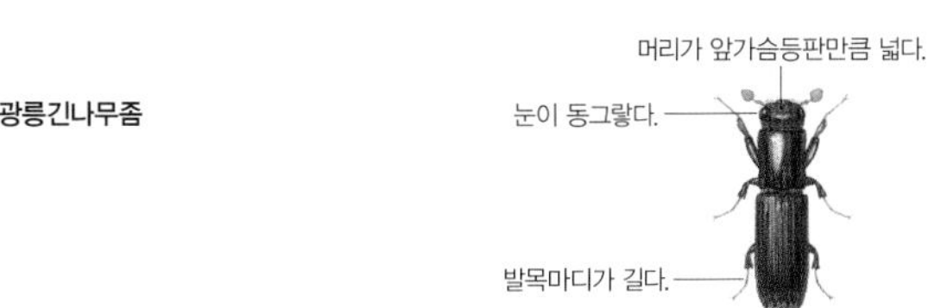

나무좀 무리는 온 세계에 6,500종쯤이 산다. 우리나라에는 100종쯤 산다고 한다. 어른벌레와 애벌레 모두 나무속을 파먹는다. 짝짓기를 마친 암컷은 나무에 구멍을 뚫고 알을 낳는다. 알에서 나온 애벌레도 나무속을 파먹고 산다. 몸집이 아주 작고, 몸빛은 거의 검거나 밤색이어서 눈으로 구별하기가 어렵다. 나무좀이나 긴나무좀 무리 가운데 몇몇 종은 '암브로시아(Ambrosia)'라는 균을 가지고 다닐 수 있는 주머니가 있다. 이 균을 나무에 옮겨 나무를 좀먹게 만든다. 이렇게 좀먹은 부분을 어른벌레가 갉아서 세로로 굴을 하나 파고, 이 세로 굴에 가로 굴을 여러 개 만든다. 그런 뒤 가로 굴 끝에 알을 낳는다. 알에서 나온 애벌레는 좀먹은 나무를 갉아 먹고 자란다.

우리 땅에 사는 딱정벌레

곰보벌레과

곰보벌레 *Tenomerga anguliscutus*

9 ~ 17mm 7 ~ 8월 어른벌레

곰보벌레는 머리에 혹처럼 생긴 돌기가 3쌍 있다. 더듬이는 11마디다. 중부 지방 들이나 산에 자라는 잎 지는 넓은잎나무 썩은 나무껍질 밑에 산다. 어른벌레는 나무껍질 밑에 숨어서 낮에는 보이지 않지만, 한여름 밤에 불빛에 날아오기도 한다. 손으로 만지면 더듬이를 쭉 뻗고 죽은 척한다. 어른벌레로 겨울을 난다.

딱정벌레과
길앞잡이아과

닻무늬길앞잡이 *Cicindela anchoralis punctatissima*

10 ~ 15mm 7 ~ 8월 애벌레

딱지날개에 있는 하얀 무늬가 마치 배에 달린 닻처럼 생겼다고 '닻무늬길앞잡이'다. 우리나라 서해 바닷가 모래밭에서 아주 드물게 볼 수 있는 멸종위기종이다. 수컷은 딱지날개 끝이 뾰족하고, 암컷은 안쪽으로 오므라들었다. 애벌레는 모래밭에 굴을 파고들어 가 살면서, 굴 둘레를 지나가는 작은 벌레를 잡아먹는다.

딱정벌레과
길앞잡이아과

흰테길앞잡이 *Cicindela inspeculare*

9 ~ 12mm 6 ~ 8월 애벌레, 어른벌레

흰테길앞잡이는 딱지날개 가장자리를 따라 하얀 테두리를 두른다. 몸이 아주 가늘기 때문에 다리가 아주 길어 보인다. 바닷가 갯벌이나 소금밭에서 볼 수 있다. 서해에 있는 섬에 많이 산다. 어른벌레는 질척질척하거나 물기가 있는 땅 위를 재빠르게 돌아다니며 파리 같은 작은 벌레를 잡아먹는다. 밤에 불빛을 보고 날아오기도 한다. 애벌레는 갯벌에 굴을 파고들어 가 산다. 백제흰테길앞잡이는 하얀 테두리가 딱지날개 위쪽에는 없고, 아래쪽까지 뚜렷하게 이어지지 않아서 흰테길앞잡이와 다르다.

딱정벌레과
길앞잡이아과

무녀길앞잡이 *Cephalota chiloleuca*

11 ~ 15mm 6 ~ 10월 애벌레, 어른벌레

무녀길앞잡이는 서해에 있는 섬인 무녀도에서 2005년에 처음 발견되었다. 바닷가 소금밭이나 개펄에서 볼 수 있다. 낮에 아주 재빠르게 돌아다니면서 소금밭이나 개펄에 사는 작은 벌레를 잡아먹는다. 섬에서는 꼬마길앞잡이와 함께 보이기도 한다.

딱정벌레과
길앞잡이아과

아이누길앞잡이 *Cicindela gemmata*

16 ~ 17mm 4 ~ 6월, 늦가을 애벌레, 어른벌레

아이누길앞잡이는 딱지날개 가운데에 있는 띠무늬가 여러 가지 모양을 띠지만, 산길앞잡이나 큰무늬길앞잡이처럼 딱지날개 가두리까지 미치지 않는다. 참뜰길앞잡이보다 크고 딱지날개 무늬가 더 작다. 산골짜기 물가 둘레에 있는 풀밭이나 산 길가, 밭에서 산다. 아주 흔하게 볼 수 있는데, 5월에 가장 많이 볼 수 있다. 산길에 가만히 앉아 있으면 몸 빛깔 때문에 눈에 잘 띄지 않는다. 어른벌레는 사는 곳 둘레를 이리저리 돌아다니며 개미처럼 땅 위를 기어 다니는 작은 곤충 따위를 잡아먹는다. 사람이 가까이 오면 5m쯤 풀쩍 날아 앞에 앉는다. 짝짓기를 마친 암컷은 땅에 알을 낳는다. 알에서 나온 애벌레들은 땅속에 수직으로 구멍을 파고 살며, 머리만 내밀고 있다가 구멍 위로 지나가는 작은 벌레를 잡아먹는다.

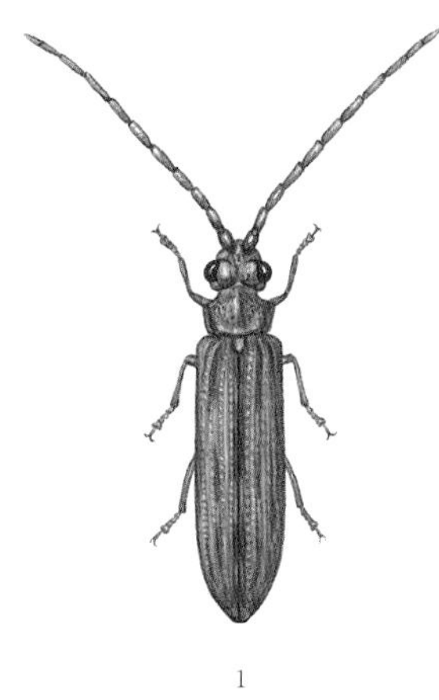

1

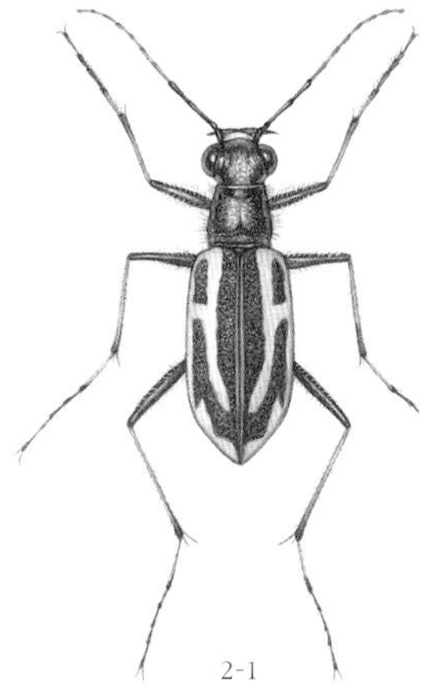

2-1

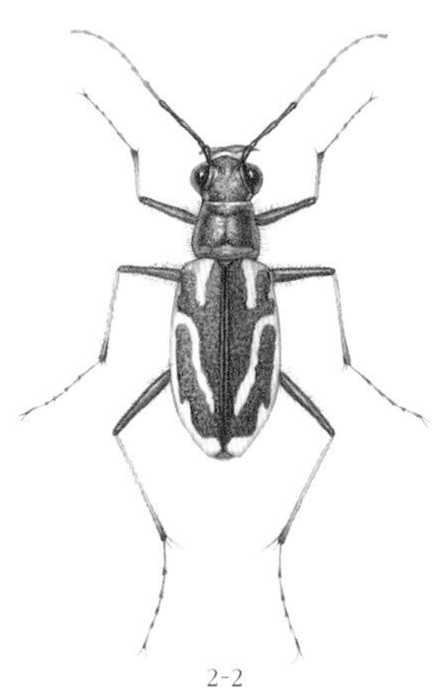

2-2

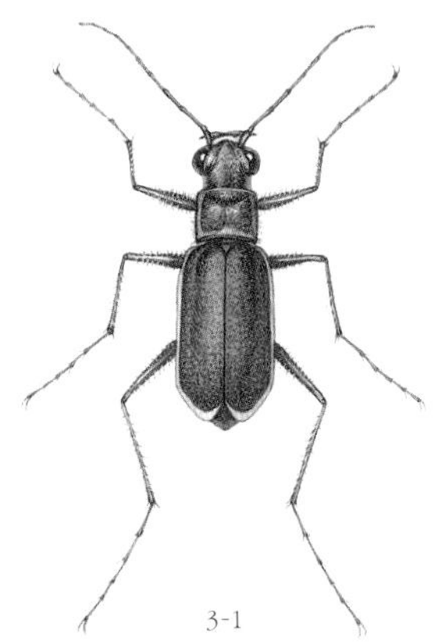

3-1

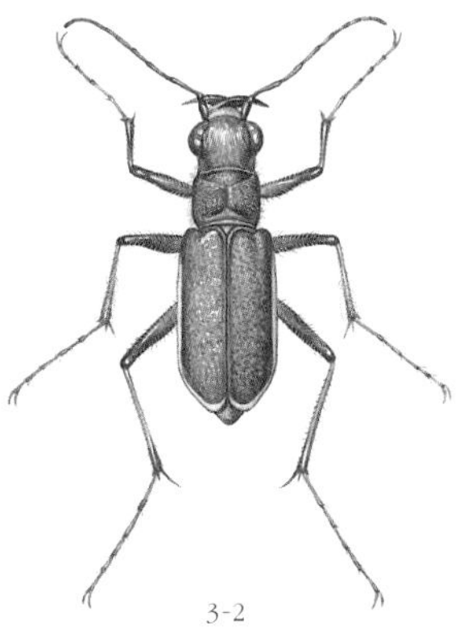

3-2

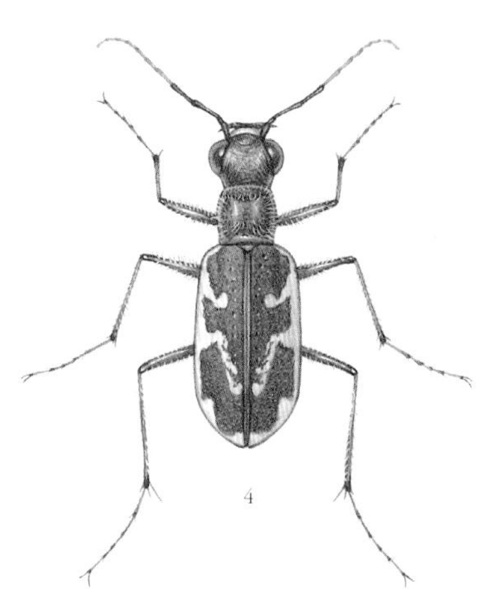

4

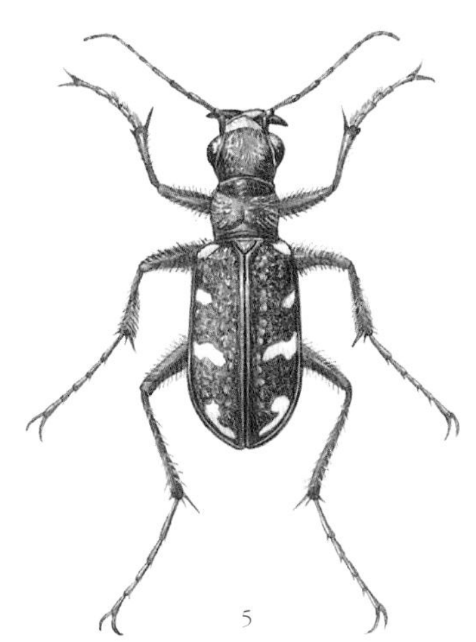

5

1. 곰보벌레
2-1. 닻무늬길앞잡이 수컷
2-2. 닻무늬길앞잡이 암컷
3-1. 흰테길앞잡이
3-2. 백제흰테길앞잡이 *Callytron inspeculare*
4. 무녀길앞잡이
5. 아이누길앞잡이

딱정벌레과
길앞잡이아과

큰무늬길앞잡이 *Cicindela lewisi*

15~18mm 5~10월 애벌레, 어른벌레

큰무늬길앞잡이는 서해와 남해 바닷가 모래밭에서 산다. 딱지날개 어깨와 가운데, 날개 끝에 있는 누르스름한 무늬들은 크고 굵다. 어깨와 날개 끝에 있는 무늬는 끊어지지 않고 ㄷ자처럼 생겼다. 몸 아랫면과 다리, 더듬이 뿌리 쪽에 있는 네 마디는 쇠붙이처럼 빛나는 풀빛이다. 어른벌레는 모래밭을 이리저리 돌아다니며 작은 곤충을 잡아먹는다. 애벌레는 모래에 판 굴속에서 숨어 있다가 지나가는 곤충을 잡아먹는다. 요즘에는 바닷가 모래밭이 망가지면서 살 수 있는 곳이 줄어들어 수가 많이 줄었다.

딱정벌레과
길앞잡이아과

산길앞잡이 *Cicindela sachalinensis raddei*

15~20mm 7~10월 애벌레, 어른벌레

산길앞잡이는 경기도와 강원도 높은 산에서 드물게 볼 수 있다. 우리나라 길앞잡이 가운데 가장 높은 산에서 산다. 산을 깎은 곳이나 도로, 등산길 둘레에서 볼 수 있다. 한낮에 기운차게 돌아다니며 작은 벌레를 잡아먹는다. 딱지날개에 있는 누런 무늬를 빼면 '아이누길앞잡이'와 닮았다. 높은 곳에 사는 산길앞잡이 중에는 풀빛이 도는 변이도 나타난다. 애벌레는 산길 옆 가파른 곳에 굴을 파고들어 가 산다. 굴 옆으로 작은 벌레나 개미가 지나가면 재빨리 물어 굴속으로 끌고 들어가 잡아먹는다.

딱정벌레과
길앞잡이아과

참뜰길앞잡이 *Cicindela transbaicalica*

10~14mm 4~6월, 늦가을 어른벌레

참뜰길앞잡이는 온 나라 강가, 냇가 자갈밭이나 모래밭, 바닷가 모래밭에서 산다. 늦가을까지 볼 수 있는데, 봄에 수가 많기 때문에 더 쉽게 볼 수 있다. 따뜻한 곳에서는 3월부터 볼 수 있다. 어른벌레는 모래밭을 이리저리 돌아다니면서 깔따구나 개미, 나방 애벌레 같은 작은 곤충을 잡아먹는다. 밤에는 모래에 구멍을 얕게 파고들어 가 있다. 짝짓기를 마친 암컷은 모래밭 속에 배 끝을 집어넣고 알을 낳는다. 알에서 나온 애벌레는 모래밭에 굴을 파고들어 가 산다. 굴 깊이는 30~60cm쯤 된다. 애벌레는 굴속에 숨어 있다가 둘레를 지나가는 작은 벌레를 잡아먹는다. 애벌레는 다리 세 쌍과 다섯 번째 배마디 등에 있는 혹으로 굴 벽에 딱 달라붙기 때문에 쉽게 빼내지 못한다. 모래밭 굴속에서 번데기가 되고 가을에 어른벌레가 된다. 우리나라에는 뜰길앞잡이 아종이 2종 살고 있다. 딱지날개 어깨를 둘러싼 반점이 세로로 이어지면 '참뜰길앞잡이'고, 중간이 끊겨 무늬가 두 개처럼 보이면 '뜰길앞잡이'다.

딱정벌레과
길앞잡이아과

깔따구길앞잡이 *Cicindela gracilis*

10~12mm 7~8월 애벌레, 어른벌레

깔따구길앞잡이는 딱지날개 무늬에 변이가 있어서 붉은색을 띠기도 하고, 누르스름한 색깔을 띠기도 한다. 강원도 몇몇 산에서는 붉은색 무늬가 없는 것만 보인다. 낮은 산 산길 둘레에서 드물게 볼 수 있다. 또 논둑이나 물둑과 풀밭 사이에 있는 맨땅에서 빠르게 걸어 다니는 것이 발견되기도 한다. 뒷날개가 퇴화해서 날지는 못하고, 땅 위를 아주 빠르게 이리저리 돌아다니면서 개미 따위를 잡아먹는다.

딱정벌레과
길앞잡이아과

꼬마길앞잡이 *Cicindela elisae*

8~11mm 6~9월 애벌레, 어른벌레

꼬마길앞잡이는 길앞잡이 무리 가운데 크기가 작아서 '꼬마'라는 이름이 붙었다. 딱지날개에 가는 띠무늬가 있다. 온 나라 바닷가 갯벌이나 염전, 강가에 떼 지어 산다. 낮에 나와 가늘고 긴 다리로 땅 위를 재빠르게 돌아다닌다. 사람이 가까이 다가가면 한꺼번에 파리 떼처럼 날아오르기도 한다. 밤에 불빛에도 잘 날아온다.

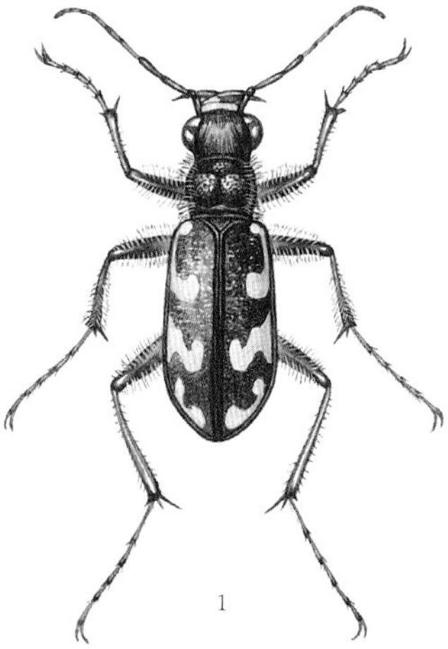

1

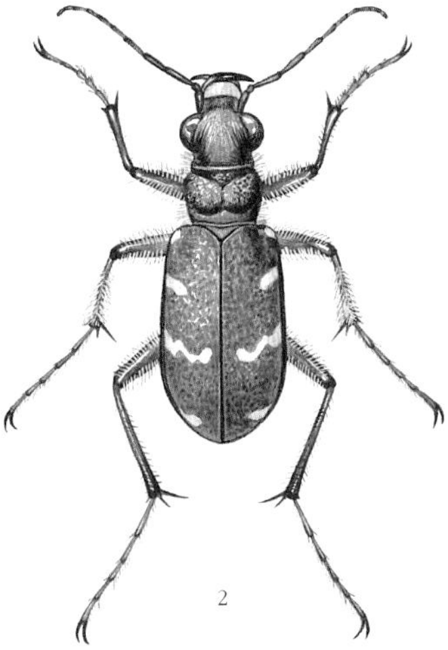

2

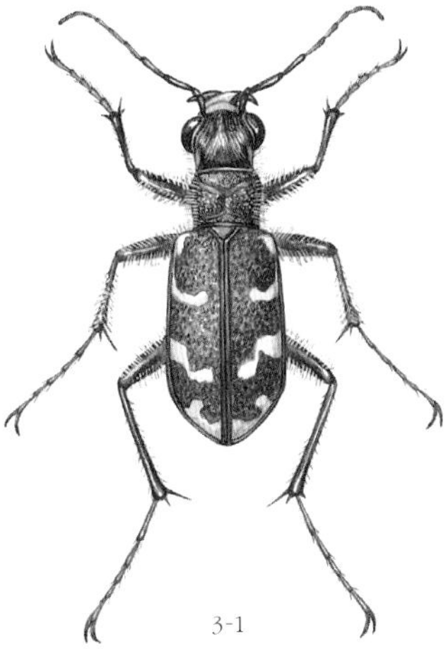

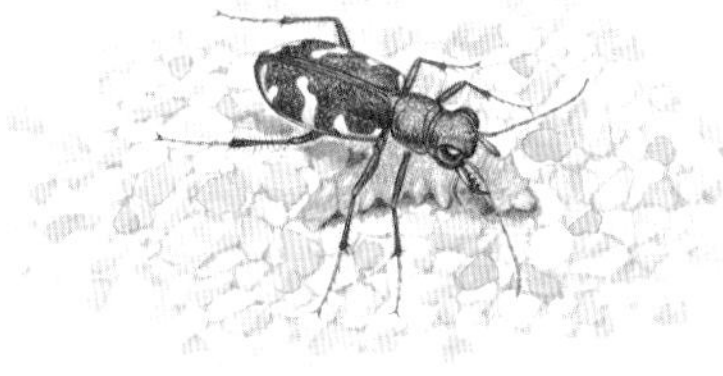

3-2

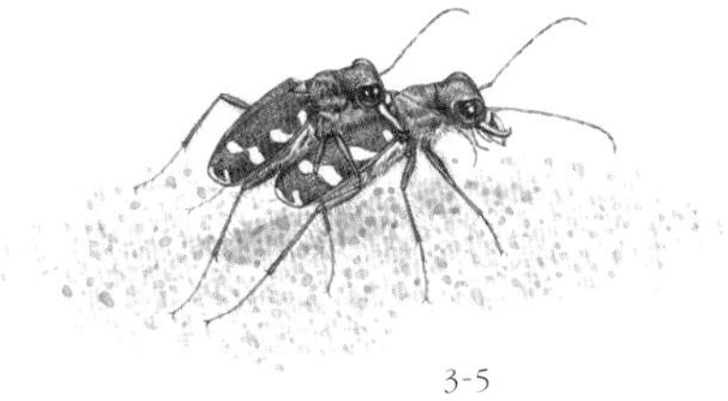

3-5

3-1

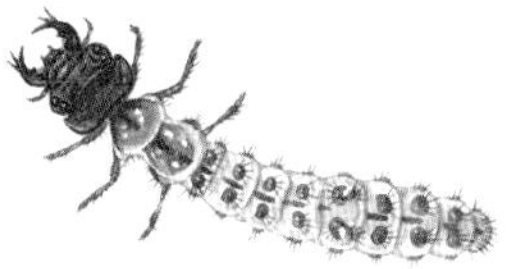

3-3

3-4

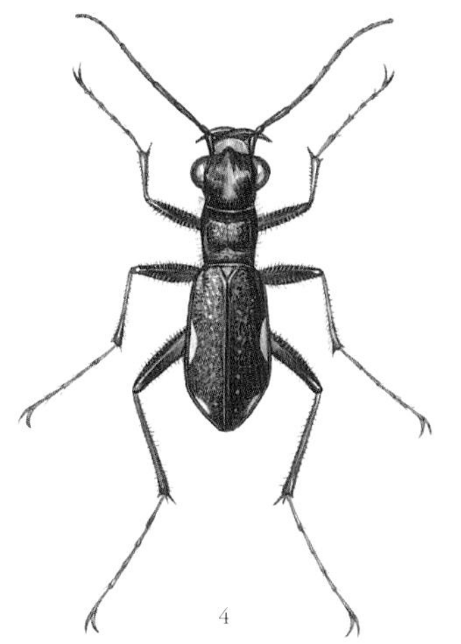

4

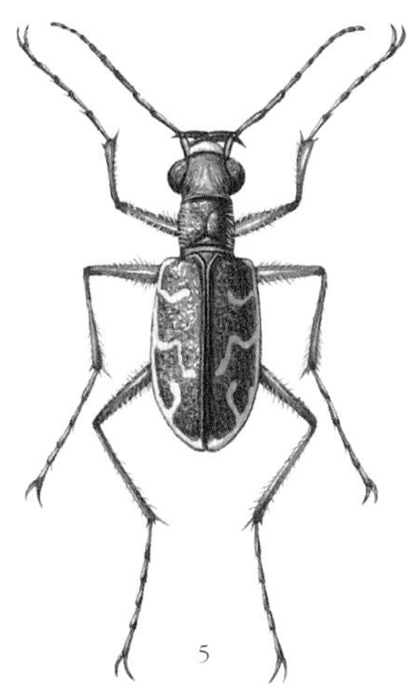

5

1. 큰무늬길앞잡이
2. 산길앞잡이

3-1. 참뜰길앞잡이
3-2. 참뜰길앞잡이가 애벌레를 잡았다.
3-3. 참뜰길앞잡이 애벌레 모습
3-4. 참뜰길앞잡이 애벌레 등돌기 모습
3-5. 참뜰길앞잡이 짝짓기 모습

4. 깔따구길앞잡이
5. 꼬마길앞잡이

딱정벌레과
길앞잡이아과

개야길앞잡이 *Callytron brevipilosum*

12mm 안팎 · 6~7월 · 애벌레, 어른벌레

우리나라 강원도 홍천군 개야리에서 처음 찾았기 때문에 '개야'라는 이름이 붙었다. 지금은 사는 곳이 많이 줄어들어 아주 보기 힘들다. 충북 옥천군 금강 모래밭과 둘레에 있는 강가에서 볼 수 있다. 개야길앞잡이는 참뜰길앞잡이, 강변길앞잡이처럼 강가 모래밭에서 산다. 애벌레 역시 물기가 많은 모래에 굴을 파고 속에 들어가 살면서, 둘레를 지나가는 작은 벌레를 잡아먹는다. 요즘에는 강가 모래밭이 망가지면서 살 수 있는 곳이 줄어 수가 더 줄어들고 있다.

딱정벌레과
길앞잡이아과

쇠길앞잡이 *Cicindela speculifera*

12mm 안팎 · 6~8월 · 애벌레, 어른벌레

쇠길앞잡이는 남쪽 지방 들판에 흐르는 냇가, 강가 모래밭에서 산다. 이리저리 돌아다니며 작은 벌레를 잡아먹는다. 밤에 불빛을 보고 날아오기도 한다. 잡아서 냄새를 맡아 보면 사향 냄새가 알싸하게 난다. 꼬마길앞잡이와 생김새가 닮았지만 몸이 더 가늘고 길쭉하다. 또 딱지날개 가운데에 있는 가는 띠무늬가 끊어져 있다.

딱정벌레과
길앞잡이아과

강변길앞잡이 *Cicindela laetescripta*

15~17mm · 7~9월 · 애벌레, 어른벌레

강변길앞잡이는 이름처럼 강가 모래밭에서 산다. 몸은 푸르스름한 검은색인데, 앞가슴등판은 반짝거리는 청자색이다. 더듬이 첫 네 마디, 몸 아랫면, 다리는 금속처럼 반짝거리는 녹색인데 다리 밑마디, 도래마디, 발목마디는 빨갛다. 낮부터 해 질 녘까지 모래밭을 이리저리 재빠르게 돌아다니면서 작은 벌레를 잡아먹는다. 딱지날개 무늬가 모래 빛깔이랑 닮아서 눈에 잘 띄지 않는다.

딱정벌레과
길앞잡이아과

길앞잡이 *Cicindela chinensis*

20mm 안팎 · 4~6월, 8~9월 · 어른벌레

길앞잡이는 산길과 산속 밭 둘레에서 흔히 볼 수 있다. 때때로 '아이누길앞잡이'와 함께 보이기도 한다. 사람 앞에서 길을 안내하듯 날기 때문에 '길앞잡이'라는 이름이 붙었다. 길앞잡이 무리 가운데 몸집이 가장 크고, 몸 빛깔이 아주 알록달록해서 예전에는 '비단길앞잡이'라고 했다. 어른벌레는 봄부터 가을까지 나오는데 5월에 가장 많이 볼 수 있다. 땅 위를 여기저기 돌아다니면서 개미나 나방, 나방 애벌레 같은 작은 벌레를 잡아먹는다. 긴 다리로 땅 위에서 아주 재빠르게 돌아다니는데, 먹잇감을 보고 재빠르게 달려가다 자주 멈추고는 한다. 너무 빨리 달려서 먹잇감을 눈에서 놓치기 때문이라고 한다. 잠시 멈춰 먹잇감을 다시 찾은 뒤에 달려간다. 길앞잡이는 사람이 가까이 오면 날개를 펴고 풀쩍 숲 쪽으로 날아가다가 15~20m쯤 둥그렇게 돌아 다시 산길로 돌아와 앞에 앉기 때문에 잡기가 쉽지 않다. 하지만 늘 다니는 길이 있기 때문에 처음 본 곳에서 기다리면 다시 날아온다. 길앞잡이는 어른이 되기까지 2년이 걸린다. 5월에 짝짓기를 마친 암컷은 부드러운 흙 속에 알을 하나씩 따로 낳는다. 5~6월쯤에 알에서 나온 애벌레는 땅속에 수직으로 굴을 파고 그 속에 들어가 꼿꼿이 하늘을 바라보고 서서 산다. 구멍 둘레를 지나가는 작은 벌레를 잡아먹는데, 체액만 빨아 먹고 껍데기는 굴 밖으로 내다 버린다. 애벌레는 자기 집 구멍에 이물질이 들어가면 큰턱으로 물어서 구멍 밖으로 밀어낸다. 그래서 사람들은 애벌레 굴속에 강아지풀 대를 넣어 애벌레를 잡기도 한다. 애벌레는 그대로 굴속에서 겨울을 나고 이듬해 6~7월쯤 번데기가 된다. 번데기는 7월이 지나서야 어른벌레로 날개돋이하고, 8~9월쯤 짝짓기를 하고 알을 낳는다. 날개돋이를 늦게 한 개체는 그대로 겨울을 나고 이듬해 4~6월쯤 나온다.

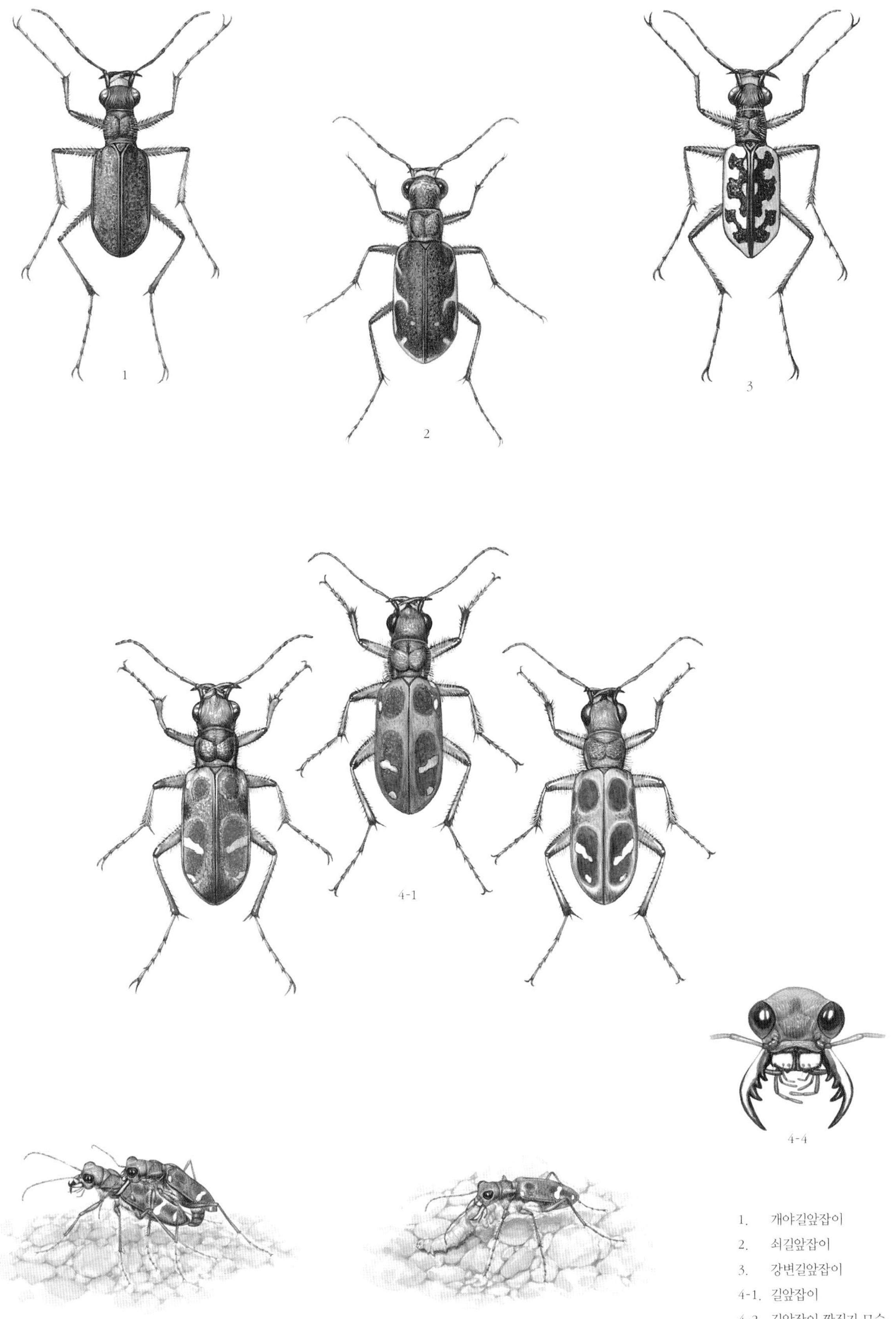

1. 개야길앞잡이
2. 쇠길앞잡이
3. 강변길앞잡이
4-1. 길앞잡이
4-2. 길앞잡이 짝짓기 모습
4-3. 길앞잡이 사냥
4-4. 길앞잡이 큰턱

딱정벌레과
가슴먼지벌레아과

애가슴먼지벌레 *Leistus niger niger*

9~10mm 6~9월 모름

애가슴먼지벌레는 온몸이 까맣지만 다리는 검은 밤색이다. 앞가슴등판이 양쪽에서 둥글게 넓어지다가 뒤쪽으로 갑자기 좁아져 심장꼴로 생겼다. 앞가슴등판 가운데는 홈이 나 있고 그 양옆으로 둥글게 솟았다. 딱지날개는 긴 타원형으로 생겼고 세로줄 홈이 8개씩 나 있다.

딱정벌레과
가슴먼지벌레아과

중국먼지벌레 *Nebria chinensis chinensis*

12~15mm 3~11월 어른벌레

중국먼지벌레는 몸은 까만데 더듬이와 다리는 붉은 밤색이나 누런 밤색이다. 겹눈 사이에는 빨간 점이 한 쌍 있다. 앞가슴등판은 길이보다 폭이 더 넓다. 옆 가장자리는 둥글다. 온 나라에서 볼 수 있다. 낮은 산 둘레에 있는 돌 밑이나 가랑잎 밑에서 산다. 밤에 나와 돌아다니며 흙에 사는 작은 곤충을 잡아먹거나 죽은 곤충을 먹는다. 날씨가 추워지면 썩은 나무속에서 어른벌레로 겨울을 난다.

딱정벌레과
가슴먼지벌레아과

노랑선두리먼지벌레 *Nebria livida angulata*

13~17mm 3~9월 애벌레, 어른벌레

노랑선두리먼지벌레는 더듬이, 앞가슴등판과 다리, 딱지날개 가장자리가 붉은 밤색이다. 강가나 들판에 있는 축축한 땅이나 나무 밑에서 산다. 가끔 높은 산에서 보이기도 한다. 온 나라에서 제법 흔하게 볼 수 있다. 납작한 몸으로 돌 밑에 숨어 있다가 밤에 나와 둘레를 돌아다니면서 작은 벌레를 잡아먹거나 죽은 곤충을 먹는다. 가을밤에는 불빛을 보고 날아오기도 한다. 10월에는 돌 밑이나 흙 속에 방을 만들고 겨울을 날 준비를 한다. 어른벌레로 겨울을 난다. 가을에 짝짓기를 마친 암컷은 땅속에 알을 낳는다. 알에서 나온 애벌레는 작은 벌레를 잡아먹고 살다가, 땅속에서 겨울을 나고 이듬해 봄에 어른벌레가 된다.

딱정벌레과
가슴먼지벌레아과

검정가슴먼지벌레 *Nebria ochotica*

9~12mm 5~11월 모름

검정가슴먼지벌레는 온몸이 연한 광택이 있는 검은색이다. 앞가슴등판은 길이보다 폭이 넓고, 양쪽 가장자리는 둥글며 뒤쪽으로 폭이 좁아져 심장꼴로 생겼다. 앞가슴등판 뒤쪽 가장자리 쪽에는 ㅅ자 모양으로 눌린 부위가 2개 있다. 딱지날개에는 세로줄 홈이 7개씩 있으며, 전체적으로 평평하다.

딱정벌레과
조롱박먼지벌레아과

조롱박먼지벌레 *Scarites aterrimus*

15~20mm 6~10월 모름

조롱박먼지벌레는 중부와 남부, 제주도 바닷가 모래밭에서 산다. 6~10월까지 볼 수 있다. 다른 조롱박먼지벌레들과 같은 곳에서 사는데, 가장 많이 볼 수 있다. 가는조롱박먼지벌레와 닮았지만, 조롱박먼지벌레는 딱지날개가 전체적으로 둥글둥글하고 옆 가두리도 둥글게 되어 있다. 하지만 가는조롱박먼지벌레는 길쭉하고 옆 가두리도 1자 모양이다. 다른 조롱박먼지벌레들처럼 밤에 나와 바닷가 모래밭을 이리저리 돌아다니며 먹이를 잡아먹는다. 앞다리 종아리마디에는 날카로운 가시가 3개나 5개가 있어서 땅을 잘 파고 다닌다.

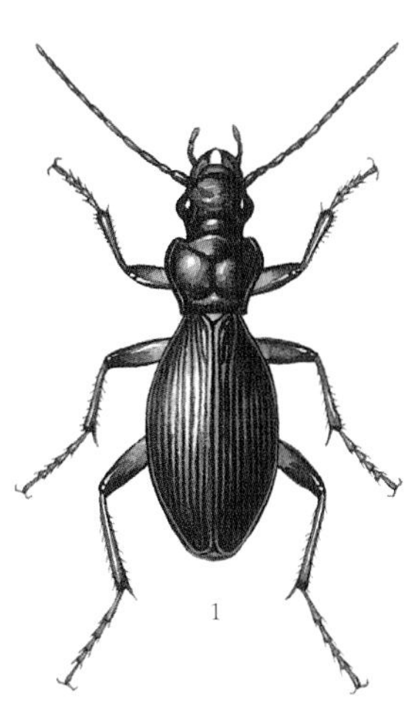

1

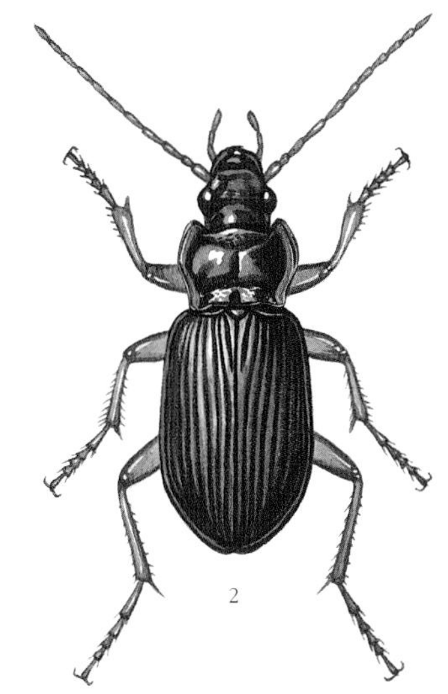

2

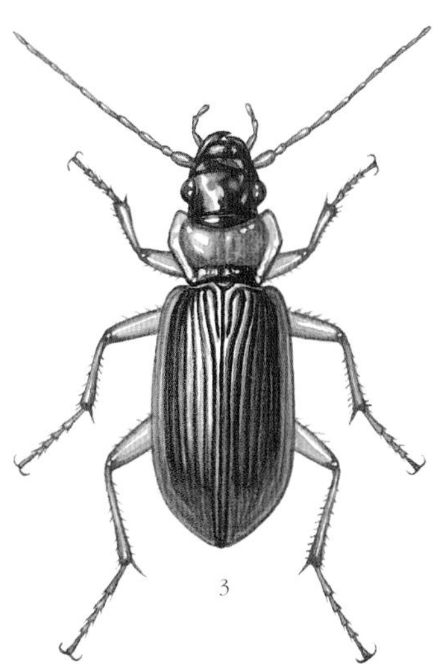

3

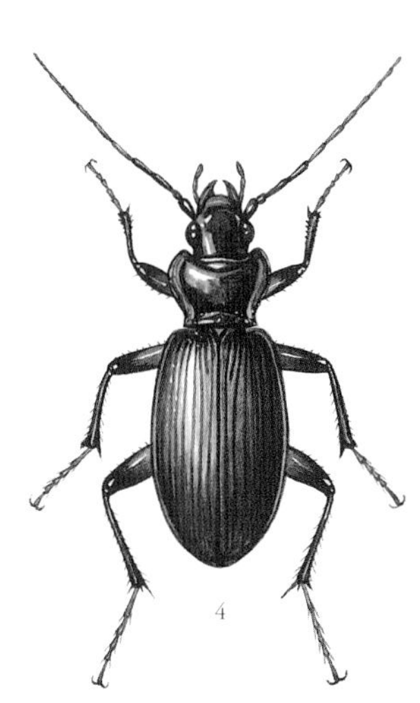

4

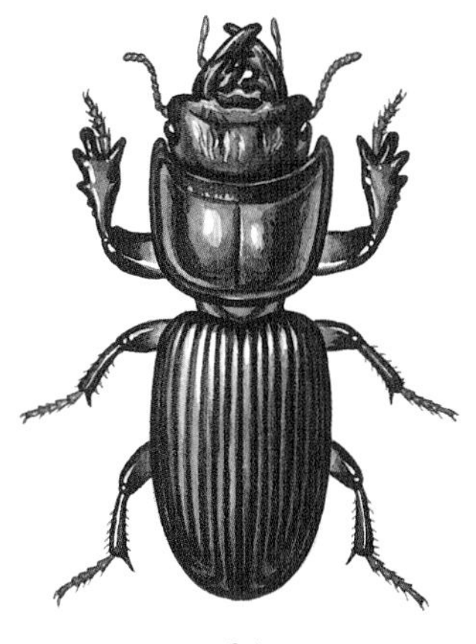

5-1

5-2

1. 애가슴먼지벌레
2. 중국먼지벌레
3. 노랑선두리먼지벌레
4. 검정가슴먼지벌레

5-1. 조롱박먼지벌레

5-2. 조롱박먼지벌레류 애벌레

딱정벌레과
조롱박먼지벌레아과

가는조롱박먼지벌레 *Scarites acutidens* 17 ~ 22mm 5 ~ 10월 모름

가는조롱박먼지벌레는 가슴과 배가 이어지는 곳이 잘록하다. 앞가슴등판 앞쪽 모서리가 앞으로 툭 튀어나왔다. 종아리마디에는 가시돌기가 5개 있다. 서해와 남해 바닷가 모래밭에서 산다. 고운 모래가 있는 강가나 골짜기에서도 볼 수 있다. 낮에는 모래 속에 숨어 있다가 밤에 나와 돌아다니면서 작은 벌레를 잡아먹는다. 위험을 느끼면 꼼짝 않고 죽은 척한다.

딱정벌레과
조롱박먼지벌레아과

큰조롱박먼지벌레 *Scarites sulcatus* 28 ~ 38mm 5 ~ 10월 모름

큰조롱박먼지벌레는 바닷가 모래 언덕에서 산다. 모래밭에 사는 딱정벌레 가운데 몸집이 가장 크다. 앞가슴등판과 가운뎃가슴등판 사이는 개미허리처럼 잘록하다. 낮에는 모래 속이나 널빤지, 돌 밑에 구멍을 파고 숨어 지낸다. 앞다리가 땅강아지처럼 넓적해서 땅을 아주 잘 판다. 밤에 나와 돌아다니며 먹이를 찾는다. 사슴벌레처럼 큰 턱으로 작은 벌레를 잡아먹는다. 때로는 사람들이 버린 음식물 쓰레기나 죽은 동물도 먹는 잡식성 곤충이다. 사람이 손으로 잡으면 다리를 오므리고 꼼짝 않고 죽은 척한다. 그러다 눈치 빠르게 모래를 파고 숨는다. 애벌레는 모래 속에서 살다가 번데기가 된다. 애벌레도 어른벌레처럼 큰턱이 낫처럼 휘었다. 큰턱으로 모래 속을 헤집고 다니며 작은 벌레 따위를 잡아먹는다.

딱정벌레과
조롱박먼지벌레아과

애조롱박먼지벌레 *Clivina castanea* 8mm 안팎 7월쯤 모름

애조롱박먼지벌레는 조롱박먼지벌레 가운데 몸집이 작아서 '애'라는 이름이 붙었다. 온몸이 검은색이고, 딱지날개는 밤빛이 돌며 번쩍거린다. 다리와 더듬이는 붉은 밤색이다. 앞다리 종아리마디에는 이빨처럼 생긴 돌기가 3개 있다. 다른 조롱박먼지벌레보다 머리 폭이 좁아서 다르다. 낮은 산이나 들판에서 산다. 밤이 되면 나와서 땅 위를 돌아다니며 먹이를 찾는다.

딱정벌레과
딱정벌레붙이아과

딱정벌레붙이 *Craspedonotus tibialis* 20 ~ 24mm 4 ~ 9월 애벌레

딱정벌레붙이는 더듬이 첫 마디만 붉은 밤색이고 나머지는 까맣다. 앞가슴등판 앞쪽 가장자리는 폭이 넓다가 중간 뒤쪽으로 갑자기 좁아진다. 다리 종아리마디만 누런 잿빛이다. 바닷가 모래밭에서 많이 살고, 강가 모래밭에서도 볼 수 있다. 낮에는 모래 속에 있다가 밤에 나와 돌아다니며 작은 벌레를 잡아먹거나 죽은 곤충을 먹는다. 모래 속에서 겨울을 지낸 애벌레는 이른 봄이 되면 모래 속에서 입에서 실을 뽑아 둥그런 고치를 만든 뒤 번데기가 된다. 봄부터 여름 들머리에 어른벌레가 된다.

딱정벌레과
강변먼지벌레아과

모라비치강변먼지벌레 *Bembidion morawitzi* 4mm 안팎 2 ~ 7월 어른벌레

모리비치강변먼지벌레는 온몸이 까맣게 반짝거리고, 딱지날개 어깨와 뒤쪽에 누런 무늬 2쌍이 마주 나 있다. 이름처럼 강가 모래밭 둘레에서 볼 수 있다. 날씨가 추워지면 여러 마리가 모래밭 속에 모여 겨울잠을 잔다. 예전에는 '네눈박이강변먼지벌레'라고도 했다.

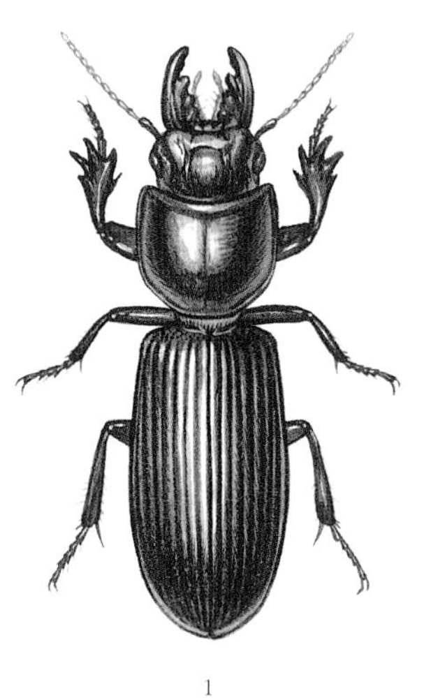
1

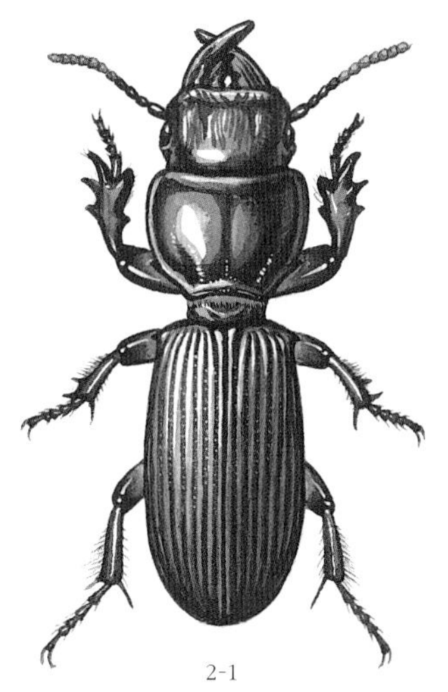
2-1

2-2

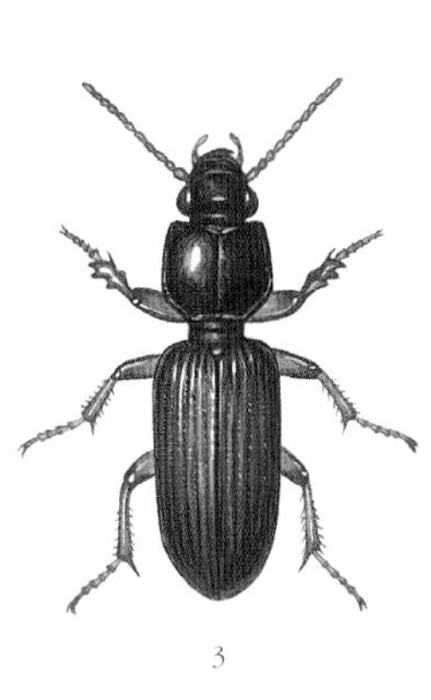
3

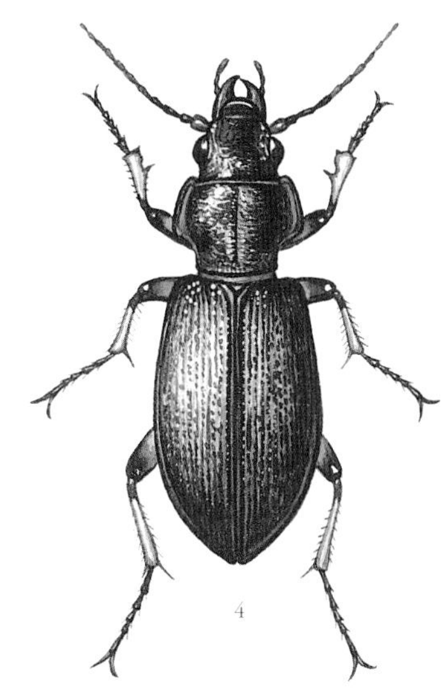
4

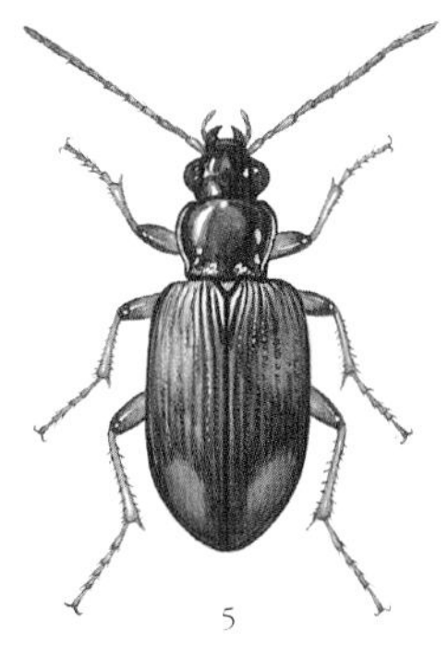
5

1. 가는조롱박먼지벌레
2-1. 큰조롱박먼지벌레
2-2. 큰조롱박먼지벌레가 큰턱을 벌리는 모습
3. 애조롱박먼지벌레
4. 딱정벌레붙이
5. 모라비치강변먼지벌레

딱정벌레과
습지먼지벌레아과

습지먼지벌레 *Patrobus flavipes*

15mm 안팎 · 5~6월 · 모름

습지먼지벌레는 온몸이 검은색으로 반짝거린다. 더듬이와 다리는 붉은 밤색이다. 머리와 앞가슴등판에는 점무늬가 여기저기 나 있다. 딱지날개에는 세로줄 홈이 뚜렷이 나 있다. 논 둘레에 있는 축축한 땅에서 산다. 한 해 내내 볼 수 있다. 밤에 나와서 작은 벌레나 지렁이 따위를 잡아먹는다. 9월 말부터 10월 초에 짝짓기를 하고 알을 낳는다.

딱정벌레과
길쭉먼지벌레아과

한국길쭉먼지벌레 *Trigonognatha coreana*

20mm 안팎 · 6~8월 · 어른벌레

한국길쭉먼지벌레는 온몸이 까맣지만 딱지날개는 보랏빛이 돌면서 반짝거린다. 앞가슴등판이 네모나다. 낮은 산 축축한 가랑잎 밑이나 이끼가 많은 곳에서 산다. 먼지벌레 무리 가운데 몸집이 크다. 밤에 나와 돌아다니며 벌레나 지렁이 따위를 잡아먹는다.

딱정벌레과
길쭉먼지벌레아과

큰먼지벌레 *Lesticus magnus*

23mm 안팎 · 7~8월 · 어른벌레

큰먼지벌레는 온몸이 검은색으로 반짝거린다. 딱지날개는 길쭉하고 세로줄 홈이 10개씩 나 있다. 중부와 남부, 제주도에서 볼 수 있다. 먼지벌레 가운데 몸집이 크다. 들판과 산에 쌓인 가랑잎 밑에서 살며 어른벌레로 겨울을 난다. 6~7월에 가장 많이 볼 수 있다.

딱정벌레과
길쭉먼지벌레아과

수도길쭉먼지벌레 *Pterostichus audax*

15~22mm · 6~9월 · 모름

수도길쭉먼지벌레는 온몸이 검은색으로 반짝거린다. 더듬이와 다리는 붉은 밤색이다. 앞가슴등판은 살짝 볼록하고 심장꼴로 생겼고, 앞 가장자리는 조금 둥글게 튀어나왔다. 딱지날개는 평평하다.

딱정벌레과
길쭉먼지벌레아과

큰긴먼지벌레 *Pterostichus fortis*

10mm 안팎 · 6월쯤부터 · 모름

큰긴먼지벌레는 온몸이 까만색으로 빛난다. 다리나 더듬이, 작은턱수염, 아랫입술수염 따위가 개체에 따라 색변이가 있어서 밤색이나 누런색인 것도 있다.

딱정벌레과
길쭉먼지벌레아과

잔머리길쭉먼지벌레 *Pterostichus microcephalus*

10mm 안팎 · 5~8월 · 모름

잔머리길쭉먼지벌레는 온몸이 검은색으로 반짝거리는데, 딱지날개에 구릿빛이 돌기도 한다. 다리와 더듬이, 수염은 붉은 밤색이다. 앞가슴등판 앞쪽 옆이 길고 날카롭게 튀어나왔다. 딱지날개는 타원형으로 길고 점무늬가 뚜렷하게 나 있다. '잔머리먼지벌레'라고도 한다.

딱정벌레과
길쭉먼지벌레아과

참길쭉먼지벌레 *Pterostichus prolongatus*

14~18mm · 모름 · 모름

참길쭉먼지벌레는 몸이 까맣고 살짝 반짝거린다. 앞가슴등판 뒤쪽 모서리는 둥글며, 가운데 부근에 초승달처럼 생긴 얕은 홈이 있다. 딱지날개에는 세로줄 홈이 뚜렷하게 나 있다. 제주도에서 볼 수 있다. 애벌레와 어른벌레 모두 다른 곤충이나 지렁이, 달팽이 같은 연체동물을 잡아먹는다. 어른벌레는 썩은 나무 밑에 숨어 있다. 주름날개길쭉먼지벌레는 참길쭉먼지벌레와 닮았는데, 북녘에 산다.

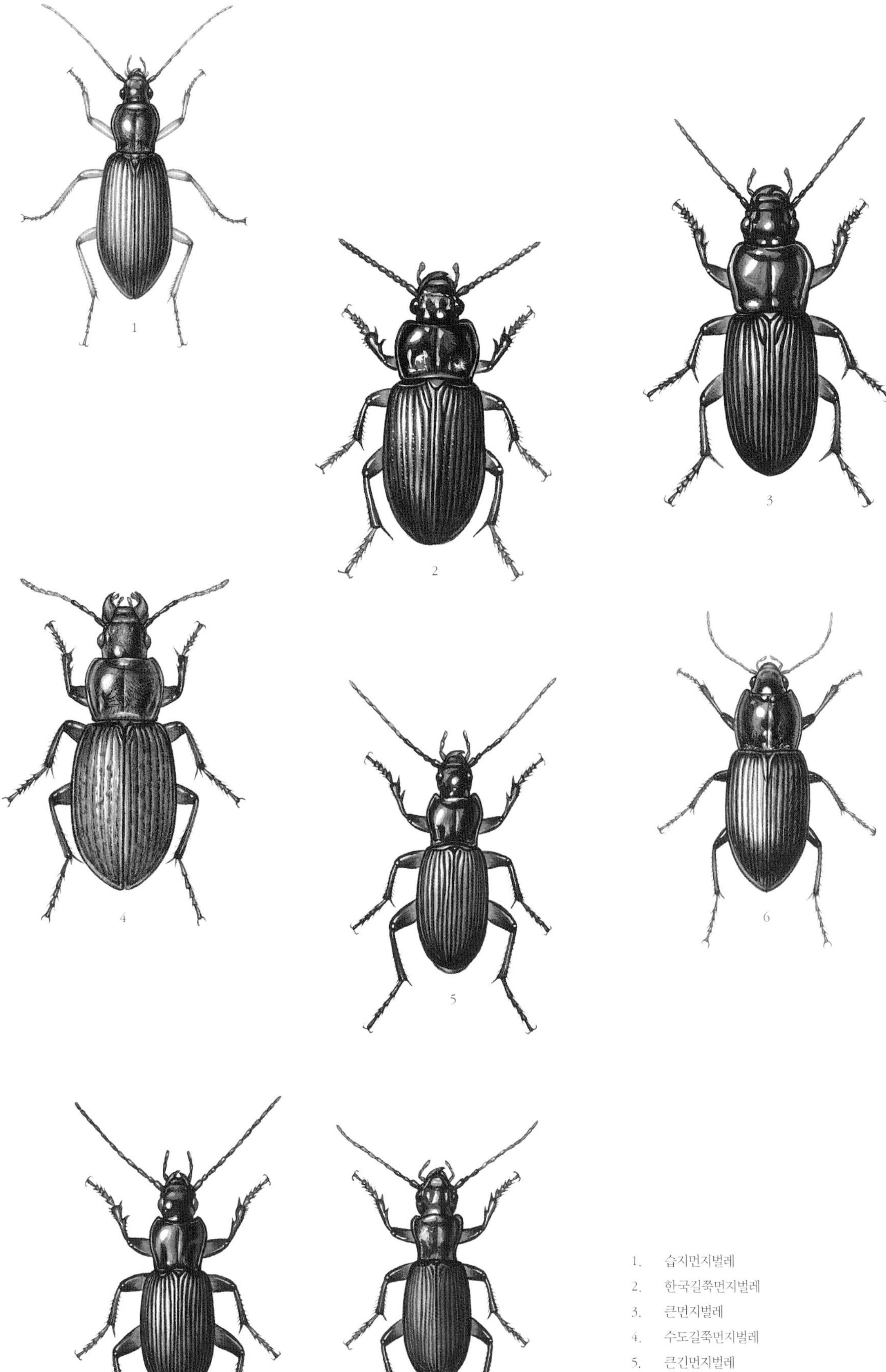

1. 습지먼지벌레
2. 한국길쭉먼지벌레
3. 큰먼지벌레
4. 수도길쭉먼지벌레
5. 큰긴먼지벌레
6. 잔머리길쭉먼지벌레
7-1. 참길쭉먼지벌레
7-2. 주름날개길쭉먼지벌레 *Pterostichus rugosipennis*

딱정벌레과
길쭉먼지벌레아과

남색납작먼지벌레 *Dicranoncus femoralis*

8 ~ 9mm · 5 ~ 10월 · 모름

남색납작먼지벌레는 몸이 푸른빛이고 쇠붙이처럼 반짝거린다. 더듬이와 다리 종아리마디 밑쪽은 누런 밤색이다. 몸은 납작하고 평평한데, 앞가슴등판은 좁은 타원형으로 생겼고, 딱지날개는 긴 타원형이다.

딱정벌레과
길쭉먼지벌레아과

동양납작먼지벌레 *Euplynes batesi*

6 ~ 8mm · 5 ~ 8월 · 모름

동양납작먼지벌레는 온몸이 누런 밤색인데, 딱지날개 뒤쪽으로 까만 무늬가 있다. 몸은 납작하고 평평하다. 겹눈은 상대적으로 크고, 앞가슴등판은 가로로 긴 타원형이다. 딱지날개 양쪽 가장자리는 서로 거의 평행하다가 뒤쪽으로 둥글다. 주로 나뭇잎에서 살면서 나뭇잎을 먹는 다른 작은 벌레를 잡아먹는다.

딱정벌레과
길쭉먼지벌레아과

줄납작먼지벌레 *Colpodes adonis*

17mm 안팎 · 7 ~ 10월 · 모름

줄납작먼지벌레는 딱지날개가 파란색으로 반짝거린다. 앞가슴등판은 불그스름한 구릿빛이 돈다. 다리는 거무스름하다.

딱정벌레과
길쭉먼지벌레아과

날개끝가시먼지벌레 *Colpodes buchanani*

10 ~ 13mm · 5 ~ 10월 · 어른벌레

날개끝가시먼지벌레는 딱지날개가 구릿빛이 도는 풀빛으로 반짝거리고, 가장자리는 붉은 밤색이다. 딱지날개에 세로줄이 8개씩 나 있다. 딱지날개 끄트머리는 가시처럼 뾰족하게 좁아진다. 들판이나 낮은 산 축축한 곳이나 물가에서 산다. 이른 봄부터 가을까지 볼 수 있다. 어른벌레는 나무 위나 꽃에서도 쉽게 볼 수 있다. 위험할 때는 꽁무니에서 고약한 냄새를 풍겨 적을 쫓는다. 밤에 불빛을 보고 잘 날아온다. 날씨가 추워지면 땅속에서 어른벌레로 겨울을 난다. 검정끝가시먼지벌레는 날개끝가시먼지벌레와 닮았지만 이름처럼 온몸이 까맣다. 다리 종아리마디 밑으로는 누렇다.

딱정벌레과
길쭉먼지벌레아과

붉은줄납작먼지벌레 *Agonum lampros*

10mm 안팎 · 8월쯤 · 모름

붉은줄납작먼지벌레는 온몸이 반짝거린다. 머리는 짙은 붉은 밤색이고 매끈하다. 더듬이와 다리는 붉은 밤색이거나 누런 밤색이다. 앞가슴등판은 둥근데 가운데는 볼록하고 겉이 살짝 주름져 있으며 앞가슴등판 가운데는 짙은 붉은 밤색이다. 앞가슴등판 옆쪽 가두리는 넓게 늘어났다. 딱지날개는 풀빛으로 반짝거리고 테두리는 붉은 밤색이다. 딱지날개에는 세로줄 홈이 7개씩 있으며, 홈 줄 사이는 살짝 튀어나왔다. 나무 위에서 살며 뒷날개로 잘 날아다닌다.

딱정벌레과
길쭉먼지벌레아과

애기줄납작먼지벌레 *Agonum speculator*

9 ~ 10mm · 모름 · 모름

애기줄납작먼지벌레는 온몸이 짙은 녹색이지만 검은색으로 반짝거린다. 머리 앞쪽은 뾰족한 삼각형이다. 앞가슴등판은 작고 길이에 비해 폭이 좁으며, 앞쪽 폭이 뒤쪽 폭보다 넓어 뒤쪽으로 강하게 좁아지는 느낌이 있다. 딱지날개는 양쪽 가장자리가 나란하다가, 뒤쪽에서 둥글게 좁아진다. 세로줄 홈은 뚜렷하고 그 사이가 살짝 튀어나왔다. 풀밭이나 산에서 살면서, 다른 작은 곤충을 잡아먹는다.

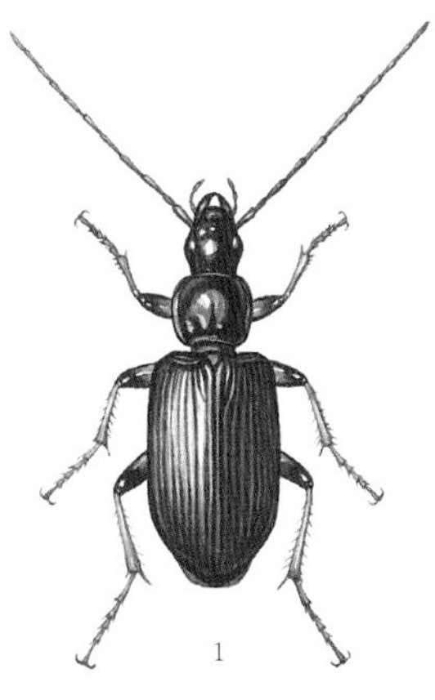
1

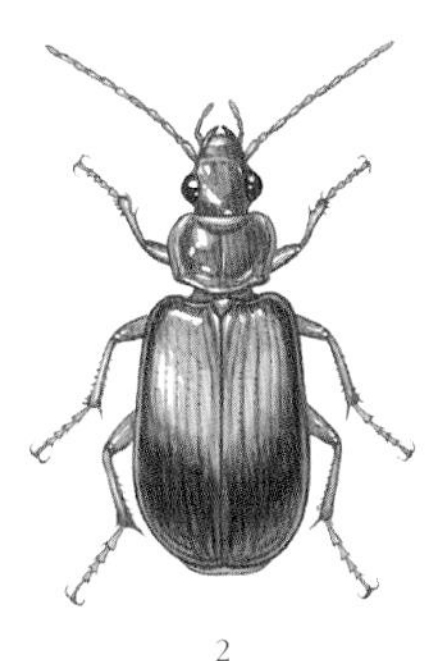
2

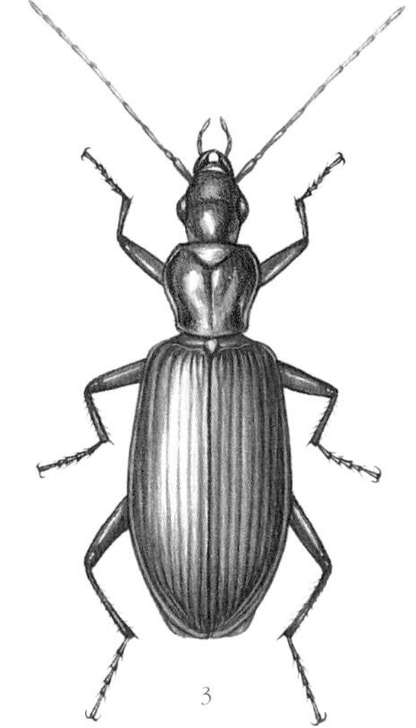
3

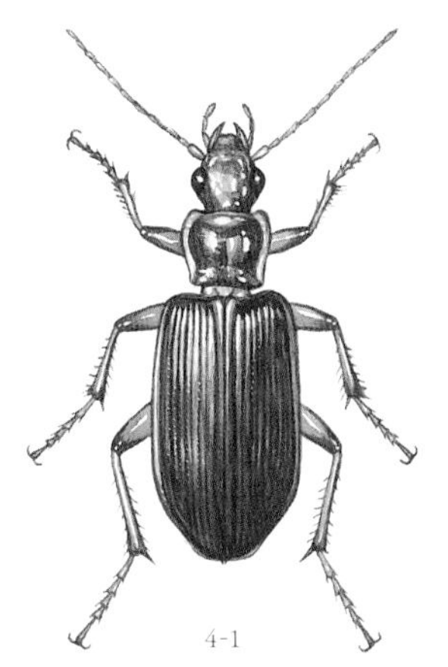
4-1

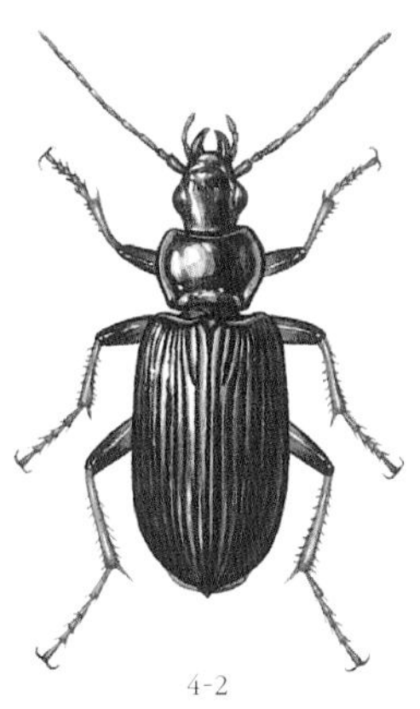
4-2

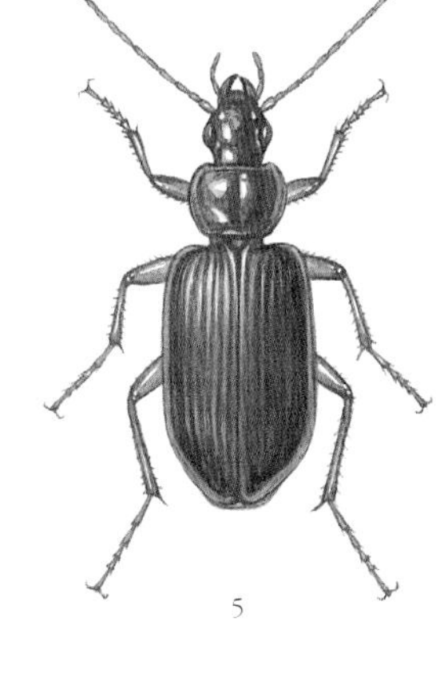
5

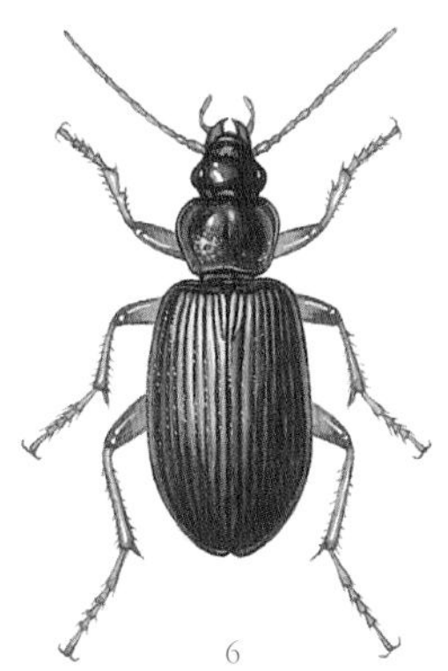
6

1. 남색납작먼지벌레
2. 동양납작먼지벌레
3. 줄납작먼지벌레
4-1. 날개끝가시먼지벌레
4-2. 검정끝가시먼지벌레 *Colpodes atricomes*
5. 붉은줄납작먼지벌레
6. 애기줄납작먼지벌레

딱정벌레과
길쭉먼지벌레아과

큰줄납작먼지벌레 *Agonum sylphis stichai* 8~10mm 7~9월 어른벌레

큰줄납작먼지벌레는 산골짜기 둘레에서 산다. 흙 속이나 가랑잎 밑에서 어른벌레로 겨울을 나며 이듬해 봄에 나와 돌아다닌다. 큰줄납작먼지벌레는 딱지날개 색과 사는 곳에 따라 4개 아종으로 구별하는데, 생김새가 비슷해서 분류가 어렵다.

딱정벌레과
길쭉먼지벌레아과

등빨간먼지벌레 *Dolichus halensis halensis* 19mm 안팎 5~10월 애벌레

등빨간먼지벌레는 온몸이 까만데 이름처럼 딱지날개 가운데가 붉은빛을 띤다. 하지만 붉은빛이 없이 온통 까맣기도 하고, 앞가슴등판이 빨갛기도 하다. 들판이나 낮은 산에서 산다. 낮에는 돌이나 가랑잎 밑에 숨어 있다가 밤에 밖으로 나와 돌아다니며 작은 벌레를 잡아먹는다. 불빛에 모이기도 한다. 봄부터 늦가을까지 볼 수 있지만, 한여름부터 가을 들머리에 가장 활발히 돌아다닌다. 가을에 알에서 나온 애벌레는 흙 속에서 겨울을 나고 이듬해 봄에 번데기 방을 따로 만들어 번데기가 되고 어른벌레가 된다. 등줄먼지벌레는 머리가 풀빛이고 딱지날개 가운데에 검은 풀빛 무늬가 있다.

딱정벌레과
길쭉먼지벌레아과

붉은칠납작먼지벌레 *Synuchus cycloderus* 13~17mm 5~10월 어른벌레

붉은칠납작먼지벌레는 이름과 달리 온몸이 까맣게 반짝인다. 앞가슴등판은 둥글며, 뒷모서리는 뭉툭하다. 딱지날개는 타원형이며, 세로줄 홈은 깊고 뚜렷하다. 딱지날개 어깨가 앞쪽으로 튀어나오지 않고 둥글다. 산속 축축한 곳이나 썩은 가랑잎 밑에서 사는데, 들판에서도 제법 볼 수 있다. 애벌레와 어른벌레 때 무리를 지어 살면서 작은 다른 벌레 따위를 잡아먹고 산다. 일본칠납작먼지벌레는 온몸이 붉다.

딱정벌레과
길쭉먼지벌레아과

검정칠납작먼지벌레 *Synuchus melantho* 10~13mm 6~9월 어른벌레

검정칠납작먼지벌레는 온몸이 까맣게 반짝거린다. 더듬이는 누런 밤색이고, 다리 종아리마디가 붉은 밤색이다. 앞가슴등판 가운데가 볼록하며 가운데에는 세로줄 홈이 있다. 딱지날개는 끝이 제법 뾰족하고, 세로줄 홈이 7개씩 나 있다. 산기슭이나 골짜기에서 5~6월에 가장 많이 볼 수 있다. 밤에 나와 돌아다니면서 작은 벌레나 죽은 동물을 먹는다. 여름에는 불빛에 날아오기도 한다. 손으로 만지면 고약한 냄새가 난다.

딱정벌레과
먼지벌레아과

밑빠진먼지벌레 *Cymindis daimio* 8~9mm 6~10월 모름

밑빠진먼지벌레는 딱지날개 끝자락에 U자처럼 생긴 검은 띠무늬가 있다. 온몸은 까맣거나 검은 밤색이다. 온몸은 긴 털로 덮여 있다. 머리에는 강하고 굵은 홈이 빽빽하다. 앞가슴등판은 앞쪽 폭이 아래쪽 폭보다 넓은 둥근 삼각형 모양이다. 산골짜기 둘레에서 산다. 낮에 나와 돌아다닌다.

딱정벌레과
먼지벌레아과

점박이먼지벌레 *Anisodactylus punctatipennis* 11~12mm 6~10월 어른벌레

점박이먼지벌레는 머리에 빨간 무늬가 있어서 '먼지벌레'나 '애먼지벌레'와 구분된다. 온 나라 들판이나 낮은 산에서 제법 쉽게 볼 수 있다. 풀밭이나 돌 밑에 숨어 있지만 풀 줄기에도 곧잘 올라간다. 밤에는 불빛에 잘 날아온다. 겨울을 난 어른벌레는 봄부터 나와 날아서 돌아다니기도 한다. 짝짓기한 뒤 늦봄에 알을 낳는다. 한 해에 한 번 날개돋이한다.

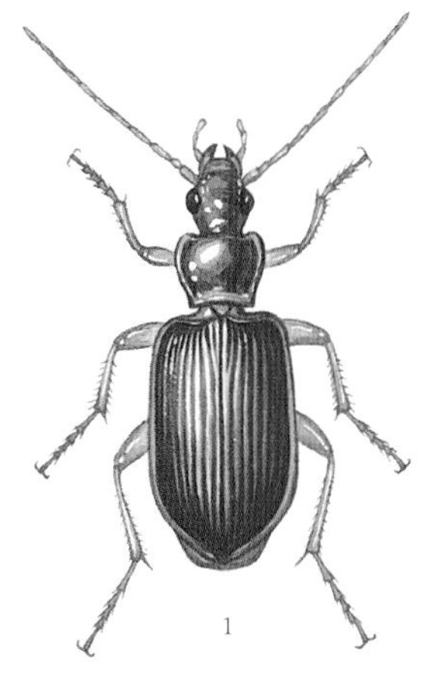

1

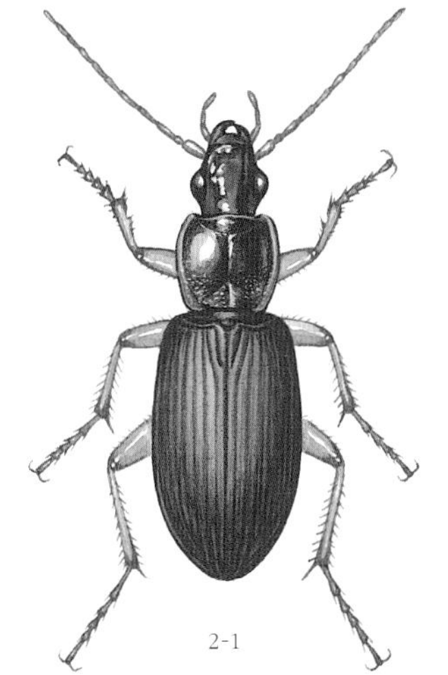

2-1

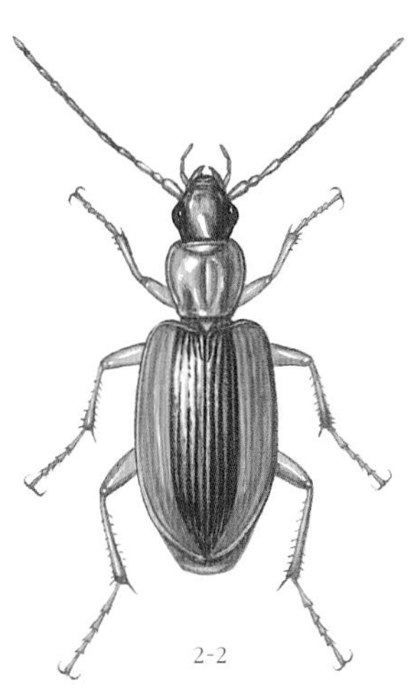

2-2

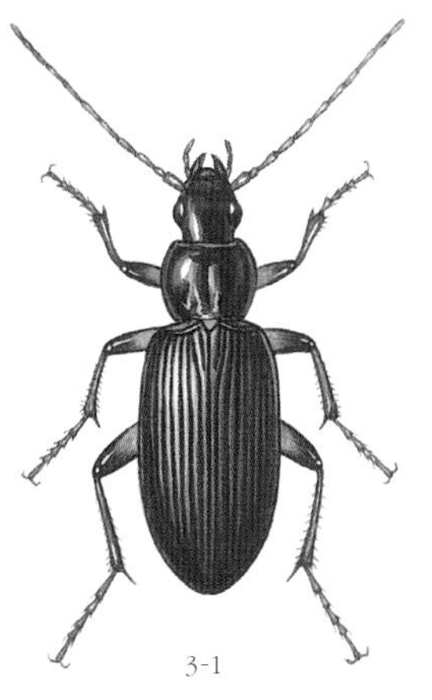

3-1

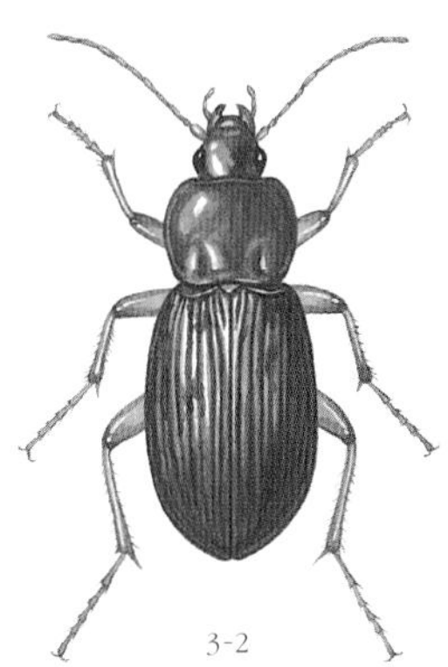

3-2

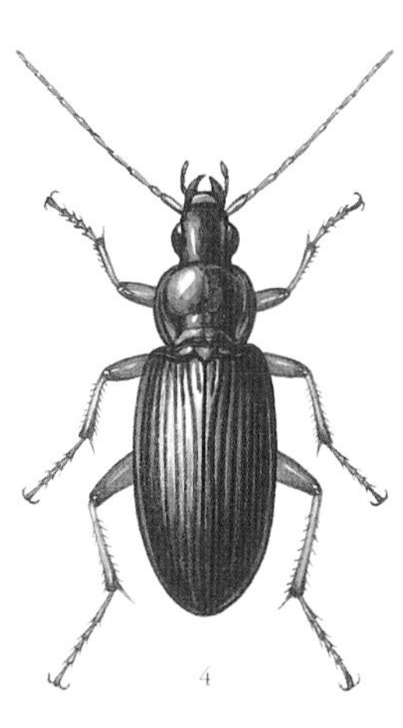

4

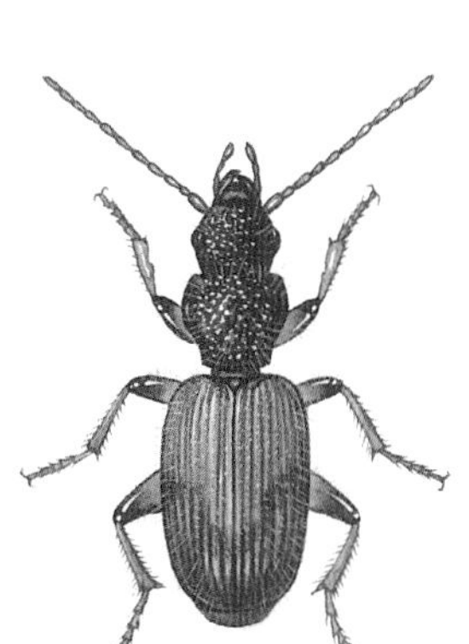

5

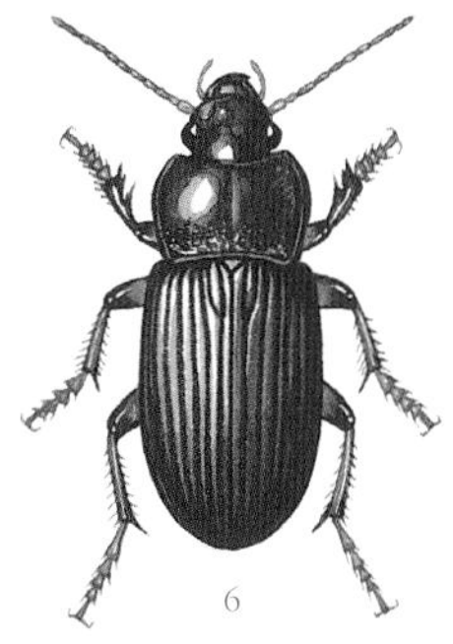

6

1. 큰줄납작먼지벌레
2-1. 등빨간먼지벌레
2-2. 등줄먼지벌레 *Agonum daimio*
3-1. 붉은칠납작먼지벌레
3-2. 일본칠납작먼지벌레 *Synuchus agonus*
4. 검정칠납작먼지벌레
5. 밑빠진먼지벌레
6. 점박이먼지벌레

딱정벌레과
먼지벌레아과

먼지벌레 *Anisodactylus signatus* 9~10mm 4~10월 어른벌레

먼지벌레는 들판에 있는 돌이나 가랑잎 밑에서 산다. 봄에는 밭이나 논 둘레에 있는 풀밭을 잘 날아다닌다. 밤에 나와 돌아다니며 작은 다른 벌레 따위를 잡아먹는다. 불빛에도 날아온다. 어른벌레로 겨울을 나고 봄에 나온 뒤 4월 말부터 땅속에 알을 낳는다. 위험을 느끼면 흙먼지가 날릴 만큼 빠르게 달려서 도망친다고 '먼지벌레'라는 이름이 붙었다. '점박이먼지벌레'와 아주 닮았다. 점박이먼지벌레는 머리 정수리에 있는 빨간 반점 한 쌍이 서로 이어지지만, 먼지벌레는 반점이 없고 머리가 온통 까맣다.

딱정벌레과
먼지벌레아과

애먼지벌레 *Anisodactylus tricuspidatus* 10~13mm 5~8월 모름

애먼지벌레는 온몸이 까맣게 반짝거리는데, 작은턱수염과 아랫입술수염, 더듬이, 발목마디는 붉은 밤색이다. 머리는 제법 크고 겹눈은 작다. 정수리가 볼록하고 붉은 반점은 없다. 앞가슴등판은 볼록하며 가운데에 세로줄 홈이 살짝 보인다. 이 홈 줄을 중심으로 뒤쪽 가장자리 양옆이 강하게 눌려 있고, 눌린 곳에는 옴폭 파인 홈이 빽빽하다. 딱지날개 양쪽 가장자리는 나란하다가 끝 쪽이 뾰족하다. 딱지날개에는 세로줄 홈이 파여 있다.

딱정벌레과
먼지벌레아과

머리먼지벌레 *Harpalus capito* 20~24mm 6~8월 애벌레

머리먼지벌레는 다른 먼지벌레보다 머리가 크다. 머리는 번쩍거리지만, 가슴과 딱지날개는 번쩍거리지 않는다. 정수리에 빨간 얼룩무늬가 있지만 변이가 있어서 뚜렷하지 않은 종도 있다. 우리나라에 사는 먼지벌레 가운데 몸집이 가장 크다. 개울가나 논 둘레에 있는 돌 밑에서 산다. 밤에 나와 돌아다니면서 하루살이 같은 작은 벌레를 잡아먹는다. 등불에도 날아온다.

딱정벌레과
먼지벌레아과

가는청동머리먼지벌레 *Harpalus chalcentus* 11~14mm 2~8월 어른벌레

가는청동머리먼지벌레는 수컷 몸이 누런 풀빛으로 반짝거리는데, 암컷 딱지날개는 누런색으로 반짝거린다. 우리나라에서 가장 흔히 볼 수 있는 먼지벌레다. 집 둘레 돌 밑이나 썩은 나무 밑에서 볼 수 있다. 밤에 돌아다니면서 여러 가지 나비나 나방 번데기를 먹고 산다. 불빛을 보고 집으로도 날아온다. 낮에도 잘 날아다닌다.

딱정벌레과
먼지벌레아과

검은머리먼지벌레 *Harpalus corporosus* 11~15mm 7~9월 모름

검은머리먼지벌레는 온몸이 까맣게 반짝거린다. 더듬이와 다리 발목마디는 짙은 밤색이다. 앞가슴등판은 앞쪽 폭이 아래쪽보다 약간 좁고 옆 가장자리는 둥글어서 둥근 사다리꼴이나 사각형이다. 딱지날개는 세로줄 홈이 뚜렷하며, 홈 줄 사이는 살짝 튀어나왔다. 딱지날개 양쪽 가장자리는 둥글어서 전체적으로 긴 타원형이다.

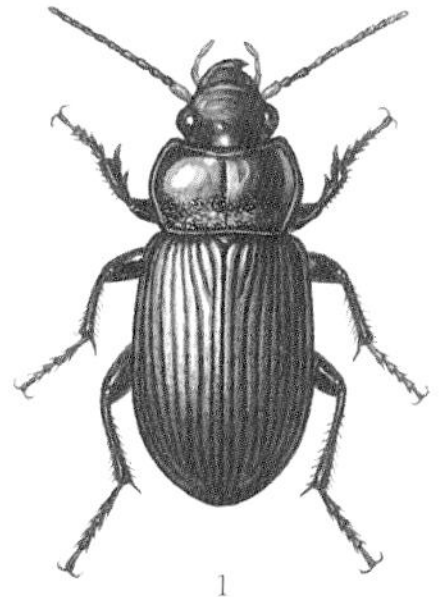
1

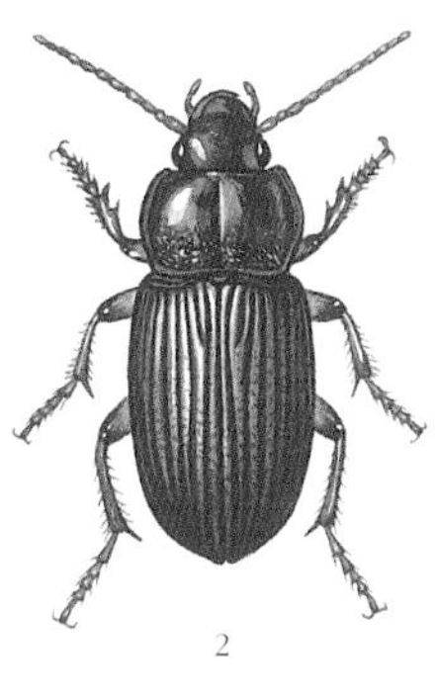
2

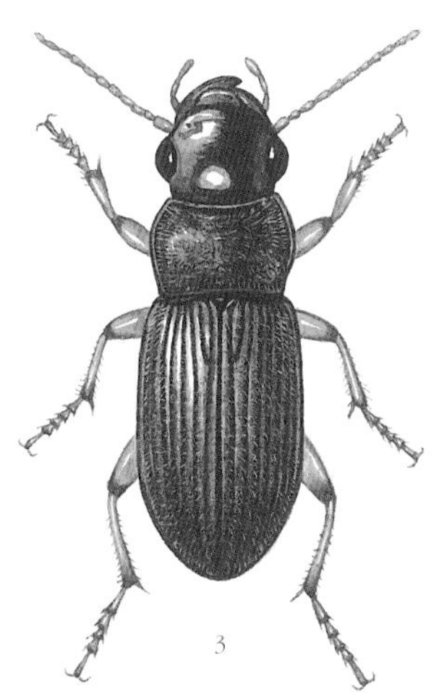
3

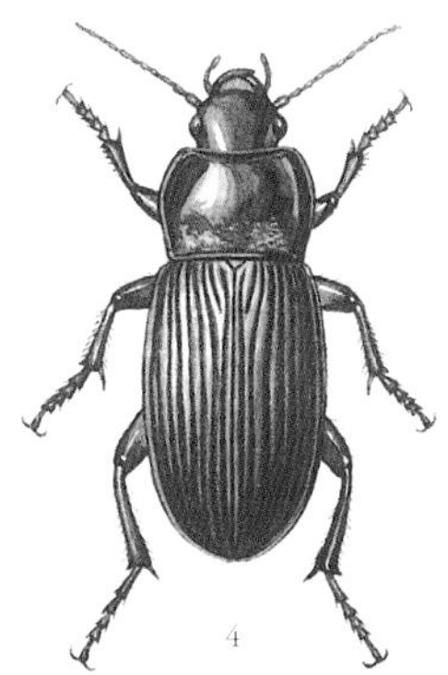
4

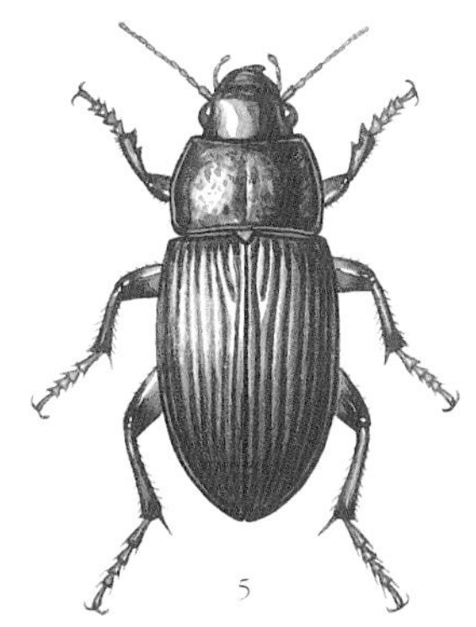
5

1. 먼지벌레
2. 애먼지벌레
3. 머리먼지벌레
4. 가는청동머리먼지벌레
5. 검은머리먼지벌레

딱정벌레과
먼지벌레아과

가슴털머리먼지벌레 *Harpalus eous*

12 ~ 15mm 6 ~ 9월 모름

가슴털머리먼지벌레는 온몸이 까맣고 앞가슴등판 양쪽 가장자리는 짙은 밤색이다. 작은턱수염, 아랫입술수염, 더듬이, 다리는 누런 밤색이다. 머리는 폭이 넓어 매우 커 보이며, 겹눈은 작다. 앞가슴등판은 둥근 사각형이다. 딱지날개는 짧은 누런 털로 덮였고, 세로줄 홈이 뚜렷하다. 홈 줄 사이 자잘한 홈이 파여 있다. 냇가나 논밭, 숲 가장자리에서 볼 수 있다. 밤에 불빛에 날아오는 벌레를 재빠르게 사냥한다.

딱정벌레과
먼지벌레아과

씨앗머리먼지벌레 *Harpalus griseus*

8 ~ 13mm 5 ~ 10월 모름

씨앗머리먼지벌레는 온몸이 까맣다. 머리와 앞가슴은 반짝거리지만, 딱지날개는 반짝거리지 않는다. 앞가슴 옆 가장자리와 딱지날개 뒤쪽 가장자리, 다리는 밤색이거나 붉은빛을 띤다.

딱정벌레과
먼지벌레아과

수염머리먼지벌레 *Harpalus jureceki*

10 ~ 12mm 6 ~ 10월 모름

수염머리먼지벌레는 온몸이 까맣고, 머리 이마방패는 짙은 밤색, 앞가슴등판 옆 가장자리는 붉은 밤색, 작은턱수염과 아랫입술수염, 더듬이는 누런 밤색, 다리는 붉은 밤색이다. 앞가슴등판은 둥근 사각형이고 가운데가 볼록하다. 딱지날개에는 세로줄 홈이 뚜렷하다. 홈 줄 사이는 볼록 튀어나왔다. 딱지날개는 누런 털이 빽빽하게 나 있어 마치 누런 밤색을 띠는 것처럼 보인다. 낮에는 흙 속에 숨어 있다가 밤에 나와 돌아다닌다. 지렁이나 작은 벌레 알이나 애벌레를 잡아먹는다.

딱정벌레과
먼지벌레아과

알락머리먼지벌레 *Harpalus pallidipennis*

8 ~ 9mm 5 ~ 9월 모름

알락머리먼지벌레는 머리와 앞가슴등판이 불그스름한 검은색이고, 딱지날개는 붉은 반점이 여기저기 나 있는 짙은 붉은 밤색이다. 작은턱수염과 아랫입술수염은 누런 밤색, 더듬이와 다리는 붉은 밤색이다. 머리는 제법 폭이 넓고 크며, 겹눈은 작다. 앞가슴등판은 둥근 사각형이며 가운데는 볼록하다. 딱지날개에 세로줄 홈이 뚜렷하고, 홈 줄 사이는 평평하다.

딱정벌레과
먼지벌레아과

중국머리먼지벌레 *Harpalus sinicus sinicus*

10 ~ 15mm 3 ~ 10월 모름

중국머리먼지벌레는 온몸이 까맣게 반짝거린다. 앞가슴등판 테두리는 짙은 붉은 밤색, 작은턱수염과 아랫입술수염은 누런 밤색, 더듬이와 다리는 붉은 밤색이다. 머리는 폭이 넓어 커 보이며, 겹눈은 작다. 앞가슴등판은 둥근 사각형 모양이며, 가운데는 볼록하다. 머리가 커서 다른 종에 비해 앞가슴등판이 작아 보인다. 딱지날개 양쪽 가장자리는 서로 나란하고, 세로줄 홈은 뚜렷하다. 홈 줄 사이는 평평하다. 개울가나 논둘레에 있는 쓰레기 밑에서 볼 수 있다. 밤에 불빛으로 날아오기도 한다.

딱정벌레과
먼지벌레아과

꼬마머리먼지벌레 *Harpalus tridens*

9 ~ 14mm 5 ~ 7월 모름

꼬마머리먼지벌레는 몸이 살짝 반짝거린다. 머리는 붉은빛이 도는 검은색인데 이마방패 앞쪽으로는 짙은 붉은 밤색이다. 머리는 폭이 넓어 제법 커 보이며, 겹눈은 볼록하다. 앞가슴등판은 까맣고 양쪽 테두리는 붉은 밤색이다. 그리고 둥근 사각형 모양이며, 가운데는 평평하다. 딱지날개는 붉은빛이 도는 검은색이다. 딱지날개는 매끈하고, 세로줄 홈이 뚜렷하다.

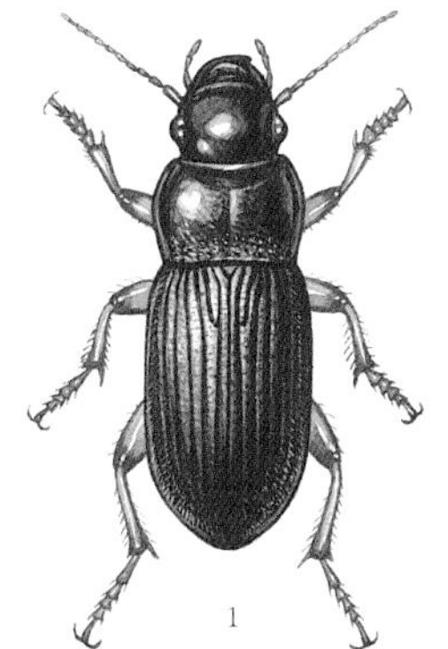
1

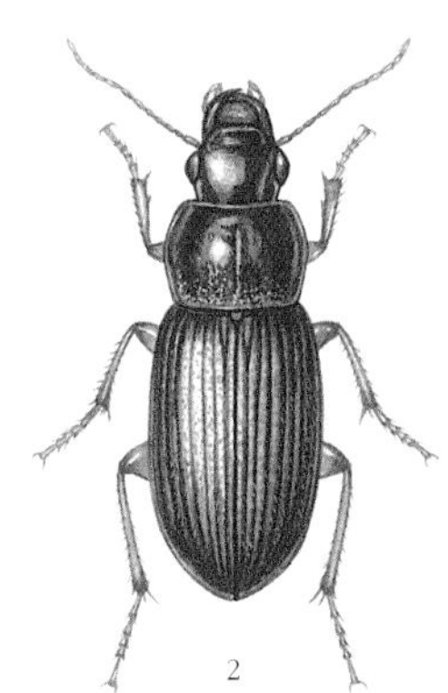
2

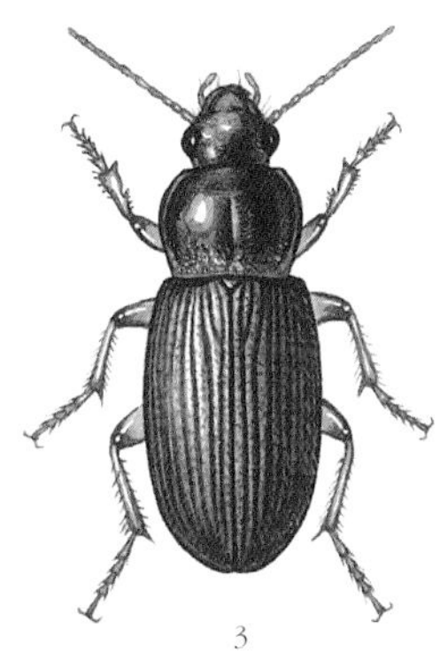
3

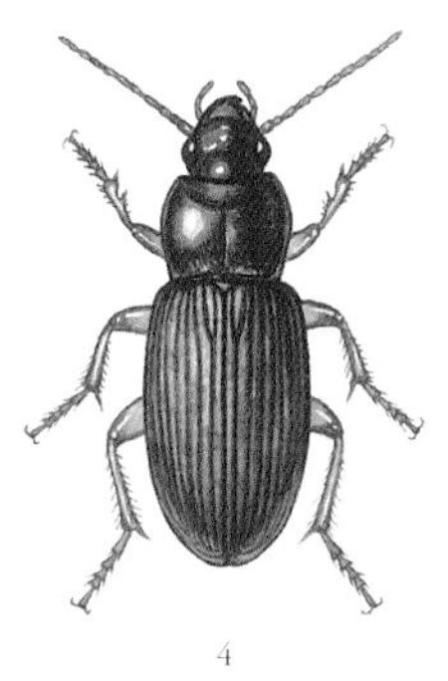
4

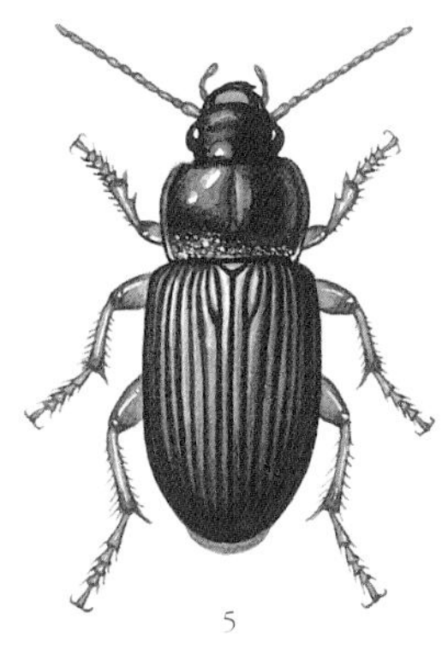
5

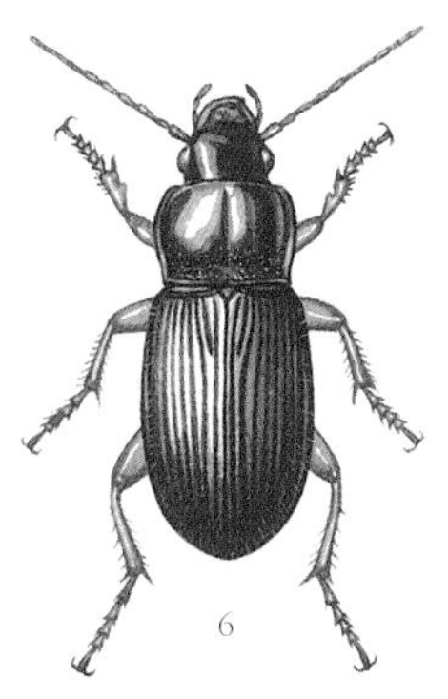
6

1. 가슴털머리먼지벌레
2. 씨앗머리먼지벌레
3. 수염머리먼지벌레
4. 알락머리먼지벌레
5. 중국머리먼지벌레
6. 꼬마머리먼지벌레

딱정벌레과
먼지벌레아과

긴머리먼지벌레 *Oxycentrus argutoroides*

7~9mm 4~10월 모름

긴머리먼지벌레는 온몸이 까맣게 반짝거린다. 머리는 매끈하고, 이마방패 앞쪽으로 짙은 붉은 밤색이다. 앞가슴등판은 폭과 길이가 같거나 길이가 길다. 가운데는 볼록하고, 양쪽 테두리는 붉은 밤색이다. 딱지날개는 붉은빛이 도는 검은색인데 테두리와 딱지날개가 붙은 곳은 짙은 붉은 밤색이다. 딱지날개에는 세로줄 홈이 뚜렷하다.

딱정벌레과
먼지벌레아과

노란목좁쌀애먼지벌레 *Bradycellus laeticolor*

4~6mm 8~9월 모름

노란목좁쌀애먼지벌레는 머리와 딱지날개는 까맣고, 앞가슴등판은 붉은 밤색이다. 더듬이 첫 세 마디만 붉은 밤색이고 나머지는 짙은 밤색이다. 앞가슴등판 가운데가 평평하고, 세로줄이 뚜렷하다. 다리는 누런 밤색이거나 붉은 밤색이다. 딱지날개에는 세로줄 홈이 뚜렷하다. 홈 사이는 평평하다. 풀밭에서 산다. 밤에 나와 돌아다니며 가로등 불빛에 모이는 작은 곤충들을 잡아먹는다. 암컷은 축축한 돌 밑에 알을 낳는다.

딱정벌레과
먼지벌레아과

초록좁쌀먼지벌레 *Stenolophus difficilis*

4~6mm 8~9월 모름

초록좁쌀먼지벌레는 머리와 앞가슴등판, 딱지날개가 풀빛이 도는 밤색으로 번쩍거린다. 앞가슴등판 테두리는 붉은 밤색이거나 누런 밤색이다. 또 딱지날개 가장자리와 딱지날개가 맞붙는 쪽으로 연해져 검은 밤색이나 누런 밤색을 띤다. 더듬이와 다리는 누런 밤색이다. 딱지날개에는 세로줄 홈이 뚜렷하며, 홈 사이는 매끈하고 평평하다.

딱정벌레과
먼지벌레아과

흑가슴좁쌀먼지벌레 *Stenolophus connotatus*

6~7mm 7~8월 모름

흑가슴좁쌀먼지벌레는 몸이 누런 밤색으로 살짝 반짝거리는데 머리는 까맣다. 딱지날개에 세로줄이 7개씩 있다. 앞가슴등판 가운데는 까맣지만 가장자리로 갈수록 옅어져 밤색을 띤다. 더듬이는 밤색이고 다리는 누런 밤색이다.

딱정벌레과
둥글먼지벌레아과

민둥글먼지벌레 *Amara communis*

6~8mm 모름 어른벌레

민둥글먼지벌레는 몸이 까만데, 햇빛을 받으면 풀빛으로 반짝거린다. 더듬이 첫 세 마디는 누런 밤색이고 나머지는 짙은 밤색이다. 다리 허벅지마디는 까맣고 종아리마디 밑으로는 짙은 붉은 밤색이다. 머리는 앞쪽으로 뾰족한 삼각형이다. 앞가슴등판은 둥근 사다리꼴로 앞쪽 양쪽 모서리는 둥글게 튀어나왔다. 앞가슴등판 가운데에 세로줄이 뚜렷하다. 딱지날개에는 세로줄 홈이 뚜렷하고, 양쪽 가장자리는 나란하다가 가운데에서 둥글게 좁아진다. 산속 가랑잎 밑이나 이끼 둘레에서 산다.

딱정벌레과
둥글먼지벌레아과

어리둥글먼지벌레 *Amara congrua*

7~10mm 4~8월 어른벌레

어리둥글먼지벌레는 더듬이 1~3번째 마디가 누런 밤색이고, 나머지는 짙은 밤색이다. 다리 허벅지마디는 짙은 밤색이지만, 종아리마디 밑으로는 붉은 밤색이다. 햇빛을 받으면 온몸은 짙은 풀빛으로 반짝거린다. 앞가슴등판은 둥근 사다리꼴이다. 딱지날개에 세로줄 홈이 뚜렷하다. 양쪽 가장자리가 나란하다가 뒤쪽 1/3쯤 되는 곳에서 둥글게 좁아진다. 산에서 살며, 땅속에서 어른벌레로 겨울을 난다.

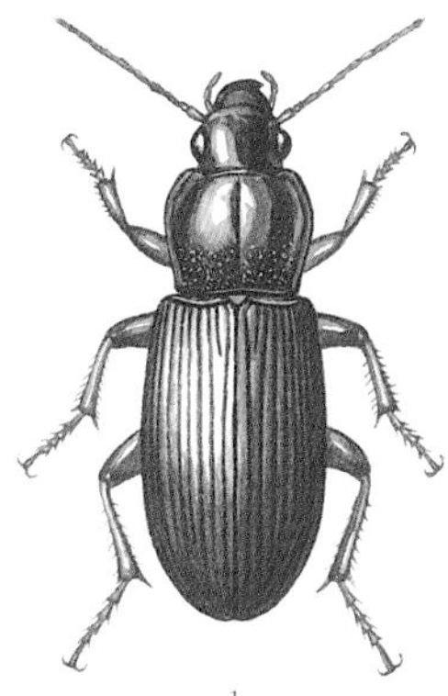
1

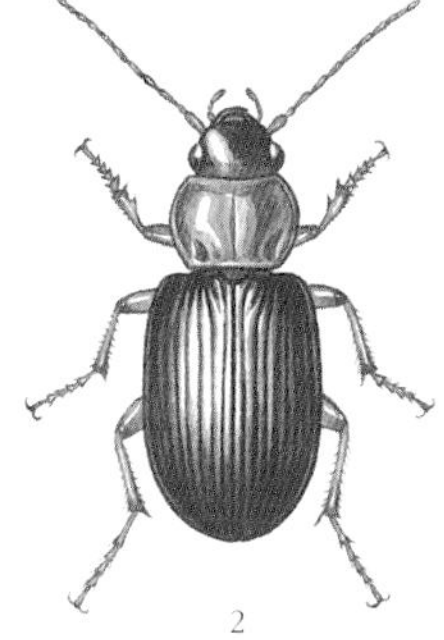
2

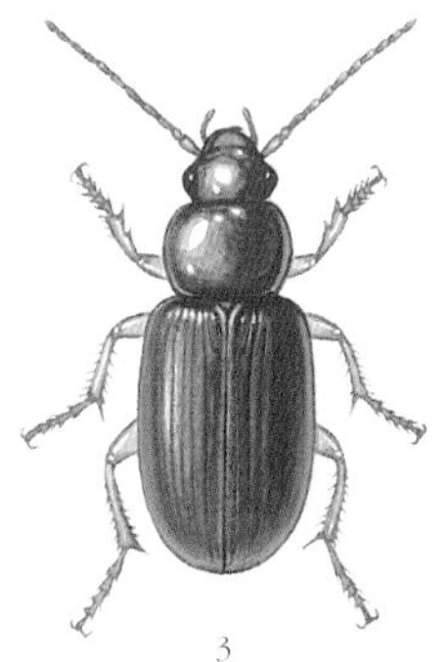
3

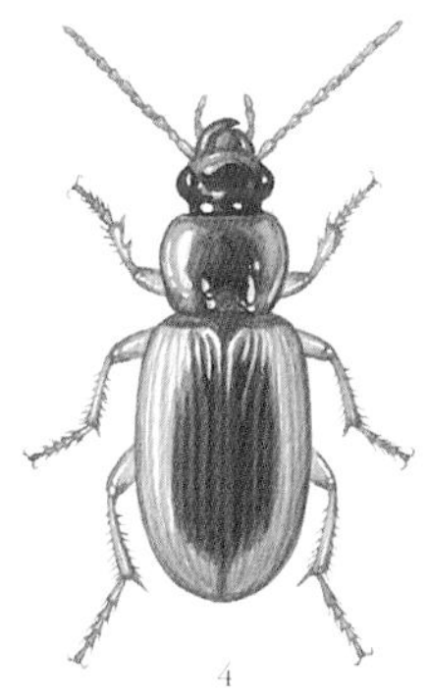
4

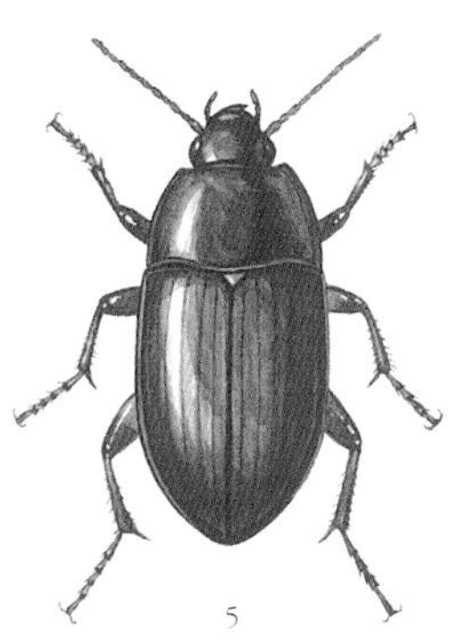
5

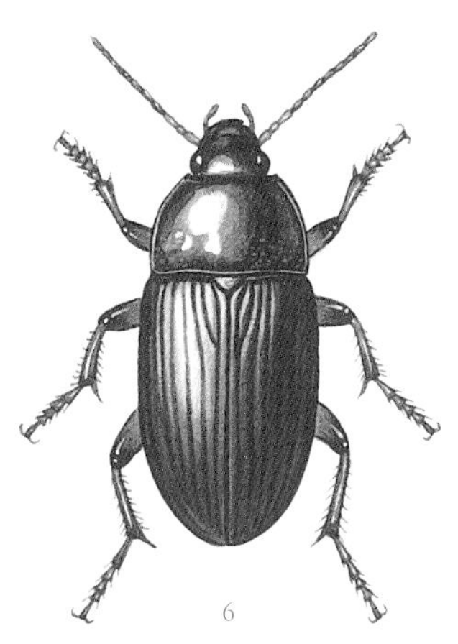
6

1. 긴머리먼지벌레
2. 노란목좁쌀애먼지벌레
3. 초록좁쌀먼지벌레
4. 흑가슴좁쌀먼지벌레
5. 민둥글먼지벌레
6. 어리둥글먼지벌레

딱정벌레과
둥글먼지벌레아과

큰둥글먼지벌레 *Amara giganteus* 17~21mm 7월쯤 어른벌레

큰둥글먼지벌레는 온몸이 까맣게 반짝거린다. 작은턱수염과 아랫입술수염, 더듬이, 앞다리 발목마디는 짙은 붉은 밤색이다. 온몸은 평평하고 길쭉하다. 머리는 폭이 넓고 크며, 겹눈은 볼록하다. 앞가슴등판은 평평하며, 뒤쪽으로 좁아지는 느낌이 있다. 딱지날개는 세로줄 홈이 뚜렷하다. 딱지날개 옆 가장자리는 둥글고 뒤쪽 1/2 지점에서 좁아진다. 낮은 산과 들판 땅속에서 어른벌레로 겨울을 난다.

딱정벌레과
둥글먼지벌레아과

사천둥글먼지벌레 *Amara obscuripes* 7~8mm 3~11월 모름

사천둥글먼지벌레는 온몸이 검거나 청동빛으로 반짝거린다. 몸은 타원형으로 매끈하고 볼록하다. 머리는 삼각형 모양으로 뾰족하고, 앞가슴등판은 둥근 사다리꼴이다. 앞가슴등판 앞쪽 양쪽 모서리는 뾰족하게 튀어나왔다. 딱지날개에는 세로줄 홈이 뚜렷하다. 양쪽 가장자리는 나란하다가 뒤쪽 1/3쯤 되는 곳에서 둥글게 좁아진다. '어리둥글먼지벌레'와는 다리 색이 달라서 구분한다.

딱정벌레과
둥글먼지벌레아과

애기둥글먼지벌레 *Amara simplicidens* 8~10mm 5~10월 모름

애기둥글먼지벌레는 몸이 까맣게 반짝거린다. 머리 이마방패 앞쪽으로는 붉은 밤색, 앞가슴등판과 딱지날개 옆 테두리는 붉은 밤색이다. 온몸은 타원형으로 볼록하다. 앞가슴등판은 둥근 사다리꼴이지만 가운데가 가장 넓어 둥근 직사각형으로 보이기도 한다. 가운데에는 세로줄이 뚜렷하다. 딱지날개에는 세로줄 홈이 뚜렷하고 그 사이는 살짝 튀어나왔다. 양쪽 가장자리는 서로 나란하다가 뒤쪽 1/2 지점에서 둥글게 좁아진다.

딱정벌레과
둥글먼지벌레아과

우수리둥글먼지벌레 *Amara ussuriensis* 7~8mm 4~7월 어른벌레

우수리둥글먼지벌레는 더듬이 첫 두 마디가 붉은 밤색이고, 나머지는 까맣다. 다리 허벅지마디는 까맣고, 종아리마디와 발목마디는 반쯤이 붉은 밤색이다. 딱지날개에는 세로줄 홈이 뚜렷하다. 낮은 산 산길 둘레에서 산다. 남쪽 지방에서는 2~3월 이른 봄부터 나와 돌아다니는데 낮에 많이 볼 수 있다. 잡으면 지독한 냄새를 풍긴다.

딱정벌레과
무늬먼지벌레아과

잔노랑테먼지벌레 *Chlaenius circumdatus xanthopleurus* 14mm 안팎 모름 모름

잔노랑테먼지벌레는 이름처럼 딱지날개 테두리에 노란 띠무늬가 둘려 있다. 딱지날개는 붉은 자줏빛이다. 머리와 앞가슴등판은 붉은 녹색으로 쇠붙이처럼 반짝거린다.

딱정벌레과
무늬먼지벌레아과

줄먼지벌레 *Chlaenius costiger costiger* 22~23mm 5~8월 어른벌레

줄먼지벌레는 먼지벌레 가운데 몸집이 큰 편에 속한다. 딱지날개에 줄무늬가 세로로 뚜렷하게 나 있다고 '줄먼지벌레'라는 이름이 붙었다. 어른벌레로 흙 속에서 겨울을 나며, 봄에 나와 가을 들머리인 9월까지 볼 수 있다. 낮은 산과 거기에 잇닿은 들판에서 많이 산다. 가끔 도시 아파트나 공원에서도 볼 수 있다. 낮에는 돌 밑에 숨어 있다가 밤에 나와 돌아다니며 작은 벌레를 잡아먹는다. 밤에 불빛에도 모여든다.

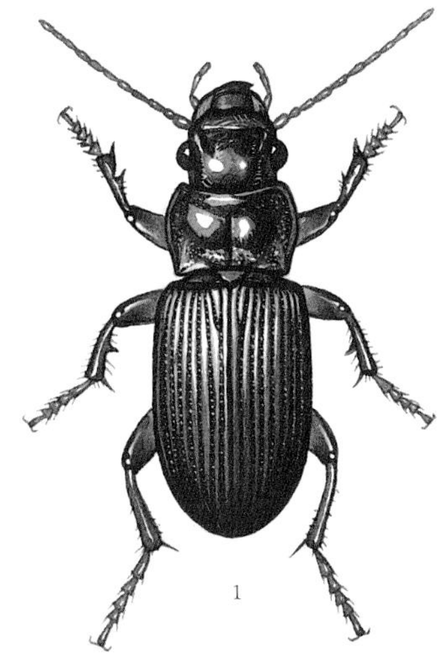
1

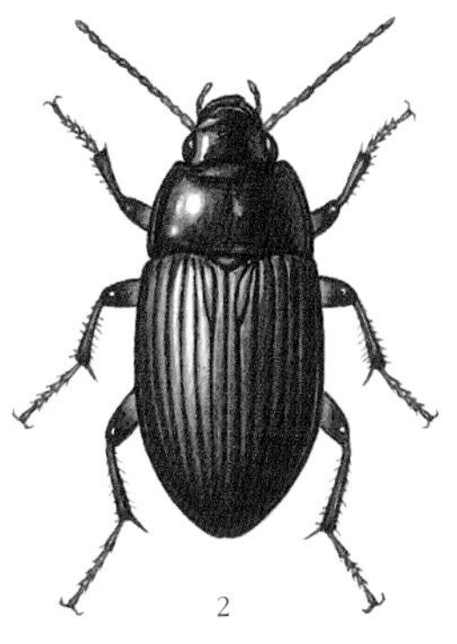
2

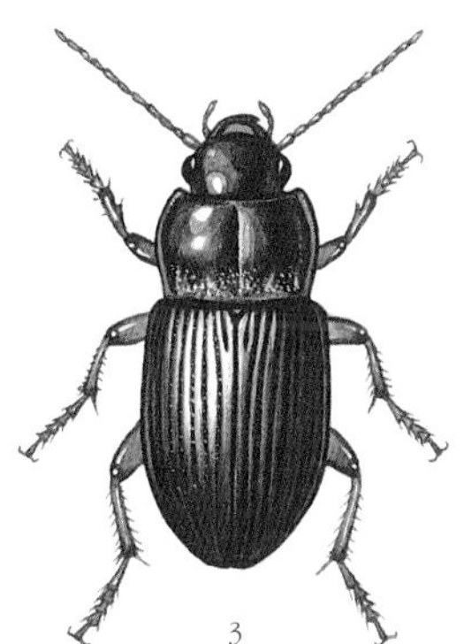
3

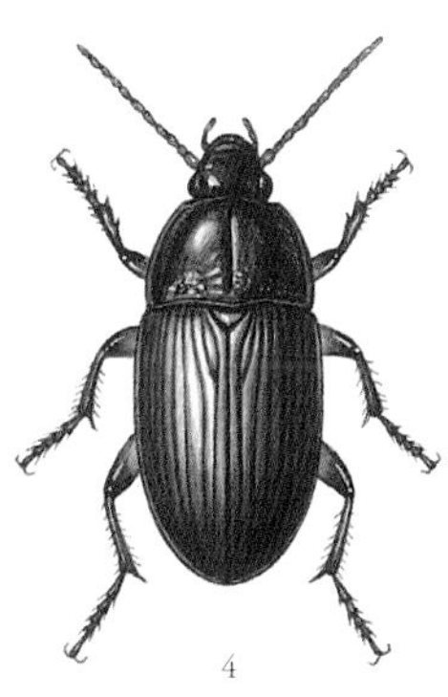
4

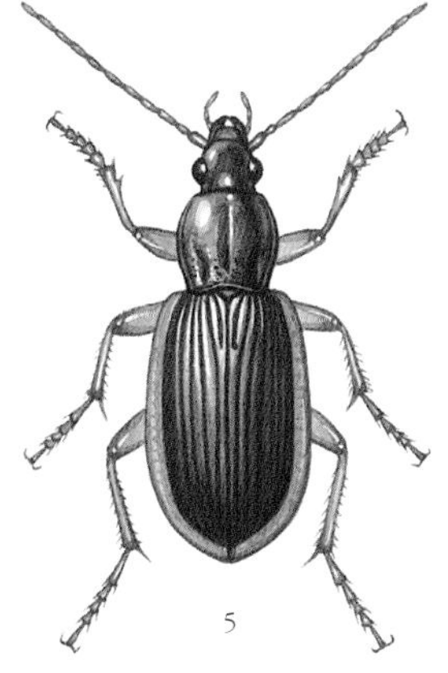
5

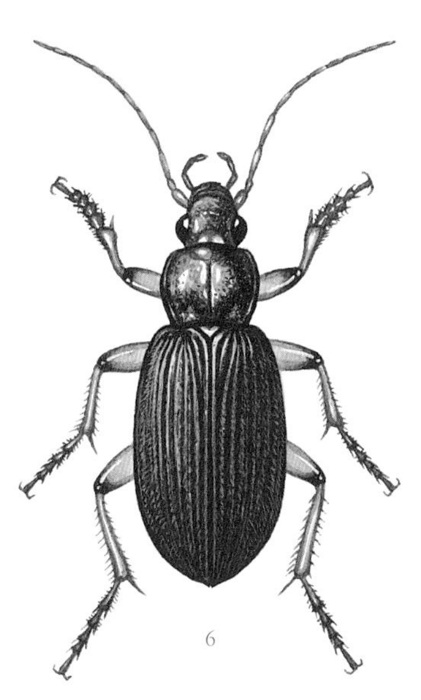
6

1. 큰둥글먼지벌레
2. 사천둥글먼지벌레
3. 애기둥글먼지벌레
4. 우수리둥글먼지벌레
5. 잔노랑테먼지벌레
6. 줄먼지벌레

딱정벌레과
무늬먼지벌레아과

멋무늬먼지벌레 *Chlaenius deliciolus*

10mm 안팎 5월쯤부터 어른벌레

멋무늬먼지벌레는 머리와 딱지날개가 까맣고, 가슴과 다리는 주황색이다. 딱지날개 가장자리에는 누런 세로 줄무늬가 있고, 딱지날개 끄트머리에는 누런 점무늬가 있다. 사는 곳이 아주 넓어서 강가나 풀밭, 산에서도 산다. 낮에는 돌 밑이나 가랑잎 아래에 숨어 있다가 밤에 나와 돌아다니며 다른 작은 벌레를 잡아먹는다.

딱정벌레과
무늬먼지벌레아과

외눈박이먼지벌레 *Chlaenius guttula*

8mm 안팎 8월쯤 모름

외눈박이먼지벌레는 머리가 풀빛으로 반짝이고, 앞가슴등판과 딱지날개는 까맣고 살짝 반짝거린다. 딱지날개 아래쪽에는 둥근 누런 밤색 반점이 있다. 축축한 습지에서 산다.

딱정벌레과
무늬먼지벌레아과

노랑테먼지벌레 *Chlaenius inops*

10~11mm 6~10월 모름

노랑테먼지벌레는 온몸이 풀빛으로 번쩍거린다. 머리 이마방패 앞쪽, 앞가슴등판과 딱지날개 양쪽 테두리, 다리는 누런 밤색이다. 머리는 앞쪽으로 뾰족한 삼각형으로 정수리가 볼록하다. 앞가슴등판은 둥글고 폭과 길이가 거의 같으며, 여기저기에 홈이 뚜렷하게 파였다. 가운데에는 세로줄이 뚜렷하다. 딱지날개는 짧은 누런 털로 덮였고, 세로줄 홈이 뚜렷하며 그 사이는 살짝 볼록하다.

딱정벌레과
무늬먼지벌레아과

끝무늬녹색먼지벌레 *Chlaenius micans*

14~17mm 5~8월 모름

끝무늬녹색먼지벌레는 딱지날개가 짙은 풀빛으로 반짝거리고, 날개 끝 쪽에 요철 모양으로 누런 무늬가 있다. 더듬이와 다리는 누런 밤색이다. 앞가슴등판은 옆 가장자리가 둥글고, 앞쪽 폭과 아래쪽 폭이 거의 비슷하다. 앞가슴등판과 딱지날개에는 짧고 누런 털이 나 있다. 끝무늬먼지벌레와 닮았지만, 끝무늬녹색먼지벌레는 머리와 앞가슴등판이 반짝거리지 않고, 짧고 누런 털이 잔뜩 나 있고, 딱지날개 끝 쪽에 있는 무늬가 다르다.

딱정벌레과
무늬먼지벌레아과

쌍무늬먼지벌레 *Chlaenius naeviger*

14~15mm 5~7월 어른벌레

쌍무늬먼지벌레는 딱지날개 끝에 누런 무늬가 마주 나 있다. 딱지날개에 세로줄 홈이 깊게 나 있고 누런 털이 나 있다. 머리와 앞가슴등판은 구릿빛인데 햇빛을 받으면 풀빛으로 반짝거린다. 더듬이와 다리는 누런 밤색이다. 중부와 남부 지방 낮은 산이나 풀밭 축축한 곳에서 많이 산다. 봄부터 가을까지 흔하게 볼 수 있다. 주로 축축한 곳에 나타나며 밤에 돌아다닌다. 땅 위를 걸어 다니면서 다른 작은 벌레를 잡아먹는다.

딱정벌레과
무늬먼지벌레아과

큰노랑테먼지벌레 *Chlaenius nigricans*

19~22mm 4~9월 모름

큰노랑테먼지벌레는 딱지날개가 푸르스름한 풀빛이고, 가장자리는 노란빛을 띤다. 딱지날개에는 세로줄이 8줄씩 나 있다. 앞가슴등판도 풀빛이나 구릿빛으로 번쩍거리고 큰 점무늬가 있다. 낮은 산이나 들판에서 볼 수 있다. 우리나라에서는 무늬먼지벌레 무리가 30종쯤 알려졌는데 대부분 등 쪽은 녹색이고, 다리는 누런 밤색이거나 붉은 밤색이다. 이들 가운데 절반쯤은 딱지날개 뒤쪽에 누런 무늬가 한 쌍 있다. 무늬먼지벌레 무리는 딱지날개 무늬로도 구분을 많이 하지만, 앞가슴등판 생김새 차이를 보고 구별하기도 한다.

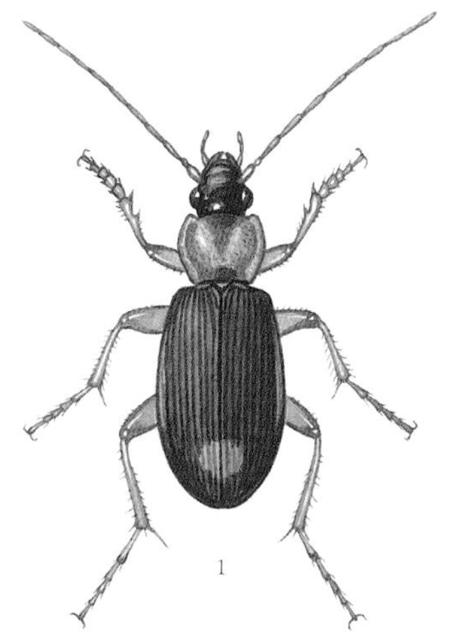
1

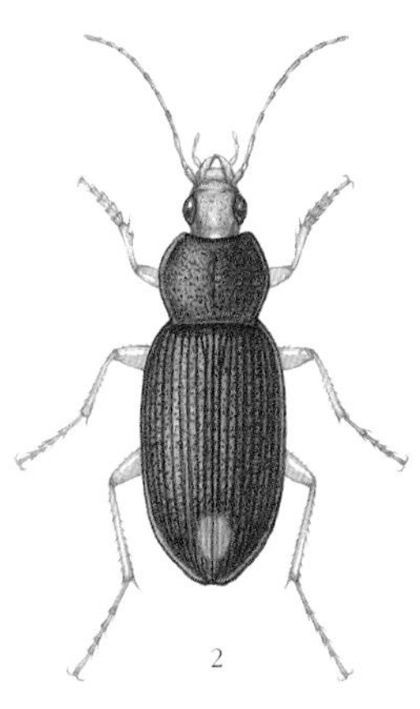
2

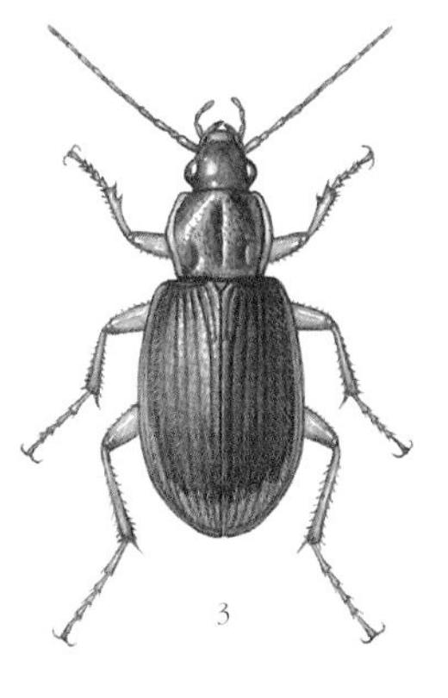
3

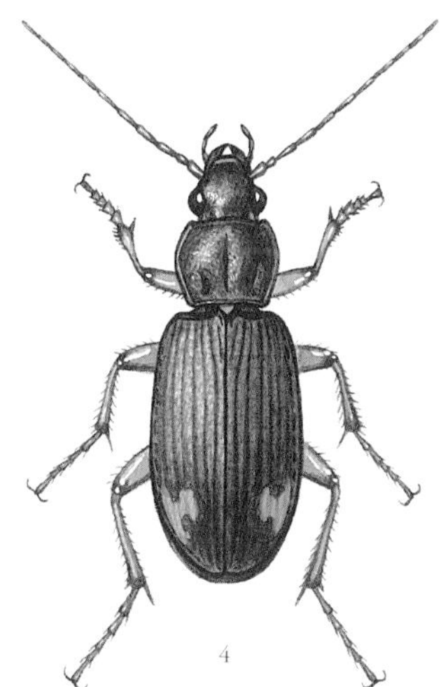
4

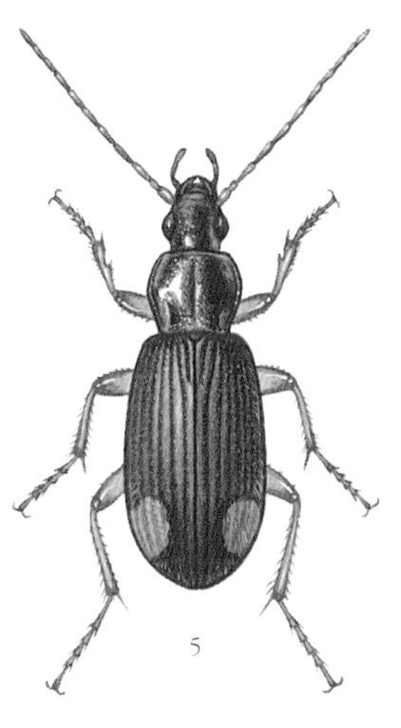
5

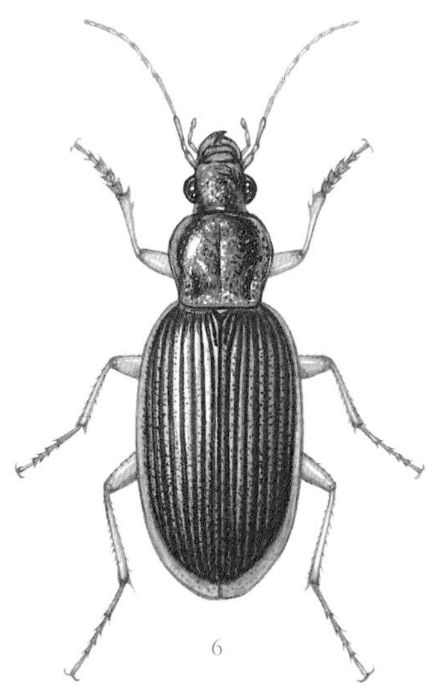
6

1. 멋무늬먼지벌레
2. 외눈박이먼지벌레
3. 노랑테먼지벌레
4. 끝무늬녹색먼지벌레
5. 쌍무늬먼지벌레
6. 큰노랑테먼지벌레

딱정벌레과
무늬먼지벌레아과

풀색먼지벌레 *Chlaenius pallipes*

❶ 14mm 안팎 ❷ 5~10월 ❸ 어른벌레

풀색먼지벌레는 딱지날개가 풀빛으로 번쩍거리고 세로줄 홈이 5개씩 있다. 온몸에는 누런 짧은 털이 나 있다. 어른벌레나 애벌레나 풀밭이나 시냇가 둘레 축축한 땅에 있는 돌 밑에서 산다. 밤에 나와 빠르게 돌아다니며 작은 다른 벌레나 지렁이 따위를 잡아먹는다. 작은 벌레를 잡아먹으려고 불빛에 잘 모인다. 어른벌레로 땅속에서 무리 지어 겨울을 난다. 짝짓기를 마친 암컷은 풀뿌리 둘레 흙 속에 알을 낳는다.

딱정벌레과
무늬먼지벌레아과

왕쌍무늬먼지벌레 *Chlaenius pictus*

❶ 12~14mm ❷ 모름 ❸ 모름

왕쌍무늬먼지벌레는 제주도에서 1924년에 처음 발견되었지만 그 뒤로는 보이지 않는다. 머리와 앞가슴등판은 붉은 풀색으로 반짝거린다. 딱지날개는 광택이 없고, 불그스름한 풀빛이 돈다. 딱지날개 끝에는 누런 무늬가 마주 나 있다. 더듬이와 다리는 누런 밤색이나 붉은 밤색이다. 앞가슴등판 옆 가장자리는 둥글어서 가운데 폭이 가장 넓다. 또 앞쪽 폭보다 뒤쪽 폭이 더 넓다.

딱정벌레과
무늬먼지벌레아과

남방무늬먼지벌레 *Chlaenius tetragonoderus*

❶ 12mm 안팎 ❷ 8월쯤 ❸ 모름

남방무늬먼지벌레는 딱지날개 끄트머리에 누런 점무늬가 양쪽에 나 있다. 딱지날개는 짙은 밤색이다. 앞가슴등판은 청동빛이 돌며 쇠붙이처럼 반짝거린다.

딱정벌레과
무늬먼지벌레아과

미륵무늬먼지벌레 *Chlaenius variicornis*

❶ 11~13mm ❷ 5~7월 ❸ 모름

미륵무늬먼지벌레는 온몸이 누런 풀색이나 누런 밤색으로 번쩍거린다. 머리는 금속성 광택이 제법 강하지만 앞가슴등판과 딱지날개는 덜하다. 더듬이 첫 번째 마디는 누런 밤색이지만 두 번째와 세 번째 마디는 붉은 밤색, 나머지 마디들은 짙은 밤색을 띤다. 다리는 누런 밤색이다. 풀색먼지벌레와 닮았지만, 미륵무늬먼지벌레는 앞가슴등판 폭이 더 좁고 가는 털로 덮여 있다.

딱정벌레과
무늬먼지벌레아과

끝무늬먼지벌레 *Chlaenius virgulifer*

❶ 15~17mm ❷ 5~8월 ❸ 모름

끝무늬먼지벌레는 딱지날개 끝에 둥그스름한 노란 무늬가 마주 나 있다. 왕쌍무늬먼지벌레와 닮았는데, 딱지날개 끝에 있는 무늬가 다르다. 앞가슴등판과 딱지날개에는 가는 털이 나 있다. 숲 가장자리나 논밭 둘레에서 흔히 볼 수 있다. 밤에 나와 돌아다니면서 작은 벌레나 거미 따위를 잡아먹는다.

딱정벌레과
모래사장먼지벌레아과

모래사장먼지벌레 *Diplocheila zeelandica*

❶ 20~26mm ❷ 5~9월 ❸ 모름

모래사장먼지벌레는 몸이 까맣게 반짝거리는데, 더듬이 다섯 번째 마디 위쪽은 짙은 붉은 밤색을 띤다. 머리와 앞가슴등판은 주름이 졌다. 딱지날개에는 세로줄 홈이 7줄씩 있다. 줄 사이는 튀어나왔다. 이름과는 달리 낮은 산 돌 밑에서 산다. 밤에 나와 불빛에 날아온 다른 벌레들을 잡아먹는다. 위험을 느끼면 꽁무니에서 고약한 냄새가 나는 물을 내뿜는다.

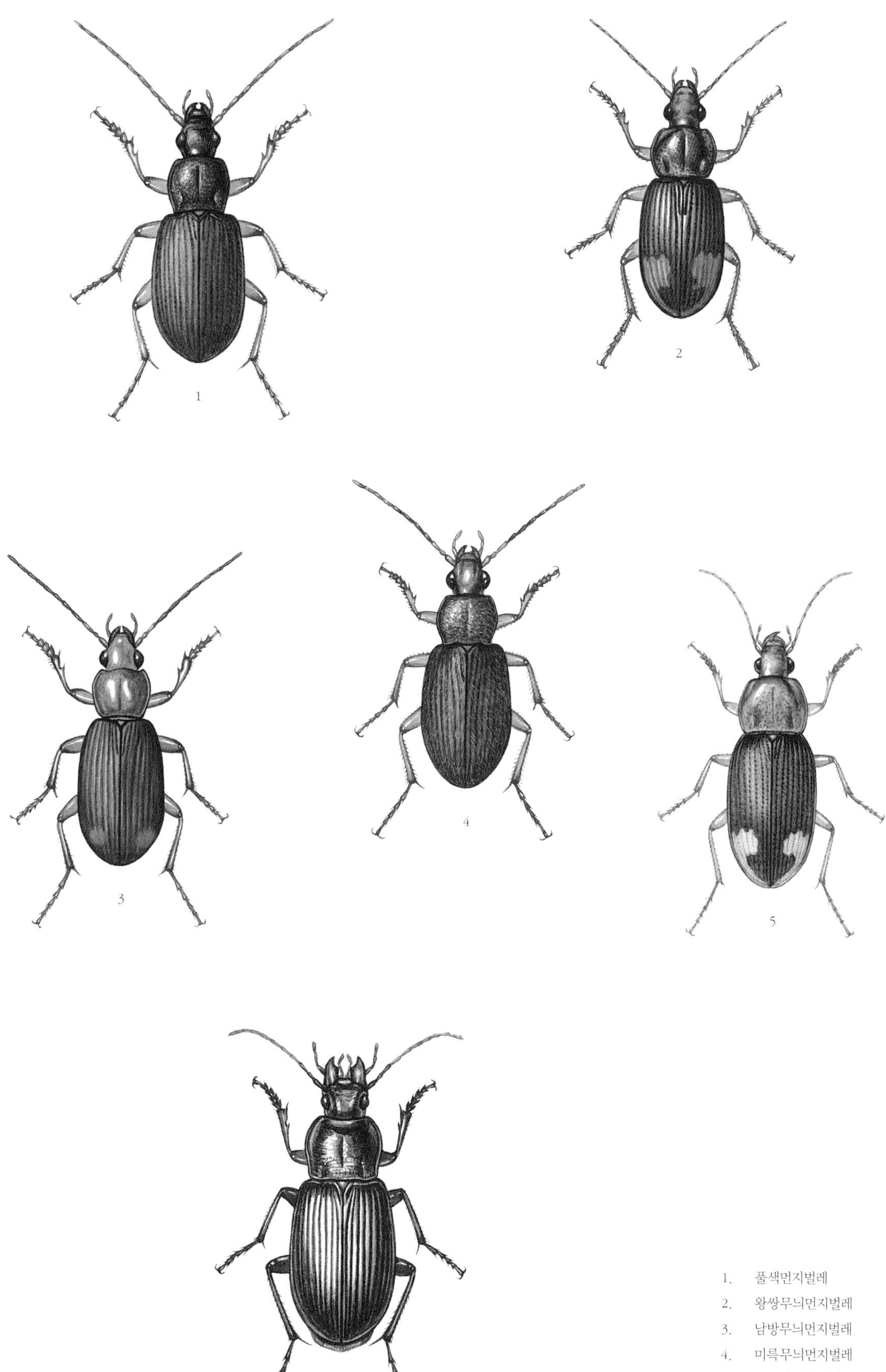

1. 풀색먼지벌레
2. 왕쌍무늬먼지벌레
3. 남방무늬먼지벌레
4. 미륵무늬먼지벌레
5. 끝무늬먼지벌레
6. 모래사장먼지벌레

딱정벌레과
네눈박이먼지벌레아과

큰털보먼지벌레 *Dischissus mirandus*

19~21mm · 4~10월 · 어른벌레

큰털보먼지벌레는 딱지날개 앞쪽과 뒤쪽에 노란 점무늬가 한 쌍씩 있다. 딱지날개는 세로줄 홈이 깊게 파였다. 앞가슴등판에는 작은 점이 오톨도톨 나 있다. 온 나라 낮은 산이나 숲 가장자리, 논밭, 냇가에서 볼 수 있다. 낮에는 돌 밑이나 흙 속에 숨어 있다가 밤에 나와서 작은 벌레나 죽은 벌레를 먹는다. 불빛으로 날아오기도 한다.

딱정벌레과
네눈박이먼지벌레아과

네눈박이먼지벌레 *Panagaeus japonicus*

10~12mm · 3~6월 · 모름

네눈박이먼지벌레는 작은네눈박이먼지벌레와 닮았다. 온몸은 까맣게 반짝거린다. 딱지날개에는 둥근 붉은 무늬가 4개 있다. 작은턱수염, 아랫입술수염, 더듬이, 다리는 붉은 밤색이다. 겹눈은 양옆으로 튀어나왔다. 머리와 앞가슴등판에는 움푹 파인 홈이 빽빽하다. 앞가슴등판 양쪽 가장자리는 둥근 편이지만 전체적으로는 마름모꼴이다. 딱지날개에는 세로줄 홈이 8개씩 있고, 홈 사이는 평평하다.

딱정벌레과
네눈박이먼지벌레아과

작은네눈박이먼지벌레 *Panagaeus robustus*

10~12mm · 4~10월 · 모름

작은네눈박이먼지벌레는 온몸이 까맣고, 딱지날개 무늬는 붉은 밤색이다. 네눈박이먼지벌레와 닮았지만, 작은네눈박이먼지벌레는 몸을 비롯한 다리와 턱수염 같은 모든 부속지가 까맣고, 딱지날개 무늬가 붉은 밤색이며 딱지날개 어깨 쪽에 있는 무늬는 물결 무늬여서 다르다.

딱정벌레과
목대장먼지벌레아과

산목대장먼지벌레 *Odacantha aegrota*

6~7mm · 7월쯤 · 모름

산목대장먼지벌레는 딱지날개에 난 홈 줄이 목대장먼지벌레보다 더 강하며, 딱지날개 아래쪽 가장자리가 완만하게 좁아지는 타원형이다. 온몸은 반짝거린다. 머리와 앞가슴등판은 까맣고, 다리와 딱지날개는 누런 밤색이다. 머리는 긴 마름모꼴이며, 앞가슴등판은 가운데 폭이 넓은 원통형이다.

딱정벌레과
목대장먼지벌레아과

목대장먼지벌레 *Odacantha puziloi*

6~7mm · 3~9월 · 어른벌레

목대장먼지벌레는 머리가 세로로 긴 타원형이고, 앞가슴등판은 원통형으로 길어 '목대장'이라는 이름이 붙었다. 딱지날개 뒤쪽은 갑자기 좁아져 마치 둥근 네모꼴로 생겼다. 머리와 앞가슴등판은 까맣고, 딱지날개는 누런 밤색이다. 낮은 산 개울가나 축축한 곳 둘레에서 산다. 어른벌레는 햇볕이 잘 드는 땅속에서 겨울을 난다. 3월 이른 봄부터 나와 돌아다닌다. 낮에는 돌 밑에 숨어 있다가 밤이 되면 나온다.

딱정벌레과
십자무늬먼지벌레아과

육모먼지벌레 *Pentagonica daimiella*

5~6mm · 6~8월 · 모름

육모먼지벌레는 더듬이와 머리, 딱지날개가 까맣고 앞가슴등판과 다리, 딱지날개 옆 가장자리는 누런 밤색이다. 앞가슴등판은 육각형으로 생겼다. 옆 가장자리가 제법 넓게 늘어나 길이보다 폭이 더 넓다. 딱지날개는 긴 직사각형으로 생겨서 끝부분은 잘려진 것처럼 뚝 끊어져 보인다. 세로줄 홈은 얕다.

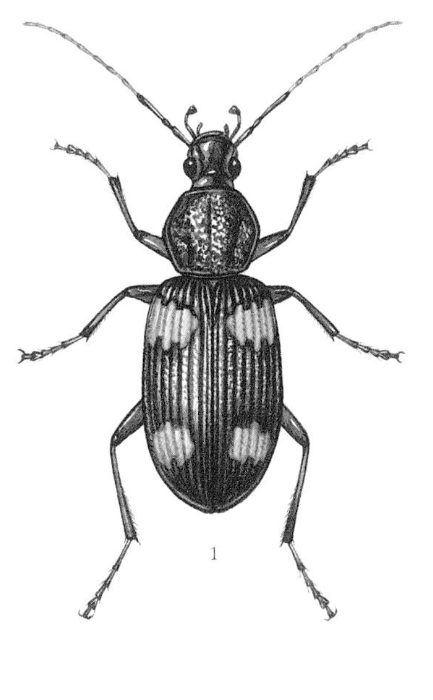
1

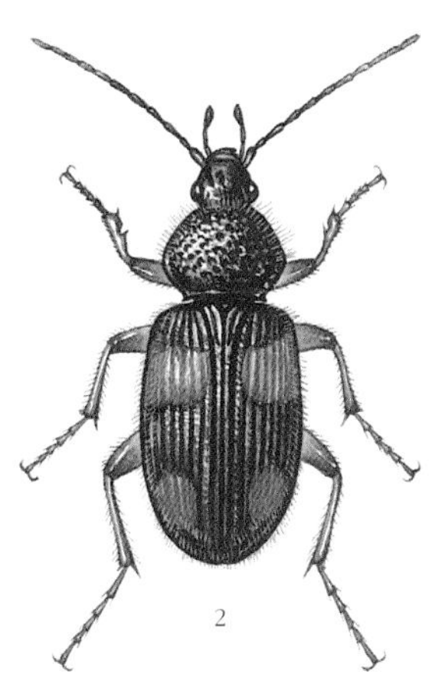
2

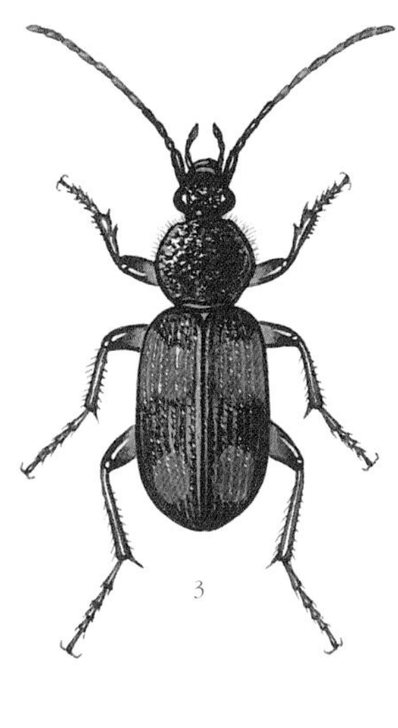
3

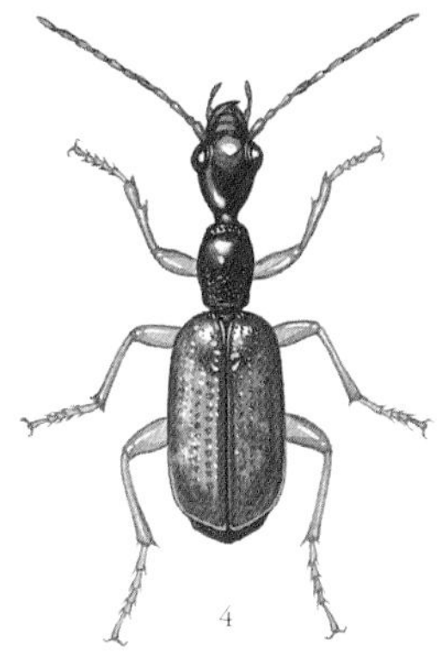
4

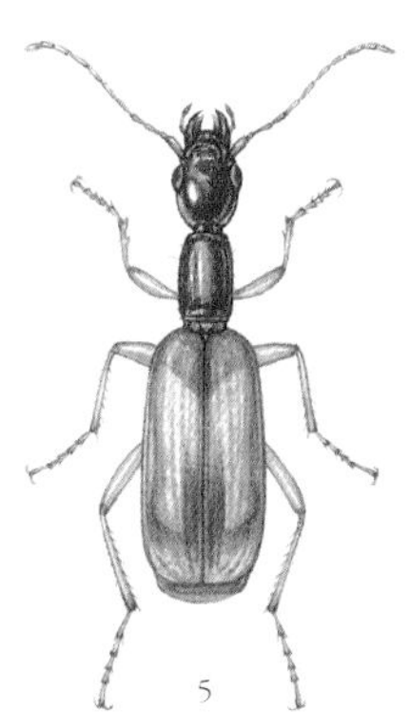
5

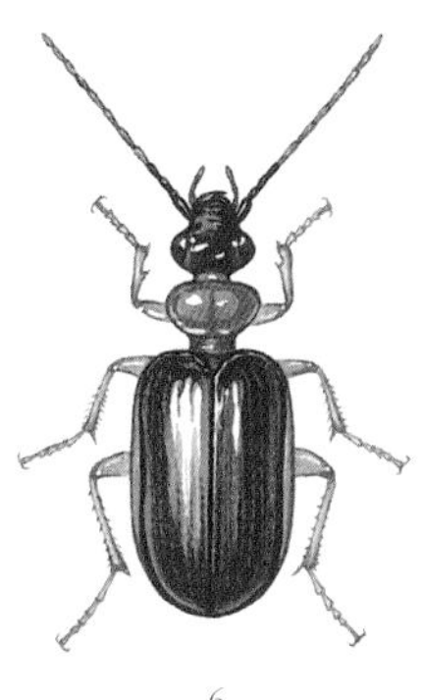
6

1. 큰털보먼지벌레
2. 네눈박이먼지벌레
3. 작은네눈박이먼지벌레
4. 산목대장먼지벌레
5. 목대장먼지벌레
6. 육모먼지벌레

딱정벌레과
십자무늬먼지벌레아과

녹색먼지벌레 *Calleida onoha* 7~10mm 5~10월 모름

녹색먼지벌레는 이름처럼 딱지날개가 풀빛으로 반짝인다. 앞가슴등판 가운데는 볼록하게 솟았으며, 옆쪽 가장자리는 S자처럼 굽었고, 길이와 폭이 거의 같다. 딱지날개는 세로줄 홈이 7개씩 있으며, 홈 줄 사이는 튀어나왔다.

딱정벌레과
십자무늬먼지벌레아과

노랑머리먼지벌레 *Calleida lepida* 10~11mm 5~6월 모름

노랑머리먼지벌레는 온몸이 반짝거린다. 머리와 앞가슴등판은 짙은 붉은 밤색이고, 딱지날개는 풀빛으로 반짝거린다. 다리는 붉은 밤색인데 허벅지마디와 종아리마디 관절은 까맣다. 앞가슴등판은 옆 가장자리로 넓게 늘어났는데 긴 S자 모양으로 굽었고, 길이보다 폭이 좁아 마치 항아리를 뒤집어 놓은 것처럼 생겼다. 딱지날개에는 세로줄 홈이 7개씩 있으며, 홈 줄 사이는 튀어나왔다.

딱정벌레과
십자무늬먼지벌레아과

쌍점박이먼지벌레 *Lebidia bioculata* 9mm 안팎 5~10월 모름

쌍점박이먼지벌레는 딱지날개 뒤쪽에 밤색 테두리가 둘러진 커다란 누런 점무늬가 있다. 몸은 누런 밤색이나 붉은 밤색으로 살짝 반짝거린다. 머리는 평평하고 눈은 툭 불거졌다. 더듬이 첫 네 마디는 누런 밤색이고 나머지 마디들은 붉은 밤색이다. 앞가슴등판은 둥근 사다리꼴로 길이보다 폭이 더 넓다. 딱지날개에는 자잘한 홈이 파여 있다. 다리는 가늘고 길며, 발톱마디에는 이빨 같은 돌기가 있다.

딱정벌레과
십자무늬먼지벌레아과

팔점박이먼지벌레 *Lebidia octoguttata* 11~12mm 5~10월 어른벌레

팔점박이먼지벌레는 이름처럼 딱지날개에 하얀 점이 여덟 개 있다. 쌍점박이먼지벌레와 닮았지만, 팔점박이먼지벌레 양쪽 딱지날개에는 가운데에 누런 점무늬가 있고, 그 뒤쪽으로 크기가 다른 누런 점무늬가 세 개씩 있다. 산이나 들판에서 사는데, 다른 먼지벌레와 달리 나무 위에서 산다. 낮에는 나뭇잎 사이에 숨어 있다가 밤에 나와 돌아다니면서 나비나 나방 애벌레를 잡아먹는다.

딱정벌레과
십자무늬먼지벌레아과

납작선두리먼지벌레 *Parena cavipennis* 9~11mm 5~9월 모름

납작선두리먼지벌레는 더듬이 절반이 까맣다. 딱지날개에는 홈이 파여 세로줄을 이룬다. 납작선두리먼지벌레보다 몸이 조금 더 크고, 딱지날개에 홈은 안 파이고 세로줄이 나 있는 것은 '큰선두리먼지벌레'이다. 또 크기는 더 작고, 딱지날개 가운데 뒤쪽에 기다란 알처럼 생긴 검은 밤색 무늬가 있으면 '한점선두리먼지벌레'다. 어른벌레는 봄부터 가을까지 들판이나 산기슭에서 자라는 나무에서 볼 수 있다. 애벌레도 나뭇잎 위를 기어 다니면서 나방 애벌레를 잡아먹는다.

딱정벌레과
십자무늬먼지벌레아과

석점선두리먼지벌레 *Parena tripunctata* 6~7mm 5~9월 모름

석점선두리먼지벌레는 온몸이 반짝거린다. 머리는 이마방패 앞쪽으로는 붉은 밤색인데 뒤쪽으로는 짙은 밤색이다. 앞가슴등판과 딱지날개는 짙은 밤색이지만 테두리는 짙은 붉은 밤색이다. 머리 정수리가 평평하다. 앞가슴등판은 가운데가 볼록 솟았고, 테두리는 S자처럼 굽었다. 딱지날개에는 살짝 파인 세로줄 홈이 7개씩 있으며, 홈 줄 사이는 살짝 솟았다. 나무 위에서 살며 잎을 갉아먹는 다른 작은 벌레를 잡아먹는다.

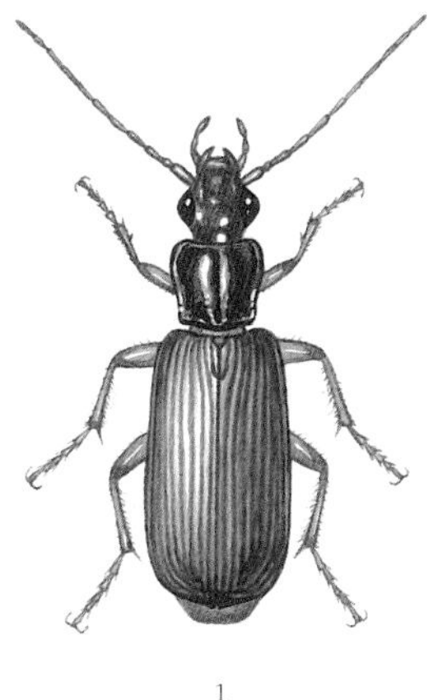
1

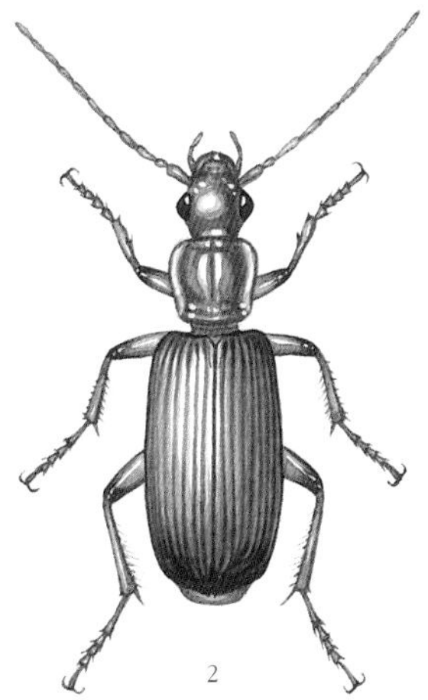
2

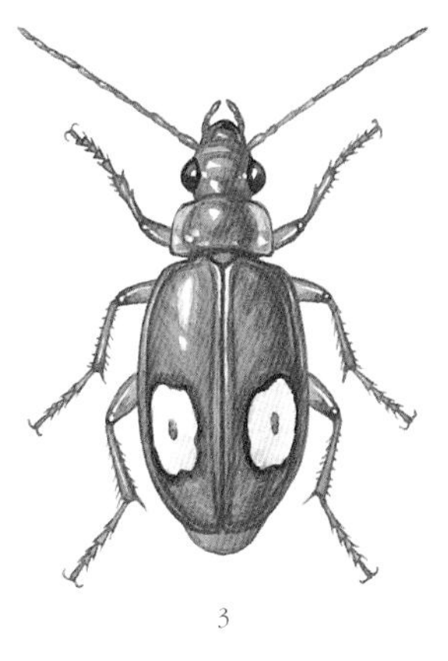
3

4

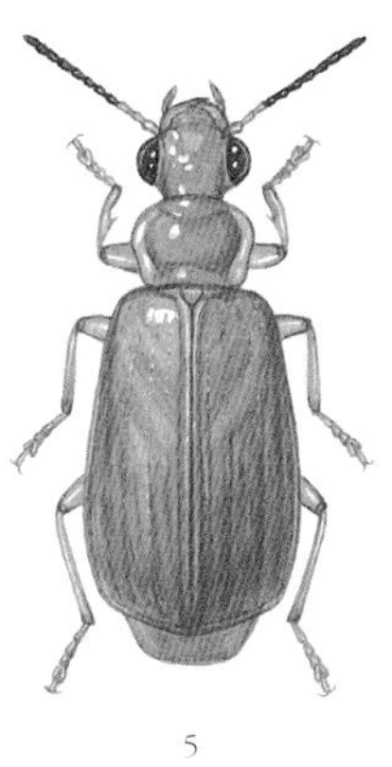
5

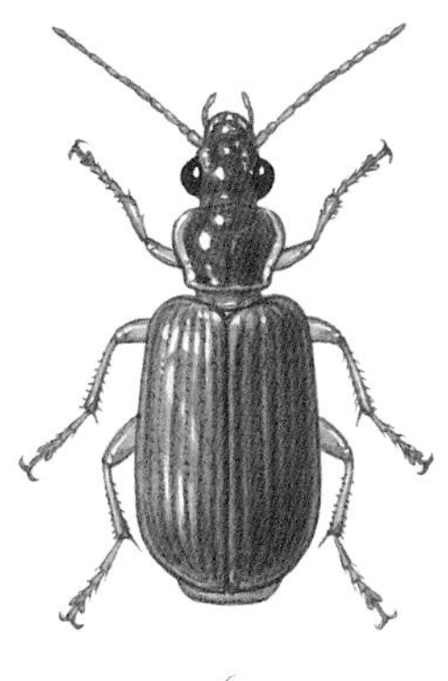
6

1. 녹색먼지벌레
2. 노랑머리먼지벌레
3. 쌍점박이먼지벌레
4. 팔점박이먼지벌레
5. 납작선두리먼지벌레
6. 석점선두리먼지벌레

딱정벌레과
십자무늬먼지벌레아과

노랑가슴먼지벌레 *Lachnolebia cribricollis*

6 ~ 8mm 3 ~ 9월 어른벌레

노랑가슴먼지벌레는 이름처럼 앞가슴등판이 노랗다. 딱지날개와 머리는 파란색으로 반짝거린다. 더듬이와 다리는 붉은 밤색이다. 머리 정수리는 살짝 튀어나왔다. 앞가슴등판은 사각형인데, 아래쪽 모서리가 ㄱ자처럼 잘려진 모양이다. 딱지날개에는 세로줄 홈이 8개씩 있다. 낮은 산 나뭇잎이나 시골 논밭 둘레 풀밭에서 산다. 낮에는 돌 밑에 숨어 있다가 밤이 되면 나와 돌아다닌다. 불빛을 보고 날아오기도 한다.

딱정벌레과
십자무늬먼지벌레아과

십자무늬먼지벌레 *Lebia cruxminor*

6 ~ 7mm 5 ~ 7월 어른벌레

십자무늬먼지벌레는 온몸이 반짝거린다. 머리는 까맣고, 앞가슴등판은 붉은 밤색이다. 딱지날개는 누런 밤색인데, 이름처럼 까만 십자 무늬가 있다. 높은 산 나무 위에서 산다.

딱정벌레과
십자무늬먼지벌레아과

한라십자무늬먼지벌레 *Lebia retrofasciata*

6 ~ 7mm 5 ~ 10월 모름

한라십자무늬먼지벌레는 몸이 누런 밤색이다. 딱지날개 앞쪽과 가운데에 화살촉처럼 생긴 까만 무늬가 있다.

딱정벌레과
호리먼지벌레아과

목가는먼지벌레 *Galerita orientalis*

20 ~ 22mm 4 ~ 9월 어른벌레

앞가슴등판 폭이 머리 폭보다 좁고 가늘다고 '목가는먼지벌레'라는 이름이 붙었다. 몸은 붉은 밤색인데, 앞가슴등판 테두리와 딱지날개는 검거나 검푸르다. 다리 허벅지마디와 종아리마디 관절은 까맣다. 머리는 앞쪽으로 빠져 앞가슴등판과 뚜렷하게 나뉜다. 딱지날개에 세로줄 홈이 뚜렷하다. 낮은 산이나 들에서 산다. 밤에 나와 돌아다니며 지렁이 같은 작은 동물을 잡아먹고 산다. 밤에 불빛을 보고 모여들기도 한다.

딱정벌레과
호리먼지벌레아과

두점박이먼지벌레 *Planets puncticeps*

13mm 안팎 4 ~ 9월 모름

두점박이먼지벌레는 온몸이 어두운 밤색인데 머리와 앞가슴등판, 딱지날개는 까맣다. 다리는 누런 밤색이다. 딱지날개 가운데에 둥근 누런 점이 있다. 온몸에는 누런 털이 나 있다. 낮은 산에 살면서 죽은 곤충을 먹는다. 밤에 나와 돌아다닌다.

딱정벌레과
폭탄먼지벌레아과

꼬마목가는먼지벌레 *Brachinus stenoderus*

11 ~ 15mm 5 ~ 9월 애벌레, 어른벌레

꼬마목가는먼지벌레는 딱지날개가 파랗거나 까맣고, 온몸은 평평하다. 머리는 마름모꼴이고 노랗다. 앞가슴등판도 노랗고, 폭이 머리 폭보다 좁고 가늘다. 텃밭이나 낮은 산뿐만 아니라 깊은 산속에서도 볼 수 있다. 가랑잎 밑이나 개울가 돌 밑처럼 썩은 물질이 많은 곳에서 지내며 썩은 고기 따위를 먹고 산다. 위험을 느끼면 배 끝에서 강한 산성 가스를 뿜어서 몸을 지킨다. 날개가 퇴화해서 날지 못한다. 녹색날개목가는먼지벌레는 꼬마목가는먼지벌레와 닮았지만 딱지날개가 풀빛이다.

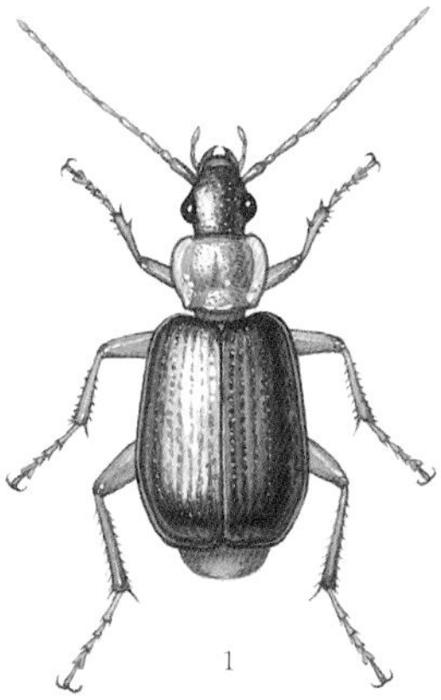

1

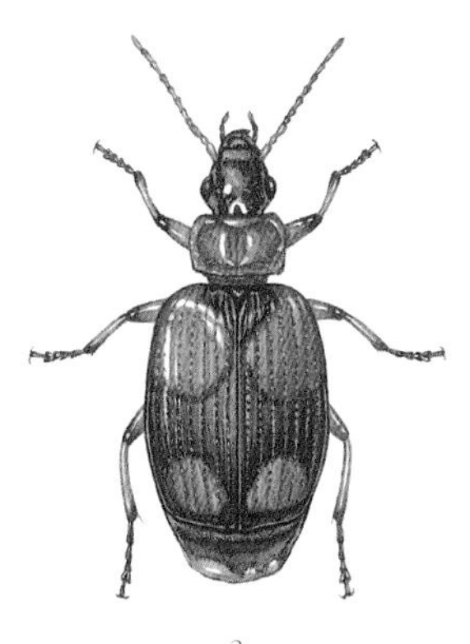

2

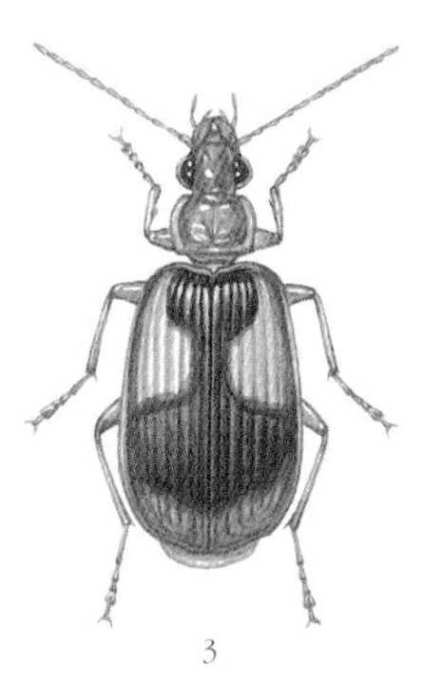

3

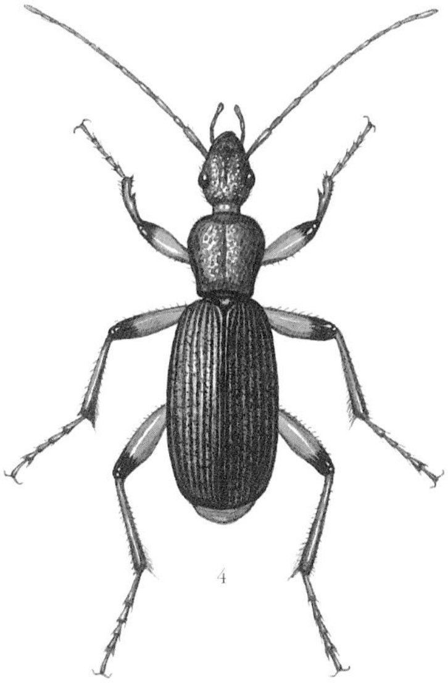

4

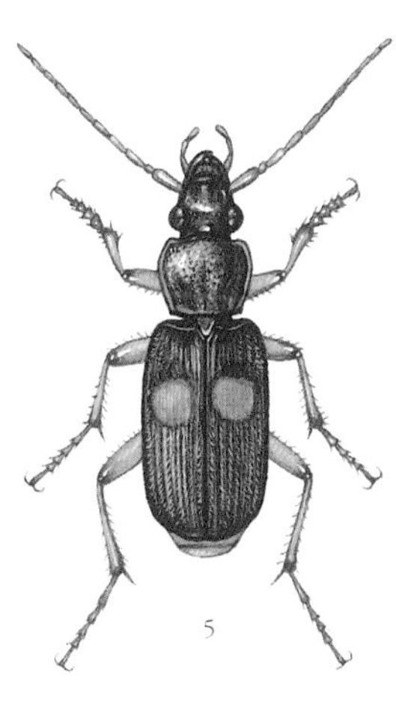

5

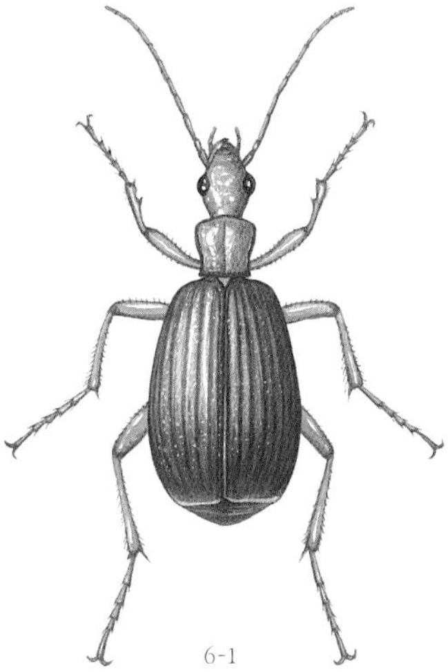

6-1

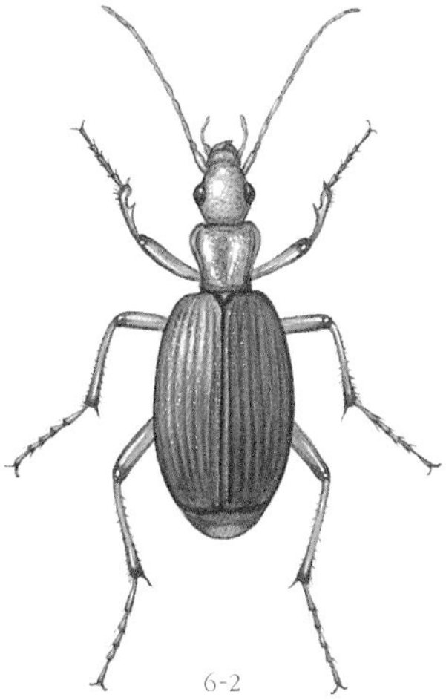

6-2

1. 노랑가슴먼지벌레
2. 십자무늬먼지벌레
3. 한라십자무늬먼지벌레
4. 목가는먼지벌레
5. 두점박이먼지벌레

6-1. 꼬마목가는먼지벌레

6-2. 녹색날개목가는먼지벌레 *Brachinus aeneicostis*

딱정벌레과
폭탄먼지벌레아과

남방폭탄먼지벌레 *Pherophosphus javanus*

17 ~ 20mm 6 ~ 7월 어른벌레

남방폭탄먼지벌레는 폭탄먼지벌레와 크기나 생김새가 거의 닮았다. 하지만 딱지날개에 있는 주황색 무늬가 번개처럼 생겨서 다르다. 폭탄먼지벌레와 사는 모습도 비슷하다. 산골짜기 둘레에 가랑잎이 많이 쌓인 곳에서 볼 수 있다. 때때로 산과 잇닿은 논밭 둘레에서 보이기도 한다. 무리를 지어 살면서 다른 작은 벌레를 잡아먹는다. 위험할 때는 꽁무니에서 강한 산성 가스를 내뿜는다.

딱정벌레과
폭탄먼지벌레아과

폭탄먼지벌레 *Pheropsophus jessoensis*

11 ~ 18mm 4 ~ 9월 어른벌레

폭탄먼지벌레는 이름처럼 위험을 느낄 때 꽁무니에서 방귀처럼 독한 산성 가스를 내뿜는다. 아주 짧은 시간 동안 열 번 넘게 여러 번 방귀를 뀔 수 있다. 그래서 '방귀벌레'라고도 한다. 사람 살갗에 닿으면 살이 부어오르고 몹시 아프다. 들판이나 낮은 산악 지대 축축한 땅에서 사는데, 8월에 가장 기운차게 돌아다닌다. 낮에는 돌 밑이나 가랑잎 밑, 흙 속에 숨어 있다가 밤에 나와 돌아다니면서 다른 벌레를 잡아먹거나 썩은 고기도 가리지 않고 먹는 잡식성이다.

딱정벌레과
딱정벌레아과

풀색명주딱정벌레 *Calosoma cyanescens*

18 ~ 25mm 4 ~ 10월 어른벌레

풀색명주딱정벌레는 숲이 우거진 산골짜기에서 산다. 낮밤을 가리지 않고 골짜기 둘레에 자란 나무 위를 돌아다니면서 나비나 나방 애벌레를 많이 잡아먹는다. 때때로 밤에 불빛을 보고 날아오기도 한다. 5월에 가장 많고 10월까지 볼 수 있다. 딱정벌레아과 무리는 뒷날개가 없어서 날지 못하지만 풀색명주딱정벌레, 검정명주딱정벌레, 큰명주딱정벌레는 속날개가 있어서 날 수 있다.

딱정벌레과
딱정벌레아과

검정명주딱정벌레 *Calosoma maximowiczi*

22 ~ 31mm 3 ~ 7월 어른벌레

검정명주딱정벌레는 풀색명주딱정벌레와 닮았다. 하지만 검정명주딱정벌레는 이름처럼 몸이 검고, 몸집이 더 크고, 등에 구릿빛이 거의 없고, 배는 남색을 띠지 않는다. 또 앞가슴등판이 더 매끄럽다. 낮은 산이나 그 가까이에 있는 공원이나 마을 둘레에서도 많이 볼 수 있다. 나무 위에서 잎 사이를 돌아다니며 나비나 나방 애벌레를 잡아먹는다. 때로 불빛에 모인 벌레를 잡아먹으러 날아오기도 한다. 위협을 느끼면 꽁무니에서 지독한 냄새를 풍긴다. 어른벌레는 흙 속에서 겨울을 난다.

딱정벌레과
딱정벌레아과

큰명주딱정벌레 *Calosoma chinense*

20 ~ 30mm 5 ~ 8월 어른벌레, 애벌레

큰명주딱정벌레는 낮은 산이나 들, 공원에서도 볼 수 있다. 땅 위 풀밭에서도 살고 나무 위로 올라가기도 한다. 6~7월에 가장 많이 돌아다닌다. 낮에는 흙 속에 방을 만들고 숨어 있다가 밤에 나와 돌아다니며 달팽이나 나무 위에 사는 나방 애벌레, 나비 애벌레 따위를 잡아먹는다. 밤에 불빛에 날아오기도 한다. 애벌레는 땅속에 사는 작은 벌레를 잡아먹고 산다.

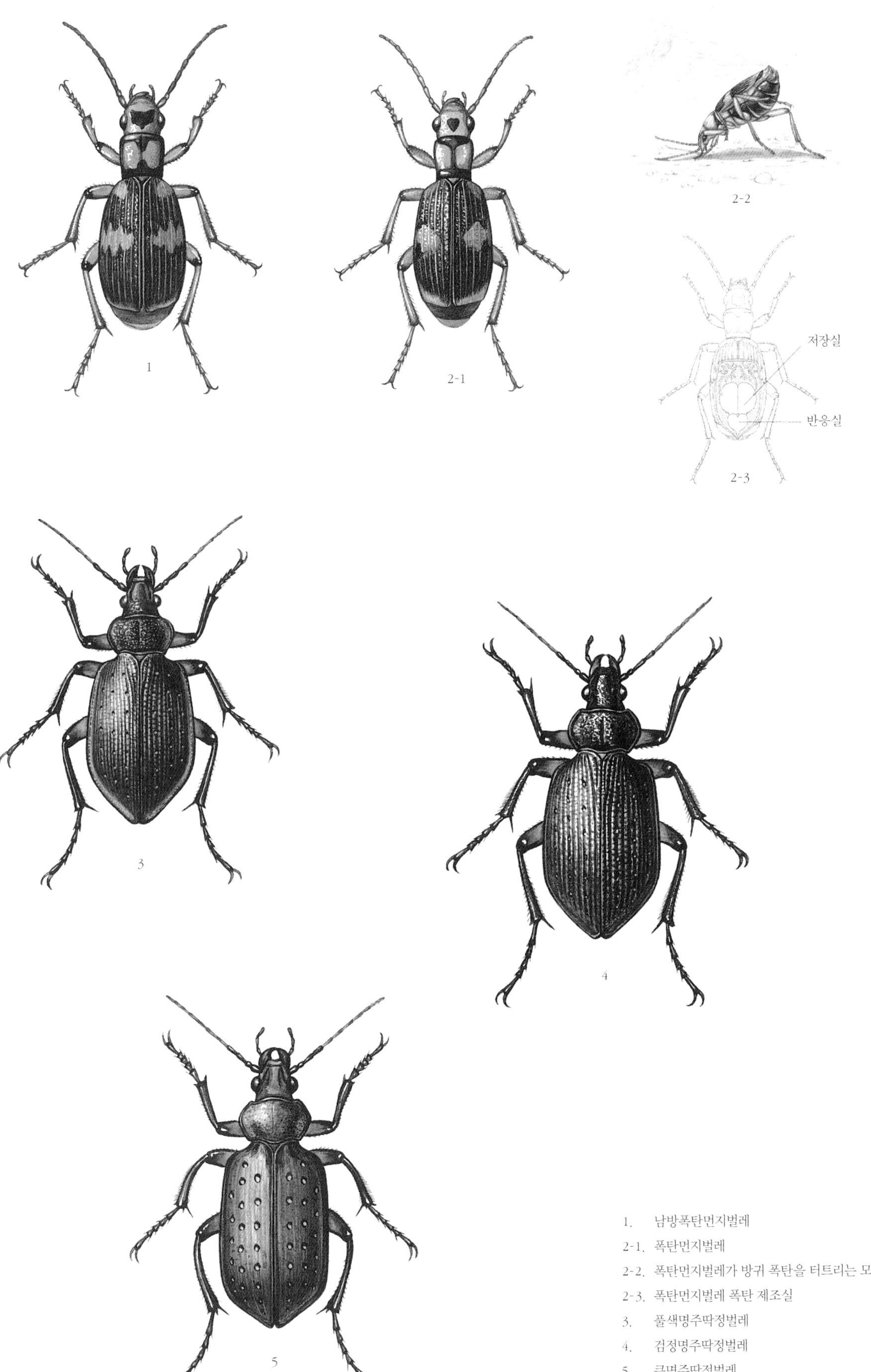

1. 남방폭탄먼지벌레
2-1. 폭탄먼지벌레
2-2. 폭탄먼지벌레가 방귀 폭탄을 터트리는 모습
2-3. 폭탄먼지벌레 폭탄 제조실
3. 풀색명주딱정벌레
4. 검정명주딱정벌레
5. 큰명주딱정벌레

딱정벌레과
딱정벌레아과

조롱박딱정벌레 *Acoptolabrus constricticollis constricticollis*

25~34mm 6~8월 어른벌레

조롱박딱정벌레는 딱지날개가 조롱박처럼 생겨서 이런 이름이 붙었다. 딱지날개에는 크게 튀어나온 혹이 양쪽에 3줄씩 세로줄을 이루고, 그 사이에 더 작은 혹이 튀어나와 4줄씩 세로줄을 이룬다. 몸은 풀빛으로 반짝거리는데 머리와 앞가슴등판은 구릿빛이 돈다. 산속 풀밭에서 산다. 밤에 나와 돌아다니는데, 가로등 불빛 둘레에 떨어져 죽은 나방 따위를 먹기도 한다. 겨울이 되면 어른벌레가 흙 속에 들어가 겨울을 난다.

딱정벌레과
딱정벌레아과

멋조롱박딱정벌레 *Acoptolabrus mirabilissimus mirabilissimus*

23~28mm 5~9월 어른벌레

멋조롱박딱정벌레는 우리나라에만 사는 딱정벌레다. 수가 많지 않아서 멸종위기종으로 보호하고 있다. 딱지날개는 풀빛이나 파란빛, 자줏빛이 섞여 번쩍거리고 자잘한 혹이 돋아 그물처럼 무늬가 나 있다. 뒷날개가 퇴화해서 날지 못한다. 산에서 살면서 밤에 나와 돌아다니며 달팽이나 지렁이 따위를 잡아먹는다.

딱정벌레과
딱정벌레아과

청진민줄딱정벌레 *Aulonocarabus seishinensis seishinensis*

19~26mm 6~7월 모름

청진민줄딱정벌레는 고려줄딱정벌레와 닮았는데 더 작다. 또 몸 앞쪽이 쇠붙이처럼 반짝거려서 구별할 수 있다. 북한 청진에서 처음 찾아서 이런 이름이 붙었다. 사는 모습은 고려줄딱정벌레와 닮았다.

딱정벌레과
딱정벌레아과

고려줄딱정벌레 *Aulonocarabus koreanus koreanus*

22~33mm 7~8월 어른벌레

고려줄딱정벌레는 몸이 까맣고 반짝거리지 않는다. 딱지날개에는 볼록한 혹들이 세로로 나란히 나 있다. 우리나라에만 사는 딱정벌레로 산에서 산다. 높은 산에서 더 많이 볼 수 있다. 밤에 나와 돌아다니며 죽은 벌레나 지렁이 따위를 먹는다.

딱정벌레과
딱정벌레아과

백두산딱정벌레 *Carabus arvensis faldermanni*

22mm 안팎 모름 모름

백두산딱정벌레는 온몸이 까맣다. 햇빛을 받으면 푸르스름한 빛이 돈다. 머리방패 가운데가 오목하고 밤색 가시털이 나 있다. 더듬이에는 노란 털이 나 있다. 앞가슴등판은 까맣고 좌우 양쪽 가장자리는 푸른빛이 난다. 딱지날개에는 세로줄이 4줄씩 있다.

딱정벌레과
딱정벌레아과

멋쟁이딱정벌레 *Coptolabrus jankowskii jankowskii*

25~40mm 5~8월 어른벌레

멋쟁이딱정벌레는 산에서 제법 흔하게 볼 수 있다. 홍단딱정벌레와 함께 몸집이 큰 딱정벌레다. 홍단딱정벌레와 닮았지만, 멋쟁이딱정벌레는 딱지날개에 난 돌기가 가늘고 길어서 다르다. 몸빛도 여러 가지다. 봄부터 가을까지 볼 수 있지만 여름에 산에서 많이 볼 수 있다. 낮에는 숨어 있다가 밤에 나와 이리저리 재빠르게 돌아다니면서 벌레나 거미, 달팽이, 지렁이 따위를 잡아먹는다. 뒷날개가 퇴화되어서 날지 못한다. 어른벌레로 산속 비탈에 있는 돌 밑이나 썩은 나무속에서 겨울을 난다. 이른 봄에 나와 짝짓기를 하고 알을 낳는다. 러시아 박물학자인 '양코스키' 이름을 따서 '양코스키딱정벌레'라고도 했다.

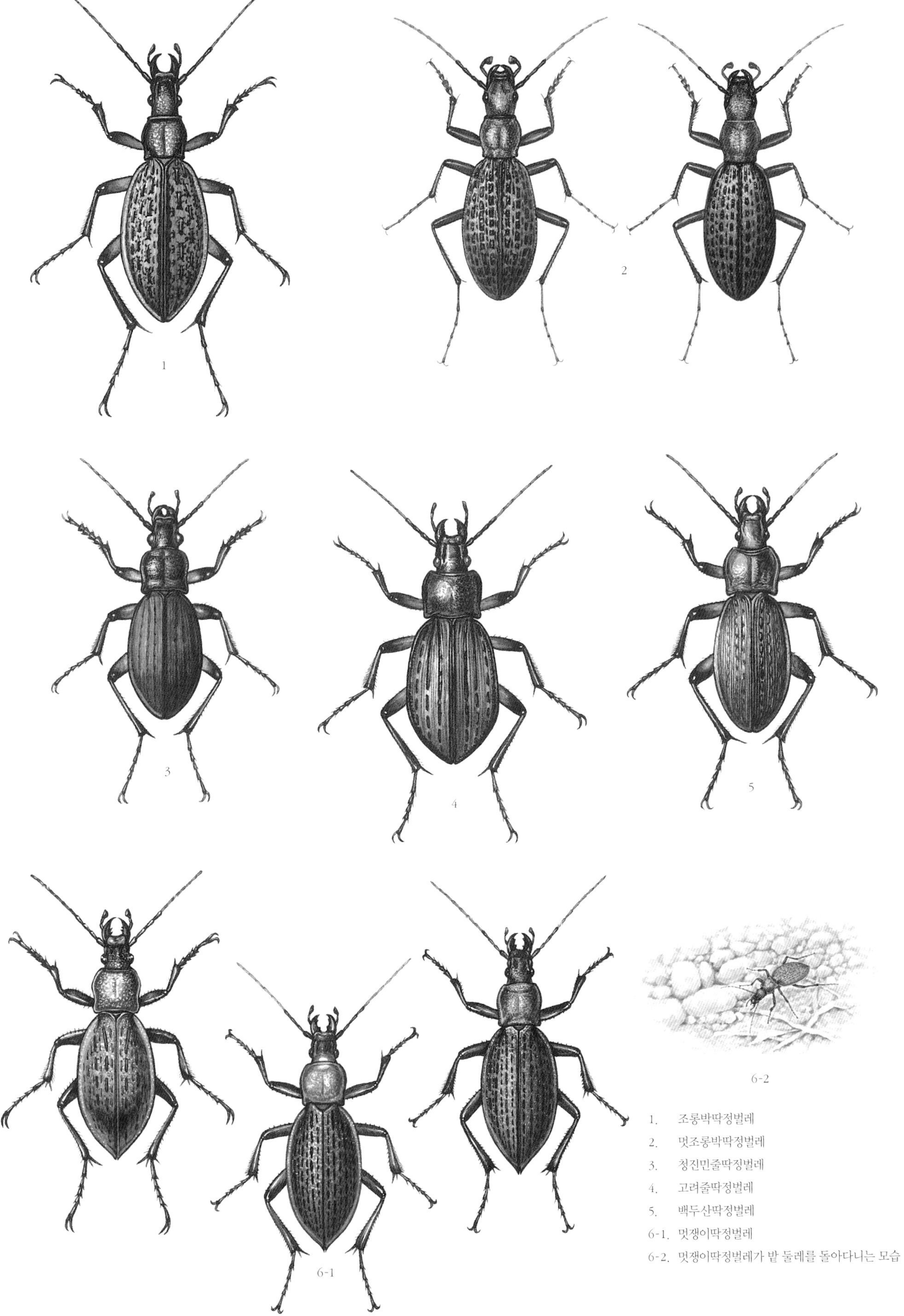

1. 조롱박딱정벌레
2. 멋조롱박딱정벌레
3. 청진민줄딱정벌레
4. 고려줄딱정벌레
5. 백두산딱정벌레
6-1. 멋쟁이딱정벌레
6-2. 멋쟁이딱정벌레가 밭 둘레를 돌아다니는 모습

딱정벌레과
딱정벌레아과

홍단딱정벌레 *Coptolabrus smaragdinus*

25~45mm 5~8월 어른벌레

홍단딱정벌레는 낮은 산이나 낮은 산 둘레에 있는 들판에서 산다. 이른 봄부터 늦가을까지 볼 수 있지만, 한여름에 많이 볼 수 있다. 우리나라 딱정벌레과 가운데 가장 크다. 몸빛이 빨개서 홍단딱정벌레라는 이름이 붙었지만, 등이 풀빛이거나 파란 종도 있는데 이것은 '청단딱정벌레'라고도 한다. 낮에는 돌이나 가랑잎 밑에 숨어 있다가 밤에 나온다. 뒷날개가 퇴화되어서 날지 못하고, 축축한 땅 위를 돌아다니면서 땅바닥에 사는 작은 벌레나 지렁이, 민달팽이 따위를 잡아먹는다. 달팽이를 잡으면 이빨로 뚜껑딱지를 뜯어내고 머리를 틀어박은 채 속살을 파먹는다. 때로는 나무 위에 올라가 큰 나방을 잡아먹기도 한다. 손으로 잡으면 고약한 냄새를 풍긴다. 어른벌레는 돌 틈이나 흙 속에 굴을 파고들어 가 겨울을 난다. 짝짓기를 마친 암컷은 땅속에 알을 낳는다. 알에서 나온 애벌레는 땅속에서 벌레를 잡아먹고 살다가 이듬해 여름에 번데기가 된 뒤 어른벌레가 된다.

딱정벌레과
딱정벌레아과

두꺼비딱정벌레 *Coreocarabus fraterculus fraterculus*

17~22mm 4~8월 어른벌레

두꺼비딱정벌레는 온몸은 까맣다. 딱지날개에 움푹움푹 파인 홈으로 된 줄무늬가 석 줄씩 있다. 딱지날개는 곰보처럼 울퉁불퉁하다. 북부 지방 높은 산에서 주로 볼 수 있다. 4월부터 8월까지 보인다. 낮에는 돌이나 썩은 나무, 가랑잎 밑에 숨어 있다가 밤에 나와 돌아다니며 먹이를 찾는다.

딱정벌레과
딱정벌레아과

우리딱정벌레 *Eucarabus sternbergi sternbergi*

22~33mm 3~11월 어른벌레

우리딱정벌레는 산에서 흔하게 볼 수 있다. 산속 축축한 풀밭이나 나무 밑에서 산다. 어른벌레와 애벌레 모두 작은 벌레나 달팽이, 지렁이 따위를 잡아먹는다. 다른 딱정벌레보다 추위에 강해서 3월 이른 봄이나 11월 늦가을에도 보인다.

딱정벌레과
딱정벌레아과

애딱정벌레 *Hemicarabus tuberculosus*

17~23mm 5~9월 어른벌레

애딱정벌레는 몸이 붉거나 풀빛이거나 붉은빛과 풀빛이 섞여 있다. 딱지날개에는 돌기가 많다. 낮은 산이나 밭 둘레에서 흔하게 볼 수 있다. 낮에는 숨어 있다가 밤에 나와 돌아다니며 작은 벌레나 지렁이, 달팽이 따위를 잡아먹는다.

딱정벌레과
딱정벌레아과

왕딱정벌레 *Carabus kirinicus*

30~33mm 5~9월 어른벌레

왕딱정벌레는 우리나라 중부 지방 몇몇 곳에서만 볼 수 있다. 낮은 산이나 들판, 논밭 둘레 풀밭에서 산다. 5월쯤부터 밤에 나와 돌아다니면서 지렁이나 달팽이, 작은 벌레 따위를 잡아먹거나 죽은 곤충을 먹는다. 제주왕딱정벌레는 왕딱정벌레와 닮았는데, 딱지날개가 푸른빛이 돈다. 제주도에서 흔히 볼 수 있다.

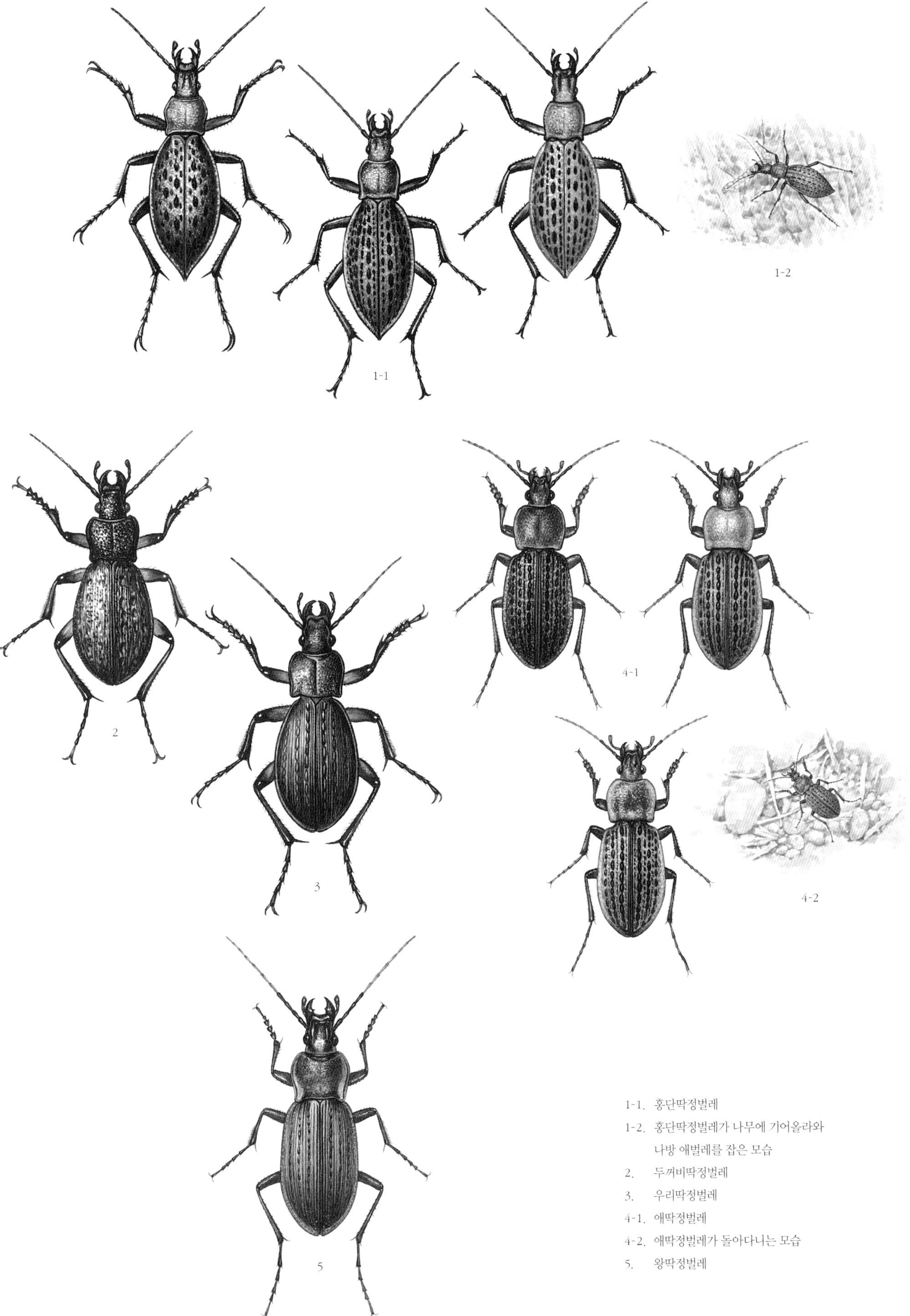

1-1. 홍단딱정벌레
1-2. 홍단딱정벌레가 나무에 기어올라와 나방 애벌레를 잡은 모습
2. 두꺼비딱정벌레
3. 우리딱정벌레
4-1. 애딱정벌레
4-2. 애딱정벌레가 돌아다니는 모습
5. 왕딱정벌레

딱정벌레과
딱정벌레아과

제주왕딱정벌레 *Carabus saishutoicus*

25~31mm · 6~10월 · 어른벌레

제주왕딱정벌레는 이름처럼 제주도에서만 산다. 온몸은 까맣지만 파란빛이 나고, 딱지날개에 가는 세로줄이 많이 나 있다. 제주도 들판부터 한라산 1700mm 높이까지 사는데 제법 쉽게 볼 수 있다. 낮에는 숲속 어두운 곳에 숨어 있다가 밤에 나와 땅 위를 돌아다닌다. 달팽이나 지렁이 같은 작은 벌레를 잡아먹는다. 뒷날개가 퇴화해서 날지 못한다.

물진드기과

극동큰물진드기 *Haliplus basinotatus*

3~4mm · 5~9월 · 모름

극동물진드기는 온 나라에서 산다. 샤아프물진드기와 함께 논에서 볼 수 있다. 샤아프물진드기와 닮았다. 샤아프물진드기는 딱지날개가 맞붙는 곳 가운데에 커다란 까만 무늬가 있다. 어른벌레는 물속에서 헤엄치기 쉽도록 뒷다리 종아리마디에 부드러운 털이 한 줄 나 있다. 애벌레는 물속 물풀을 갉아 먹고, 어른벌레는 물속에 사는 작은 벌레를 잡아먹는다.

물진드기과

샤아프물진드기 *Haliplus sharpi*

3~4mm · 4~10월 · 모름

샤아프물진드기는 물진드기 무리 가운데 딱지날개에 있는 까만 무늬가 가장 진하고 뚜렷하며, 반짝거린다. 뒷머리에는 까만 얼룩무늬가 있다. 논이나 연못, 물웅덩이, 저수지에서 산다. 경기도에서는 애물진드기 다음으로 많이 잡힌다.

물진드기과

알락물진드기 *Haliplus simplex*

3mm 안팎 · 5~10월 · 모름

알락물진드기는 딱지날개에 있는 검은 무늬가 얼룩덜룩하다. 더듬이와 양쪽 수염은 노랗다. 앞가슴등판은 짧고 아주 자잘한 점무늬가 있다. 물이 고여 있는 연못, 논, 물웅덩이나 물이 잔잔히 흐르는 농수로에서 산다. 물속에 사는 작은 벌레를 먹고 산다. 애벌레는 축축한 물가에서 번데기가 된다. 2~4주쯤 지나면 어른벌레로 날개돋이한다.

물진드기과

물진드기 *Peltodytes intermedius*

3mm 안팎 · 4~10월 · 모름

물진드기는 논이나 웅덩이, 연못, 시내, 강에서 산다. 충청북도에 있는 논에서 가장 많이 볼 수 있다. 가슴등판에는 까만 점무늬가 1쌍 있다. 눈 사이에는 까만 점무늬가 없다. 물살이 느리거나 고여 있고 물풀이 수북이 자란 곳에서 지낸다. 깔따구나 실지렁이 같은 작은 물속 벌레를 잡아먹는다.

물진드기과

중국물진드기 *Peltodytes sinensis*

3~4mm 안팎 · 3~10월 · 모름

중국물진드기는 눈 사이와 가슴등판에 까만 점무늬가 1쌍씩 있다. 딱지날개에 있는 검은 무늬는 개체에 따라 변이가 많다. 논이나 연못, 호수, 물웅덩이에서 흔하게 볼 수 있다. 물속 물풀에 붙어 있다가 물속에 사는 작은 벌레를 잡아먹는다.

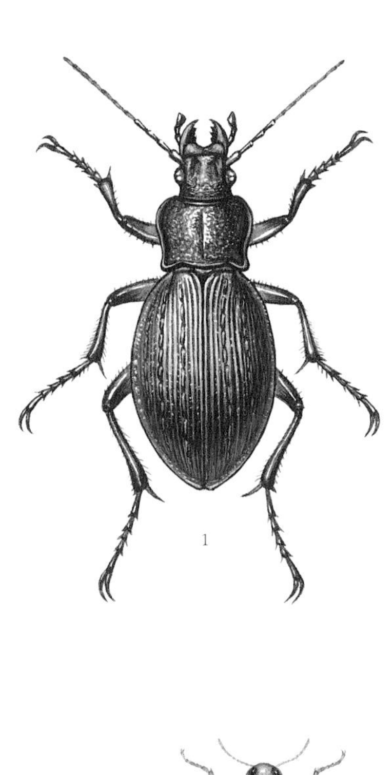
1

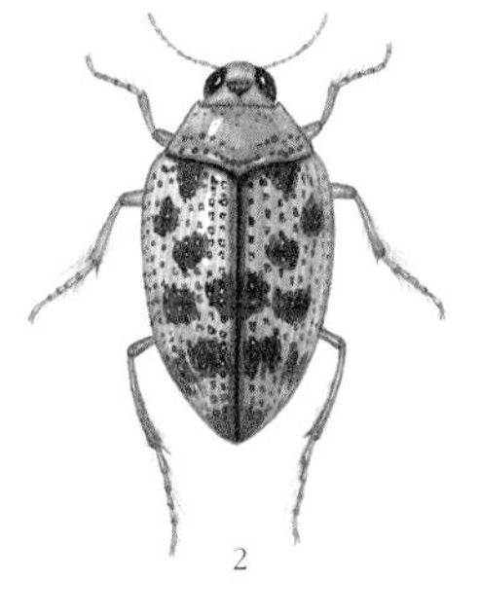
2

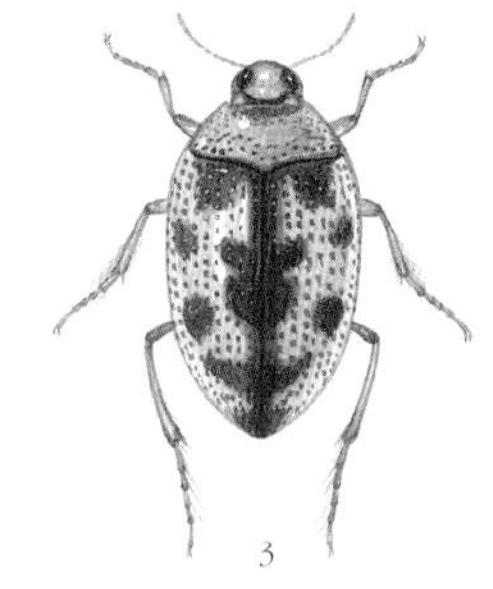
3

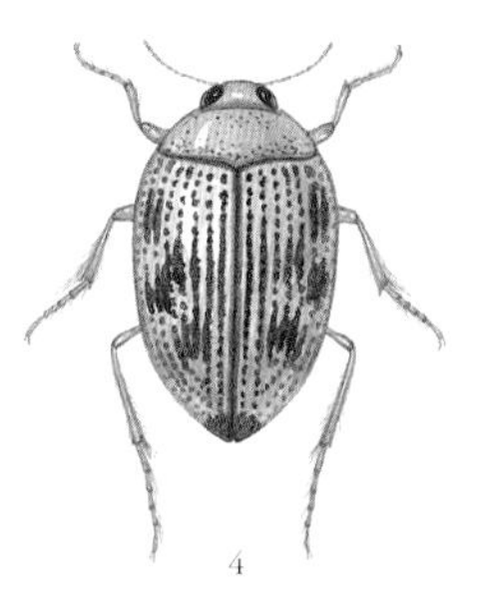
4

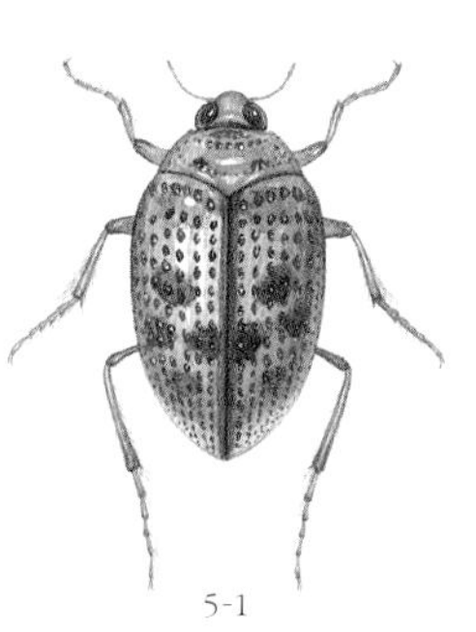
5-1

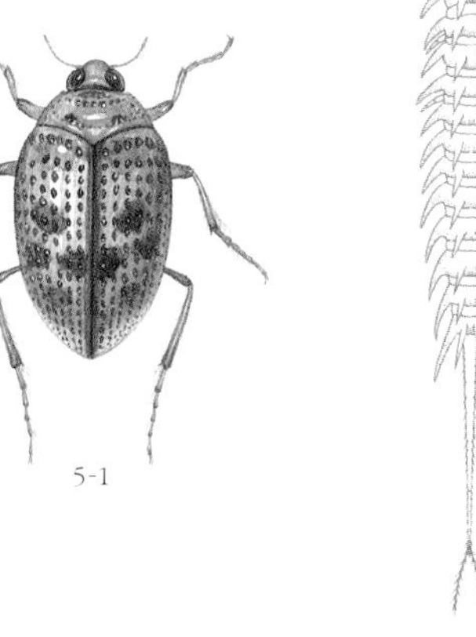
5-2

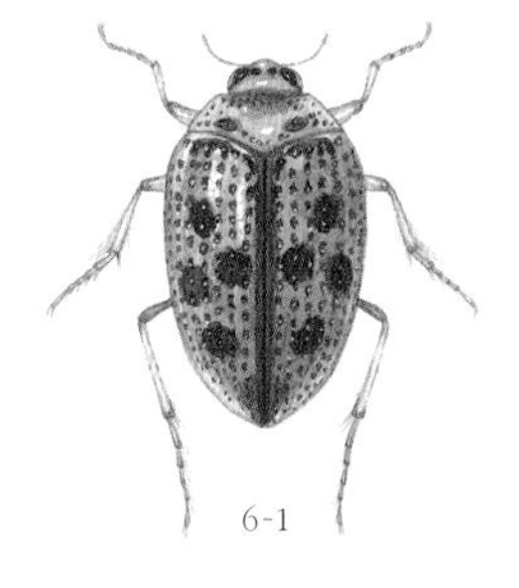
6-1

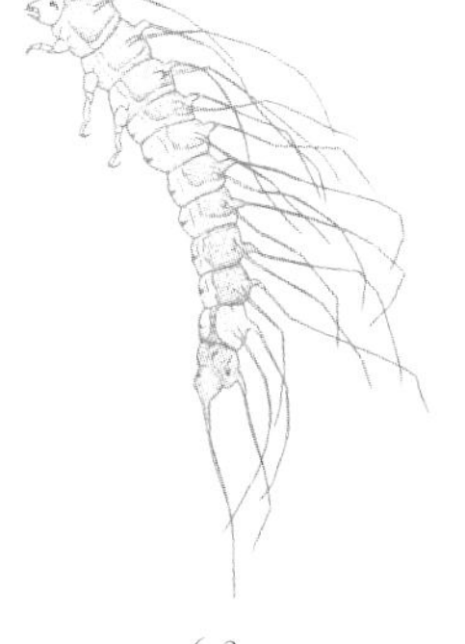
6-2

1. 제주왕딱정벌레
2. 극동물진드기
3. 샤아프물진드기
4. 알락물진드기

5-1. 물진드기
5-2. 물진드기류 애벌레
6-1. 중국물진드기
6-2. 중국물진드기 애벌레

자색물방개과

자색물방개 *Noterus japonicus*

4mm 안팎 · 4~10월 · 모름

자색물방개는 논이나 웅덩이, 연못에서 산다. 물풀이 수북이 자란 곳에서 지낸다. 물속에 들어가 작은 물속 벌레를 잡아먹고, 죽은 물고기나 개구리 따위를 뜯어 먹기도 한다. 깨알물방개와 생김새가 닮았는데, 자색물방개는 딱지날개 뒤 가장자리에 깊게 파인 홈이 옆으로 나 있어서 다르다.

자색물방개과

노랑띠물방개 *Canthydrus politus*

3mm 안팎 · 5~11월 · 모름

노랑띠물방개는 머리와 앞가슴등판이 노랗다. 딱지날개에는 짙은 무늬가 있다. 남부 지방과 제주도에서 주로 볼 수 있다. 자색물방개와 사는 모습은 비슷하다. 논이나 웅덩이, 연못에서 산다. 물풀이 수북하게 자란 곳에서 지낸다. 작은 물속 벌레나 죽은 물고기를 뜯어 먹는다.

물방개과

큰땅콩물방개 *Agabus regimbarti*

10mm 안팎 · 4~9월 · 모름

큰땅콩물방개는 머리와 앞가슴등판이 까맣고, 앞가슴등판 옆 가장자리는 노랗다. 머리에는 빨간 점이 두 개 있다. 딱지날개 뒤쪽에 V자 무늬가 있다. 높은 산에 있는 늪이나 물이 얕은 작은 저수지까지 물풀이 수북하게 자란 물가에서 볼 수 있다. 냇물이나 묵은 논에서도 쉽게 볼 수 있다. 물낯에 올라와 딱지날개 밑과 꽁무니에 공기 방울을 채우고 물속으로 들어간다. 물풀 줄기에 붙어 있거나 이리저리 헤엄쳐 다니며 작은 물속 동물을 잡아먹는다. 공기 방울을 채우려고 자주 물낯을 오르내린다.

물방개과

땅콩물방개 *Agabus japonicus*

6~8mm · 4~8월 · 모름

땅콩물방개는 머리와 앞가슴등판이 까맣고, 딱지날개는 어두운 밤색이다. 머리에 빨간 무늬가 2개 있다. 다른 물방개와 사는 모습은 비슷하다. 연못이나 늪, 작은 저수지, 논도랑에서 볼 수 있다. 산골짜기에 있는 맑은 물웅덩이에서도 볼 수 있다. 짝짓기를 마친 암컷은 봄부터 여름 사이에 알을 낳는다.

물방개과

검정땅콩물방개 *Agabus conspicuus*

6~7mm · 7~8월 · 모름

검정땅콩물방개는 온몸이 까맣고 반짝거린다. 머리에는 빨간 무늬가 두 개 있다. 더듬이는 누런 밤색이고, 다리는 불그스름한 검정색이다.

물방개과

애등줄물방개 *Copelatus weymarni*

5mm 안팎 · 4~7월 · 모름

애등줄물방개는 온몸이 짙은 밤색이고, 배는 까맣다. 앞가슴등판 바깥쪽 테두리만 밝은 밤색을 띤다. 주로 물이 얕은 작은 저수지에 산다. 또 논에 모내기하려고 가둔 물이나 써레질한 논 귀퉁이에 무리를 지어 몰려 있기도 한다.

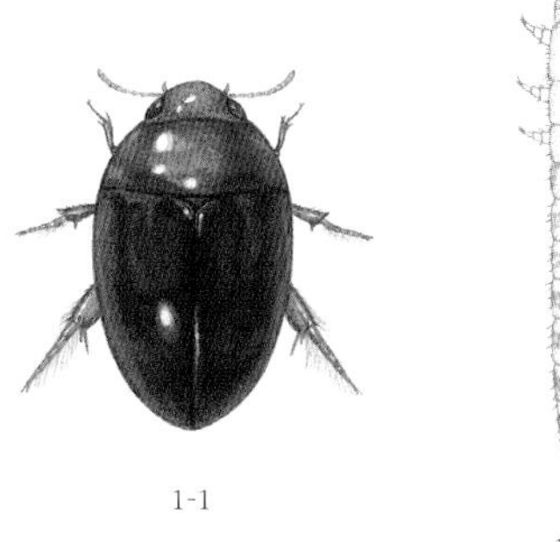

1-1

1-2

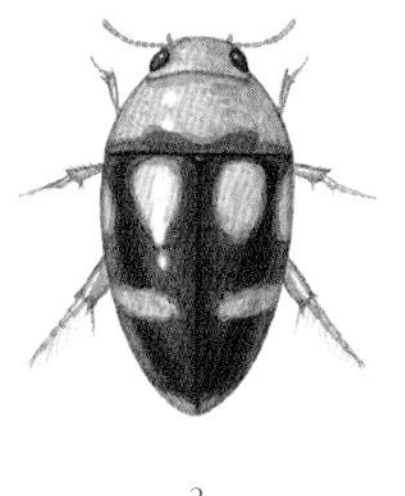

2

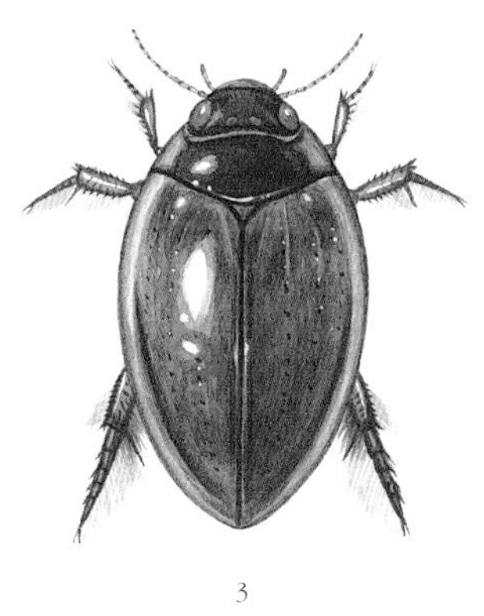

3

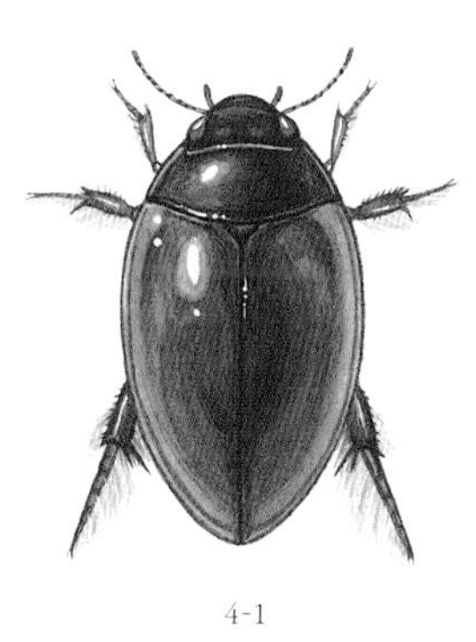

4-1

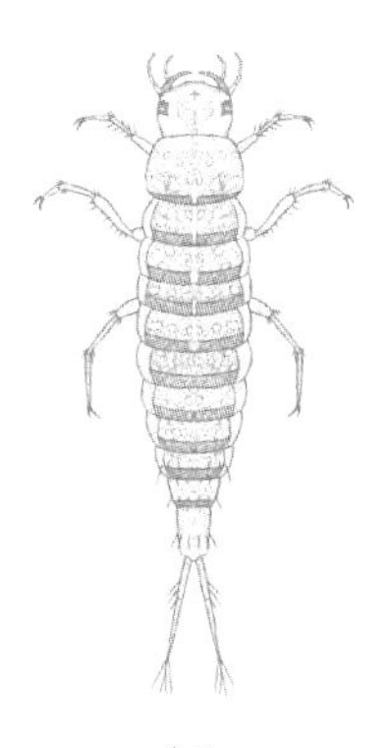

4-2

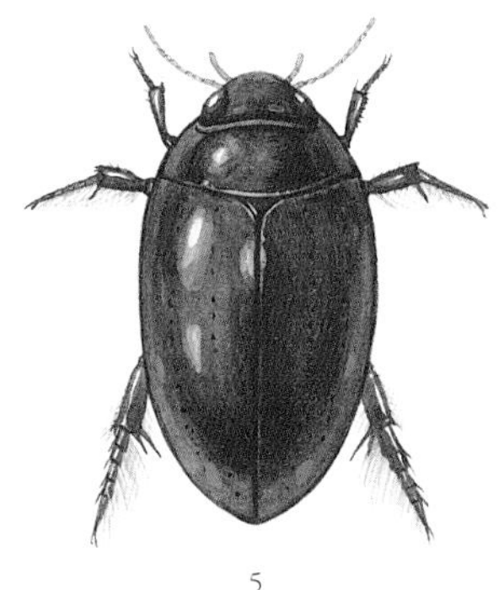

5

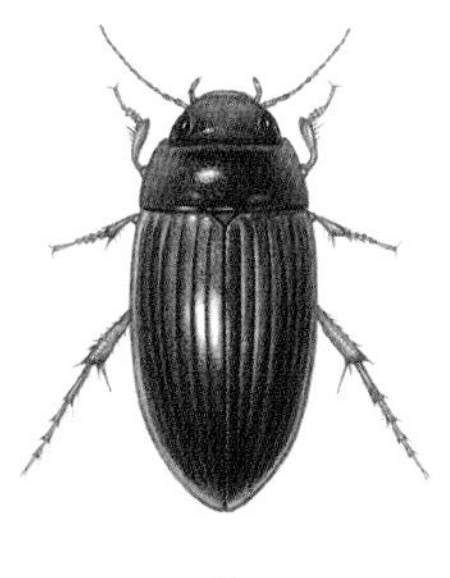

6

1-1. 자색물방개
1-2. 자색물방개과 애벌레
2. 노랑띠물방개
3. 큰땅콩물방개
4-1. 땅콩물방개
4-2. 땅콩물방개 애벌레
5. 검정땅콩물방개
6. 애등줄물방개

물방개과

검정물방개 *Cybister brevis* 21 ~ 24mm 4 ~ 10월 어른벌레

온몸이 까매서 '검정물방개'다. 딱지날개 끄트머리에는 흐릿한 빨간 점이 한 쌍 있다. 수컷은 앞다리 발목마디 아래쪽에 넓적한 빨판이 있다. 다른 물방개와 사는 모습은 거의 닮았다. 논이나 연못 같이 물이 고인 곳에서 살면서 물고기나 올챙이, 물자라나 죽은 동물도 먹는다. 봄에서 여름까지 물풀 줄기 속에 알을 한 개씩 낳는다. 알에서 나온 애벌레는 허물을 두 번 벗고 다 자라면 물가로 올라와 흙을 파고들어 가 번데기 방을 만든다. 열흘쯤 지나면 어른벌레가 된다. 위험을 느끼면 머리와 가슴 사이에서 고약한 냄새가 나는 허연 물이 나온다.

물방개과

물방개 *Cybister japonicus* 35 ~ 40mm 4 ~ 10월 어른벌레

물방개는 우리나라에 사는 물방개 가운데 몸집이 가장 크다. 온 나라 연못이나 웅덩이, 논, 도랑에서 산다. 물이 얕고 물풀이 수북하게 자란 곳에서 지낸다. 어른벌레와 애벌레 모두 물속에서 살면서 물에 사는 벌레나 물고기, 달팽이 따위를 잡아먹고, 죽은 물고기나 개구리도 뜯어 먹는다. 그래서 '물속 청소부'라는 별명이 붙었다. 뒷다리가 배를 젓는 노처럼 생기고 가는 털이 잔뜩 나 있어서 빠르게 헤엄을 칠 수 있다. 밤에 물 밖으로 나와 불빛을 보고 날아오기도 한다. 요즘에는 논과 농수로를 시멘트로 정비하면서 수가 가파르게 줄었다. 사람이 잡으면 손을 깨물기도 한다. 물방개 암컷은 딱지날개에 아주 가는 주름이 있어서 윤기가 없지만, 수컷은 딱지날개가 기름을 칠한 듯이 반들거린다. 그래서 물방개를 '기름도치'라고도 한다. 옛날에는 잡아서 구워 먹기도 했다. 먹을 수 있어서 물방개를 '쌀방개'라고도 했다. 물방개는 봄에 짝짓기를 하고 물풀이나 돌 틈에 알을 낳는다. 한 달쯤 지나면 알에서 애벌레가 나온다. 애벌레는 물속에 살면서 날카로운 큰턱으로 하루살이나 실지렁이 같은 작은 물벌레나 물고기 따위를 잡아먹는다. 애벌레도 어른벌레처럼 물낯으로 수시로 올라와 공기를 들이마신다. 허물을 세 번 벗고 다 자란 애벌레는 물 밖으로 기어 나와서 땅속에 구멍을 파고들어 가 그 속에서 번데기가 된다. 어른벌레가 되면 다시 물속으로 들어간다. 한 해에 한 번 날개돋이한다.

물방개과

동쪽애물방개 *Cybister lewisianus* 23 ~ 25mm 4 ~ 10월 어른벌레

동쪽애물방개는 다른 물방개와 사는 모습이 거의 닮았다. 생김새도 물방개를 닮았는데, 물방개보다 몸집이 작다. 온 나라에서 살지만 물방개보다 훨씬 드물게 볼 수 있다. 어른벌레와 애벌레 모두 물속에서 작은 벌레나 물고기, 올챙이 따위를 잡아먹는다. 밤에 물 밖으로 나와 불빛으로 날아오기도 한다.

물방개과

잿빛물방개 *Eretes griseus* 11 ~ 16mm 5 ~ 8월 어른벌레

잿빛물방개는 딱지날개에 까만 무늬가 세로로 석 줄씩 나 있다. 다른 물방개와 사는 모습은 닮았다. 웅덩이와 연못처럼 물이 고여 있는 곳에 살지만 몇몇 곳에서만 드물게 볼 수 있다. 밤에 물 밖으로 나와 불빛으로 잘 날아온다.

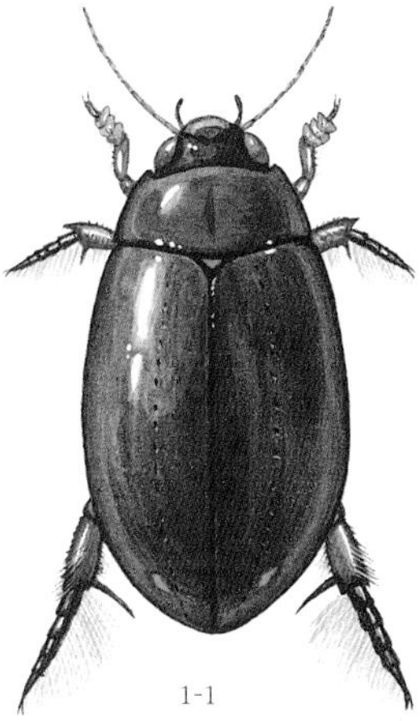

1-1

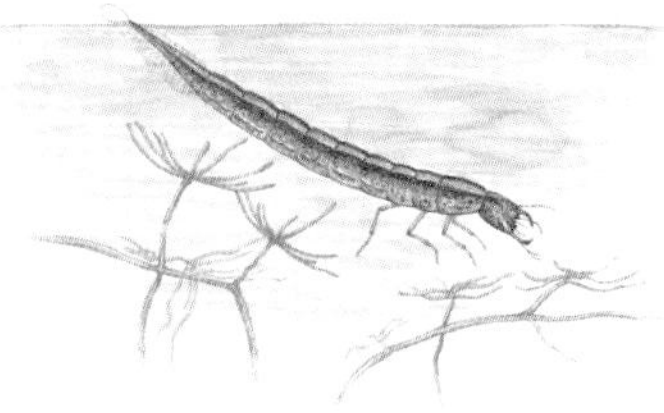

1-2

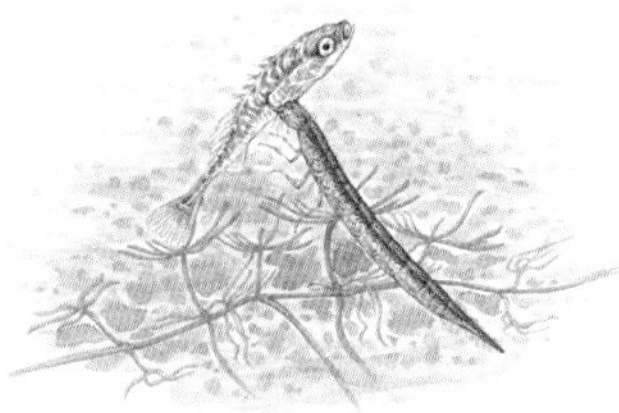

1-3

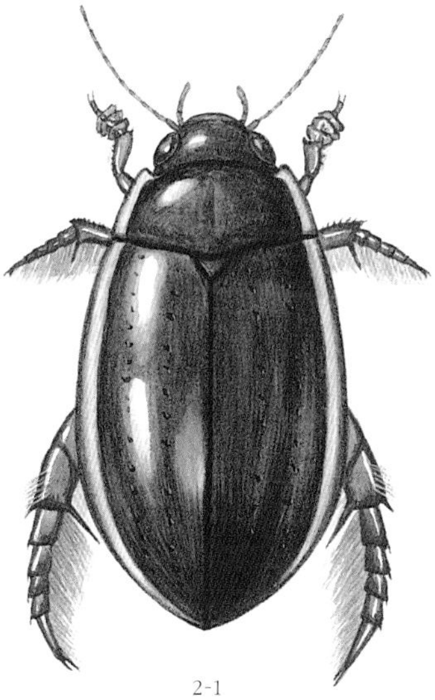

2-1

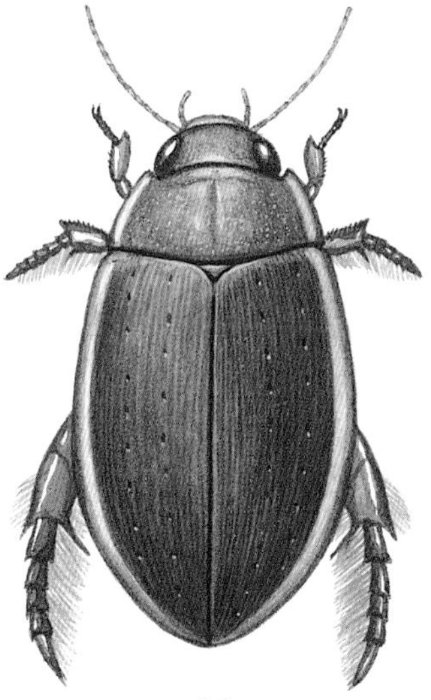

2-2

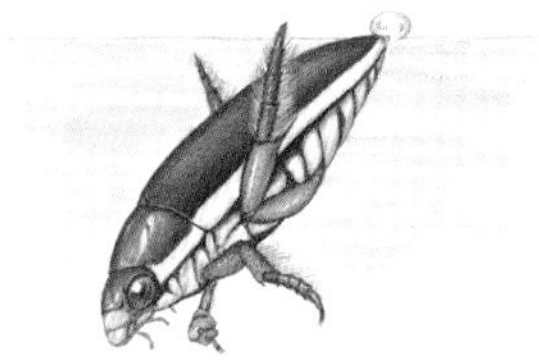

2-3

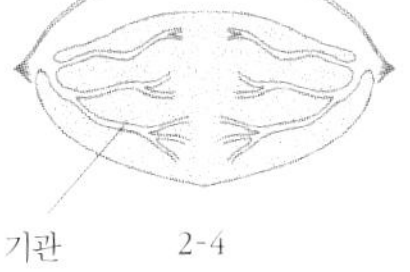

기관 2-4

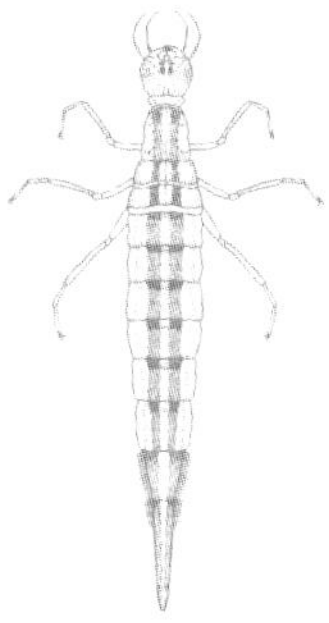

2-5

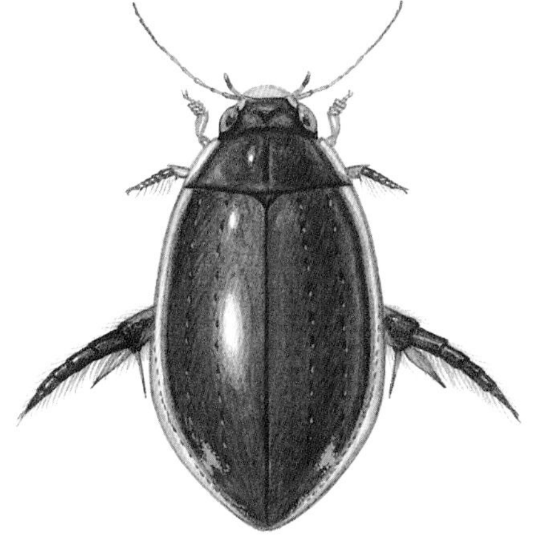

3

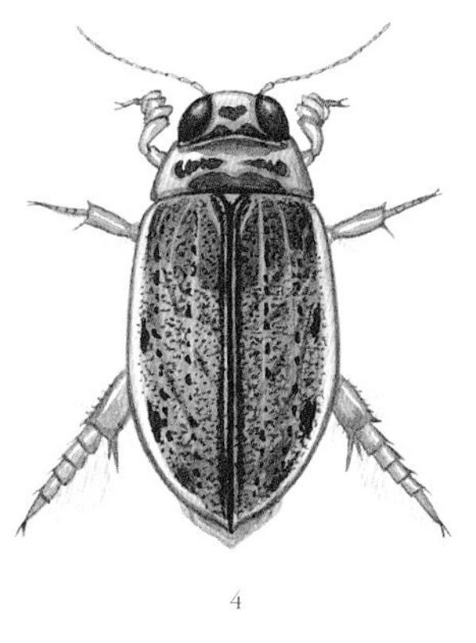

4

1-1. 검정물방개

1-2. 검정물방개 애벌레가 꽁무니를 내놓고 숨을 쉬는 모습

1-3. 검정물방개 애벌레 가시고기 사냥 모습

2-1. 물방개 수컷

2-2. 물방개 암컷

2-3. 물방개 숨 쉬기

2-4. 물방개 숨 쉬는 기관

2-5. 물방개 애벌레

3. 동쪽애물방개

4. 잿빛물방개

물방개과

아담스물방개 *Graphoderus adamsii*

12~15mm 5~11월 모름

아담스물방개는 머리가 밤색이고, 뒤쪽에 V자처럼 생긴 까만 무늬가 있다. 다른 물방개와 사는 모습은 닮았다. 온 나라 논이나 연못, 물웅덩이에서 산다. 봄에 모내기하려고 물을 대면 논에 들어와 알을 낳는다. 물속에서 기관으로 숨을 쉴 수 있지만, 딱지날개와 등판 사이에 공기를 채워 숨을 쉬기도 한다. 작은 물속 벌레를 잡아먹고, 물고기나 개구리를 잡거나 죽은 동물을 뜯어 먹기도 한다.

물방개과

꼬마물방개 *Hydroglyphus japonicus*

2mm 안팎 4~11월 모름

꼬마물방개는 이름처럼 몸이 작다. 딱지날개가 누런 밤색이고 검은 밤색 세로줄이 2~3개씩 나 있다. 온 나라 논이나 웅덩이, 연못, 저수지처럼 물이 고여 있고, 진흙이 깔린 곳에서 산다. 사는 모습은 다른 물방개와 닮았다. 물속에서도 숨을 쉴 수 있지만, 꽁무니에 공기 방울을 달고 물속에 들어가기도 한다. 작은 물속 벌레를 잡아먹고, 물고기나 개구리를 잡거나 죽은 동물을 뜯어 먹기도 한다.

물방개과

줄무늬물방개 *Hydaticus bowringii*

10~15mm 4~10월 모름

딱지날개에 줄무늬가 나 있다고 '줄무늬물방개'다. 다른 물방개처럼 웅덩이나 연못, 논, 저수지에서 사는데 높은 산에서도 보인다. 물속에 사는 작은 벌레나 물고기, 개구리 따위를 잡아먹고, 죽은 동물도 뜯어 먹는다.

물방개과

꼬마줄물방개 *Hydaticus grammicus*

10mm 안팎 3~11월 어른벌레

꼬마줄물방개는 다른 물방개와 사는 모습이 닮았다. 연못이나 늪, 웅덩이, 느릿느릿 흐르는 시내에서 산다. 어른벌레나 애벌레나 모두 물속에 사는 작은 벌레나 물고기 따위를 잡아먹고, 죽은 동물을 뜯어 먹기도 한다. 날기도 잘 해서 여름에는 물 밖으로 나와 불빛을 보고 날아오기도 한다. 어른벌레는 축축한 땅속에서 겨울을 난다. 봄부터 여름 사이에 알을 낳는다.

물방개과

알물방개 *Hyphydrus japonicus vagus*

4~5mm 안팎 5~10월 모름

알물방개는 딱지날개에 검은 얼룩무늬가 있는데, 종마다 무늬가 여러 가지다. 물웅덩이나 연못처럼 물이 고여 있는 곳에서 산다. 모내기를 마친 논에서도 볼 수 있다. 물속을 재빠르게 돌아다니며 작은 물속 벌레나 물고기, 개구리 따위를 잡아먹고 죽은 동물을 뜯어 먹는다.

물방개과

큰알락물방개 *Hydaticus conspersus*

17mm 안팎 4~10월 어른벌레

큰알락물방개는 우리나라 제주도에서만 사는 물방개다. 물이 더럽지 않은 연못이나 물이 느릿느릿 흐르는 시내에서 산다. 다른 물방개처럼 물속에 사는 작은 벌레나 물고기를 잡아먹고 죽은 물고기나 개구리 따위를 뜯어 먹는다. 애벌레도 물속에 살면서 물속 벌레를 잡아먹는다.

1-1

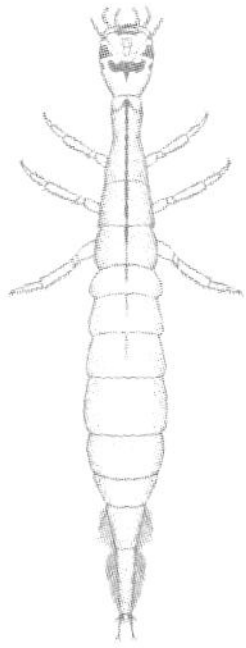

1-2

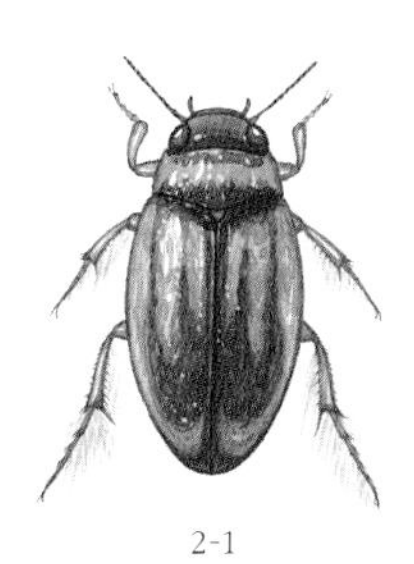

2-1

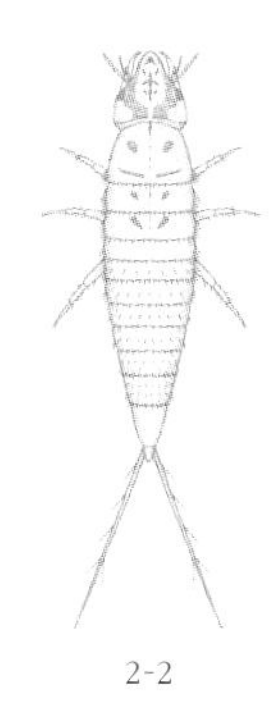

2-2

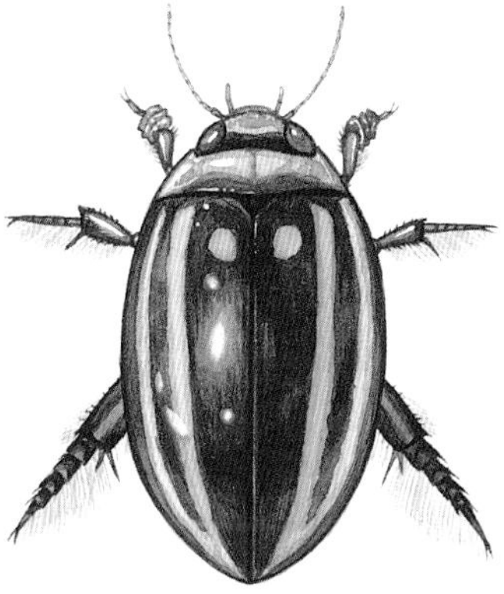

3-1

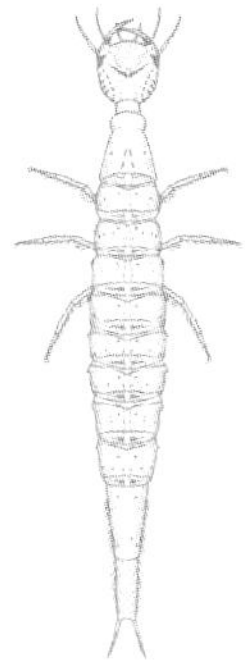

3-2

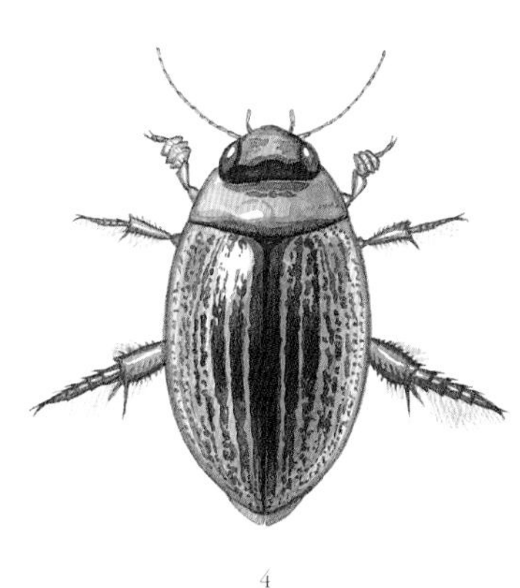

4

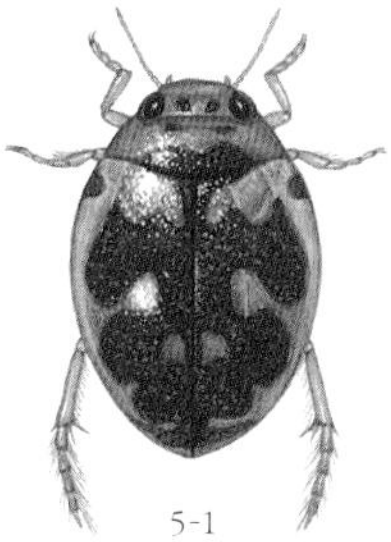

5-1

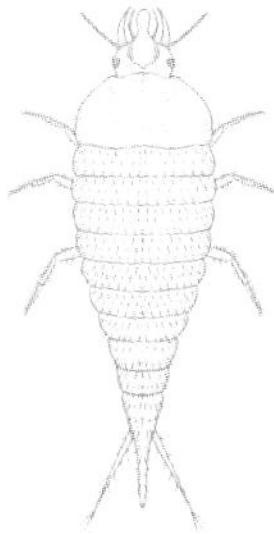

5-2

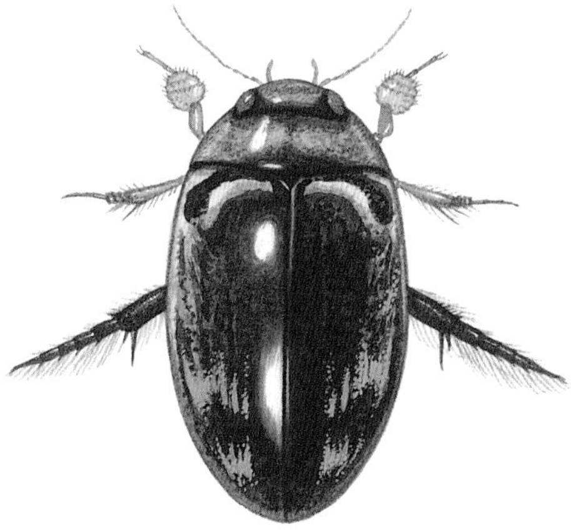

6

1-1. 아담스물방개
1-2. 아담스물방개속 애벌레
2-1. 꼬마물방개
2-2. 꼬마물방개속 애벌레
3-1. 줄무늬물방개
3-2. 줄물방개속 애벌레
4. 꼬마줄물방개
5-1. 알물방개
5-2. 알물방개속 애벌레
6. 큰알락물방개

물방개과

모래무지물방개 *Ilybius apicalis*

10mm 안팎 · 4~10월 · 모름

모래무지물방개는 머리와 앞가슴등판이 붉은 밤색이다. 딱지날개는 까맣고 옆 가장자리는 누렇다. 온 나라 논이나 연못, 웅덩이에서 산다. 또 냇물이나 강에서 느릿느릿 흐르는 곳에서도 산다. 물속에서 기관으로 숨을 쉴 수 있지만 꽁무니에 공기 방울을 달고 물속으로 들어가기도 한다. 물속에 사는 작은 벌레를 잡아먹고, 물고기나 개구리도 잡아먹는다. 물속에서 죽은 동물도 뜯어 먹는다.

물방개과

깨알물방개 *Laccophilus difficilis*

4~5mm 안팎 · 3~10월 · 모름

깨알물방개는 깨알만큼 크기가 작다고 붙은 이름이다. 논이나 연못처럼 물이 고여 있는 곳에서 많이 살고 가끔 시냇가나 강가처럼 물이 느릿느릿 흐르는 곳에서도 보인다. 딱지날개와 배 사이 공간에 공기를 넣은 뒤 물속으로 들어간다. 물속을 돌아다니며 작은 물속 벌레를 잡아먹고 죽은 동물을 뜯어 먹는다. 봄부터 여름 사이에 짝짓기를 하고 알을 낳는다.

물방개과

혹외줄물방개 *Nebrioporus hostilis*

5mm 안팎 · 5~7월 · 모름

혹외줄물방개는 머리 아래쪽 가장자리가 까맣다. 앞가슴등판에 까만 점이 2개 나 있고, 딱지날개에는 까만 세로줄과 무늬가 나 있다. 딱지날개 맨 아래쪽 끝에 날카로운 돌기가 양쪽에 2개 나 있다. 강이나 냇물이 천천히 흐르는 곳이나 웅덩이, 연못처럼 고인 물에서 산다. 온 나라에서 산다. 물풀이 수북하게 자란 곳을 좋아한다. 물속 작은 벌레를 잡아먹는다. 때로는 물고기나 개구리를 잡아먹고, 죽은 동물을 뜯어 먹기도 한다.

물방개과

애기물방개 *Rhantus suturalis*

10~15mm · 3~11월 · 어른벌레

애기물방개는 웅덩이나 연못, 버려진 논에서 볼 수 있다. 가끔 빗물이 고인 웅덩이에서도 흔히 보인다. 물속에 사는 작은 벌레나 물고기를 잡아먹고, 죽은 물고기도 뜯어 먹는다. 밤에 물 밖으로 나와 불빛을 보고 날아오기도 한다. 봄부터 여름 사이에 알을 낳는다. 애벌레도 물속에서 살면서 물속 벌레를 잡아먹는다.

물맴이과

참물맴이 *Gyrinus gestroi*

4~5mm · 5~9월 · 모름

참물맴이는 다른 물맴이와 달리 딱지날개에 있는 홈 줄이 뚜렷하지 않다. 다른 물맴이와 사는 모습은 비슷하다. 웅덩이나 연못, 논에서 볼 수 있다. 여러 마리가 물낯에 떠서 빙글빙글 돌며 헤엄친다.

물맴이과

물맴이 *Gyrinus japonicus francki*

5~7mm · 4~10월 · 어른벌레

물맴이는 물이 느릿느릿 흐르는 골짜기나 웅덩이, 논, 연못에서 산다. 여러 마리가 물낯에서 빙빙 돌며 헤엄치다가 물낯에 떨어진 벌레를 잡아먹는다. 앞다리는 굉장히 길고, 가운뎃다리와 뒷다리는 앞다리 절반 길이밖에 안 된다. 가운뎃다리와 뒷다리를 빨리 돌려 저으면서 뱅글뱅글 돈다. 그러다가 위험을 느끼면 물속으로 들어가기도 한다.

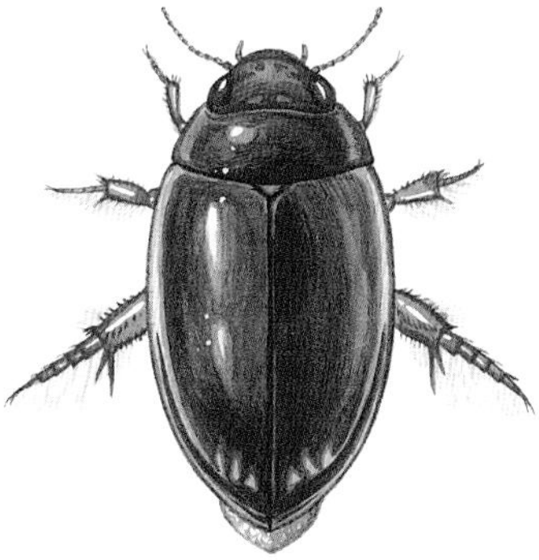

1

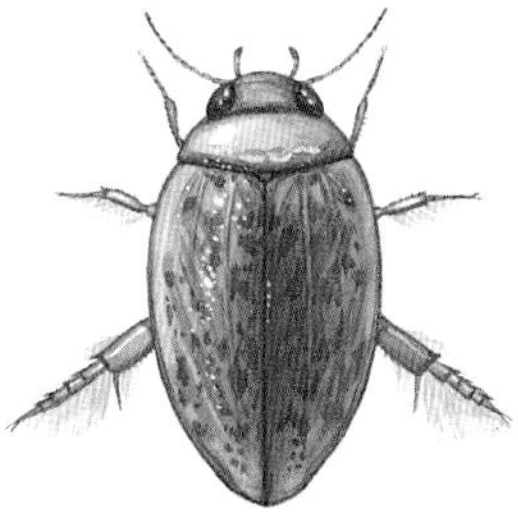

2-1

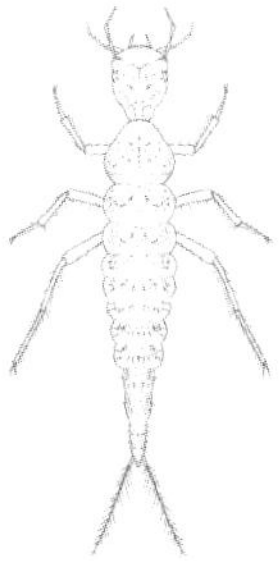

2-2

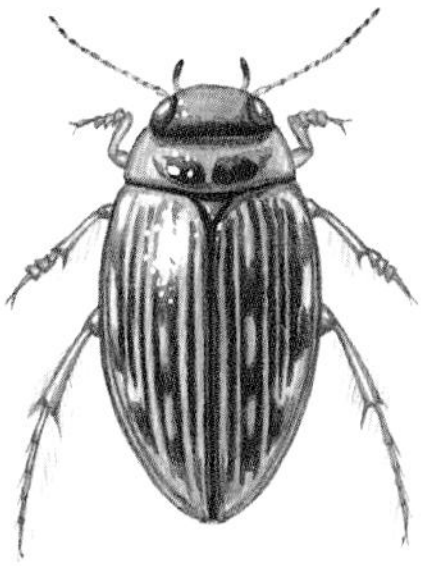

3-1

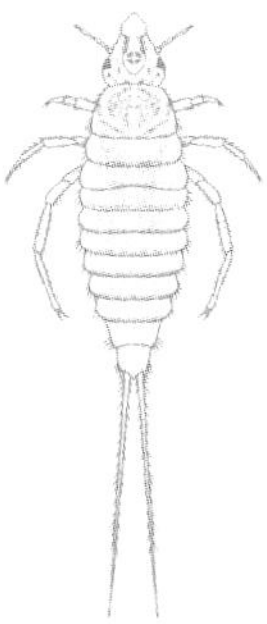

3-2

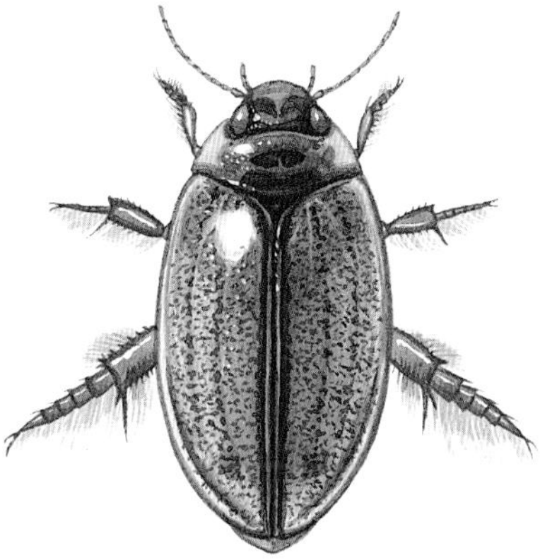

4-1

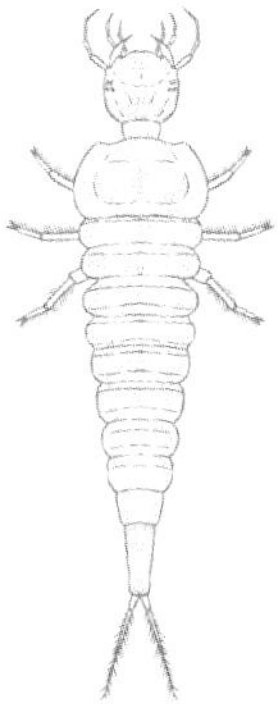

4-2

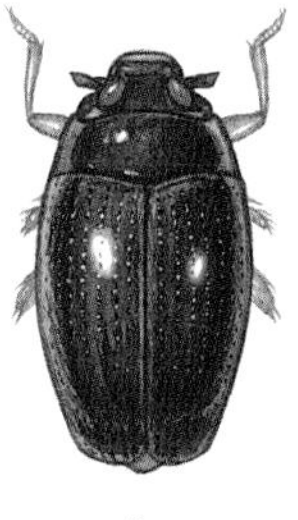

5

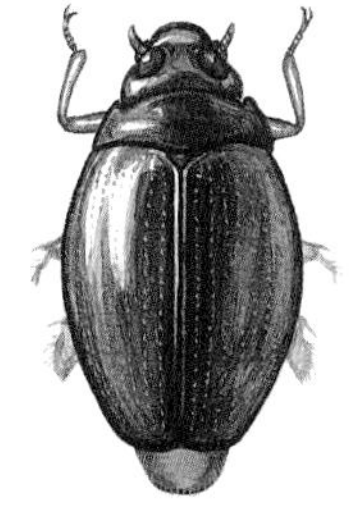

6-1

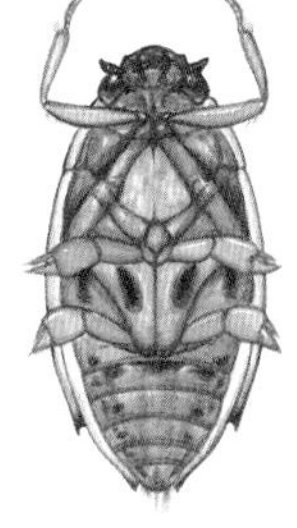

6-2

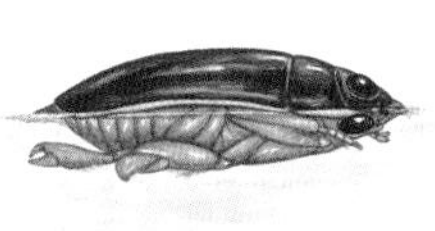

6-3

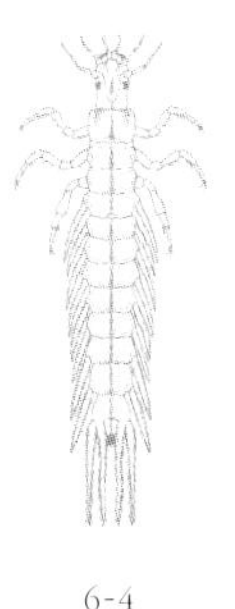

6-4

1. 모래무지물방개
2-1. 깨알물방개
2-2. 깨알물방개속 애벌레
3-1. 혹외줄물방개
3-2. 외줄물방개속 애벌레
4-1. 애기물방개
4-2. 애기물방개속 애벌레
5. 참물맴이
6-1. 물맴이
6-2. 물맴이 배 쪽 모습
6-3. 물맴이 눈은 위아래로 나뉘었다.
6-4. 물맴이 애벌레

물맴이과

왕물맴이 *Dineutus orientalis*

8~10mm · 4~10월 · 어른벌레

왕물맴이는 물맴이 무리 가운데 몸이 가장 크다. 온몸은 까맣고 보는 각도에 따라 여러 빛깔로 반짝거린다. 물맴이와 사는 모습은 비슷하다. 어른벌레나 애벌레나 다 물속에서 산다. 어른벌레는 물낯에서 헤엄치고, 애벌레는 물 밑바닥 진흙 속이나 물풀 뿌리 둘레에서 숨어 산다. 어른벌레는 물낯에 떨어진 벌레를 잡아먹고, 애벌레는 가까이 다가오는 물속 동물을 잡아먹는다.

물땡땡이과
물땡땡이아과

알물땡땡이 *Amphiops mater mater*

4mm 안팎 · 모름 · 모름

알물땡땡이는 딱지날개가 위로 볼록하고, 희미한 홈이 파인 줄이 8개씩 있다. 주로 저수지에서 산다. 저수지로 물이 흘러 들어오는 얕고 물풀이 수북하게 자란 곳에서 보인다. 다른 물땡땡이와 사는 모습은 닮았다. 자주 배를 뒤집고 거꾸로 헤엄치며 다닌다. 썩은 물풀 따위를 먹는다.

물땡땡이과
물땡땡이아과

뒷가시물땡땡이 *Berosus lewisius*

4mm 안팎 · 4~8월 · 모름

뒷가시물땡땡이는 딱지날개에 세로줄 홈이 10줄씩 있다. 딱지날개 끝 가장자리에 침처럼 뾰족한 돌기가 1쌍 있다. 바다를 막아 만든 논에서 많이 보인다. 다른 물땡땡이와 사는 모습은 닮았다. 물속을 기어 다니면서 썩은 물풀을 갉아 먹는다.

물땡땡이과
물땡땡이아과

점박이물땡땡이 *Berosus punctipennis*

6~7mm · 4~10월 · 모름

점박이물땡땡이는 머리가 까맣다. 딱지날개에는 동글동글한 짙은 무늬가 나 있다. 또 세로줄 홈이 10개씩 있다. 논이나 저수지, 물웅덩이, 논도랑에서 산다. 다른 물땡땡이와 사는 모습은 닮았다.

물땡땡이과
물땡땡이아과

애넓적물땡땡이 *Enochrus simulans*

5~7mm · 4~10월 · 모름

애넓적물땡땡이는 몸이 누런 밤색으로 반짝거린다. 딱지날개 앞쪽에 까만 무늬가 있다. 온 나라 논이나 연못처럼 물이 고여 있는 웅덩이에서 산다. 어른벌레는 물풀을 갉아 먹고, 애벌레는 물속 벌레나 물달팽이 따위를 잡아먹는다. 밤에 물 밖으로 나와 불빛을 보고 날아오기도 한다. 봄부터 여름 사이에 알을 낳는다.

물땡땡이과
물땡땡이아과

잔물땡땡이 *Hydrochara affinis*

15~20mm · 5~10월 · 모름

잔물땡땡이는 들판에 있는 웅덩이나 논에서 산다. 어른벌레는 물속에 있는 풀을 갉아 먹고, 애벌레는 물속에 사는 작은 벌레 따위를 잡아먹는다. 어른벌레로 겨울을 나고, 이듬해 봄에 모내기를 하려고 논에 물을 댈 때 논에 와서 알을 낳는다. 짝짓기를 마친 암컷은 알 주머니를 낳아 물낯 가까이에 있는 물풀에 붙인다. 딱지날개가 짙은 청색이나 검정색이고, 다리와 더듬이는 붉은 밤색을 띠어서 북방물땡땡이와 구별한다. 북방물땡땡이는 딱지날개와 다리, 더듬이가 모두 까맣다.

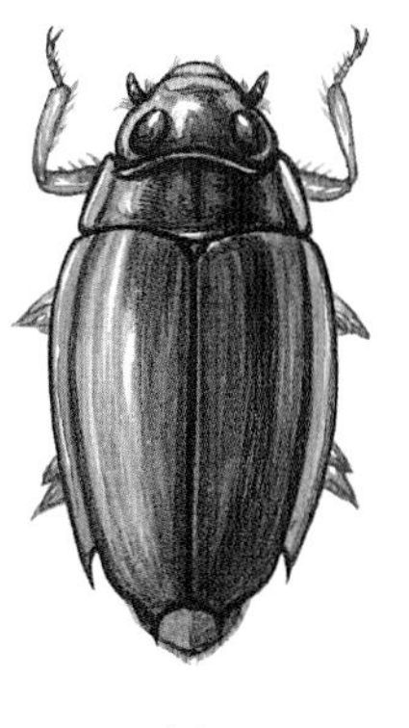
1-1

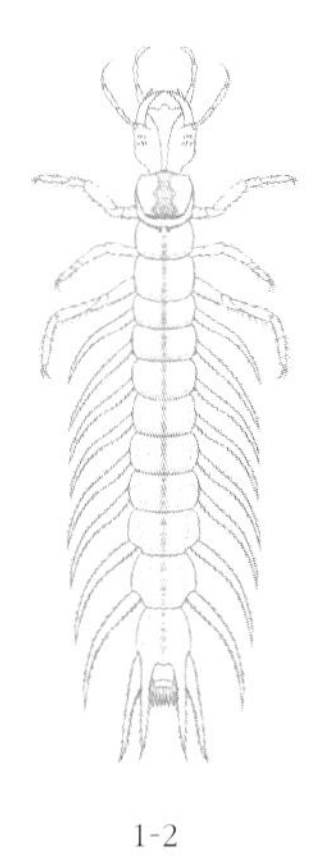
1-2

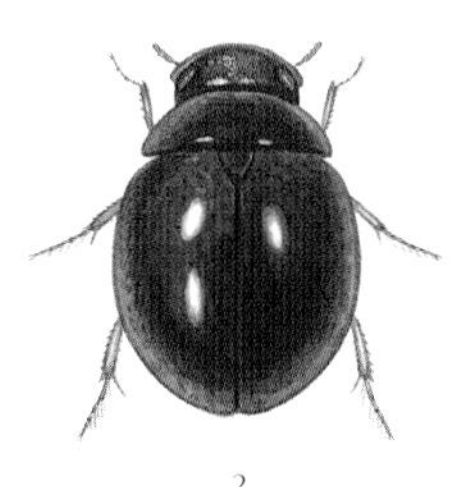
2

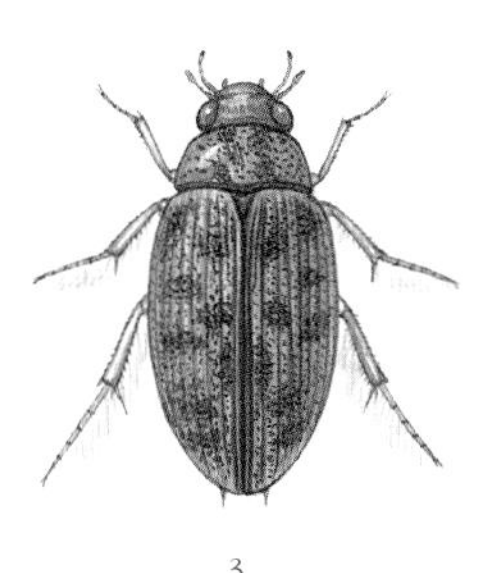
3

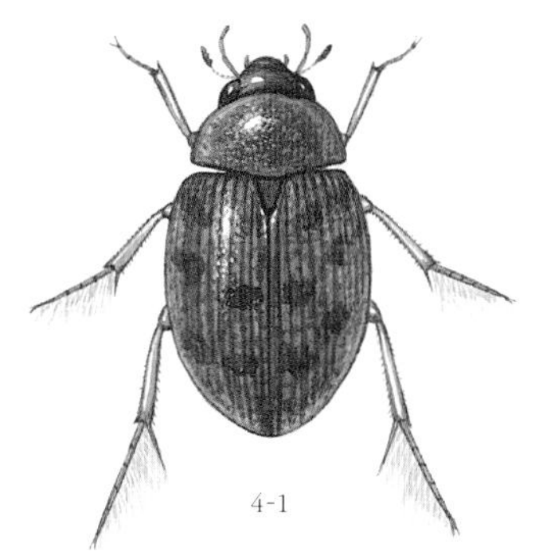
4-1

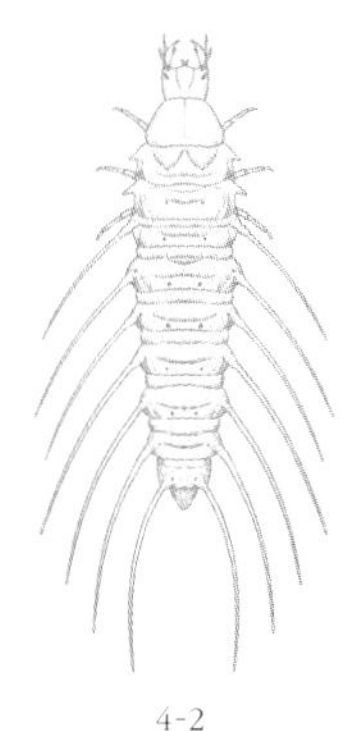
4-2

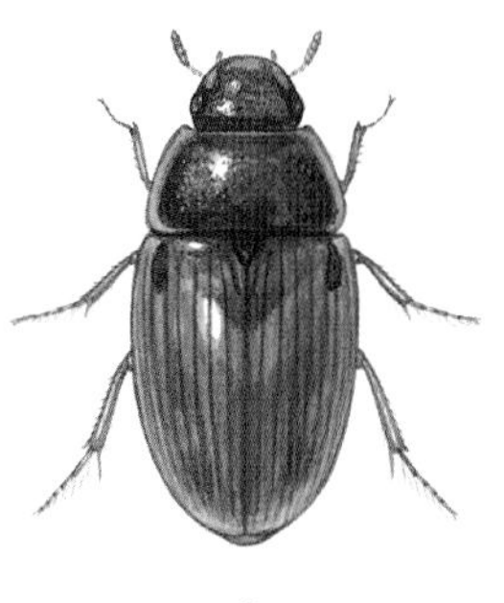
5

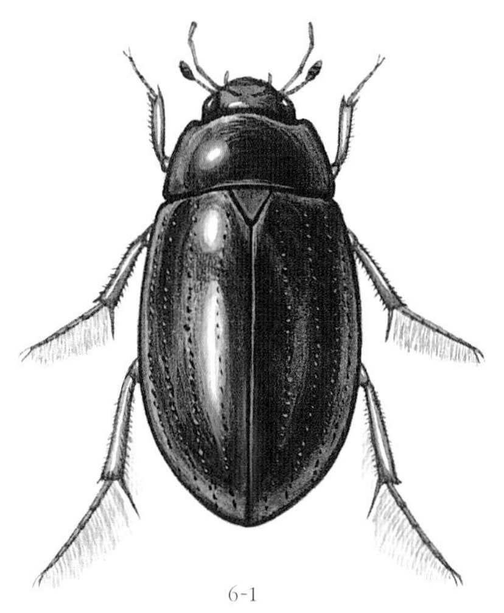
6-1

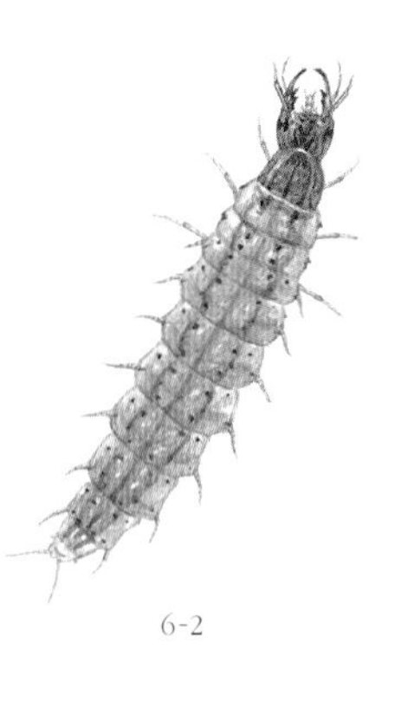
6-2

1-1. 왕물맴이
1-2. 왕물맴이 애벌레
2. 알물땡땡이
3. 뒷가시물땡땡이
4-1. 점박이물땡땡이
4-2. 점박이물땡땡이속 애벌레
5. 애넓적물땡땡이
6-1. 잔물땡땡이
6-2. 잔물땡땡이 애벌레

물땡땡이과
물땡땡이아과

북방물땡땡이 *Hydrochara libera*

18mm 안팎 · 4~11월 · 어른벌레

북방물땡땡이는 잔물땡땡이와 닮았다. 하지만 딱지날개와 다리, 더듬이가 모두 까매서 다르다. 물이 고인 웅덩이나 논에서 볼 수 있다. 어른벌레는 물속에 자라는 물풀을 뜯어 먹고 죽은 동물을 뜯어 먹기도 한다. 밤에 불빛에 날아오기도 한다. 날씨가 추워지면 땅속에 들어가 어른벌레로 겨울을 난다. 이듬해 봄에 나온 어른벌레는 저수지나 물웅덩이에 있다가, 모내기를 하려고 논에 물을 댈 때 논에 와서 알을 낳는다.

물땡땡이과
물땡땡이아과

물땡땡이 *Hydrophilus accuminatus*

32~40mm · 4~11월 · 애벌레, 어른벌레

물땡땡이는 우리나라에 사는 물땡땡이 가운데 몸집이 가장 크다. 물풀이 수북하게 자란 물가나 연못, 논처럼 물이 고인 웅덩이에서 산다. 어른벌레는 뒷다리를 번갈아 저으면서 물속을 헤엄쳐 다니며 물풀을 갉아 먹고 때때로 죽은 동물을 먹는다. 애벌레는 물속에 사는 작은 물고기나 벌레, 물달팽이 따위를 잡아먹는다. 짝짓기를 마친 암컷은 알 주머니를 낳아 물낯 가까이에 있는 물풀에 붙인다. 밤에 물 밖으로 나와 불빛을 보고 날아오기도 한다. 애벌레나 어른벌레로 겨울을 난다고 알려졌다. 논과 농수로를 정비하면서 1970년 중반 뒤로는 수가 아주 적어졌다.

물땡땡이과
물땡땡이아과

남방물땡땡이 *Hydrophilus bilineatus cashimirensis*

23~28mm · 7~9월 · 모름

남방물땡땡이는 물땡땡이와 닮았다. 하지만 물땡땡이는 다리가 까맣고, 남방물땡땡이는 붉은 밤색을 띤다. 또 더듬이가 노랗고, 배를 뒤집으면 보이는 뾰족한 돌기가 더 길다. 모든 종아리마디에 날카로운 가시가 1쌍씩 있다. 다른 물땡땡이처럼 물풀이 수북하게 자란 물가에서 산다. 어른벌레는 물풀을 뜯어 먹고, 때때로 죽은 동물을 뜯어 먹기도 한다. 애벌레는 물속에 살면서 물달팽이 같은 물속 벌레를 잡아먹는다.

물땡땡이과
물땡땡이아과

점물땡땡이 *Laccobius bedeli*

3mm 안팎 · 4~10월 · 모름

점물땡땡이는 몸집이 아주 작다. 딱지날개에 까만 점무늬가 세로줄을 이뤄 21줄씩 나 있다. 산골짜기에 만든 논에서 산다. 찬물이 고여 있는 이끼 속에서 많이 보인다.

물땡땡이과
물땡땡이아과

애물땡땡이 *Sternolophus rufipes*

10mm 안팎 · 4~10월 · 어른벌레

애물땡땡이는 잔물땡땡이와 생김새가 닮았다. 애물땡땡이는 딱지날개가 매끈하고, 작은 홈으로 이어진 줄무늬가 4줄씩 희미하게 나 있다. 또 딱지날개 가장자리가 노랗다. 앞머리에 八자처럼 생긴 홈 줄무늬가 있다. 저수지나 물웅덩이, 묵은 논에서 산다. 다른 물땡땡이와 사는 모습은 닮았다. 어른벌레는 물풀을 갉아 먹는다. 밤에 불빛으로 잘 날아온다. 날씨가 추워지면 흙 속에 들어간다.

풍뎅이붙이과
풍뎅이붙이아과

아무르납작풍뎅이붙이 *Hololepta amurensis*

8~12mm · 4월쯤부터 · 어른벌레

아무르 지방에서 처음 찾았다고 '아무르납작풍뎅이붙이'다. 딱지날개가 밑빠진벌레과처럼 배를 다 덮지 못한다. 딱지날개 끝에 줄무늬가 여러 개 나 있다. 참나무 줄기껍질 밑에서 많이 산다. 몸이 납작해서 나무껍질 밑을 잘 걸어 다닌다. 껍질 속을 돌아다니면서 큰턱으로 다른 벌레를 잡아먹고 나무도 갉아 먹는다. 또 죽은 동물에 꼬이는 파리 애벌레도 잡아먹는다.

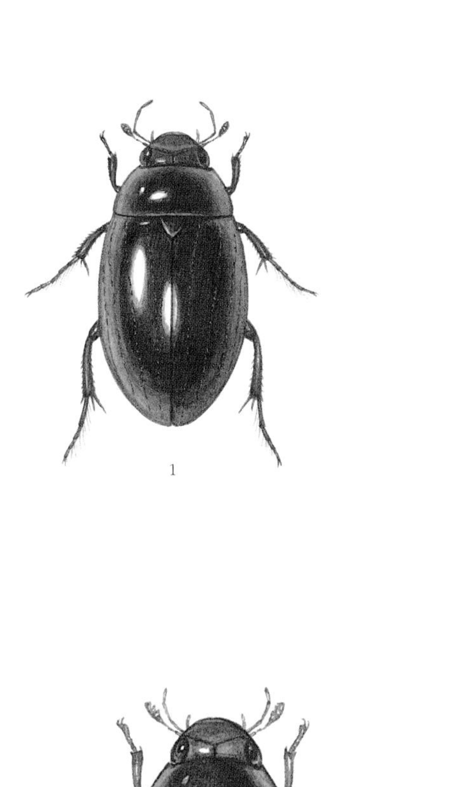
1

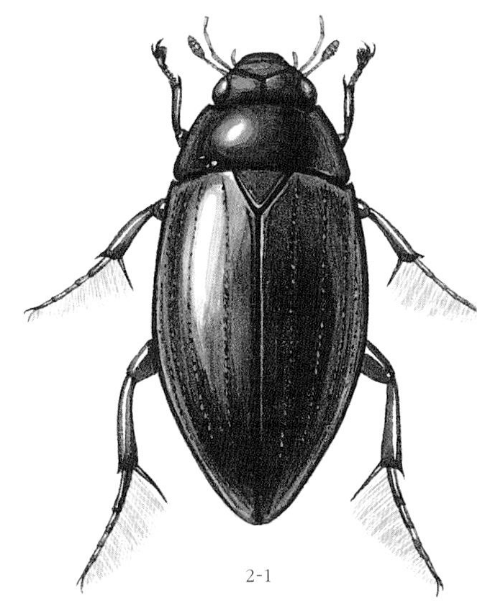
2-1

2-2

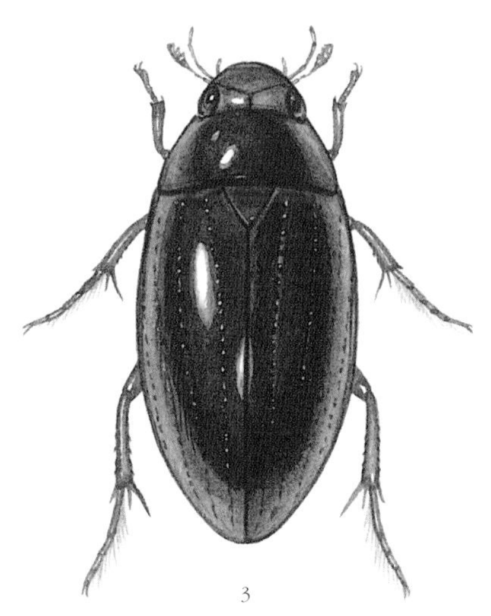
3

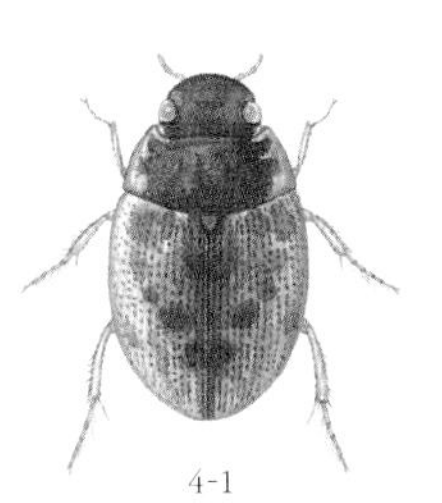
4-1

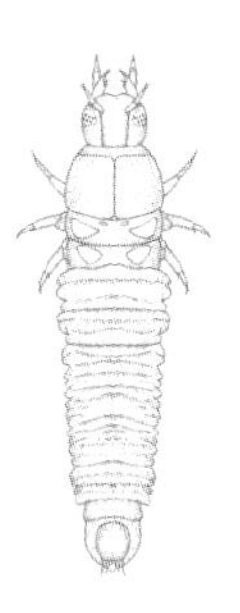
4-2

5-1

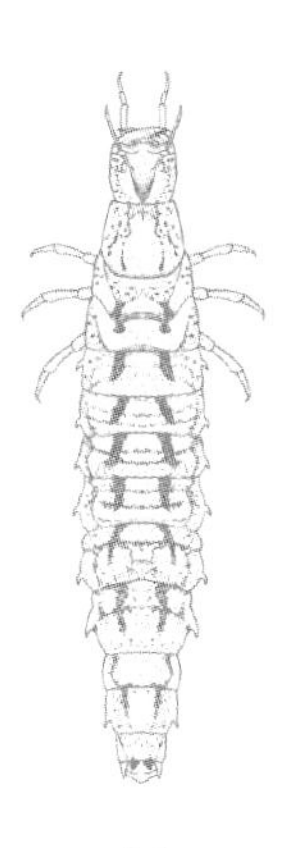
5-2

6

1. 북방물땡땡이
2-1. 물땡땡이
2-2. 물땡땡이 애벌레
3. 남방물땡땡이
4-1. 점물땡땡이
4-2. 점물땡땡이 애벌레
5-1. 애물땡땡이
5-2. 애물땡땡이 애벌레
6. 아무르납작풍뎅이붙이

풍뎅이붙이과
풍뎅이붙이아과

풍뎅이붙이 *Merohister jekeli*

10mm 안팎 · 3~11월 · 어른벌레

풍뎅이붙이는 온몸이 까맣게 반짝거린다. 딱지날개가 짧아서 배 끝 두 마디가 드러난다. 딱지날개에 세로줄이 5개씩 있다. 들판 풀밭에서 볼 수 있다. 6~7월에 가장 많이 보인다. 썩은 나무 나무껍질 밑에서 여러 가지 작은 벌레를 잡아먹고 산다. 또 죽은 동물이나 동물 똥에 꼬이는 구더기를 잡아먹기도 한다.

송장벌레과
송장벌레아과

곰보송장벌레 *Thanatophilus rugosus*

9~12mm · 4~11월 · 어른벌레

곰보송장벌레는 가슴과 딱지날개에 곰보처럼 많은 돌기가 우툴두툴 나 있다. 온몸은 까만데, 보는 각도에 따라 파란빛이 돈다. 중부와 북부 지방에서 볼 수 있다. 봄부터 나와 돌아다니면서 동물 똥이나 죽은 동물에 꼬인다. 강가에 떠내려온 죽은 물고기 밑에도 꼬인다. 죽은 동물 밑에 들어가 땅을 파서 그대로 주검을 땅에 묻는다. 날씨가 추워지면 돌 밑에서 어른벌레로 겨울을 난다.

송장벌레과
송장벌레아과

좀송장벌레 *Thanatophilus sinuatus*

14mm 안팎 · 5~8월 · 모름

좀송장벌레는 온몸이 까맣다. 머리는 볼록하고, 더듬이는 어두운 밤색이다. 딱지날개는 길이가 짧아서 배 끝 세 마디가 드러난다. 몸 아래쪽에는 누런 털이 많이 나 있다. 어른벌레는 썩은 물질이나 죽은 동물에 꼬인다. 쓰레기 더미에서도 볼 수 있다.

송장벌레과
송장벌레아과

우단송장벌레 *Oiceoptoma thoracicum*

11~16mm · 6~8월 · 모름

우단송장벌레는 몸이 까맣지만 앞가슴등판은 빨갛다. 앞가슴등판 가운데에 까만 무늬가 있지만, 없는 종도 많아서 대모송장벌레와 생김새가 닮았다. 딱지날개 양쪽에는 세로로 솟은 줄이 3개씩 있다. 딱지날개 앞쪽 가장자리에 있는 세로줄은 짧고 작다. 어른벌레는 높은 산에서 산다. 짐승 똥이나 썩은 물질, 죽은 동물에 꼬인다.

송장벌레과
송장벌레아과

네눈박이송장벌레 *Dendroxena sexcarinata*

10~15mm · 4~10월 · 어른벌레

네눈박이송장벌레는 이름처럼 딱지날개에 까만 점이 네 개 있다. 앞가슴등판 가운데에도 까만 무늬가 있다. 낮은 산에서 볼 수 있다. 다른 송장벌레와 달리 낮에 이 나무 저 나무 숲 속을 날아다니다가 나뭇잎 위에 있는 나비나 나방 애벌레를 잡아먹는다. 날이 추워지면 나무껍질이나 가랑잎 밑에 들어가 어른벌레로 겨울을 난다.

송장벌레과
송장벌레아과

넓적송장벌레 *Silpha perforata*

15~20mm · 6~8월 · 어른벌레

넓적송장벌레는 큰넓적송장벌레와 닮았다. 넓적송장벌레는 등이 더 높고 겉이 더 우툴두툴하다. 큰넓적송장벌레는 몸이 더 크고 딱지날개 바깥쪽에 나 있는 세로줄이 짧다. 넓적송장벌레는 제법 높은 산에서 산다. 썩은 동물에 꼬여 갉아 먹는다. 뒷날개가 없어 날지 못한다. 짝짓기를 마친 암컷은 흙 속에 알을 낳는다. 알에서 나온 애벌레도 썩은 동물을 먹는다. 한 해에 한 번 날개돋이한다.

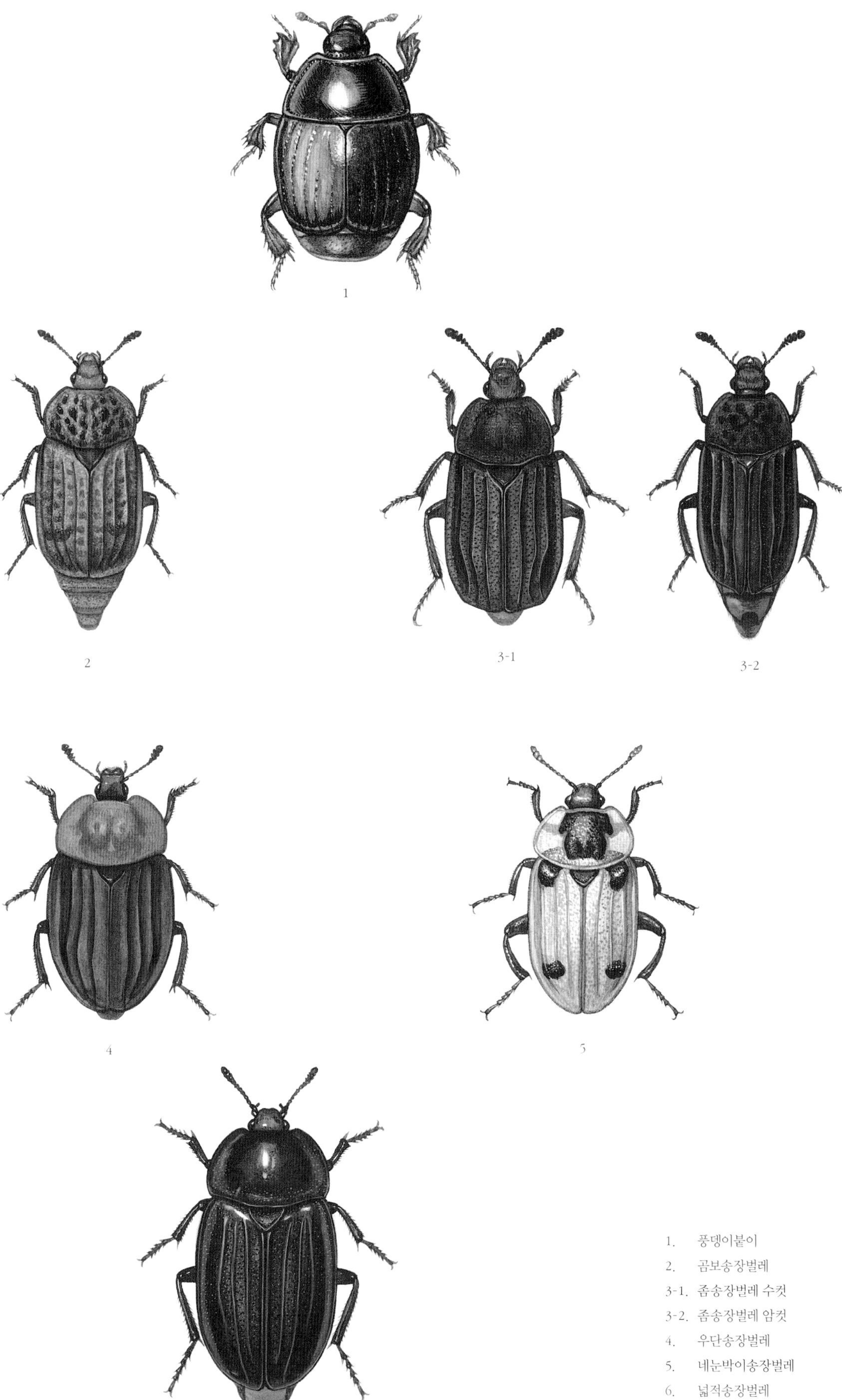

1. 풍뎅이붙이
2. 곰보송장벌레
3-1. 좀송장벌레 수컷
3-2. 좀송장벌레 암컷
4. 우단송장벌레
5. 네눈박이송장벌레
6. 넓적송장벌레

송장벌레과
송장벌레아과

큰넓적송장벌레 *Necrophila jakowlewi jakowlewi*

12~23mm · 5~8월 · 어른벌레

큰넓적송장벌레는 이름처럼 몸이 넓적하다. 딱지날개는 푸른빛이 도는 검은색이다. 딱지날개 양쪽에 세로 줄이 네 개씩 있는데, 안쪽에 있는 두 줄은 날개 끝까지 뻗고 바깥쪽 줄은 짧다. 산이나 들판에서 흔하게 볼 수 있다. 낮에는 가랑잎 밑에 숨어 있다가 밤에 나와 돌아다니다가 지렁이나 개구리, 쥐 같은 작은 동물 주검에 많이 꼬인다. 밤에 불빛에도 날아온다. 어두운 숲속에서는 낮에도 나와 돌아다닌다. 겨울이 되면 썩은 나무나 흙 속에 들어가 겨울잠을 잔다. 이른 봄에 나와 짝짓기를 하고 알을 낳는다. 여름에 어른벌레가 나온다.

송장벌레과
송장벌레아과

대모송장벌레 *Necrophila brunneicollis brunneicollis*

20mm 안팎 · 6~9월 · 어른벌레

대모송장벌레는 머리와 딱지날개는 까만데, 앞가슴등판만 붉다. 낮은 산에서 볼 수 있다. 낮에도 가끔 날아다니지만, 거의 밤에 나와 돌아다니면서 죽은 동물에 꼬인다. 썩은 냄새가 풍기는 노란망태버섯에도 몰려들어 버섯을 갉아 먹는다. 짝짓기를 마친 암컷은 죽은 동물에 산란관을 꽂고 알을 낳는다. 알에서 나온 애벌레는 죽은 동물을 파먹고 살다가 다 자라면 땅속이나 죽은 동물 속에서 번데기가 된다. 어른벌레로 나무 껍질 속이나 땅속에서 겨울을 난다.

송장벌레과
송장벌레아과

큰수중다리송장벌레 *Necrodes littoralis*

15~25mm · 6~8월 · 어른벌레

큰수중다리송장벌레는 온몸이 푸르스름한 검은색이다. 수컷은 뒷다리 허벅지마디가 아주 굵고, 종아리마디는 활처럼 안쪽으로 휘어서 암컷과 다르다. 수중다리는 다리가 부어올랐다는 뜻이다. 수컷 뒷다리가 굵어서 붙은 이름이다. 더듬이 끝 세 마디가 누런 밤색이다. 죽은 동물에 꼬이고, 그 속에 알을 낳는다. 밤에 불빛으로 날아오기도 하고 가끔 구더기가 있는 뒷간에도 온다. 애벌레도 썩은 고기를 먹는다.

송장벌레과
송장벌레아과

수중다리송장벌레 *Necrodes nigricornis*

15~20mm · 5~9월 · 모름

수중다리송장벌레는 큰수중다리송장벌레와 닮았다. 큰수중다리송장벌레는 더듬이 끝 세 마디가 누런 밤색이어서 다르다. 수중다리송장벌레 암컷은 딱지날개가 배보다 길고 끝이 뾰족하다. 수컷은 뒷다리 허벅지마디 안쪽에 가시처럼 생긴 돌기가 있다. 큰수중다리송장벌레처럼 죽은 동물에 꼬인다.

송장벌레과
곤봉송장벌레아과

꼬마검정송장벌레 *Ptomascopus morio*

8~15mm · 6~9월 · 어른벌레

꼬마검정송장벌레는 딱지날개가 아주 짧아서 배가 반쯤 드러난다. 더듬이 네 번째 마디부터 끝까지 곤봉처럼 부풀었다. 숲 가장자리나 골짜기에서 산다. 다른 송장벌레와 사는 모습이 닮았다. 죽은 동물에 꼬여 주검을 땅에 파묻는다. 9~10월에도 산길 둘레 돌 위에서 자주 보인다. 겨울이 되면 흙 속에 들어가 어른벌레로 겨울을 난다. 무늬꼬마송장벌레는 꼬마검정송장벌레와 닮았지만 딱지날개에 빨간 무늬가 있다.

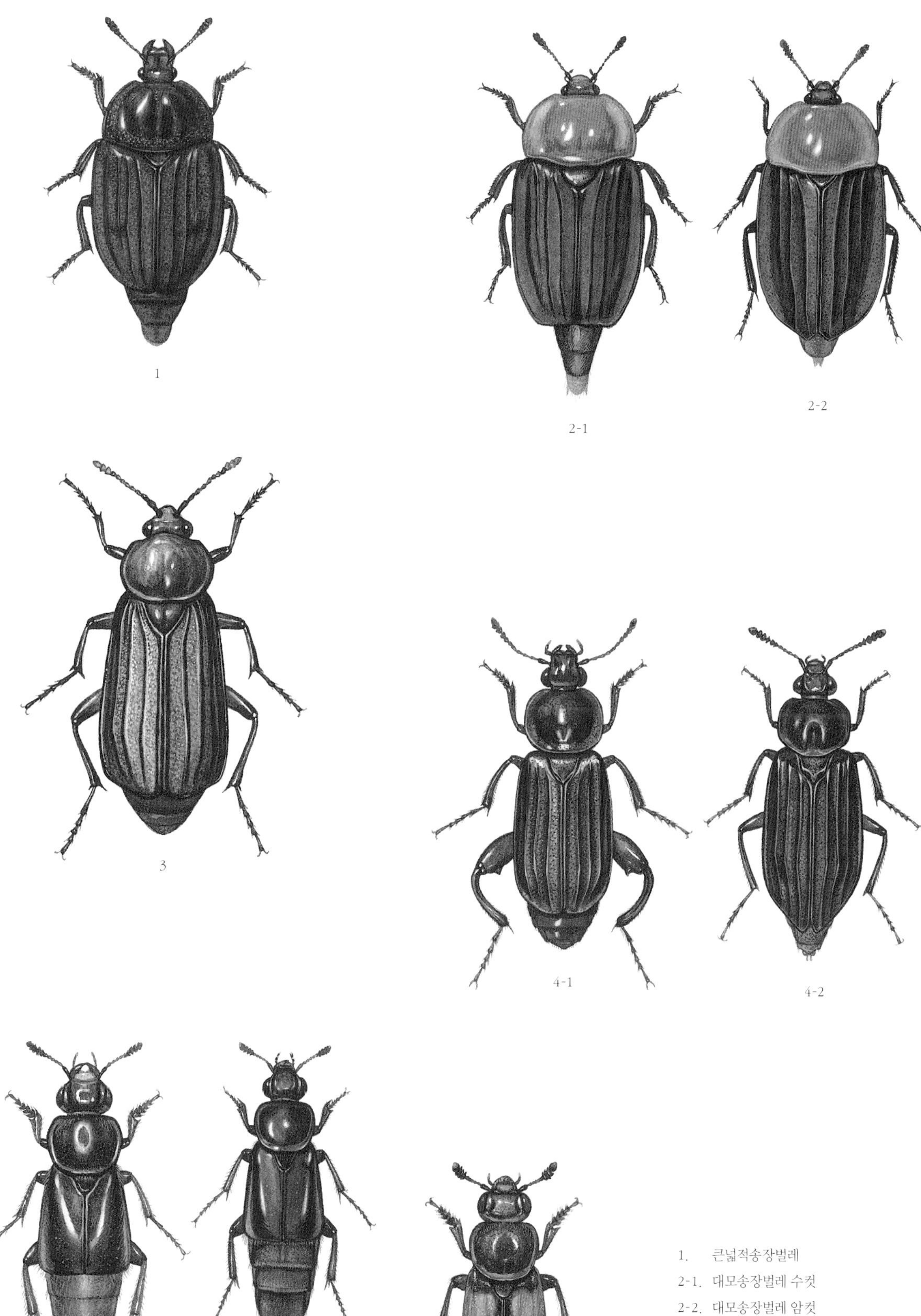

1. 큰넓적송장벌레
2-1. 대모송장벌레 수컷
2-2. 대모송장벌레 암컷
3. 큰수중다리송장벌레
4-1. 수중다리송장벌레 수컷
4-2. 수중다리송장벌레 암컷
5-1. 꼬마검정송장벌레 수컷
5-2. 꼬마검정송장벌레 암컷
5-3. 무늬꼬마검정송장벌레 *Ptomascopus plagiatus*

송장벌레과
곤봉송장벌레아과

작은송장벌레 *Nicrophorus basalis*

20mm 안팎 · 7월쯤 · 모름

작은송장벌레는 머리가 까맣고 정수리에 빨간 무늬가 있다. 앞가슴등판도 까맣다. 딱지날개에는 불그스름한 무늬가 나 있다. 배 아래쪽에는 누런 털이 잔뜩 나 있다. 더듬이 끝 세 마디는 곤봉처럼 볼록하고 주황색이다.

송장벌레과
곤봉송장벌레아과

검정송장벌레 *Nicrophorus concolor*

25~40mm · 5~10월 · 어른벌레

검정송장벌레는 송장벌레 무리 가운데 몸집이 가장 크다. 이름처럼 온몸은 까맣고 반짝거린다. 더듬이 마지막 세 마디는 누렇다. 딱지날개에는 불룩 튀어나온 선이 두 줄 있다. 뒷다리 종아리마디가 안쪽으로 심하게 굽었다. 산에서 흔하게 볼 수 있다. 봄부터 가을까지 볼 수 있지만 6~8월 여름에 많이 보인다. 밤에 나와 땅 위를 기어 다니면서 여러 죽은 동물에 꼬인다. 불빛에 날아오기도 한다. 건드리면 다리를 쭉 뻗고 입에서 거품을 내며 고약한 냄새를 풍기고 죽은 척한다. 썩은 곳에서 많이 지내기 때문에 몸에 진드기가 많이 붙어 있다. 죽은 동물을 땅속에 묻고 그곳에서 짝짓기를 한 뒤 알을 낳는다. 알에서 나온 애벌레는 죽은 동물을 먹고 자란다. 어른벌레가 되면 땅속에서 겨울을 난다.

송장벌레과
곤봉송장벌레아과

긴무늬송장벌레 *Nicrophorus investigator*

15~22mm · 4~9월 · 어른벌레

긴무늬송장벌레는 머리와 앞가슴등판은 까맣고, 딱지날개에는 주홍빛 무늬가 나 있다. 더듬이 끝은 볼록하고 주홍색이다. 어른벌레는 산에서 7월에 많이 보인다. 죽은 동물에 꼬인다.

송장벌레과
곤봉송장벌레아과

송장벌레 *Nicrophorus japonicus*

23mm 안팎 · 6~9월 · 모름

송장벌레는 딱지날개가 까맣고 빨간 무늬 4개가 물결처럼 나 있다. 딱지날개가 짧아서 배 끝 세 마디는 밖으로 드러난다. 들판에서 봄부터 가을까지 볼 수 있다. 어른벌레는 밤에 나와 돌아다니며 다른 송장벌레처럼 죽은 동물에 꼬인다. 죽은 동물을 갉아 먹고, 거기에 알을 낳는다. 알에서 나온 애벌레도 죽은 동물을 파먹고 산다.

송장벌레과
곤봉송장벌레아과

이마무늬송장벌레 *Nicrophorus maculifrons*

15~25mm · 4~9월 · 어른벌레

이마무늬송장벌레는 머리에 작고 빨간 점이 있다. 딱지날개 앞쪽과 끝에도 불그스름한 무늬가 있다. 불그스름한 무늬 안에는 까만 점무늬가 한 개씩 있다. 딱지날개가 짧아서 배 끝 세 마디가 드러난다. 낮은 산과 들에서 보인다. 논밭에서도 보인다. 밤에 나와 죽은 동물에 날아온다. 불빛에도 날아온다. 봄에 죽은 동물에서 만난 암컷과 수컷이 짝짓기를 한 뒤, 밑에 구멍을 파서 죽은 동물을 묻고 알을 낳는다. 알에서 나온 애벌레는 죽은 동물을 뜯어 먹는다. 어른벌레가 되어서 겨울을 난다.

송장벌레과
곤봉송장벌레아과

작은무늬송장벌레 *Nicrophorus quadraticollis*

22mm 안팎 · 4~9월 · 어른벌레

작은무늬송장벌레는 머리가 까맣고 볼록하다. 더듬이는 까맣고 마지막 세 마디만 붉은 밤색이다. 딱지날개는 까맣고 날개 위와 아래에 빨간 무늬가 있다. 아래쪽 빨간 무늬 안에는 까만 점무늬가 있다. 날개가 짧아서 배 끝 세 마디가 드러난다. 어른벌레는 산에 살면서 죽은 동물에 꼬인다.

1. 작은송장벌레
2-1. 검정송장벌레
2-2. 검정송장벌레 날개 편 모습
3. 긴무늬송장벌레
4-1. 송장벌레
4-2. 송장벌레 애벌레
5-1. 이마무늬송장벌레 수컷
5-2. 이마무늬송장벌레 암컷
6. 작은무늬송장벌레

송장벌레과
곤봉송장벌레아과

넉점박이송장벌레 *Nicrophorus quadripunctatus*

15mm 안팎 · 4~9월 · 어른벌레

넉점박이송장벌레는 딱지날개에 커다란 주황색 무늬가 마주 나 있다. 이마무늬송장벌레와 아주 닮았는데, 넉점박이송장벌레는 딱지날개 앞쪽과 뒤쪽 누런 가로무늬 안에도 까만 점이 있어서 다르다. 우리나라에는 무늬송장벌레 무리가 10종쯤 사는데, 생김새나 크기가 모두 엇비슷하다. 더듬이와 이마에 난 무늬, 딱지날개 무늬를 잘 살펴서 서로 구별을 한다. 넉점박이송장벌레는 낮은 산부터 높은 산까지 볼 수 있다. 흔해서 쉽게 볼 수 있다. 밤에 나오지만 때때로 낮에도 보인다. 다른 송장벌레와 사는 모습이 닮았다. 죽은 동물에 꼬이고, 알맞은 주검을 찾으면 땅속에 파묻은 뒤 짝짓기를 하고 알을 낳는다. 알에서 나온 애벌레는 죽은 동물을 파먹고 산다.

반날개과
바수염반날개아과

홍딱지바수염반날개 *Aleochara curtula*

5~9mm · 4~10월 · 모름

딱지날개가 불그스름해서 '홍딱지바수염반날개'다. 몸과 더듬이는 까맣고, 다리는 검은 밤색이다. 기온이 높고 비가 적게 오는 여름에 많이 보인다. 숲에서 살지만 파리가 꼬이는 음식물 쓰레기 더미에도 날아오고, 불빛을 보고 집으로도 들어온다. 날기도 잘 한다.

반날개과
바수염반날개아과

바수염반날개 *Aleochara lata*

10mm 안팎 · 5~7월 · 모름

바수염반날개는 온몸이 까맣고, 더듬이는 염주 알을 꿰어 놓은 것 같이 생겼다. 바수염반날개아과 무리는 온 세계에 400종쯤 산다고 한다. 대부분 땅에서 살지만 몇몇 종은 바닷가에 자라는 바다나물 밑에서도 산다. 이 무리 어른벌레는 파리 알과 애벌레를 잡아먹고, 애벌레는 파리 번데기에 더부살이한다. 그래서 파리가 알을 낳는 썩은 식물이나 죽은 동물, 똥, 바다풀 따위에서 볼 수 있다.

반날개과
투구반날개아과

투구반날개 *Osorius taurus taurus*

8mm 안팎 · 3~10월 · 어른벌레

투구반날개는 머리 앞에 가시처럼 튀어나온 돌기가 있다. 머리와 앞가슴등판, 딱지날개에 점무늬가 잔뜩 있다. 산속에 있는 썩은 나무껍질 밑에서 볼 수 있다. 썩은 나무속에서 어른벌레로 겨울을 난다.

반날개과
입치레반날개아과

극동입치레반날개 *Oxyporus germanus*

10mm 안팎 · 2~9월 · 모름

극동입치레반날개는 온몸이 까맣게 번쩍거린다. 딱지날개에는 누런 무늬가 있다. 옆구리와 다리는 노랗다. 더듬이는 구슬을 꿴 것처럼 동글동글하다. 큰턱은 낫처럼 휘어지고 날카롭다. 어른벌레는 버섯을 먹고 산다. 버섯 속에 구멍을 뚫고 들어가 여러 마리가 함께 지낸다. 버섯을 파먹은 구멍 둘레에 버섯 부스러기나 똥이 보인다. 위험을 느끼면 배 꽁무니를 하늘로 한껏 치켜 올리며 겁을 준다. 짝짓기를 마친 암컷은 버섯에 알을 낳아 붙인다. 알을 낳은 지 몇 시간 안 되서 애벌레가 나온다. 애벌레도 버섯을 파먹고 큰다. 두 번 허물을 벗고 땅속에 들어가 번데기가 된다. 일주일쯤 지나면 어른벌레가 된다.

반날개과
입치레반날개아과

큰입치레반날개 *Oxyporus procerus*

8~9mm · 모름 · 모름

큰입치레반날개는 머리와 앞가슴등판, 딱지날개가 붉은 밤색이다. 다리와 배는 까맣다. 큰턱은 아주 크고 날카롭다.

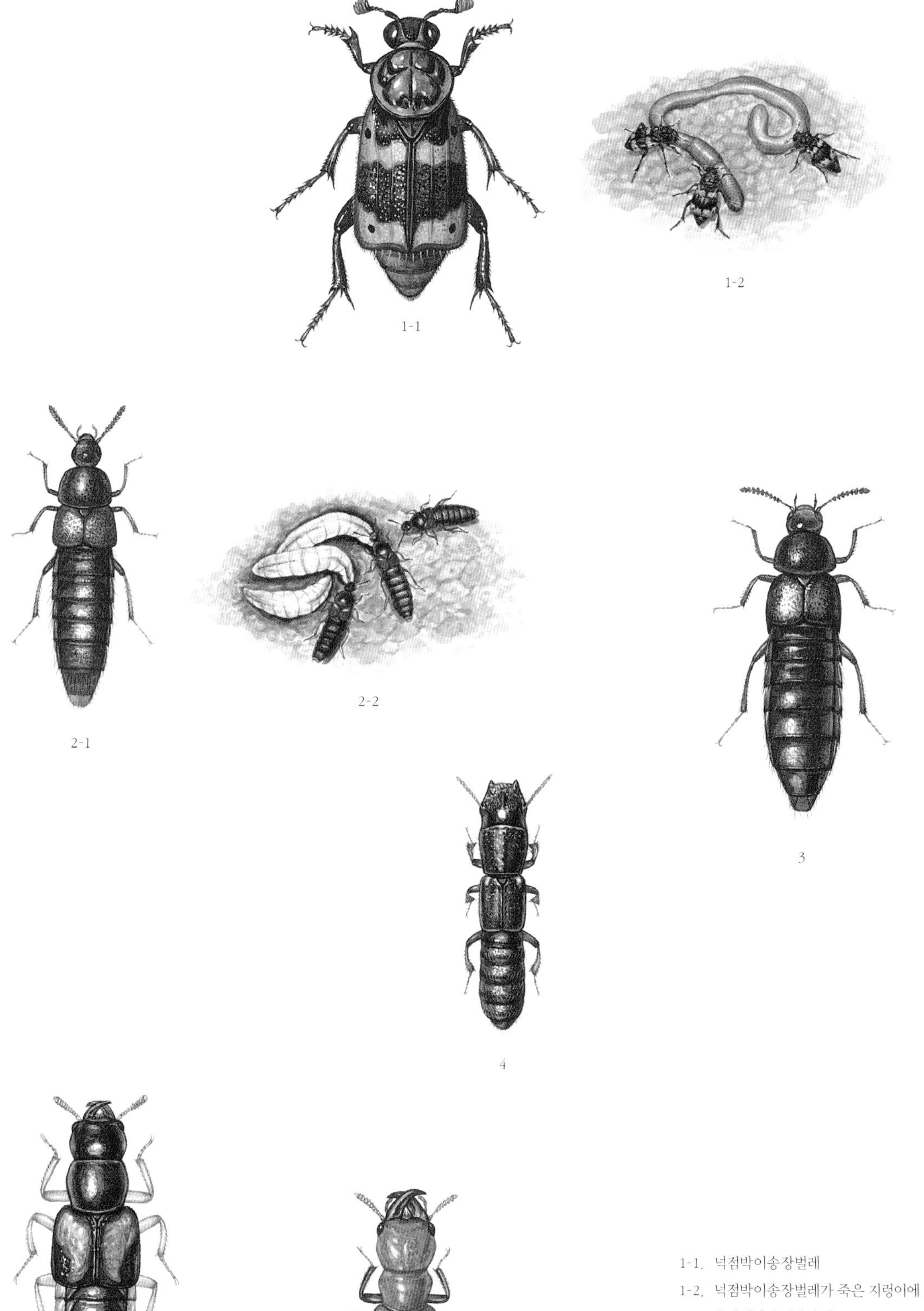

1-1. 넉점박이송장벌레
1-2. 넉점박이송장벌레가 죽은 지렁이에 꼬였다.
2-1. 홍딱지바수염반날개
2-2. 홍딱지바수염반날개가 구더기를 잡아먹고 있다.
3. 바수염반날개
4. 투구반날개
5. 극동입치레반날개
6. 큰입치레반날개

반날개과
개미반날개아과

곳체개미반날개 *Paederus gottschei* 10mm 안팎 5~8월 모름

곳체개미반날개는 딱지날개가 아주 짧아서 겨우 배 첫 마디 앞쪽만 덮는다. 배는 끝 두 마디를 빼고 빨갛다. '우리개미반날개'라고도 한다. 언뜻 보면 꼭 개미처럼 생겼다. 온 나라 산에서 볼 수 있다. 산속 풀잎 위를 개미처럼 바쁘게 돌아다니며 작은 벌레를 잡아먹는다. 곳체개미반날개는 몸에서 '페데린'이라는 독물이 나온다. 사람이 물리거나 맨손으로 잡으면 살갗에 물집이 잡힐 수 있다.

반날개과
개미반날개아과

청딱지개미반날개 *Paederus fuscipes fuscipes* 7mm 안팎 3~11월 모름

청딱지개미반날개는 이름처럼 딱지날개가 파랗다. 앞가슴등판과 배 마지막 두 마디를 빼고는 주황색이다. 곳체개미반날개와 닮았다. 청딱지개미반날개는 딱지날개가 훨씬 길고, 양옆이 나란하다. 곳체개미반날개는 배에 파란 무늬가 있다. 곳체개미반날개처럼 건들면 몸에서 '페데린'이라는 독물이 나와 사람이 물리거나 맨손으로 잡으면 살갗에 물집이 잡힐 수 있다. 여름밤 불빛에 끌려 집 안으로 들어와 사람들에게 불에 덴 듯한 상처를 입혀 '화상벌레'로도 알려졌다.

반날개과
개미사돈아과

개미사돈 *Poroderus armatus* 2mm 안팎 4월쯤부터 모름

개미사돈은 개미집에 더불어 산다. 개미가 떨구는 먹이를 주워 먹고 살며 가끔 더부살이하는 개미를 잡아먹기도 한다. 개미가 뿜어내는 페로몬을 몸에 바르기 때문에 개미가 눈치를 못 채고 함께 산다. 개미사돈 무리는 온 세계에 3,500종쯤 사는데, 우리나라에는 50종쯤이 산다. 딱지날개는 짧고 작으며 끄트머리는 반듯하게 잘린 듯하다.

반날개과
반날개아과

왕붉은딱지반날개 *Agelosus carinatus carinatus* 20mm 안팎 모름 모름

왕붉은딱지반날개는 몸은 거무스름한데, 딱지날개는 불그스름하다. 겹눈과 다리는 붉은 밤색이다.

반날개과
반날개아과

왕반날개 *Creophilus maxillosus maxillosus* 15mm 안팎 5~8월 모름

왕반날개는 반날개 무리 가운데 몸집이 제법 크다. 딱지날개에는 밤색 털이 나 있다. 딱지날개에 점무늬가 많이 나 있고, 가운데에 큰 점무늬 세 개가 세로로 줄지어 나 있다. 죽은 동물이나 똥, 쓰레기 더미에서 보이고 바닷가에서도 볼 수 있다. 낮에 나와 돌아다니면서 죽은 동물이나 똥, 쓰레기 더미에 꼬이는 작은 벌레를 잡아먹고 산다.

반날개과
반날개아과

좀반날개 *Philonthus japonicus* 11mm 안팎 4~9월 모름

좀반날개는 온몸이 까맣게 반짝거린다. 앞가슴등판은 앞쪽 폭이 더 좁은 사각꼴이다. 딱지날개는 구릿빛을 띠고 반짝인다. 또 작은 홈이 파여 있고, 까만 털이 빽빽하게 나 있다. 배에도 털이 나 있다. 죽은 동물이나 쓰레기 더미에서 볼 수 있다.

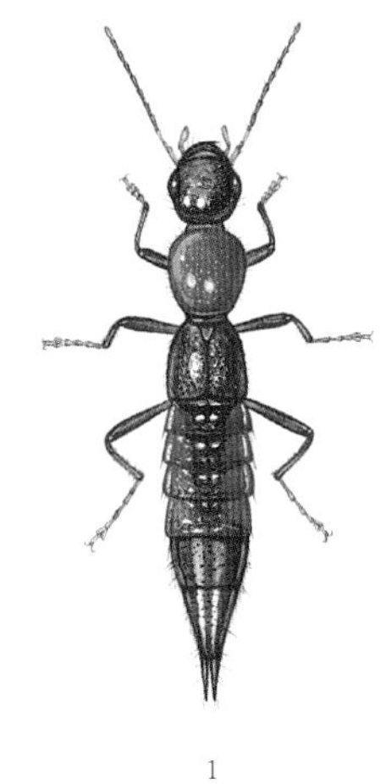
1

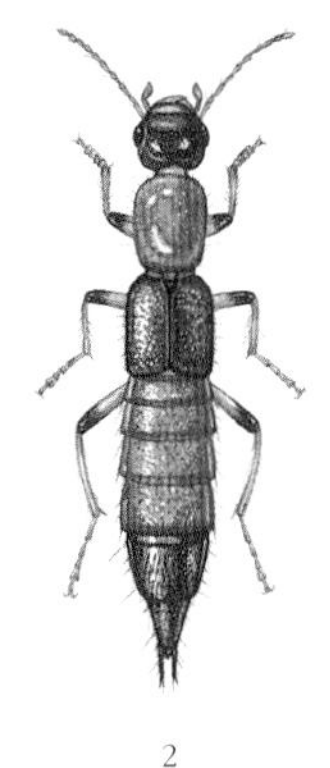
2

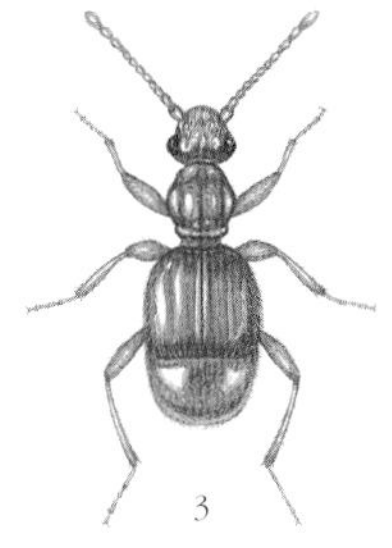
3

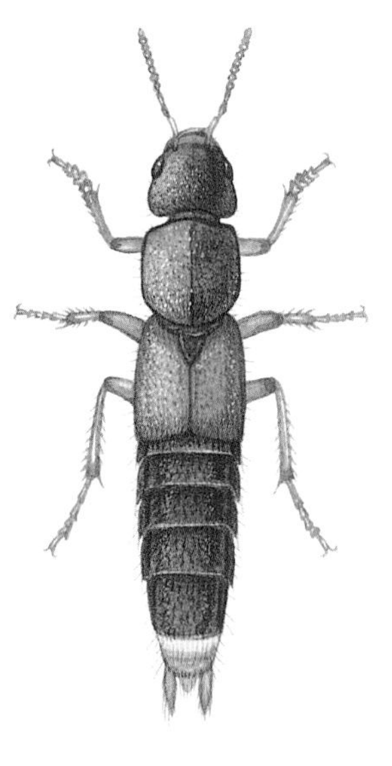
4

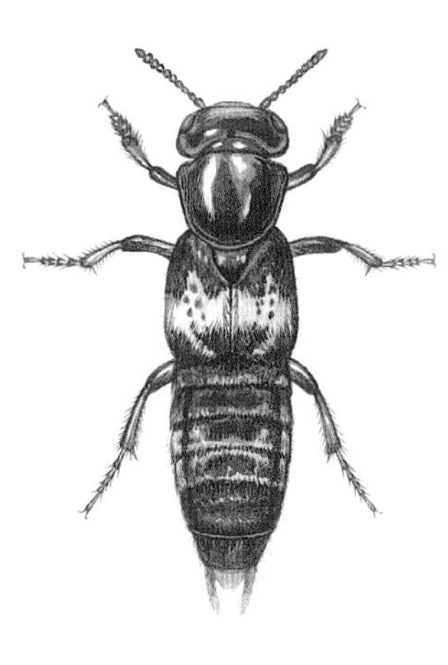
5

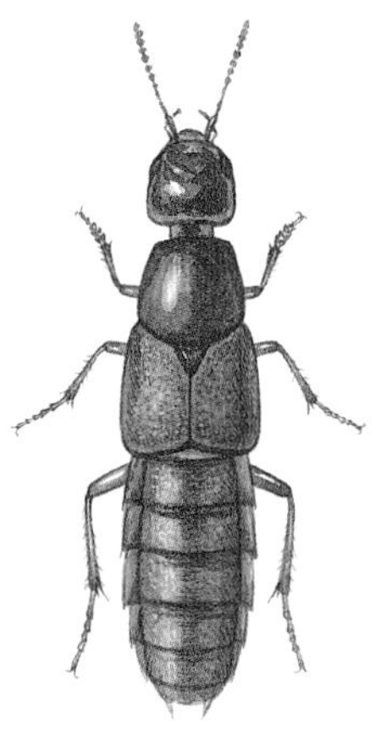
6

1. 곳체개미반날개
2. 청딱지개미반날개
3. 개미사돈
4. 왕붉은딱지반날개
5. 왕반날개
6. 좀반날개

반날개과
반날개아과

해변반날개 *Phucobius simulator*

10~12mm 5~10월 모름

해변반날개는 온몸이 까만데, 딱지날개는 불그스름하다. 이름처럼 바닷가에서 볼 수 있다. 바닷가에 떠밀려 온 바다나물 밑에서 자주 보인다.

반날개과
딱부리반날개아과

구리딱부리반날개 *Stenus mercator*

6mm 안팎 모름 모름

구리딱부리반날개는 온몸이 까맣고 더듬이와 다리는 누렇다. 냇가 둘레에 수북이 자란 풀숲에서 작은 벌레를 잡아먹고 산다.

알꽃벼룩과

알꽃벼룩 *Scirtes japonicus*

3~4mm 4~8월 모름

알꽃벼룩 몸은 누런 밤색으로 둥글다. 머리는 작고 겹눈은 까맣다. 앞가슴등판에는 작은 점무늬가 잔뜩 나 있고 짧은 털이 나 있다. 가장자리는 둥글다. 딱지날개는 양쪽 가장자리가 나란하다가 끄트머리는 둥글다. 뒷다리 허벅지마디가 크고 통통하다. 우리나라에는 알꽃벼룩과에 2종이 산다. 산에서 볼 수 있다. 벼룩처럼 잘 뛰어오른다. 밤에 불빛으로 날아온다. 애벌레는 물속에서 산다.

사슴벌레과

원표애보라사슴벌레 *Platycerus hongwonpyoi hongwonpyoi*

8~11mm 4~6월 애벌레, 어른벌레

원표애보라사슴벌레 수컷은 푸르스름한 풀빛을 띠고, 암컷은 노르스름한 풀빛을 띤다. 중부와 북부 지방 높은 산에서 많이 산다. 봄이 되면 낮에 여러 가지 참나무 새순에 모여 상처를 내고 진을 핥아 먹는다. 봄철에만 짧게 보인다. 짝짓기를 마친 암컷은 손가락 굵기쯤 되는 썩은 나뭇가지에 구멍을 뚫고 알을 낳는다. 애벌레는 썩은 나무속에서 두 해쯤 살다가 가을에 번데기가 되어 어른벌레가 된다. 어른벌레는 그대로 나무속에서 겨울을 난다.

사슴벌레과

길쭉꼬마사슴벌레 *Figulus punctatus*

8~12mm 7월쯤 어른벌레

길쭉꼬마사슴벌레는 몸이 까맣게 반짝거린다. 큰턱 안쪽에 돌기가 한 개 나 있다. 앞가슴등판은 거의 네모나다. 딱지날개에는 세로로 파인 줄이 나 있다. 제주도에서 볼 수 있다. 뿔꼬마사슴벌레나 큰꼬마사슴벌레처럼 사슴벌레 무리 가운데 보기 드문 육식성으로 다른 곤충 애벌레뿐만 아니라 같은 종 애벌레까지 잡아먹는다.

사슴벌레과

큰꼬마사슴벌레 *Figulus binodulus*

9~16mm 모름 어른벌레

큰꼬마사슴벌레는 길쭉꼬마사슴벌레와 닮았는데, 큰꼬마사슴벌레 몸이 더 반짝거리고 크다. 큰턱은 짧고 두껍다. 머리방패 가운데가 깊게 파여서 둘로 나뉜다. 앞가슴등판은 거의 네모나다. 딱지날개에는 세로로 파인 줄이 나 있다. 남해 섬에서 산다. 뿔꼬마사슴벌레처럼 썩은 팽나무나 참나무 속에 살면서 다른 벌레 애벌레를 잡아먹는다. 봄부터 여름 들머리에 짝짓기를 한 뒤 알을 낳는다. 애벌레에서 번데기가 된 뒤 가을 무렵 어른벌레로 날개돋이한다.

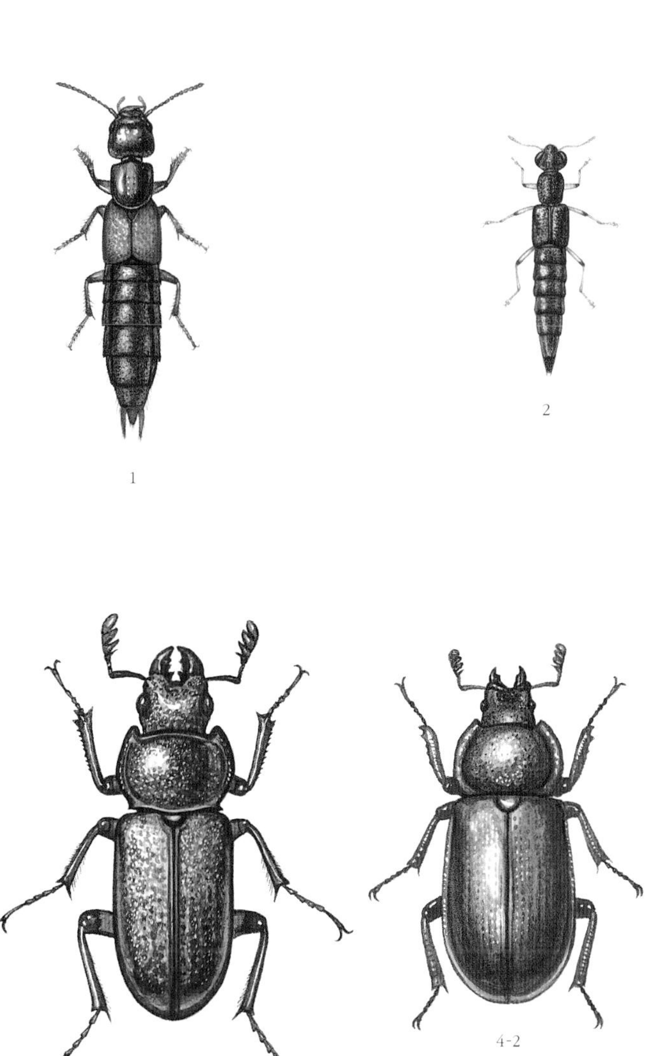

1

2

4-1

4-2

4-3

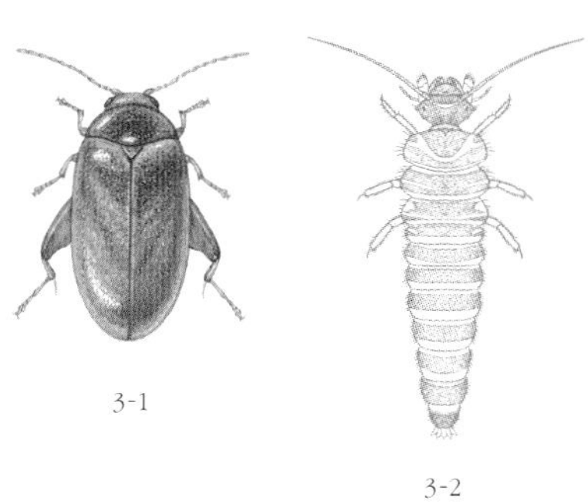

3-1

3-2

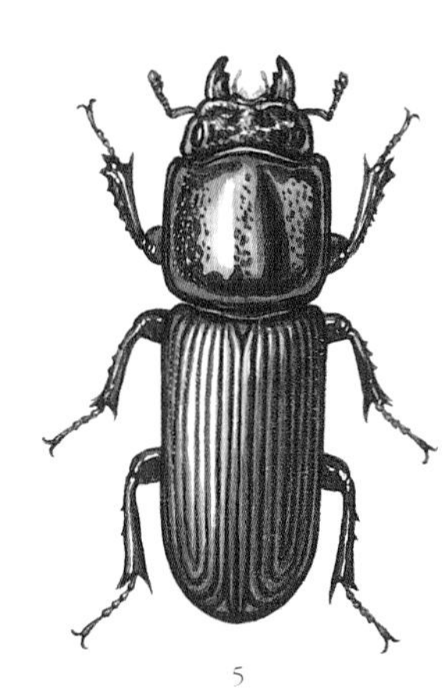

5

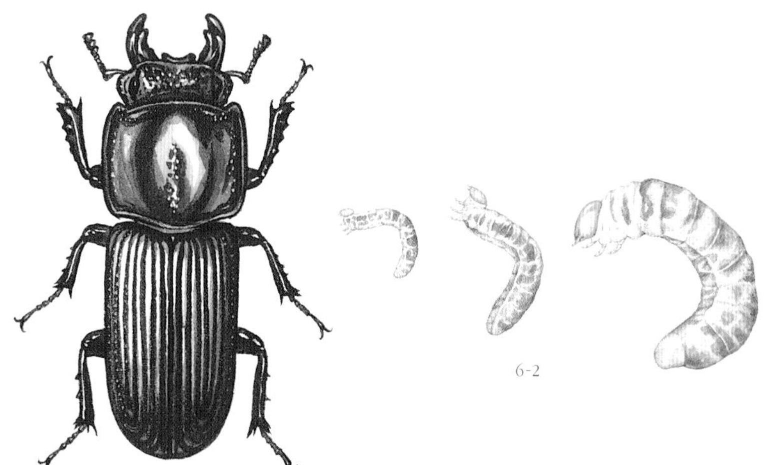

6-1

6-2

1. 해변반날개
2. 구리딱부리반날개

3-1. 알꽃벼룩
3-2. 알꽃벼룩과 애벌레
4-1. 원표애보라사슴벌레 수컷
4-2. 원표애보라사슴벌레 암컷
4-3. 원표애보라사슴벌레 3령 애벌레

5. 길쭉꼬마사슴벌레

6-1. 큰꼬마사슴벌레
6-2. 큰꼬마사슴벌레 1, 2, 3령 애벌레

사슴벌레과

참넓적사슴벌레 *Dorcus consentaneus consentaneus*

수컷 23~40mm, 암컷 20~23mm 5~9월 애벌레, 어른벌레

참넓적사슴벌레는 넓적사슴벌레와 닮았다. 큰턱이 바깥쪽으로 둥글게 휘고, 뒷다리 종아리마디에 톱니처럼 생긴 돌기가 없으면 참넓적사슴벌레다. 중부와 남부 지방에서 볼 수 있다. 낮은 산이나 들판에 있는 참나무 숲이나 시골 마을, 과수원에서 보인다. 넓적사슴벌레보다 보기 어렵다. 밤에 나와 참나무에 흐르는 나뭇진에 모인다. 짝짓기를 마친 암컷은 썩은 나무에 알을 낳는다.

사슴벌레과

왕사슴벌레 *Dorcus hopei binodulosus*

수컷 25~70mm, 암컷 26~44mm 6~9월 애벌레, 어른벌레

왕사슴벌레는 이름처럼 몸집이 큼직하다. 수컷 큰턱은 안쪽으로 둥글게 휘어져 크고, 위쪽에 뾰족한 돌기가 하나 있다. 암컷은 큰턱이 작고, 수컷처럼 끝이 두 갈래로 갈라졌다. 딱지날개에 세로로 줄이 나 있다. 앞가슴등판 양쪽이 젖꼭지처럼 가운데가 튀어 나온다. 우리나라 중부 지방 아래쪽에서 드물게 볼 수 있다. 시골 마을 둘레 산에서도 가끔 보인다. 낮에는 나무 구멍 속에 숨어 있다가 밤에 참나무에 날아와 나뭇진을 핥아 먹는다. 어른벌레로 겨울을 나고, 2~3년을 산다. 예전에는 사슴벌레를 키우는 사람들 사이에서 몸길이가 80mm 넘는 수컷 왕사슴벌레를 '블랙 다이아몬드'라고도 했다.

사슴벌레과

털보왕사슴벌레 *Dorcus carinulatus koreanus*

14~26mm 모름 애벌레, 어른벌레

털보왕사슴벌레는 이름처럼 온몸에 털이 나 있다. 온몸은 밤빛이다. 큰턱은 다른 사슴벌레보다 작다. 수컷 큰턱이 암컷보다 더 크다. 딱지날개에는 홈이 파여 줄을 이룬다. 2008년에 신종으로 발표되었다. 우리나라 전라남도 해남에서만 산다. 여름에 참나무에 흐르는 나뭇진에 모인다. 밤에 불빛으로 날아오기도 한다. 겨울이 되면 썩은 나무속에 들어가 애벌레나 어른벌레로 겨울을 난다.

사슴벌레과

애사슴벌레 *Dorcus rectus rectus*

수컷 15~32mm, 암컷 12~28mm 5~10월 애벌레, 어른벌레

애사슴벌레는 이름처럼 사슴벌레 가운데 몸집이 작다. 수컷은 큰턱이 가늘고 작고 안쪽에 돌기가 1개 있다. 암컷은 이마에 작은 돌기가 2개 나 있다. 어디서나 흔하게 볼 수 있다. 썩은 나무속이나 돌 밑에서 애벌레나 어른벌레로 겨울을 난다. 날씨가 따뜻해지면 밤에 나뭇진에 모여든다. 거기에서 만난 암컷과 수컷은 짝짓기를 하고 알을 낳는다. 불빛에 날아오기도 한다. 애벌레는 땅 위에 쓰러진 썩은 참나무나 오리나무, 팽나무 속에서 지낸다. 가을에 번데기가 되고 어른벌레가 되는 데 두 해 걸린다.

사슴벌레과

홍다리사슴벌레 *Dorcus rubrofemoratus rubrofemoratus*

수컷 25~50mm, 암컷 20~38mm 6~10월 애벌레, 어른벌레

홍다리사슴벌레는 암컷과 수컷 모두 허벅지마디가 빨갛다. 큰턱은 뿔처럼 앞쪽으로 길게 뻗고, 안쪽에 날카로운 돌기가 3~5개 나 있다. 산에 자라는 버드나무에서 많이 보인다. 버드나무에서 흘러나오는 나뭇진을 훑어 먹는다. 짝짓기를 마친 암컷은 썩은 참나무나 뽕나무, 팽나무 같은 나무에 알을 낳는다. 알에서 나온 애벌레는 허물을 벗고 자라다가 나무껍질 속에서 겨울을 난다. 가을에 나온 어른벌레로 겨울을 나기도 한다. 어른벌레로 한두 해 산다.

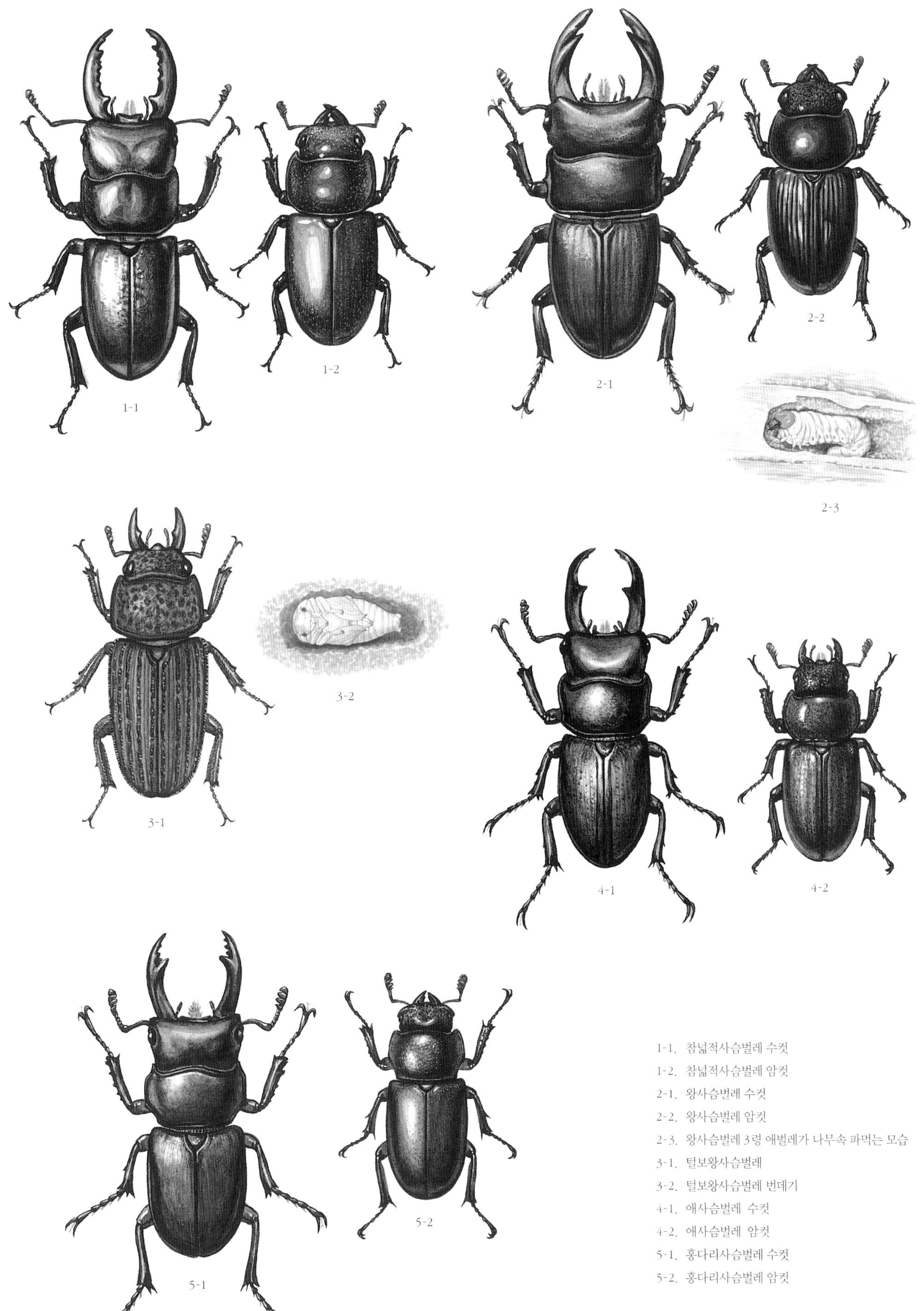

1-1. 참넓적사슴벌레 수컷
1-2. 참넓적사슴벌레 암컷
2-1. 왕사슴벌레 수컷
2-2. 왕사슴벌레 암컷
2-3. 왕사슴벌레 3령 애벌레가 나무속 파먹는 모습
3-1. 털보왕사슴벌레
3-2. 털보왕사슴벌레 번데기
4-1. 애사슴벌레 수컷
4-2. 애사슴벌레 암컷
5-1. 홍다리사슴벌레 수컷
5-2. 홍다리사슴벌레 암컷

사슴벌레과

넓적사슴벌레 *Dorcus titanus castanicolor*

수컷 20~87mm, 암컷 20~35mm · 5~9월 · 애벌레, 어른벌레

넓적사슴벌레는 이름처럼 몸이 넓적하고, 사슴벌레 무리 가운데 몸집이 가장 크다. 수컷 큰턱은 아주 길쭉한데, 반듯하게 뻗다가 끝이 갑자기 굽는다. 입 가까이에 굵은 돌기가 한 쌍 있고, 중간쯤에 작은 돌기가 여러 개 있다. 사슴벌레 가운데 가장 흔하다. 낮에는 썩은 참나무 속이나 땅속, 가랑잎 밑에 숨어 있다가 밤에 나와 나뭇진이나 떨어진 과일에 모인다. 수컷끼리 모이면 큰턱으로 심하게 싸운다. 겨울이 되면 어른벌레가 참나무 뿌리 밑으로 들어가 겨울을 난다. 어른벌레로 한두 해 산다.

사슴벌레과

꼬마넓적사슴벌레 *Aegus laevicollis subnitidus*

수컷 13~33mm, 암컷 14~27mm · 7~8월 · 애벌레, 어른벌레

꼬마넓적사슴벌레는 큰턱이 가늘고 동그랗게 안으로 구부러진다. 큰턱 아래쪽에 큰 돌기가 있다. 앞가슴등판 양쪽 가장자리가 톱니처럼 거칠다. 남해에 있는 섬에서 보인다. 우리나라 사슴벌레 애벌레 가운데 꼬마넓적사슴벌레 애벌레만 썩은 소나무를 먹는다. 나무가 완전히 썩어 흙처럼 부스러진 곳에서 지낸다. 썩은 소나무 톱밥을 빚어 번데기 방을 만들고 그 속에 들어가 번데기가 된다. 어른벌레는 밤에 나와 참나무에서 흐르는 나뭇진에 모여든다.

사슴벌레과

두점박이사슴벌레 *Prosopocoilus astacoides blanchardi*

수컷 47~60mm, 암컷 24mm 안팎 · 6~8월 · 애벌레, 어른벌레

두점박이사슴벌레는 앞가슴등판 가장자리에 까만 점이 2개 있다. 수컷 큰턱은 아주 길고 가늘며 아래쪽으로 살짝 굽는다. 큰턱 안쪽에는 크고 작은 뾰족한 돌기가 잔뜩 나 있다. 온몸은 누런 밤색이고, 가장자리에 까만 테두리가 있다. 제주도에만 사는 사슴벌레다. 짝짓기를 마친 암컷은 썩은 나무에 구멍을 파고 알을 낳는다. 알을 낳은 구멍은 나무 부스러기로 덮는다. 두 주쯤 지나면 알에서 애벌레가 나온다. 어른벌레는 낮에는 가랑잎 밑이나 땅속에서 쉬다가, 밤에 나와 나뭇진에 모이고, 불빛에 날아오기도 한다. 우리나라에서는 사는 곳이 제주도 몇몇 곳밖에 없어서 멸종위기종으로 정해 보호하고 있다.

사슴벌레과

톱사슴벌레 *Prosopocoilus inclinatus inclinatus*

수컷 23~45mm, 암컷 23~33mm · 6~9월 · 애벌레, 어른벌레, 번데기

톱사슴벌레는 큰턱이 크고 앞으로 길게 뻗으며 아래쪽으로 휘었다. 큰턱 안쪽에도 작은 이빨처럼 생긴 돌기가 톱니처럼 잔뜩 나 있다. 수컷은 큰턱이 크고 암컷은 아주 작다. 밤에 나와 상수리나무나 졸참나무에서 흘러나오는 나뭇진을 먹는다. 과일에 모여 단물을 핥아 먹기도 한다. 불빛을 보고 날아오기도 한다. 짝짓기를 마친 암컷은 나무둥치 밑을 파고 알을 하나씩 낳는다. 알을 낳으면 흙으로 덮는다. 2주일쯤 지나면 알에서 애벌레가 나온다. 애벌레는 썩은 나무속을 파먹으며 세 번 허물을 벗고 큰다. 알에서 어른벌레가 되는데 2~3년쯤 걸리는 것 같다. 봄에 번데기가 된 것은 20일쯤 지나면 어른벌레가 된다. 가을에 번데기가 된 것은 이듬해 봄에 어른벌레가 되어 나온다.

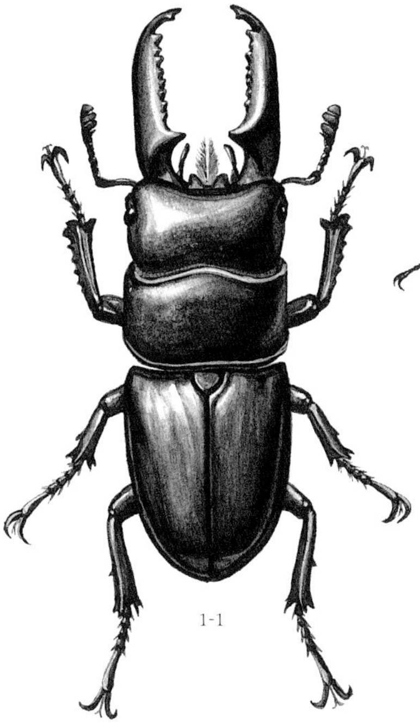

1-1

1-2

1-3

2-1

2-2

3-1

3-2

3-3

4-1

4-2

4-3

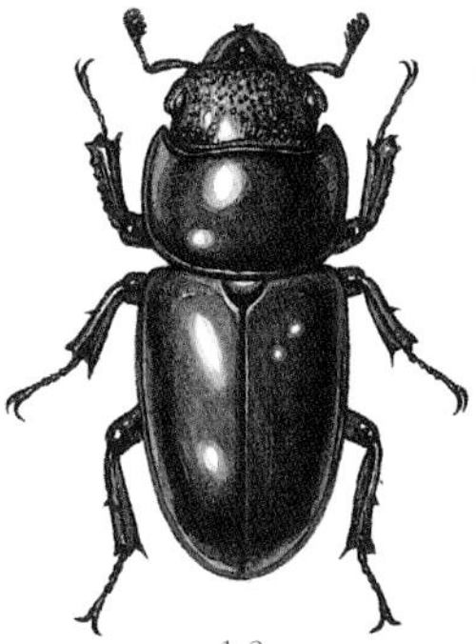

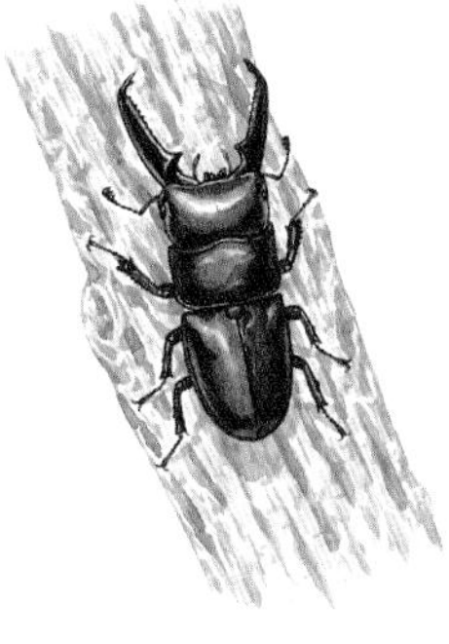

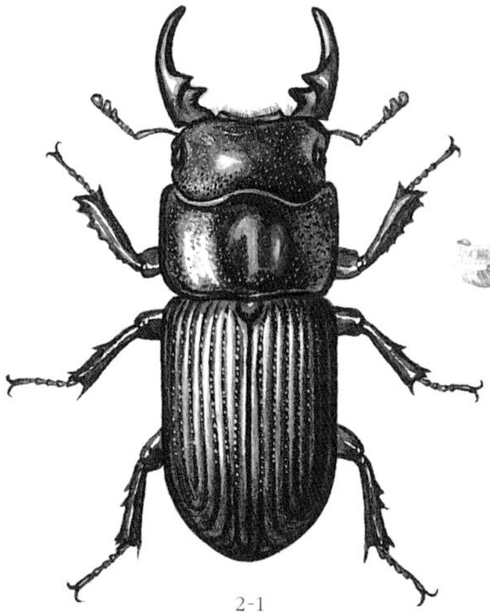

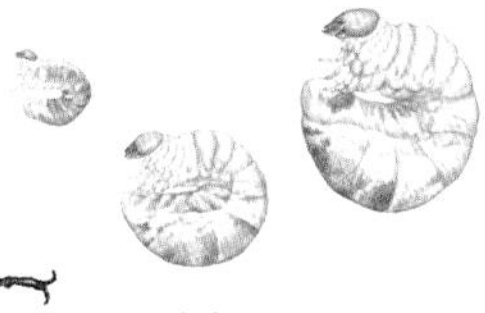

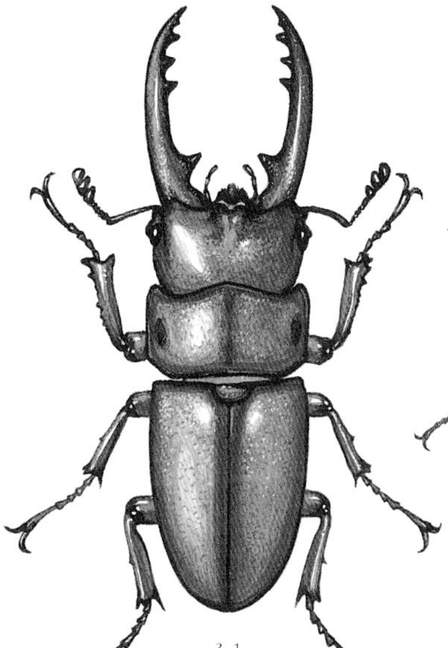

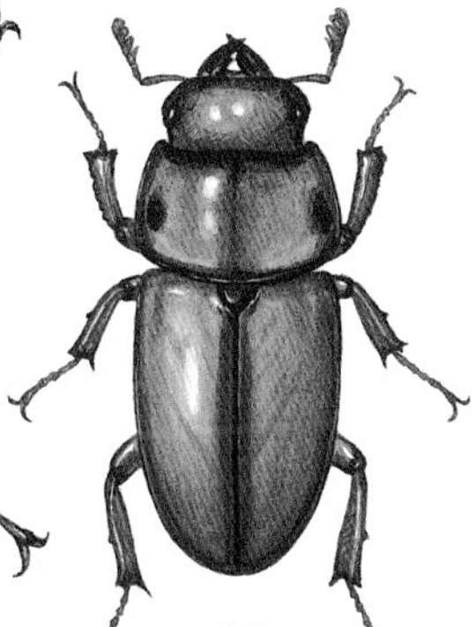

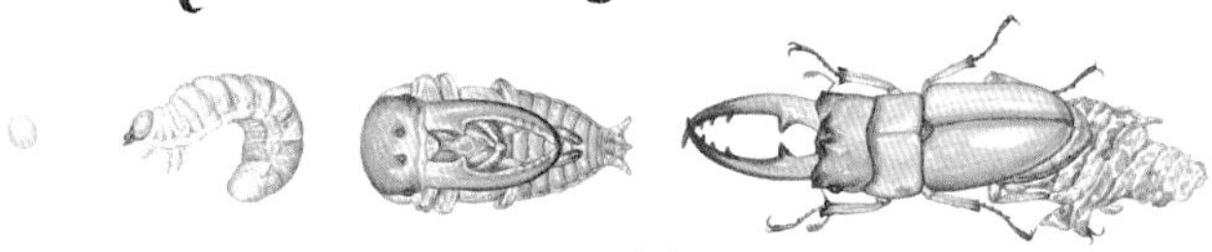

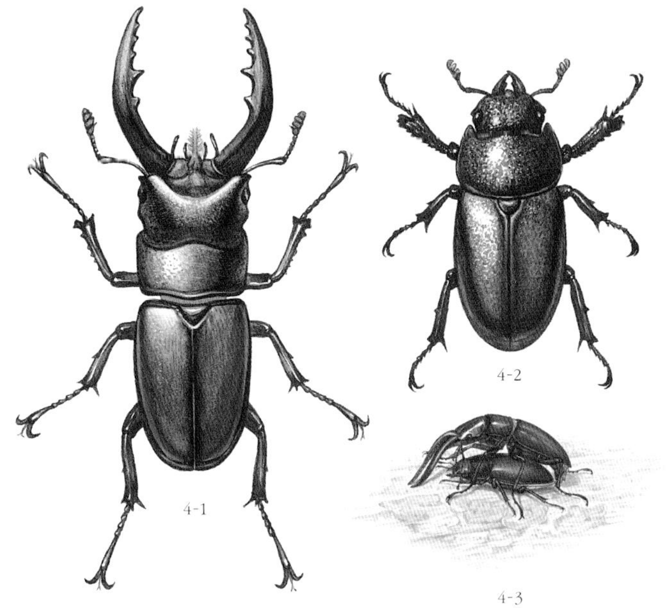

1-1. 넓적사슴벌레 수컷
1-2. 넓적사슴벌레 암컷
1-3. 큰턱을 쩍 벌리며 화를 내는 수컷 넓적사슴벌레
2-1. 꼬마넓적사슴벌레
2-2. 꼬마넓적사슴벌레 2령과 3령 초기, 3령 후기 애벌레
3-1. 두점박이사슴벌레 수컷
3-2. 두점박이사슴벌레 암컷
3-3. 두점박이사슴벌레 한살이
알, 애벌레, 번데기, 날개돋이
4-1. 톱사슴벌레 수컷
4-2. 톱사슴벌레 암컷
4-3. 톱사슴벌레 짝짓기 모습

사슴벌레과

다우리아사슴벌레 *Prismognathus dauricus*

수컷 11~38mm, 암컷 12~24mm 7~9월 애벌레

다우리아사슴벌레는 암컷 몸빛이 더 짙어서 거의 까맣다. 수컷 큰턱은 앞으로 쭉 뻗고 끄트머리에서 두 갈래로 갈라진다. 안쪽에는 작은 돌기들이 톱날처럼 나 있다. 온 나라 산에서 산다. 한여름에 나오지만 쉽게 볼 수 없다. 사슴벌레 가운데 가장 늦게 나온다. 밤에 불빛을 보고 날아오기도 한다. 우리나라에 사는 사슴벌레 가운데 다우리아사슴벌레만 한해살이를 한다. 2령이나 3령 애벌레로 겨울을 난다. 이듬해 깨어난 애벌레는 썩은 나무속을 파먹고 살다가 5월에 번데기가 되고 6~7월에 어른벌레가 되어 나온다. 8월에 짝짓기를 하고 썩은 참나무에 알을 많이 낳는다. 짝짓기를 마친 어른벌레는 죽는다.

사슴벌레과

사슴벌레 *Lucanus maculifemoratus dybowskyi*

수컷 27~50mm, 암컷 25~40mm 6~9월 애벌레, 어른벌레

사슴벌레 수컷은 머리가 넓적하고 머리 뒤쪽이 귓불처럼 늘어나 넓다. 큰턱은 사슴뿔처럼 크고 굵고 아래쪽으로 휘어진다. 큰턱이 작은 수컷도 있다. 암컷은 큰턱이 작고, 온몸이 누런 털로 덮여 있다. 또 뒤집어 보면 배 쪽 다리에 길쭉한 누런 무늬가 있어서 다른 종 암컷과 다르다. 어른벌레는 산에서 늦은 봄부터 가을 들머리까지 볼 수 있다. 중부 지방인 경기도와 강원도 참나무 숲에서 많이 산다. 남부 지방에서는 높은 산에서 잘 보인다. 참나무에서 나오는 진을 핥아 먹는다. 밤에 불빛을 보고 날아오기도 한다. 6~7월에 짝짓기를 하고, 7~8월에 알을 낳는다. 7~8월에 나온 애벌레나 지난 해 나온 애벌레로 겨울을 난다. 종령 애벌레는 나무속을 파먹고 살다가, 땅속에 들어가 방을 만들고 번데기가 된다. 가을에 번데기가 되어 어른벌레가 된 뒤에 겨울을 나기도 한다. 어른벌레가 되기까지 2~3년 걸린다.

사슴벌레과

뿔꼬마사슴벌레 *Nigidius miwai*

14~17mm 모름 어른벌레

뿔꼬마사슴벌레는 이름처럼 작은 뿔이 있다. 큰턱은 낫처럼 아주 날카롭다. 제주도와 남해 섬에서 산다. 다른 사슴벌레와 달리 나뭇진을 먹지 않고, 썩은 나무속에서 다른 곤충 애벌레를 잡아먹고 산다. 썩은 팽나무 속에서 많이 보인다. 나무속에 살면서 밖으로는 잘 나오지 않는다. 애벌레도 다른 곤충 애벌레를 잡아먹는다. 날씨가 추워지면 나무속 구멍에서 어른벌레가 여러 마리 모여 겨울잠을 잔다.

사슴벌레붙이과

사슴벌레붙이 *Leptaulax koreanus*

20mm 안팎 5~8월 어른벌레

사슴벌레와 닮았다고 '사슴벌레붙이'다. 사슴벌레붙이는 썩은 참나무 나무껍질 밑에서 산다. 햇볕이 많이 내리쬐지 않고 축축하고 이끼가 자란 나무를 좋아한다. 경기도 북쪽 몇몇 곳에서만 보인다. 암컷과 수컷이 만나면 나무껍질과 속을 턱으로 잘게 씹은 뒤 톱밥을 만들어 밖으로 밀어낸다. 그러면 나무껍질 밖으로 톱밥이 1~2cm 쌓인다. 그렇게 나무속에 굴을 파고들어 가 6~8월에 알을 낳는다. 알을 하나씩 낳은 뒤 여러 알을 한곳에 모아 톱밥으로 덮는다. 알에서 애벌레가 나오면 다른 벌레와 달리 어른벌레가 애벌레가 돌본다. 애벌레는 스스로 나무를 잘게 씹지 못하기 때문에 어른벌레가 나무를 씹어 톱밥을 만든 뒤 애벌레가 먹게 한다. 알에서 나온 애벌레는 허물을 두 번 벗고, 3령 애벌레가 되면 톱밥과 똥을 모아 방을 만들고 그 속에서 번데기가 된다. 일주일쯤 지나면 번데기에서 어른벌레가 나온다. 알을 낳은 지 두 달쯤 지난 그 해 가을에 어른벌레가 나와 겨울을 난다. 썩은 나무껍질 아래에서 두 마리나 여러 마리가 모여서 함께 겨울을 난다. 어른벌레는 한 해 넘게 사는 것 같다. 어른벌레나 애벌레 모두 몸을 비벼 소리를 낸다. 어른벌레는 배 끝을 옴쭉옴쭉 움직여서 뒷날개에 비벼 소리를 낸다. 손으로 잡으면 '끼익끼익' 소리를 낸다.

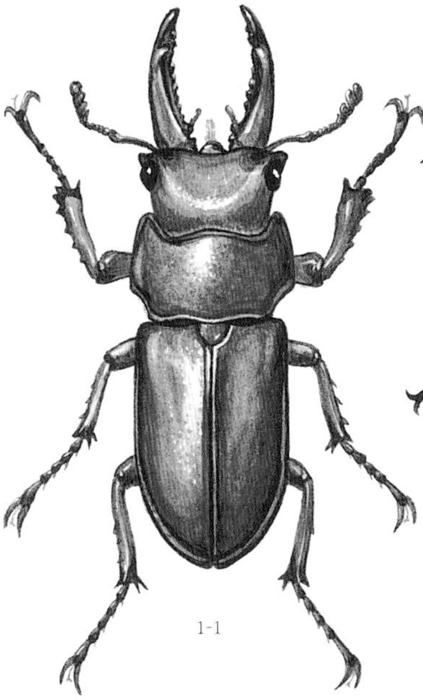

1-2

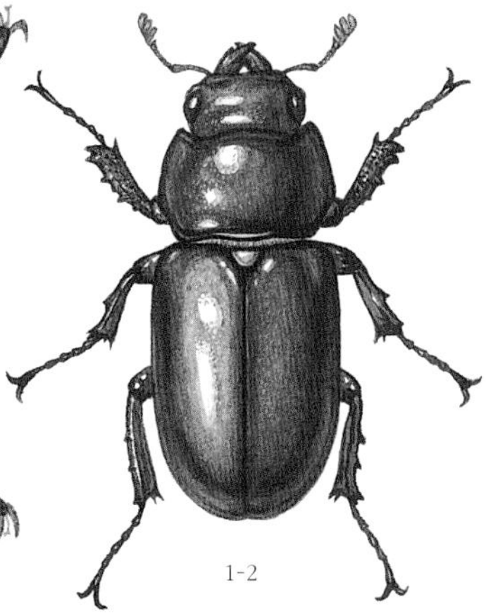

1-1

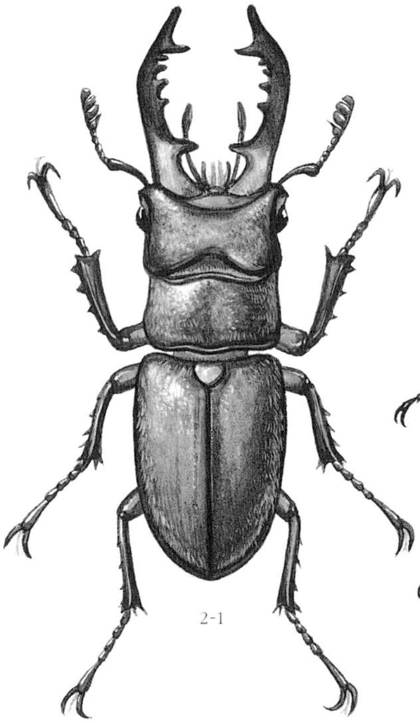

2-2

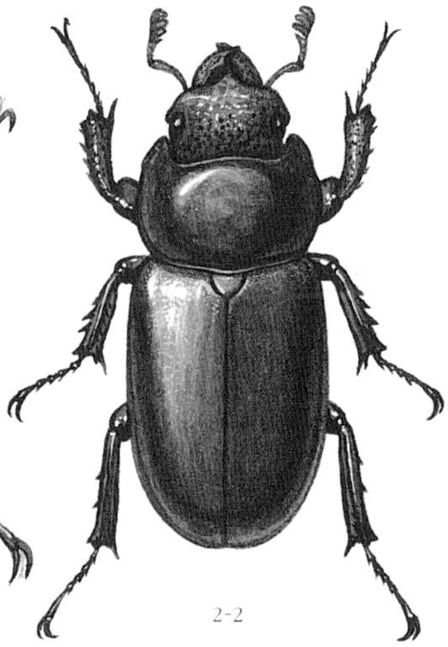

2-1

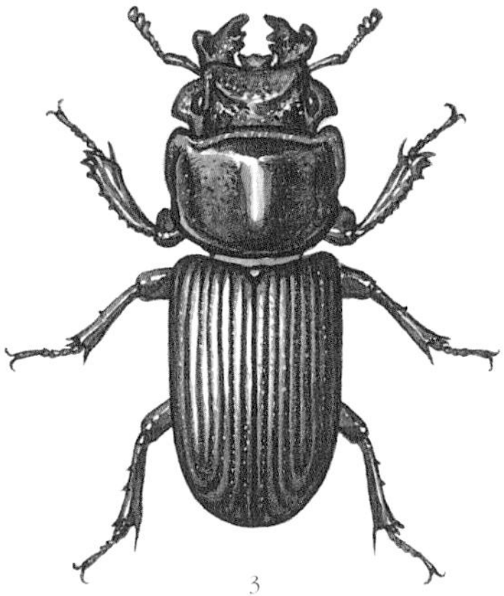

3

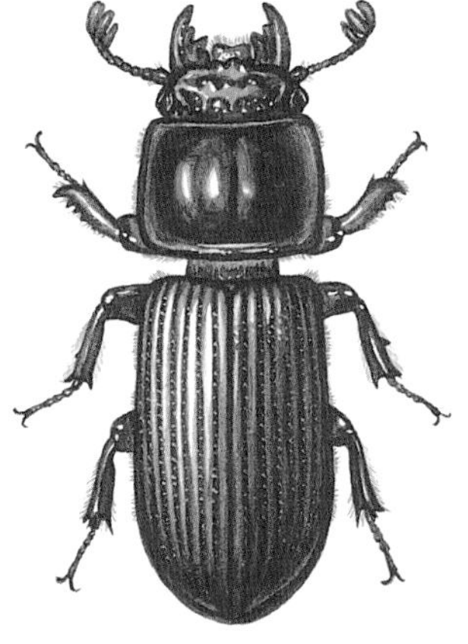

4

1-1. 다우리아사슴벌레 수컷
1-2. 다우리아사슴벌레 암컷
2-1. 사슴벌레 수컷
2-2. 사슴벌레 암컷
3. 뿔꼬마사슴벌레
4. 사슴벌레붙이

송장풍뎅이과

송장풍뎅이 *Trox setifer* 7~11mm 6~7월 모름

송장풍뎅이는 온몸이 거무스름하고 넓다. 머리방패 앞 가장자리가 반원꼴로 앞으로 나왔다. 앞가슴등판 양옆이 나란하다. 딱지날개에는 돌기가 돋아 세로로 줄지어 있다. 중부와 남부 지방, 제주도에서 보인다. 죽은 동물 밑 땅속에 알을 낳는다. 애벌레로 4주를 살고, 번데기가 되어 3주쯤 지나면 어른벌레가 된다. 송장풍뎅이과는 우리나라에 10종이 산다. 송장풍뎅이과 무리는 썩은 고기나 새 깃털, 짐승 털, 죽은 동물 뼈 따위를 먹는다.

금풍뎅이과

보라금풍뎅이 *Phelotrupes auratus* 16~22mm 4~9월 어른벌레

보라금풍뎅이는 이름처럼 온몸이 푸르스름한 보랏빛을 띠는데 햇빛에 따라 여러 빛깔이 난다. 앞가슴등판은 가운데가 볼록하다. 딱지날개에는 깊게 파인 세로줄이 나 있다. 수컷 앞다리 종아리마디에는 긴 돌기가 3~4개 있다. 암컷은 1개만 있다. 높은 산부터 들판에 사는데 앞이 탁 트인 산길에서도 볼 수 있다. 낮에 소나 말, 양이나 여러 가지 들짐승 똥에 날아와 똥을 먹는다. 사람 똥에도 날아온다. 똥 밑에 굴을 파고 똥으로 채운 뒤 알을 낳고 흙으로 덮는다. 알에서 나온 애벌레는 똥을 먹고 산다. 8~9월에 어른벌레가 되어 겨울을 나고 이듬해 봄에 나온다.

금풍뎅이과

무늬금풍뎅이 *Bolbocerosoma zonatum* 9~14mm 6~8월 모름

무늬금풍뎅이는 몸빛이 누런데 까만 무늬가 머리와 앞가슴등판, 딱지날개 끄트머리에 나 있다. 배와 다리에는 긴 누런 털이 잔뜩 나 있다. 겹눈은 위아래로 나뉘었다.

금풍뎅이과

참금풍뎅이 *Bolbelasmus coreanus* 9~13mm 6~8월 어른벌레

참금풍뎅이는 온몸이 붉은 밤색이나 검은 밤색이다. 배와 다리에는 긴 누런 털이 잔뜩 나 있다. 무늬금풍뎅이와 달리 겹눈이 나뉘지 않았다. 딱지날개에는 세로줄이 7줄씩 나 있다. 온 나라 산이나 들 풀밭에서 산다. 여러 가지 동물 똥에 꼬여 그 둘레 땅속으로 들어가 똥을 먹는다. 밤에 불빛을 보고 날아오기도 한다.

소똥구리과

왕소똥구리 *Scarabaeus typhon* 22~25mm 5~10월 모름

왕소똥구리는 이름처럼 몸집이 크다. 머리방패가 부채처럼 앞으로 펼쳐지고 톱날처럼 돌기가 6개 나 있다. 딱지날개 어깨 아래쪽 테두리가 파이지 않았다. 암수 모두 앞다리 발목마디가 없다. 왕소똥구리는 소똥을 동그랗게 공처럼 빚어 땅에 파 놓은 굴로 굴려 간다. 모래 속에 10~20cm 깊이로 굴을 판다. 굴속에서 똥을 먹고 알을 하나 낳는다. 알에서 나온 애벌레는 똥을 먹고 큰다. 옛날 이집트에서는 왕소똥구리가 똥을 굴려 무덤처럼 생긴 모래 구덩이 안으로 들어갔다가 이듬해 첫 비가 내린 뒤 모래 구덩이를 파고 다시 나오는 모습을 보고 '라' 신이 동쪽에서 서쪽으로 태양을 굴려 사라진 뒤 다음 날 다시 태양을 동쪽으로 가지고 오는 모습과 같다고 생각했다. 그래서 왕소똥구리를 '라' 신의 화신으로 모셨다.

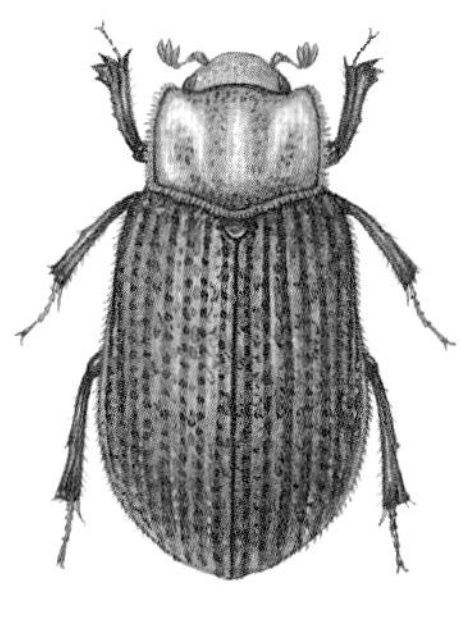

1

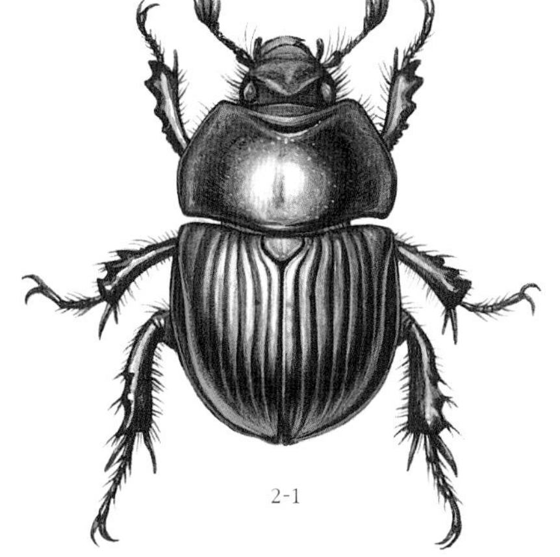

2-1

2-2

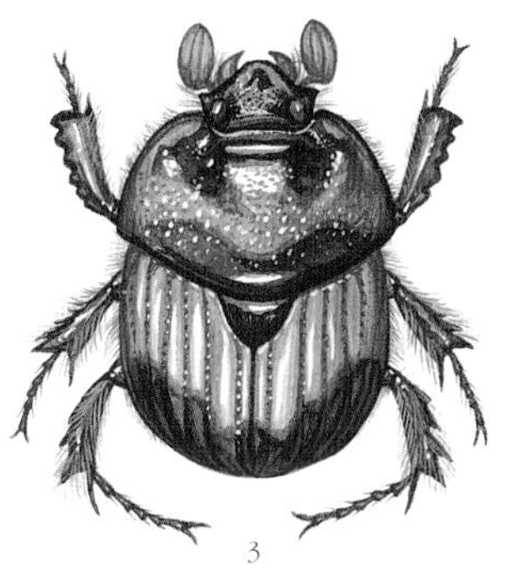

3

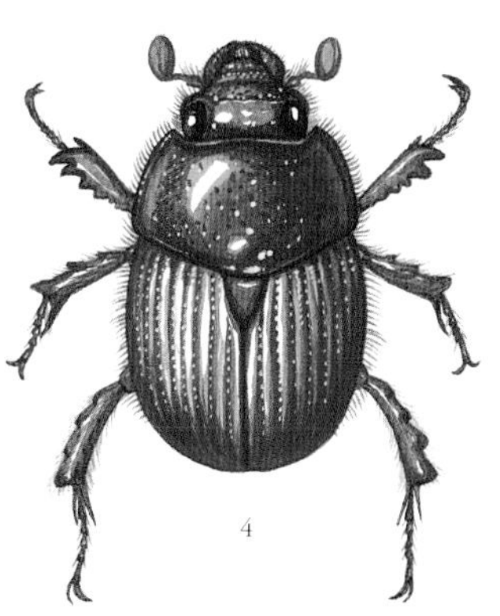

4

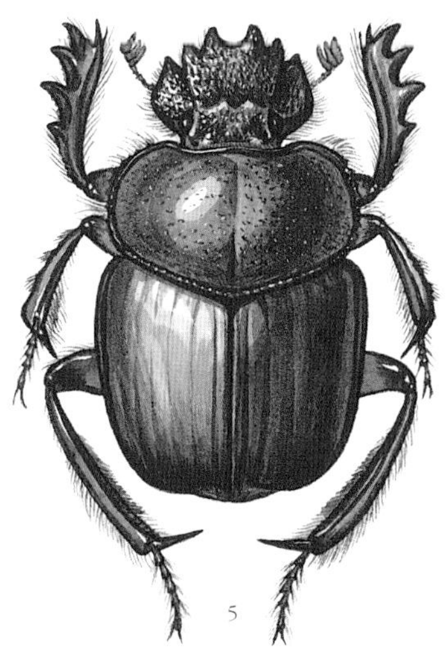

5

1. 송장풍뎅이
2-1. 보라금풍뎅이
2-2. 보라금풍뎅이가 사슴 똥을 먹으려고 찾아왔다.
3. 무늬금풍뎅이
4. 참금풍뎅이
5. 왕소똥구리

소똥구리과

소똥구리 *Gymnopleurus mopsus* 7~16mm 6월쯤 모름

소똥구리는 머리방패 앞쪽이 왕소똥구리와 달리 톱날처럼 파이지 않고 가운데만 겨우 파였다. 딱지날개 어깨 아래쪽 테두리가 왕소똥구리와 달리 깊게 파였고, 앞다리에 발목마디가 있다. 옛날에는 우리나라에 많이 살았는데, 1967년 뒤로는 아예 사라져 더 이상 어디에도 안 보인다. 소와 말에게 사료를 먹이면서 사라졌다. 어른벌레는 늦봄부터 가을까지 나와 돌아다녔다고 한다. 소똥이나 말똥을 동그랗게 빚어 굴로 굴려 갔다.

소똥구리과

긴다리소똥구리 *Sisyphus schaefferi* 10mm 안팎 4~9월 어른벌레

긴다리소똥구리는 이름처럼 뒷다리가 아주 길다. 소똥을 굴리는 소똥구리 가운데 몸집이 가장 작다. 몸이 작아서 '꼬마소똥구리'라고도 한다. 딱지날개에는 세로줄 홈이 6줄씩 나 있다. 앞다리 종아리마디에 돌기가 4개 나 있다. 산에 사는 동물 똥에 온다. 소똥구리처럼 낮에 나와 암컷과 수컷이 함께 소똥을 공처럼 동그랗게 빚어 서로 밀고 당기며 굴린다. 소똥을 동그랗게 빚는 데 5분쯤 걸린다. 소똥을 굴려 알맞은 곳에 오면 암컷이 앞다리로 땅을 파헤쳐 굴을 판다. 그리고 그 속에 소똥을 굴려 넣은 뒤 똥 위에 꽁무니를 대고 알을 낳는다. 이렇게 몇 번을 소똥을 굴려 알을 낳는다. 알에서 나온 애벌레는 소똥을 먹고 큰다. 지금은 거의 사라져 보이지 않지만, 강원도 몇몇 곳에서 아주 드물게 볼 수 있다.

소똥구리과

뿔소똥구리 *Copris ochus* 18~28mm 6~10월 어른벌레

뿔소똥구리는 이마에 기다란 뿔이 우뚝 솟아 있다. 수컷은 머리에 뿔이 있고, 암컷은 없다. 앞다리 종아리마디에 톱날처럼 뾰족한 돌기가 3개 있다. 어른벌레는 6월부터 10월까지 보인다. 소나 말을 키우는 목장에서 볼 수 있다. 한여름에 소똥이나 말똥 밑에 20cm 깊이쯤 굴을 파고들어 간다. 그러고는 땅 위에 있는 소똥을 굴속으로 가져오고, 그 옆에 암컷과 수컷이 함께 지내는 방을 만든다. 굴로 가져온 똥을 먹는데, 암컷은 똥을 공처럼 동그랗게 빚어 한쪽 끝에 알을 낳고 똥으로 덮는다. 똥 경단은 지름이 2cm쯤 되고, 5~7개쯤 빚어 알을 낳는다. 알에서 나온 애벌레는 한두 달쯤 똥 경단을 먹고 큰다. 애벌레가 클 때까지 어미가 굴속에서 돌본다. 어른벌레가 되는 데 두 달쯤 걸린다. 어른벌레는 불빛에도 잘 날아온다.

소똥구리과

애기뿔소똥구리 *Copris tripartitus* 13~19mm 4~6월 어른벌레

애기뿔소똥구리는 뿔소똥구리와 닮았지만 몸집이 훨씬 작고 뿔도 더 작다. 수컷은 이마에 기다란 뿔이 났다. 앞가슴등판에도 작은 뿔이 여러 개 솟았다. 또 앞다리 종아리마디에 돌기가 4개 있다. 뿔소똥구리는 6월이 지나면 돌아다니는데, 애기뿔소똥구리는 6월 전에 나온다. 뿔소똥구리보다 흔한데 섬에서 많이 보인다. 뿔소똥구리처럼 암컷과 수컷이 짝짓기를 마치면, 수컷이 똥 밑에 기다란 굴을 판다. 수컷이 똥을 굴로 가져오면 암컷은 이 똥을 더 잘게 나눠 경단을 만든다. 그리고 잘게 나눈 똥 경단 한쪽 겉에 알을 낳아 똥으로 덮는다. 2~4일쯤 지나면 알에서 애벌레가 나온다. 애벌레는 똥을 먹으며 두 번 허물을 벗고 종령 애벌레가 된 뒤 번데기가 된다. 알을 낳은 지 두 달쯤 지나면 어른벌레가 된다. 어른벌레가 될 때까지 암컷이 애벌레를 돌본다. 어른벌레는 밤에 불빛으로 날아오기도 한다.

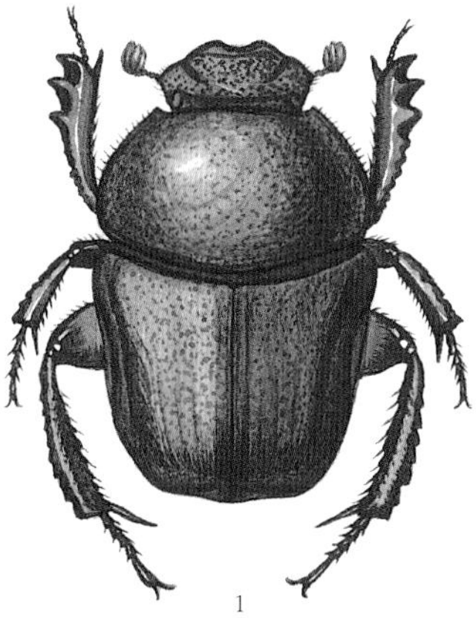

1

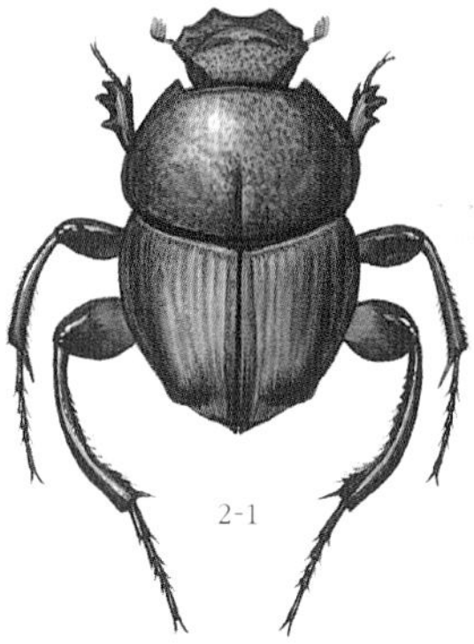

2-1

2-2

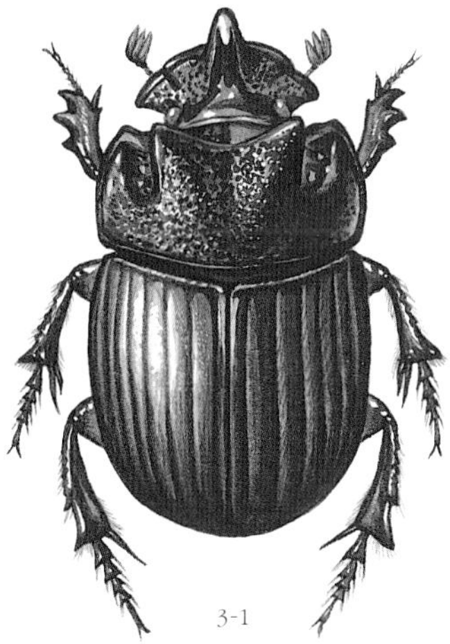

3-1

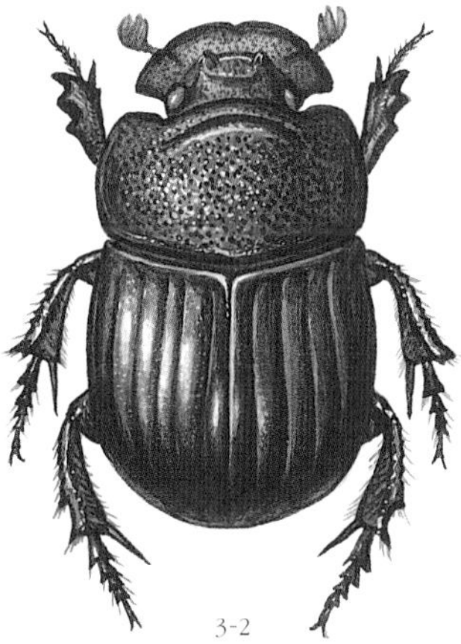

3-2

3-3

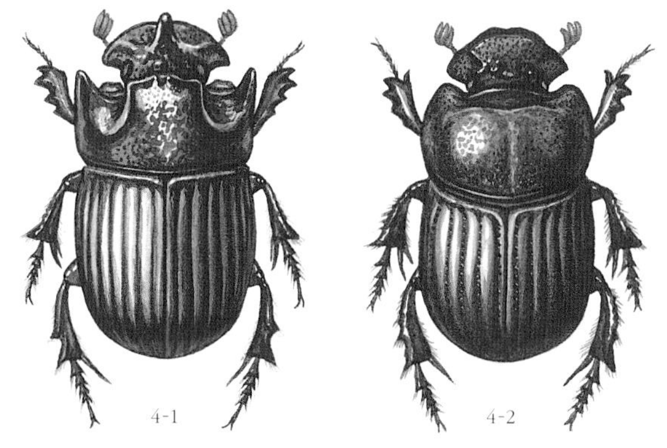

4-1

4-2

1. 소똥구리
2-1. 긴다리소똥구리
2-2. 긴다리소똥구리 똥 굴리기
3-1. 뿔소똥구리 수컷
3-2. 뿔소똥구리 암컷
3-3. 뿔소똥구리 수컷이 소똥에 찾아왔다.
4-1. 애기뿔소똥구리 수컷
4-2. 애기뿔소똥구리 암컷

소똥구리과

창뿔소똥구리 *Liatongus phanaeoides*

7 ~ 10mm · 6 ~ 10월 · 어른벌레

창뿔소똥구리는 이름처럼 수컷 머리에 뿔이 돋았는데, 가슴 쪽으로 길게 휘어 뻗는다. 몸집이 작으면 뿔도 짧다. 암컷은 뿔이 없다. 소나 말을 키우는 목장에서 6~7월에 가장 많이 볼 수 있다. 중부 지방 산에서 많이 보이지만 남해 섬에서도 산다. 똥 밑에 굴을 파 집을 만들고 똥을 먹고 경단을 만들어 알을 낳는다.

소똥구리과

작은꼬마소똥구리 *Caccobius brevis*

5mm 안팎 · 4 ~ 8월 · 모름

작은꼬마소똥구리는 온몸이 까맣고 작은 공처럼 생겼다. 수컷은 이마 앞쪽이 휘어진 뿔처럼 솟았다. 앞가슴등판 앞쪽이 높은데, 수컷은 가파르게 경사가 진다. 소똥에 많이 꼬이고 사람 똥이나 개똥, 염소 똥에도 모인다.

소똥구리과

은색꼬마소똥구리 *Caccobius christophi*

5 ~ 7mm · 4 ~ 8월 · 모름

은색꼬마소똥구리는 몸이 작은 공처럼 생겼다. 온몸에는 검은색이나 은회색 가루로 덮였다. 딱지날개 앞과 끝에 붉은 무늬가 있다. 머리 뒤쪽이 뿔처럼 우뚝 솟았다. 앞다리 종아리마디에는 가시돌기가 3개 있고, 가운뎃다리와 뒷다리 끝부분이 넓게 늘어났다. 태백산맥을 중심으로 높은 산에서 볼 수 있다. 소똥에 많이 꼬인다.

소똥구리과

흑무늬노랑꼬마소똥구리 *Caccobius sordidus*

5 ~ 7mm · 6 ~ 8월 · 모름

흑무늬노랑꼬마소똥구리는 온몸이 지저분한 누런 밤색이고 작고 까만 무늬가 여기저기 흩어져 있다. 온몸에는 누런 털이 나 있다. 머리방패와 종아리마디 아래로는 붉은 밤색이다. 머리는 넓은 삼각형이고, 머리방패 앞쪽 가운데가 깊게 파였다. 산에서 보인다. 소똥이나 사람 똥에 꼬인다.

소똥구리과

외뿔애기꼬마소똥구리 *Caccobius unicornis*

3.5mm 미만 · 5 ~ 10월 · 모름

외뿔애기꼬마소똥구리는 이름처럼 머리에 작은 뿔이 하나 돋았다. 뿔은 굵고 곧게 뻗는다. 몸이 까맣고, 짧고 억센 털이 나 있다. 머리와 딱지날개, 여섯 다리는 붉은 밤색이나 검은 밤색을 띤다. 머리방패 앞쪽 가장자리 가운데가 움푹 들어갔다. 주로 사람 똥이나 개똥에 잘 모이고 양과 소가 싸는 똥에도 모인다.

소똥구리과

검정혹가슴소똥풍뎅이 *Onthophagus atripennis*

5 ~ 9mm · 5 ~ 10월 · 모름

검정혹가슴소똥풍뎅이는 온몸이 까만데, 구릿빛이나 보랏빛도 함께 띠면서 반짝거린다. 앞가슴등판 가운데가 뿔처럼 두 개 불룩 솟았는데, 수컷은 앞쪽으로 주춧돌처럼 생겼고, 암컷은 혹처럼 생겼다. 머리에도 작은 돌기처럼 뿔이 솟았다. 머리방패는 앞쪽으로 늘어났는데 수컷은 가운데가 더 크게 늘어나 삼각형처럼 생겼다. 사람 똥이나 개똥에 잘 꼬이고, 썩은 버섯이나 썩은 동물 주검에도 온다.

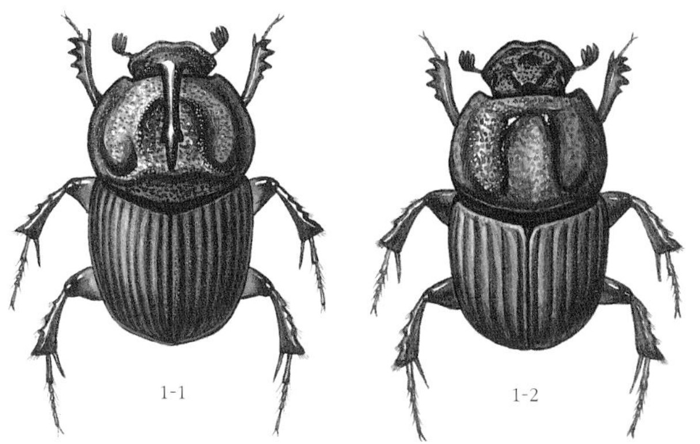

1-1 1-2

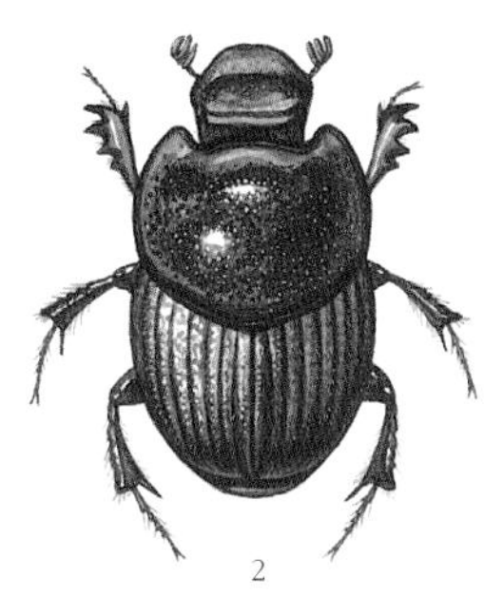

2

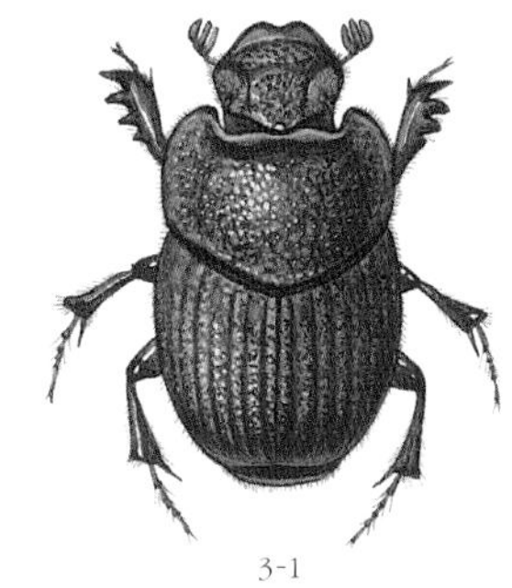

3-1

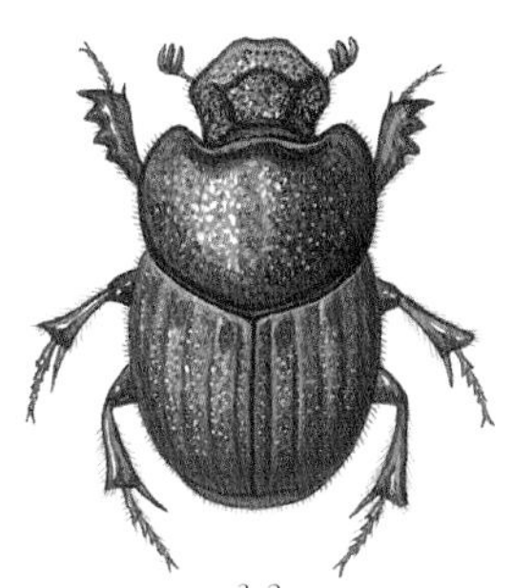

3-2

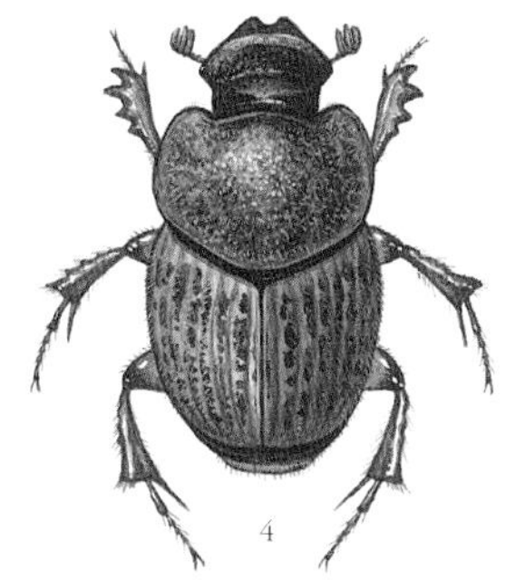

4

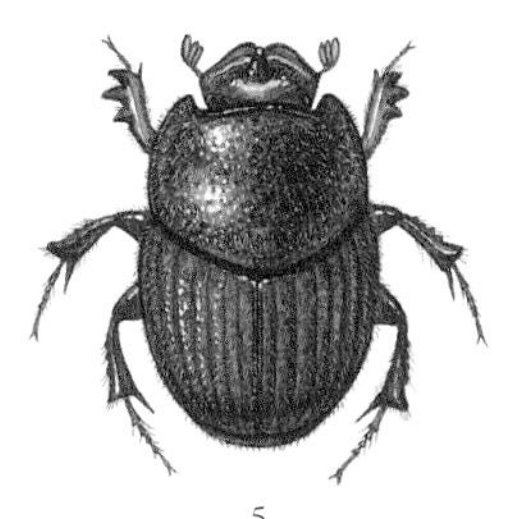

5

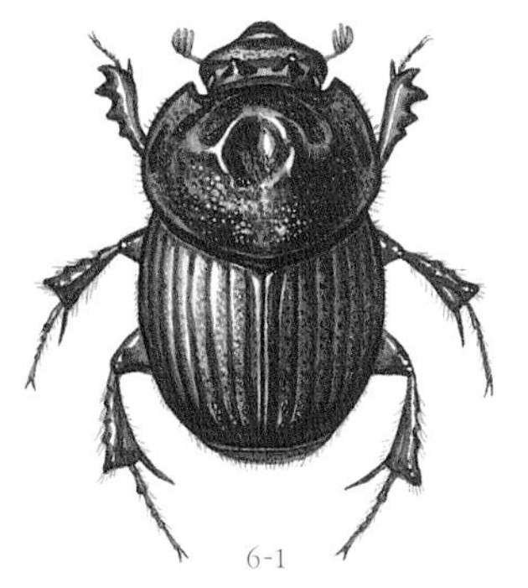

6-1

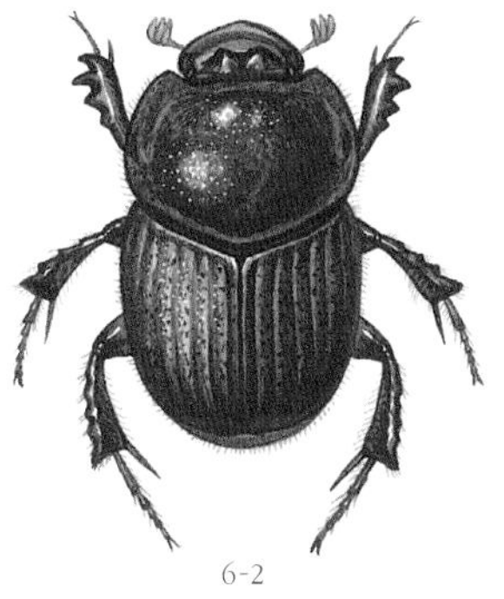

6-2

1-1. 창뿔소똥구리 수컷
1-2. 창뿔소똥구리 암컷
2. 작은꼬마소똥구리
3-1. 은색꼬마소똥구리 수컷
3-2. 은색꼬마소똥구리 암컷
4. 흑무늬노랑꼬마소똥구리
5. 외뿔애기꼬마소똥구리
6-1. 검정혹가슴소똥풍뎅이 수컷
6-2. 검정혹가슴소똥풍뎅이 암컷

소똥구리과

황소뿔소똥풍뎅이 *Onthophagus bivertex* 6 ~ 13mm 4 ~ 8월 모름

황소뿔소똥풍뎅이는 수컷 정수리에서 솟아오른 줄이 마치 황소 뿔처럼 양쪽으로 튀어나왔다. 온몸은 검은 밤색으로 반짝거린다. 하지만 딱지날개가 짙은 밤색이거나 불그스름한 밤색인 것도 많다. 딱지날개에 홈이 파인 세로줄이 나 있다. 소똥에 꼬인다.

소똥구리과

모가슴소똥풍뎅이 *Onthophagus fodiens* 6 ~ 12mm 3 ~ 10월 어른벌레

모가슴소똥풍뎅이는 낮은 산부터 흔하게 볼 수 있다. 수컷은 앞가슴등판 양옆이 앞쪽으로 심하게 기울어져서 삼각형처럼 보인다. 하지만 암컷은 앞가슴등판이 둥글고 곰보처럼 작은 홈들이 잔뜩 파여 있다. 여러 동물 똥을 가리지 않고 날아와 먹는다. 도시 둘레에서 사람 똥이나 개똥을 먹기도 한다.

소똥구리과

점박이외뿔소똥풍뎅이 *Onthophagus gibbulus* 8 ~ 15mm 6 ~ 10월 애벌레

점박이외뿔소똥풍뎅이는 온몸이 까맣게 반짝거린다. 딱지날개는 누런 밤색이고 까만 점무늬가 여기저기 나 있다. 앞가슴등판은 까맣고 점무늬가 있다. 머리방패에는 가로로 주름이 있다. 수컷은 머리방패 가운데 앞쪽이 늘어나 삼각형처럼 보인다. 암컷은 머리방패 앞쪽이 둥글다. 온 나라에서 가장 흔하게 볼 수 있는 소똥풍뎅이다. 소똥에 많이 꼬인다.

소똥구리과

황해도소똥풍뎅이 *Onthophagus hvangheus* 7mm 안팎 모름 모름

황해도소똥풍뎅이는 온몸이 까맣고 살짝 반짝거린다. 머리는 팔각형으로 생겼다. 머리방패 앞 가장자리가 위쪽으로 솟아올랐고, 가운데가 살짝 들어갔다. 암컷은 머리방패에 있는 홈이 뚜렷한데, 수컷은 머리방패 뒤쪽에만 홈이 살짝 파였다. 수컷은 앞다리 종아리마디가 가늘고 길며 안쪽으로 살짝 구부러졌다.

소똥구리과

소요산소똥풍뎅이 *Onthophagus japonicus* 7 ~ 11mm 3 ~ 10월 어른벌레

소요산소똥풍뎅이는 머리와 가슴은 까맣고, 딱지날개는 누렇다. 딱지날개에 까만 무늬가 서로 마주 있다. 수컷은 양쪽 가슴에 뾰족한 돌기가 튀어나왔다. 암컷은 돌기가 없거나 작다. 산이나 들판에 있는 소똥이나 말똥, 사람 똥에 모인다. 가을에 어른벌레가 되고 겨울을 난다. 이듬해 봄에 짝짓기를 하고 알을 낳는다.

소똥구리과

렌지소똥풍뎅이 *Onthophagus lenzii* 6 ~ 12mm 3 ~ 10월 어른벌레

렌지소똥풍뎅이는 온 나라에서 볼 수 있다. 수컷 앞가슴등판 양쪽에 돌기가 튀어나왔다. 암컷은 돌기가 안 튀어나오고 둥글다. 이른 봄부터 늦가을까지 소똥이나 말똥에 모인다. 소똥구리 무리 가운데 가장 흔하게 볼 수 있다. 밤에 불빛을 보고 날아오기도 한다.

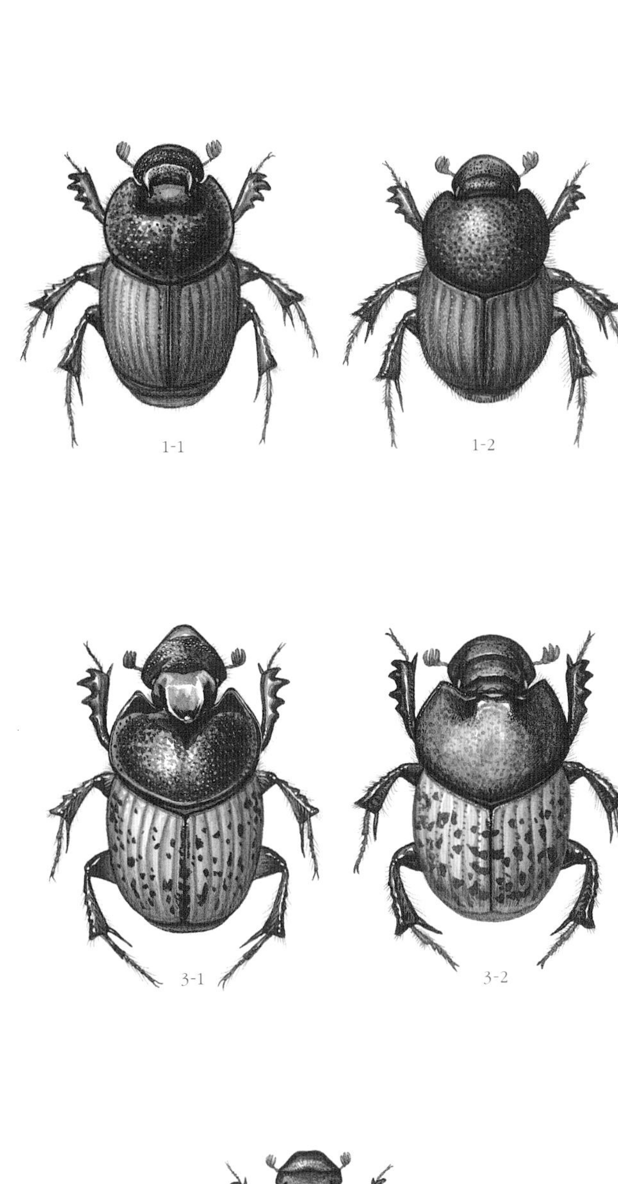

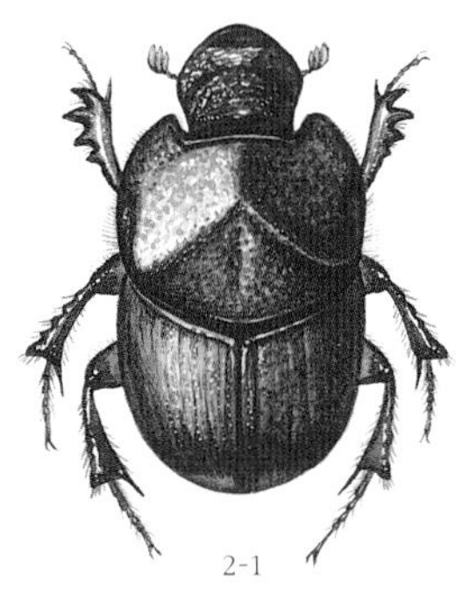

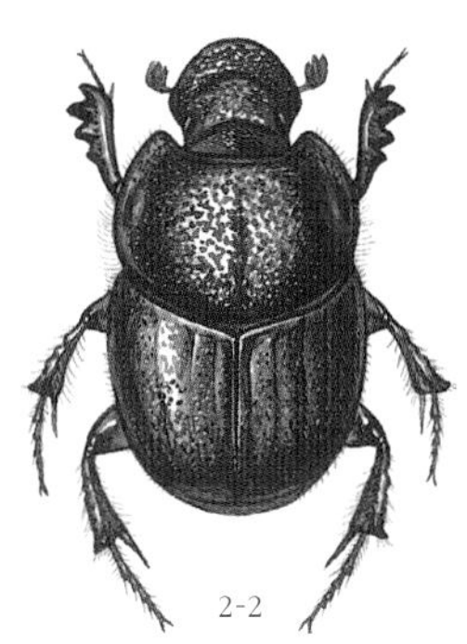

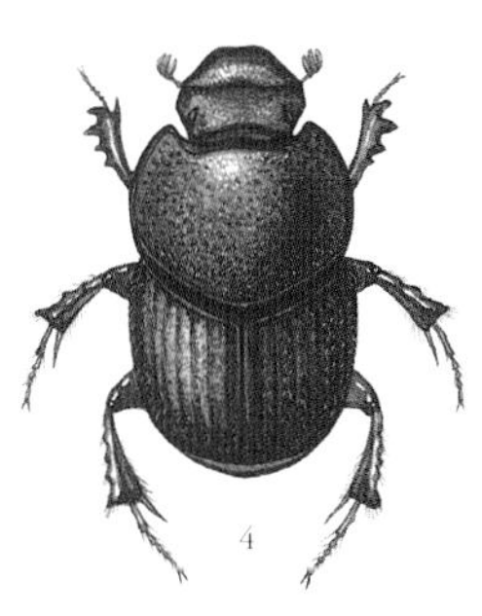

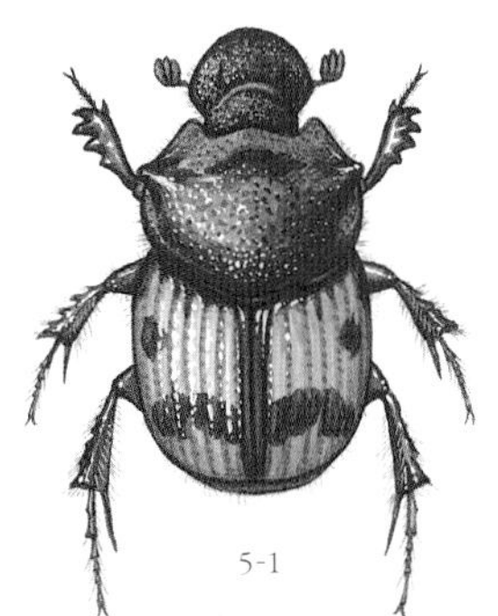

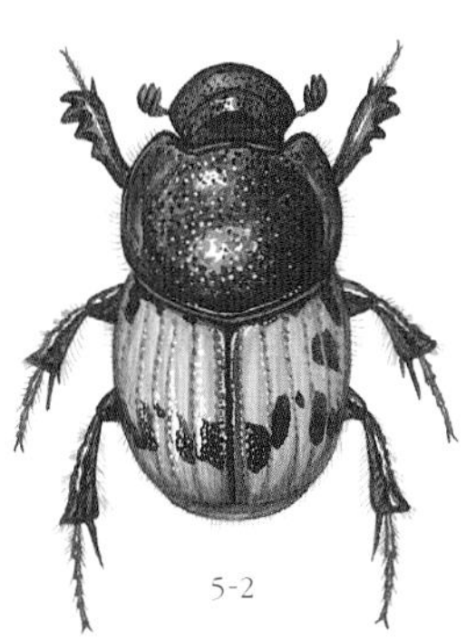

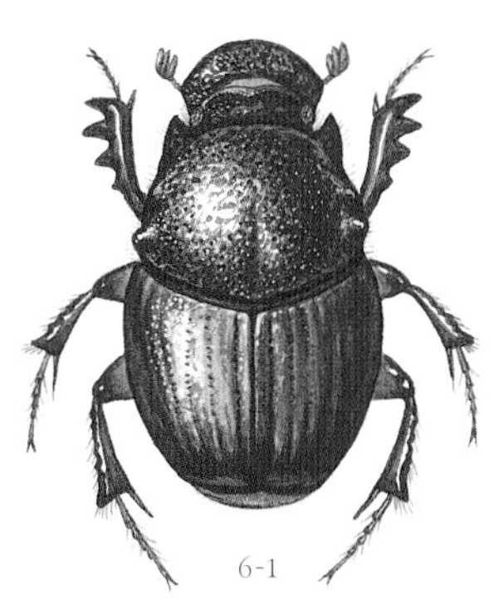

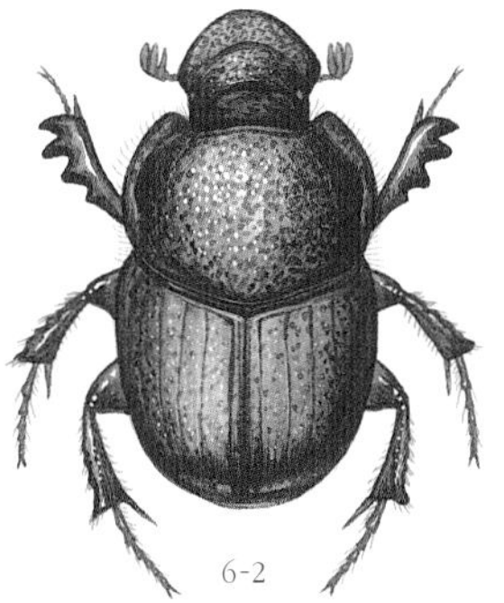

1-1. 황소뿔소똥풍뎅이 수컷
1-2. 황소뿔소똥풍뎅이 암컷
2-1. 모가슴소똥풍뎅이 수컷
2-2. 모가슴소똥풍뎅이 암컷
3-1. 점박이외뿔소똥풍뎅이 수컷
3-2. 점박이외뿔소똥풍뎅이 암컷
4. 황해도소똥풍뎅이
5-1. 소요산소똥풍뎅이 수컷
5-2. 소요산소똥풍뎅이 암컷
6-1. 렌지소똥풍뎅이 수컷
6-2. 렌지소똥풍뎅이 암컷

소똥구리과

꼬마외뿔소똥풍뎅이 *Onthophagus olsoufieffi* 7mm 미만 4~10월 모름

꼬마외뿔소똥풍뎅이는 온몸이 까맣고 털이 많이 나 있다. 머리에 작은 뿔이 하나 있는데, 수컷은 끝이 Y자처럼 갈라진다. 앞가슴등판 앞쪽은 거의 직각으로 경사가 졌다. 그 위에 작은 돌기 4개가 앞쪽으로 솟았다. 암컷은 수컷보다 경사가 가파르지 않고 돌기도 작다. 몸은 암컷이 더 크다. 산에서도 보이고 도시에서도 볼 수 있다. 소똥이나 말똥에 꼬이는데, 도시 둘레에서 사람 똥이나 개똥에도 곧잘 온다.

소똥구리과

꼬마곰보소똥풍뎅이 *Onthophagus punctator* 4~6mm 5~9월 모름

꼬마곰보소똥풍뎅이는 꼬마외뿔소똥풍뎅이와 닮았다. 꼬마곰보소똥풍뎅이는 머리방패 앞쪽 가운데가 깊게 파여서 다르다. 온몸은 까맣고 살짝 반짝거린다. 온몸에 털이 많이 나 있다. 머리방패에는 홈이 잔뜩 파여 주름살처럼 나 있다. 앞가슴등판은 넓고 둥글다. 산에서 볼 수 있다. 소똥에 잘 꼬이지만 여러 가지 산짐승 똥에도 모인다. 사람 똥이나 개똥에도 꼬인다.

소똥구리과

검정뿔소똥풍뎅이 *Onthophagus rugulosus* 10~15mm 4~10월 모름

검정뿔소똥풍뎅이는 수컷 머리 뒤쪽이 쇠뿔처럼 둥그렇게 구부러졌다. 몸은 거의 오각형에 가깝다. 몸이 까맣게 반짝거리고, 배 쪽에는 긴 누런 털이 잔뜩 나 있다. 머리방패는 앞쪽으로 둥글게 늘어났는데, 앞 가장자리 가운데가 살짝 파였다. 어른벌레는 소똥이나 말똥보다 사람 똥이나 개똥에 더 잘 꼬인다. 밤에 불빛을 보고 날아오기도 한다.

소똥구리과

노랑무늬소똥풍뎅이 *Onthophagus solivagus* 7~10mm 4~10월 모름

노랑무늬소똥풍뎅이는 딱지날개 앞쪽에 노란 무늬가 1~3개, 끝 가장자리에 1~2개 있다. 온몸은 까맣고 반짝거리지 않는다. 머리방패는 앞쪽으로 길게 늘어났다. 이마는 활처럼 솟아올랐다. 수컷은 앞다리 종아리마디가 가늘고 길다. 물가 모래땅에서 산다. 소똥에 잘 꼬이고 사람 똥이나 양 똥에도 꼬인다.

소똥구리과

혹날개소똥풍뎅이 *Onthophagus tragus* 7~10mm 6~8월 모름

혹날개소똥풍뎅이는 딱지날개 첫 번째 세로줄 앞쪽에 혹처럼 생긴 작은 돌기가 있다. 온몸은 까맣다. 머리방패는 앞쪽으로 길게 늘어났고, 앞쪽 가운데가 깊게 파였다. 머리방패에는 홈이 파여 있는데 수컷은 아주 작고 드문드문하고, 암컷은 크고 빽빽하다. 수컷 머리에는 뾰족한 뿔이 2개 솟았는데, 암컷은 작고 삼각형으로 생긴 뿔 1개가 눈 사이에 솟았다. 바닷가 모래밭에서 보인다.

소똥구리과

변색날개소똥풍뎅이 *Onthophagus trituber* 5~8mm 5~9월 모름

변색날개소똥풍뎅이는 몸이 짧지만 옆으로 넓다. 온몸은 까맣게 반짝거린다. 머리와 앞가슴등판은 풀빛이나 구릿빛이 돈다. 머리에는 가늘고 긴 뿔이 하나 있다. 머리방패는 앞쪽으로 크게 늘어났다. 앞가슴등판 가운데는 아주 높고, 앞쪽으로 가파르게 경사가 지고 거기에 작은 돌기가 3개 있다. 딱지날개에는 붉은 무늬가 있다.

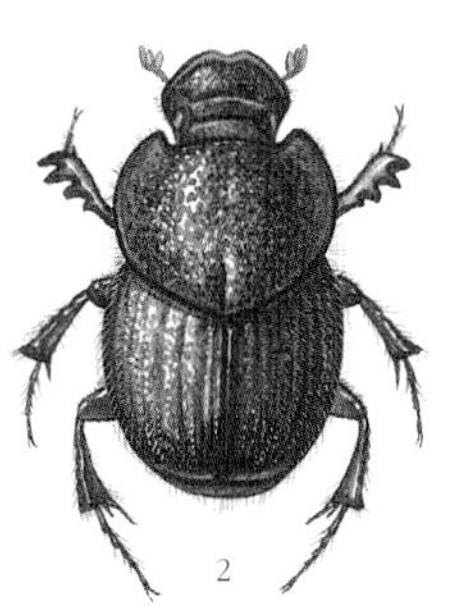

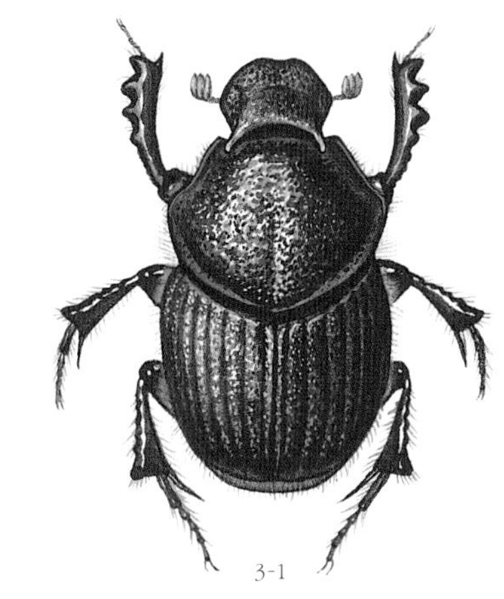

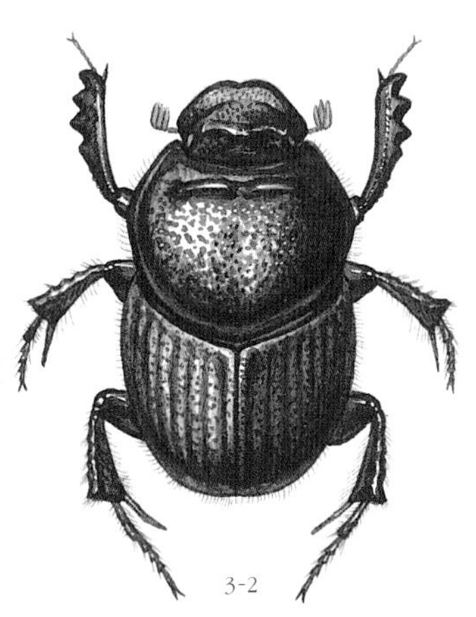

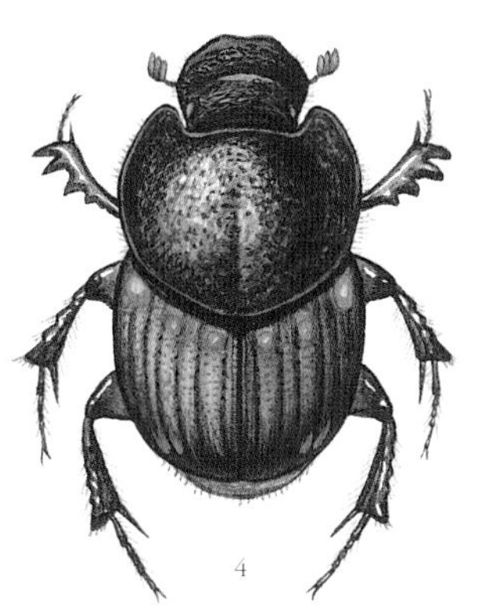

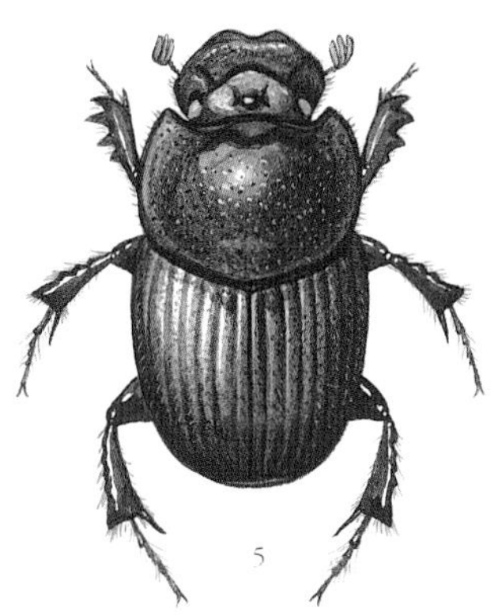

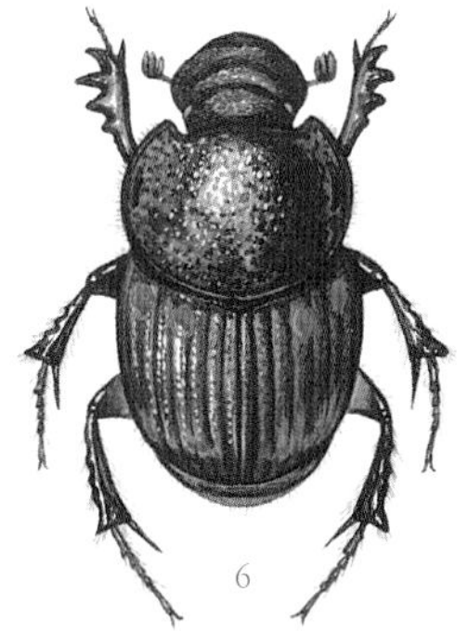

1. 꼬마외뿔소똥풍뎅이
2. 꼬마곰보소똥풍뎅이

3-1. 검정뿔소똥풍뎅이 수컷

3-2. 검정뿔소똥풍뎅이 암컷

4. 노랑무늬소똥풍뎅이
5. 흑날개소똥풍뎅이
6. 변색날개소똥풍뎅이 암컷

소똥구리과

갈색혹가슴소똥풍뎅이 *Onthophagus viduus* 5~9mm 4~10월 모름

갈색혹가슴소똥풍뎅이는 온몸이 짙은 밤색인 종이 많다. 딱지날개 앞쪽과 끝에 누런 무늬가 있기도 하다. 수컷은 양 눈 뒤쪽이 솟았는데, 암컷은 눈 앞이 솟았다. 수컷은 앞가슴등판 가운데 앞쪽이 크고 둥글게 움푹 들어갔는데, 암컷은 살짝 들어갔다. 머리방패는 앞쪽으로 길게 늘어났는데, 수컷이 더 늘어났다. 온 나라 산과 울릉도, 제주도 같은 섬에서 볼 수 있다. 소나 말처럼 큰 짐승 똥에 잘 꼬이는데 사람 똥이나 개똥, 죽은 동물, 오물 더미에서도 보인다.

똥풍뎅이과

뚱보똥풍뎅이 *Aphodius brachysomus* 7~11mm 4~7월 모름

뚱보똥풍뎅이는 온몸이 까맣게 반짝거린다. 그런데 우리나라에 사는 뚱보똥풍뎅이는 딱지날개에 누런 무늬를 가진 종이 많다. 이마에 작은 뿔이나 혹이 나 있다. 딱지날개에 홈이 파인 세로줄이 뚜렷하다. 작은방패판은 딱지날개 1/4 길이가 될 만큼 크다. 뒷다리 첫 번째 발목마디는 그다음에 있는 세 마디 길이를 합친 것과 비슷하다. 제주도를 포함한 온 나라에서 볼 수 있다. 소똥에 많이 꼬이고 사람 똥이나 말똥, 양 똥에서도 드물게 볼 수 있다.

똥풍뎅이과

발발이똥풍뎅이 *Aphodius comatus* 4~5mm 5~7월 모름

발발이똥풍뎅이는 온몸이 누런 밤색이나 누런 붉은색으로 반짝거린다. 이마와 앞가슴등판 가운데는 검은 밤색이다. 머리가 평평하다. 앞가슴등판이 넓고 평평하고, 뒷 모서리가 크게 경사진다. 딱지날개에는 끝에만 아주 짧은 털이 있다. 뒷다리 첫 번째 발목마디 길이는 그다음 세 마디 길이를 합한 길이보다 길다. 제주도를 포함한 온 나라에서 볼 수 있다. 무리를 지어 짝짓기를 한다. 소똥이나 사람 똥에 꼬인다.

똥풍뎅이과

희귀한똥풍뎅이 *Aphodius culminarius* 2~4mm 모름 모름

희귀한똥풍뎅이는 몸길이가 4mm를 넘지 않는다. 온몸은 누런 밤색으로 반짝거린다. 머리와 앞가슴등판, 작은방패판은 검다. 머리방패는 넓지만 앞쪽으로 급하게 좁아진다. 딱지날개 7번째 홈 줄과 9번째 홈 줄이 뒤쪽에서 굵은 가지처럼 합쳐진다. 뒷다리 첫 번째 발목마디는 그다음에 있는 세 마디 길이를 합한 것보다 짧다. 이름처럼 아주 드물게 소똥에서 보인다.

똥풍뎅이과

큰점박이똥풍뎅이 *Aphodius elegans* 11~13mm 3~6월, 9~10월 어른벌레

큰점박이똥풍뎅이는 노란 딱지날개에 크고 까만 점이 한 쌍 있다. 우리나라 똥풍뎅이 가운데 몸집이 가장 크다. 세로줄 홈이 10줄씩 나 있다. 수컷 머리에는 조그만 뿔이 나 있다. 들과 낮은 산에 있는 소똥이나 말똥에 날아온다. 짝짓기를 마친 암컷은 똥 밑에 땅을 파고들어 가 작은 똥 경단을 만든 뒤 그 속에 알을 낳는다. 알에서 나온 애벌레는 땅속에서 똥 경단을 먹다가 다 먹으면 땅 위로 올라와 땅에 남은 똥을 먹어치운다. 6달쯤 지나면 어른벌레가 된다.

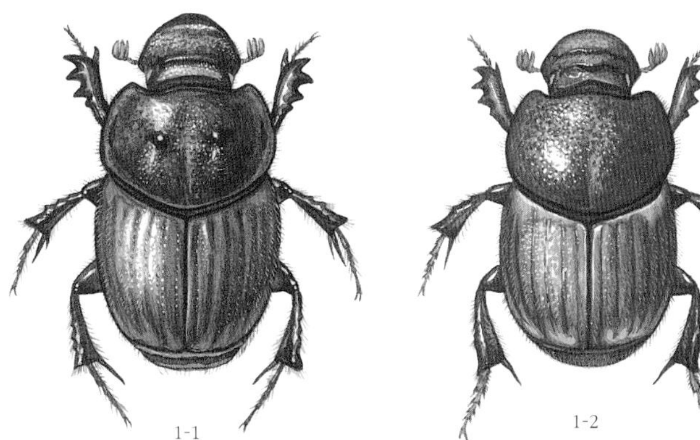

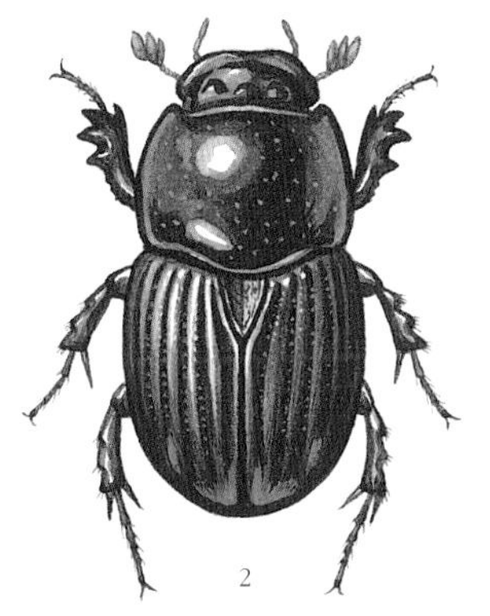

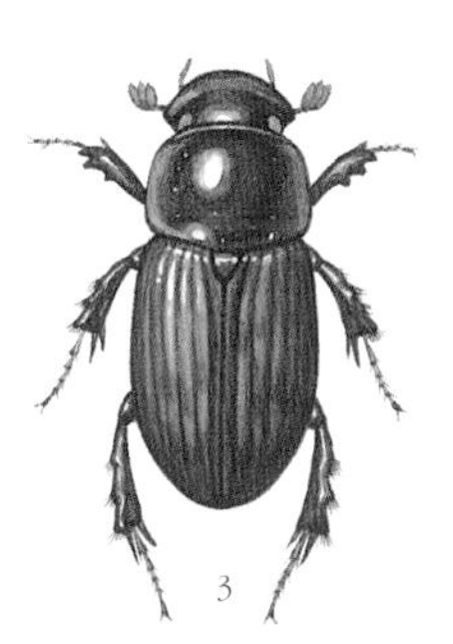

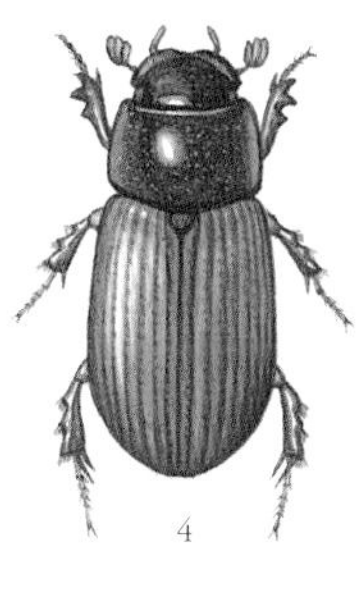

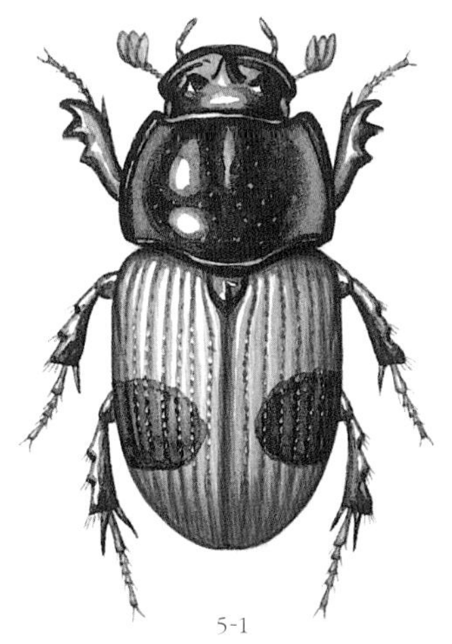

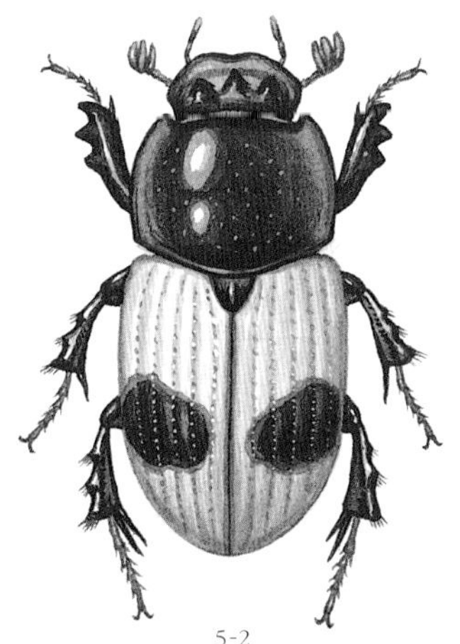

1-1. 갈색혹가슴소똥풍뎅이 수컷
1-2. 갈색혹가슴소똥풍뎅이 암컷
2. 뚱보똥풍뎅이
3. 발발이똥풍뎅이
4. 희귀한똥풍뎅이
5-1. 큰점박이똥풍뎅이 수컷
5-2. 큰점박이똥풍뎅이 암컷

꼬마똥보똥풍뎅이 *Aphodius haemorrhoidalis*

4~6mm 4~8월 애벌레

꼬마똥보똥풍뎅이는 온몸이 까맣게 반짝거리는데 딱지날개 끝은 붉은 밤색이다. 때로는 딱지날개 어깨까지 붉은 밤색을 띠기도 한다. 딱지날개에는 세로줄이 뚜렷하다. 앞가슴등판에 홈이 뚜렷하게 파여 있다. 뒷다리 첫 번째 발목마디 길이는 그다음 세 마디 길이를 합한 것보다 길다. 북녘과 중부 지방에서 보인다. 소똥이나 사람 똥에 꼬인다.

매끈한똥풍뎅이 *Aphodius impunctatus*

7mm 안팎 6~8월 애벌레

매끈한똥풍뎅이는 이름처럼 몸이 매끈하게 반짝거린다. 온몸은 붉은 밤색이다. 뒷다리 첫 번째 발목마디 길이는 그다음에 있는 두 마디 길이를 합한 것보다 조금 더 길다. 머리방패 앞 가장자리는 둥글다.

왕좀똥풍뎅이 *Aphodius indagator*

10~13mm 4~8월 모름

왕좀똥풍뎅이는 왕똥풍뎅이와 닮았지만 왕똥풍뎅이보다 몸이 덜 반짝거린다. 온몸이 까맣고 살짝 반짝거린다. 머리는 평평하고 수컷은 머리 가운데에 뿔처럼 혹이 돋았다. 앞가슴등판 양옆에는 홈이 잔뜩 파였다. 딱지날개에는 세로줄 홈이 나 있다. 뒷다리 첫 번째 발목마디 길이는 그다음 세 마디를 합친 길이보다 훨씬 길다. 북녘에서 많이 살고 남녘에서는 오대산이나 설악산, 태백산 같은 높은 산에서 볼 수 있다. 소똥에 잘 꼬인다.

고려똥풍뎅이 *Aphodius koreanensis*

6mm 안팎 4~10월 모름

고려똥풍뎅이는 몸이 붉은 밤색으로 반짝거리는데 정수리와 앞가슴등판 위쪽, 날개가 맞붙는 곳은 검은 밤색이다. 등이 불룩하게 솟았고 몸은 길쭉한 알처럼 둥글다. 앞가슴등판은 가운데가 불룩하고, 양옆은 둥글다.

왕똥풍뎅이 *Aphodius propraetor*

8~12mm 4~8월 모름

왕똥풍뎅이는 온몸이 까맣고 반짝인다. 딱지날개가 짙은 밤색이나 검은 밤색인 것도 있다. 머리 앞쪽은 부채를 편 것처럼 넓적하다. 이마에 혹이 3개 있는데 수컷은 가운데에 있는 혹이 짧은 뿔처럼 생겼다. 온 나라 산과 들에서 살고, 울릉도 같은 섬에서도 보인다. 소똥이나 말똥에 많이 꼬인다. 사람 똥이나 사슴 똥에도 가끔 날아온다. 똥에 모이는 곤충 가운데 왕똥풍뎅이 수가 많다.

꼬마똥풍뎅이 *Aphodius pusillus*

4mm 안팎 4~7월 어른벌레

꼬마똥풍뎅이는 온몸이 까맣게 반짝거리는데, 앞가슴등판 앞 모서리와 딱지날개는 붉은 밤색이다. 머리방패는 앞쪽으로 급하게 좁아진다. 앞가슴등판은 가운데가 아주 높다. 뒷다리 첫 번째 발목마디가 그다음에 있는 두 마디 길이를 합한 길이와 같다. 제주도를 포함한 온 나라에서 볼 수 있다. 소똥과 개똥, 사람 똥에 꼬인다. 프랑스에서는 한 해에 두 번 날개돋이하고 어른벌레로 겨울을 난다고 한다.

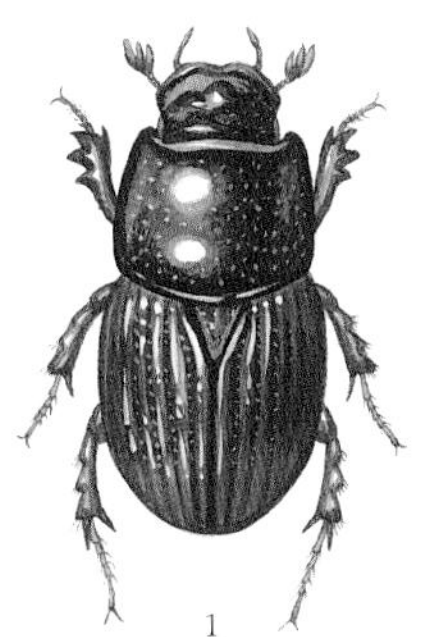
1

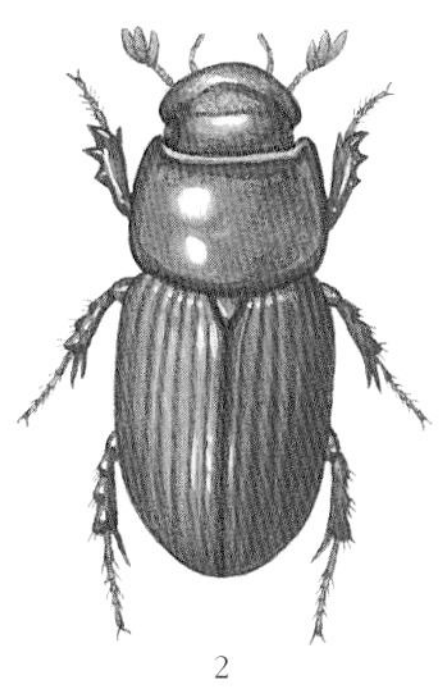
2

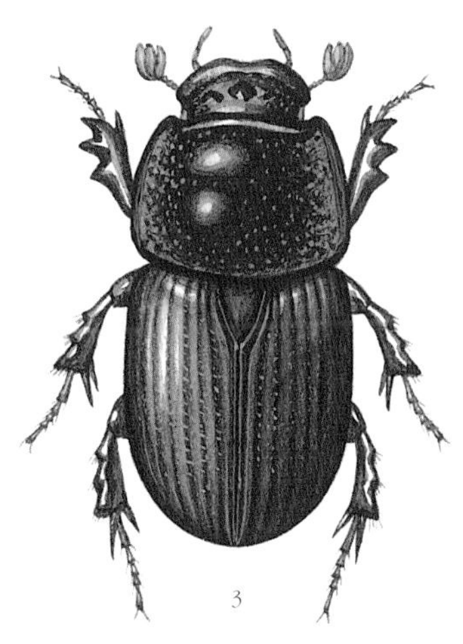
3

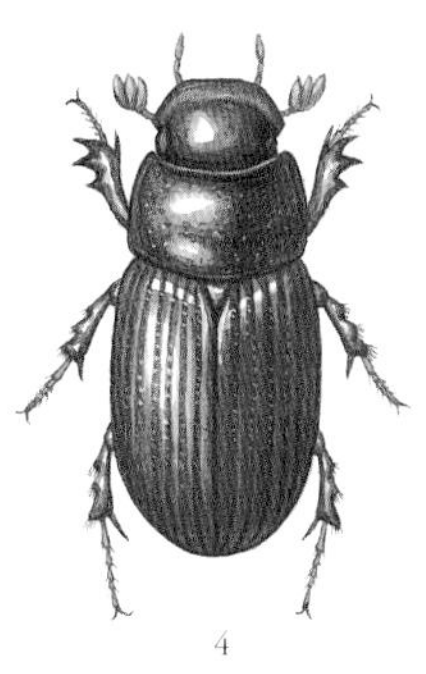
4

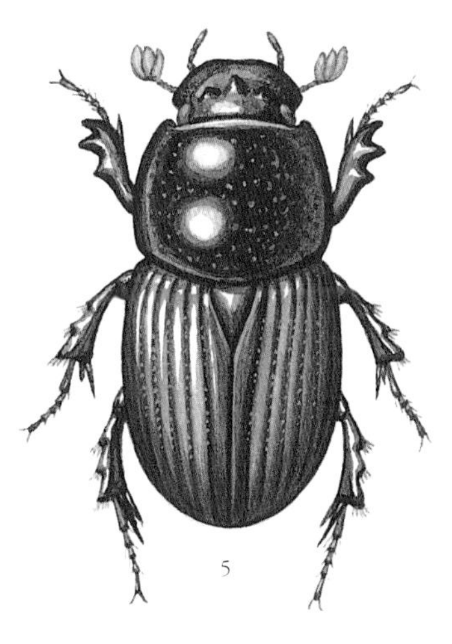
5

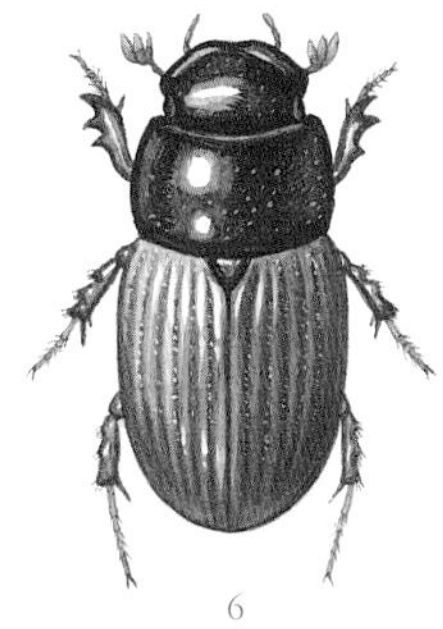
6

1. 꼬마뚱보똥풍뎅이
2. 매끈한똥풍뎅이
3. 왕좀똥풍뎅이
4. 고려똥풍뎅이
5. 왕똥풍뎅이
6. 꼬마똥풍뎅이

산똥풍뎅이 *Aphodius putridus* 4~5mm 6~10월 어른벌레

산똥풍뎅이는 몸이 까만데 머리와 앞가슴등판 둘레, 딱지날개는 붉은 밤색이거나 누르스름한 빨간색이다. 또 온몸이 까맣고 몸 끄트머리만 붉은 밤색 무늬가 있는 개체도 보인다. 수컷은 이마 세 곳이 높이 솟았다. 뒷다리 첫 번째 발목마디 길이가 그다음에 있는 세 마디를 합한 길이와 같다. 프랑스에서는 어른벌레로 겨울을 나고 말똥, 소똥, 양 똥이나 두엄, 썩은 식물 같은 곳에 꼬인다고 한다.

똥풍뎅이 *Aphodius rectus* 4~7mm 3~10월 모름

똥풍뎅이는 온몸이 검은 밤색이고, 하얀 털이 촘촘하게 나 있다. 앞가슴등판에는 작은 홈이 잔뜩 파여 있다. 딱지날개에는 세로줄 홈이 10줄씩 있다. 딱지날개는 까만데 붉은 밤색 무늬가 있거나 전체가 붉은 밤색이기도 하다. 산이나 들판에 있는 소똥에서 흔하게 볼 수 있다. 죽은 동물이나 다른 동물 똥에서도 보인다. 봄부터 가을까지 볼 수 있다. 소똥구리와 달리 똥 경단을 안 만든다. 암컷은 소똥 속이나 소똥 밑 땅속에 알을 낳는다. 알에서 나온 애벌레는 한 달쯤 지나면 어른벌레가 된다.

줄똥풍뎅이 *Aphodius rugosostriatus* 4~7mm 6~9월 모름

줄똥풍뎅이는 짙은 밤색이나 검은 밤색으로 반짝거리는데 머리와 앞가슴 둘레, 딱지날개는 붉은 밤색이다. 앞가슴등판은 가운데가 높고 양옆과 뒷 모서리가 둥글다. 딱지날개에 털이 없고 세로줄 홈이 뚜렷하다. 뒷다리 첫 번째 발목마디 길이는 그다음에 있는 세 마디 길이를 합한 것보다 짧다. 소똥이나 말똥에 꼬인다.

넉점박이똥풍뎅이 *Aphodius sordidus* 5~7mm 안팎 6~8월 애벌레

넉점박이똥풍뎅이는 이름처럼 딱지날개에 짙은 무늬가 4개 있다. 몸은 누런 밤색으로 반짝거린다. 머리와 앞가슴등판은 검은 밤색이다. 머리방패는 넓은데 앞쪽으로 좁아진다. 뒷다리 첫 번째 발목마디 길이가 그다음에 있는 세 마디를 합친 것보다 짧다. 제주도와 울릉도를 포함한 온 나라에서 볼 수 있다. 소똥에 잘 꼬이고 말똥이나 양 똥, 사람 똥에서도 볼 수 있다.

애노랑똥풍뎅이 *Aphodius sturmi* 3mm 안팎 4~10월 모름

애노랑똥풍뎅이는 이름처럼 온몸이 노랗게 반짝거린다. 뒷머리는 색깔이 더 어둡다. 앞가슴등판 양옆이 둥글다. 딱지날개에는 세로줄이 10개씩 나 있다. 뒷다리 첫 번째 발목마디는 그다음에 있는 세 마디 길이를 합한 것과 거의 같다. 제주도를 포함한 온 나라에서 볼 수 있다. 주로 소똥에 많이 꼬이고 사람 똥이나 양 똥에서도 볼 수 있다.

엷은똥풍뎅이 *Aphodius sublimbatus* 3~5mm 4~10월 모름

엷은똥풍뎅이는 온몸이 누런 밤색으로 반짝거리는데, 머리와 앞가슴등판 색깔이 더 짙다. 머리에는 작은 돌기가 3개 있다. 딱지날개에는 구름처럼 생긴 무늬가 있다. 앞가슴등판 양옆이 둥글다. 딱지날개에는 세로줄이 파였다. 뒷다리 첫 번째 발목마디 길이가 그다음에 있는 두 마디 길이를 합한 것과 같다. 제주도와 울릉도를 포함한 온 나라에서 볼 수 있다. 소똥과 양 똥에 잘 꼬인다. 어른벌레는 봄부터 가을까지 보이는데, 5월에 가장 많이 볼 수 있다.

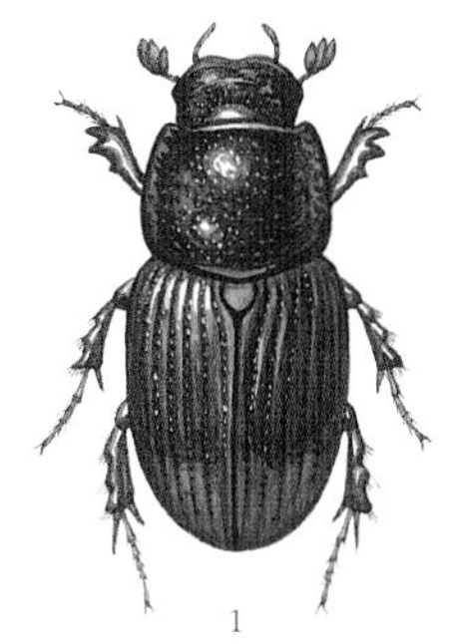

1

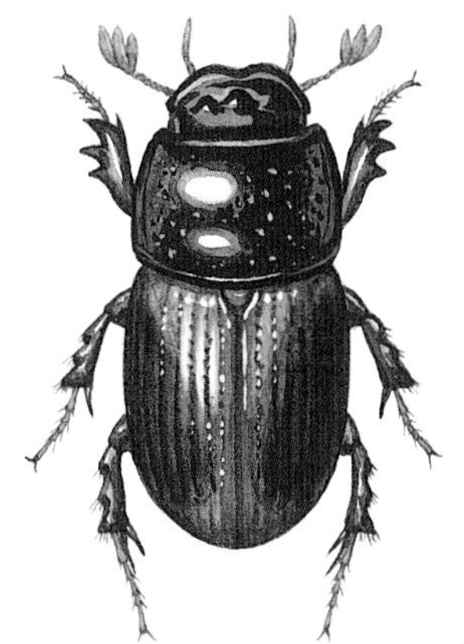

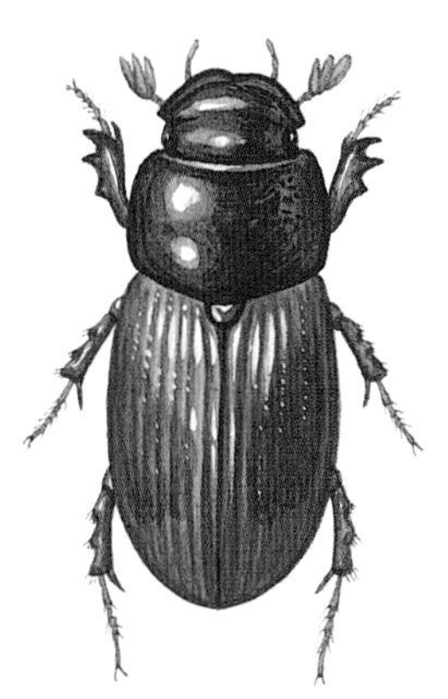

2

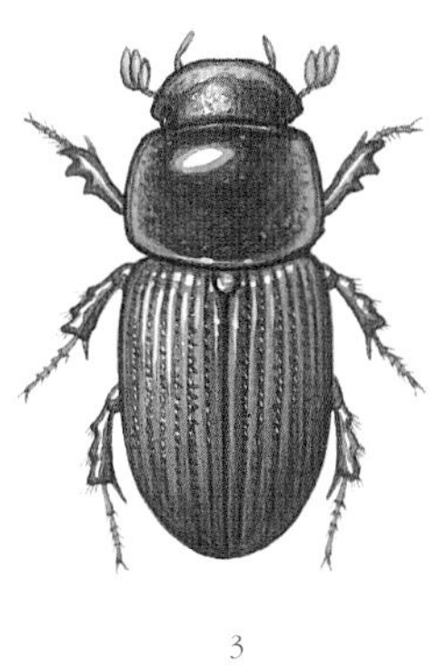

3

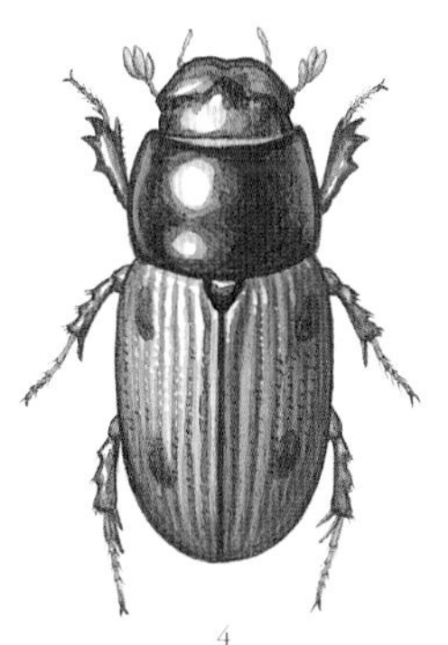

4

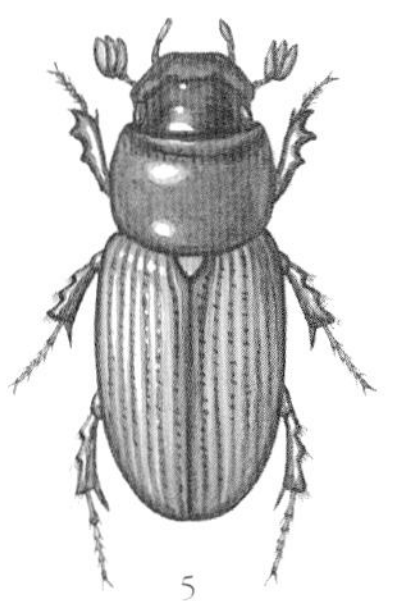

5

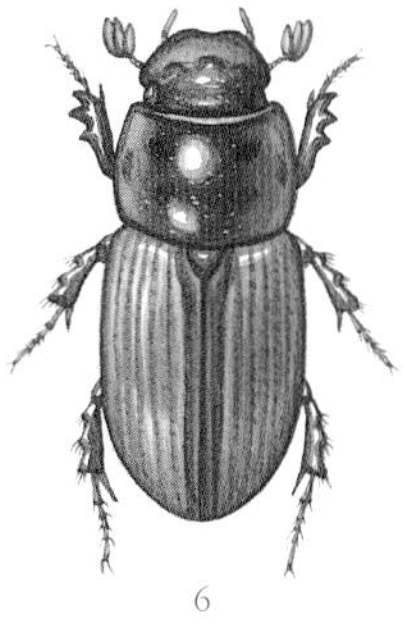

6

1. 산똥풍뎅이
2. 똥풍뎅이
3. 줄똥풍뎅이
4. 넉점박이똥풍뎅이
5. 애노랑똥풍뎅이
6. 엷은똥풍뎅이

똥풍뎅이과

어깨뿔똥풍뎅이 *Aphodius superatratus* 6~8mm 5~7월 모름

어깨뿔똥풍뎅이는 딱지날개 어깨에 작은 돌기가 있다. 온몸이 까맣고 살짝 반짝거린다. 등이 알처럼 둥글게 솟아올랐다. 앞가슴등판은 거의 네모난데 뒷 모서리는 둥글다. 뒷다리 첫 번째 발목마디 길이는 그다음에 있는 네 마디 길이를 합한 것보다 조금 짧다.

똥풍뎅이과

유니폼똥풍뎅이 *Aphodius uniformis* 3~5mm 4~10월 모름

유니폼똥풍뎅이는 온몸이 까만데 머리와 앞가슴등판 둘레, 다리, 딱지날개는 불그스름한 밤색을 띤다. 앞가슴등판 양옆은 둥글고, 크고 작은 홈이 잔뜩 파여 있다. 딱지날개에는 세로줄 홈이 나 있다. 소똥이나 말똥, 양 똥, 사람 똥에 꼬인다.

똥풍뎅이과

띠똥풍뎅이 *Aphodius uniplagiatus* 3~5mm 5~9월 모름

띠똥풍뎅이는 온몸이 까맣게 반짝거리지만 머리와 앞가슴등판 둘레, 딱지날개 앞쪽 가운데에 있는 커다란 세모 무늬는 붉은 밤색을 띤다. 앞가슴등판 양옆은 둥글고, 뒷모서리도 둥글다. 딱지날개에는 세로줄 홈이 나 있다. 뒷다리 첫 번째 발목마디 길이가 그다음에 있는 두 마디 길이를 합한 것과 거의 같다. 제주도를 포함한 온 나라에서 보인다. 소똥에 많이 꼬이고 양 똥이나 사람 똥, 말똥에서도 볼 수 있다.

똥풍뎅이과

먹무늬똥풍뎅이 *Aphodius variabilis* 6mm 안팎 5~10월 모름

먹무늬똥풍뎅이는 온몸이 까맣게 반짝거리는데, 머리 둘레와 앞가슴등판은 밝은 밤색을 띠고, 딱지날개는 누런 밤색을 띤다. 딱지날개에는 까만 무늬가 여기저기 있다. 뒷다리 첫 번째 발목마디 길이는 그다음 세 마디 길이를 합한 것보다 길다.

똥풍뎅이과

곤봉털모래풍뎅이 *Trichiorhyssemus asperulus* 3mm 안팎 5~11월 모름

곤봉털모래풍뎅이는 이름처럼 등에 곤봉처럼 생긴 털이 나 있다. 몸은 가늘고 긴 원통형으로 생겼다. 온몸은 까맣거나 거무스름한 밤색이고 반짝이지 않는다. 다리는 붉은 밤색이다. 앞가슴등판에 가로로 도랑이 5줄 깊게 파였다. 앞다리 허벅지마디는 가운뎃다리와 뒷다리 허벅지마디보다 더 굵다. 중부와 남부, 제주도 바닷가나 강가 모래밭에서 산다.

붙이금풍뎅이과

극동붙이금풍뎅이 *Notochodaeus maculatus koreanus* 7~10mm 5~8월 어른벌레

극동붙이금풍뎅이는 1990년에 우리나라에서 새롭게 찾아낸 종이다. 온몸은 누렇고 머리와 앞가슴등판에 검은 무늬가 있다. 온몸에 누런 털이 빽빽하게 나 있다. 산이나 들판에서 해 질 녘에 풀밭을 낮게 날아다닌다.

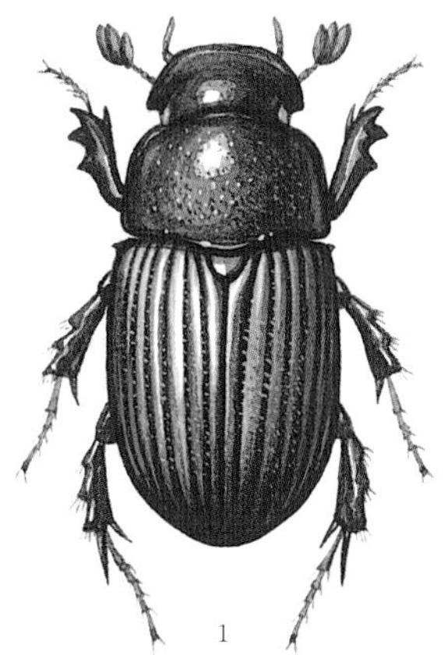

1

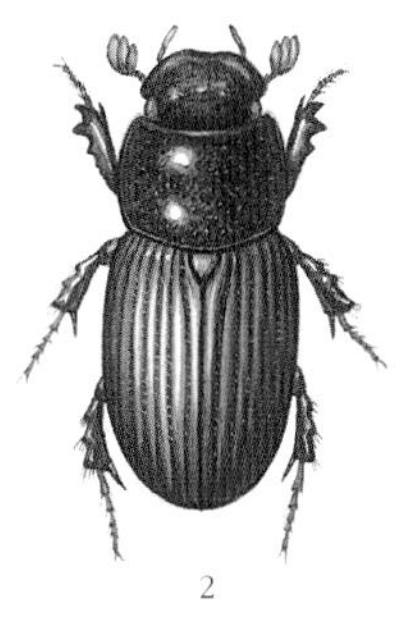

2

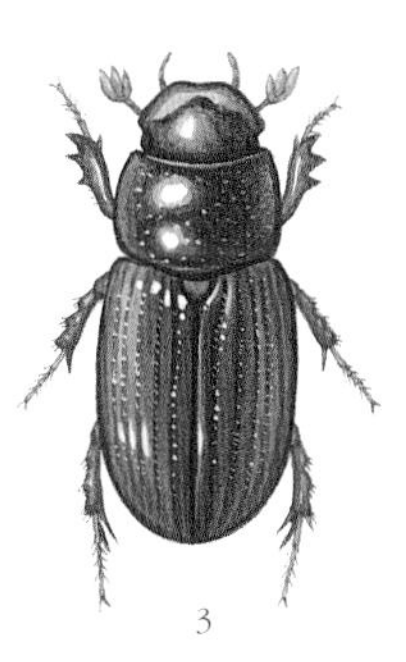

3

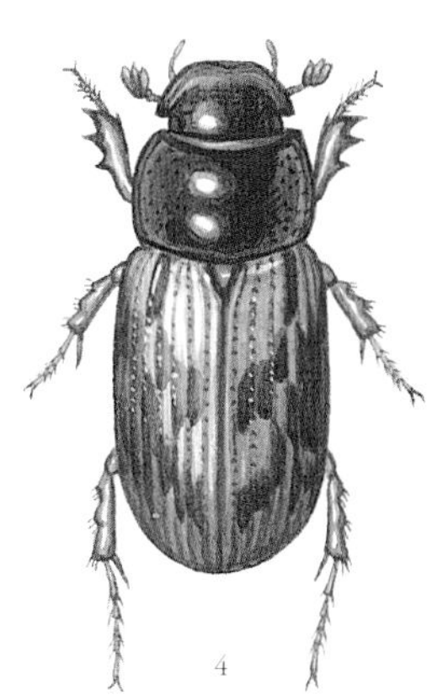

4

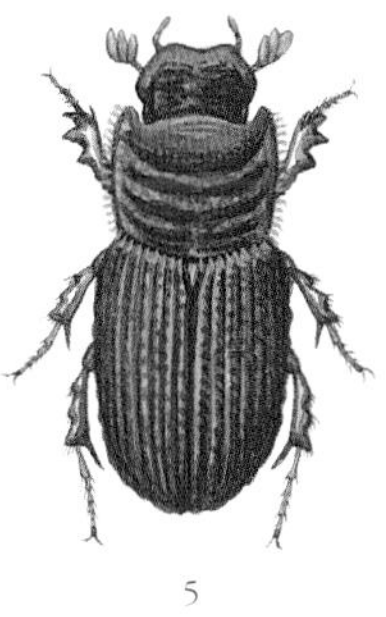

5

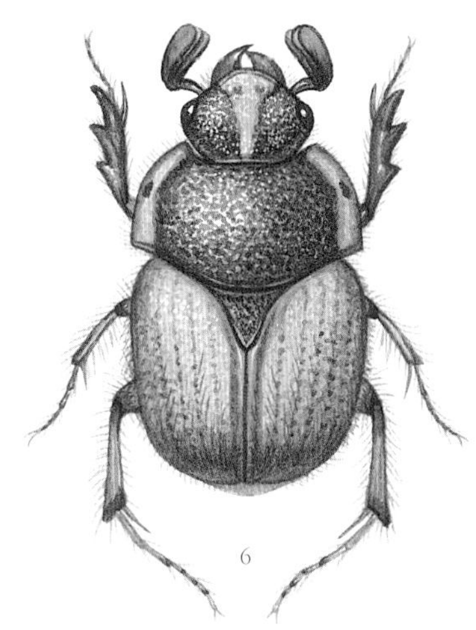

6

1. 어깨뿔똥풍뎅이
2. 유니폼똥풍뎅이
3. 띄똥풍뎅이
4. 먹무늬똥풍뎅이
5. 곤봉털모래풍뎅이
6. 극동붙이금풍뎅이

검정풍뎅이과
긴다리풍뎅이아과

주황긴다리풍뎅이 *Ectinohoplia rufipes*

7~10mm 4~9월 애벌레, 어른벌레

주황긴다리풍뎅이는 이름처럼 뒷다리가 길다. 딱지날개에는 흙빛 비늘이 덮여 있는데 개체에 따라 누런 잿빛부터 주황색까지 여러 가지 색을 띤다. 손으로 만지면 비늘은 잘 벗겨진다. 뒷다리 발톱이 갈라지지 않는다. 온 나라 산속 풀밭이나 숲 가장자리에서 볼 수 있다. 6월에 가장 많이 볼 수 있다. 꽃에 앉아 꽃가루를 먹는다. 애벌레는 땅속에서 식물 뿌리를 갉아 먹고 산다.

검정풍뎅이과
긴다리풍뎅이아과

점박이긴다리풍뎅이 *Hoplia aureola*

7mm 안팎 4~9월 애벌레

점박이긴다리풍뎅이는 누르스름한 풀빛 비늘이 온몸을 덮고 있고, 딱지날개에 까만 점무늬가 12개쯤 있다. 때때로 몸 비늘이 모두 벗겨져 아무 무늬도 안 보인다. 제주도를 포함한 온 나라에서 볼 수 있다. 낮에 배나무나 사과나무, 층층나무, 찔레나무 같은 여러 나무 꽃에 날아와 꽃과 어린잎을 갉아 먹는다. 애벌레는 과수원 땅속에서 나무뿌리를 갉아 먹는다.

검정풍뎅이과
검정풍뎅이아과

감자풍뎅이 *Apogonia cupreoviridis*

8~11mm 안팎 4~11월 어른벌레

감자풍뎅이는 온몸이 까맣게 반짝인다. 보는 방향에 따라 풀빛이나 구릿빛이 감돈다. 더듬이는 불그스름하고 10마디이며, 끝 세 마디가 곤봉처럼 생겼다. 딱지날개에는 세로줄이 3줄씩 튀어나왔고, 자잘한 홈들이 잔뜩 나 있다. 앞가슴등판에도 홈이 크고 거칠게 나 있다. 제주도를 포함한 온 나라 산이나 들판 풀밭에서 볼 수 있다. 밤에 나와 돌아다니면서 넓은잎나무 잎을 갉아 먹는다. 애벌레는 땅속에서 나무나 풀 뿌리를 갉아 먹는다. 밤에 불빛에 날아오기도 한다.

검정풍뎅이과
검정풍뎅이아과

활더맨홍다색풍뎅이 *Brahmina rubetra faldermanni*

9~11mm 7~8월 모름

활더맨홍다색풍뎅이는 온몸이 붉은 밤색이다. 등에 기다란 털이 잔뜩 나 있다. 더듬이는 10마디이고, 곤봉처럼 생긴 마디가 3마디다. 수컷은 곤봉처럼 생긴 3마디 길이가 6개 자루마디 길이를 합한 것과 같고, 암컷은 5개 자루마디 길이보다 조금 짧다. 북녘에서 살고 남녘에는 높은 산에서 볼 수 있다.

검정풍뎅이과
검정풍뎅이아과

고려노랑풍뎅이 *Pseudosymmchia impressifrons*

10~15mm 4~10월 어른벌레

고려노랑풍뎅이는 몸이 뚱뚱하고 노랗다. 더듬이는 9마디다. 가슴 배 쪽에는 누런 털이 잔뜩 나 있다. 제주도를 포함한 온 나라에서 볼 수 있다. 낮은 산이나 들판에서 산다. 어른벌레는 낮에는 숨어 있다가 밤에 나와 땅 위를 돌아다닌다. 불빛으로 날아오기도 한다.

검정풍뎅이과
검정풍뎅이아과

하이덴갈색줄풍뎅이 *Sophrops heydeni*

10~11mm 4~10월 모름

하이덴갈색줄풍뎅이는 몸이 누런 밤색으로 반짝거리는데, 머리는 까맣고 머리방패와 앞가슴등판은 어두운 붉은 밤색이다. 머리방패 앞쪽 가운데가 살짝 파였다. 더듬이는 10마디다. 수컷은 곤봉처럼 생긴 더듬이 마디가 가늘고, 자루마디 길이를 합한 것보다 조금 짧다. 암컷은 자루마디 길이에 절반쯤 된다. 딱지날개에는 세로로 솟은 줄이 4개씩 있다. 딱지날개 길이는 폭보다 2배 넘게 길다. 제주도를 포함한 온 나라에서 볼 수 있다.

1

2-1

2-2

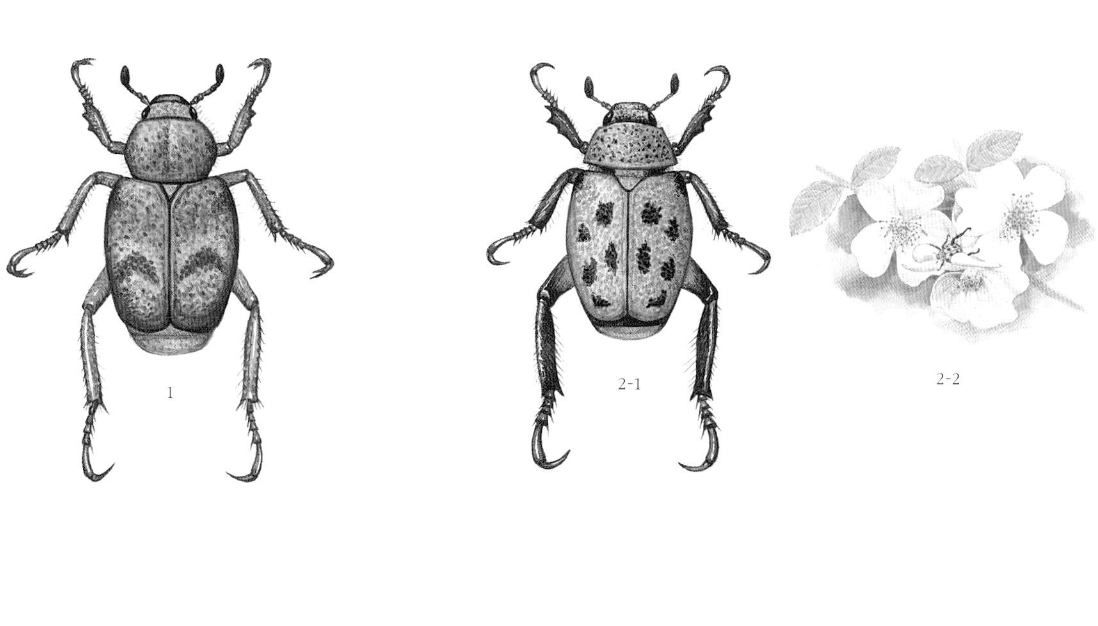

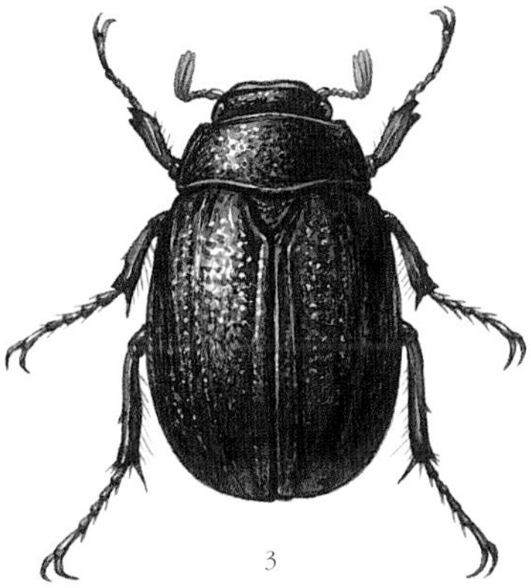

3

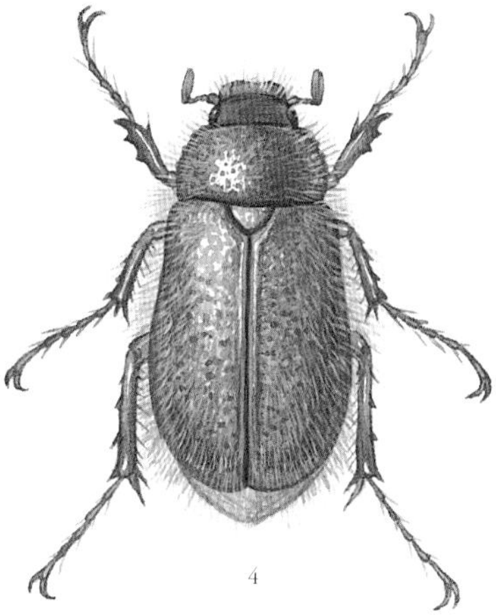

4

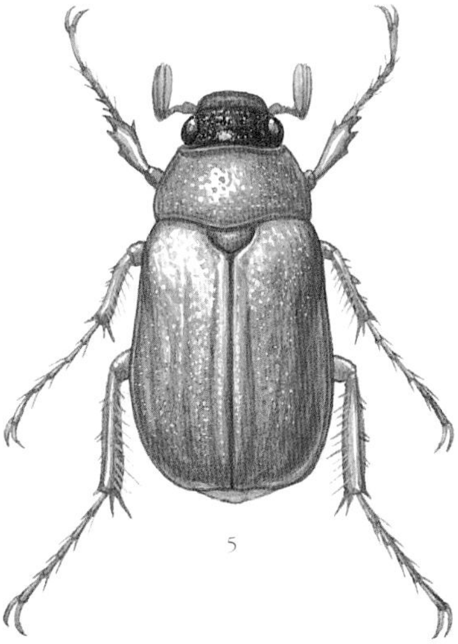

5

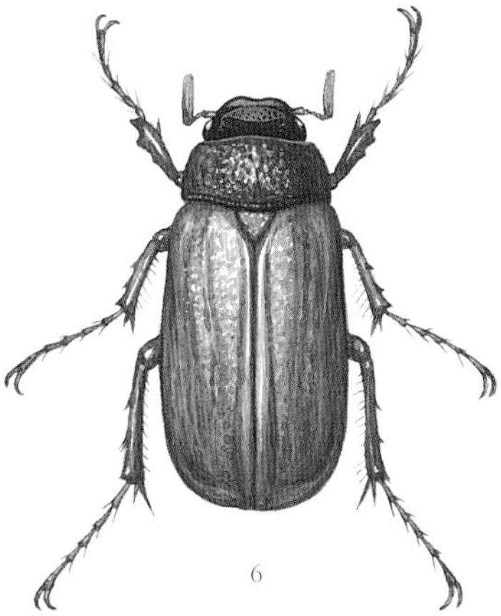

6

1. 주황긴다리풍뎅이
2-1. 점박이긴다리풍뎅이
2-2. 점박이긴다리풍뎅이가 꽃을 갉아 먹고 있다. 멀리서 보면 꽃술과 닮아서 헷갈린다.
3. 감자풍뎅이
4. 활더맨홍다색풍뎅이
5. 고려노랑풍뎅이
6. 하이덴갈색줄풍뎅이

검정풍뎅이과
검정풍뎅이아과

황갈색줄풍뎅이 *Sophrops striata*

11 ~ 14mm · 4 ~ 9월 · 모름

황갈색줄풍뎅이는 이름처럼 온몸이 밤빛이다. 머리와 앞가슴등판은 더 붉거나 검다. 앞가슴등판에는 작은 홈이 잔뜩 파여 있고, 양옆은 뾰족뾰족하고 짧은 가시털이 나 있다. 딱지날개에는 세로줄이 4줄 튀어나왔다. 긴다색풍뎅이와 닮았는데, 황갈색줄풍뎅이는 머리방패 앞쪽 가운데가 깊게 파여, 마치 동그란 잎이 두 개 있는 것처럼 보인다. 앞다리 종아리마디 안쪽에 가시가 없다. 제주도를 포함한 온 나라에서 산다. 낮은 산이나 숲 가장자리에서 볼 수 있다. 어른벌레는 넓은잎나무 잎을 갉아 먹고, 애벌레는 식물 뿌리를 갉아 먹는다.

검정풍뎅이과
검정풍뎅이아과

참검정풍뎅이 *Holotrichia diomphalia*

16 ~ 21mm · 4 ~ 10월 · 애벌레, 어른벌레

참검정풍뎅이는 이름처럼 온몸이 까맣고 반짝거린다. 딱지날개에는 굵은 세로줄이 3줄씩 튀어나왔다. 온몸에는 홈이 잔뜩 파여 있다. 온 나라 산과 들에 자라는 넓은잎나무 잎을 갉아 먹는다. 밤에 나와 돌아다니며 불빛을 보고 날아오기도 한다. 검정풍뎅이 무리 가운데 가장 흔하게 보인다. 5~6월에 짝짓기를 마친 암컷은 땅속에 알을 낳는다. 알에서 나온 애벌레는 땅속에서 여러 가지 식물 뿌리를 갉아 먹고 살다가 3령 애벌레로 겨울을 난다. 이듬해 8월에 번데기가 되고 9월에 어른벌레가 된 뒤 그대로 땅속에서 어른벌레로 겨울을 난다. 2년에 한 번 어른벌레로 나온다. 땅속에 사는 애벌레는 과수원에 심어 놓은 배나무 뿌리를 갉아 먹어서 피해를 준다.

검정풍뎅이과
검정풍뎅이아과

고려다색풍뎅이 *Holotrichia koraiensis*

17 ~ 20mm · 5 ~ 9월 · 모름

고려다색풍뎅이는 몸이 길쭉한 원통처럼 생겼다. 온몸은 붉은 밤색이나 검은 밤색으로 번쩍거린다. 다른 풍뎅이보다 다리 발목마디가 가늘지만 무척 길다. 수컷은 곤봉처럼 생긴 더듬이 마디가 자루마디 길이와 거의 같지만, 암컷은 자루마디 길이의 절반쯤 된다. 제주도를 포함한 온 나라에서 산다.

검정풍뎅이과
검정풍뎅이아과

큰다색풍뎅이 *Holotrichia niponensis*

17 ~ 23mm · 3 ~ 9월 · 모름

큰다색풍뎅이는 온몸이 붉은 밤색이나 누런 밤색이다. 딱지날개는 붉은 밤색인데 햇빛을 받으면 무지갯빛으로 아롱댄다. 딱지날개에는 세로로 솟은 줄이 나 있다. 더듬이는 10마디이고 곤봉처럼 생긴 더듬이 마디는 3마디다. 수컷은 곤봉처럼 생긴 더듬이 마디가 자루마디 길이에 1/2쯤 된다. 우리나라에 사는 검정풍뎅이 무리 가운데 몸이 가장 크다. 제주도를 포함한 온 나라에서 산다.

검정풍뎅이과
검정풍뎅이아과

큰검정풍뎅이 *Holotrichia parallela*

17 ~ 22mm · 4 ~ 9월 · 어른벌레

큰검정풍뎅이는 온몸이 까만데 반짝거리지 않아서 참검정풍뎅이와 다르다. 밤빛을 띠는 개체도 많다. 낮은 산이나 들판, 밭에서 흔하게 볼 수 있다. 제주도를 포함한 온 나라에서 산다. 밤에 나와 돌아다니며 사과나무나 벚나무, 밤나무 같은 넓은잎나무 잎을 갉아 먹는다. 불빛으로 날아오기도 한다. 참검정풍뎅이와 사는 모습이 닮았다. 겨울이 오면 어른벌레로 겨울을 난다고 알려졌다. 애벌레는 땅속에서 식물 뿌리를 갉아 먹는다. 알에서 어른벌레가 되는 데 1~2년쯤 걸린다.

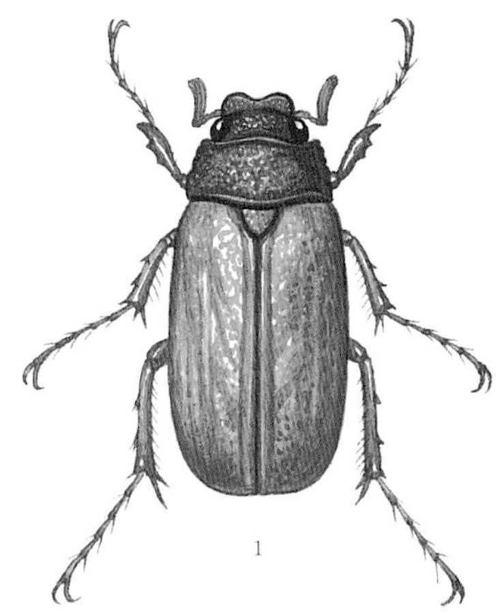
1

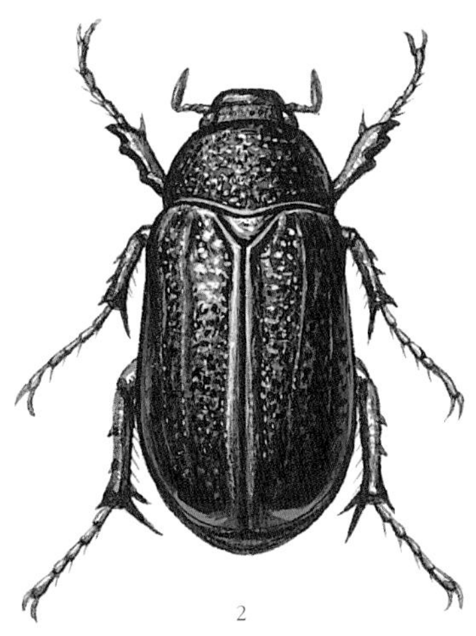
2

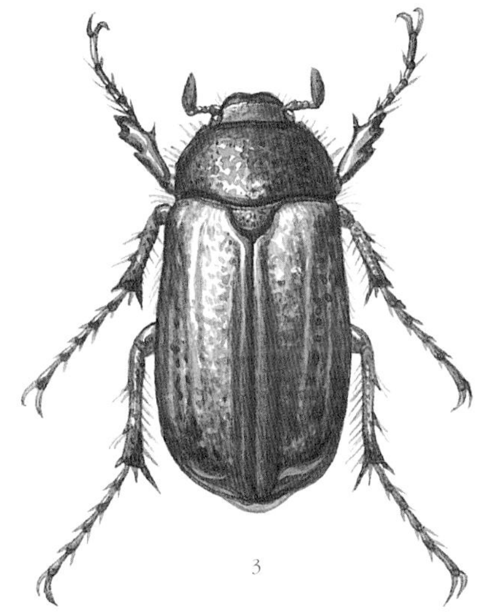
3

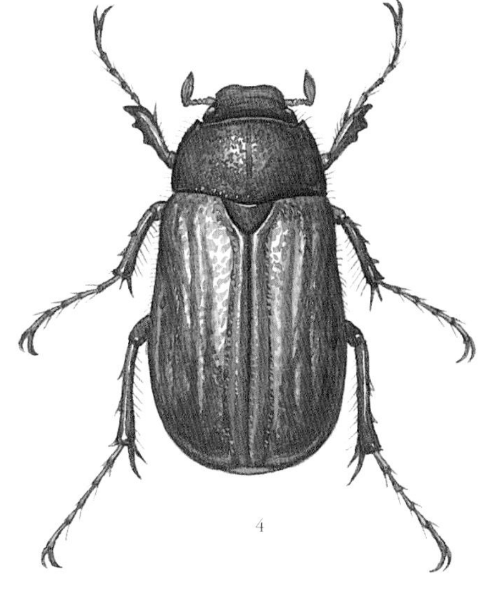
4

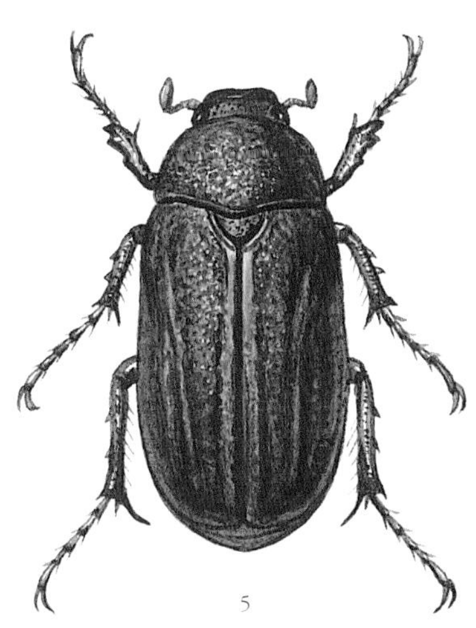
5

1. 황갈색줄풍뎅이
2. 참검정풍뎅이
3. 고려다색풍뎅이
4. 큰다색풍뎅이
5. 큰검정풍뎅이

검정풍뎅이과
검정풍뎅이아과

꼬마검정풍뎅이 *Holotrichia pieca*

15~18mm 5~7월 모름

꼬마검정풍뎅이는 이름처럼 온몸이 까맣지만 붉은 밤색을 띠기도 한다. 머리방패 앞쪽 가운데가 깊게 파였다. 더듬이에 곤봉처럼 생긴 마디는 암수 모두 아주 짧다. 앞가슴등판 앞쪽 가장자리에 억센 털이 길게 나 있다. 제주도를 포함한 온 나라에서 산다. 어른벌레는 여러 가지 넓은잎나무 잎을 갉아 먹는다.

검정풍뎅이과
검정풍뎅이아과

긴다색풍뎅이 *Heptophylla picea*

12~15mm 5~8월 애벌레

긴다색풍뎅이는 온몸이 밤색으로 반짝거린다. 황갈색줄풍뎅이와 닮았는데, 긴다색풍뎅이는 머리방패 가운데가 깊게 파이지 않고 둥그렇게 보여서 다르다. 등과 가슴 아래쪽에 긴 털이 나 있다. 더듬이는 10마디인데, 곤봉처럼 생긴 마디가 수컷은 6.5마디이고 암컷은 5마디이다. 딱지날개에는 뚜렷하지 않은 세로줄이 4개 나 있다. 높은 산, 낮은 산, 들판에서 볼 수 있다. 밤에 나와 돌아다니면 꽃이나 잎을 먹는다. 짝짓기를 마친 암컷은 땅속으로 들어가 알을 30개쯤 낳는다. 애벌레는 땅속에서 나무뿌리를 갉아 먹는다.

검정풍뎅이과
검정풍뎅이아과

쌍색풍뎅이 *Hilyotrogus bicoloreus*

15~18mm 5~10월 어른벌레

쌍색풍뎅이는 온몸이 붉은 밤색이고 반짝거리지 않는다. 더듬이는 누런 밤색이고 끄트머리 5마디가 곤봉처럼 부풀었다. 딱지날개에는 아주 작은 누런 털이 줄지어 나 있다. 제주도를 포함한 온 나라에 산다. 산이나 숲 가장자리에서 볼 수 있다. 어른벌레는 넓은잎나무 잎을 갉아 먹는다.

검정풍뎅이과
검정풍뎅이아과

수염풍뎅이 *Polyphylla laticollis manchurica*

33~37mm 6~7월 애벌레

수염풍뎅이는 검정풍뎅이 무리 가운데 몸집이 가장 크다. 온몸은 밤색이고, 허연 털 뭉치가 여기저기 나 있다. 앞가슴등판은 짧고 넓으며 짧은 털이 나 있다. 딱지날개에는 세로줄이 3줄씩 튀어나왔다. 수컷은 곤봉처럼 생긴 더듬이가 7마디이고 자루보다 길며 부채처럼 활짝 펼쳐진다. 암컷은 5마디이고 자루보다 짧다. 온 나라 강가나 바닷가 모래밭에 많이 살았다. 1950년까지만 해도 많이 볼 수 있었지만, 1970년 뒤로 거의 사라져서 멸종위기종으로 지정되었다. 어른벌레는 밤에 불빛을 보고 날아오기도 한다. 애벌레는 강가나 냇가에 식물이 썩어 쌓여 있는 곳에 산다고 한다. 땅속에서 4년을 살다가 어른벌레가 된다고 알려졌다.

검정풍뎅이과
검정풍뎅이아과

왕풍뎅이 *Melolontha incana*

26~33mm 6~8월 애벌레

왕풍뎅이는 이름처럼 몸집이 크다. 더듬이는 10마디인데 7마디가 곤봉처럼 불거져 길다. 암컷은 더듬이가 작고, 수컷은 크며 부채처럼 활짝 펼쳐진다. 온몸은 붉은 밤색이고, 노랗거나 하얀 짧은 털이 빽빽하게 나 있다. 털이 다 빠지면 붉은 밤색이다. 앞다리 종아리마디에 가시처럼 뾰족한 돌기가 두 개 있다. 참나무가 자라는 숲에서 많이 산다. 낮에 참나무나 밤나무 잎을 갉아 먹는다. 밤에는 불빛을 보고 날아온다. 밤에 짝짓기를 마친 암컷은 땅속에 알을 낳는다. 알에서 나온 애벌레는 처음에는 썩은 가랑잎을 먹다가 시나브로 참나무나 소나무 뿌리를 갉아 먹는다. 때로는 사과나무나 복숭아나무, 배나무 뿌리를 갉아 먹어서 피해를 준다. 두 해를 넘긴 애벌레는 땅겉 가까이에서 방을 만들고 번데기가 된 뒤 어른벌레가 된다. 2년에 한 번 어른벌레가 되어 나온다.

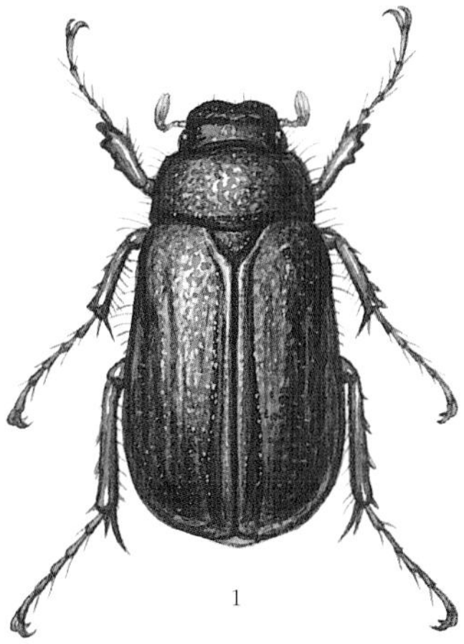

1

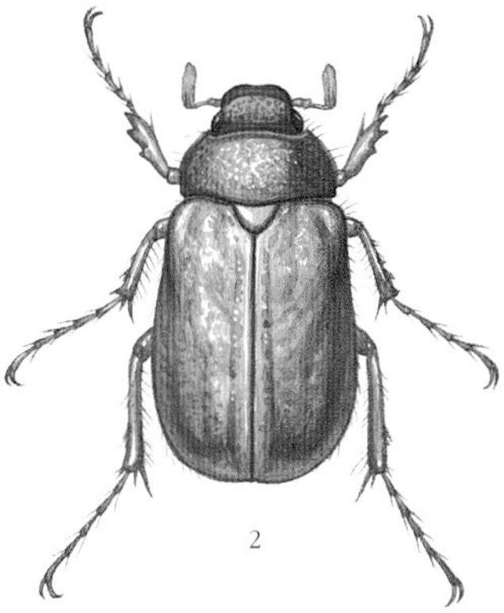

2

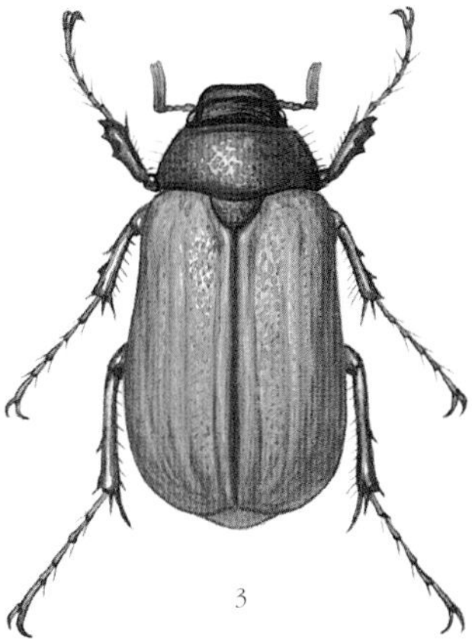

3

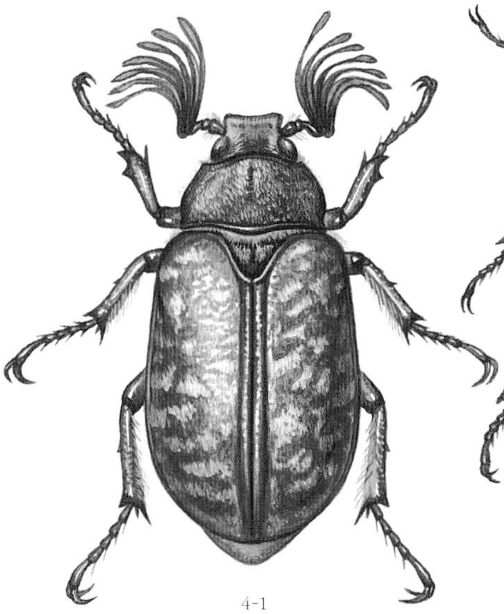

4-1

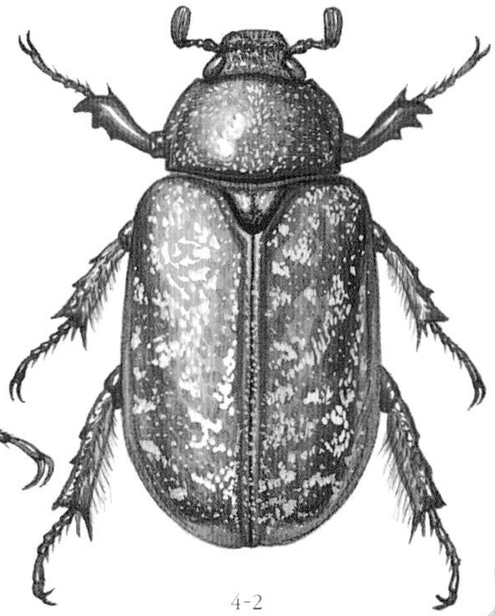

4-2

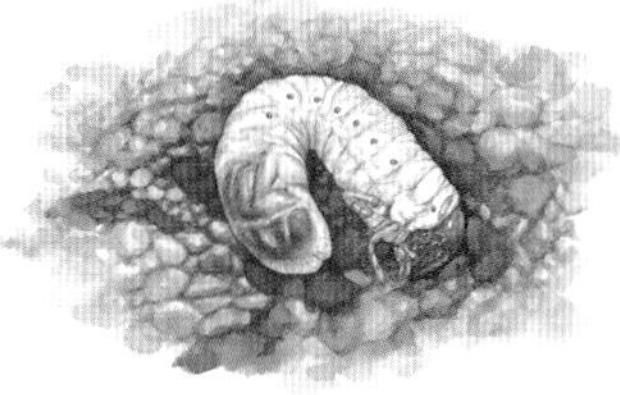

4-3

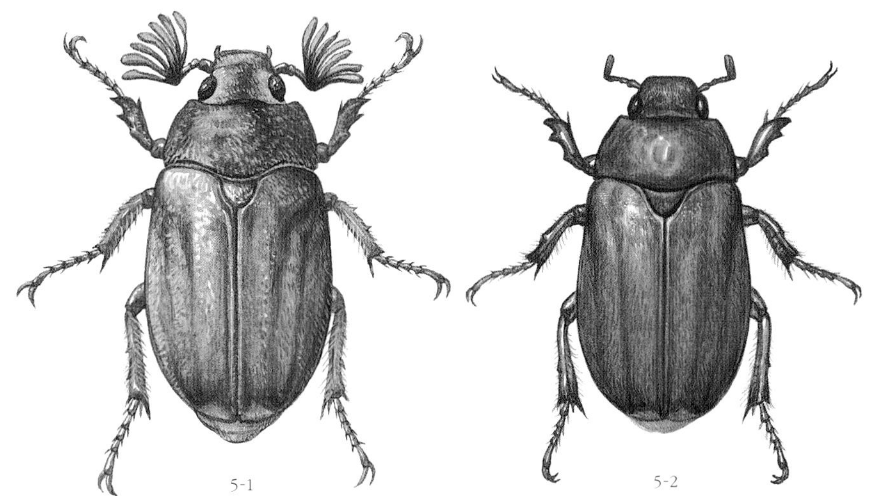

5-1

5-2

1. 꼬마검정풍뎅이
2. 긴다색풍뎅이
3. 쌍색풍뎅이

4-1. 수염풍뎅이 수컷

4-2. 수염풍뎅이 암컷

4-3. 흙 속에서 사는 수염풍뎅이 애벌레

5-1. 왕풍뎅이 수컷

5-2. 왕풍뎅이 암컷

검정풍뎅이과
우단풍뎅이아과

줄우단풍뎅이 *Gastroserica herzi*

6~8mm 4~10월 어른벌레

줄우단풍뎅이는 앞가슴등판 앞쪽이 뚜렷하게 좁아서 다른 우단풍뎅이와 다르다. 까만 줄무늬가 머리와 앞가슴등판에 두 줄, 딱지날개에는 가운데와 양 옆에 두 줄씩 있다. 때때로 줄무늬가 없기도 하다. 더듬이는 10마디다. 곤봉처럼 생긴 마디가 4마디인데 수컷은 자루 부분보다 길고, 암컷은 짧다. 낮에 참나무가 많이 자라는 낮은 산이나 풀밭에서 볼 수 있다. 가끔 논밭에서도 보인다. 넓은잎나무 잎에 자주 앉아 갉아 먹는다. 7월에 가장 많이 볼 수 있다.

검정풍뎅이과
우단풍뎅이아과

흑다색우단풍뎅이 *Sericania fuscolineata*

8~11mm 4~9월 어른벌레

흑다색우단풍뎅이는 온몸이 붉은 밤색으로 반짝거린다. 정수리와 앞가슴등판 가운데, 딱지날개가 맞붙는 곳은 검은 밤색이다. 딱지날개에는 세로줄이 뚜렷하다. 더듬이는 9마디이고 다섯 번째 자루마디가 아주 길다. 곤봉처럼 생긴 마디는 수컷은 4마디이고 자루마디 길이보다 2배 더 길다. 암컷은 3마디이고 자루마디 길이보다 살짝 짧다. 제주도를 뺀 온 나라에서 산다.

검정풍뎅이과
우단풍뎅이아과

갈색우단풍뎅이 *Serica fulvopubens*

8~10mm 5~7월 모름

갈색우단풍뎅이는 몸은 까맣거나 밤색인데, 긴 털이 덮여 있다. 더듬이는 9마디다. 수컷은 곤봉처럼 생긴 더듬이 마디가 자루마디 길이보다 두 배쯤 더 길다. 암컷은 자루마디 길이와 거의 같다. 딱지날개 양옆 가장자리에는 억센 털이 나 있다. 제주도를 포함한 온 나라에서 산다.

검정풍뎅이과
우단풍뎅이아과

금색우단풍뎅이 *Maladera aureola*

6~9mm 6~8월 모름

금색우단풍뎅이는 이름처럼 온몸이 금빛을 띠는 노란빛을 띤다. 몸 여기저기에 기다란 누런 털이 나 있다. 뒷다리 허벅지마디는 가운뎃다리보다 두 배나 더 길다. 더듬이는 10마디다. 곤봉처럼 생긴 마디는 수컷은 자루마디 길이와 같고, 암컷은 더 짧다. 중부 지방 밑에서 산다.

검정풍뎅이과
우단풍뎅이아과

알모양우단풍뎅이 *Maladera cariniceps*

8~10mm 3~11월 어른벌레

알모양우단풍뎅이는 몸 위쪽이 까만 밤색이고, 아래쪽은 붉은 밤색이다. 등에는 하얗고 자잘한 털로 빽빽하게 덮여 있다. 딱지날개에는 이리저리 홈이 파여 있다. 딱지날개 바깥쪽 가장자리에 억센 털이 잔뜩 나 있다. 더듬이는 9~10마디다. 곤봉처럼 생긴 마디는 암수 모두 자루마디보다 짧다. 제주도를 포함한 온 나라에서 볼 수 있다. 산속이나 들판 풀밭에 산다. 어른벌레로 흙 속이나 나무 밑동 껍질 속에서 겨울을 나고 이른 봄부터 밤에 나와 돌아다닌다. 5월에 가장 많이 보인다. 애벌레는 땅속에서 식물 뿌리를 갉아 먹는다.

검정풍뎅이과
우단풍뎅이아과

부산우단풍뎅이 *Maladera fusania*

7~10mm 3~10월 모름

부산우단풍뎅이는 몸이 달걀처럼 둥그스름하다. 몸은 붉은 밤색이거나 검은 밤색인데, 우단처럼 덮여 있는 털이 쉽게 벗겨져 반짝반짝 몸이 빛난다. 더듬이는 10마디이고 옅은 밤색이다. 곤봉처럼 생긴 더듬이 마디는 자루마디보다 훨씬 짧다. 뒷다리 종아리마디가 가늘고 길다. 제주도를 포함한 온 나라에서 볼 수 있다.

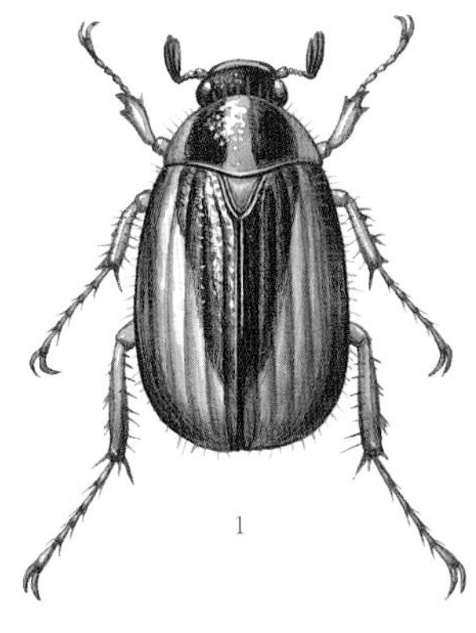

1

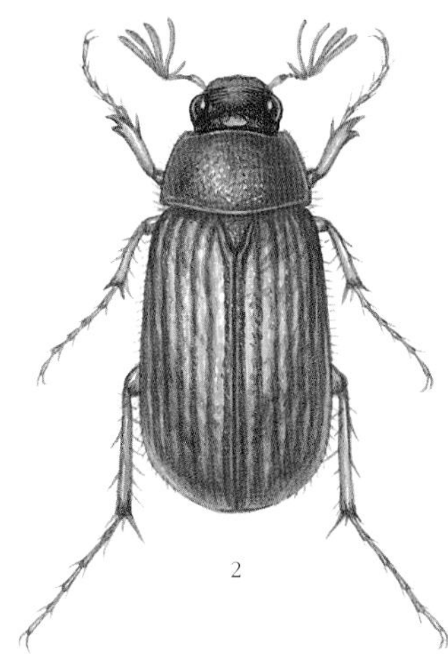

2

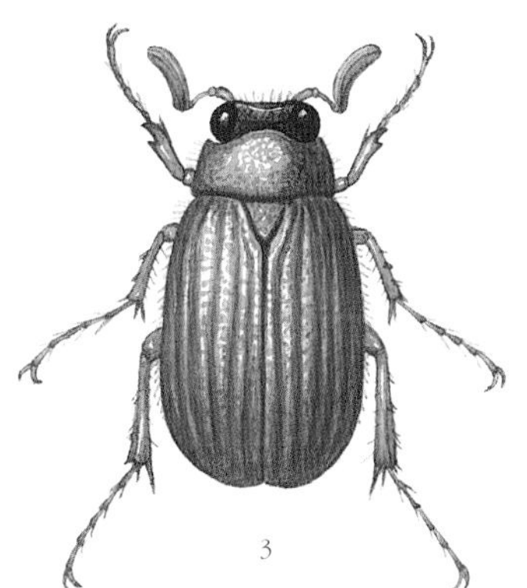

3

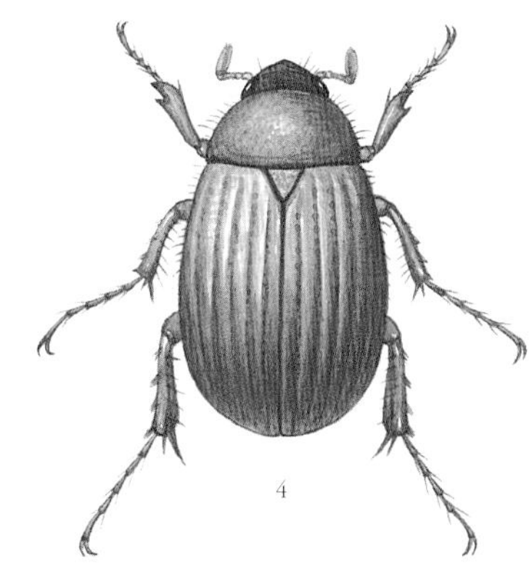

4

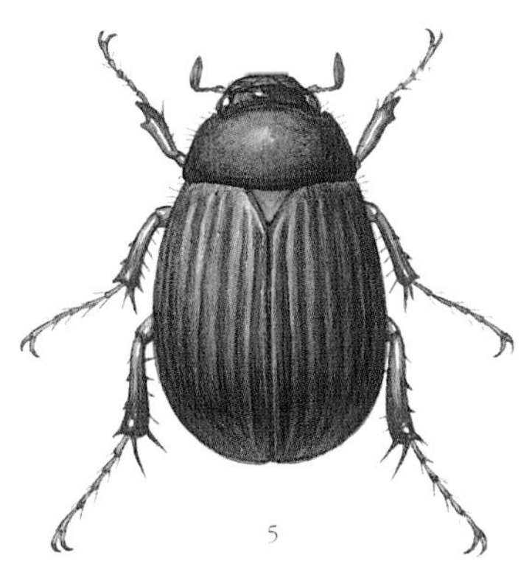

5

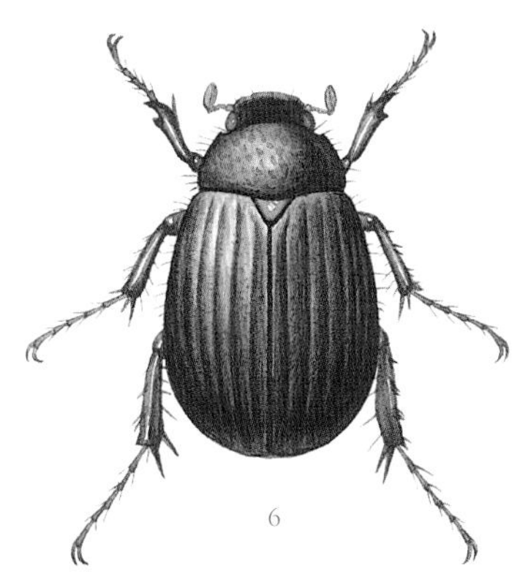

6

1. 줄우단풍뎅이
2. 흑다색우단풍뎅이
3. 갈색우단풍뎅이
4. 금색우단풍뎅이
5. 알모양우단풍뎅이
6. 부산우단풍뎅이

검정풍뎅이과
우단풍뎅이아과

빨간색우단풍뎅이 *Maladera verticalis*

8~9mm 5~10월 어른벌레

빨간색우단풍뎅이는 이름처럼 온몸이 붉은 밤색이다. 앞가슴등판 양옆 가운데에는 까만 점무늬가 있다. 딱지날개에는 잔털이 빽빽하게 나 있다. 수컷은 곤봉처럼 생긴 더듬이 길이가 자루마디 길이와 같고, 암컷은 더 짧다. 제주도를 포함한 온 나라에서 볼 수 있다. 참나무가 많이 자라는 산이나 숲 가장자리에서 산다. 어른벌레는 낮에 상수리나무 같은 잎이 넓은 나무 잎 아랫면이나 자루 같은 곳에 붙어 쉬고 있다가 밤에 나와 돌아다닌다.

장수풍뎅이과

장수풍뎅이 *Allomyrina dichotoma*

30~55mm 7~9월 애벌레

장수풍뎅이는 우리나라 풍뎅이 가운데 가장 크고, 몸이 단단한 껍질로 싸여 있다. 수컷은 머리에 긴 뿔이 나 있고 앞가슴등판에도 뿔이 나 있다. 머리 뿔은 사슴뿔처럼 가지가 있고, 앞가슴 뿔도 나뭇가지처럼 끝이 갈라진다. 암컷은 수컷보다 색이 더 짙고, 머리와 앞가슴등판에 뿔이 없다. 또 앞가슴등판에 Y자처럼 생긴 홈이 파였다.

장수풍뎅이는 온 나라 넓은잎나무 숲에 산다. 해가 지면 참나무에 모여들어 참나무 진을 먹고 짝짓기를 하기도 한다. 장수풍뎅이 혀는 붓처럼 생겨서 나뭇진을 잘 핥아 먹는다. 나무를 옮겨갈 때는 딱딱한 겉날개를 쳐들고 얇은 속날개를 넓게 펴서 날아간다. 장수풍뎅이는 몸집이 커서 날 때 '푸다다다다닥' 하고 요란한 소리가 난다. 밤에 불빛을 보고 날아와 불빛 둘레를 빙글빙글 돌며 난다. 낮에는 나무 틈이나 가랑잎 아래 숨어 있어서 눈에 잘 띄지 않는다.

장수풍뎅이는 한여름에 짝짓기를 한다. 암컷을 만난 수컷은 암컷 뒤로 가 배를 오므렸다 폈다 하면서 끽끽 소리를 낸다. 그리고 암컷 날개 밑을 입으로 자극한다. 한여름에 짝짓기를 마친 암컷은 썩은 가랑잎이나 두엄 밑으로 파고들어 가 알을 한 개씩 30~100개쯤 낳는다. 알을 낳은 암컷은 곧 시름시름하다가 죽는다. 알은 길이가 3mm이고 젖빛이다. 시간이 지날수록 점점 커진다. 알에서 보름쯤 지나면 애벌레가 나온다. 갓 나온 애벌레는 희고 몸길이가 10mm쯤 된다. 몸에 짧은 털이 조금 나 있다. 알에서 나와 조금 지나면 머리 부분이 밤색으로 바뀐다. 애벌레는 가랑잎 더미 밑이나 두엄 더미 밑에서 산다. 가을에 허물을 두 번 벗고 3령 애벌레가 된다. 3령 애벌레는 땅속에서 겨울잠을 자고, 이듬해 봄에 깨서 5~6월까지 더 자란다. 다 자라면 몸길이가 100mm쯤 된다. 그러면 몸을 움직여 둥그런 번데기 방을 만든다. 그 속에서 번데기가 되어 보름이나 20일쯤 지나면 어른벌레가 된다. 어른벌레가 된 뒤에도 금방 안 나오고 땅속에서 열흘에서 보름쯤 머물렀다가 땅 위로 나온다. 날개돋이한 어른 장수풍뎅이는 한 달에서 넉 달을 산다.

장수풍뎅이과

외뿔장수풍뎅이 *Eophileurus chinensis*

18~24mm 6~9월 어른벌레

외뿔장수풍뎅이는 장수풍뎅이보다 몸집이 작고 뿔도 작다. 또 앞가슴등판 가운데가 움푹 파여 있다. 암컷은 뿔이 없다. 온 나라 낮은 산에서 볼 수 있다. 장수풍뎅이처럼 참나무 같은 나무에서 흘러나오는 나뭇진을 핥아 먹는다. 밤에는 불빛에 날아오기도 한다. 애벌레는 썩은 가랑잎이나 두엄 속에서 산다. 3령 애벌레로 겨울을 나고, 이듬해 6월 말에 번데기가 된다. 번데기가 되고 보름쯤 지나면 어른벌레가 되어 나온다.

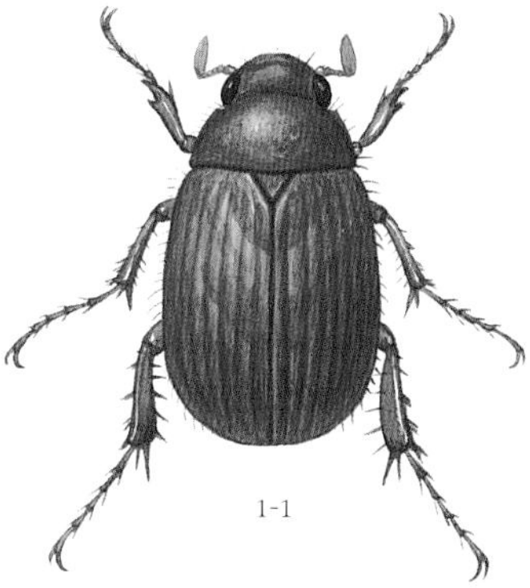

1-1

1-2

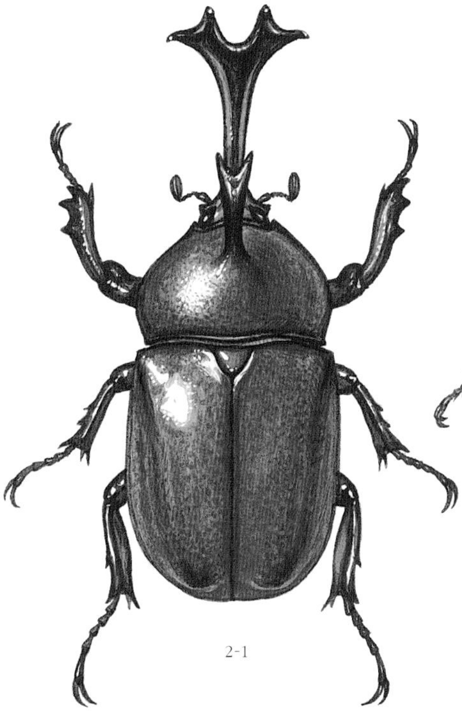

2-1

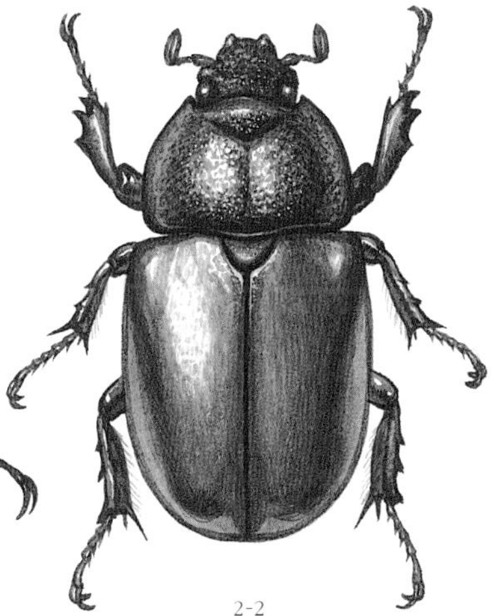

2-2

2-3

2-4

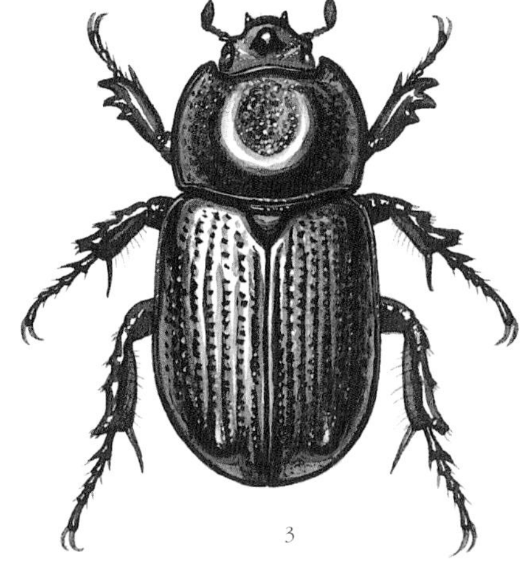

3

1-1. 빨간색우단풍뎅이
1-2. 빨간색우단풍뎅이 짝짓기
2-1. 장수풍뎅이 수컷
2-2. 장수풍뎅이 암컷
2-3. 장수풍뎅이 수컷 싸움
2-4. 장수풍뎅이 종령 애벌레
3. 외뿔장수풍뎅이

장수풍뎅이과

둥글장수풍뎅이 *Pentodon quadridens*

20mm 안팎 · 6~8월 · 모름

둥글장수풍뎅이는 우리나라에서 쉽게 보기 어렵다. 장수풍뎅이 가운데 가장 몸집이 작다. 몸은 까맣고 살짝 반짝거린다. 다리와 더듬이, 수염은 검은 밤색이다. 더듬이는 10마디다. 이마에 아주 짧은 뿔이 돌기처럼 2개 솟았다. 머리방패 앞쪽 가운데가 넓고 깊게 파였다. 앞다리 종아리마디에 뾰족한 가시돌기가 3개 있다.

풍뎅이과
풍뎅이아과

주둥무늬차색풍뎅이 *Adoretus tenuimaculatus*

9~14mm · 4~11월 · 애벌레, 어른벌레

주둥무늬차색풍뎅이는 온몸이 붉은 밤색이고 짧고 가시 같은 누르스름한 털로 덮여 있다. 하지만 털이 쉽게 벗겨지기 때문에 무늬가 안 보일 때도 있다. 제주도를 포함한 온 나라 넓은잎나무가 자라는 들이나 낮은 산에서 산다. 도시공원에서도 보인다. 봄부터 가을까지 낮에 나와 돌아다니며 밤나무나 참나무, 오리나무, 다래나무 같은 여러 가지 넓은잎나무 잎을 잎맥만 남기고 갉아 먹는다. 짝짓기를 마친 암컷은 땅속에 알을 낳는다. 애벌레는 땅속에 살면서 잡초 뿌리나 나무뿌리를 갉아 먹는다. 알에서 어른이 되는 데 한두 해 걸린다.

풍뎅이과
풍뎅이아과

쇠털차색풍뎅이 *Adoretus hirsutus*

9~12mm · 4~9월 · 모름

쇠털차색풍뎅이는 주둥무늬차색풍뎅이와 닮았다. 쇠털차색풍뎅이 몸은 옅은 밤색이나 누런 밤색이고, 이마와 발목마디는 검은 밤색이다. 딱지날개에 가늘고 긴 하얀 털이 빽빽하게 나 있다. 뒷다리 발목마디 발톱 길이가 서로 다르다. 중부 지방 아래쪽에서 산다.

풍뎅이과
풍뎅이아과

장수붙이풍뎅이 *Parastasia ferrieri*

11~14mm · 4~11월 · 애벌레

장수붙이풍뎅이는 다른 풍뎅이보다 작은방패판이 크다. 몸은 붉은 밤색으로 반짝이고, 긴 누런 밤색 털이 많이 나 있다. 머리방패 앞쪽에 뾰족한 돌기가 4개 솟았다. 중부 지방 아래쪽에 있는 산에서 산다. 7~8월에 밤에 나와 돌아다닌다. 불빛을 보고 날아오기도 한다. 애벌레는 땅속에서 썩은 가랑잎을 파먹는다.

풍뎅이과
풍뎅이아과

참콩풍뎅이 *Popillia flavosellata*

10~15mm · 4~10월 · 어른벌레, 애벌레

참콩풍뎅이는 배 테두리에 하얀 점이 있어서 '흰점박이콩풍뎅이'라고도 한다. 하얀 털로 된 점무늬가 배 옆구리에 다섯 쌍, 배 꽁무니에 한 쌍 있다. 딱지날개 앞쪽 가운데에 빨간 무늬가 있기도 하다. 제주도를 포함한 온 나라 산이나 들판에 산다. 6~7월에 가장 많이 볼 수 있다. 도시에서 자라는 무궁화 꽃에도 잘 날아온다. 여러 가지 꽃에 여러 마리가 모여 꽃가루를 먹는다. 애벌레는 땅속에서 식물 뿌리를 갉아 먹는다.

풍뎅이과
풍뎅이아과

콩풍뎅이 *Popillia mutans*

10~15mm · 4~11월 · 어른벌레

콩풍뎅이는 참콩풍뎅이와 아주 닮았다. 하지만 참콩풍뎅이보다 몸이 짧지만 더 넓고, 참콩풍뎅이와 달리 배 테두리에 하얀 털 뭉치가 없다. 또 뒷다리가 눈에 띄게 굵다. 배 양쪽과 끝은 날개 바깥으로 조금 튀어나온다. 앞가슴등판이 풀빛이 도는 남색인 것도 있다. 제주도와 울릉도를 포함한 온 나라에서 산다. 산이나 들판, 논밭, 냇가에서 봄부터 가을까지 볼 수 있다. 8월에 가장 많이 보인다. 어른벌레와 애벌레 사는 모습은 참콩풍뎅이와 비슷하다.

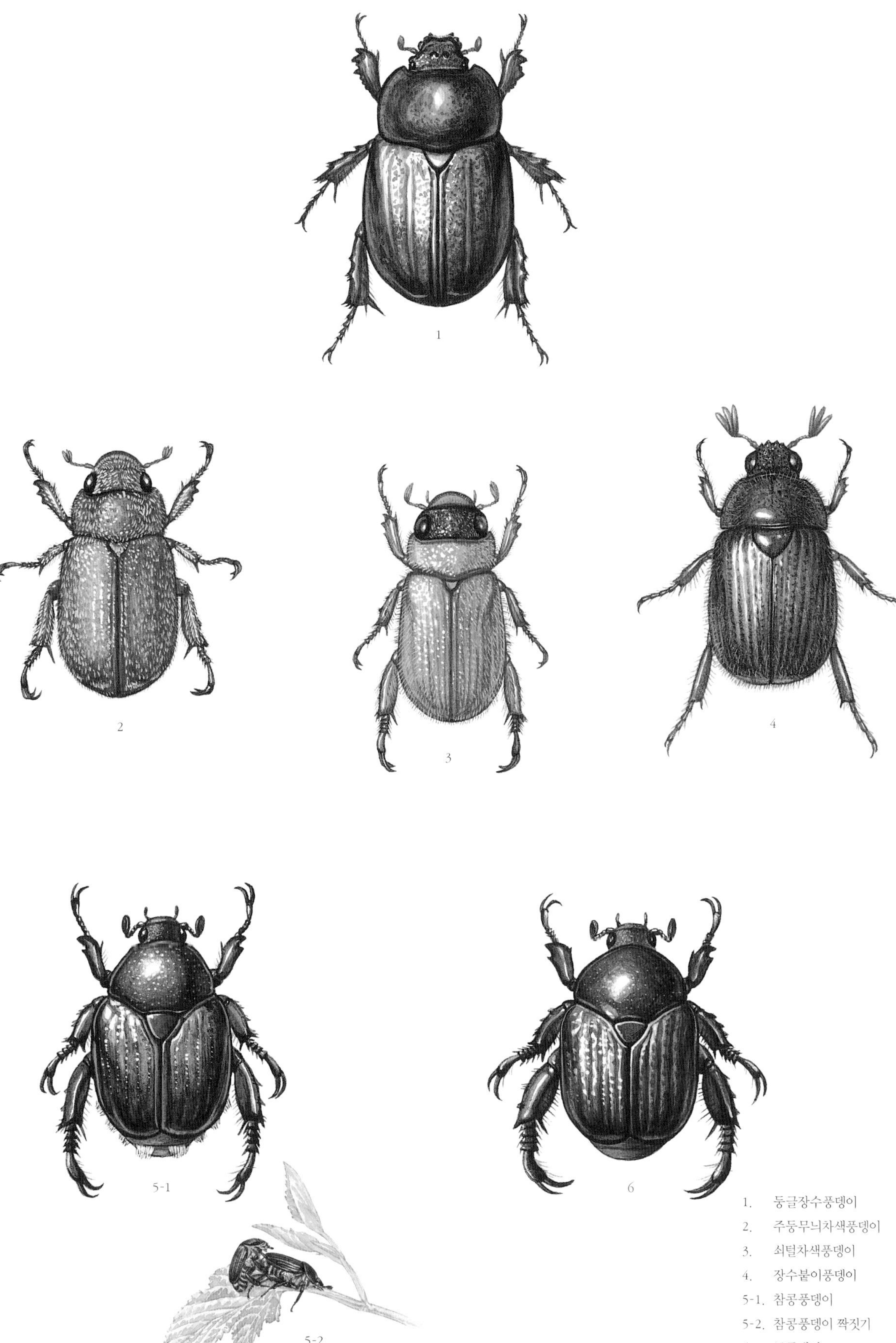

1. 둥글장수풍뎅이
2. 주둥무늬차색풍뎅이
3. 쇠털차색풍뎅이
4. 장수붙이풍뎅이
5-1. 참콩풍뎅이
5-2. 참콩풍뎅이 짝짓기
6. 콩풍뎅이

풍뎅이과
풍뎅이아과

녹색콩풍뎅이 *Popillia quadriguttata*

8~11mm 4~10월 모름

녹색콩풍뎅이는 이름처럼 앞가슴등판이 풀색으로 번쩍거린다. 가끔 구릿빛이 도는 검정색이기도 하다. 다리는 구릿빛이거나 보랏빛이 도는 검정색이다. 하얀 털로 된 점무늬가 배 테두리에 있다. 제주도를 포함한 온 나라에서 산다. 냇가나 잔디밭, 논밭에서 볼 수 있다. 7월에 가장 많이 보인다. 애벌레는 땅속에서 풀이나 작은 나무뿌리를 갉아 먹는다.

풍뎅이과
풍뎅이아과

참나무장발풍뎅이 *Proagopertha lucidula*

8~12mm 4~8월 어른벌레

참나무장발풍뎅이는 딱지날개를 빼고 온몸에 기다란 누런 털이 잔뜩 나 있다. 온몸은 까맣거나 구릿빛이거나 풀빛을 띠는 검은색으로 반짝거린다. 딱지날개는 거의 반투명하다. 누런 밤색이고, 가장자리는 가늘게 까맣다. 제주도를 포함한 온 나라에서 볼 수 있다. 4~5월에 가장 많이 보인다. 애벌레는 식물 뿌리를 갉아 먹다가 가을에 어른벌레로 날개돋이한다.

풍뎅이과
풍뎅이아과

연다색풍뎅이 *Phyllopertha diversa*

7~9mm 4~6월 모름

연다색풍뎅이는 온몸이 까만데 딱지날개, 더듬이, 발목마디는 누런 밤색이다. 머리와 앞가슴등판은 밤빛이 도는 검은색이다. 수컷은 곤봉처럼 생긴 더듬이 길이가 자루마디 길이와 비슷하다. 제주도를 포함한 온 나라에서 산다. 수컷은 많이 보이지만 암컷은 드물다. 어른벌레는 나뭇잎을 갉아 먹는다. 애벌레는 땅속에서 식물 뿌리를 갉아 먹는데, 농작물이나 나무 묘목 뿌리도 갉아 먹는다. 어른벌레로 날개돋이하는 데 한두 해 걸린다.

풍뎅이과
풍뎅이아과

부산풍뎅이 *Mimela fusania*

13~17mm 4~10월 모름

부산풍뎅이는 온몸이 누런 풀빛으로 반짝거린다. 뒷머리와 앞가슴등판은 풀빛이다. 하지만 온몸이 누런 풀빛부터 붉은 밤색까지 색깔 변이가 있다. 딱지날개 앞쪽 가운데는 누런 풀빛이다. 딱지날개에 세로줄이 4줄씩 튀어나왔다. 1970년 중반부터 수가 크게 줄었다. 낮은 산이나 숲 가장자리에서 참나무 잎을 갉아 먹는다.

풍뎅이과
풍뎅이아과

금줄풍뎅이 *Mimela holosericea*

18~20mm 6~9월 애벌레

금줄풍뎅이는 온몸이 풀빛을 띠고 반짝거리는데 때때로 붉은 구릿빛, 보랏빛이 도는 구릿빛처럼 개체마다 조금씩 다르다. 딱지날개에 세로줄이 넉 줄씩 있는데, 가운데에 있는 한 줄이 가장 굵다. 별줄풍뎅이와 닮았지만, 별줄풍뎅이는 등에 있는 홈들이 훨씬 낮다. 또 딱지날개에 있는 세로줄이 모두 굵다. 배 쪽에는 털이 많이 나 있다. 온 나라 높은 산에서 많이 보인다. 밤에 나와 돌아다니며, 불빛에 날아오기도 한다. 애벌레는 땅속에서 식물 뿌리를 갉아 먹는다.

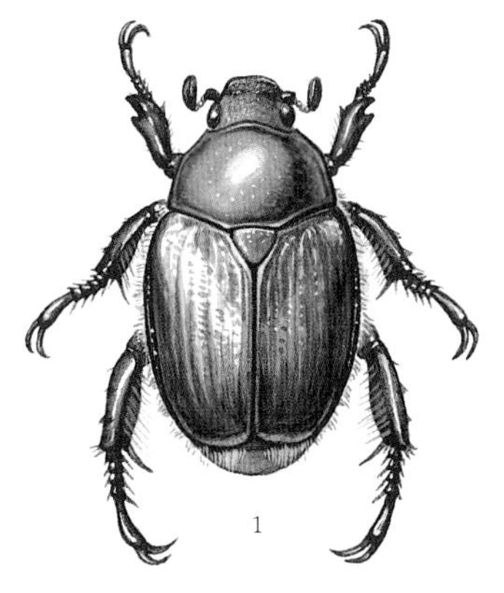
1

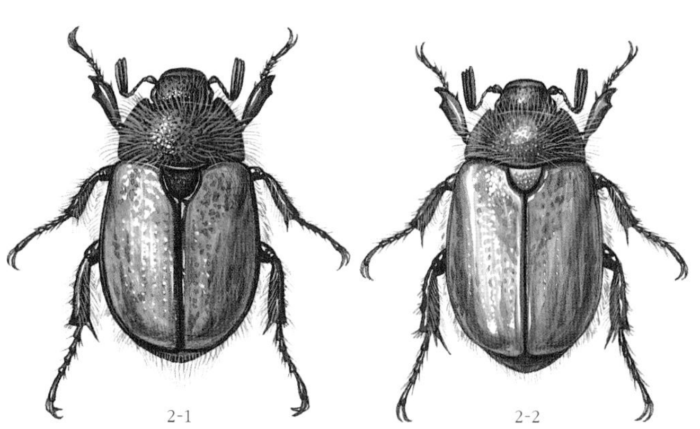
2-1 2-2

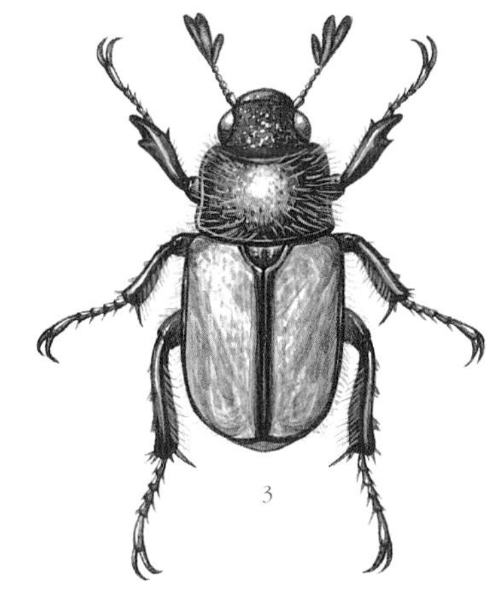
3

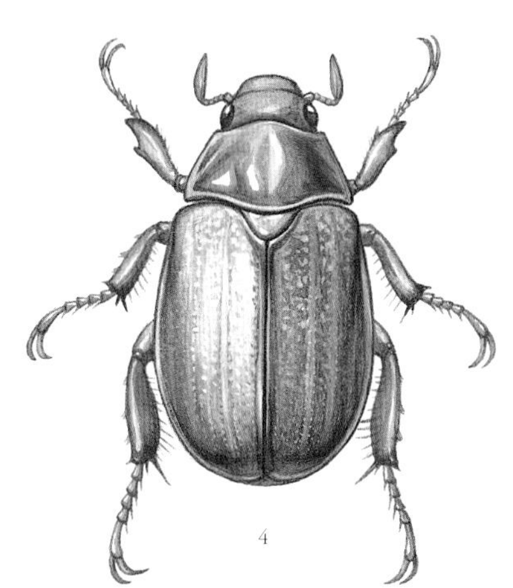
4

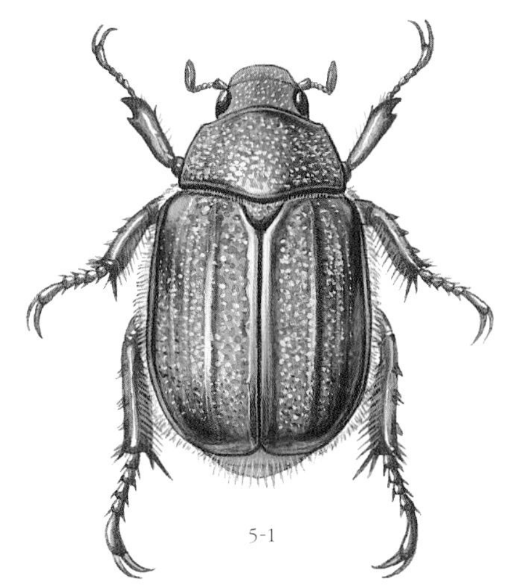
5-1

5-2

1. 녹색콩풍뎅이
2-1. 참나무장발풍뎅이 수컷
2-2. 참나무장발풍뎅이 암컷
3. 연다색풍뎅이
4. 부산풍뎅이
5-1. 금줄풍뎅이
5-2. 날아가려고 뒷날개를 편 금줄풍뎅이

풍뎅이과
풍뎅이아과

풍뎅이 *Mimela splendens*

15~21mm 4~11월 애벌레

풍뎅이는 온몸이 풀빛으로 번쩍거린다. 가끔 푸른 보랏빛이나 붉은 보랏빛을 띠기도 한다. 앞가슴등판 가운데에 짧고 낮은 도랑이 있다. 또 양옆 가운데쯤에 쭈글쭈글한 주름이 있다. 제주도를 포함한 온 나라에서 산다. 산보다는 강이나 시냇가 둘레 풀밭에서 자주 볼 수 있다. 낮에 풀이나 벚나무, 참나무, 오리나무, 버드나무 같은 나뭇잎을 뜯어 먹는다. 애벌레는 땅속에서 식물 뿌리를 갉아 먹는다. 어른벌레가 되는 데 한두 해 걸린다.

풍뎅이과
풍뎅이아과

별줄풍뎅이 *Mimela testaceipes*

14~20mm 5~11월 애벌레

별줄풍뎅이는 몸빛이 풀색과 노란색으로 어우러져 있는데, 개체마다 조금씩 다르다. 딱지날개에는 굵고 뚜렷한 세로줄이 넉 줄씩 있다. 제주도와 울릉도를 포함한 온 나라에서 산다. 풀밭이나 낮은 산에서 볼 수 있다. 다른 풍뎅이보다 수가 많아서 쉽게 볼 수 있다. 해가 지면 나와서 소나무, 삼나무 같은 바늘잎나무 잎을 갉아 먹는다. 아주 잘 날아서 밤에 불빛에 날아오기도 한다. 애벌레는 땅속에서 식물 뿌리를 갉아 먹는다.

풍뎅이과
풍뎅이아과

등노랑풍뎅이 *Callistethus plagiicollis*

12~18mm 5~10월 모름

등노랑풍뎅이는 온몸이 노랗게 반짝거린다. 다리는 까맣게 푸르스름하다. 머리방패와 앞가슴등판 가장자리는 풀빛이 돈다. 우리나라에 사는 풍뎅이 가운데 등노랑풍뎅이만 등이 온통 노랗다. 제주도를 포함한 온 나라에서 볼 수 있다. 낮은 산이나 논밭, 냇가에서 산다. 어른벌레는 7월에 가장 많이 보인다. 낮에는 주로 나뭇잎에 앉아 있다. 밤에 불빛으로 날아오기도 한다. 애벌레는 땅속에서 식물 뿌리를 갉아 먹는다.

풍뎅이과
풍뎅이아과

어깨무늬풍뎅이 *Blitopertha conspurcata*

8~11mm 4~10월 어른벌레

어깨무늬풍뎅이는 이름처럼 딱지날개 어깨 쪽에 자그마한 까만 무늬가 있다. 온몸은 구릿빛이고 기다란 털로 덮여 있다. 몸 아랫면과 옆구리에 하얀 털이 잔뜩 나 있다. 머리와 앞가슴등판은 까맣다. 딱지날개가 짧아서 배마디 끝이 드러난다. 제주도를 포함한 온 나라에서 산다. 낮은 산이나 들판에서 볼 수 있다. 낮에 나와 돌아다닌다.

풍뎅이과
풍뎅이아과

연노랑풍뎅이 *Blitopertha pallidipennis*

8~13mm 3~11월 어른벌레

연노랑풍뎅이는 등얼룩풍뎅이와 닮았다. 등얼룩풍뎅이는 딱지날개에 있는 까만 점무늬 2~3줄이 부채꼴로 나 있어서 다르다. 연노랑풍뎅이는 앞가슴등판에 까만 무늬가 2개 있다. 하지만 온몸이 까만 것도 있다. 딱지날개에는 무늬가 없고 세로줄이 7~8개씩 있다. 둘은 생김새만 닮은 것이 아니라 사는 곳이나 먹이도 비슷하다. 본디 우리나라에는 연노랑풍뎅이가 아주 많고 등얼룩풍뎅이가 드물었다. 하지만 요즘은 골프장이 늘면서 잔디 뿌리를 좋아하는 등얼룩풍뎅이가 많아지고 있다.

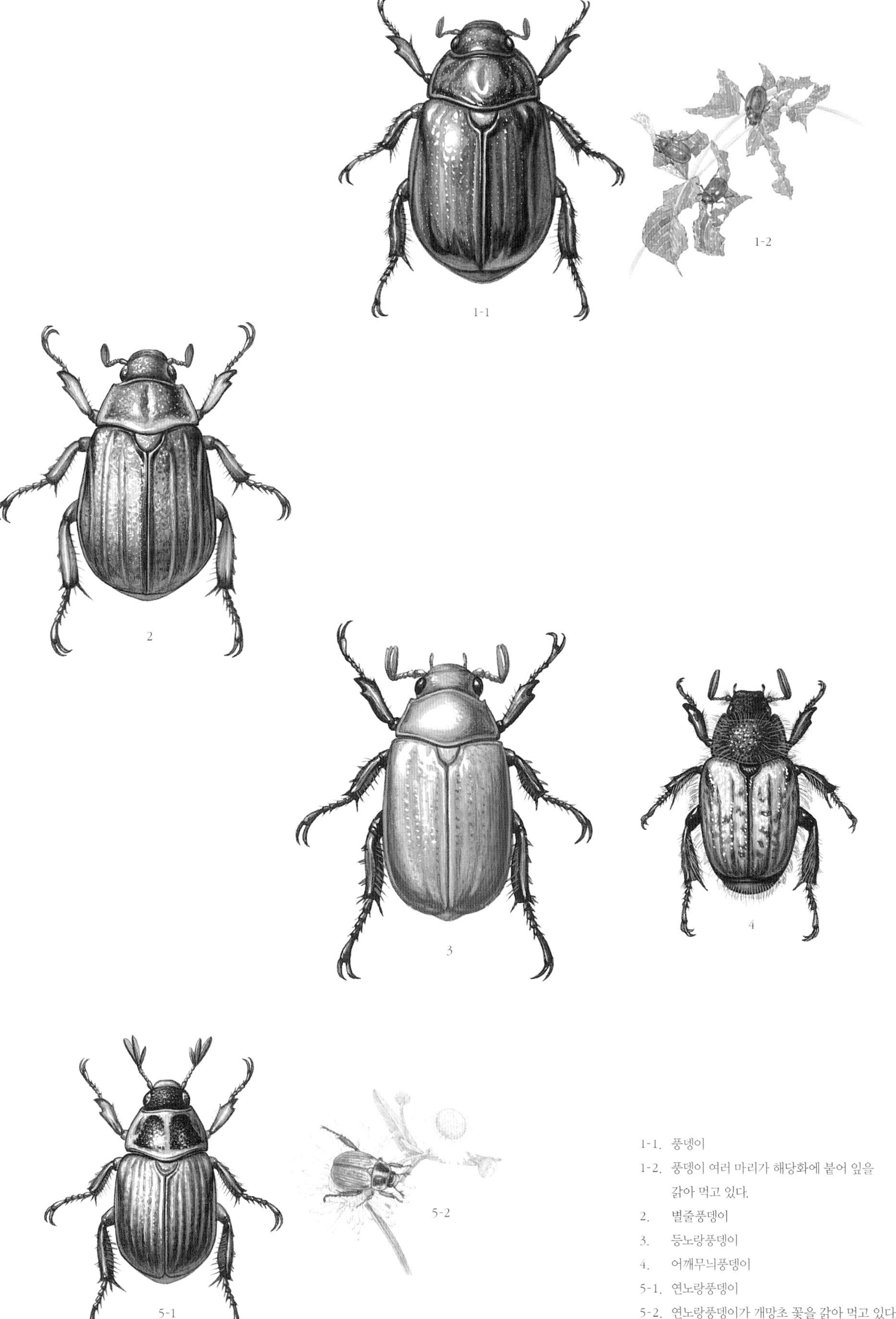

1-1. 풍뎅이
1-2. 풍뎅이 여러 마리가 해당화에 붙어 잎을 갉아 먹고 있다.
2. 별줄풍뎅이
3. 등노랑풍뎅이
4. 어깨무늬풍뎅이
5-1. 연노랑풍뎅이
5-2. 연노랑풍뎅이가 개망초 꽃을 갉아 먹고 있다.

풍뎅이과
풍뎅이아과

등얼룩풍뎅이 *Blitopertha orientalis*

8~13mm 3~11월 어른벌레

등얼룩풍뎅이는 개체마다 몸빛이 많이 다르다. 온몸이 까맣기도 하고, 밤색이기도 하다. 딱지날개에 있는 까만 얼룩무늬도 저마다 다르다. 연노랑풍뎅이와 닮았는데, 등얼룩풍뎅이는 딱지날개에 있는 까만 무늬 2~3줄이 부채꼴로 나 있어서 다르다. 생김새만 닮은 것이 아니라 사는 곳이나 먹이도 비슷하다. 어른벌레는 물가 둘레나 들판, 논밭, 숲 가장자리에서 산다. 5~6월에는 도시공원에서도 볼 수 있다. 낮에 나와서 나뭇잎이나 풀잎을 갉아 먹는다. 밤에는 불빛을 보고 잘 날아온다. 위험을 느끼면 뒷다리를 번쩍 들어 겁을 준다. 애벌레는 땅속에서 잔디 뿌리를 갉아 먹는다. 논밭에 심은 곡식이나 채소 뿌리를 갉아 먹어서 피해를 주기도 한다. 어른벌레가 되는 데 한두 해 걸린다.

풍뎅이과
풍뎅이아과

청동풍뎅이 *Anomala albopilosa*

18~25mm 6~8월 모름

청동풍뎅이는 온몸이 풀색이거나 붉은빛이 도는 풀색인데, 개체마다 다르다. 배 쪽은 붉은 구릿빛이나 풀빛을 띤다. 앞가슴등판 앞쪽 모서리가 크게 튀어나왔다. 딱지날개에는 세로줄이 없이 매끈하다. 제주도와 울릉도를 포함한 온 나라에서 산다. 들판이나 낮은 산 어디에서나 볼 수 있다. 밤에 불빛에도 날아온다. 애벌레는 땅속에서 식물 뿌리를 갉아 먹는다.

풍뎅이과
풍뎅이아과

카멜레온줄풍뎅이 *Anomala chamaeleon*

12~17mm 5~10월 모름

카멜레온줄풍뎅이는 우리나라 풍뎅이과 무리 가운데 가장 흔하다. 몸은 풀색, 누런 풀색, 검은 보라색까지 저마다 다르다. 딱지날개 테두리는 불룩 솟았다. 배마디 처음 세 마디 양옆에 둑처럼 생긴 이랑이 있어서 다른 종과 다르다. 제주도를 포함한 온 나라에서 산다. 들판이나 낮은 산 풀밭이나 수풀에서 볼 수 있다. 여러 가지 나뭇잎과 풀을 갉아 먹는다. 밤에 불빛에도 날아온다. 애벌레는 땅속에서 식물 뿌리를 갉아 먹는다.

풍뎅이과
풍뎅이아과

다색줄풍뎅이 *Anomala corpulenta*

16~22mm 봄~가을 모름

다색줄풍뎅이는 앞가슴등판 양옆이 누런 밤색이고 가운데는 풀빛이다. 딱지날개는 누런 밤색을 띠는 풀색으로 반짝거린다. 딱지날개에는 세로줄이 4개씩 튀어나왔다. 딱지날개 양옆 가장자리에 튀어나온 선은 뒤쪽 가장자리까지 이어진다. 제주도를 포함한 온 나라에서 볼 수 있다. 밤에 나와 돌아다닌다. 도시 불빛을 보고 날아오기도 한다.

풍뎅이과
풍뎅이아과

해변청동풍뎅이 *Anomala japonica*

20~26mm 6~10월 모름

해변청동풍뎅이는 청동풍뎅이와 생김새가 아주 닮았지만, 다리가 붉은 밤색을 띠어서 다르다. 몽고청동풍뎅이와도 닮았다. 등은 밝은 풀색이나 짙은 풀색인데, 배 쪽과 다리는 구릿빛이 도는 밤색이나 붉은색이다. 해변청동풍뎅이는 이름처럼 바닷가나 섬에서 볼 수 있다. 중부 지방 아래쪽과 제주도에서 산다. 생김새가 닮은 몽고청동풍뎅이는 주로 내륙 지방에서 볼 수 있다.

1. 등얼룩풍뎅이
2. 청동풍뎅이
3. 카멜레온줄풍뎅이
4. 다색줄풍뎅이
5. 해변청동풍뎅이

풍뎅이과
풍뎅이아과

참오리나무풍뎅이 *Anomala luculenta*

7~9mm 4~10월 모름

참오리나무풍뎅이는 몸 빛깔이 여러 가지다. 등은 풀빛 밤색으로 반짝거리는데 곳곳에 진한 풀색, 구릿빛 밤색, 보랏빛 풀색, 검은 보라색 같은 변이가 심하다. 아랫면은 검은 풀색이나 검은 구릿빛이다. 딱지날개 옆 가장자리에 튀어나온 돌기는 딱지날개 가운데쯤에서 끝난다. 제주도와 울릉도를 포함한 온 나라에서 산다. 어른벌레는 여름에 나온다. 밤에 불빛으로 날아오기도 한다. 애벌레는 식물 뿌리를 갉아 먹는다.

풍뎅이과
풍뎅이아과

몽고청동풍뎅이 *Anomala mongolica*

17~25mm 5~10월 모름

몽고청동풍뎅이는 몸이 뚱뚱하고 등은 검은 풀빛을 띠는데 붉은빛이나 구릿빛이 섞여 반짝거린다. 아랫면은 구릿빛이나 검붉은 색이고, 다리는 구릿빛이 도는 풀색이다. 제주도와 울릉도를 포함한 온 나라에서 산다. 들판이나 산어귀 풀섶에서 볼 수 있다. 밤이 되면 느릿느릿 기어 다니면서 풀잎이나 나뭇잎을 갉아 먹는다. 낮에는 나뭇잎이나 풀잎에 매달려 있거나 땅속에 숨어 있어서 눈에 잘 띄지 않는다. 불빛을 보고 날아오기도 한다. 애벌레는 땅속에서 풀뿌리나 나무뿌리를 갉아 먹고 산다.

풍뎅이과
풍뎅이아과

오리나무풍뎅이 *Anomala rufocuprea*

15mm 안팎 4~8월 애벌레

오리나무풍뎅이는 몸빛이 짙은 풀색이거나 풀빛이 도는 밤색이다. 온몸은 쇠붙이처럼 반짝거린다. 딱지날개 옆 가장자리에 튀어나온 돌기는 딱지날개 2/3쯤 되는 곳에서 끝난다. 중부 지방 밑에서 사는데 제주도에서는 안 보인다. 어른벌레는 8월에 가장 많이 볼 수 있다. 오리나무, 감나무, 포도나무, 콩 같은 잎을 갉아 먹는다. 애벌레는 보리, 밀, 옥수수, 콩, 묘목 뿌리를 갉아 먹는다. 한 해에 한 번 날개돋이한다.

풍뎅이과
풍뎅이아과

대마도줄풍뎅이 *Anomala sieversi*

11~14mm 4~9월 어른벌레

대마도줄풍뎅이는 딱지날개에 세로줄이 3줄씩 뚜렷하게 나 있고, 점무늬가 촘촘하다. 몸은 푸르스름한 풀빛, 밤색 풀빛처럼 개체에 따라 변이가 많다. 앞가슴등판과 배 쪽, 딱지날개 가장자리에 긴 누런 털이 빽빽하게 나 있다. 제주도를 포함한 온 나라에서 산다. 어른벌레는 넓은잎나무 꽃을 갉아 먹는다. 애벌레는 오리나무, 참나무, 아까시나무, 벚나무 같은 나무뿌리를 갉아 먹는다.

풍뎅이과
풍뎅이아과

홈줄풍뎅이 *Bifurcanomala aulax*

11~16mm 5~11월 애벌레

홈줄풍뎅이는 온몸이 구릿빛이 도는 풀색이나 붉은빛으로 반짝거리는 개체가 많고, 보랏빛이나 검은 남색을 띠기도 한다. 딱지날개에 세로로 파인 홈이 10줄씩 있다. 아랫면과 다리는 풀빛 밤색이나 짙은 밤색이다. 제주도를 포함한 온 나라에서 산다. 들판 풀밭이나 낮은 산에서 보인다. 낮에 나와 잎을 갉아 먹고 나뭇잎에 앉아 쉬기도 한다. 밤에 불빛에도 잘 날아온다.

풍뎅이과
풍뎅이아과

제주풍뎅이 *Chejuanomala quelparta*

14~16mm 6~8월 애벌레

제주풍뎅이는 이름처럼 제주도에서만 산다. 앞가슴등판은 검푸른빛으로 반짝거리고, 딱지날개는 짙은 밤색이다. 다리 발목마디가 유난히 길다. 한라산 200~700m 높이에서 산다. 6월에 많이 보이고, 그 뒤로는 잘 안 보인다. 밤에 나와 돌아다니며, 불빛에도 잘 날아온다.

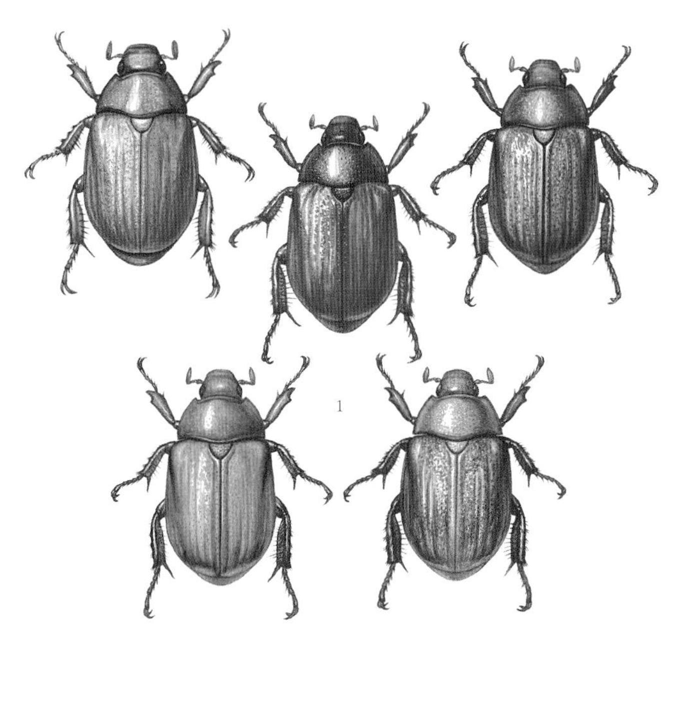
1

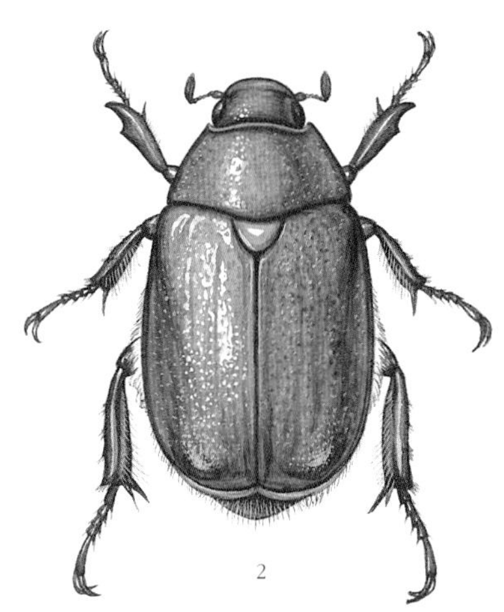
2

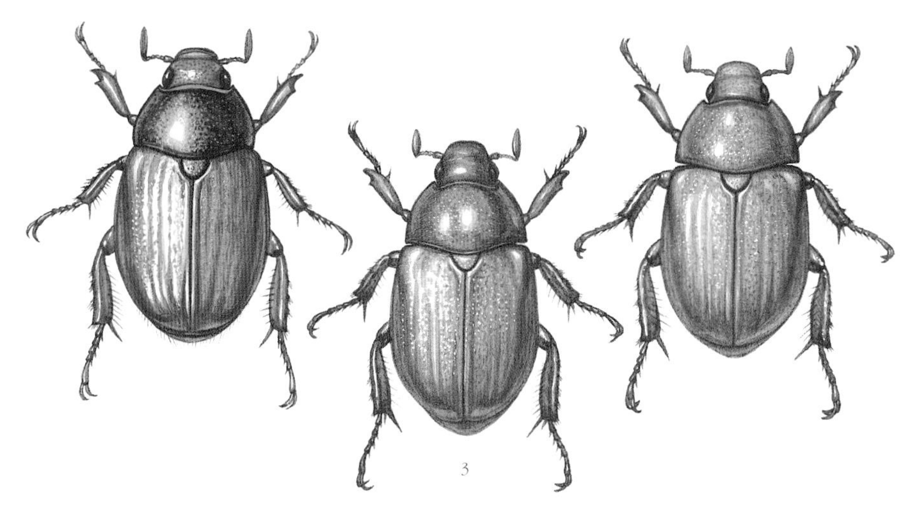
3

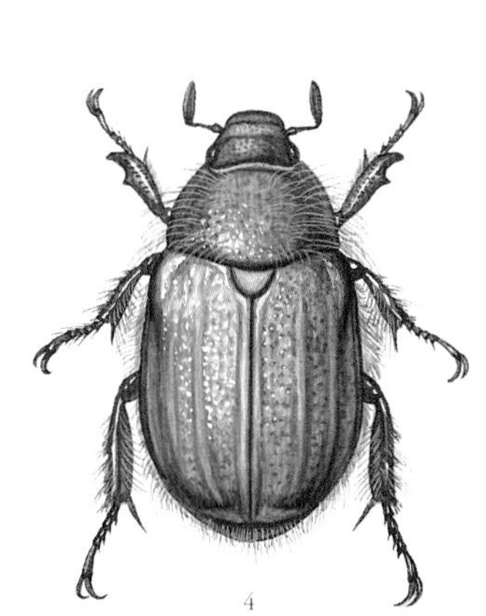
4

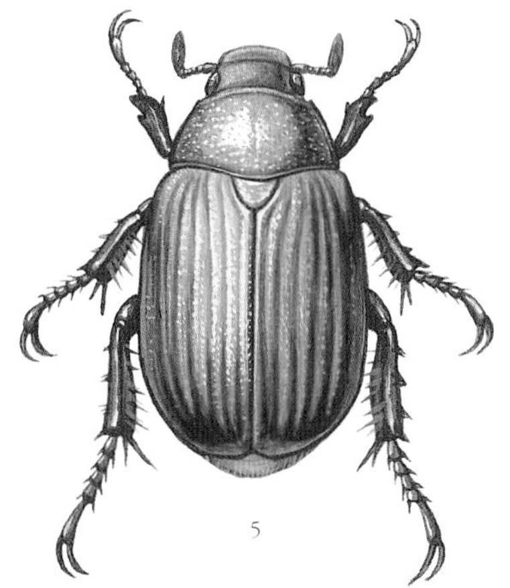
5

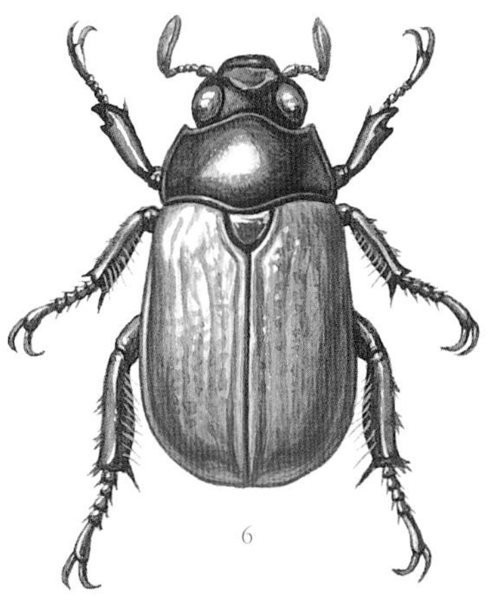
6

1. 참오리나무풍뎅이
2. 몽고청동풍뎅이
3. 오리나무풍뎅이
4. 대마도줄풍뎅이
5. 홈줄풍뎅이
6. 제주풍뎅이

꽃무지과
넓적꽃무지아과

넓적꽃무지 *Nipponovalgus angusticollis*

4~7mm · 4~7월 · 어른벌레

넓적꽃무지는 종아리마디가 까매서 다른 꽃무지와 다르다. 또 앞다리 종아리마디에 가시돌기가 7개 있다. 앞가슴등판 폭이 딱지날개 폭보다 좁다. 어른벌레는 산속 풀숲에서 산다. 수컷은 낮에 여러 가지 꽃을 찾아 돌아다니며 꽃을 파고들어 가 꽃가루를 먹는다. 암컷은 썩은 나무속에 머물러 있다. 짝짓기를 마친 암컷은 썩은 소나무에 알을 낳는다. 애벌레는 소나무 껍질 밑을 파먹으면서 자란다. 나무껍질 밑에서 어른벌레가 되어 겨울을 난다.

꽃무지과
넓적꽃무지아과

참넓적꽃무지 *Valgus koreanus*

9mm 안팎 · 3~5월 · 어른벌레

참넓적꽃무지는 우리나라에만 사는 꽃무지다. 몸빛은 까만데, 암컷 딱지날개는 짙은 밤빛을 띠기도 한다. 온몸은 털이나 비늘로 덮여 있다. 앞다리 종아리마디에 있는 가시돌기는 5개다. 수컷은 머리가 아래쪽으로 많이 숙인다. 넓적꽃무지보다 색깔이 더 밝고 몸이 더 크다. 낮은 산에서 볼 수 있다. 암컷은 꽁무니에 길고 단단한 산란관이 있는데, 자세히 보면 톱날처럼 생겼다. 꽃무지 가운데 참넓적꽃무지 암컷만 침처럼 뾰족한 기다란 산란관이 있다. 이 산란관을 나무에 꽂고 알을 낳는다.

꽃무지과
호랑꽃무지아과

큰자색호랑꽃무지 *Osmoderma caeleste*

22~35mm · 7~8월 · 애벌레

큰자색호랑꽃무지는 몸집이 크다. 몸은 검은 밤색이나 붉은 밤색이고 검은 보랏빛이 어른거리며 반짝거린다. 앞가슴등판 앞쪽이 팔각형처럼 생겼다. 앞가슴등판 앞쪽 가운데가 넓게 파여서 마치 굵게 솟은 세로줄이 2개 있는 것 같다. 어른벌레는 강원도와 경상북도 높은 산에서 드물게 볼 수 있다. 수가 적어서 멸종위기 2급으로 정해서 보호하고 있다. 손으로 만지면 몸에서 사향 냄새가 난다. 유럽에서는 단풍나무류의 썩은 옹이나 둥치에서 애벌레와 어른벌레가 발견된다고 알려져 있다. 예전에는 학명이 '*Osmoderma opicum*'이었지만, 요즘 연구에서 '*Osmoderma caeleste*'로 밝혀졌다.

꽃무지과
호랑꽃무지아과

긴다리호랑꽃무지 *Gnorimus subopacus*

15~22mm · 5~9월 · 애벌레

긴다리호랑꽃무지는 이름처럼 뒷다리가 아주 길다. 몸은 풀빛이나 구릿빛이 도는 밤색인데 반짝거리지 않는다. 딱지날개는 밤색이고, 하얀 무늬가 있다. 딱지날개에는 세로로 솟은 선이 2개씩 있다. 제주도를 포함한 온 나라에서 산다. 어른벌레는 산에서 볼 수 있다. 낮에 꽃에 날아와 꽃가루를 먹고, 참나무 나뭇진에도 모여든다. 애벌레는 땅속에서 썩은 나무 부스러기를 먹고 자란다.

꽃무지과
호랑꽃무지아과

호랑꽃무지 *Lasiotrichius succinctus*

8~13mm · 4~10월 · 애벌레

호랑꽃무지는 온몸이 까맣고 노란 털이 빽빽하게 나 있다. 딱지날개는 누런 밤색이고, 누런 가로무늬가 3줄 있다. 제주도와 울릉도를 포함한 온 나라에서 산다. 어른벌레는 봄부터 꽃이 피는 곳이면 어디에서든지 쉽게 볼 수 있다. 6~7월에 까치수영에 올라앉아 짝짓기하는 모습을 많이 볼 수 있다. 맑은 날 낮에 꽃에 날아와 꽃가루를 먹는다. 생김새가 꼭 벌을 닮아서 천적을 피한다. 꽃을 먹다가 암컷과 수컷이 만나면 짝짓기를 한다. 짝짓기를 마친 암컷은 죽은 나무에 알을 낳는다. 애벌레는 썩은 나무속을 파먹고 산다. 어른벌레가 되는 데 한두 해 걸린다.

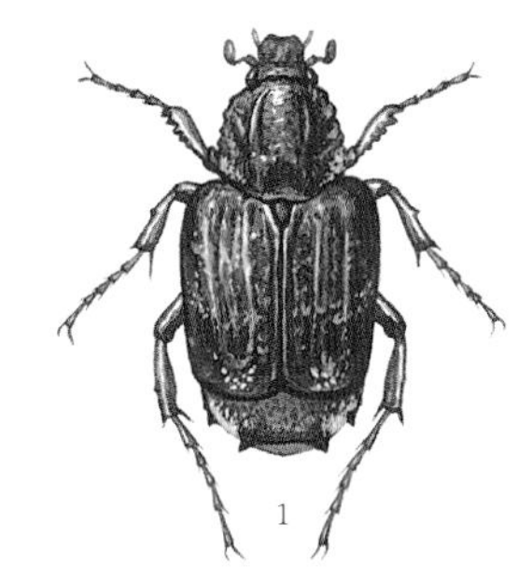

1

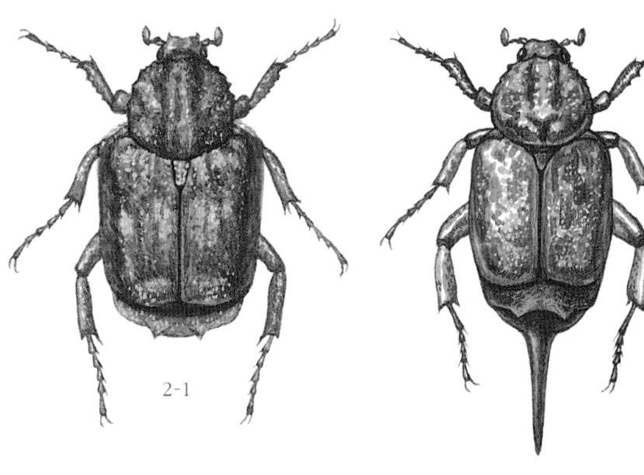

2-1

2-2

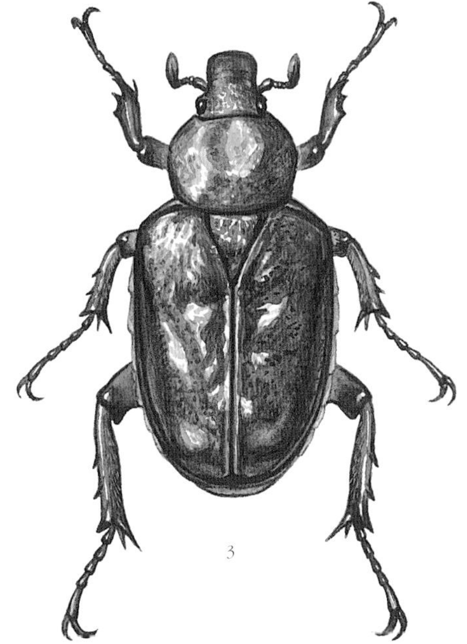

3

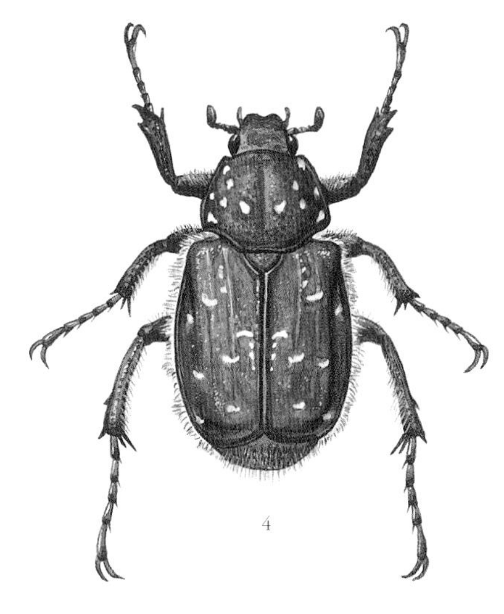

4

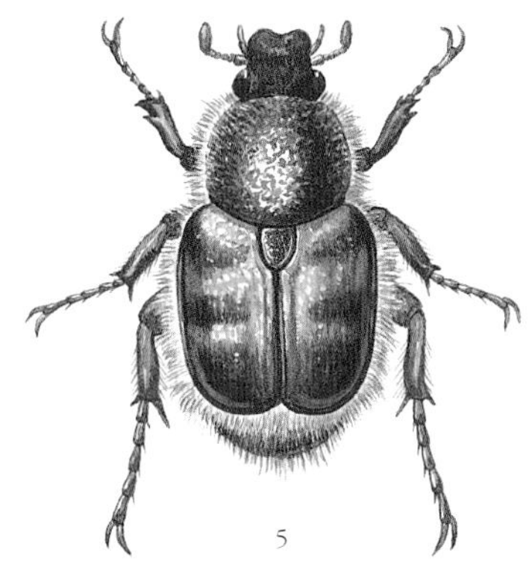

5

1. 넓적꽃무지
2-1. 참넓적꽃무지 수컷
2-2. 참넓적꽃무지 암컷
3. 큰자색호랑꽃무지
4. 긴다리호랑꽃무지
5. 호랑꽃무지

꽃무지과
꽃무지아과

사슴풍뎅이 *Dicranocephalus adamsi*

16~26mm 5~6월 애벌레

사슴처럼 뿔이 나 있다고 사슴풍뎅이다. 온몸은 까만데, 겉에 허연 가루가 덮여 있다. 수컷 머리에는 사슴뿔처럼 생긴 뿔이 나 있다. 앞가슴등판에는 까만 세로줄이 두 줄 있다. 암컷은 뿔이 없고, 온몸은 까만 붉은 밤색이다. 수컷은 앞다리가 뒷다리보다 더 길다. 어른벌레는 나뭇진이 흐르는 나무에 잘 모인다. 과일즙을 핥아 먹기도 한다. 한 나무에 여러 마리가 모이기도 한다. 위험을 느끼면 몸을 벌떡 일으키고, 기다란 앞다리를 앞으로 번쩍 들어 겁을 준다. 먹이를 먹다가 암컷과 짝짓기하려고 수컷끼리 서로 앞다리를 들고 싸운다. 싸움에서 이긴 수컷은 긴 앞다리로 암컷을 끌어안고 짝짓기를 한다. 짝짓기를 마친 암컷은 땅으로 내려와 가랑잎을 헤치고 흙 속에 들어가 알을 낳는다. 알을 낳은 암컷은 얼마 뒤에 죽는다. 알 낳은 지 열흘쯤 지나면 애벌레가 깨어 나온다. 애벌레는 땅속에서 썩은 가랑잎이나 나무 부스러기를 먹으며 자란다. 그러다가 땅속에서 겨울을 난다. 이듬해 5월이 되면 번데기가 된 뒤 어른벌레로 날개돋이한다.

꽃무지과
꽃무지아과

검정풍이 *Rhomborrhina polita*

27~35mm 7~8월 모름

검정풍이는 풍이와 생김새가 닮았다. 하지만 검정풍이는 이름처럼 몸빛이 검정색으로 반짝거리고, 가운데가슴 배 쪽에 있는 돌기가 짧고 넓다. 머리방패는 기다란 사각형으로 생겼다. 검정풍이는 7~8월에 나뭇진에 모인다. 우리나라에 사는 수가 매우 적어 보기가 아주 어렵다.

꽃무지과
꽃무지아과

풍이 *Pseudotorynorrhina japonica*

25~33mm 5~9월 애벌레

풍이는 온몸이 구릿빛이 도는 풀색이다. 더러 보랏빛을 띠기도 한다. 몸이 까맣고, 가운데가슴 배 쪽에 있는 돌기가 짧고 넓으면 '검정풍이'다. 어른벌레는 늦봄부터 가을까지 산에서 볼 수 있다. 낮에 참나무나 살구나무, 포도나무에 잘 모여 나뭇진을 핥아 먹는다. 잘 익은 과일에도 날아온다. 음식 쓰레기 냄새를 맡고 도시에 날아오기도 한다. 짝짓기를 마친 암컷은 썩은 나무나 볏단에 알을 낳는다. 어른벌레가 되는 데 한두 해 걸린다. 뭍에서는 잘 보이지 않고, 제주도나 섬에서는 제법 볼 수 있다.

꽃무지과
꽃무지아과

꽃무지 *Cetonia pilifera*

14~20mm 4~11월 어른벌레

꽃무지는 온몸이 붉은 밤색인데 풀빛이 돌거나 풀빛 가루가 덮여 있다. 온몸에는 가늘고 긴 털이 잔뜩 나 있다. 딱지날개에는 하얀 점이 바깥 가장자리를 따라 여러 개 마주 나 있고, 세로줄 홈이 3개씩 뚜렷하게 나 있다. 몸이 잿빛을 띠는 풀색으로 가운데가슴 배 쪽에 있는 돌기 앞쪽이 원추형으로 튀어나왔고, 제주도와 남해안에 살면 섬꽃무지다. 어른벌레는 낮은 산과 산 둘레 풀밭에서 산다. 4월부터 여러 가지 꽃에 날아와 꽃가루를 먹는다.

꽃무지과
꽃무지아과

흰점박이꽃무지 *Protaetia brevitarsis seulensis*

17~22mm 4~9월 애벌레

흰점박이꽃무지는 앞가슴등판과 딱지날개에 하얀 무늬가 흩어져 있다. 몸은 검은 구릿빛이 도는 붉은 밤색으로 번쩍거린다. 딱지날개 가운데에는 제법 굵고 뚜렷한 세로줄이 뒤쪽에서 갑자기 끊어진다. 제주도와 울릉도를 포함한 온 나라에서 산다. 낮은 산에서 볼 수 있다. 붕붕 소리를 내며 잘 난다. 나뭇진이나 썩은 과일에 날아와 즙을 핥아 먹는다. 짝짓기를 마친 암컷은 두엄 더미나 가랑잎 더미 속, 썩은 나무 밑에 알을 낳는다. 어른벌레로 날개돋이하는 데 한두 해 걸린다.

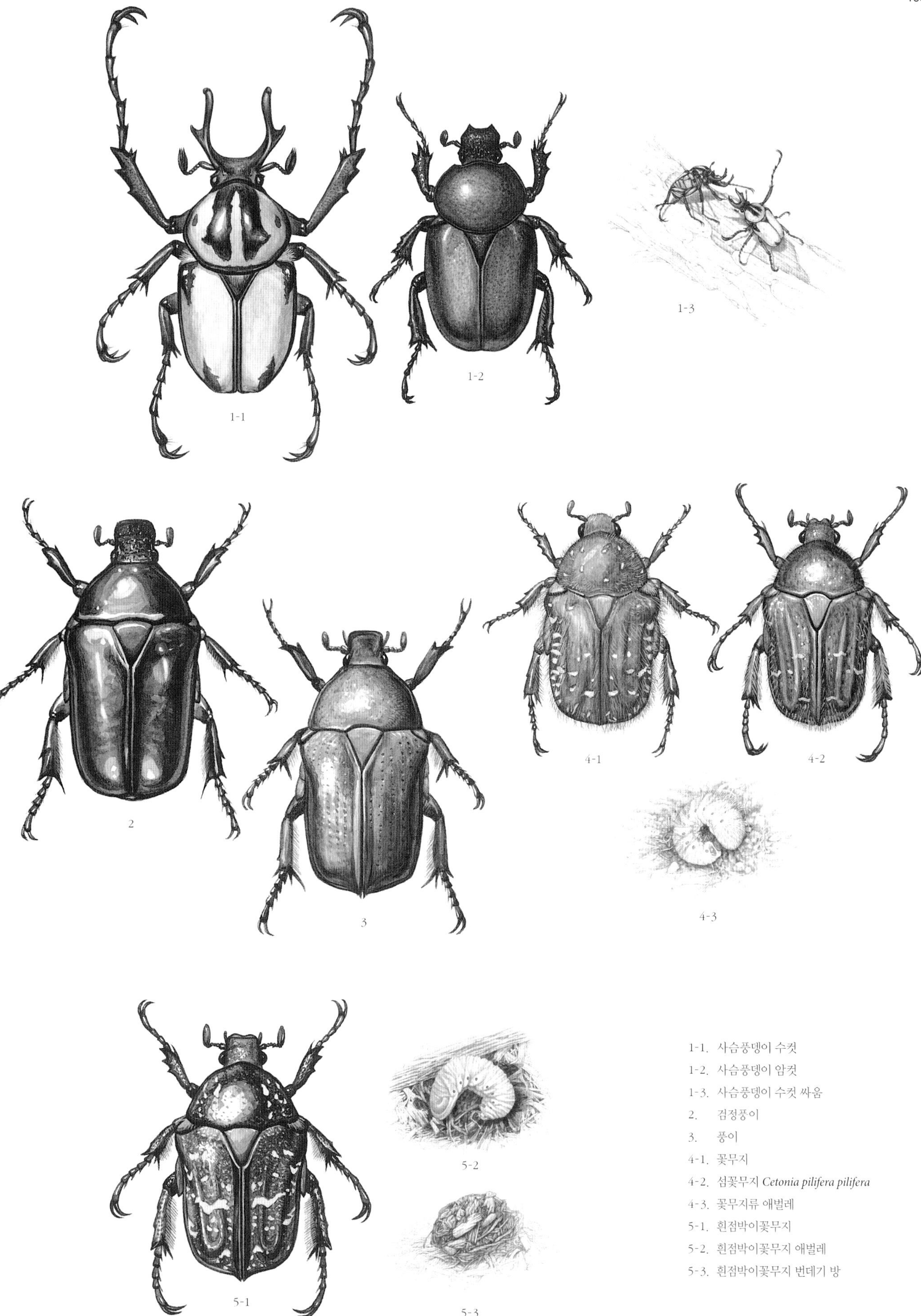

1-1. 사슴풍뎅이 수컷
1-2. 사슴풍뎅이 암컷
1-3. 사슴풍뎅이 수컷 싸움
2. 검정풍이
3. 풍이
4-1. 꽃무지
4-2. 섬꽃무지 *Cetonia pilifera pilifera*
4-3. 꽃무지류 애벌레
5-1. 흰점박이꽃무지
5-2. 흰점박이꽃무지 애벌레
5-3. 흰점박이꽃무지 번데기 방

꽃무지과
꽃무지아과

아무르점박이꽃무지 *Protaetia famelica scheini*

8 ~ 10mm 5 ~ 10월 모름

아무르점박이꽃무지는 몸이 어두운 풀빛이 도는 밤색으로 반짝거린다. 머리방패 앞쪽으로 좁아지고, 앞 가장자리가 위로 휘어지며 가운데가 깊게 파였다. 딱지날개에는 누런 무늬가 흩어져 있고, 앞쪽 어깨와 뒤쪽이 불룩 솟았다. 제주도를 포함한 온 나라에서 산다.

꽃무지과
꽃무지아과

매끈한점박이꽃무지 *Protaetia lugubris*

19 ~ 24mm 5 ~ 9월 모름

매끈한점박이꽃무지는 온몸이 어두운 구릿빛이 도는 풀색으로 반짝거린다. 털과 홈이 거의 없어서 매끈하다. 머리방패 앞쪽 가장자리는 반듯하고 위로 솟아올랐다. 딱지날개에 있는 하얀 무늬는 아주 가늘다. 중부와 남부 지방, 울릉도에서 산다. 다른 꽃무지와 사는 모습이 비슷하다.

꽃무지과
꽃무지아과

만주점박이꽃무지 *Protaetia mandschuriensis*

22 ~ 28mm 4 ~ 9월 어른벌레

만주점박이꽃무지는 온몸이 연한 풀빛으로 반짝거린다. 털이나 홈이 없이 매끄럽다. 딱지날개에는 작고 하얀 무늬가 몇 개 드문드문 있다. 머리방패 앞쪽 가장자리는 반듯하다. 낮은 산이나 들판에서 볼 수 있다. 다른 점박이꽃무지처럼 잘 난다. 나뭇진이나 썩은 과일에 날아와 즙을 핥어 먹는다. 짝짓기를 마친 암컷은 썩은 나무나 두엄 더미, 가랑잎 더미 속에 알을 낳는다.

꽃무지과
꽃무지아과

점박이꽃무지 *Protaetia orientalis submarmorea*

16 ~ 25mm 5 ~ 8월 애벌레

점박이꽃무지는 여름날 낮에 흔하고 들판에 피는 여러 가지 꽃이나 나뭇진, 잘 익은 과일에 날아온다. 어른벌레는 온 나라에서 볼 수 있는데 6월에서 8월 사이에 가장 많이 보인다. 예전에는 짝짓기를 마친 암컷이 초가지붕 속이나 두엄더미 속에 알을 낳았다. 두엄더미 속은 따뜻하고 축축한데다 먹을 것이 많아서 애벌레가 살기 좋다. 애벌레는 썩은 나무나 초가집 지붕에서 살면서 부스러기를 먹으며 자란다. 애벌레는 등에 털이 있고 다리가 짧다. 누워서 등에 난 털로 기는데 다른 굼벵이들보다 빨리 긴다. 꽃무지 무리 애벌레는 등으로 기어가는데, 풍뎅이 무리 애벌레는 배로 기어간다. 꽃무지나 풍뎅이 애벌레를 두루 '굼벵이'라고 했다. 굼벵이는 오래전부터 살아 있는 것이나 말린 것을 약으로 써 왔다. 주로 '풍이'나 '점박이꽃무지' 애벌레를 약으로 썼다. 《동의보감》에는 굼벵이를 '제로'라고 했다. 뼈가 부러졌거나 삔 데, 쇠붙이에 다친 데를 고치고 젖이 잘 나오게 한다고 나온다.

꽃무지과
꽃무지아과

알락풍뎅이 *Anthracophora rusticola*

16 ~ 22mm 6 ~ 9월 모름

알락풍뎅이는 몸이 까맣고 살짝 반짝거린다. 등에는 밤색 비늘털이 덮여 있고 까만 점무늬가 흩어져 있다. 제주도와 울릉도를 포함한 온 나라 산에서 산다. 어른벌레는 참나무에 여러 마리가 날아와 나뭇진을 핥아 먹는다. 애벌레는 땅속에서 식물 뿌리를 갉아 먹는다. 예전에는 산에서 흔하게 볼 수 있었는데 1980년 뒤로는 수가 가파르게 줄어들었다.

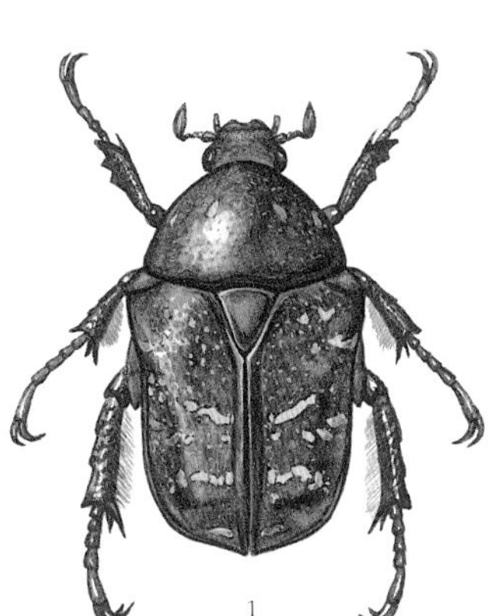
1

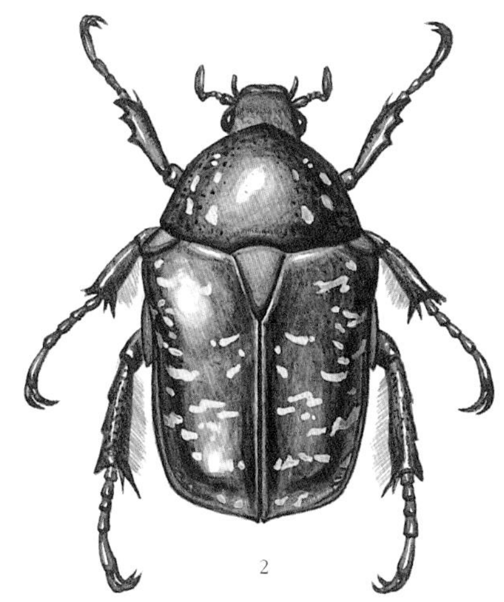
2

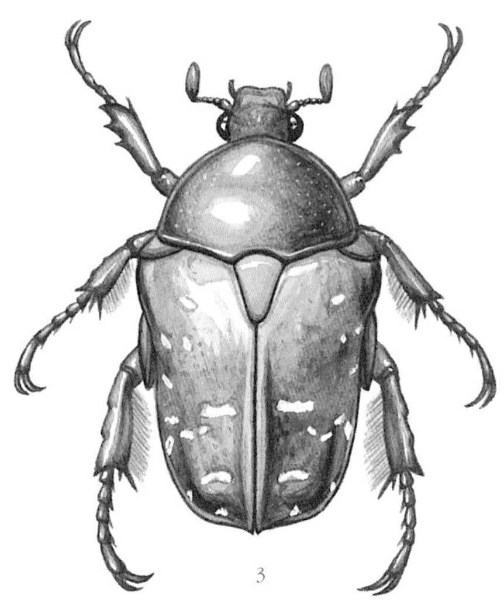
3

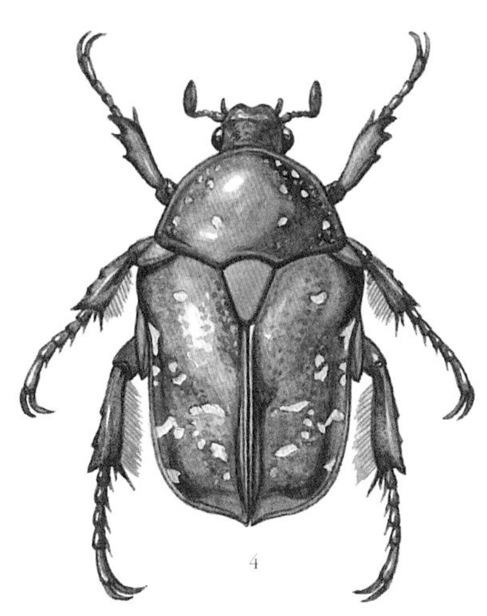
4

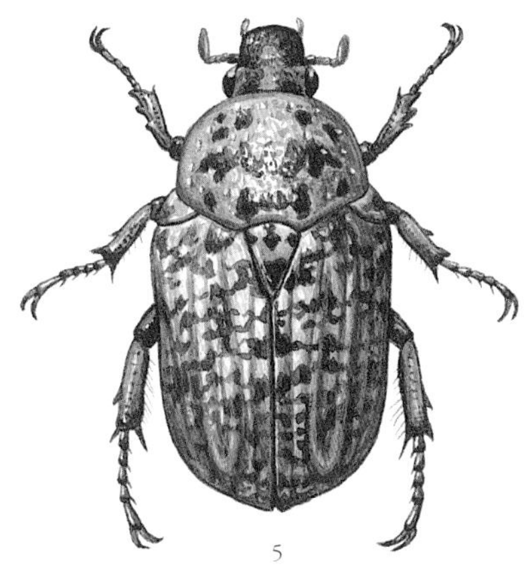
5

1. 아무르점박이꽃무지
2. 매끈한점박이꽃무지
3. 만주점박이꽃무지
4. 점박이꽃무지
5. 알락풍뎅이

꽃무지과
꽃무지아과

검정꽃무지 *Glycyphana fulvistemma*

11 ~ 14mm 4 ~ 10월 어른벌레

검정꽃무지는 풀색꽃무지와 생김새가 닮았지만, 온몸이 까맣고 딱지날개 가운데에 커다란 누런 가로무늬가 있다. 제주도를 포함한 온 나라에서 산다. 낮은 산이나 들판에서 볼 수 있다. 낮에 꽃이나 열매에 날아온다. 짝짓기를 마친 암컷은 썩어 가는 나무껍질 아래에 알을 낳는다. 알에서 깨어난 애벌레는 썩어 부스러진 나무속을 먹으며 일 년 넘게 살면서 허물을 두 번 벗는다. 다 자란 애벌레는 나무 부스러기를 침으로 버무려 달걀처럼 생긴 번데기 방을 만든다. 그런 뒤 방 안쪽을 자기가 싼 똥으로 발라 매끈하게 만든다. 번데기 방에서 허물을 벗고 번데기가 된 뒤 보름에서 3주쯤 지나 어른벌레로 날개돋이해서 나온다. 날씨가 추워지면 나무껍질 밑이나 땅속에서 어른벌레로 겨울을 난다.

꽃무지과
꽃무지아과

풀색꽃무지 *Gametis jucunda*

10 ~ 14mm 3 ~ 11월 애벌레

풀색꽃무지는 우리나라에 사는 꽃무지 가운데 가장 흔하게 볼 수 있다. 어른벌레는 5월 말에서 6월 중순 사이에 가장 많이 나타나고 9월부터 11월 사이에도 많이 나타난다. 봄과 가을에 많이 보이고 한여름에는 드물다. 낮에 산과 들에 피는 온갖 꽃에 모인다. 찔레나 마타리, 맥문동 같은 꽃에 많다. 또 사과나무, 배나무, 복숭아나무, 앵두나무, 포도나무, 밤나무, 귤나무 꽃에도 모여든다. 화창한 봄날이나 가을날 낮에 여러 마리가 꽃에 모여든다. 꽃 속에 머리를 틀어박고서, 꿀도 먹고 꽃잎과 꽃술도 씹어 먹는다. 또 씨방에 흠집을 내서 열매가 떨어지거나 울퉁불퉁 보기 싫게 자라게 한다. 이른 봄에는 참나무에 날아와 나뭇진을 먹기도 한다. 애벌레는 땅속에 살면서 나무뿌리나 썩은 가랑잎을 먹고, 마른 소똥도 먹는다. 한두 해 지나 봄이나 가을에 어른벌레로 날개돋이한다. 몸은 짙은 풀색이고, 등은 평평하다. 때때로 붉은 밤색이나 검은색을 띠기도 한다. 앞가슴등판과 딱지날개에 누르스름한 작은 무늬들이 흩어져 있다. 가끔 딱지날개 가운데가 빨갛기도 하다. 온몸에는 누런 털이 나 있다. 머리방패판 앞쪽은 V자처럼 깊게 파였다.

꽃무지과
꽃무지아과

홀쭉꽃무지 *Clinterocera obsoleta*

15 ~ 17mm 5 ~ 6월 모름

홀쭉꽃무지는 몸이 까맣게 반짝거린다. 딱지날개 가운데에 누런 가로무늬가 한 쌍 있다. 낮은 산에서 보이는데 드물다. 다른 꽃무지와 달리 꽃에 잘 안 모이고, 땅에서 먼지를 뒤집어쓰고 기어 다니거나 돌 밑에서 보인다. 움직임이 둔하고, 손으로 건드리면 죽은 척한다.

여울벌레과
여울벌레아과

긴다리여울벌레 *Stenelmis vulgaris*

3mm 안팎 3 ~ 10월 모름

긴다리여울벌레는 온몸이 어두운 밤색이다. 딱지날개에는 홈이 잔뜩 파여 줄을 이룬다. 더듬이는 11마디다. 발목마디 다섯 번째 마디가 나머지 다른 마디를 다 합친 길이보다 길거나 비슷하다. 어른벌레는 이름처럼 물살이 빠른 여울에서 산다. 온 나라 하천이나 강, 시냇물, 논에서 산다. 물속에서도 기관으로 숨을 쉴 수 있다. 물속 돌 밑이나 식물 뿌리 밑을 기어 다닌다. 애벌레는 물속에서 식물 부스러기나 다슬기 따위를 잡아먹는다.

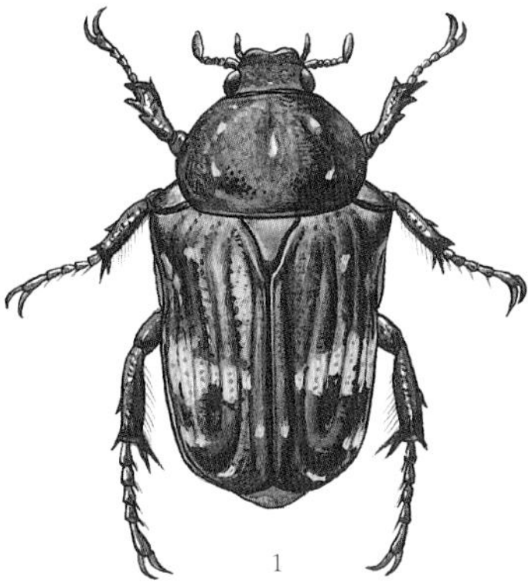

1

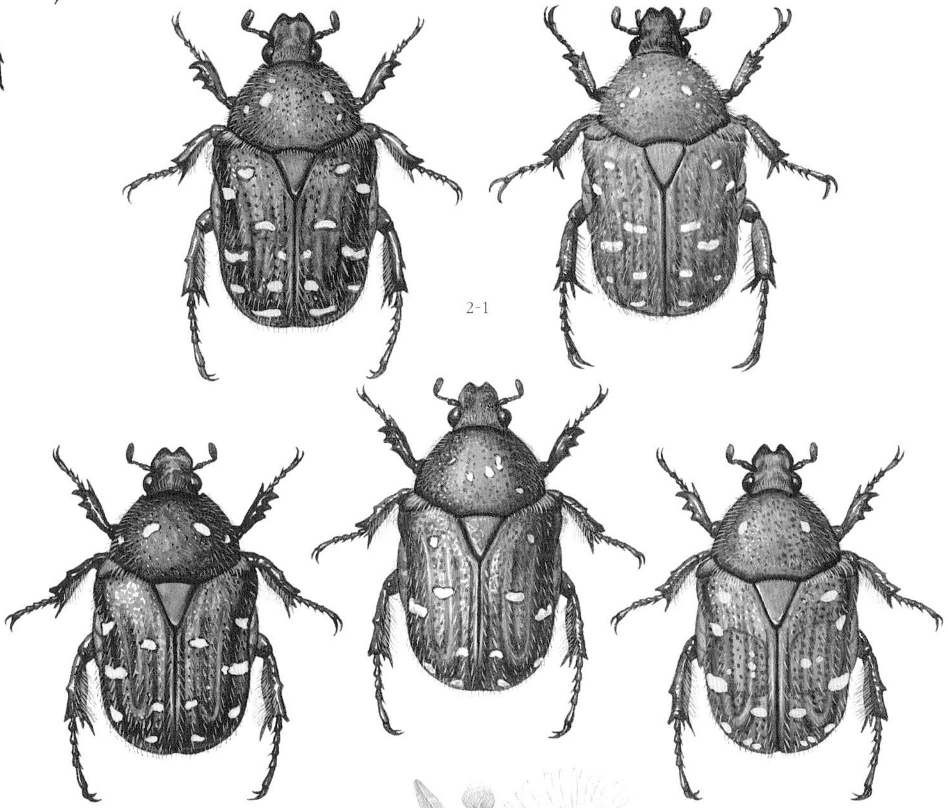

2-1

2-2

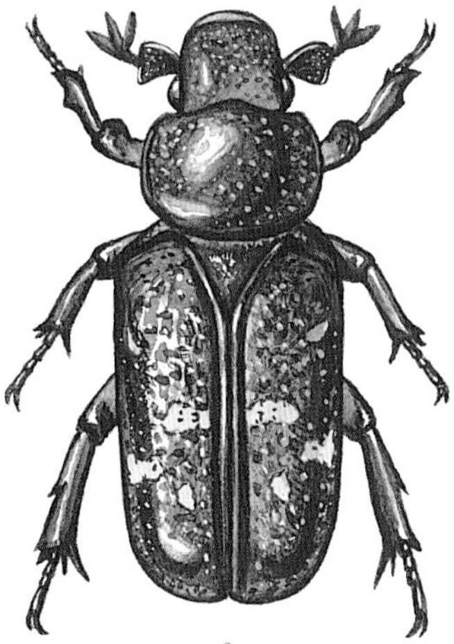

3

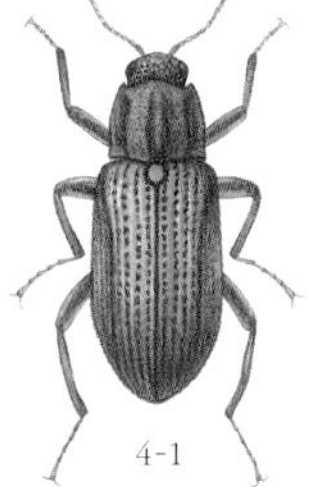
4-1

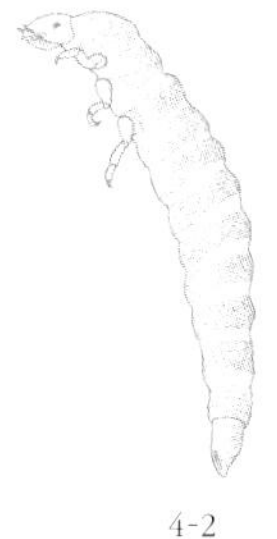
4-2

1. 검정꽃무지
2-1. 풀색꽃무지
2-2. 풀색꽃무지 개망초 먹는 모습
3. 홀쭉꽃무지
4-1. 긴다리여울벌레
4-2. 여울벌레과 애벌레

물삿갓벌레과
물삿갓벌레아과

물삿갓벌레 *Mataeopsephus japonicus sasajii* 3~5mm 4~11월 모름

물삿갓벌레는 온몸이 까맣고 다리는 누런 밤색이다. 수컷 더듬이는 부챗살처럼 여러 갈래로 갈라진다. 암컷은 실처럼 생겼다. 애벌레는 물속에서 살고, 물 밖에서 번데기가 된 뒤 어른벌레는 땅 위 여기저기를 날아다니며 잎을 갉아 먹는다. 짝짓기를 마친 암컷은 물가 바위에 알을 낳는다. 물속에 사는 애벌레 생김새가 마치 삿갓처럼 생겨서 바위에 딱 달라붙어 산다. 썩은 식물 부스러기나 작은 옆새우 같은 물속 동물을 잡아먹는다.

진흙벌레과

알락진흙벌레 *Heterocerus fenestratus* 3~4mm 4~8월 모름

알락진흙벌레는 온몸이 밤색인데, 저마다 무늬가 많이 다르다. 땅강아지처럼 앞다리가 흙을 파기 좋도록 넓적하다. 강가나 시냇가 둘레 축축한 진흙이나 모래에서 산다. 썩은 식물 부스러기를 먹는다. 애벌레는 물속에서 살다가, 물 밖으로 나와 어른벌레로 날개돋이한다.

비단벌레과
노랑무늬비단벌레아과

노랑무늬비단벌레 *Ptosima chinensis* 12~13mm 5~8월 애벌레

노랑무늬비단벌레는 딱지날개 끝에 노란 무늬 네 개가 가로로 길쭉하게 나 있다. 어른벌레는 낮에 나와 돌아다닌다. 개살구나 복숭아나무, 매화나무 잎에서 자주 보인다.

비단벌레
비단벌레아과

고려비단벌레 *Buprestis haemorrhoidalis* 11~22mm 6~9월 애벌레

고려비단벌레는 온몸이 구릿빛을 띠고, 쇠붙이처럼 번쩍거린다. 딱지날개에 세로줄이 있다. 어른벌레는 소나무를 잘라 쌓아 놓은 곳에 날아온다. 짝짓기를 마친 암컷은 썩은 소나무에 알을 낳는다.

비단벌레
비단벌레아과

소나무비단벌레 *Chalcophora japonica japonica* 24~40mm 5~8월 애벌레, 어른벌레

소나무비단벌레는 비단벌레 무리 가운데 몸집이 크다. 온몸은 금빛 가루로 덮였는데, 오래 지나면 벗겨져서 거무스름한 구릿빛을 띤다. 앞가슴등판에 굵고 까만 세로 줄무늬가 있다. 딱지날개에도 굵고 까만 세로 줄무늬가 4개씩 있다. 중부와 남부, 제주도에서 산다. 어른벌레는 낮은 산이나 들판 소나무 숲에서 보인다. 낮에 나와 돌아다닌다. 짝짓기를 마친 암컷은 죽은 소나무에 알을 낳는다. 애벌레는 소나무 껍질 속을 파먹고 산다. 어른벌레가 되는 데 3년쯤 걸린다.

비단벌레
비단벌레아과

비단벌레 *Chrysochroa coreana* 25~44mm 7~8월 애벌레

비단벌레는 머리 앞쪽이 넓고, 날개 뒤쪽은 좁아서 몸이 오각형처럼 생겼다. 딱지날개에 빨간 줄무늬가 두 줄 굵게 나 있다. 어른벌레는 한여름에 보인다. 중부와 남부 지방, 섬에서 사는데 드물어서 거의 볼 수 없다. 어른벌레는 팽나무, 참나무, 서어나무 같은 넓은잎나무 나뭇잎을 먹는다. 햇볕이 좋은 날에는 나무 꼭대기에서 날아다니기도 한다. 짝짓기를 마친 암컷은 말라 죽은 팽나무에 알을 낳는다. 어른벌레가 되는 데 2~3년 걸린다. 지금은 천연기념물로 정해서 함부로 못 잡게 보호하고 있다.

1-1. 물삿갓벌레
1-2. 물삿갓벌레 애벌레 배 쪽 모습
1-3. 물삿갓벌레속 애벌레 위아래 모습
2. 알락진흙벌레
3. 노랑무늬비단벌레
4-1. 고려비단벌레
4-2. 고려비단벌레가 나무 기둥 틈에 알 낳는 모습
5. 소나무비단벌레
6-1. 비단벌레
6-2. 비단벌레 짝짓기 모습
6-3. 비단벌레 애벌레가 나무속을 갉아 먹는 모습

비단벌레
비단벌레아과

금테비단벌레 *Lamprodila pretiosa*

8~13mm · 4~6월 · 애벌레

금테비단벌레는 몸빛이 풀색을 띠어서 몸을 숨긴다. 딱지날개에는 세로줄이 있고, 테두리에는 빨간 무늬가 있다. 어른벌레는 산속 넓은잎나무 숲에서 산다. 봄부터 나와 느릅나무, 사과나무, 배나무, 두릅나무 잎을 잘 갉아 먹는다. 애벌레는 나무줄기와 가지 속에서 구멍을 뚫어 가며 파먹는다.

비단벌레과
넓적비단벌레아과

아무르넓적비단벌레 *Chrysobothris amurensis amurensis*

8~10mm · 6~8월 · 모름

아무르넓적비단벌레는 배나무육점박이비단벌레와 닮았다. 아무르넓적비단벌레는 앞가슴등판 앞쪽이 배나무육점박이비단벌레와 달리 좁아지지 않는다. 앞가슴등판 가운데와 양쪽 옆 테두리가 빨갛다. 베어 낸 나무 더미에 날아온다. 드물게 보인다.

비단벌레과
넓적비단벌레아과

배나무육점박이비단벌레 *Chrysobothris succedanea*

7~12mm · 5~8월 · 애벌레

배나무육점박이비단벌레는 이름처럼 딱지날개에 금빛 무늬가 세 쌍 있다. 온몸이 구릿빛이고, 몸 아래쪽 가운데는 풀빛이 돌고, 가장자리는 붉은 보랏빛을 띤다. 온몸은 쇠붙이처럼 반짝인다. 앞다리 허벅지마디가 굵다. 어른벌레는 바늘잎나무가 자라는 중부 지방 산에서 산다. 낮에 나와 돌아다닌다. 소나무를 잘라 쌓아 놓은 무더기에 날아와 산란관을 꽂고 알을 낳는다. 애벌레는 나무속을 파먹고 자란다.

비단벌레과
호리비단벌레아과

황녹색호리비단벌레 *Agrilus chujoi*

6~8mm · 7~8월 · 애벌레

황녹색호리비단벌레는 앞가슴등판과 딱지날개가 밝은 풀색이고, 딱지날개 뒤쪽에 진한 파란색 반점이 있다. 무늬 크기는 저마다 다르다. 멋쟁이호리비단벌레와 닮았다. 멋쟁이호리비단벌레는 앞가슴등판이 주황색이고, 딱지날개는 푸른 풀빛을 띠고 파란색 반점이 없다. 황녹색호리비단벌레는 중부, 남부 지방 낮은 산에서 보인다. 어른벌레는 낮에 나와 돌아다니면서 칡 잎을 갉아 먹는다. 애벌레는 칡덩굴 속을 파먹는다.

비단벌레과
호리비단벌레아과

모무늬호리비단벌레 *Agrilus discalis*

7mm 안팎 · 4~9월 · 어른벌레

모무늬호리비단벌레는 딱지날개에 커다란 삼각형 모양 붉은 반점이 있다. 앞가슴등판은 보랏빛이 도는 붉은색이다. 어른벌레는 제주도와 울릉도를 포함한 남부 지방 낮은 산이나 들판에서 볼 수 있다. 낮에 나와 돌아다니며 팽나무 잎을 갉아 먹는다. 겨울이 되면 팽나무 나무껍질 밑에 들어가 겨울을 난다. 애벌레는 썩은 팽나무를 파먹는다.

비단벌레과
호리비단벌레아과

서울호리비단벌레 *Agrilus planipennis*

9~14mm · 6~8월 · 모름

서울호리비단벌레는 몸이 풀빛이고 털이 없어서 반들반들하다. 호리비단벌레 무리는 어른벌레와 애벌레 모두 식물을 먹고 산다. 어른벌레는 꽃잎이나 잎을 갉아 먹고, 애벌레는 나무나 풀 줄기 속을 파먹는다. 한 해에 한 번이나 두 해에 한 번 날개돋이한다. 대부분 애벌레로 겨울을 나는데, 몇몇 종은 어른벌레로 겨울을 나기도 한다. 중국에서 미국으로 건너간 서울호리비단벌레가 가로수로 심은 미국물푸레나무를 말라 죽게 했다고 한다.

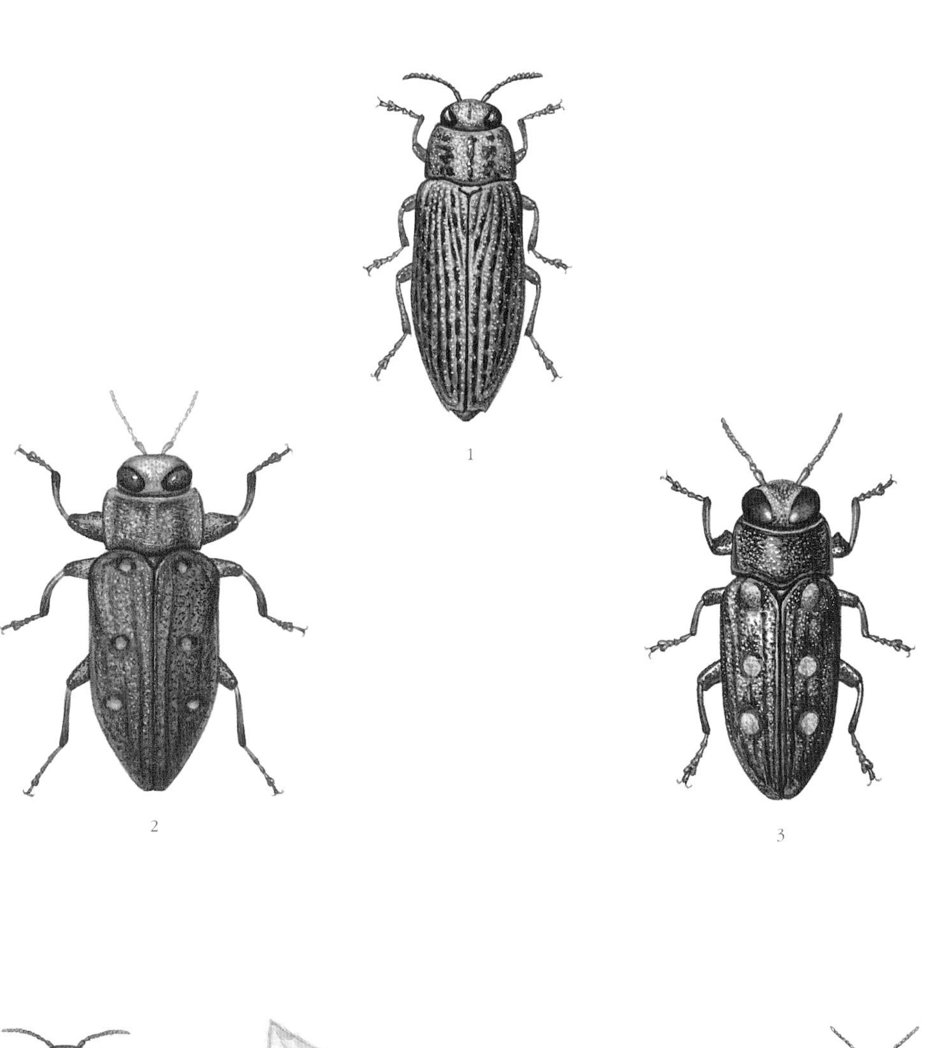

1

2

3

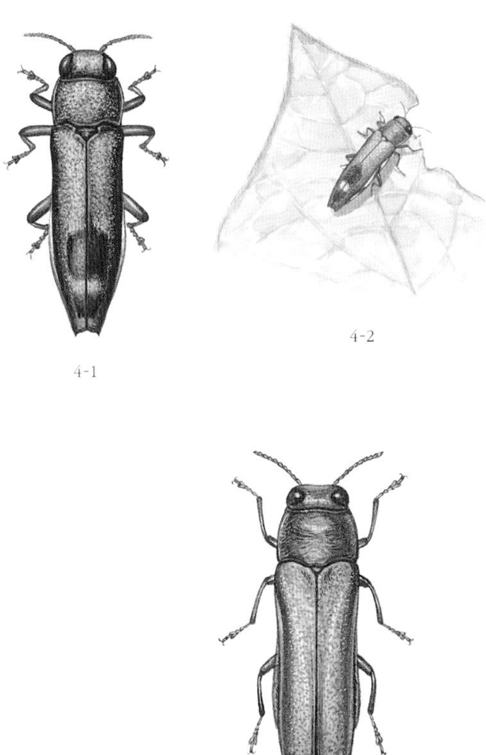

4-1

4-2

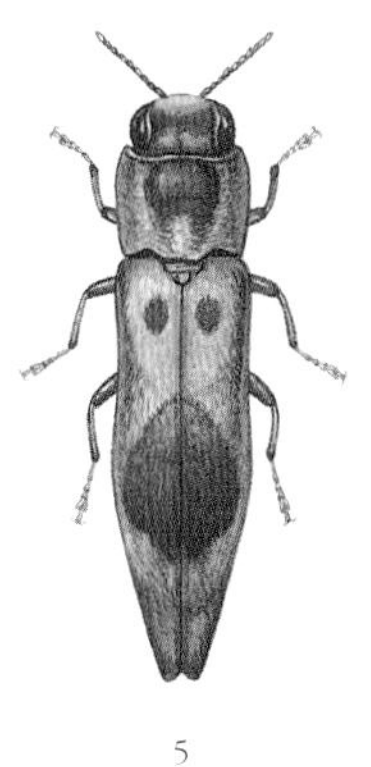

5

6

1. 금테비단벌레
2. 아무르넓적비단벌레
3. 배나무육점박이비단벌레

4-1. 황녹색호리비단벌레

4-2. 황녹색호리비단벌레가 칡 잎을 갉아 먹고 있다.

5. 모무늬호리비단벌레
6. 서울호리비단벌레

비단벌레과
호리비단벌레아과

흰점호리비단벌레 *Agrilus sospes* 5~8mm 5~8월 모름

흰점호리비단벌레는 '흰점비단벌레'라고도 한다. 딱지날개에 하얀 점 4개가 뚜렷하게 나 있고, 딱지날개 위와 아래쪽에 하얀 무늬가 희미하게 나 있다. 어른벌레는 낮은 산 나무를 잘라 쌓아 놓은 곳에서 많이 보인다.

비단벌레과
호리비단벌레아과

버드나무좀비단벌레 *Trachys minuta minuta* 3mm 안팎 4~10월 어른벌레

버드나무좀비단벌레는 딱지날개가 진한 남색인데 어두운 보라색이나 검은색인 것도 있다. 온몸에는 하얀 털이 나 있다. 앞가슴등판은 밤색이다. 딱지날개에는 하얀 털로 된 가로 띠무늬가 물결처럼 나 있다. 어른벌레는 황철나무나 버드나무에서 보인다. 다른 비단벌레보다 빠르게 움직이는데, 가다 서다를 되풀이한다. 한 해에 한 번이나 두 번 날개돋이한다.

방아벌레과
왕빗살방아벌레아과

왕빗살방아벌레 *Pectocera fortunei* 22~35mm 5~10월 애벌레

왕빗살방아벌레는 우리나라에서 몸집이 가장 큰 방아벌레다. 온몸은 붉거나 검은 밤색이고, 딱지날개에 세로로 깊은 골이 빗살처럼 나 있다. 짧은 잿빛 털이 온몸에 얼룩덜룩 나 있다. 수컷 더듬이는 길고 빗살처럼 갈라졌는데, 암컷 더듬이는 수컷보다 짧고 톱니처럼 생겼다. 어른벌레는 늦은 봄에 나와 10월까지 돌아다닌다. 온 나라 낮은 산에 살면서 밤에 나와 돌아다니며 하늘소나 좀벌레 애벌레를 잡아먹는다. 밤에 불빛으로 날아오기도 한다. 위험을 느끼면 죽은 척하고 있다가 갑자기 '똑딱' 소리를 내며 튀어 오른다. 다 자란 애벌레로 땅속에서 겨울을 나고 이듬해 3~4월에 번데기가 되었다가 5월에 어른벌레로 날개돋이한다. 거의 암컷만 보이고 수컷은 드물다.

방아벌레과
땅방아벌레아과

대유동방아벌레 *Agrypnus argillaceus argillaceus* 14~16mm 5~7월 애벌레

대유동방아벌레는 온몸에 진한 주홍빛 짧은 털이 잔뜩 나 있다. 더듬이와 다리는 까맣다. 머리와 앞가슴 사이에는 까만 털이 수북이 나 있다. 어른벌레는 산에서 자라는 나뭇잎이나 풀잎 위에서 자주 보인다. 낮에 나와 큰턱으로 연한 나무껍질을 뜯어 먹거나 여러 가지 애벌레를 잡아먹는다. 위험을 느끼면 땅에 떨어져 거꾸로 뒤집혀 죽은 척한다. 그러다가 한참 지나면 톡 튀어 올라 제자리를 잡고 도망간다. 햇볕이 쨍쨍한 날에는 날아다니기도 한다. 애벌레는 썩은 나무속에서 산다. 한 해에 한 번 날개돋이한다.

방아벌레과
땅방아벌레아과

녹슬은방아벌레 *Agrypnus binodulus coreanus* 12~16mm 5~10월 애벌레

녹슬은방아벌레는 이름처럼 온몸이 녹슨 쇠붙이처럼 하얀 털과 누런 털이 얼룩덜룩하다. 앞가슴등판에 짧은 돌기가 한 쌍 튀어나왔다. 온 나라 산이나 들판에서 산다. 식물 줄기나 잎에서 지낸다. 낮에 돌아다니는데, 몸빛이 땅 빛깔과 비슷해서 눈에 잘 안 띈다. 밤에 불빛을 보고 날아오기도 한다. 땅속에서 번데기가 된다.

방아벌레과
땅방아벌레아과

황토색방아벌레 *Agrypnus cordicollis* 12~17mm 4~6월 모름

황토색방아벌레는 이름처럼 온몸이 황토색이다. 앞가슴등판이 심장꼴로 생겼고, 뒤쪽 끝 양쪽 모서리가 뾰족하게 튀어 나왔다. 어른벌레는 들판이나 산에서 작은 벌레를 잡아먹는다.

1

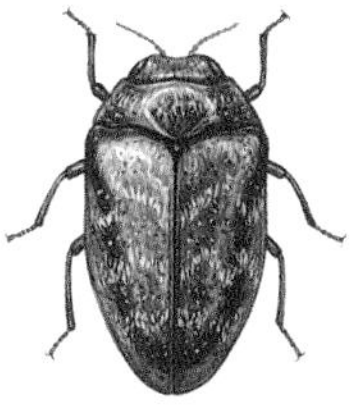

2

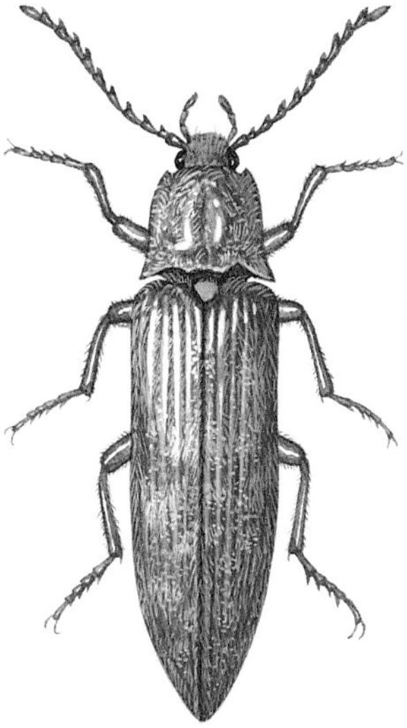

3-1

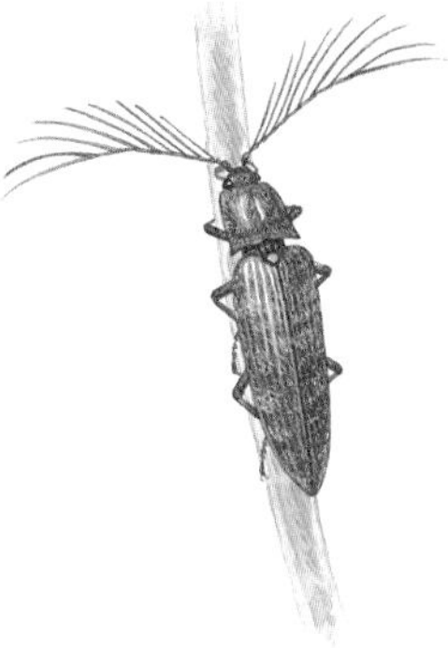

3-2

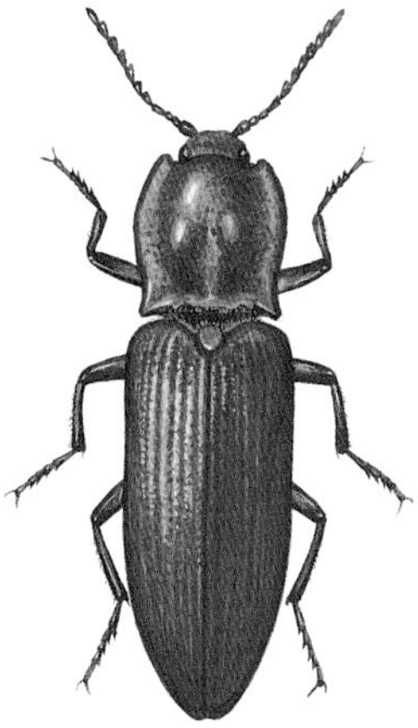

4-1

4-2

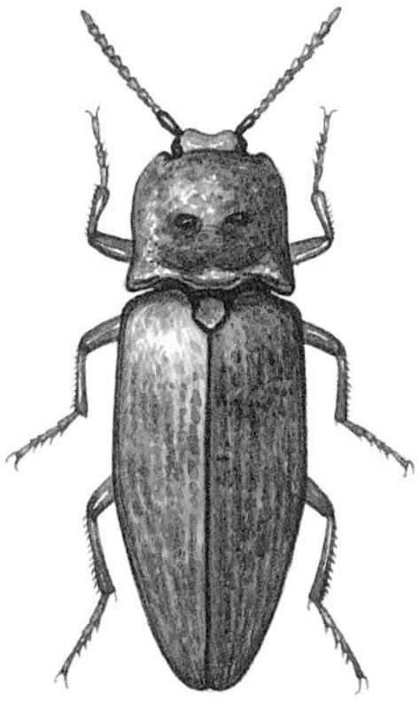

5

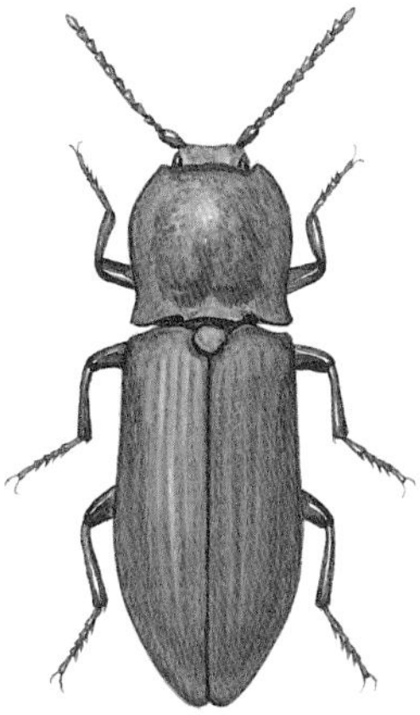

6

1. 흰점호리비단벌레
2. 버드나무좀비단벌레
3-1. 왕빗살방아벌레
3-2. 왕빗살방아벌레 수컷은 더듬이가 빗살처럼 갈라졌다.
4-1. 대유동방아벌레
4-2. 대유동방아벌레가 풀 위에 앉아 있는 모습
5. 녹슬은방아벌레
6. 황토색방아벌레

방아벌레과
땅방아벌레아과

가는꽃녹슬은방아벌레 *Agrypnus fuliginosus*

13~20mm · 5~8월 · 모름

가는꽃녹슬은방아벌레는 녹슬은방아벌레와 닮았다. 온몸은 붉은 밤색이고, 딱지날개 옆쪽에 옅은 밤색 점이 있다. 낮은 산이나 들판에서 볼 수 있다.

방아벌레과
땅방아벌레아과

애녹슬은방아벌레 *Agrypnus scrofa*

8~10mm · 6~7월 · 모름

애녹슬은방아벌레는 몸이 까만 털로 빽빽하게 덮여 있다. 앞가슴등판이 살짝 솟아올랐다. 낮은 산이나 들판에 자라는 키 작은 나무 둘레에서 보인다.

방아벌레과
땅방아벌레아과

알락방아벌레 *Danosoma conspersa*

14~16mm · 5~6월 · 애벌레

알락방아벌레는 머리와 앞가슴등판은 까맣고, 딱지날개는 붉은 밤색이다. 그런데 군데군데 금빛 털이 뭉쳐 있어 얼룩덜룩해 보인다. 낮은 산이나 들판에서 보인다. 낮에 나와 돌아다닌다.

방아벌레과
땅방아벌레아과

모래밭방아벌레 *Meristhus niponensis*

6~7mm · 7~9월 · 모름

모래밭방아벌레는 온몸이 검은 밤색인데, 배 가장자리와 딱지날개에 하얀 점무늬처럼 털이 드문드문 나 있다. 골짜기 둘레 모래밭에서 산다.

방아벌레과
땅방아벌레아과

맵시방아벌레 *Cryptalaus berus*

22~30mm · 5~8월 · 애벌레, 어른벌레

맵시방아벌레는 잿빛 몸에 까만 무늬가 이리저리 나 있다. 앞가슴등판은 투구처럼 생겼고, 뒤쪽 모서리에 날카로운 돌기가 한 쌍 있다. 산이나 들판 소나무 숲에서 볼 수 있다. 남부 지방에서 많이 보인다. 6~7월에 짝짓기를 하고 썩은 소나무에 알을 낳는다. 알에서 나온 애벌레는 소나무 껍질 속에 살면서 다른 벌레를 잡아먹는다. 소나무 껍질 속에서 애벌레나 어른벌레로 겨울을 난다. 어른벌레가 되는 데 3~6년쯤 걸린다.

방아벌레과
땅방아벌레아과

루이스방아벌레 *Tetrigus lewisi*

22~35mm · 4~10월 · 어른벌레

루이스방아벌레는 왕빗살방아벌레만큼 몸집이 크다. 온몸은 누런 밤색이고, 빳빳한 털로 덮여 있다. 더듬이와 다리는 붉은 노란색이다. 딱지날개 뒤쪽이 좁아진다. 수컷 더듬이는 옆으로 길게 늘어난 빗살처럼 생겼고, 암컷은 톱날처럼 생겼다.

방아벌레과
땅방아벌레아과

꼬마방아벌레 *Drasterius agnatus*

5mm 안팎 · 4~10월 · 어른벌레

꼬마방아벌레는 이름처럼 몸이 아주 작다. 온몸이 붉은 밤색이다. 딱지날개에 잔털이 나 있고, 까만 무늬가 있다. 앞가슴등판에는 까만 세로 줄무늬가 있다. 풀밭이나 잔디밭, 논밭 땅 위를 기어 다닌다. 땅속을 파고들기도 한다.

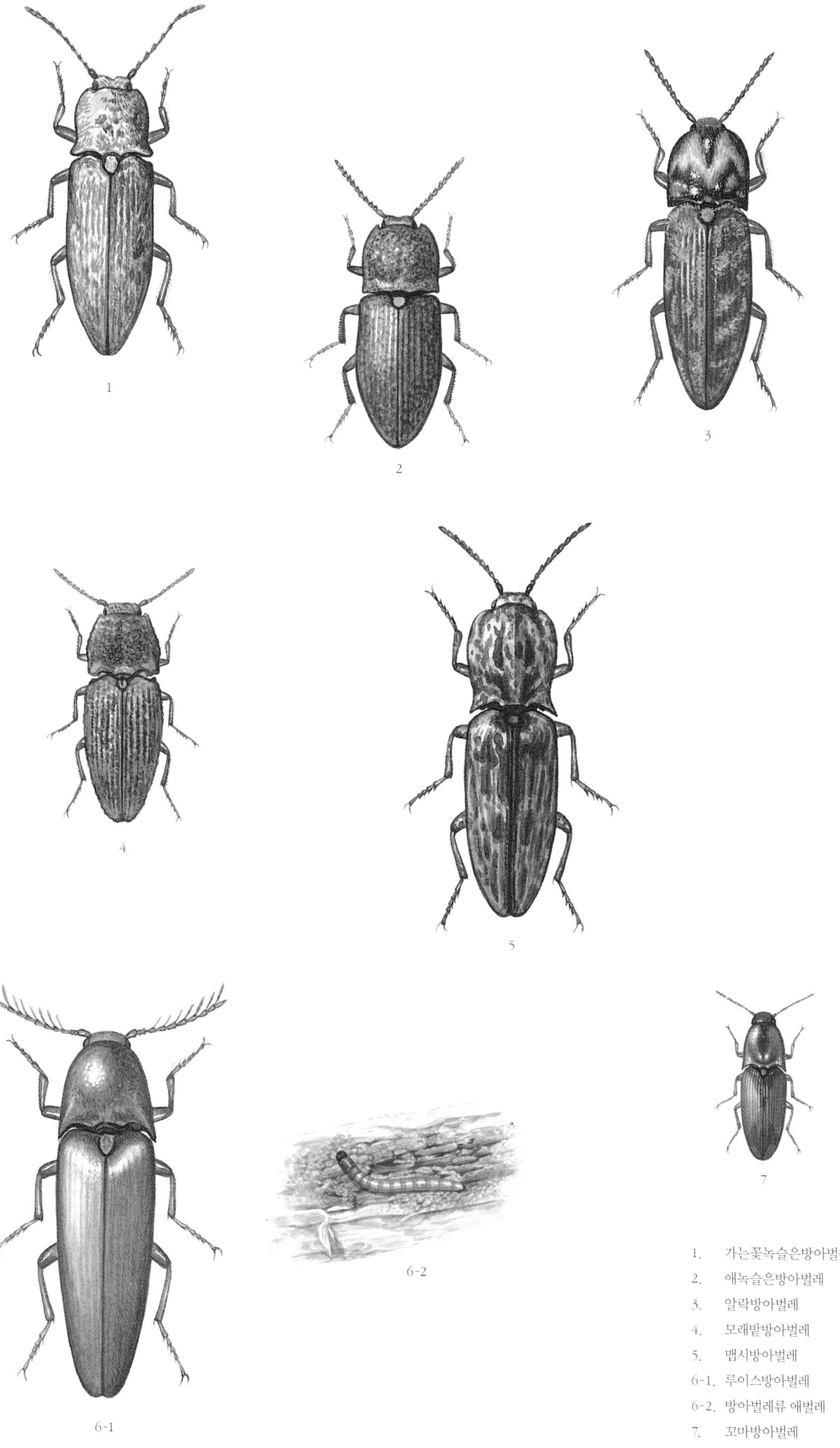

1. 가는꽃녹슬은방아벌레
2. 애녹슬은방아벌레
3. 알락방아벌레
4. 모래밭방아벌레
5. 맵시방아벌레

6-1. 루이스방아벌레

6-2. 방아벌레류 애벌레

7. 꼬마방아벌레

방아벌레과
주홍방아벌레아과

크라아츠방아벌레 *Limoniscus kraatzi kraatzi*

8~12mm · 4~5월 · 어른벌레

크라아츠방아벌레는 몸이 까맣게 반짝거리고, 짧은 털이 나 있다. 딱지날개에 세로줄 홈이 줄지어 파여 있고, 딱지날개 가운데쯤 양옆에 노란 점이 한 쌍 있다. 제주도를 포함한 온 나라에서 볼 수 있다. 낮은 산 떨기나무 숲에서 볼 수 있다. 봄에 나뭇가지나 새순에서 드물게 보인다.

방아벌레과
주홍방아벌레아과

얼룩방아벌레 *Actenicerus pruinosus*

12~17mm · 4~8월 · 어른벌레

얼룩방아벌레는 온몸에 짧은 밤색 털이 나 있어서 얼룩덜룩해 보인다. 앞가슴 양쪽 뒤쪽 끝이 길쭉하게 늘어났다. 낮은 산이나 풀밭에서 볼 수 있다. 낮에 나와 자주 풀에 앉아 쉰다.

방아벌레과
주홍방아벌레아과

붉은큰뿔방아벌레 *Liotrichus fulvipennis*

수컷 12~13mm, 암컷 16~17mm · 4월부터 · 어른벌레

붉은큰뿔방아벌레는 딱지날개가 빨간데, 보랏빛이 돌기도 한다. 하지만 사는 곳에 따라 색깔이 제법 다르다. 또 새로 날개돋이한 어른벌레와 겨울을 난 어른벌레도 색깔이 다르다. 머리와 가슴은 구릿빛이 도는 까만색이다. 수컷은 앞가슴등판 좁고 길며 양옆이 나란한데, 암컷은 양옆이 조금 둥글게 넓어진다. 산속 골짜기 둘레 작은 키 나무에서 산다. 어른벌레로 흙 속에서 겨울을 난다고 알려졌다.

방아벌레과
주홍방아벌레아과

청동방아벌레 *Selatosomus puncticollis*

15~17mm · 5~6월 · 애벌레

청동방아벌레는 이름처럼 온몸이 청동빛으로 번쩍거린다. 딱지날개에 세로줄 홈이 있다. 낮은 산에서 산다. 봄부터 나와 많이 날아다니는데 낮에는 땅바닥이나 풀에 앉아 쉰다. 5~6월에 짝짓기를 하고 알을 낳는다. 애벌레는 땅속에서 2~3년 산다. 애벌레가 밭에 심은 감자를 많이 갉아 먹는다. 땅속에서 번데기가 되었다가 가을에 어른벌레로 날개돋이한다. 어른벌레는 그대로 땅속에서 겨울을 나고 이듬해 봄에 나온다.

방아벌레과
방아벌레아과

길쭉방아벌레 *Ectamenogonus plebejus*

11~15mm · 5~7월 · 모름

길쭉방아벌레는 온몸이 까맣고 밤색 털이 많이 나 있다. 더듬이와 입, 다리와 몸 아랫면은 붉은 밤색이다. 더듬이 네 번째 마디부터 톱니처럼 생겼다. 딱지날개는 옆으로 나란하다가 뒤로 갈수록 뾰족해진다. 딱지날개에 세로줄 홈이 나 있다.

방아벌레과
방아벌레아과

검정테광방아벌레 *Ludioschema vittiger vittiger*

9~14mm · 7~8월 · 모름

검정테광방아벌레는 이름처럼 앞가슴등판 가운데와 양쪽 가장자리, 딱지날개 양쪽 가장자리를 따라 까만 세로줄이 있다. 어른벌레는 숲 가장자리나 논밭, 냇가 둘레에서 보인다.

방아벌레과
방아벌레아과

시이볼드방아벌레 *Orthostethus sieboldi sieboldi*

23~30mm · 5~6월 · 모름

시이볼드방아벌레는 온몸이 검은 밤색이고 누런 털로 덮여 있다. 수컷만 더듬이가 빗살처럼 생겼다. 온 나라에서 산다. 낮은 산 넓은잎나무 숲이나 들판에서 볼 수 있다.

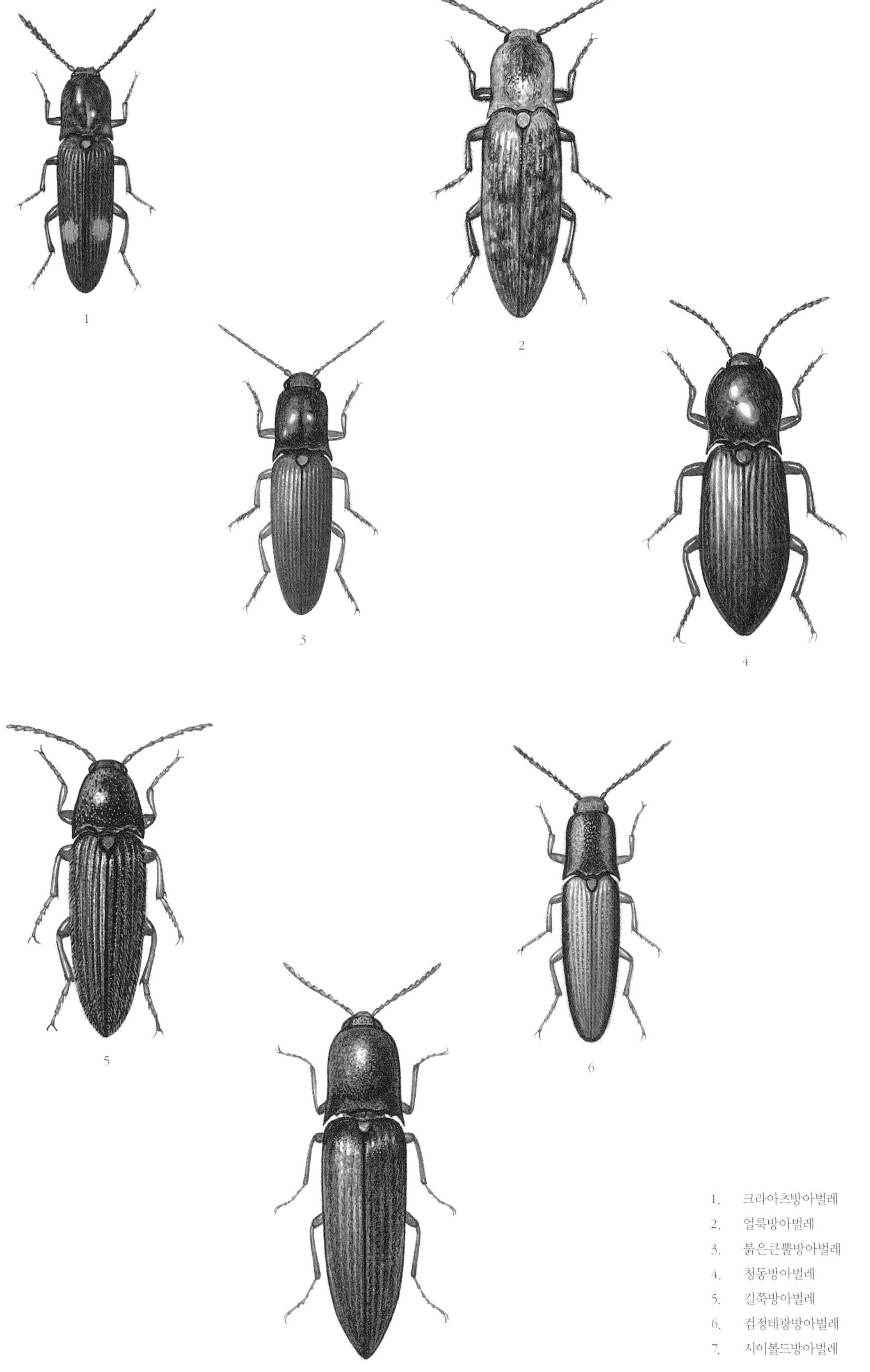

1. 크라아츠방아벌레
2. 얼룩방아벌레
3. 붉은큰뿔방아벌레
4. 청동방아벌레
5. 길쭉방아벌레
6. 검정테광방아벌레
7. 시이볼드방아벌레

방아벌레과
방아벌레아과

누런방아벌레 *Ectinus tamnaensis*

10mm 안팎 · 4~6월 · 어른벌레

누런방아벌레는 머리와 가슴이 까맣고, 딱지날개는 붉은 밤색이다. 딱지날개에 굵은 세로줄이 나 있다. 앞가슴등판이 길고, 양쪽 뒷 가장자리 끝이 날카롭다. 더듬이는 11~12마디이다. 어른벌레는 산이나 들판에서 산다. 낮에는 주로 숲속 나뭇잎 뒤에 붙어서 쉰다. 애벌레는 땅속에서 밭에 심은 곡식이나 채소 뿌리를 파먹고 산다.

방아벌레과
방아벌레아과

오팔색방아벌레 *Ampedus hypogastricus*

11~12mm · 6~7월 · 모름

오팔색방아벌레는 온몸이 까맣게 반짝거리는데, 햇빛을 받으면 보랏빛이 어른거린다. 딱지날개에 세로줄 홈이 뚜렷하다. 어른벌레는 산에서 산다. 애벌레는 썩은 소나무나 잣나무 속을 파먹으면서 산다.

방아벌레과
방아벌레아과

진홍색방아벌레 *Ampedus puniceus*

10mm 안팎 · 4~7월 · 어른벌레

진홍색방아벌레는 머리와 앞가슴등판이 까맣고, 딱지날개는 짙은 주홍빛이다. 온 나라 낮은 산이나 들판에 있는 죽은 나무나 꽃에 모여든다. 이른 봄에 과수원이나 마당에 날아와 과일나무 새싹을 갉아 먹기도 한다. 짝짓기를 마친 암컷은 썩은 참나무에 알을 많이 낳는다. 애벌레는 나무껍질 밑이나 나무속을 파고 다니며 다른 벌레 애벌레를 잡아먹는다. 그러다가 나무속에서 번데기가 된다. 늦가을에 어른벌레로 날개돋이하면 그대로 겨울잠을 잔다. 이듬해 봄에 나무를 뚫고 밖으로 나온다.

방아벌레과
빗살방아벌레아과

빗살방아벌레 *Melanotus legatus*

14~20mm · 5~6월 · 어른벌레

빗살방아벌레는 온몸이 까맣게 반짝거린다. 더듬이와 다리는 누런 밤색이다. 수컷 더듬이가 암컷보다 더 길다. 애벌레는 땅속이나 가랑잎 썩은 곳에서 산다. 밭에 심은 곡식이나 채소 뿌리를 갉아 먹기도 한다. 8~9월에 땅속에서 번데기가 된 뒤 가을에 어른벌레로 날개돋이한 뒤 그대로 겨울을 난다.

방아벌레과
빗살방아벌레아과

검정빗살방아벌레 *Melanotus cribricollis*

17mm 안팎 · 5~7월 · 어른벌레

검정빗살방아벌레는 몸이 까맣게 반짝거린다. 등과 몸 아랫면에는 잿빛 털로 덮여 있다. 앞가슴등판 가운데가 가느다랗게 튀어 나왔다. 딱지날개에 세로줄이 뚜렷하게 나 있다. 온 나라 낮은 산이나 들에서 산다. 썩은 나무속에서 어른벌레로 겨울을 나고, 이른 봄부터 나와 돌아다닌다. 여름 들머리까지 보인다. 풀잎이나 나뭇잎에 앉아 있는 모습을 자주 볼 수 있다.

방아벌레과
빗살방아벌레아과

붉은다리빗살방아벌레 *Melanotus cete cete*

15~19mm · 4~6월 · 애벌레

붉은다리빗살방아벌레는 검정빗살방아벌레와 닮았지만, 이름처럼 더듬이와 다리가 빨갛고, 딱지날개는 누런 털로 덮였다. 온 나라 낮은 산이나 풀밭에서 볼 수 있다. 낮에 나와 풀잎 위나 나무줄기에서 쉬거나 돌아다닌다. 밤에 나뭇진에도 꼬인다. 애벌레는 땅속에서 산다.

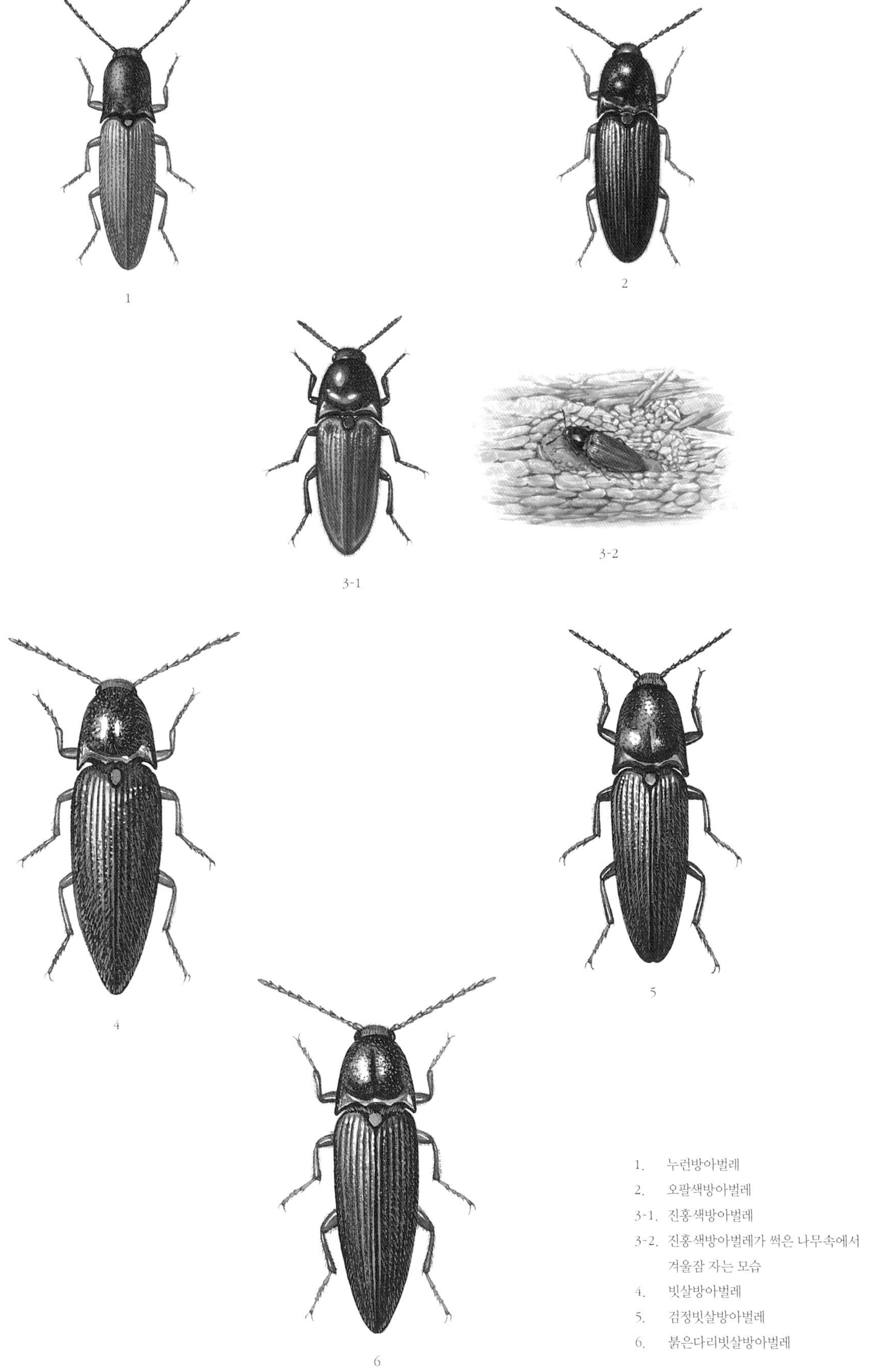

1. 누런방아벌레
2. 오팔색방아벌레

3-1. 진홍색방아벌레

3-2. 진홍색방아벌레가 썩은 나무속에서 겨울잠 자는 모습

4. 빗살방아벌레
5. 검정빗살방아벌레
6. 붉은다리빗살방아벌레

홍반디과
홍반디아과

큰홍반디 *Lycostomus porphyrophorus*

12~15mm 5~7월 애벌레

큰홍반디는 가슴과 딱지날개가 빨갛고, 앞가슴등판 가운데는 까맣다. 딱지날개에 가는 세로줄이 있다. 배 쪽은 까맣다. 더듬이는 톱니처럼 생겼다. 풀밭이나 나무를 잘라 쌓아 놓은 곳에서 보인다. 홍반디 무리는 몸속에 독이 있다. 위험할 때면 딱지날개 가장자리에서 우윳빛 독물이 나온다.

홍반디과
홍반디아과

수염홍반디 *Macrolycus aemulus*

8~13mm 5~7월 모름

수염홍반디는 온몸이 누런 털로 덮여 있다. 딱지날개는 짙은 붉은색이고 나머지 몸은 까맣다. 앞가슴등판 뒤쪽 모서리가 튀어나오지 않고 평평하다. 딱지날개에는 튀어나온 세로줄이 4개씩 있다. 더듬이는 빗살처럼 갈라졌다.

홍반디과
고려홍반디아과

고려홍반디 *Plateros purus*

6~8mm 4~5월 모름

고려홍반디는 온몸에 노란 털이 덮여 있다. 앞가슴등판 가운데는 까맣고, 가장자리는 노랗다. 앞가슴등판 앞쪽이 늘어나 머리를 살짝 덮는다. 더듬이와 다리는 밤색이다. 딱지날개에는 튀어나온 세로줄이 4개씩 있고, 그물처럼 얽힌 줄무늬가 있다. 고려홍반디아과는 앞가슴등판 옆 가장자리에 가로로 솟은 선이 없다.

홍반디과
고려홍반디아과

굵은뿔홍반디 *Ponyalis quadricollis*

7~12mm 5~6월 모름

굵은뿔홍반디는 딱지날개가 빨갛고 몸은 까맣다. 몸에 노란 털이 드문드문 나 있다. 수컷은 더듬이 1~4번째 마디가 톱니처럼 생겼고, 5~11번째 마디는 빗살처럼 길쭉하다. 암컷은 모두 톱니처럼 생겼다. 딱지날개에는 튀어나온 세로줄이 4개씩 있고, 그물처럼 얽힌 줄무늬가 있다.

홍반디과
별홍반디아과

거무티티홍반디 *Benibotarus spinicoxis*

4~8mm 6~8월 모름

거무티티홍반디는 딱지날개에 튀어나온 세로줄이 3개씩 있는데, 첫 번째 솟은 세로줄은 날개 1/2쯤 되는 곳에서 퇴화되었다. 또 그물처럼 얽힌 무늬가 나 있다. 몸은 누런 털로 덮여 있다. 몸 등은 짙은 밤색이고, 배는 밤색이다. 앞가슴등판은 튀어나온 선 때문에 5구역으로 나뉜다. 수컷은 더듬이 1~8번째 마디가 톱니처럼 생겼고, 9~11번째 마디는 실처럼 길쭉하다. 암컷은 수컷보다 몸빛이 더 짙고, 몸길이는 더 길고 넓적하다.

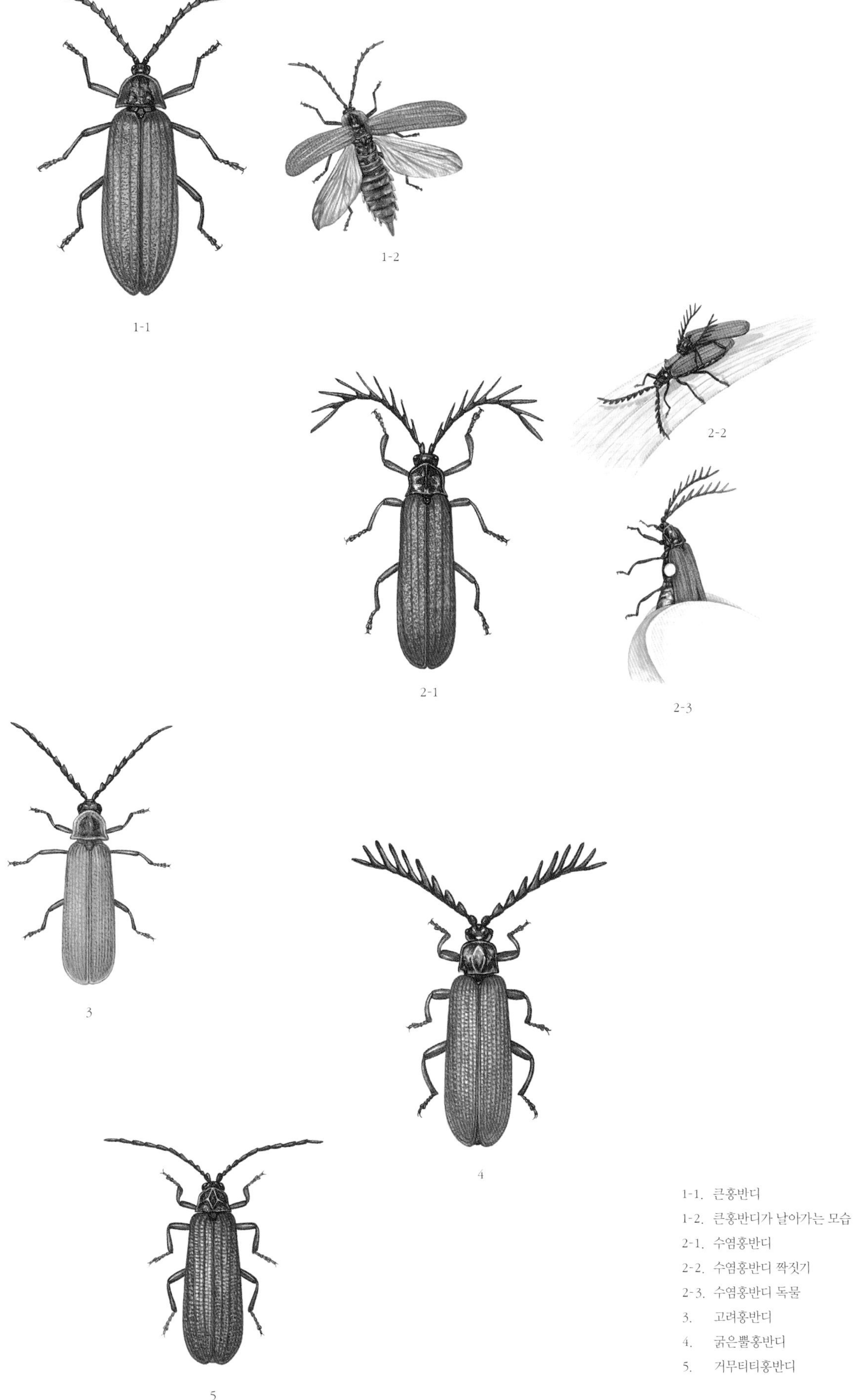

1-1. 큰홍반디
1-2. 큰홍반디가 날아가는 모습
2-1. 수염홍반디
2-2. 수염홍반디 짝짓기
2-3. 수염홍반디 독물
3. 고려홍반디
4. 굵은뿔홍반디
5. 거무티티홍반디

반딧불이과
애반딧불이아과

애반딧불이 *Luciola lateralis*

5 ~ 10mm · 5 ~ 7월 · 애벌레

애반딧불이는 우리나라 반딧불이 가운데 몸집이 가장 작다. 어른벌레는 골짜기가 있는 낮은 산이나 시골 논 둘레에서 볼 수 있다. 6월에 가장 많이 보인다. 운문산반딧불이와 닮았는데, 앞가슴등판에 있는 까만 무늬로 구별한다. 애반딧불이는 앞가슴등판이 불그스름하고 가운데에 굵고 까만 줄이 있다. 암컷은 꽁무니 불빛이 약하고, 수컷은 세다. 암컷은 5번째 배마디에서 빛이 나고, 수컷은 5번째, 6번째 배마디에서 빛이 난다. 암컷은 거의 풀잎에 앉아 있고, 수컷이 날아다닌다. 밤 9~11시 사이에 가장 많이 보인다. 암컷과 수컷이 서로 꽁무니를 맞대고 짝짓기를 한다. 짝짓기를 마친 암컷은 물가 축축한 이끼에 알을 300~500개쯤 낳는다. 알을 낳은 지 20일쯤 지나면 애벌레가 나온다. 알에서 나온 애벌레는 곧장 물속으로 들어간다. 애벌레는 물이 맑고 다슬기가 많은 냇물이나 논, 연못 바닥에서 산다. 반딧불이 애벌레 가운데 애반딧불이 애벌레만 물속에서 산다. 여름 내내 다슬기나 물달팽이를 잡아먹고 큰다. 애벌레는 4번 허물을 벗고 자라다가 겨울이 되면 애벌레로 겨울잠을 잔다. 이듬해 봄에 종령 애벌레가 된 뒤 물가 흙 속으로 들어가 번데기 방을 짓는다. 10일쯤 지나 5월이 되면 어른벌레로 날개돋이한다. 어른벌레는 이슬만 먹을 뿐 먹이를 먹지 않고 두 주쯤 산다.

반딧불이과
애반딧불이아과

운문산반딧불이 *Luciola unmunsana*

7 ~ 10mm · 5 ~ 7월 · 애벌레

운문산반딧불이는 애반딧불이와 닮았다. 애반딧불이는 작은방패판이 까만데, 운문산반딧불이는 빨갛다. 머리와 딱지날개는 까맣고 앞가슴등판은 빨간데, 앞가슴등판 앞쪽 가운데에 까만 무늬가 있다. 더듬이는 실처럼 가늘다. 수컷은 배마디가 6마디이고, 5~6번째 배마디에서 빛이 난다. 암컷은 배마디가 7마디이고, 6번째 배마디에서 빛이 난다. 우리나라에서만 사는 반딧불이다.

반딧불이과
반딧불이아과

꽃반딧불이 *Lucidina kotbandia*

8 ~ 10mm · 5 ~ 6월 · 모름

꽃반딧불이는 앞가슴등판 양옆에 빨간 무늬가 한 쌍 있다. 다른 반딧불이와 달리 어른벌레는 빛을 반짝이지 않는다. 머리는 앞가슴등판에 가려 위에서 안 보인다. 배는 8마디로 되어 있다. 7번째 배마디에 빛을 내는 기관이 흔적만 남았다. 숲길이나 산길 옆 풀숲에서 보인다. 어른벌레는 5~6월에 나와 느릿느릿 날아다닌다. 애벌레는 땅에서 사는데 어른벌레와 달리 희미한 빛을 낸다.

반딧불이과
반딧불이아과

늦반딧불이 *Pyrocoelia rufa*

15 ~ 18mm · 7 ~ 9월 · 애벌레

늦반딧불이는 우리나라에서 가장 크고 가장 늦게 나오는 반딧불이다. 수컷은 날개가 있어 잘 날아다니지만, 암컷은 날개가 없고 배가 커다랗다. 앞가슴등판에는 투명한 막처럼 생긴 곳이 있다. 어른벌레는 8월에 가장 많이 보인다. 산기슭에 흐르는 맑은 개울가나 그늘진 풀숲에서 산다. 암컷이 땅이나 풀잎에 앉아 꽁무니에서 빛을 내면 수컷이 날아와 짝짓기를 한다. 배 끝 두 마디에서 빛을 낸다. 9월 초에 짝짓기를 마친 암컷은 알을 200개쯤 낳는다. 알을 낳은 지 30일쯤 지나면 애벌레가 깨어 나온다. 애벌레는 축축한 풀밭에 살면서 달팽이를 잡아먹는다. 기온이 20도 밑으로 내려가면 땅속에 들어가 겨울잠을 잔다. 그렇게 두 해 동안 잠을 잔다. 애벌레와 번데기 모두 꽁무니에서 빛을 낸다. 어른벌레는 두 주쯤 산다.

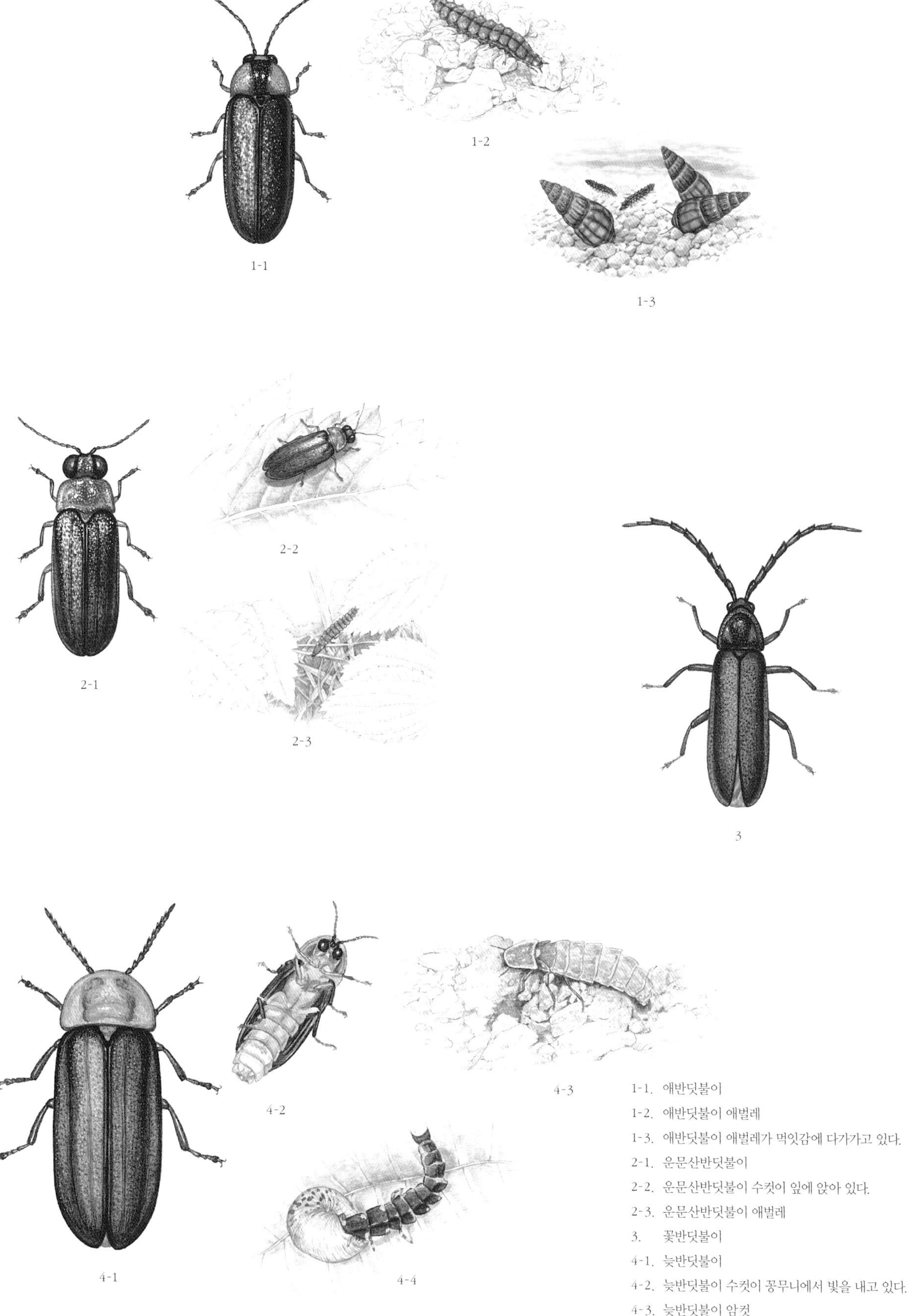

1-1. 애반딧불이
1-2. 애반딧불이 애벌레
1-3. 애반딧불이 애벌레가 먹잇감에 다가가고 있다.
2-1. 운문산반딧불이
2-2. 운문산반딧불이 수컷이 잎에 앉아 있다.
2-3. 운문산반딧불이 애벌레
3. 꽃반딧불이
4-1. 늦반딧불이
4-2. 늦반딧불이 수컷이 꽁무니에서 빛을 내고 있다.
4-3. 늦반딧불이 암컷
4-4. 늦반딧불이 애벌레가 달팽이를 잡아먹고 있다.

병대벌레과
병대벌레아과

노랑줄어리병대벌레 *Lycocerus nigrimembris*

7~9mm 4~5월 모름

노랑줄어리병대벌레는 가슴이 주황색인데, 가운데에 까만 큰 점이 있다. 딱지날개에 이름처럼 노란 세로 줄무늬가 있는데, 가끔 줄이 없기도 하다. 몸은 까맣다. 어른벌레는 낮에 여기저기 핀 꽃을 찾아 풀밭을 날아다닌다. 꽃과 나무줄기를 오르내리며 힘없는 벌레를 잡아먹는다.

병대벌레과
병대벌레아과

회황색병대벌레 *Lycocerus vitellinus*

10~13mm 5~6월 애벌레

회황색병대벌레는 온몸이 주황색이다. 앞가슴등판에는 까만 무늬가 있다. 암수 모두 앞다리와 가운뎃다리 발톱에 혹처럼 생긴 돌기가 있다. 어른벌레는 낮은 산이나 들판 풀밭에서 산다. 낮에 나와 나뭇잎이나 풀밭 여기저기를 돌아다니면서 진딧물, 파리, 깍지벌레, 잎벌레, 작은 나방 따위를 잡아먹는다. 먹을 것이 없으면 다른 병대벌레도 잡아먹는다. 짝짓기를 마친 암컷은 땅에 내려와 흙 속에 알을 낳는다. 알은 포도송이처럼 덩어리진다. 알에서 나온 애벌레는 땅바닥이나 가랑잎 속을 돌아다니며 작은 벌레나 벌레 알을 찾아 먹는다. 애벌레 큰턱은 낫처럼 날카롭고 뾰족하다. 큰턱으로 먹잇감을 잡아 몸속에 찔러 넣고 소화액을 집어넣어 빨아 먹는다. 날씨가 추워지면 애벌레는 흙 속이나 돌 밑, 가랑잎 더미 속에 들어가 겨울을 난다. 이듬해 봄에 겨울잠에서 깬 애벌레는 땅속에서 번데기가 된다. 5월쯤 되면 어른벌레로 날개돋이해서 땅 밖으로 나온다.

병대벌레과
병대벌레아과

서울병대벌레 *Cantharis soeulensis*

11~15mm 5~6월 애벌레

서울병대벌레는 머리와 앞가슴등판이 누런 밤색이고, 딱지날개는 까맣다. 하지만 개체마다 색깔이 다르다. 딱지날개끼리 닿는 곳과 테두리는 누런 밤색이다. 딱지날개는 옆이 나란하다. 더듬이와 다리는 붉은 밤색이다. 앞가슴등판 위쪽과 아래쪽 폭이 거의 같다. 어른벌레는 들판이나 낮은 산 풀밭에서 산다. 5월에 가장 많이 보인다. 낮에 돌아다니면서 진딧물 같은 작은 벌레를 잡아먹는다.

병대벌레과
병대벌레아과

등점목가는병대벌레 *Hatchiana glochidiata*

10~14mm 5~6월 모름

등점목가는병대벌레는 앞가슴등판이 누런 밤색이다. 앞가슴등판 가운데가 불룩 튀어나왔다. 그 뒤로는 네모나게 들어갔다. 딱지날개는 거무스름한데, 딱지날개가 맞붙은 곳은 누렇다. 암컷은 수컷보다 몸빛이 더 어둡고, 몸은 더 길고 넓적하다. 어른벌레는 풀밭이나 논밭 둘레, 숲 가장자리에서 보인다. 진딧물이나 깔따구 따위를 잡아먹는다.

병대벌레과
병대벌레아과

노랑테병대벌레 *Podabrus dilaticollis*

14~17mm 5~7월 모름

노랑테병대벌레는 우리나라에 사는 병대벌레 가운데 가장 크다. 겹눈 앞쪽과 앞가슴등판 옆 가장자리가 노랗고, 앞가슴등판 뒤쪽 모서리가 뭉툭하다. 수컷은 다리 발톱마디 끝이 모두 갈라졌다. 작은방패판은 끝이 둥그런 혀처럼 생겼다. 암컷은 수컷보다 몸빛이 더 어둡고, 수컷보다 길고 넓적하다. 어른벌레는 높은 산에서 5~6월에 보인다. 작은 벌레나 진딧물을 잡아먹는다.

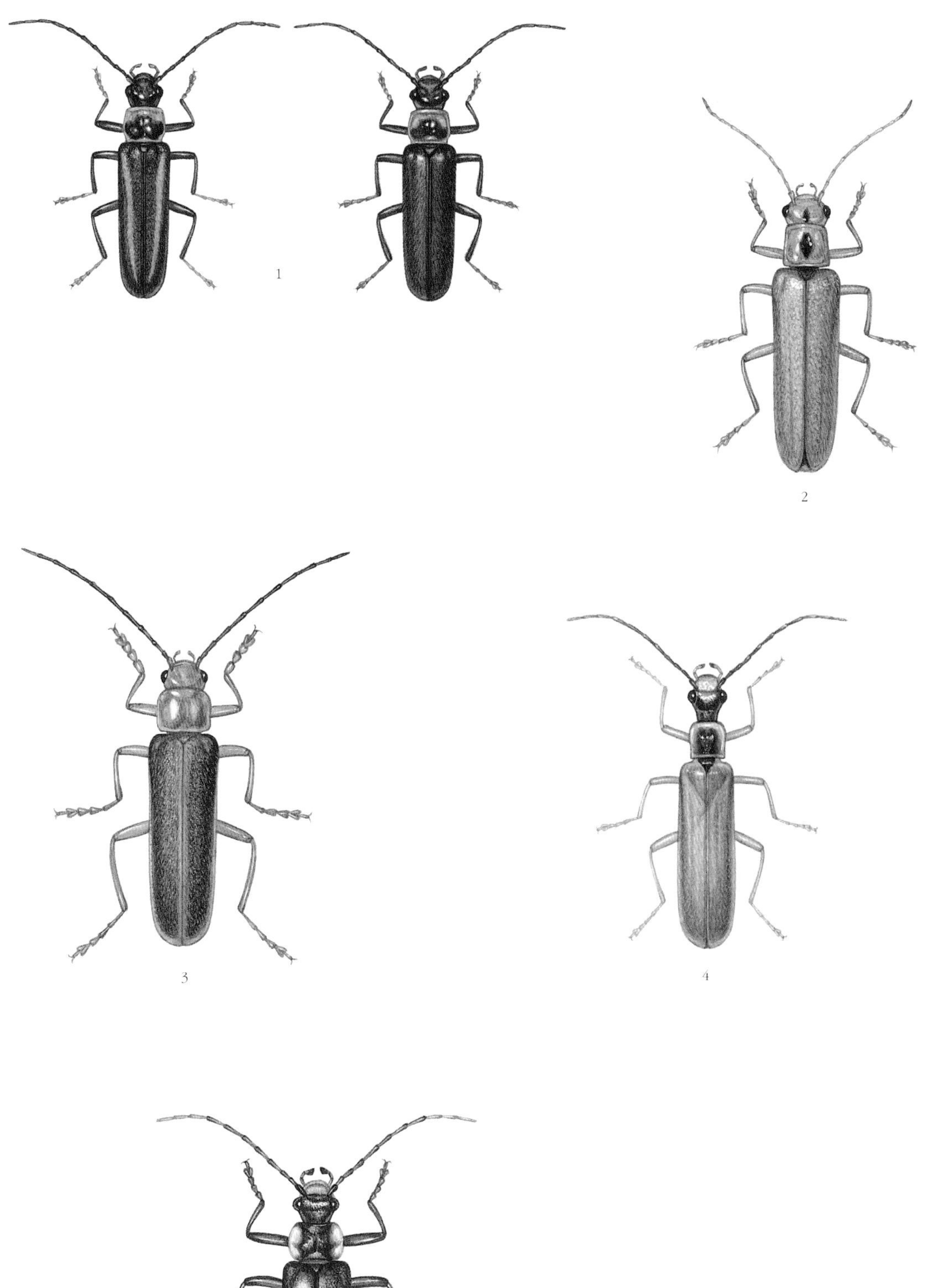

1. 노랑줄어리병대벌레
2. 회황색병대빌레
3. 서울병대벌레
4. 등점목가는병대벌레
5. 노랑테병대벌레

병대벌레과
병대벌레아과

우리산병대벌레 *Rhagonycha coreana* 5 ~ 8mm 5 ~ 6월 모름

우리산병대벌레는 몸이 까맣다. 더듬이는 1, 2번째 마디만 누런 밤색이고 나머지는 까맣다. 앞가슴등판은 네모나고 옆 가장자리가 곧게 뻗는다. 다리는 까만데, 허벅지마디와 종아리마디 관절과 앞다리와 가운뎃다리 종아리마디는 밤색이다.

병대벌레과
병대벌레아과

붉은가슴병대벌레 *Cantharis plagiata* 6 ~ 8mm 5 ~ 6월 모름

붉은가슴병대벌레는 몸이 노랗다. 머리 정수리와 앞가슴등판 가운데는 까맣다. 딱지날개와 다리도 노란데, 뒷다리 종아리마디에 까만 띠무늬가 있다. 어른벌레는 숲 가장자리나 냇가, 골짜기에서 보인다. 진딧물 같은 힘없는 작은 벌레를 잡아먹고, 꽃가루도 먹는다.

병대벌레과
밑빠진병대벌레아과

밑빠진병대벌레 *Malthinus quadratipennis* 4 ~ 6mm 5 ~ 6월 모름

밑빠진병대벌레는 온몸이 까맣다. 더듬이가 몸길이보다 길다. 앞가슴등판은 네모나다. 딱지날개 뒤쪽으로 뒷날개가 살짝 나와 있다.

수시렁이과
수시렁이아과

암검은수시렁이 *Dermestes maculatus* 9mm 안팎 4 ~ 7월 어른벌레

암검은수시렁이는 온몸이 검은 밤색이고 기다란 털로 덮였다. 더듬이 끝 세 마디가 공처럼 둥글다. 동물 표본처럼 바짝 마른 동물 가죽이나 말린 생선 따위를 잘 먹는다. 짝짓기를 마친 암컷은 알을 140개쯤 낳는다고 한다.

수시렁이과
수시렁이아과

홍띠수시렁이 *Dermestes vorax* 7 ~ 8mm 5 ~ 6월 모름

홍띠수시렁이는 수시렁이 무리 가운데 몸집이 큰 편이다. 딱지날개 앞쪽이 넓게 붉은색을 띤다. 또 작은 점무늬가 서너 쌍 있다. 수시렁이 무리 가운데 흔하게 보인다. 어른벌레나 애벌레나 온갖 곡식을 갉아 먹는다. 또 동물 가죽이나 박물관 표본, 바닥 깔개, 동물성 식품 따위를 가리지 않고 먹는다. 암컷은 5월에 알을 100~200개 낳는다. 알에서 나온 애벌레는 1~3달 동안 허물을 7번쯤 벗고 자란다. 홍띠수시렁이와 크기와 생김새가 똑같지만, 딱지날개 앞쪽 무늬가 잿빛 누런색을 띠면 '황띠수시렁이'다.

수시렁이과
곡식수시렁이아과

굵은뿔수시렁이 *Thaumaglossa rufocapillata* 3mm 안팎 6 ~ 10월 모름

굵은뿔수시렁이는 더듬이가 11마디인데, 끝마디가 마치 칼처럼 생겼다. 온몸은 까맣고, 노란 털이 나 있다. 애벌레는 박물관 표본이나 집에 깔린 카펫이나 털옷 따위를 갉아 먹는다고 한다.

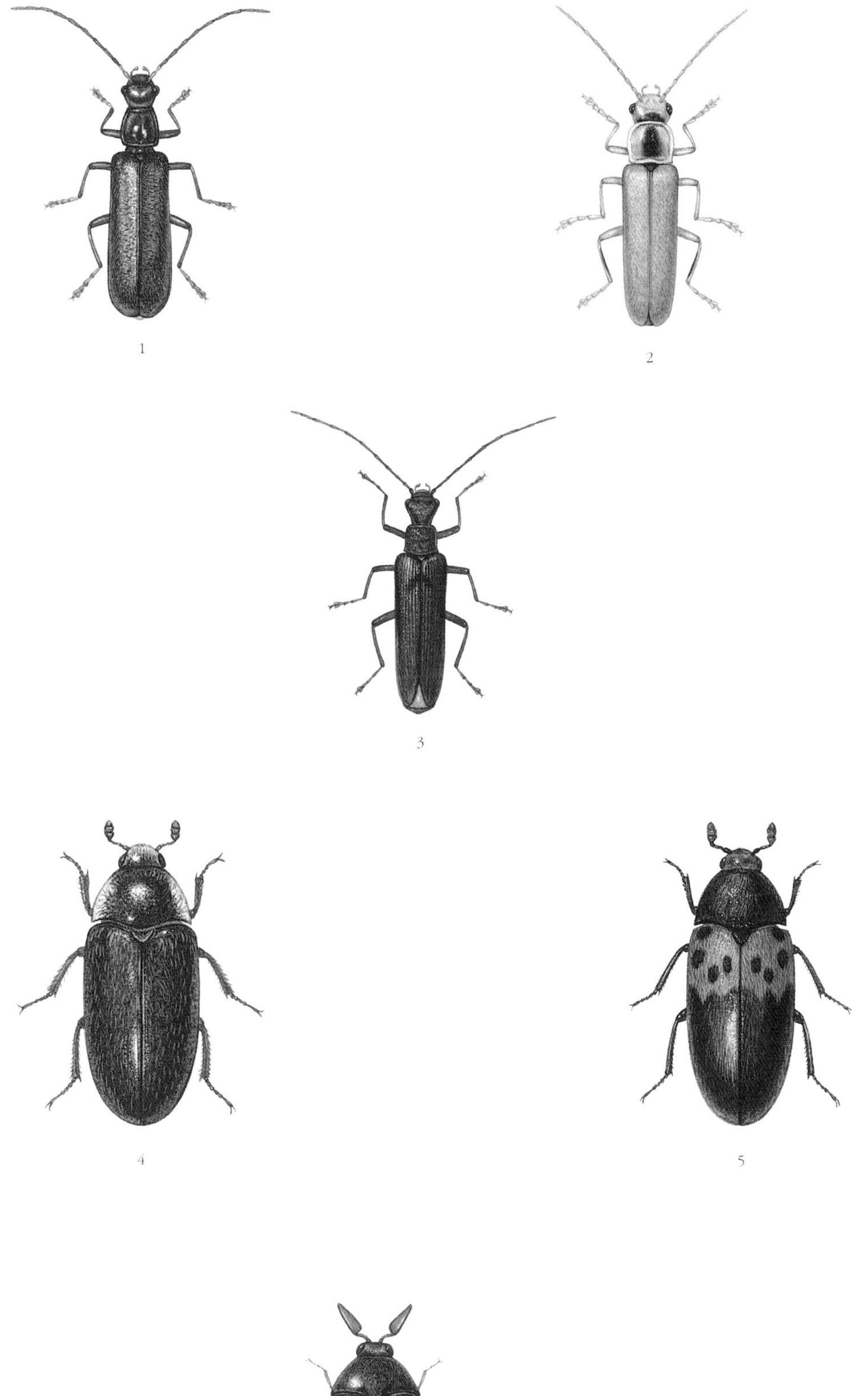

1. 우리산병대벌레
2. 붉은가슴병대벌레
3. 밑빠진병대벌레
4. 암검은수시렁이
5. 홍띠수시렁이
6. 굵은뿔수시렁이

수시렁이과
알락수시렁이아과

사마귀수시렁이 *Anthrenus nipponensis* 3~4mm 4~10월 애벌레

사마귀수시렁이는 몸이 검다. 어른벌레는 낮은 산에서 산다. 암컷이 사마귀 알집에 알을 낳으면, 애벌레는 알집 속을 파먹고 자란다. 애벌레로 겨울을 난다고 한다.

수시렁이과
알락수시렁이아과

애알락수시렁이 *Anthrenus verbasci* 2~3mm 4~6월 애벌레

애알락수시렁이는 딱지날개가 까만데, 하얗거나 노란 가루가 물결처럼 덮여서 무늬처럼 보인다. 손으로 만지면 가루가 벗겨진다. 어른벌레는 냇가나 논밭, 마을, 숲 가장자리에서 보인다. 어른벌레는 낮에 여러 꽃에 날아와 꽃가루를 먹는다. 암컷은 바짝 마른 동물성 먹이에 알을 낳는다. 애벌레로 겨울을 난 뒤 봄에 어른벌레가 된다.

빗살수염벌레과
권연벌레아과

권연벌레 *Lasioderma serricorne* 2~4mm 4~9월 애벌레

권연벌레는 몸이 붉은 밤색을 띠고, 누런 털로 덮여 있다. 따뜻한 날씨를 좋아하고, 오래된 집에서 자주 보인다. 여러 가지 마른 동물이나 식물을 갉아 먹는다. 갈무리해 둔 담배 잎도 잘 갉아 먹고 곤충 표본도 갉아 먹는다. 손으로 건들면 죽은 척한다. 어른벌레는 2~4주쯤 산다. 짝짓기를 마친 암컷은 알을 110개쯤 낳는다.

표본벌레과
진표본벌레아과

동굴표본벌레 *Gibbium psyllioides* 2~3mm 5~8월 모름

동굴표본벌레는 동굴에서 사는 표본벌레라는 뜻이 아니고, 몸이 둥그렇게 생겨서 붙은 이름이다. 생김새가 꼭 전구를 닮았다. 온몸은 붉은 밤색으로 반짝거린다. 집에서도 보인다. 마른 음식이나 갈무리한 곡식, 바닥에 깔은 깔개나 카펫 따위를 갉아 먹는다. 짝짓기를 마친 암컷은 알을 50~100개쯤 낳는다고 한다.

표본벌레과
표본벌레아과

길쭉표본벌레 *Ptinus japonicus* 2~5mm 2~9월 어른벌레, 애벌레

길쭉표본벌레는 이름처럼 몸이 길쭉하다. 어른벌레는 동물 표본을 잘 갉아 먹고, 애벌레는 곡식 따위를 갉아 먹는다. 한 해에 1~2번 날개돋이한다. 수컷은 딱지날개 양옆이 나란한데, 암컷은 표주박처럼 살짝 둥글다. 어른벌레로 다섯 달쯤 산다.

쌀도적과
쌀도적아과

얼러지쌀도적 *Leperina squamulosa* 10~13mm 5~8월 어른벌레

얼러지쌀도적은 낮은 산에서 볼 수 있다. 썩은 나무껍질 속에서 많이 산다. 나무를 잘라 쌓아 놓은 곳에서 많이 보인다. 몸이 납작해서 나무 틈에 잘 숨는다. 몸빛도 나무 빛깔이랑 비슷해서 눈에 잘 안 띈다. 딱지날개에는 세로줄 홈이 10줄씩 있다. 딱지날개 앞쪽보다 뒤쪽이 더 넓다. 어른벌레는 다른 벌레를 잡아먹고, 애벌레는 쌀이나 밀가루, 잎담배 같은 식물을 갉아 먹는다. 나무껍질 밑에서 어른벌레로 겨울을 난다.

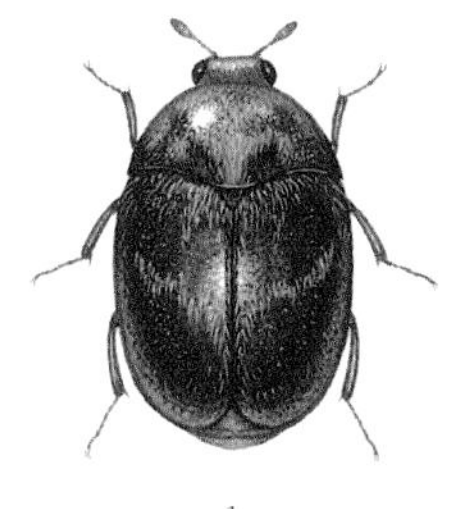

1

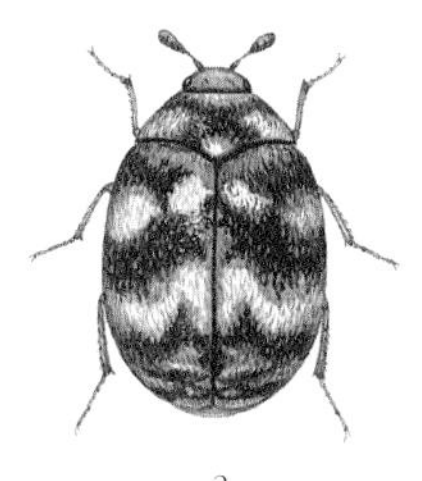

2

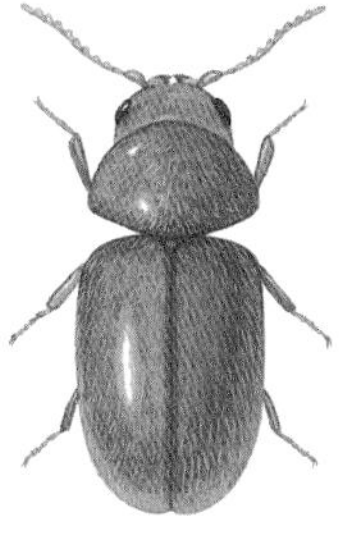

3

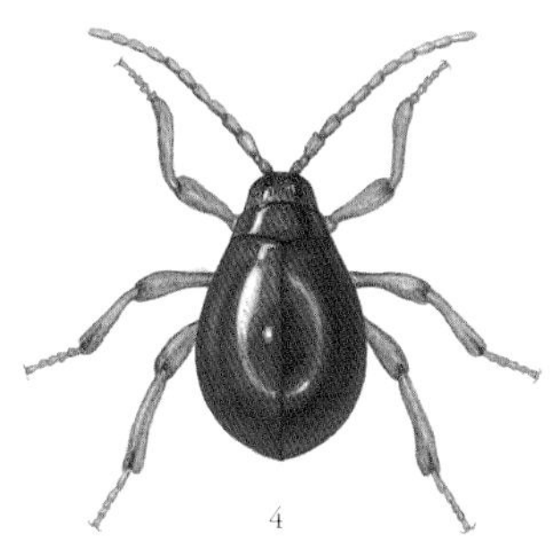

4

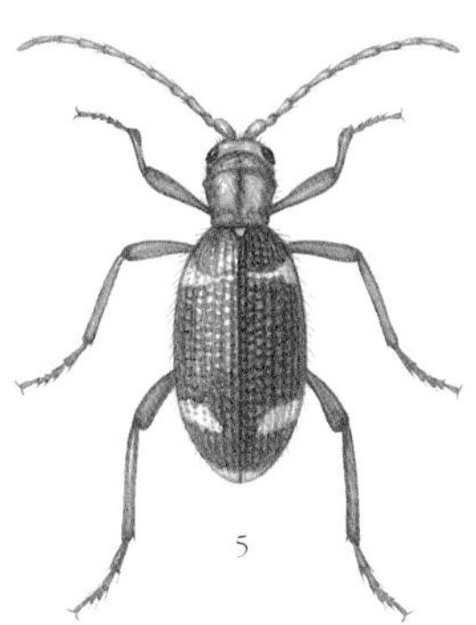

5

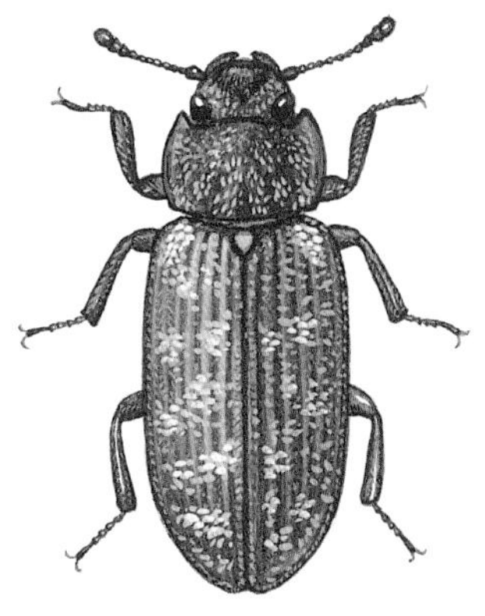

6

1. 사마귀수시렁이
2. 애알락수시렁이
3. 권연벌레
4. 동굴표본벌레
5. 길쭉표본벌레
6. 얼러지쌀도적

쌀도적과
쌀도적아과

쌀도적 *Tenebroides mauritanicus*

10mm 안팎 · 4~7월 · 애벌레, 어른벌레

쌀도적은 사람이 갈무리한 쌀이나 보리 같은 곡식이나 잎담배 더미 속에서 산다. 어른벌레는 갈무리한 곡식에 사는 쌀바구미 같은 벌레를 잡아먹고, 애벌레는 갈무리한 곡식을 갉아 먹는다. 쌀도적이 살면 곡식을 갉아 먹는 바구미 같은 다른 벌레들도 함께 보인다. 한 해에 한 번 날개돋이한다. 짝짓기를 마친 암컷은 갈무리한 곡식에 알을 500~1000개쯤 덩어리로 낳는다.

개미붙이과
개미붙이아과

얼룩이개미붙이 *Opilo carinatus*

8~11mm · 5~9월 · 모름

얼룩이개미붙이는 몸이 검은 밤색으로 반짝거린다. 온몸에는 밤색 털이 덮여 있다. 딱지날개에는 밤색 무늬가 나 있다. 산이나 들판에서 볼 수 있다. 밤에 나무를 돌아다니며 나무껍질 밑에 사는 하늘소나 거저리, 버섯벌레 같은 곤충 애벌레를 잡아먹는다. 꽃에 날아오기도 하고, 밤에 불빛으로 날아오기도 한다.

개미붙이과
개미붙이아과

긴개미붙이 *Opilo mollis*

8~13mm · 7~9월 · 모름

긴개미붙이는 몸이 길쭉하다. 머리와 앞가슴등판은 까맣고, 딱지날개는 누런 밤색이다. 집개미붙이와 닮았는데, 긴개미붙이는 딱지날개에 파인 점무늬가 삐뚤빼뚤하다. 줄무늬개미붙이와도 닮았는데, 긴개미붙이는 딱지날개 앞과 가운데에 있는 노란 무늬가 떨어져 있어서 다르다. 어른벌레는 논밭이나 숲 가장자리에서 보인다.

개미붙이과
개미붙이아과

개미붙이 *Thanassimus lewisi*

7~10mm · 4~8월 · 모름

개미붙이는 머리와 가슴이 까맣다. 딱지날개 위쪽은 빨갛고, 아래쪽에는 하얀 띠무늬가 있다. 온몸에는 누런 털이 빽빽하게 덮여 있다. 더듬이는 실처럼 가늘고 까맣다. 어른벌레는 낮은 산이나 들판에서 4월부터 볼 수 있다. 소나무를 잘라 쌓아 놓은 무더기에서 많이 보인다. 낮에 나와 재빠르게 돌아다니면서 다른 벌레를 잡아먹는다. 애벌레는 나무껍질 밑에서 다른 곤충 애벌레를 잡아먹는다.

개미붙이과
개미붙이아과

가슴빨간개미붙이 *Thanassimus substriatus substriatus*

7~9mm · 5~6월 · 모름

가슴빨간개미붙이는 이름처럼 가슴이 빨갛다. 딱지날개는 여러 색깔 무늬가 있다. 딱지날개 위쪽은 빨갛고, 그 뒤로 하얀 물결 같은 띠가 있고 그 뒤로 까맣다가 꽁무니 쪽에 또 하얀 띠무늬가 있다. 어른벌레는 소나무를 잘라 쌓아 놓은 무더기에서 자주 보인다. 낮에 나와 돌아다니면서 작은 벌레를 잡아먹는다.

개미붙이과
개미붙이아과

불개미붙이 *Trichodes sinae*

14~18mm · 5~8월 · 모름

불개미붙이는 우리나라 개미붙이 가운데 몸집이 가장 크고 몸빛도 뚜렷하다. 온몸은 파랗고, 반짝거린다. 온몸에 털이 나 있다. 딱지날개에는 빨간 가로줄이 세 줄 나 있다. 어른벌레는 온 나라 논밭이나 냇가, 숲 가장자리 풀밭에서 볼 수 있다. 날씨가 맑은 낮에 들판에 핀 꽃을 이리저리 옮겨 다니며 꽃에 날아온 다른 곤충을 잡아먹거나 꽃가루를 먹기도 한다. 애벌레는 벌집에 들어가 벌 애벌레를 잡아먹는다.

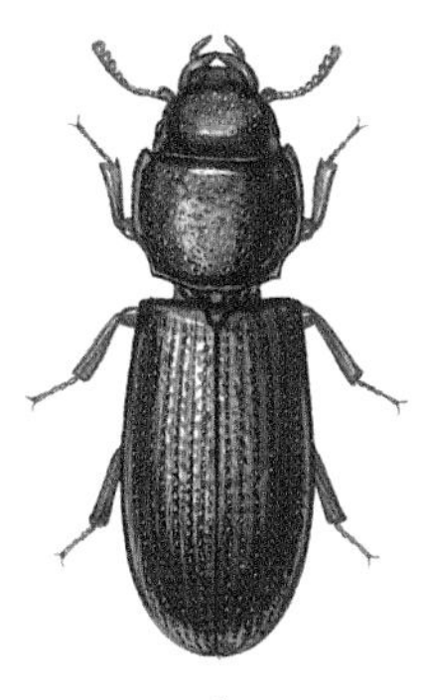

1

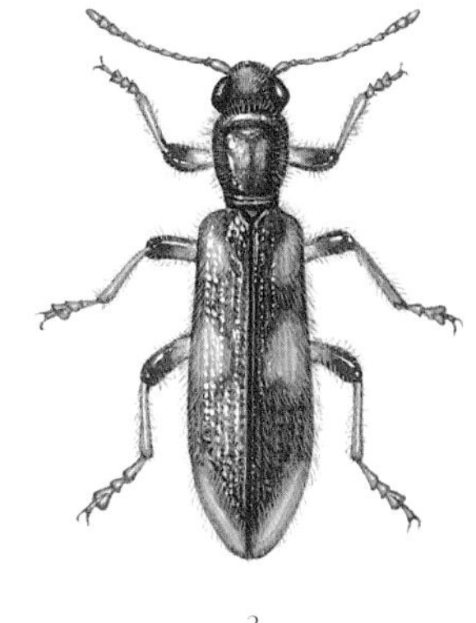

2

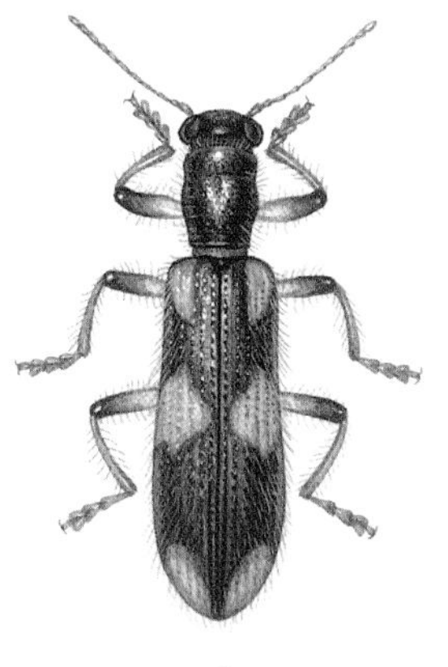

3

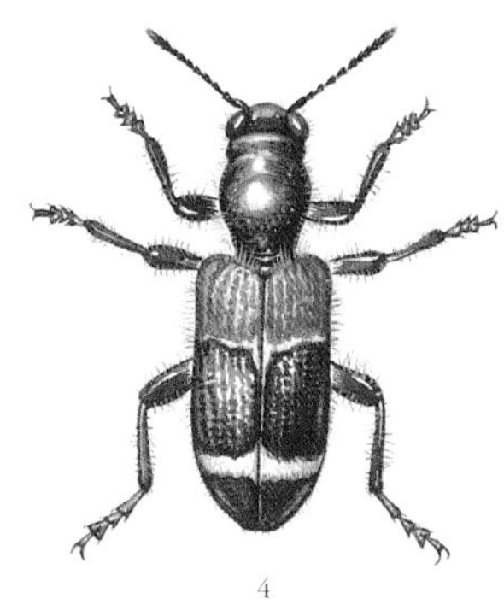

4

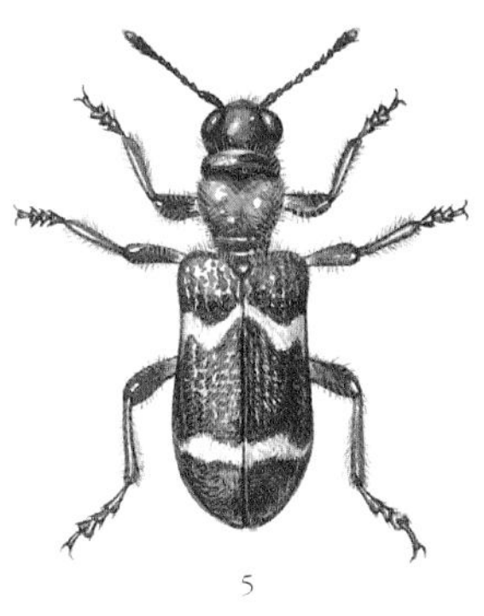

5

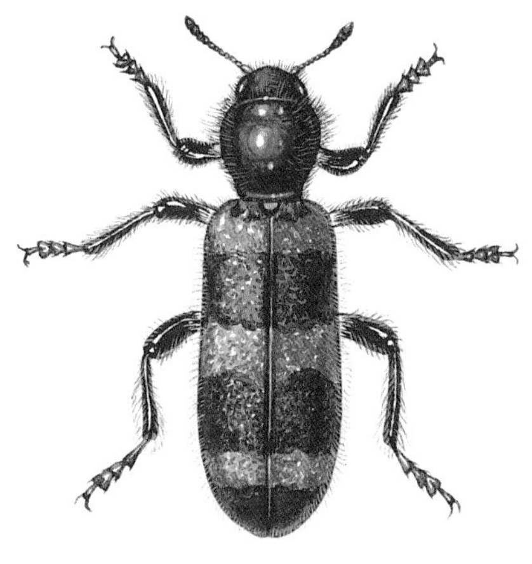

6

1. 쌀도적
2. 얼룩이개미붙이
3. 긴개미붙이
4. 개미붙이
5. 가슴빨간개미붙이
6. 불개미붙이

의병벌레과
무늬의병벌레아과

노랑무늬의병벌레 *Malachius prolongatus*

5mm 안팎 5~6월 모름

노랑무늬의병벌레는 머리 앞쪽, 앞가슴등판 옆 가장자리, 날개 끝과 다리 일부분이 노랗다. 어른벌레는 늪이나 연못, 시냇물 둘레 풀밭에서 보인다. 몸집은 작지만 진딧물이나 매미충, 작은 파리 같은 다른 작은 벌레를 잡아먹고, 때로는 꽃가루도 먹는다. 애벌레는 나무껍질이나 가랑잎 더미 속을 여기저기 돌아다니면서 다른 작은 곤충을 잡아먹는다.

밑빠진벌레과
넓적밑빠진벌레아과

검정넓적밑빠진벌레 *Carpophilus chalybeus*

4~5mm 4~8월 모름

검정넓적밑빠진벌레는 온몸이 새까맣다. 딱지날개가 짧아서 배를 다 덮지 못하고 배마디가 드러난다. 어른벌레나 애벌레 모두 꽃가루나 썩은 과일, 나뭇진, 죽은 동물, 썩은 나무에 붙은 균류 따위를 먹고 산다.

밑빠진벌레과
넓적밑빠진벌레아과

왕검정넓적밑빠진벌레 *Carpophilus triton*

5mm 안팎 모름 모름

왕검정넓적밑빠진벌레는 검정넓적밑빠진벌레와 닮았다. 온몸이 까만데 밤빛이 살짝 돈다.

밑빠진벌레과
밑빠진벌레아과

둥글납작밑빠진벌레 *Amphicrossus lewisi*

4~6mm 6~9월 모름

둥글납작밑빠진벌레는 온몸이 짙은 밤색이다. 몸은 둥그렇고 등이 불룩 솟았다. 어른벌레는 나뭇진에 곧잘 모인다.

밑빠진벌레과
밑빠진벌레아과

구름무늬납작밑빠진벌레 *Omosita japonica*

3~4mm 4~8월 모름

구름무늬납작밑빠진벌레는 딱지날개 뒤쪽에 커다란 하얀 무늬가 있다. 더듬이 끝 세 마디는 곤봉처럼 불룩하다. 털보꽃밑빠진벌레는 온몸이 붉은 밤색이고, 자잘한 털이 덮여 있다.

밑빠진벌레과
밑빠진벌레아과

큰납작밑빠진벌레 *Soronia fracta*

6~9mm 5~10월 모름

큰납작밑빠진벌레는 몸이 알처럼 둥글지만 위아래로 납작하다. 딱지날개에 누런 무늬들이 있다. 수컷은 앞다리 종아리마디 앞쪽이 넓고 안쪽으로 구부러졌다. 어른벌레는 넓은잎나무 숲에서 보인다. 어른벌레와 애벌레 모두 참나무나 너도밤나무에 흐르는 나뭇진에서 산다. 밤에 나와 돌아다니며 종종 불빛에 끌리기도 한다. 애벌레는 땅속으로 들어가 번데기가 된다.

밑빠진벌레과
알밑빠진벌레아과

검정날개알밑빠진벌레 *Meligethes flavicollis*

3mm 안팎 4~7월 모름

검정날개알밑빠진벌레는 앞가슴등판이 빨갛고, 딱지날개는 까맣다. 몸은 알처럼 동그랗다. 온몸에는 짧고 부드러운 털이 잔뜩 나 있다. 더듬이는 11마디이고, 마지막 세 마디는 곤봉처럼 부풀었다. 어른벌레는 이른 봄에 꽃에 날아와 꽃가루를 먹는다. 이른 봄에 피는 진달래, 피나무, 노루귀 같은 꽃에서 보인다.

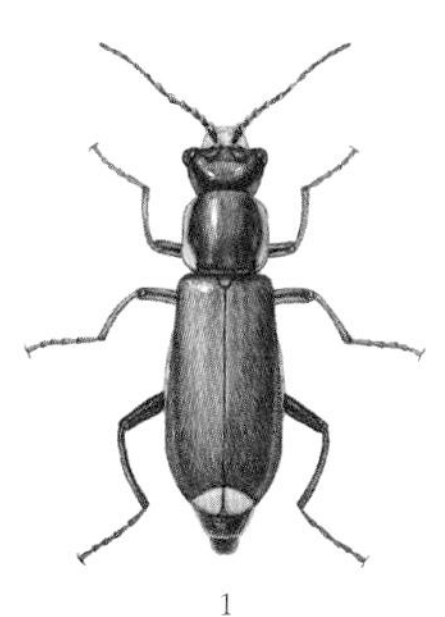
1

2

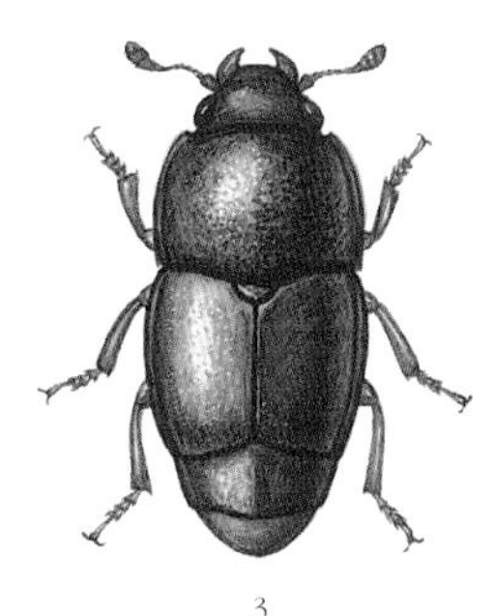
3

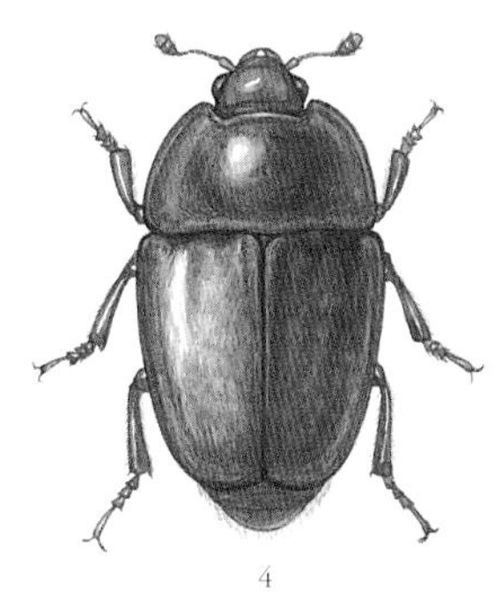
4

5-1

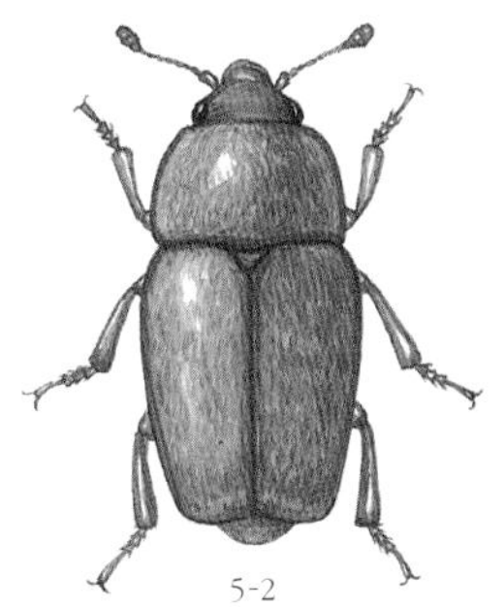
5-2

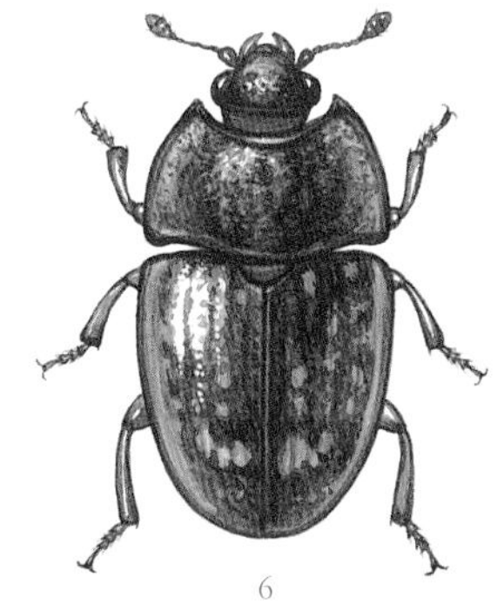
6

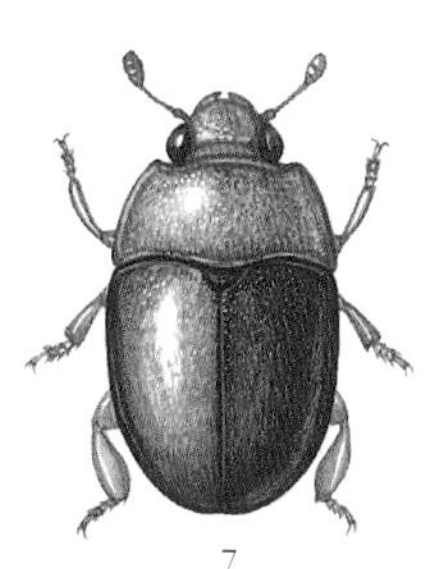
7

1. 노랑무늬의병벌레
2. 검정넓적밑빠진벌레
3. 왕검정넓적밑빠진벌레
4. 둥글납작밑빠진벌레
5-1. 구름무늬납작밑빠진벌레
5-2. 털보꽃밑빠진벌레 *Epuraea mandibularis*
6. 큰납작밑빠진벌레
7. 검정날개알밑빠진벌레

밑빠진벌레과
무늬밑빠진벌레아과

네무늬밑빠진벌레 *Glischrochilus ipsoides*

5~7mm 5~8월 모름

네무늬밑빠진벌레는 딱지날개에 주황색 무늬가 앞뒤로 두 쌍 있다. 산에서 볼 수 있다. 어른벌레는 나뭇진에 모여 핥아 먹는다. 다 자란 애벌레는 땅속에 들어가 번데기가 된다.

밑빠진벌레과
무늬밑빠진벌레아과

네눈박이밑빠진벌레 *Glischrochilus japonicus*

7~14mm 5~10월 애벌레

네눈박이밑빠진벌레는 딱지날개에 빨간 무늬 두 쌍이 양쪽으로 서로 마주 나 있다. 네무늬밑빠진벌레와 닮았지만, 네눈박이밑빠진벌레는 딱지날개 앞쪽 빨간 무늬가 ㅅ자처럼 생겨서 다르다. 어른벌레는 넓은잎나무 숲에서 볼 수 있다. 나무 틈이나 구멍에 숨어 있다가 밤에 나와서 나뭇진을 먹는다.

허리머리대장과
허리머리대장아과

넓적머리대장 *Laemophloeus submonilis*

3~5mm 5~8월 모름

넓적머리대장은 온몸이 짙은 밤색이다. 딱지날개 가운데에 붉은 무늬가 세로로 나 있다. 머리대장이라는 이름처럼 머리가 크다. 더듬이는 몸길이보다 길다. 몸은 위아래로 납작하다. 어른벌레는 나무껍질 밑에 살면서 다른 힘없는 곤충을 잡아먹는다. 어른벌레는 가끔 밤에 불빛으로 날아온다.

머리대장과
머리대장아과

주홍머리대장 *Cucujus coccinatus*

10~15mm 4~6월 모름

주홍머리대장은 온몸이 빨간데, 다리와 더듬이는 까맣다. 머리 여기저기에는 울퉁불퉁 혹이 튀어나왔다. 딱지날개는 길쭉하고, 거친 홈이 파여 있다. 어른벌레는 소나무를 잘라 쌓아 놓은 무더기에서 자주 보인다. 맑은 날에는 낮에 날아다니기도 한다. 몸이 납작해서 나무 틈에 잘 숨는다.

머리대장과
머리대장아과

긴수염머리대장 *Cryptolestes pusillus*

10~15mm 4~6월 모름

긴수염머리대장은 이름처럼 더듬이가 몸길이보다 길다. 머리대장은 몸에 비해 머리가 크다고 붙은 이름이다. 다른 머리대장처럼 나무껍질 밑에서 살면서 다른 곤충 애벌레를 잡아먹는다.

곡식쑤시기과
곡식쑤시기아과

곡식쑤시기 *Cryptophagus cellaris*

2~3mm 모름 모름

곡식쑤시기과 무리는 갈무리한 곡식이나 균, 썩은 물질을 먹고 산다. 곡식쑤시기는 온몸이 붉은 밤색이다. 더듬이는 염주알처럼 동글동글한 마디가 이어져 있다. 곡식쑤시기과 무리는 생김새가 닮아서 종을 가려내기가 어렵다. 곡식을 사고팔면서 온 세계로 퍼졌다.

1. 네무늬밑빠진벌레
2. 네눈박이밑빠진벌레
3. 넓적머리대장
4. 주홍머리대장
5. 긴수염머리대장
6. 곡식쑤시기

나무쑤시기과

고려나무쑤시기 *Helota fulviventris*

❶ 12~16mm ❷ 4~10월 ❸ 어른벌레

고려나무쑤시기는 온 나라 참나무 숲에서 볼 수 있다. 나무껍질 틈에 숨어 살면서 밤에 되면 나와 나뭇진을 빨아 먹는다. 짝짓기를 마친 암컷은 나무껍질 밑에 알을 낳고 죽는다. 알에서 깨어난 애벌레는 나무껍질 밑에 살면서, 나뭇진에 꼬이는 파리 애벌레나 힘없는 벌레를 잡아먹는다. 다 자란 애벌레는 6월 여름 들머리에 나무줄기가 움푹 파인 곳이나 나무껍질 밑에 들어가 번데기가 된다. 7~8월 한여름에 어른벌레로 날개돋이한다. 겨울이 되면 나무껍질 밑으로 들어가 겨울잠을 잔다.

나무쑤시기과

넉점나무쑤시기 *Helota gemmata*

❶ 11~15mm ❷ 6월쯤 ❸ 모름

넉점나무쑤시기는 고려나무쑤시기와 생김새가 닮았다. 딱지날개에 있는 줄이 가늘고 일정하게 나 있고, 노란 점이 두 쌍 있다. 날개 끝이 수컷은 둥글지만 암컷은 뾰족하다.

쑤시기붙이과

솜털쑤시기붙이 *Byturus tomentosus*

❶ 3~5mm ❷ 4~6월 ❸ 번데기

솜털쑤시기붙이는 온몸에 노란 털이 솜털처럼 잔뜩 나 있다. 꽃에 자주 날아온다. 어른벌레나 애벌레 모두 식물을 갉아 먹는다. 짝짓기를 마친 암컷은 꽃에 알을 낳는다고 한다.

방아벌레붙이과

붉은가슴방아벌레붙이 *Anadastus atriceps*

❶ 5~6mm ❷ 5~7월 ❸ 모름

붉은가슴방아벌레붙이는 딱지날개가 까맣게 번쩍거린다. 햇빛을 받으면 푸르스름한 빛깔을 띤다. 앞가슴등판과 다리 허벅지마디 뿌리는 빨갛다. 석점박이방아벌레붙이와 닮았는데, 붉은가슴방아벌레붙이는 허벅지마디가 빨개서 다르다. 풀밭이나 숲 가장자리에서 보인다.

방아벌레붙이과

끝검은방아벌레붙이 *Anadastus praeustus*

❶ 11mm 안팎 ❷ 7~10월 ❸ 모름

끝검은방아벌레붙이는 온몸이 붉은 밤색인데, 이름처럼 딱지날개 끝과 다리 마디가 까맣다. 산속 풀밭이나 숲 가장자리에서 보인다.

방아벌레붙이과

석점박이방아벌레붙이 *Tetraphala collaris*

❶ 12mm 안팎 ❷ 5~7월 ❸ 모름

석점박이방아벌레붙이는 이름처럼 빨간 앞가슴등판에 까만 점이 3개 있다. 딱지날개는 파랗고 뒤쪽으로 갈수록 폭이 좁아진다. 더듬이는 염주처럼 동글동글한 마디가 이어진다. 머리와 더듬이와 다리는 까맣다. 어른벌레는 산길이나 숲 가장자리에서 보인다. 짝짓기를 마친 암컷은 딱총나무 줄기에 구멍을 뚫고 알을 낳는다. 알에서 나온 애벌레는 줄기 속을 파먹으며 큰다. 한 해에 한 번 날개돋이한다.

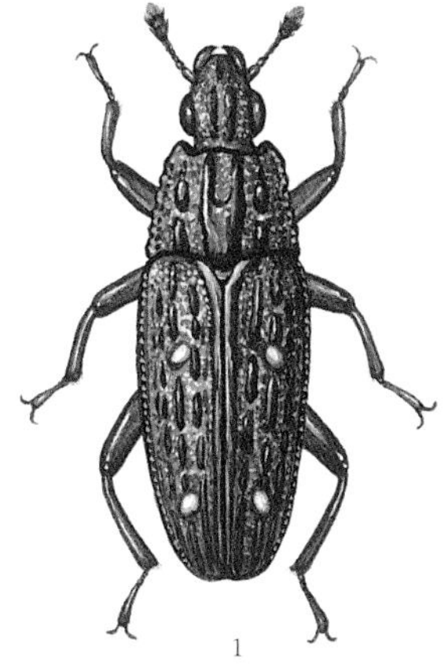
1

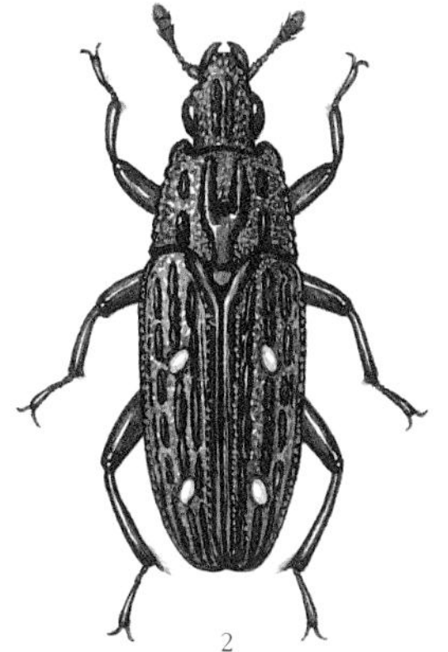
2

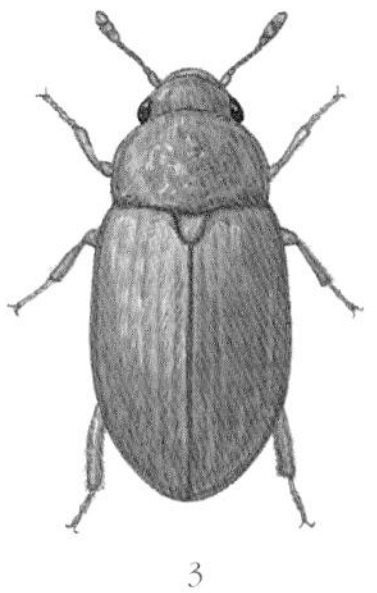
3

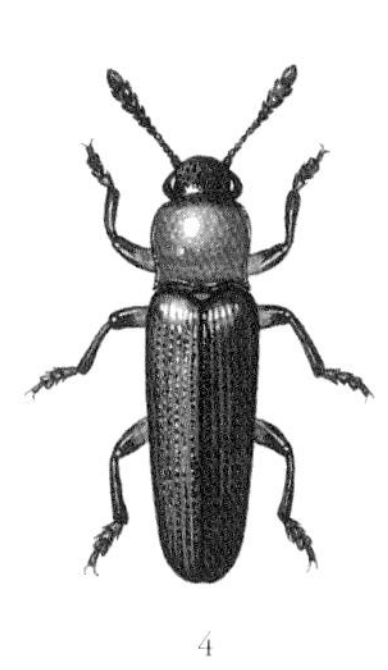
4

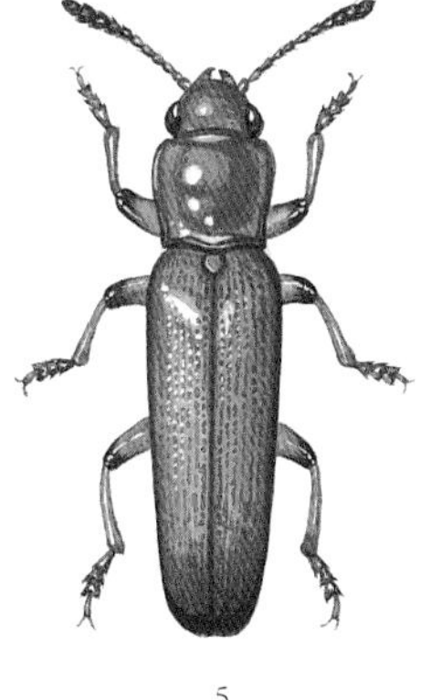
5

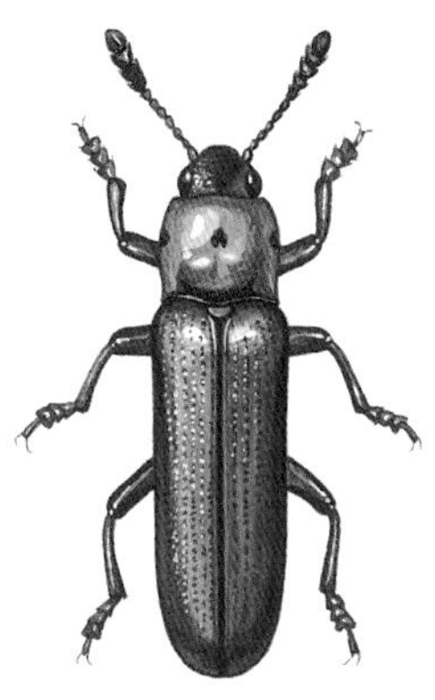
6

1. 고려나무쑤시기
2. 넉점나무쑤시기
3. 솜털쑤시기붙이
4. 붉은가슴방아벌레붙이
5. 끝검은방아벌레붙이
6. 석점박이방아벌레붙이

방아벌레붙이과

대마도방아벌레붙이 *Tetraphala fryi* 11~13mm 4~5월 모름

대마도방아벌레붙이는 석점박이방아벌레붙이와 닮았다. 석점박이방아벌레붙이는 더듬이 끄트머리 4마디가 곤봉처럼 부풀었는데, 대마도방아벌레붙이는 더듬이 끄트머리 5마디가 곤봉처럼 부풀었다. 앞가슴등판은 빨갛고 까만 점이 있다. 머리와 딱지날개는 푸르스름한 검은색으로 반짝거린다. 우리나라 중부와 남부 지방에서 보인다.

버섯벌레과
무늬버섯벌레아과

톱니무늬버섯벌레 *Aulacochilus luniferus decoratus* 5~7mm 4~10월 어른벌레

톱니무늬버섯벌레는 딱지날개에 빨간 무늬가 마치 톱니처럼 나 있다. 낮은 산에서 자라는 버섯이나 나무껍질 틈에서 산다. 짝짓기를 마친 암컷은 버섯 갓 밑에 있는 주름 사이에 알을 낳는다. 알에서 나온 애벌레도 버섯을 먹고 자란다. 다 자란 애벌레는 버섯 속에서 번데기가 된 뒤 2주쯤 지나면 어른벌레로 날개돋이한다. 나무껍질 밑에서 어른벌레로 겨울을 난다. 한평생 버섯을 벗어나지 않는다.

버섯벌레과
가는버섯벌레아과

노랑줄왕버섯벌레 *Episcapha flavofasciata flavofasciata* 9~13mm 6~10월 어른벌레

노랑줄왕버섯벌레는 딱지날개 어깨에 있는 까만 점무늬가 누런 무늬에 완전히 둘러싸여 있다. 살아 있을 때에는 딱지날개 무늬가 누렇지만 죽으면 붉은 밤색으로 바뀐다. 버섯벌레과 무리 가운데 몸집이 가장 크다. 죽은 나무에서 돋는 버섯에서 볼 수 있다.

버섯벌레과
가는버섯벌레아과

털보왕버섯벌레 *Episcapha fortunii fortunii* 9~13mm 5~8월 어른벌레

털보왕버섯벌레는 딱지날개에 주황색 톱니무늬가 있다. 노랑줄왕버섯벌레와 닮았는데, 털보왕버섯벌레는 딱지날개에 있는 무늬가 빨개서 다르다. 낮은 산에 있는 죽은 참나무에서 자라는 버섯에서 볼 수 있다. 어른벌레나 애벌레나 나무에 돋은 버섯을 파먹고 산다. 밤에 불빛을 보고 날아오기도 한다. 죽은 참나무 나무껍질 밑에서 어른벌레가 여러 마리 모여 겨울을 난다. 버섯을 키우는 농가에 피해를 주기도 한다.

버섯벌레과
가는버섯벌레아과

고오람왕버섯벌레 *Episcapha gorhami* 11~15mm 5~10월 모름

고오람왕버섯벌레는 모라윗왕버섯벌레, 노랑줄왕버섯벌레와 생김새나 사는 모습, 먹는 버섯이 아주 닮았다. 고오람왕버섯벌레는 맨 눈으로 보면 짧은 털이 나 있다. 겹눈은 크고 그 사이는 좁다. 앞가슴등판 양옆이 둥글다. 모라윗왕버섯벌레는 맨 눈으로 보면 털이 없어 보이고, 딱지날개 어깨에 있는 까만 점무늬가 빨간 무늬에 전부 감싸이지 않는다. 또 겹눈이 작고 그 사이는 넓다.

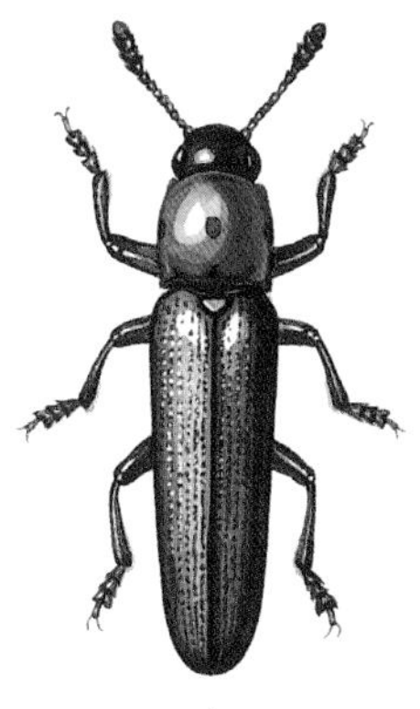

1

2

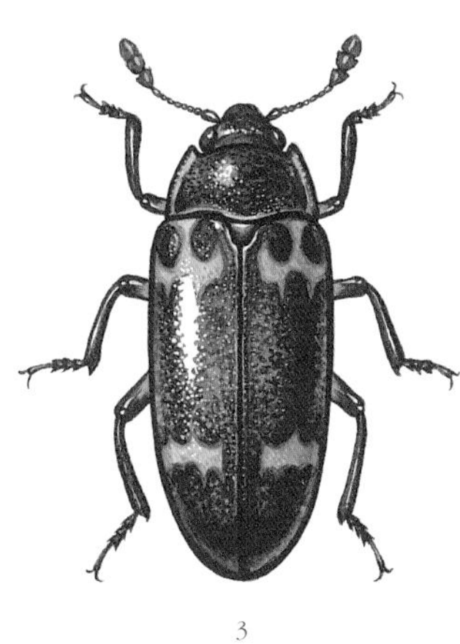

3

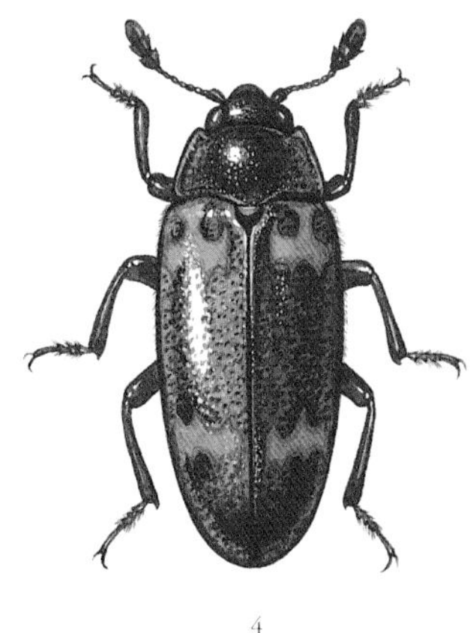

4

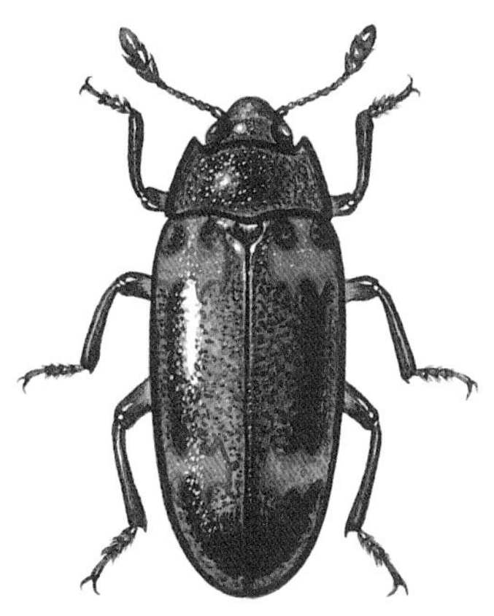

5

1. 대마도방아벌레붙이
2. 톱니무늬버섯벌레
3. 노랑줄왕버섯벌레
4. 털보왕버섯벌레
5. 고오람왕버섯벌레

버섯벌레과
가는버섯벌레아과

모라윗왕버섯벌레 *Episcapha morawitzi morawitzi*

11 ~ 14mm · 5 ~ 10월 · 어른벌레

모라윗왕버섯벌레는 나무에 돋은 여러 가지 버섯을 가리지 않고 먹고 산다. 튼튼한 큰턱으로 딱딱한 버섯도 잘 갉아 먹는다. 위험을 느끼면 나무껍질 틈으로 숨는다. 또 손으로 건드리면 역겨운 냄새를 내뿜는다. 짝짓기를 마친 암컷은 참나무 껍질 틈이나 밑, 버섯 균사체에 알을 낳는다. 애벌레도 버섯을 파먹고 산다. 다 자란 애벌레는 나무껍질 밑에서 번데기가 된 뒤 2주쯤 지나면 어른벌레로 날개돋이한다. 어른벌레로 겨울을 나고, 이듬해 봄에 짝짓기를 하고 알을 낳은 뒤 죽는다.

버섯벌레과
시베리아버섯벌레아과

제주붉은줄버섯벌레 *Pselaphandra inornata inornata*

5mm 안팎 · 5 ~ 10월 · 번데기

제주붉은줄버섯벌레는 온몸이 주홍빛으로 반짝거리고, 더듬이와 다리는 까맣다. 밤버섯이나 검은비늘버섯 같은 버섯을 먹고 산다. 어른벌레는 위험에 처하면 죽은 척하고, 몸에서 역겨운 냄새를 풍긴다. 짝짓기를 하면 버섯에 알을 낳는다. 알에서 나온 애벌레는 버섯에 굴을 파고 다니며 속살을 갉아 먹는다. 다 자란 애벌레는 땅속에 들어가 번데기가 된다. 이듬해 가을까지 땅속에서 번데기로 잠을 잔다.

무당벌레붙이과
어리무당벌레붙이아과

무당벌레붙이 *Ancylopus pictus asiaticus*

5mm 안팎 · 3 ~ 10월 · 어른벌레

무당벌레붙이는 몸이 까맣고, 앞가슴등판과 딱지날개는 빨갛다. 딱지날개에 까만 무늬가 있다. 수컷은 앞다리 종아리마다 안쪽에 이빨처럼 생긴 돌기가 한 개 있다. 뒷다리에는 작은 이빨처럼 생긴 돌기가 여러 개 있다. 낮에 풀밭이나 숲 가장자리, 낮은 산에서 볼 수 있다. 밤에는 불빛으로 날아온다. 나무에 돋는 버섯이나 곰팡이를 먹고 산다. 몸이 납작해서 나무 틈에 잘 숨는다. 썩은 나무껍질이나 돌 밑에서 어른벌레로 겨울잠을 잔다.

무당벌레과
애기무당벌레아과

방패무당벌레 *Hyperaspis asiatica*

3mm 안팎 · 4월쯤부터 · 모름

방패무당벌레 수컷은 앞가슴등판이 까만데, 양옆으로 불그스름한 무늬가 있고 앞 가장자리에는 좁게 누런 테두리가 나 있다. 그리고 딱지날개 끝 쪽에 불그스름한 무늬가 1쌍 있다. 암컷은 앞가슴등판 앞 가장자리가 까맣고, 양옆에 있는 불그스름한 무늬도 더 작다.

무당벌레과
애기무당벌레아과

쌍점방패무당벌레 *Hyperaspis sinensis*

2 ~ 4mm · 4 ~ 8월 · 모름

쌍점방패무당벌레는 이름처럼 딱지날개에 빨간 점이 한 쌍 있다. 어른벌레는 뽕나무나 참나무에 살면서 깍지벌레나 진딧물을 잡아먹는다.

무당벌레과
홍점무당벌레아과

애홍점박이무당벌레 *Chilocorus kuwanae*

4mm 안팎 · 3 ~ 11월 · 어른벌레

애홍점박이무당벌레는 이름처럼 까만 딱지날개 가운데에 작고 빨간 점무늬가 한 쌍 있다. 가끔 무늬가 없기도 하다. 온몸은 까맣게 반짝거린다. 낮은 산이나 숲 가장자리, 공원에 낮에 나와 돌아다닌다. 여러 가지 깍지벌레를 잡아먹는다. 한 해에 세 번 넘게 날개돋이를 한다.

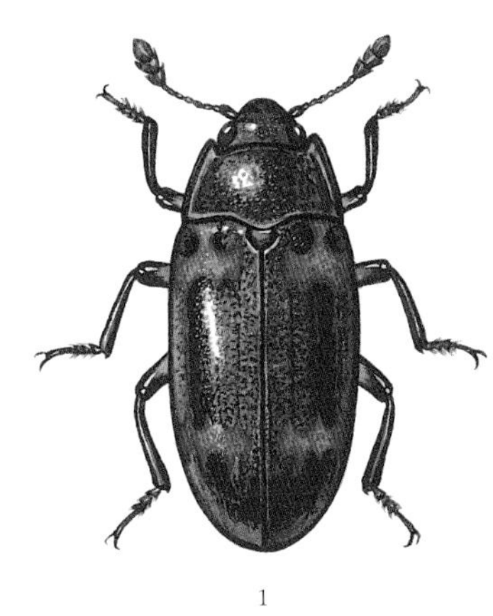

1

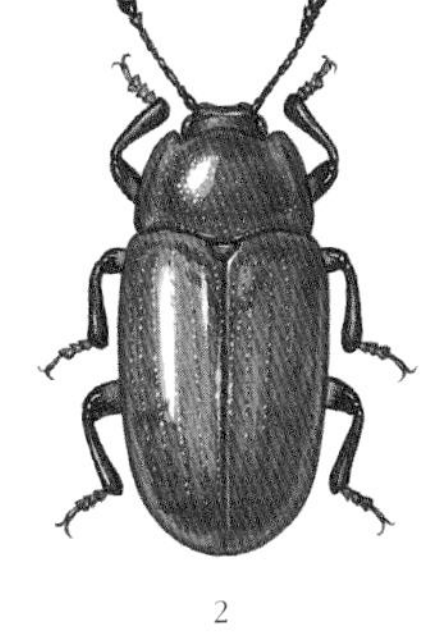

2

3

4

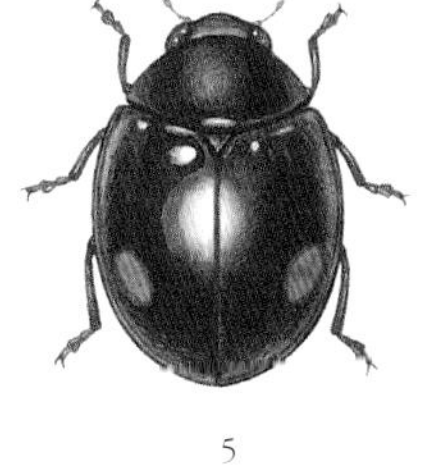

5

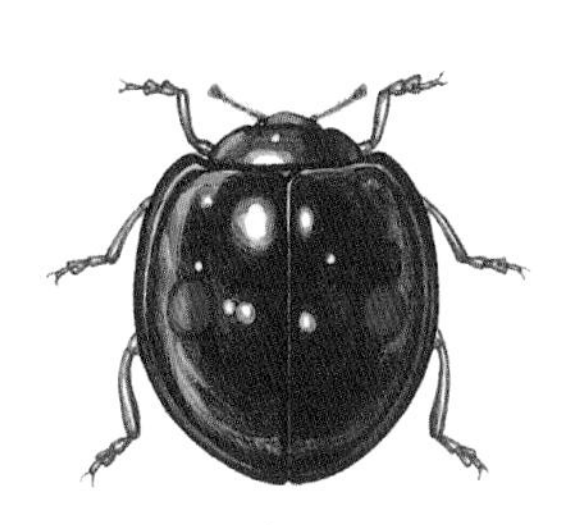

6-1

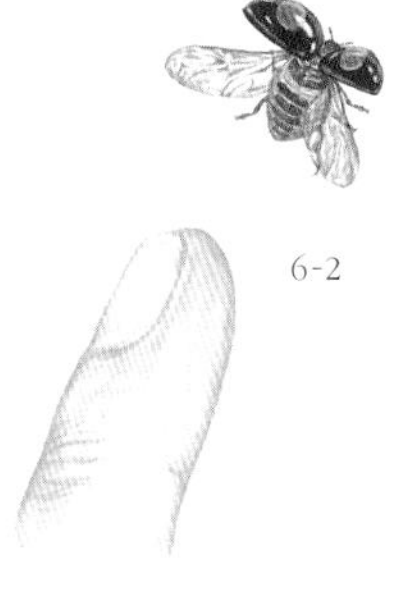

6-2

1. 모라윗왕버섯벌레
2. 제주붉은줄버섯벌레
3. 무당벌레붙이
4. 방패무당벌레
5. 쌍점방패무당벌레

6-1. 애홍점박이무당벌레

6-2. 애홍점박이무당벌레가 손끝에서 날아가는 모습

무당벌레과
홍점무당벌레아과

홍점박이무당벌레 *Chilocorus rubidus*

5~7mm 3~5월 어른벌레

홍점박이무당벌레는 몸이 까맣고, 딱지날개에 크고 넓은 빨간 점무늬가 한 쌍 있다. 빨간 무늬 윤곽이 뚜렷하지 않다. 빨간 무늬가 없이 온통 까맣기도 하다. 배 쪽은 빨갛다. 제주도를 뺀 온 나라에서 3~11월에 보인다. 깍지벌레를 잡아먹는다.

무당벌레과
홍테무당벌레아과

홍테무당벌레 *Rodolia limbata*

5mm 안팎 6~8월 모름

홍테무당벌레는 딱지날개가 까맣고, 서로 맞붙는 곳과 바깥쪽 가장자리를 따라 붉은 띠무늬가 이어져 있다. 낮은 산 떨기나무 숲에서 볼 수 있다. 어른벌레와 애벌레 모두 장미과 식물에 붙어사는 깍지벌레를 잡아먹는다. 애벌레는 허연 물을 입에서 토해 자기 몸을 숨긴다고 한다. 다 자란 애벌레는 나뭇가지에서 무리 지어 번데기가 된다.

무당벌레과
무당벌레아과

남생이무당벌레 *Aiolocaria hexaspilota*

10mm 안팎 4~10월 어른벌레

남생이무당벌레는 우리나라에 사는 무당벌레 가운데 가장 크다. 딱지날개에 남생이 등딱지처럼 생긴 무늬가 있어 남생이무당벌레라 한다. 온 나라에서 한 해 내내 볼 수 있는데 봄과 가을에 많이 보인다. 들판이나 마을 둘레, 낮은 산에 자라는 버드나무에서 많이 보인다. 낮에 나와 돌아다니면서 어른벌레나 애벌레 모두 호두나무잎벌레나 버들잎벌레 애벌레, 진딧물, 깍지벌레, 나무이 따위를 잡아먹는다. 손으로 건드리면 다리 마디에서 빨간 물을 내뿜는다.

무당벌레과
무당벌레아과

달무리무당벌레 *Anatis halonis*

7~9mm 4~6월 어른벌레

달무리무당벌레는 이름처럼 딱지날개에 하얗고 동그란 점무늬 안에 까만 점무늬가 있다. 이 무늬가 꼭 달무리처럼 보인다. 봄부터 여름 들머리까지 온 나라 낮은 산에 자라는 소나무 숲에서 보인다. 어른벌레나 애벌레 모두 소나무 순에 붙은 왕진딧물을 잡아먹는다. 짝짓기를 마친 암컷은 나무껍질이 파인 곳에 알을 15~20개쯤 낳는다. 한 해에 한 번 날개돋이한다.

무당벌레과
무당벌레아과

네점가슴무당벌레 *Calvia muiri*

4~5mm 4~11월 모름

네점가슴무당벌레는 앞가슴등판에 하얀 점무늬가 4개 있다. 딱지날개에는 무늬가 14개 있다. 2-2-2-1쌍씩 늘어서 있는데 가운데 무늬가 둥글게 늘어섰다. 열닷점박이무당벌레와 생김새가 닮았다. 산이나 숲 가장자리에서 진딧물이나 다른 벌레 알을 먹는다.

무당벌레과
무당벌레아과

유럽무당벌레 *Calvia quatuordecimguttata*

4~6mm 5~8월 모름

유럽무당벌레는 딱지날개에 누런 점무늬가 14개 있다. 점무늬는 앞쪽부터 1-3-2-1쌍씩 있다. 하지만 딱지날개에 무늬가 하나도 없이 까맣거나 노란 무늬가 있거나, 딱지날개가 빨갛고 거기에 까만 무늬가 있는 변이가 있다. 앞가슴등판 양쪽에는 하얀 점무늬가 있다. 어른벌레는 진딧물이나 나무이 같은 벌레를 잡아먹는다.

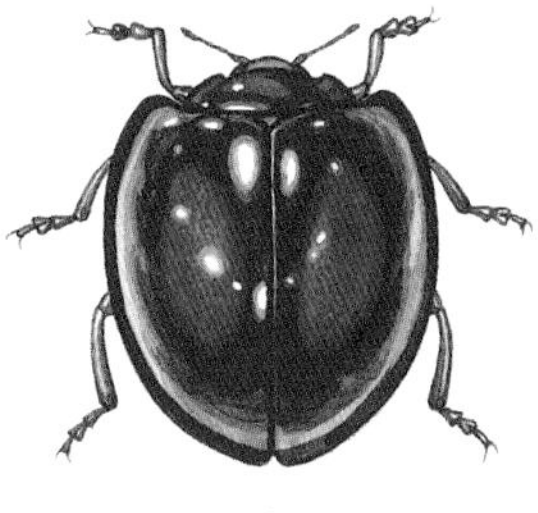

1

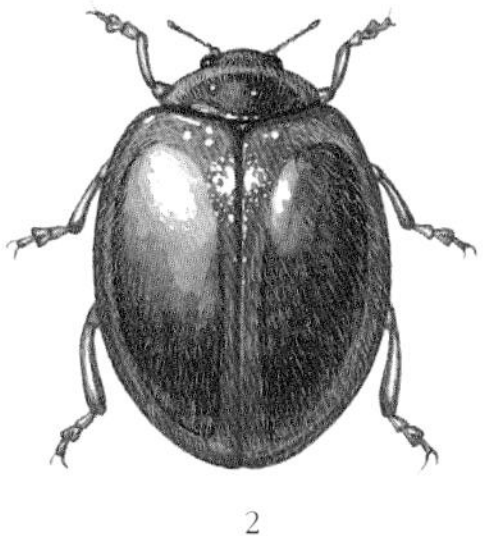

2

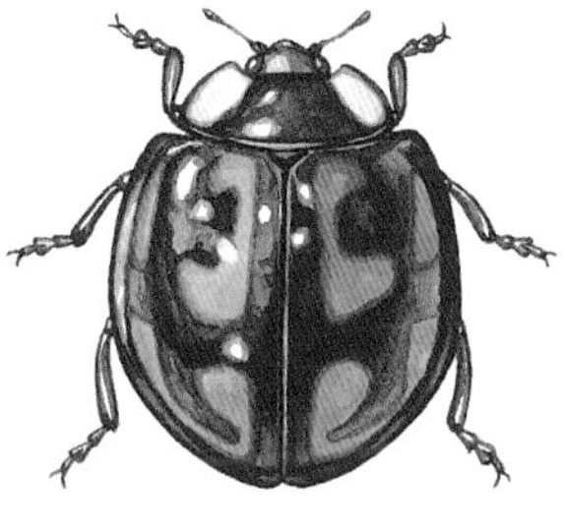

3-1

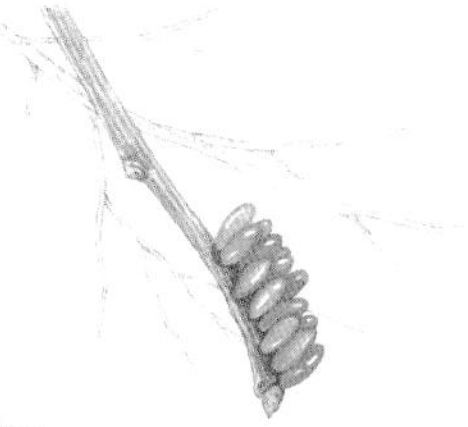

3-2

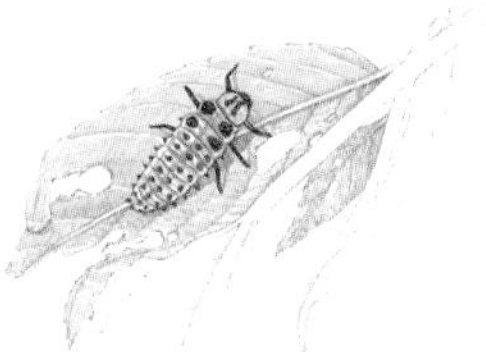

3-3

3-4

3-5

4

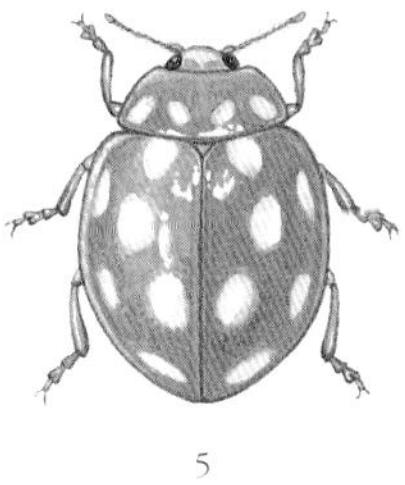

5

6

1. 홍점박이무당벌레
2. 홍테무당벌레

3-1. 남생이무당벌레
3-2. 남생이무당벌레 알
3-3. 남생이무당벌레 애벌레
3-4. 남생이무당벌레 번데기
3-5. 호두나무잎벌레 알을 먹는 남생이무당벌레

4. 달무리무당벌레
5. 네점가슴무당벌레
6. 유럽무당벌레

무당벌레과
무당벌레아과

열닷점박이무당벌레 *Calvia quindecimguttata*

5~7mm 5~8월 모름

열닷점박이무당벌레는 온몸이 누렇게나 불그스름한데, 딱지날개와 앞가슴등판에 하얀 무늬가 있다. 딱지날개에 있는 하얀 무늬는 이름과 달리 14개 있다.

무당벌레과
무당벌레아과

십일점박이무당벌레 *Coccinella ainu*

5mm 안팎 6~8월 모름

십일점박이무당벌레는 '아이누무당벌레'라고도 한다. 생김새가 칠성무당벌레와 닮았다. 하지만 등에 난 점무늬 수가 다르다. 십일점박이무당벌레는 이름처럼 딱지날개에 까만 점무늬가 11개 나 있다. 딱지날개 위쪽에 있는 무늬 4개가 아주 크고 네모난 꼴로 나 있다, 다른 까만 점무늬는 가장자리에 나 있다.

무당벌레과
무당벌레아과

칠성무당벌레 *Coccinella septempunctata*

6~7mm 3~11월 어른벌레

칠성무당벌레는 주홍빛 딱지날개에 크고 뚜렷한 까만 점이 일곱 개 있다. 이른 봄부터 가을까지 진딧물이 있는 곳이면 온 나라 어디서나 쉽게 볼 수 있다. 애벌레와 어른벌레 생김새는 다르지만 고추나 보리 같은 채소와 곡식, 사과나무나 배나무 같은 과일나무에 꼬이는 진딧물을 잡아먹는다. 애벌레로 두 주쯤 사는데 애벌레 한 마리가 진딧물을 400~700마리쯤 잡아먹는다. 애벌레 머리에는 큰턱이 있다. 이 큰턱으로 먹이를 물거나 씹어 먹는다.

무당벌레과
무당벌레아과

무당벌레 *Harmonia axyridis*

5~8mm 3~11월 어른벌레

무당벌레는 온 나라에서 봄부터 가을까지 어디서나 볼 수 있다. 어른벌레나 애벌레 모두 진딧물을 많이 잡아먹는다. 무당벌레는 저마다 딱지날개에 찍힌 점무늬 숫자가 다르고, 딱지날개 빛깔도 여러 가지다. 딱지날개가 주황색, 노란색이고 까만 점무늬가 찍히기도 하고, 까만 바탕에 빨간 점무늬가 찍히기도 하고, 까만 바탕에 노란 점무늬가 있기도 하고, 딱지날개가 주황색인데 아무 점무늬가 없기도 하다. 점무늬가 2개, 4개, 12개, 16개, 19개 있기도 하다. 앞가슴등판 가장자리는 허옇다.

무당벌레과
무당벌레아과

열석점긴다리무당벌레 *Hippodamia tredecimpunctata*

6mm 안팎 4~8월 어른벌레

열석점긴다리무당벌레는 다른 무당벌레보다 몸이 길쭉하다. 앞가슴등판과 딱지날개에 까만 무늬가 13개 있다. 강가나 냇가, 늪 둘레에서 드물게 보인다. 어른벌레와 애벌레 모두 진딧물을 잡아먹는다. 겨울이 되면 돌 밑에서 겨울잠을 잔다. 봄에 나온 어른벌레는 4~5월에 짝짓기를 하고 알을 낳는다. 우리나라에는 다리무당벌레 무리가 4종 알려졌다. 그 가운데 2종은 북녘 백두산 둘레에서만 드물게 보인다.

무당벌레과
무당벌레아과

다리무당벌레 *Hippodamia variegata*

5mm 안팎 4~10월 모름

다리무당벌레는 마을이나 논밭, 숲 가장자리에서 산다. 다른 무당벌레처럼 진딧물이나 나무이 같은 작은 벌레를 잡아먹고 산다. 열석점긴다리무당벌레와 닮았는데, 다리무당벌레는 앞가슴등판 무늬와 딱지날개에 있는 검은 점무늬가 다르다.

1

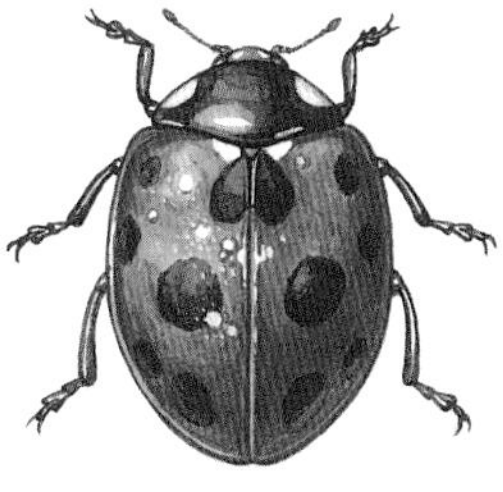

2

3

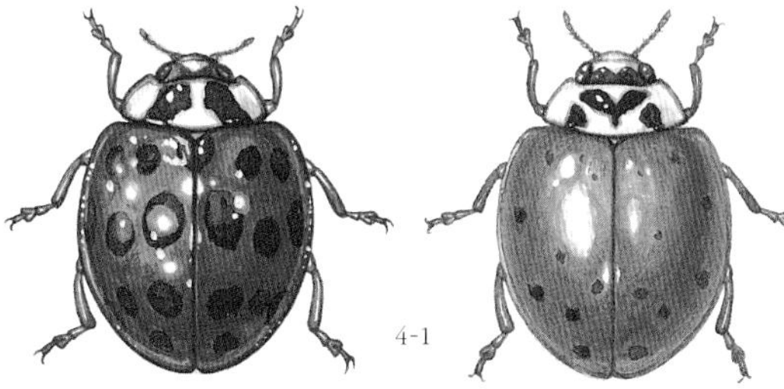

4-1

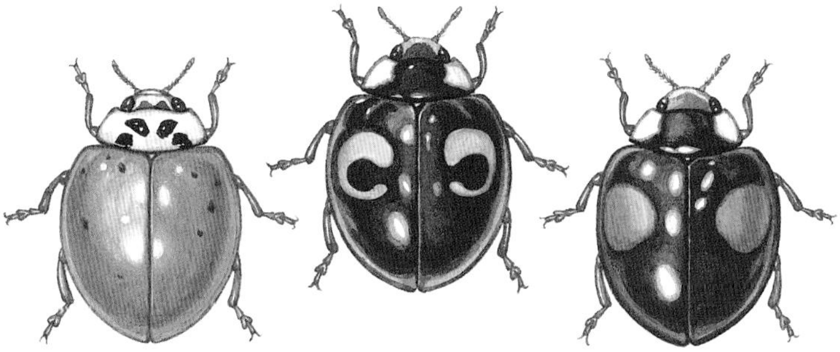

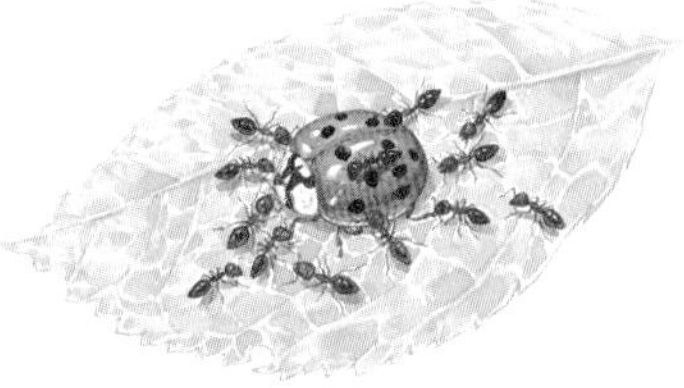

4-2

4-3

5

6

1. 열닷점박이무당벌레
2. 십일점박이무당벌레
3. 칠성무당벌레
4-1. 무당벌레
4-2. 무당벌레가 개미에게 잡아먹히고 있다.
4-3. 무당벌레가 왕거미 거미줄에 걸렸다.
5. 열석점긴다리무당벌레
6. 다리무당벌레

무당벌레과
무당벌레아과

큰황색가슴무당벌레 *Coelophora saucia*

6mm 안팎 · 3~11월 · 어른벌레

큰황색가슴무당벌레는 딱지날개가 까맣고, 작고 빨간 점무늬가 양쪽에 하나씩 뚜렷하게 나 있다. 애홍점박이무당벌레와 닮았다. 하지만 큰황색가슴무당벌레 몸집이 더 크고, 앞가슴등판 양쪽 가장자리에 하얀 무늬가 뚜렷하게 나 있다. 어른벌레는 낮은 산이나 숲 가장자리, 마을 둘레에서 보인다. 어른벌레는 팽나무나 느티나무 같은 나무껍질 밑에서 여러 마리가 모여 겨울잠을 잔다고 한다.

무당벌레과
무당벌레아과

노랑육점박이무당벌레 *Oenopia bissexnotata*

4mm 안팎 · 4~11월 · 모름

노랑육점박이무당벌레는 몸이 까맣고 딱지날개에 노란 무늬가 12개 나 있다. 가운데에 4쌍, 가장자리에 2쌍 있다. 앞가슴등판 가운데와 양쪽 가장자리, 머리 가운데도 노랗다. 콩팥무늬무당벌레와 닮았다. 콩팥무늬무당벌레는 딱지날개에 있는 노란 점무늬가 옆으로 길어 마치 콩팥처럼 생겼는데, 노랑육점박이무당벌레는 둥근 점 모양이다. 산이나 숲 가장자리에서 보인다. 어른벌레나 애벌레 모두 나무 위에 살면서 진딧물을 잡아먹는다. 날씨가 추워지면 썩은 나무나 나무껍질 속에 들어가 겨울을 난다.

무당벌레과
무당벌레아과

꼬마남생이무당벌레 *Propylea japonica*

4mm 안팎 · 3~11월 · 어른벌레

꼬마남생이무당벌레는 딱지날개가 누런데 까만 무늬가 있다. 까만 무늬는 저마다 다른데, 가운데 까만 무늬가 마치 십자가(十)처럼 생긴 것이 많다. 다리는 누런 밤색이다. 앞가슴등판에 있는 까만 무늬 가운데에 홈이 파이면 수컷이고, 홈이 없으면 암컷이다. 낮은 산과 들에서 봄부터 가을까지 보인다. 어른벌레와 애벌레 모두 낮에 나와 돌아다니며 진딧물을 잡아먹는다. 겨울이 되면 나무껍질 밑에 여러 마리가 모여 겨울잠을 잔다.

무당벌레과
무당벌레아과

큰꼬마남생이무당벌레 *Propylea quatuordecimpunctata*

4mm 안팎 · 3~11월 · 어른벌레

큰꼬마남생이무당벌레는 꼬마남생이무당벌레와 닮았지만, 몸집이 더 크고 딱지날개 어깨 부분에 있는 까만 무늬가 둘로 나뉘거나 가운데가 강낭콩처럼 움푹 들어간 커다란 점 모양을 하고 있다. 또 허벅지마디에 까만 무늬가 있다. 강원도 높은 산에서 보인다.

무당벌레과
무당벌레아과

긴점무당벌레 *Myzia oblongoguttata*

8mm 안팎 · 4~10월 · 어른벌레

긴점무당벌레는 딱지날개에 있는 하얀 무늬가 길어서 다른 무당벌레와 다르다. 앞가슴등판과 딱지날개에 하얗고 길쭉한 무늬가 있는데, 이 무늬는 저마다 다르다. 어른벌레는 소나무가 많이 자라는 온 나라 낮은 산이나 들에서 산다. 4~5월에 많이 보인다. 진딧물을 잡아먹고, 낮에는 나뭇잎이나 나무줄기에 붙어 자주 쉰다. 겨울이 되면 가랑잎 밑에서 여러 마리가 모여 겨울을 난다.

무당벌레과
무당벌레아과

노랑무당벌레 *Illeis koebelei koebelei*

3~5mm · 4~10월 · 어른벌레

노랑무당벌레는 이름처럼 딱지날개가 노랗고 아무 무늬가 없다. 머리와 앞가슴등판은 하얗다. 앞가슴등판과 딱지날개가 붙는 곳에 까만 점이 두 개 있다. 마을 둘레나 논밭, 냇가 숲 가장자리에서 보인다. 어른벌레는 꽃에 날아와 식물에 병을 옮기는 균류를 먹는다.

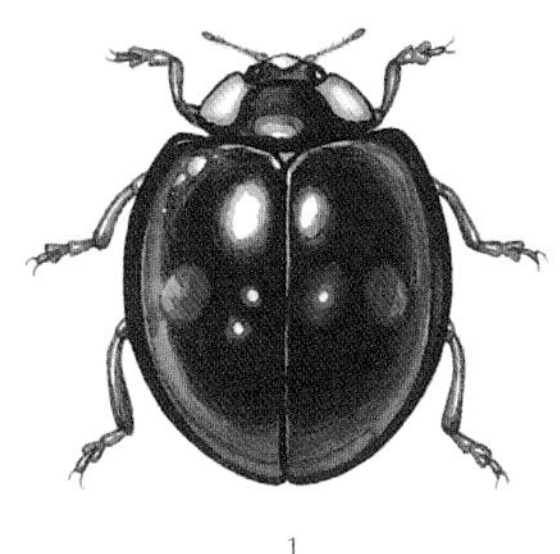
1

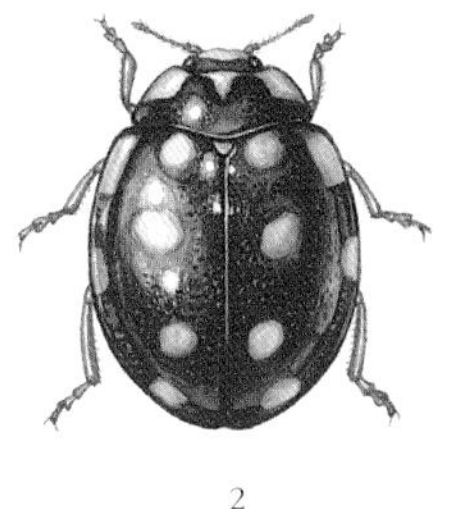
2

3

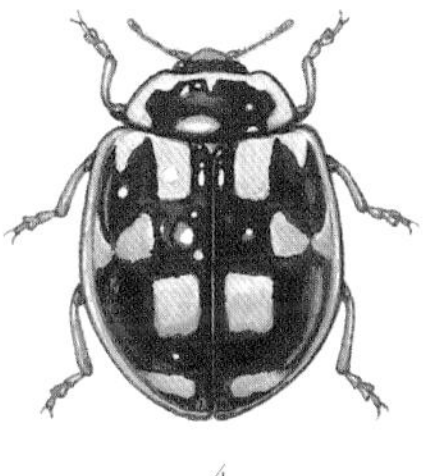
4

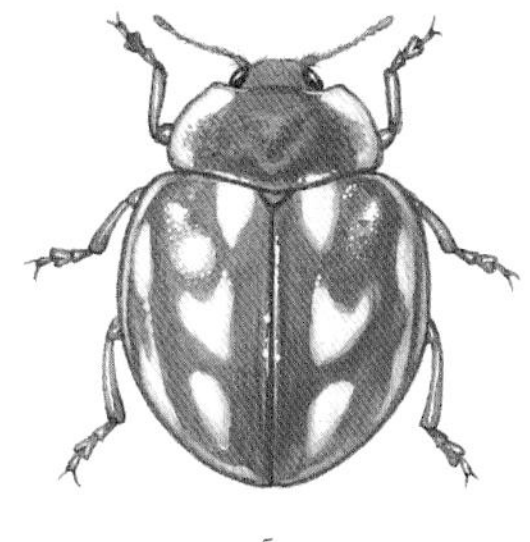
5

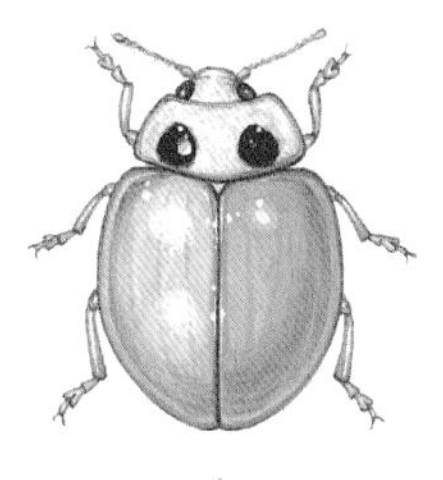
6

1. 큰황색가슴무당벌레
2. 노랑육점박이무당벌레
3. 꼬마남생이무당벌레
4. 큰꼬마남생이무당벌레
5. 긴점무당벌레
6. 노랑무당벌레

무당벌레과
무당벌레아과

십이흰점무당벌레 *Vibidia duodecimguttata* 4mm 안팎 5~6월 모름

십이흰점무당벌레는 이름처럼 딱지날개에 하얀 점무늬가 12개 있다. 앞가슴등판에도 하얀 점무늬가 3개 있다. 산속 풀밭이나 논밭에서 드물게 볼 수 있다. 노랑무당벌레처럼 식물에 생기는 균류를 먹는다.

무당벌레과
무당벌레붙이아과

중국무당벌레 *Epilachna chinensis* 4~5mm 6~9월 모름

중국무당벌레는 온몸이 불그스름하고, 커다랗고 까만 무늬가 10개 있다. 곱추무당벌레와 닮았는데, 곱추무당벌레는 딱지날개 어깨에 있는 검은 점무늬가 심장꼴로 생겨서 딱지날개 어깨를 다 덮지 않는다. 하지만 중국무당벌레는 딱지날개 어깨 부분에 있는 검은 점무늬가 딱지날개 어깨를 다 덮는다. 어른벌레는 마을 둘레나 논밭, 낮은 산에서 산다. 박주가리나 하늘타리 같은 식물 잎을 갉아 먹는다고 한다.

무당벌레과
무당벌레붙이아과

곱추무당벌레 *Epilachna quadricollis* 4~5mm 5~6월 애벌레

곱추무당벌레는 딱지날개가 붉은 밤색이고, 까만 무늬가 10개 있다. 딱지날개에는 누런 털이 나 있다. 앞가슴등판에도 까만 무늬가 2개 또는 4개 있다. 어른벌레는 물푸레나무나 쥐똥나무 잎을 갉아 먹는다. 애벌레도 잎을 잎맥만 남기고 갉아 먹는다. 애벌레로 겨울을 나고 이듬해 4~5월에 번데기가 된 뒤 어른벌레로 날개돋이한다. 한 해에 한 번 날개돋이한다.

무당벌레과
무당벌레붙이아과

큰이십팔점박이무당벌레 *Henosepilachna vigintioctomaculata* 6~8mm 4~10월 어른벌레

큰이십팔점박이무당벌레는 다른 무당벌레보다 등이 높고, 아주 짧은 흰 털이 온몸을 덮고 있다. 딱지날개는 붉은 밤색인데 까만 점이 28개 나 있다. '이십팔점박이무당벌레'도 마찬가지다. 큰이십팔점박이무당벌레와 이십팔점박이무당벌레는 생김새가 아주 닮았고, 둘 다 밭에 심어 놓은 감자나 가지 잎에 많다. 이십팔점박이무당벌레는 몸집이나 딱지날개 무늬가 큰이십팔점박이무당벌레보다 더 작다. 또 딱지날개 무늬가 어깨 다음에 있는 것부터 가운데 두 번째까지 직선형으로 늘어서 있다. 큰이십팔점박이무당벌레는 둥그렇게 늘어선다. 이십사점콩알무당벌레도 큰이십팔점박이무당벌레를 닮았지만, 검은 점무늬 수와 생김새가 다르다.

긴썩덩벌레과
긴썩덩벌레아과

긴썩덩벌레 *Phloiotrya bellicosa* 12~21mm 6~8월 모름

긴썩덩벌레는 몸이 짙은 밤색이다. 더듬이와 종아리마디 아래는 누런 밤색이다. 몸 너비보다 몸길이가 3배쯤 길다. 산속 넓은잎나무 숲에서 산다. 어른벌레는 7월에 썩은 나무나 거기에 돋은 버섯에서 보인다. 애벌레도 어른벌레가 사는 곳에서 보인다.

1

2-1

2-2

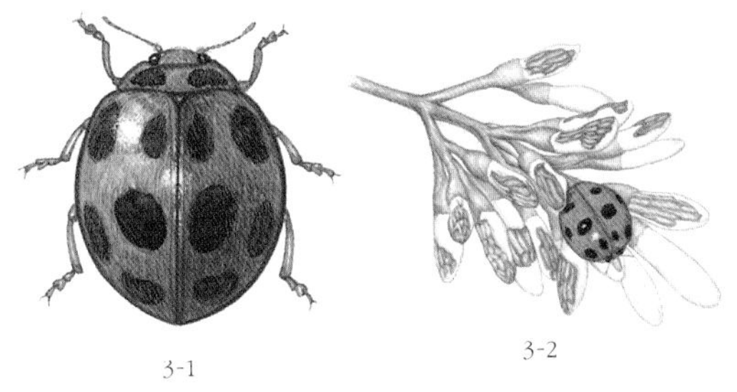

3-1

3-2

4-1

4-2

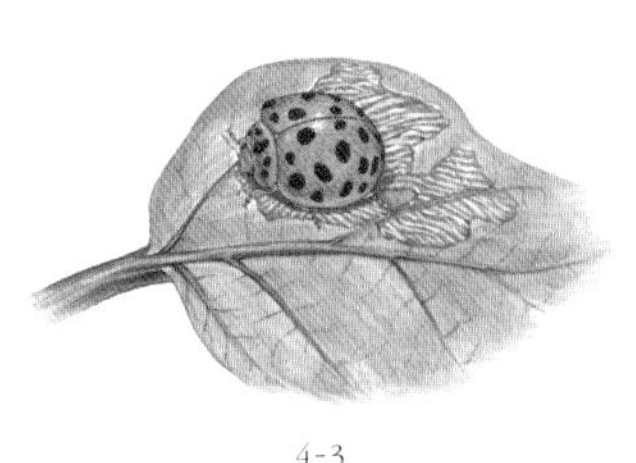

4-3

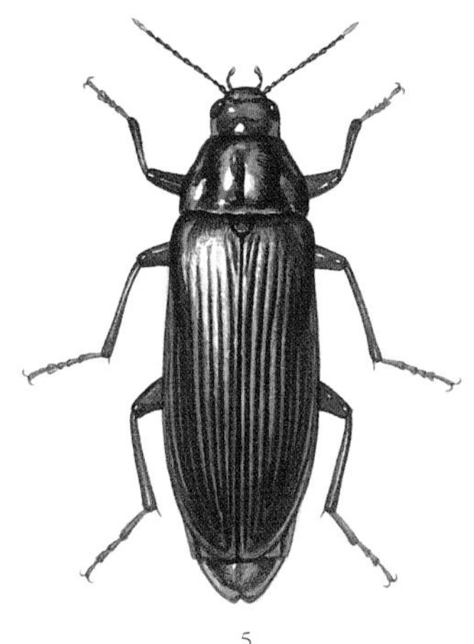

5

1. 십이흰점무당벌레
2-1. 중국무당벌레
2-2. 중국무당벌레가 잎을 갉아 먹고 있다.
3-1. 곱추무당벌레
3-2. 곱추무당벌레가 꽃을 갉아 먹고 있다.
4-1. 큰이십팔점박이무당벌레
4-2. 이십사점콩알무당벌레 *Subcoccinella coreae*
4-3. 큰이십팔점박이무당벌레가 가지 잎을 갉아 먹고 있다.
5. 긴썩덩벌레

왕꽃벼룩과

왕꽃벼룩 *Metoecus paradoxus* 9~15mm 모름 모름

왕꽃벼룩은 꽃벼룩보다 몸집이 크고, 가시처럼 생긴 꼬리가 없다. 어른벌레는 꽃에 알을 낳는다. 알에서 나온 애벌레는 벌에 붙기 좋은 모양을 하고 있다. 꽃에 날아오는 벌 몸에 붙어 벌집으로 간다. 그리고 벌 애벌레 방에 들어가 벌 애벌레가 번데기가 될 때까지 잠을 자면서 기다린다. 벌 애벌레가 번데기가 되면 왕꽃벼룩 애벌레는 껍질을 벗고 굼벵이 모양이 된 뒤 벌 번데기를 갉아 먹는다. 이렇게 왕꽃벼룩 애벌레는 가뢰 애벌레처럼 몸 생김새가 아주 다르게 두 번 바뀐다.

목대장과

목대장 *Cephaloon pallens* 12~14mm 5~6월 모름

목대장은 앞가슴등판이 목처럼 길쭉하며 세모나게 생겼다. 언뜻 보면 하늘소를 닮았다. 딱지날개가 길쭉하며 짧은 노란 털이 덮여 있다. 몸빛은 누런 밤색부터 까만색까지 개체마다 조금씩 다르다. 꽃이 핀 풀밭에서 볼 수 있다. 낮에 나와 꽃에 모여 꿀을 빨아 먹거나 꽃가루를 먹는다. 또 자주 풀 줄기에 앉아 쉰다. 밤에는 불빛으로 날아온다. 애벌레는 썩은 나무를 갉아 먹는다.

하늘소붙이과

녹색하늘소붙이 *Chrysanthia geniculata integricollis* 5~7mm 4~5월 모름

녹색하늘소붙이는 이름처럼 몸이 풀빛으로 반짝거린다. 다리와 더듬이는 까맣다. 하지만 수컷 가운데 앞다리와 가운뎃다리에 있는 허벅지마디 맨 끝과 종아리마디가 노란 것도 있다. 딱지날개에는 세로로 솟은 줄이 2줄씩 있다. 온 나라 산속 풀밭에서 볼 수 있다. 4~5월에 여러 꽃에 날아와 꽃가루를 먹는다. 온몸이 꽃가루 범벅이 될 때까지 꽃가루를 먹는다.

하늘소붙이과

잿빛하늘소붙이 *Eobia cinereipennis cinereipennis* 7~12mm 6~7월 모름

잿빛하늘소붙이는 머리가 까맣고, 다리와 앞가슴등판은 붉은 밤색이다. 앞가슴등판 가운데에 세로줄 홈이 나 있다. 딱지날개는 잿빛이고, 세로줄이 나 있다. 앞날개는 배 끝을 다 덮지 못한다. 더듬이는 몸길이만큼 길다. 낮은 산과 들판 넓은잎나무 숲에서 산다. 밤에 불빛으로 날아온다.

하늘소붙이과

끝검은하늘소붙이 *Nacerdes melanura* 9~12mm 6월쯤 모름

끝검은하늘소붙이는 이름처럼 딱지날개 끄트머리가 까맣다. 몸은 누렇지만 몸 아래쪽은 까맣다. 더듬이가 몸길이에 1/2쯤 될 만큼 길다. 앞가슴등판은 심장꼴로 생겼다. 딱지날개에는 튀어나온 세로줄이 4줄씩 있다. 딱지날개에는 자잘한 홈이 잔뜩 파여 있다. 암컷은 배 끝이 노랗다.

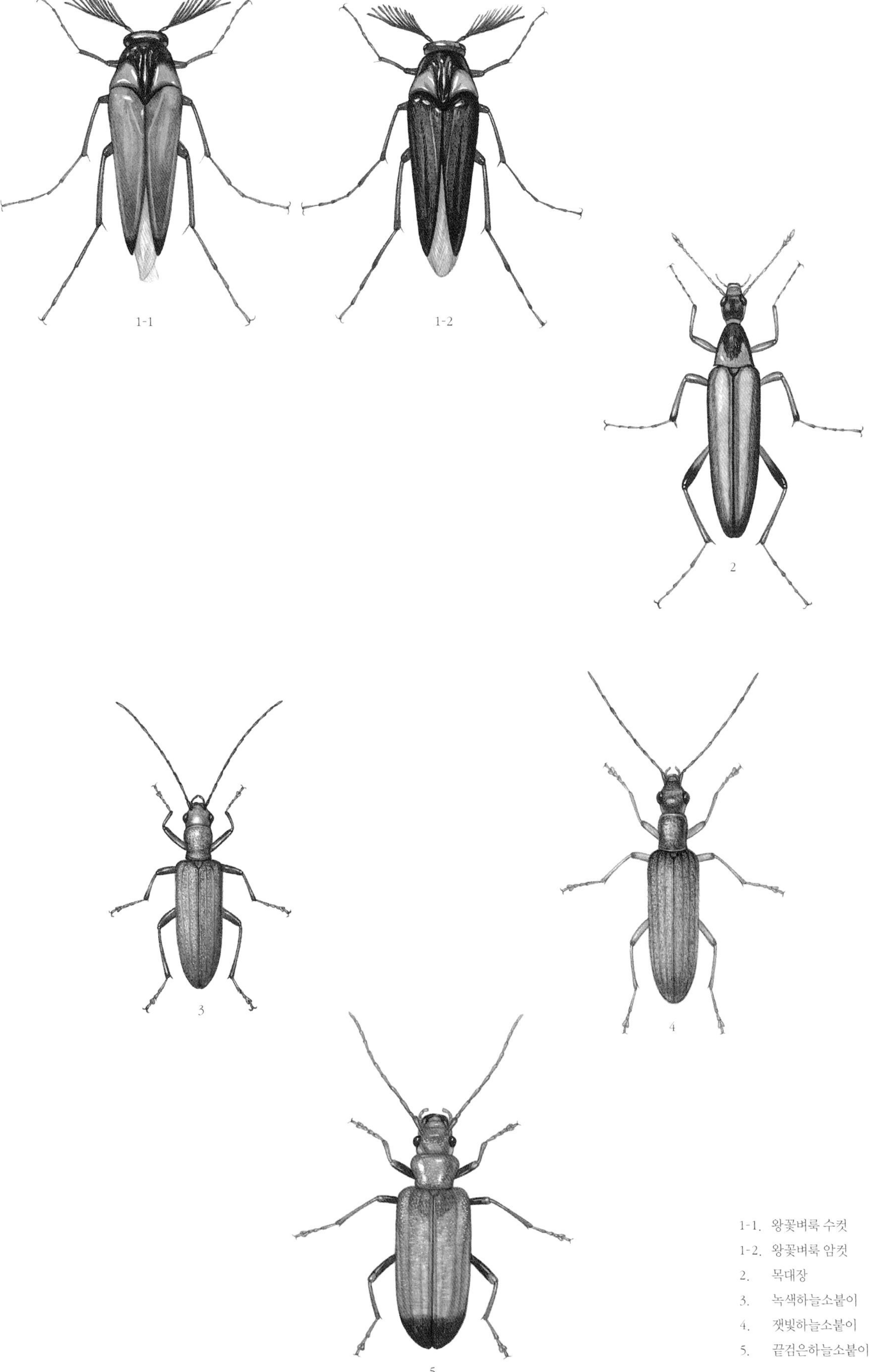

1-1. 왕꽃벼룩 수컷
1-2. 왕꽃벼룩 암컷
2. 목대장
3. 녹색하늘소붙이
4. 잿빛하늘소붙이
5. 끝검은하늘소붙이

하늘소붙이과

아무르하늘소붙이 *Oedemera amurensis* 9mm 안팎 5~7월 모름

아무르하늘소붙이는 몸빛이 밤색이다. 머리와 몸 아래쪽은 검은색이다. 앞가슴등판은 누런데 양쪽에 까만 무늬가 1개씩 있다. 또 움푹 들어간 곳이 3곳 있다. 딱지날개에 있는 세로줄이 누렇고, 다리도 누렇다. 산에서 흔히 볼 수 있다. 이 꽃 저 꽃을 날아다닌다. 여러 꽃에 모여 가위처럼 생긴 큰턱을 벌렸다 오므렸다 하면서 꽃가루를 씹어 먹는다. 짝짓기를 마친 암컷은 썩은 나무에 알을 낳는다.

하늘소붙이과

알통다리하늘소붙이 *Oedemera lucidicollis lucidicollis* 8~12mm 4~6월 애벌레

알통다리하늘소붙이는 이름처럼 수컷 뒷다리 허벅지마디가 알통처럼 툭 불거졌다. 하지만 암컷은 그렇지 않다. 산이나 들판에서 볼 수 있다. 몸이 가벼워서 잘 날아다닌다. 이 꽃 저 꽃을 옮겨 다니며 가위처럼 생긴 큰턱을 양옆으로 벌렸다 오므렸다 하면서 꽃을 먹는다.

하늘소붙이과

큰노랑하늘소붙이 *Nacerdes hilleri hilleri* 12~15mm 6~7월 모름

큰노랑하늘소붙이는 온몸이 누르스름하다. 허벅지마디와 종아리마디는 붉은 밤색이다. 몸은 길쭉하고 양옆이 나란하다. 머리도 길쭉한데 앞가슴등판보다 살짝 더 넓다. 더듬이는 실처럼 길쭉하고 수컷은 12마디, 암컷은 11마디다. 앞가슴등판은 심장꼴로 생겼다. 딱지날개는 아주 길쭉하다. 큰노랑하늘소붙이는 몸에서 '칸타리딘'이라는 독물이 나온다. 맨손으로 잡으면 물집이 생길 수도 있다.

하늘소붙이과

노랑하늘소붙이 *Nacerdes luteipennis* 9~13mm 6~7월 모름

노랑하늘소붙이는 딱지날개가 누런 밤색이고 머리와 앞가슴등판, 다리는 까맣다. 딱지날개에는 세로줄이 3~4줄씩 나 있다. 수컷은 더듬이가 12마디고, 암컷은 11마디다. 온 나라 산속 풀밭에서 보인다. 여러 가지 꽃에 모여들어 꽃가루를 먹는다. 밤에 불빛으로 날아오기도 한다. 짝짓기를 마친 암컷은 썩은 나무에 알을 낳는다. 애벌레는 나무속을 파먹고 산다. 그러다가 나무속에서 번데기가 된다.

하늘소붙이과

청색하늘소붙이 *Nacerdes waterhousei* 11~15mm 6~8월 모름

청색하늘소붙이는 딱지날개가 푸른빛이 도는 풀색이다. 딱지날개는 양옆이 나란하고, 세로줄이 3줄씩 나 있다. 머리와 앞가슴등판, 다리는 붉은 밤색이다. 눈은 까맣다. 수컷은 더듬이가 12마디이고, 암컷은 11마디다. 더듬이가 하늘소처럼 길다. 어른벌레 몸에서 '칸타리딘'이라는 독물이 나온다. 애벌레는 썩은 나무속을 파먹고 산다.

홍날개과

홍다리붙이홍날개 *Pseudopyrochroa lateraria* 10mm 안팎 8월쯤 모름

홍다리붙이홍날개는 온몸이 까만데 딱지날개만 붉은 밤색이다. 딱지날개에는 누런 털이 나 있다. 수컷은 더듬이가 빗살처럼 갈라졌고, 암컷은 톱니처럼 이어진다.

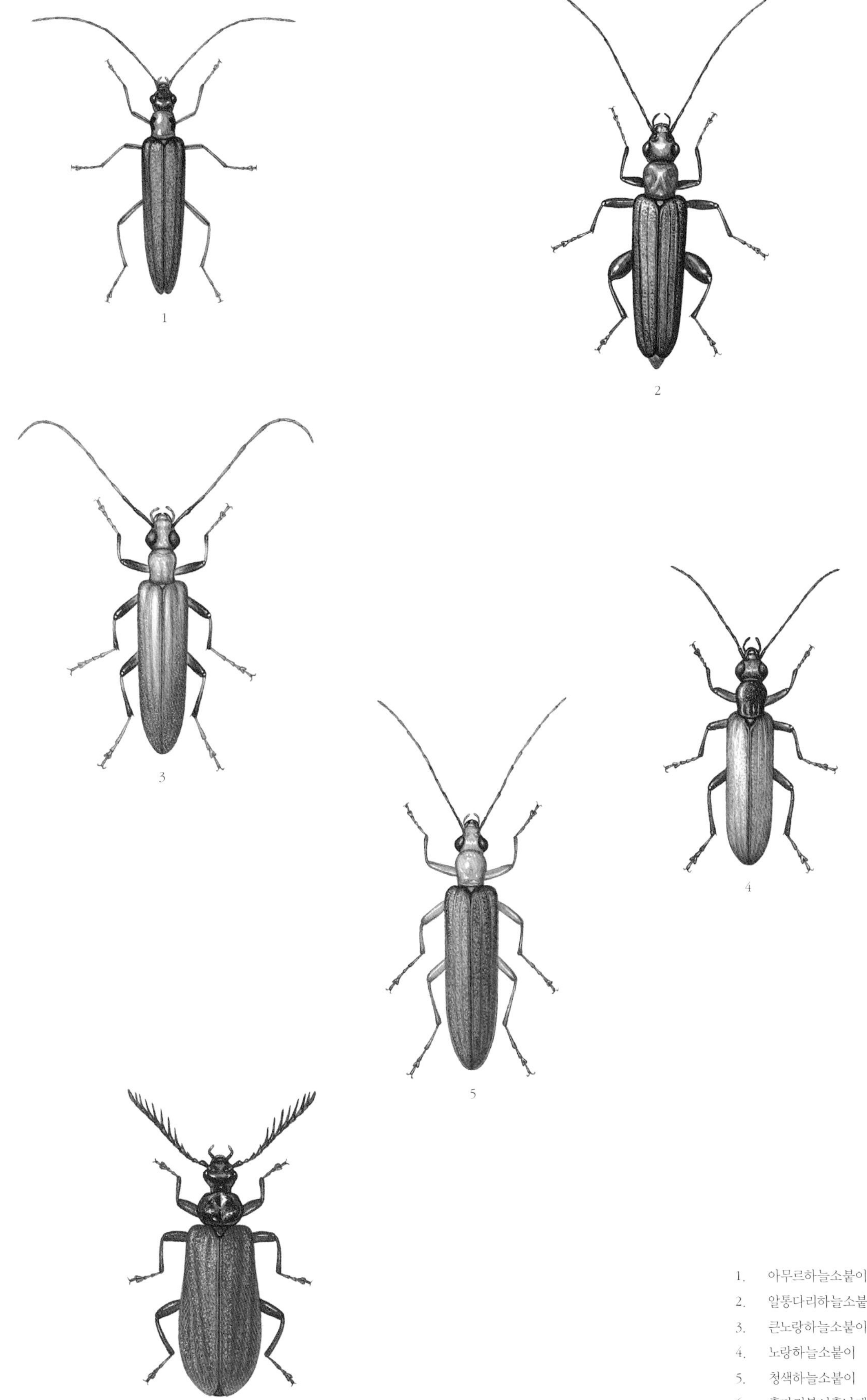

1. 아무르하늘소붙이
2. 알통다리하늘소붙이
3. 큰노랑하늘소붙이
4. 노랑하늘소붙이
5. 청색하늘소붙이
6. 홍다리붙이홍날개

홍날개과

애홍날개 *Pseudopyrochroa rubricollis* 6~9mm 4~5월 모름

애홍날개는 머리가 까만데 빨간 무늬가 있는 것도 있다. 앞가슴등판은 빨갛거나 까맣다. 검은 무늬가 있는 것도 있다. 딱지날개는 빨간데, 다른 홍날개처럼 뚜렷한 그물 모양은 아니다. 수컷은 눈 사이가 높이 튀어 올랐고, 암컷은 그보다 평평하다. 홍날개와 닮았지만, 애홍날개는 크기가 더 작고, 앞가슴등판이 빨개서 다르다. 숲 가장자리나 낮은 산에서 보인다. 낮에 돌아다니고, 밤에 불빛으로 가끔 날아온다.

홍날개과

홍날개 *Pseudoyrochroa rufula* 7~10mm 4~5월 애벌레

홍날개는 머리가 까맣고, 앞가슴등판과 딱지날개는 짙은 빨간색이다. 눈 사이에 홈이 나 있는데 암컷은 얕고, 수컷은 깊다. 암컷은 머리 한가운데에 빨간 점무늬가 있다. 온 나라 낮은 산이나 풀밭에서 보인다. 짝짓기 때가 되면 수컷은 가뢰에 붙어, 가뢰 몸에서 나오는 칸타리딘이라는 물질을 핥아 먹는다. 이 칸타리딘을 얻은 수컷만 암컷과 짝짓기를 할 수 있다. 암컷을 만나면 수컷이 암컷 꽁무니에 붙어 서로 반대쪽을 바라보는 자세로 짝짓기를 한다. 짝짓기를 마친 암컷은 소나무나 아까시나무 나무껍질 밑에 알을 낳는다. 애벌레는 썩은 나무껍질 밑에서 살면서, 나무를 씹어 먹는다. 나무껍질 밑에서 애벌레로 살다가 종령 애벌레로 겨울을 난다. 2월쯤에 번데기가 되고, 4월 초에 어른벌레로 날개돋이한다.

뿔벌레과

뿔벌레 *Notoxus trinotatus* 4mm 안팎 모름 모름

뿔벌레는 온몸에 털이 드문드문 나 있다. 겹눈은 까맣다. 더듬이는 11마디이다. 앞가슴등판은 둥글고, 뿔처럼 솟은 돌기가 있다.

뿔벌레과

무늬뿔벌레 *Stricticollis valgipes* 1~3mm 5~8월 모름

무늬뿔벌레는 더듬이가 까맣거나 짙은 밤색이다. 더듬이 마디마다 억센 털이 나 있다. 앞가슴등판은 둥글고, 붉은 밤색이나 주황색으로 번쩍거린다. 딱지날개는 까맣고 반짝거린다. 딱지날개 위쪽 양옆에 밝은 밤색으로 띠처럼 생긴 무늬가 있고, 아래쪽 양쪽에는 밝은 밤색 반점 무늬가 있다. 무늬뿔벌레는 햇볕이 잘 드는 땅에서 산다.

가뢰과
가뢰아과

줄먹가뢰 *Epicauta gorhami* 11~20mm 5~7월 알

줄먹가뢰는 머리만 빨갛고 온몸이 까맣다. 수컷은 더듬이 3~6번째 마디가 넓은데, 암컷은 곧다. 딱지날개는 배를 다 덮지 못한다. 온 나라에 살지만 몇몇 곳에서만 보인다. 어른벌레는 낮은 산이나 들판, 무덤가에 자라는 싸리나무나 고삼, 칡 같은 콩과 식물을 뜯어 먹는다. 짝짓기를 마친 암컷은 땅속에 알을 1,000개쯤 낳는다. 애벌레는 메뚜기 알 덩어리를 먹고 산다고 한다.

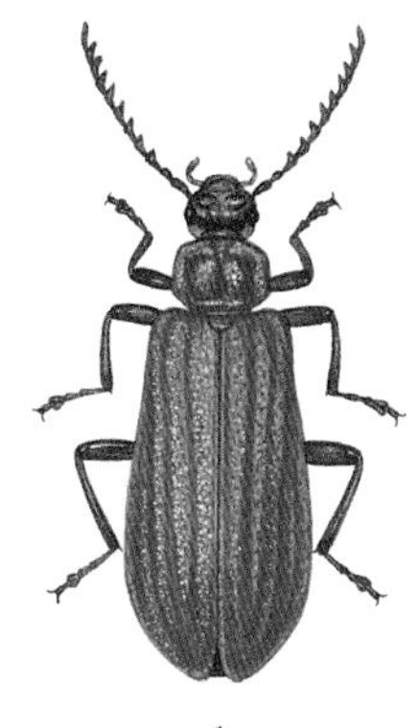

1

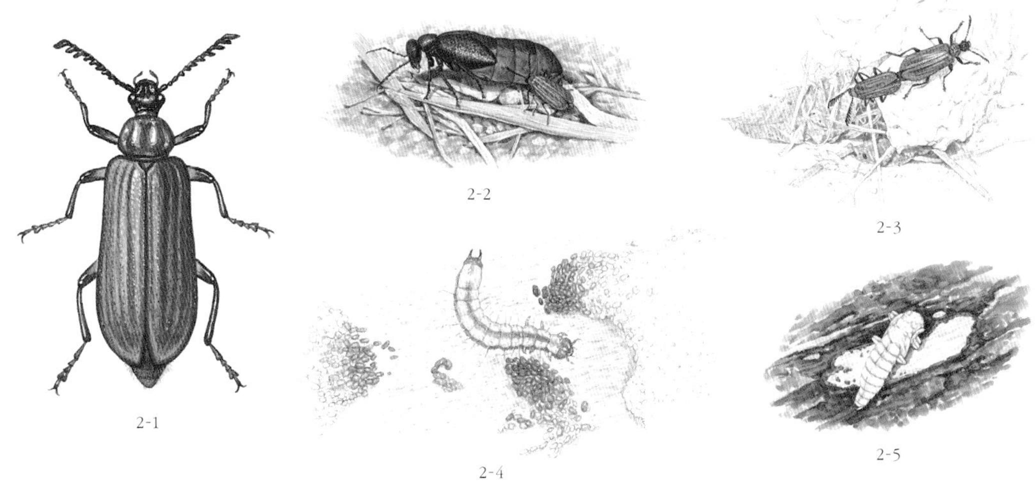

2-1 2-2 2-3 2-4 2-5

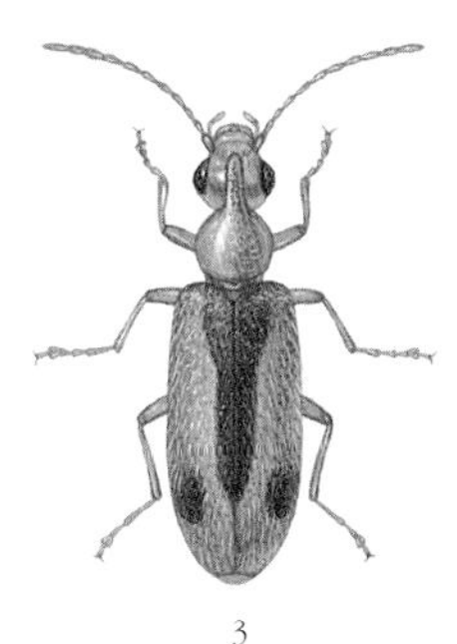

3

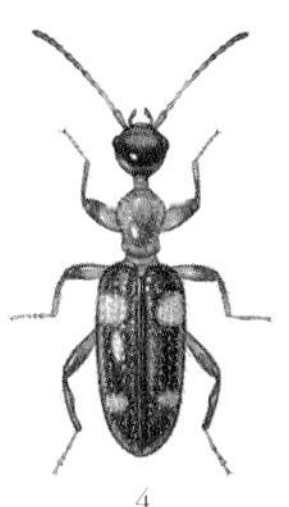

4

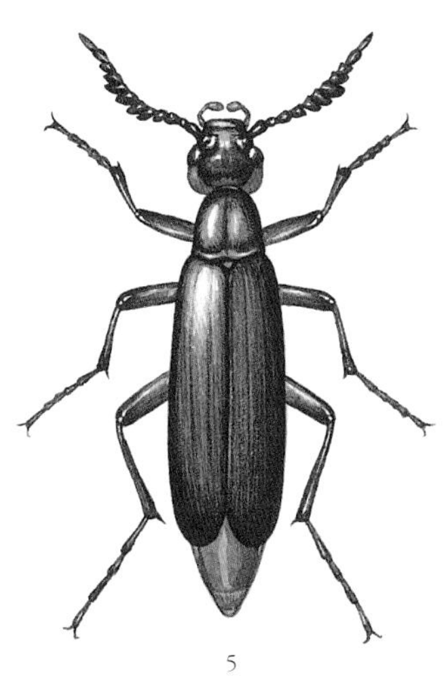

5

1. 애홍날개
2-1. 홍날개
2-2. 가뢰 몸에 붙어 독을 얻는 홍날개
2-3. 홍날개 짝짓기
2-4. 홍날개 애벌레
2-5. 홍날개 번데기
3. 뿔벌레
4. 무늬뿔벌레
5. 줄먹가뢰

가뢰과
가뢰아과

청가뢰 *Lytta caraganae*

15~20mm 5~6월 애벌레

청가뢰는 이름처럼 온몸이 살짝 풀빛을 띠며 파랗게 반짝거린다. 머리가 삼각형으로 생겼다. 딱지날개에는 자잘한 홈이 잔뜩 파였고, 가로줄이 2줄 있다. 온 나라 들이나 낮은 산에서 보인다. 쑥이나 등나무, 아까시나무 같은 콩과 식물 잎을 갉아 먹는다. 봄에 짝짓기를 하고 땅속에 알을 1,000개쯤 낳는다. 암컷과 수컷이 서로 반대쪽을 바라보고 꽁무니를 맞대고 짝짓기를 한다. 알에서 나온 애벌레는 풍뎅이 애벌레를 먹고 자란다. 어른벌레는 몸에서 '칸타리딘'이라는 독물이 나온다. 맨손으로 만지면 따갑고 물집이 생긴다.

가뢰과
가뢰아과

애남가뢰 *Meloe auriculatus*

8~20mm 4~5월 알

애남가뢰는 남가뢰보다 몸이 작다. 몸빛은 파랗다. 머리와 가슴보다 배가 훨씬 커서 딱지날개가 배를 다 덮지 못한다. 중부와 남부 지방 들판이나 낮은 산에서 산다. 봄부터 늦은 가을까지 볼 수 있다. 어른벌레는 여러 가지 풀을 갉아 먹는다. 다른 가뢰처럼 위험을 느끼면 몸마디에서 '칸타리딘'이라는 노란 독물이 나온다. 사람 손에 닿으면 물집이 생기니 조심해야 한다.

가뢰과
가뢰아과

둥글목남가뢰 *Meloe corvinus*

11~27mm 3~5월 애벌레

둥글목남가뢰는 암컷이 수컷보다 크다. 앞가슴등판은 길이보다 폭이 더 넓고, 뒤쪽 가운데가 움푹 들어가서 남가뢰와 다르다. 딱지날개에는 주름이 있다. 낮은 산에서 여러 가지 풀을 뜯어 먹고 산다. 위험을 느끼면 몸마디에서 '칸타리딘'이라는 노란 독물이 나온다. 맨손으로 만지면 물집이 생기니 조심해야 한다.

가뢰과
가뢰아과

남가뢰 *Meloe proscarabaeus proscarabaeus*

12~30mm 3~5월 어른벌레

남가뢰는 이름처럼 온몸이 검은 남색을 띤다. 암컷은 배가 아주 크고, 딱지날개는 아주 짧아서 배를 덮지 못한다. 더듬이는 구슬을 꿰어 놓은 것처럼 생겼다. 수컷은 6~7번째 마디가 부풀었다. 어른벌레는 날아다니지 못하고 땅 위를 기어 다니는데, 딱지날개는 살짝 서로 포개져 가슴과 배 일부분을 덮고 있다. 들판이나 낮은 산에서 보인다. 어른벌레로 겨울을 나고 이른 봄에 나온다. 여기저기 돌아다니면서 새로 돋는 풀들을 갉아 먹는다. 독이 있는 쑥이나 박새, 꿩의바람꽃 잎을 먹어도 끄떡없다. 그러다 짝짓기를 하고 땅속에 알을 낳는다. 알에서 나온 애벌레는 땅에서 나와 식물 줄기를 타고 오른다. 그리고 꽃을 찾아 날아오는 여러 가지 벌에 붙어 벌집으로 간다. 벌집에 간 애벌레는 벌이 낳은 알이나 모아 둔 꽃가루, 꿀을 먹고 지내면서 허물을 7번 벗고 자란다. 1령 애벌레는 다리가 있어 걸어다니지만, 벌집에 가서 2~5령까지는 다리가 없는 굼벵이처럼 생겼다. 그러다 6령이 되면 번데기처럼 모습을 바꾸고, 7령이 되면 다시 굼벵이처럼 된다. 가을에 어른벌레가 되어 겨울을 난다. 남가뢰는 위험을 느끼면 몸마디에서 '칸타리딘'이라는 노란 독물이 나오는데, 살갗에 닿으면 따갑고 물집이 생긴다.

가뢰과
고려가뢰아과

황가뢰 *Zonitoschema japonica*

10~20mm 6~8월 모름

황가뢰는 이름처럼 몸이 노랗고, 노란 털이 짧게 나 있다. 더듬이와 종아리마디, 발목마디는 까맣다. 더듬이는 실처럼 가늘고 길다. 딱지날개에는 짧은 털이 빽빽하게 나 있고, 작은 홈이 자잘자잘 파여 있다. 딱지날개가 맞붙는 곳과 가운데에 세로줄이 있다. 산에 핀 산초나무 꽃에서 많이 보인다. 밤에는 불빛으로 날아오기도 한다.

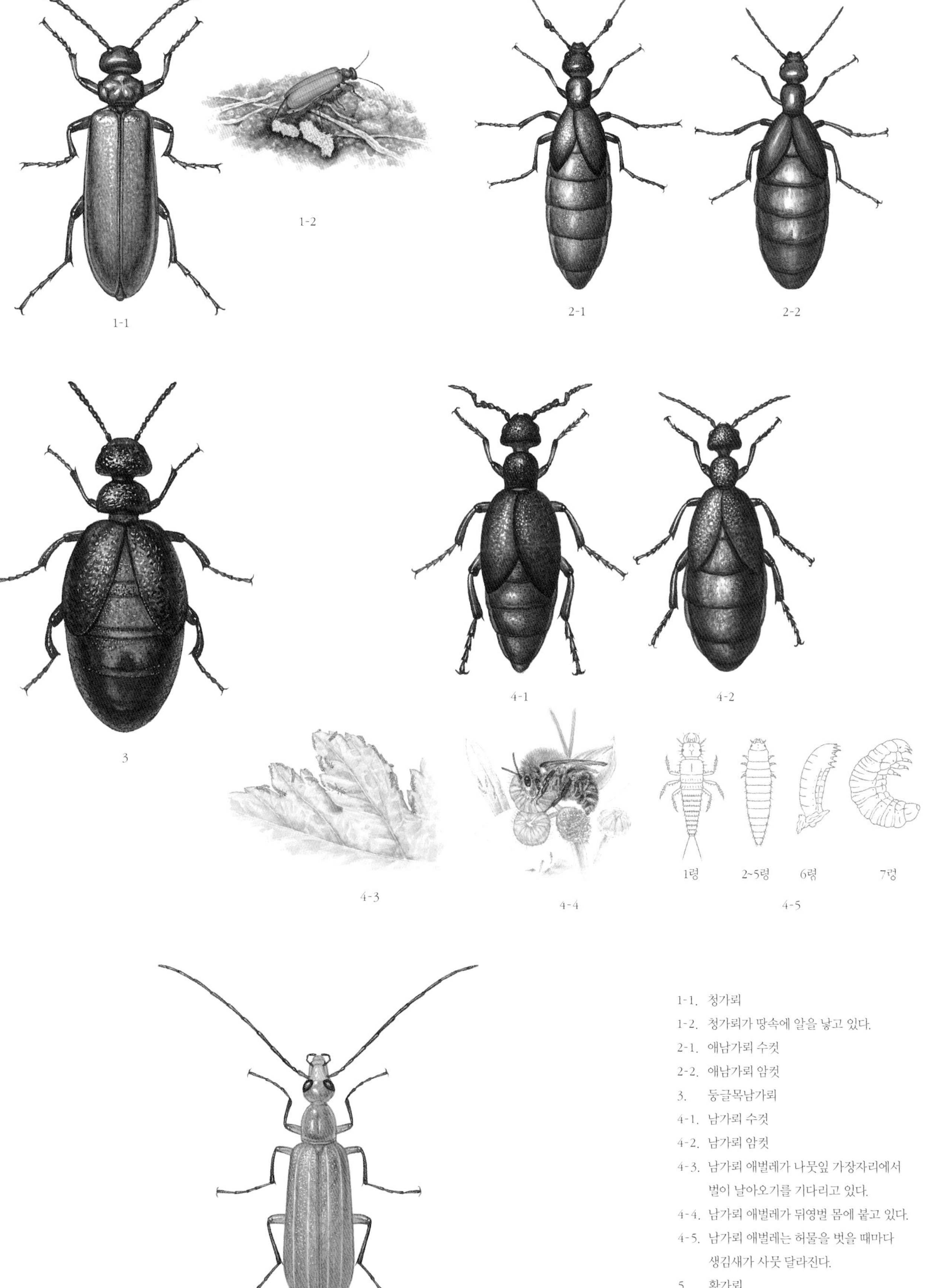

1-1. 청가뢰
1-2. 청가뢰가 땅속에 알을 낳고 있다.
2-1. 애남가뢰 수컷
2-2. 애남가뢰 암컷
3. 둥글목남가뢰
4-1. 남가뢰 수컷
4-2. 남가뢰 암컷
4-3. 남가뢰 애벌레가 나뭇잎 가장자리에서 벌이 날아오기를 기다리고 있다.
4-4. 남가뢰 애벌레가 뒤영벌 몸에 붙고 있다.
4-5. 남가뢰 애벌레는 허물을 벗을 때마다 생김새가 사뭇 달라진다.
5. 황가뢰

혹거저리과
혹거저리아과

혹거저리 *Phellopsis suberea*

20mm 안팎 · 모름 · 모름

혹거저리는 몸이 넓적하고, 평평하다. 앞가슴등판에 비해 머리가 작다. 더듬이 9~10번째 마디가 크다. 앞가슴등판은 심장꼴이다. 딱지날개 양쪽에 세로줄이 3줄씩 튀어 나왔다.

잎벌레붙이과

큰남색잎벌레붙이 *Cerogria janthinipennis*

14~19mm · 5~9월 · 애벌레, 번데기

큰남색잎벌레붙이는 우리나라에 사는 잎벌레붙이 가운데 몸집이 가장 크다. 몸은 푸르스름한데, 가슴과 딱지날개에 짧고 하얀 털이 나 있다. 딱지날개는 물렁물렁하다. 중부와 남부 지방에서 산다. 산이나 들판에서 볼 수 있는데 6월에 많이 보인다. 참나무나 벚나무, 느티나무가 자라는 낮은 산과 들판 풀밭에서 볼 수 있다. 어른벌레는 쐐기풀 종류를 잘 갉아 먹는다. 잘 움직이지 않고, 굼뜨게 움직인다.

납작거저리과

납작거저리 *Pytho depressus*

7~16mm · 5월쯤 · 모름

납작거저리는 몸이 위아래로 납작하다. 햇빛을 받으면 몸이 푸르스름한 보라색으로 반짝거린다. 더듬이와 다리는 밤색이다. 산에서 보이는데 바늘잎나무를 좋아한다고 한다.

거저리과
큰거저리아과

큰거저리 *Blaps japonensis*

20~25mm · 6~9월 · 모름

큰거저리는 몸빛이 까맣고 살짝 반짝거린다. 몸은 꼭 호리병처럼 생겼다. 머리는 동그랗다. 더듬이는 염주알처럼 동글동글하게 이어졌는데, 6번째 마디부터 마지막 마디까지 살짝 부풀었다. 3번째 더듬이 마디는 2번째, 4번째 마디보다 훨씬 길다. 딱지날개에는 돌기가 있다.

거저리과
제주거저리아과

제주거저리 *Blindus strigosus*

7~9mm · 4~9월 · 어른벌레

제주거저리는 몸이 까맣고 반짝거린다. 앞가슴등판이 둥글넓적하고, 곰보처럼 홈이 파였다. 딱지날개에 세로줄이 여러 줄 나 있다. 줄과 줄 사이에는 자잘한 홈이 파여 있다. 더듬이는 염주 알처럼 이어졌다. 3번째 더듬이 마디 길이가 2번째와 4번째 마디보다 훨씬 길다. 이름과는 달리 제주도를 포함한 온 나라 숲이나 산길, 도시공원에서도 볼 수 있다. 낮에는 돌 밑이나 가랑잎 밑에 숨어 있다가 밤에 나와 땅바닥을 이리저리 돌아다닌다. 공원 가로등 등불에도 날아온다. 애벌레는 가랑잎이나 썩은 나무 부스러기가 쌓인 곳에서 산다.

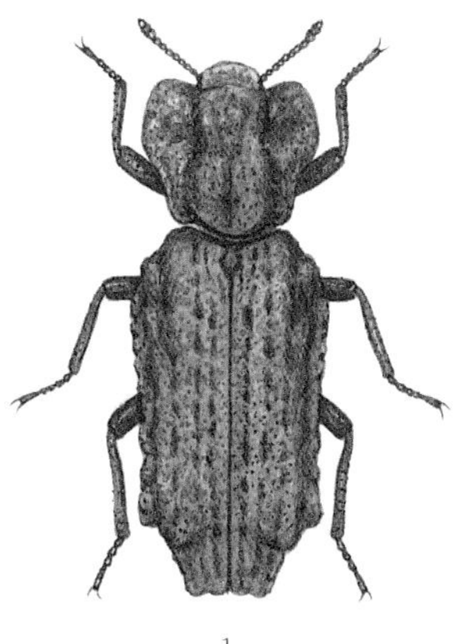
1

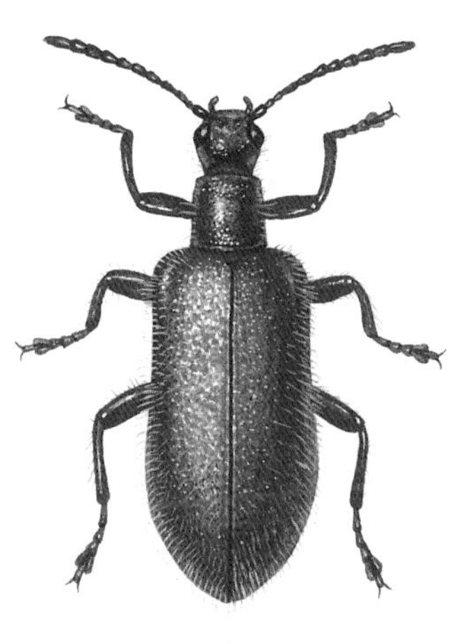
2

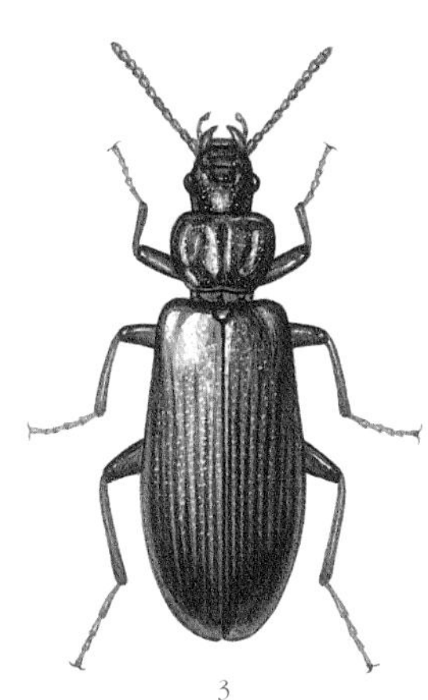
3

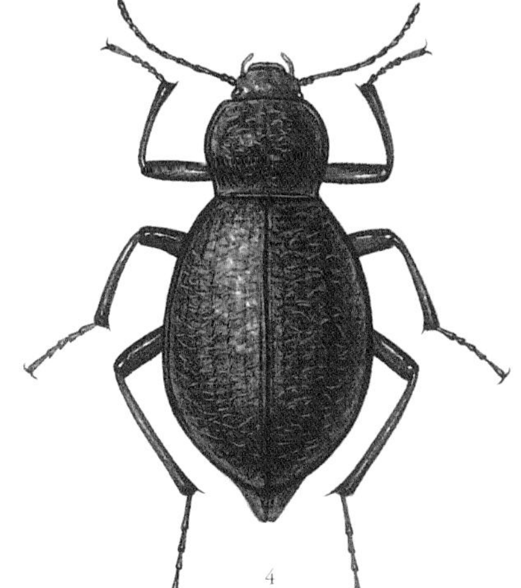
4

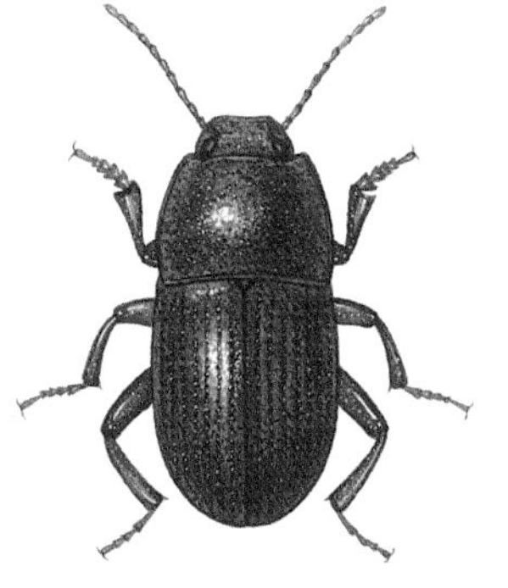
5

1. 혹거저리
2. 큰남색잎벌레붙이
3. 납작거저리
4. 큰거저리
5. 제주거저리

거저리과
모래거저리아과

모래거저리 *Gonocephalum pubens*

10 ~ 12mm 4 ~ 10월 어른벌레

모래거저리는 온몸이 검은 밤색이고 짧고 붉은 털이 덮여 있다. 머리는 오각형으로 생겼다. 더듬이는 염주 알을 엮어 놓은 것 같다. 이마방패 앞쪽 가운데가 V자처럼 파였다. 이름처럼 온 나라 강가나 바닷가 모래밭에서 무리 지어 산다. 봄과 여름 들머리에 많이 보이고 겨울에도 드물게 보인다. 모래밭에서 피는 갯메꽃이나 바닷가에 쌓인 나무나 쓰레기 더미 밑에서도 산다. 앞다리 종아리마디는 모래를 잘 팔 수 있도록 넓적하고, 뾰족한 가시털이 나 있다. 모래거저리 무리 가운데 가장 흔하게 볼 수 있다. 낮에는 모래 속에서 지내기 때문에 잘 보이지 않는다. 밤에 밖으로 나와 돌아다니면서 죽은 식물이나 가랑잎 따위를 갉아 먹는다. 위험할 때는 몸을 움츠리고 죽은 척하거나, 꽁무니에서 시큼한 냄새가 나는 물이 흘러나와 그 냄새로 천적을 쫓는다. 봄에 많이 보이고, 겨울에는 바닷가 식물 뿌리 둘레에서 겨울잠을 잔다. 애벌레도 어른벌레처럼 모래 속에서 살고, 모래 위로는 좀처럼 나오지 않는다.

거저리과
모래거저리아과

바닷가거저리 *Idisia ornata*

3 ~ 5mm 4 ~ 9월 어른벌레

바닷가거저리는 딱지날개에 十자 모양으로 밤빛 무늬가 있다. 이름처럼 바닷가 모래밭에서 산다. 크기가 아주 작고, 몸빛이 모래 색깔과 닮아서 잘 눈에 띄지 않는다. 손으로 건드리면 죽은 척하거나, 재빨리 모래 속을 파고들어 숨는다.

거저리과
모래거저리아과

작은모래거저리 *Opatrum subaratum*

9mm 안팎 3 ~ 10월 모름

작은모래거저리는 딱지날개에 알갱이처럼 생긴 돌기가 올록볼록 줄지어 나 있다. 몸은 까맣고 노란 비늘로 덮여 있다. 더듬이는 염주 알을 이어 놓은 것 같은데 짧다. 7번째 마디부터 끝까지 볼록하다. 이마방패 앞 가운데가 V자처럼 파인다. 냇가나 강가, 바닷가 모래밭에서 산다. 봄에 많이 볼 수 있다. 썩은 식물을 먹고 산다.

거저리과
르위스거저리아과

금강산거저리 *Basanus tsushimensis kompancevi*

7 ~ 9mm 4 ~ 11월 어른벌레

금강산거저리는 온몸이 까맣지만, 딱지날개 앞쪽에 빨간 무늬가 한 쌍 있다. 더듬이는 염주 알을 이어 놓은 것 같다. 앞가슴등판은 사다리꼴이다. 낮은 산 바늘잎나무 숲에서 산다. 나무껍질 밑에서 지내다가, 밤에 나와 돌아다니면서 썩은 나무에 돋은 버섯을 갉아 먹고 산다. 날씨가 추워지면 나무껍질 아래 여러 마리가 무리 지어 겨울잠을 잔다.

거저리과
르위스거저리아과

구슬무당거저리 *Ceropria induta induta*

10mm 안팎 5 ~ 9월 어른벌레

구슬무당거저리는 온몸이 까만데, 보는 방향에 따라 여러 빛깔이 아롱대며 반짝거린다. 딱지날개에는 뚜렷한 세로줄 홈이 나 있다. 더듬이 1~3번째 마디는 원통처럼 생겼고, 4~10번째 마디는 톱니처럼 생겼다. 낮은 산에서 볼 수 있다. 봄과 여름에 많이 보이고 가을에는 드물게 보인다. 낮에는 썩은 나무껍질 밑에서 쉬다가 밤이 되면 나온다. 참나무나 오리나무 썩은 나무에서 돋는 여러 가지 버섯에 모인다. 구름버섯이나 도장버섯에 많이 꼬인다. 5월 말쯤에 짝짓기를 하고 알을 낳는다. 썩은 나무껍질 밑에서 어른벌레나 애벌레로 겨울을 난다.

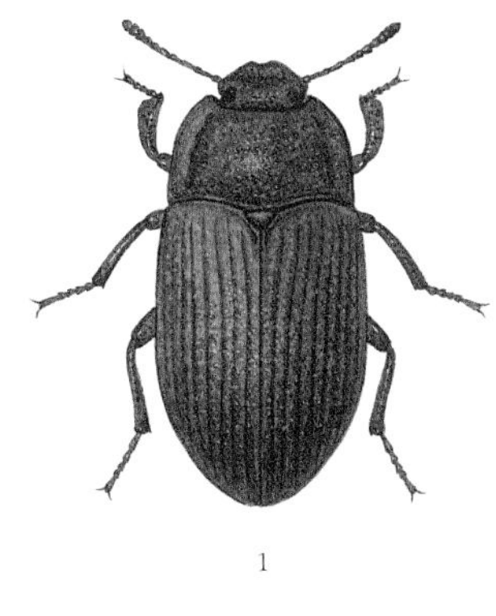
1

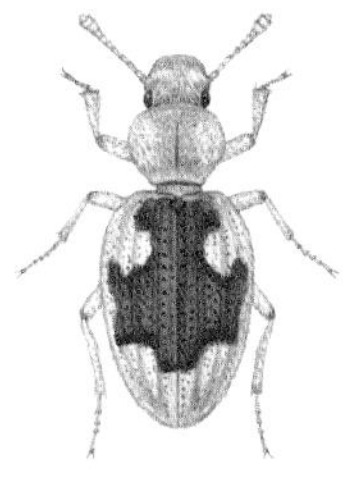
2-1

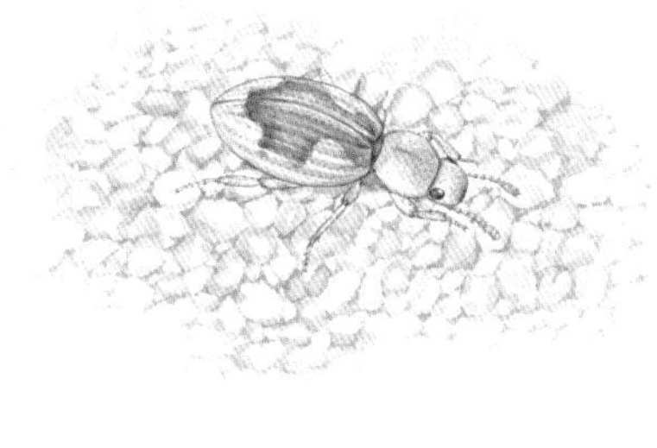
2-2

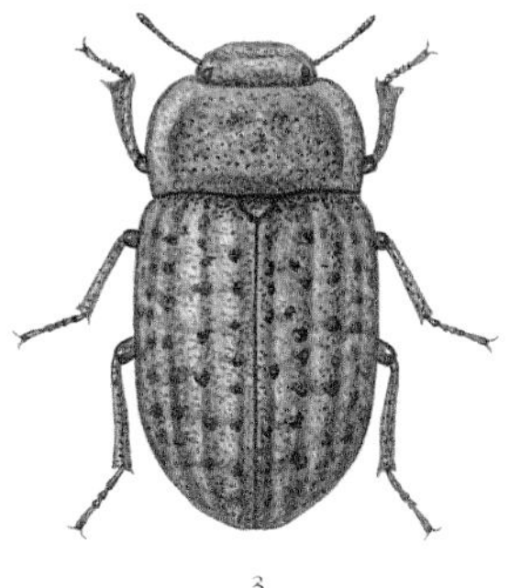
3

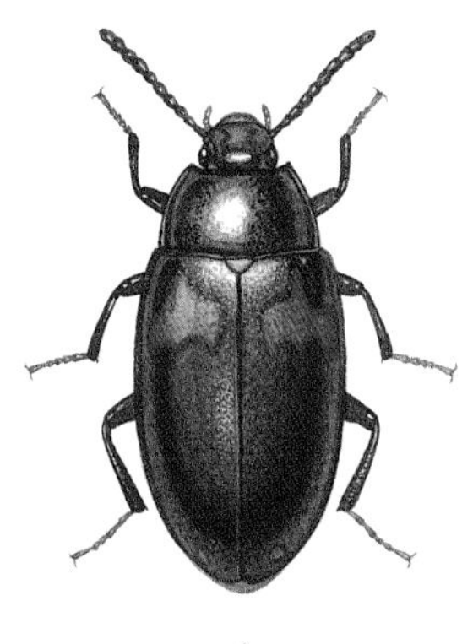
4

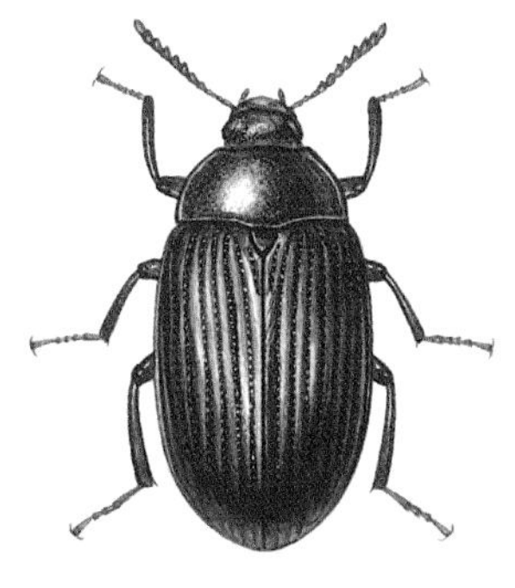
5

1. 모래거저리
2-1. 바닷가거저리
2-2. 바닷가거저리 모래색 의태
3. 작은모래거저리
4. 금강산거저리
5. 구슬무당거저리

거저리과
우묵거저리아과

우묵거저리 *Uloma latimanus*

9~12mm 4~11월 애벌레, 어른벌레

우묵거저리는 이름처럼 앞가슴등판이 우묵하게 파였다. 수컷은 앞가슴등판 앞쪽이 사다리꼴로 움푹 파였는데, 암컷은 밋밋하다. 입에는 긴 털이 나 있다. 뿔우묵거저리와 아주 닮았는데, 우묵거저리는 몸이 더 크고, 세로로 더 길다. 또 입에 긴 털이 있어서 짧은 털이 나 있는 뿔우묵거저리와 다르다. 우묵거저리는 산에서 썩은 나무속을 파먹으며 살고, 밖으로 잘 나오지 않는다. 위험을 느끼면 죽은 척하거나, 꽁무니에서 고약한 냄새가 나는 물질을 뿜어 천적을 쫓는다. 우묵거저리는 한 해에 한 번 날개돋이한다. 나무속에서 짝짓기를 하고 알을 낳는다. 애벌레도 나무속을 파먹으며 산다. 애벌레 몸은 철사처럼 기다랗고 가늘게 생겼다. 애벌레는 허물을 두 번 벗고 번데기가 된다.

거저리과
거저리아과

보라거저리 *Derosphaerus subviolaceus*

14~16mm 5~8월 애벌레, 어른벌레

보라거저리는 이름처럼 몸빛이 보라빛을 띠며 반짝거린다. 하지만 보는 각도에 따라 풀빛과 파란빛도 아롱댄다. 딱지날개는 호리병처럼 생겼다. 더듬이는 염주 알을 이어 놓은 것 같다. 딱시날개에는 세로줄 홈이 18줄 가지런히 줄지어 있다. 허벅지마디는 알통처럼 불룩하다. 수컷은 앞다리 종아리마디가 안쪽으로 휘어진다. 산속 썩은 나무속에서 산다. 밤에 나와 돌아다니며 썩은 나무나 가랑잎을 씹어 먹는다. 짝짓기를 마친 암컷은 썩은 나무껍질 틈에 알을 낳는다. 알을 낳은 지 보름쯤 지나면 애벌레가 나온다. 애벌레도 나무껍질 밑에서 굴을 파고 다니며 나무를 파먹는다. 날씨가 추워지면 애벌레로 겨울을 나고, 이듬해 5월 말에 번데기가 된다. 여름 들머리에 어른벌레가 된다. 어른벌레로 겨울을 나기도 한다.

거저리과
거저리아과

대왕거저리 *Promethis valgipes valgipes*

24~26mm 4~8월 어른벌레

대왕거저리는 이름처럼 거저리 가운데 몸이 가장 크다. 제주도나 완도 같은 남해에 있는 섬에서 보인다. 썩은 나무껍질 밑에서 여러 마리가 모여 산다.

거저리과
거저리아과

갈색거저리 *Tenebrio molitor*

15mm 안팎 1년 내내 애벌레

갈색거저리는 몸빛이 불그스름한 검은 밤색으로 반짝거린다. 머리가 오각형에 가깝다. 겹눈은 뺨에 의해 두 개로 나뉜다. 더듬이는 염주 알을 이어 놓은 것 같다. 딱지날개에는 홈이 파여 있다. 갈색거저리는 사람이 갈무리한 곡식을 먹고 산다. 본디 유럽에서 살던 곤충이었는데, 온 세계가 곡식을 서로 사고팔면서 온 세계로 퍼졌다. 암컷은 석 달쯤 살면서 알을 200개쯤 낳는다. 애벌레는 갈무리한 곡식 속에서 무리를 지어 산다. 애벌레 몸빛은 노랗다. 그래서 '노란 밀웜(yellow meal worm)'이라고도 한다. 알에서 어른이 되는 데 두 달쯤 걸린다. 어른벌레는 위험을 느끼면 죽은 척하고, 꽁무니에서 시큼한 냄새를 풍긴다. 애벌레를 사람들이 기르는 개구리나 도마뱀, 새, 햄스터 같은 작은 애완동물 먹이로 주려고 기르기도 한다.

거저리과
호리병거저리아과

호리병거저리 *Misolampidius tentyrioides*

12~16mm 4~11월 어른벌레

호리병거저리는 이름처럼 가슴과 배 사이가 호리병처럼 잘록하다. 몸빛은 까맣게 반짝거린다. 낮은 산에 있는 썩은 나무에서 산다. 낮에는 썩은 나무껍질 밑에 숨어 있다가 밤이 되면 나온다. 겨울이 오면 썩은 나무속에서 어른벌레로 겨울잠을 잔다.

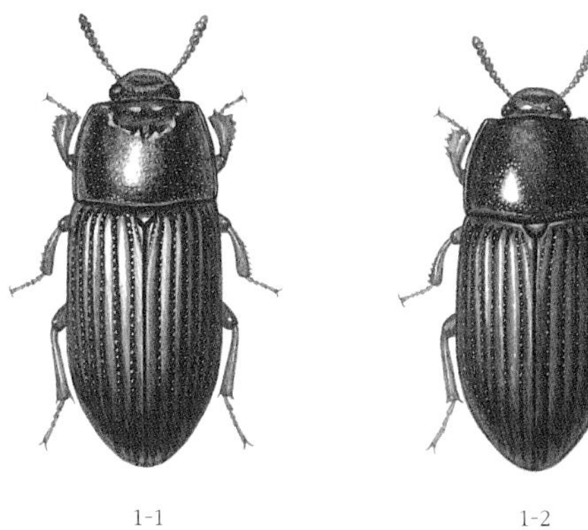

1-1 1-2

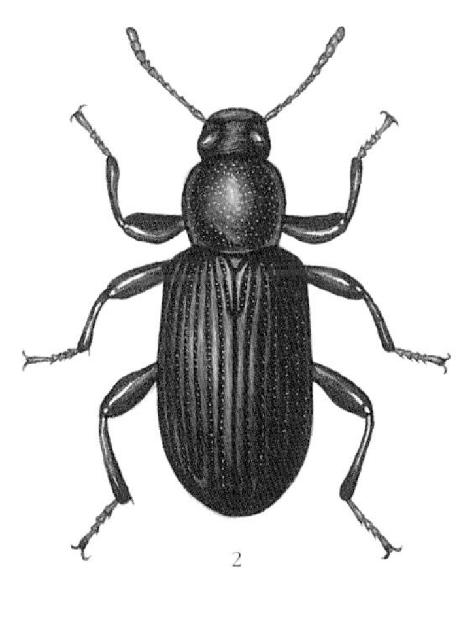

2

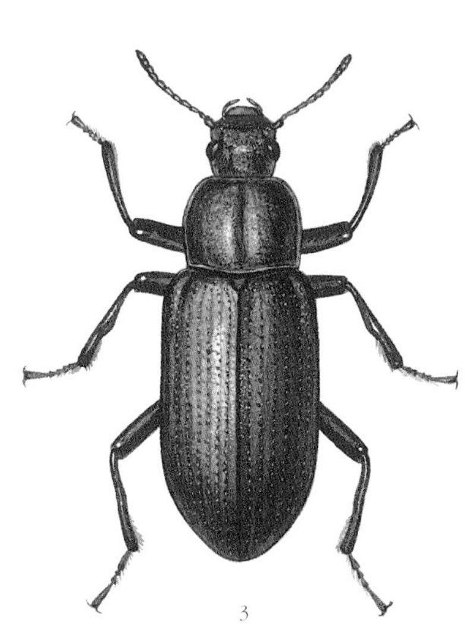

3

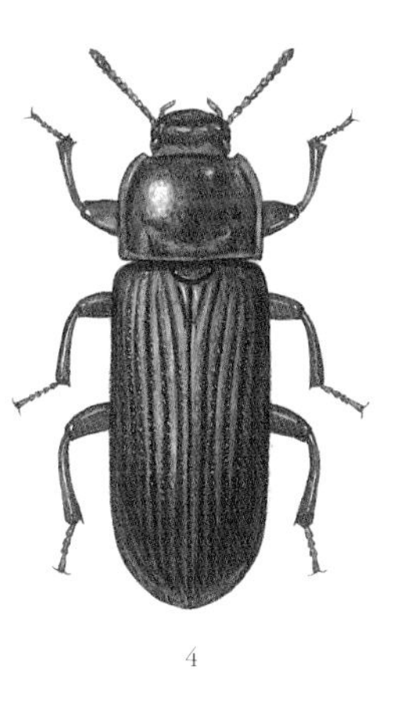

4

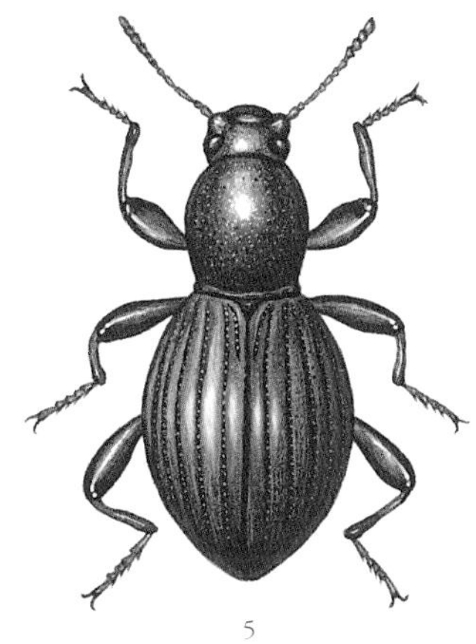

5

1-1. 우묵거저리 수컷
1-2. 우묵거저리 암컷
2. 보라거저리
3. 대왕거저리
4. 갈색거저리
5. 호리병거저리

거저리과
맴돌이거저리아과

산맴돌이거저리 *Plesiophthalmus davidis*

13~17mm 5~10월 애벌레

산맴돌이거저리는 온몸이 새카맣고, 번쩍거리지 않는다. 생김새가 닮은 맴돌이거저리는 반짝반짝 빛이 난다. 딱지날개에는 세로줄이 18개 어렴풋이 나 있다. 온 나라 넓은잎나무 숲에서 산다. 낮에는 가랑잎 밑이나 나무껍질 밑에 숨어 있다가 밤에 나온다. 썩은 나무 둘레에 살면서 나무를 파먹거나 나무에 돋은 버섯을 큰턱으로 베어 먹는다. 뒷다리가 아주 커서 잘 걸어 다닌다. 멀리 날아가기도 한다. 위험을 느끼면 꽁무니에서 시큼한 냄새를 풍긴다. 짝짓기를 마친 암컷은 썩은 나무에 알을 낳는다. 알에서 나온 애벌레는 나무 속을 파먹거나 버섯을 먹고 자란다. 애벌레도 재빨라서 앞으로도 뒤로도 갈 수 있다. 애벌레 꽁무니는 다른 애벌레와 달리 숟가락처럼 오목하게 들어가 있다. 허물을 두 번 벗고 다 자란 애벌레로 겨울을 난다. 이듬해 봄에 번데기가 되고, 보름쯤 지나면 어른벌레로 날개돋이한다.

거저리과
맴돌이거저리아과

맴돌이거저리 *Plesiophthalmus nigrocyaneus*

14~21mm 5~10월 애벌레

맴돌이거저리는 몸빛이 까만데 푸르스름하거나 구릿빛을 띠기도 한다. 산맴돌이거저리와 다르게 몸이 반짝거린다. 딱지날개는 볼록하고 세로줄 홈이 8줄씩 뚜렷하게 나 있다. 또 자잘한 돌기가 나 있다. 다리는 가늘고 길다. 맴돌이거저리는 쓰러져 썩은 나무에서 산다. 짝짓기를 마친 암컷은 썩은 나무껍질 밑에 알을 낳는다. 알에서 나온 애벌레는 나무껍질 밑에서 굴을 파고 다니며 나무를 씹어 먹는다. 애벌레로 겨울을 나고 이듬해 4월 말에 번데기가 되었다가 5월에 어른벌레가 된다.

거저리과
강변거저리아과

강변거저리 *Heterotarsus carinula*

10~11mm 4~8월 모름

강변거저리는 몸이 까맣게 반짝거린다. 딱지날개에 세로줄이 뚜렷하게 나 있고, 줄 사이가 넓다. 이름처럼 냇가나 강가, 바닷가 모래밭에서 산다. 중부 지방 아래와 제주도에서 볼 수 있다. 봄과 여름 들머리에 많이 보인다. 사는 모습이 모래거저리와 많이 닮았다.

거저리과
별거저리아과

별거저리 *Strongylium cultellatum cultellatum*

7~12mm 7~8월 모름

별거저리는 다른 거저리와 달리 몸이 가늘고 길쭉하다. 딱지날개에 세로줄이 깊게 파였다. 낮은 산이나 들판에서 산다. 어른벌레는 썩은 나무에서 살고, 밤에 나와 돌아다닌다. 불빛에 날아오기도 한다.

썩덩벌레과

홍날개썩덩벌레 *Hymenalia rufipennis*

5mm 안팎 5~9월 모름

홍날개썩덩벌레는 머리와 앞가슴등판은 까맣고, 딱지날개는 밤색을 띤 붉은색이다. 더듬이와 다리는 불그스름한 밤색이다. 머리가 작은데 폭은 넓으며, 홈이 파여 있다. 더듬이는 11마디로, 짙은 붉은 밤색이다. 수컷은 더듬이가 톱니처럼 생겨서 긴데, 암컷은 실처럼 길쭉하고 짧다. 겹눈은 콩팥처럼 찌그러졌다. 딱지날개 양쪽에는 세로줄 홈이 9줄씩 있다. 들판에 자란 풀 잎사귀나 키 작은 나무에서 보인다.

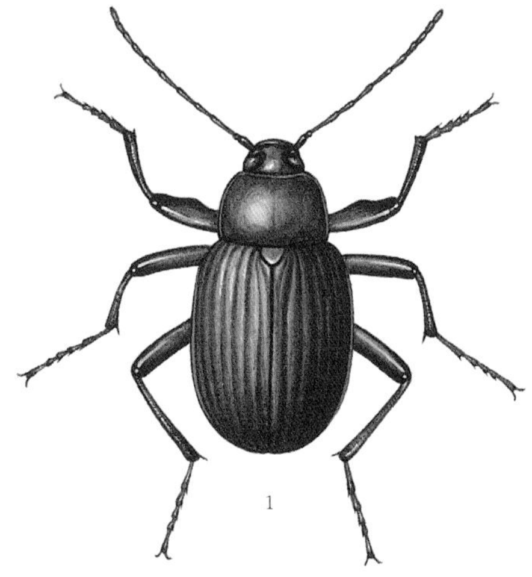

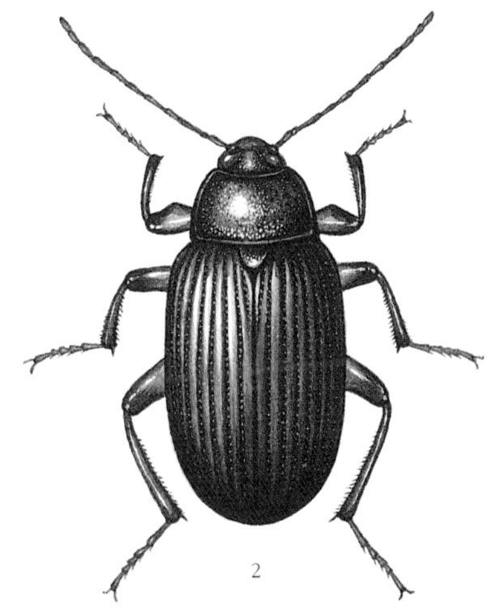

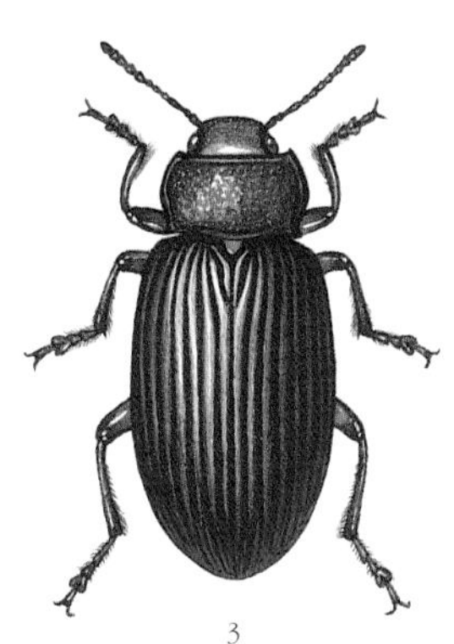

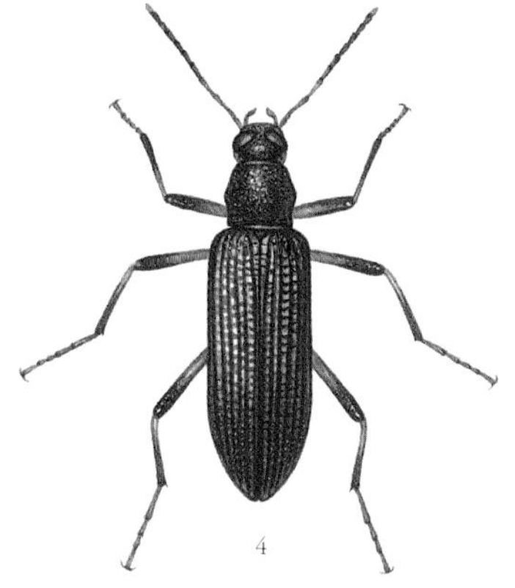

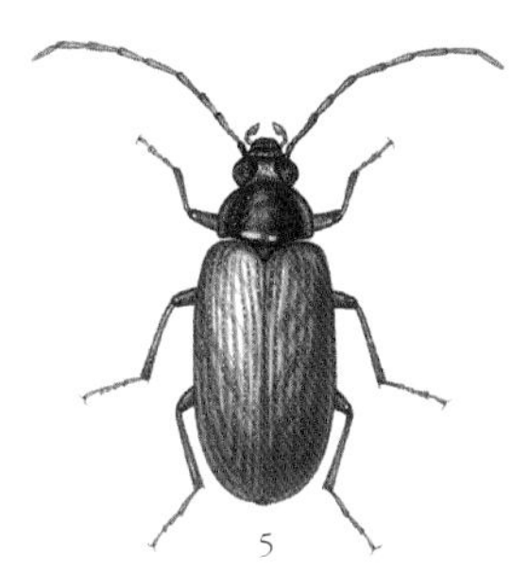

1. 산맴돌이거저리
2. 맴돌이거저리
3. 강변거저리
4. 별거저리
5. 홍날개썩덩벌레

썩덩벌레과

노랑썩덩벌레 *Cteniopinus hypocrita*

10 ~ 14mm 5 ~ 6월 모름

노랑썩덩벌레는 온몸이 노랗고 번쩍거린다. 다리 마디와 더듬이는 까맣다. 겹눈은 콩팥처럼 찌그러졌다. 수컷은 더듬이가 딱지날개 가운데까지 오는데, 암컷 더듬이는 더 짧다. 작은방패판은 삼각형인데 끝이 둥글게 좁아진다. 딱지날개에 세로줄 홈이 파여 있다. 허벅지마디는 불룩하다. 낮은 산이나 풀밭에서 볼 수 있다. 여러 가지 꽃에 날아와 꽃가루를 먹는다. 애벌레는 썩은 나무껍질 속에서 산다.

하늘소과

깔따구하늘소아과

깔따구하늘소 *Distenia gracilis gracilis*

20 ~ 30mm 6 ~ 10월 애벌레

깔따구하늘소는 온몸이 밤색을 띠고, 옅은 잿빛 가루가 덮여 있다. 앞가슴등판 가운데 양옆이 뾰족하게 튀어나왔다. 온 나라 산에서 쉽게 볼 수 있다. 어른벌레는 오후부터 늦은 밤까지 나무줄기에서 볼 수 있다. 밤에 불빛으로 날아오기도 한다. 짝짓기를 마친 암컷은 무화과나무나 전나무, 가문비나무, 소나무 같은 나무뿌리에 알을 낳는다. 알에서 나온 애벌레는 나무뿌리나 줄기 속에서 산다. 애벌레로 겨울을 나고, 나무뿌리나 줄기 속에서 번데기가 된 뒤 어른벌레로 날개돋이하여 밖으로 나온다.

하늘소과

톱하늘소아과

장수하늘소 *Callipogon relictus*

수컷 100 ~ 120mm, 암컷 60 ~ 90mm 6 ~ 9월 애벌레

장수하늘소는 우리나라에 사는 하늘소 가운데 몸집이 가장 크고 힘도 가장 세다. 톱하늘소처럼 앞가슴등판 양쪽 가장자리가 톱날처럼 뾰족하게 튀어나왔다. 앞가슴등판에는 털이 뭉쳐서 생긴 노란 점이 한 쌍 있다. 딱지날개는 누런 털로 덮여 있다. 어른벌레는 7~8월 여름에 가장 많이 보인다. 서어나무나 신갈나무, 물푸레나무, 느릅나무 같은 나무가 자라는 넓은잎나무 숲에서 산다. 밤에 나와 나무줄기에서 흘러나오는 나뭇진을 먹는다. 불빛으로 날아오기도 한다. 짝짓기를 마친 암컷은 나무속에 알을 100개쯤 낳는다. 알에서 나온 애벌레는 나무속을 파먹으며 4~5년을 지낸다. 다 자란 애벌레도 커서 몸길이가 120~130mm쯤 된다. 애벌레는 나무속에서 겨울을 난다. 다 자란 애벌레는 나무속에서 번데기가 된 뒤 어른벌레로 날개돋이해서 밖으로 구멍을 뚫고 나온다. 어른벌레는 2~3주쯤 산다. 알에서 어른벌레가 되는 데 3~5년쯤 걸린다. 예전에는 경기도 북부와 강원도에서 보였지만, 지금은 경기도 포천과 강원도 강릉 몇몇 곳에서만 드물게 보인다. 천연기념물 제218호로 정해서 보호하고 있다.

하늘소과

톱하늘소아과

버들하늘소 *Aegosoma sinicum sinicum*

30 ~ 60mm 5 ~ 9월 애벌레

버들하늘소 수컷은 붉은 밤색이고, 암컷은 검은 밤색이다. 수컷 더듬이는 굵고, 암컷은 꽁무니에 기다란 알을 낳는 관이 있다. 딱지날개에는 기다랗게 솟은 세로줄이 2줄씩 있다. 온 나라 산에서 쉽게 볼 수 있다. 도시에서도 보인다. 6~8월에 많이 보인다. 낮에는 숨어 있다가 밤에 나와 참나무에서 흐르는 나뭇진을 먹는다. 밤에 불빛을 보고 날아오기도 한다. 짝짓기를 마친 암컷은 여러 가지 나무껍질 틈에 산란관을 꽂고 알을 낳는다. 애벌레는 썩은 느릅나무나 황철나무, 버드나무 같은 넓은잎나무나 전나무, 소나무 같은 바늘잎나무 속을 파먹고 산다. 겨울이 오면 나무속에서 겨울을 나고, 늦봄에 어른벌레로 날개돋이해서 밖으로 나온다.

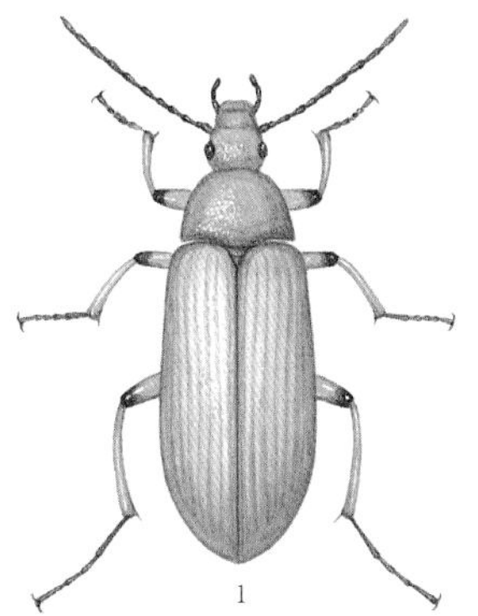
1

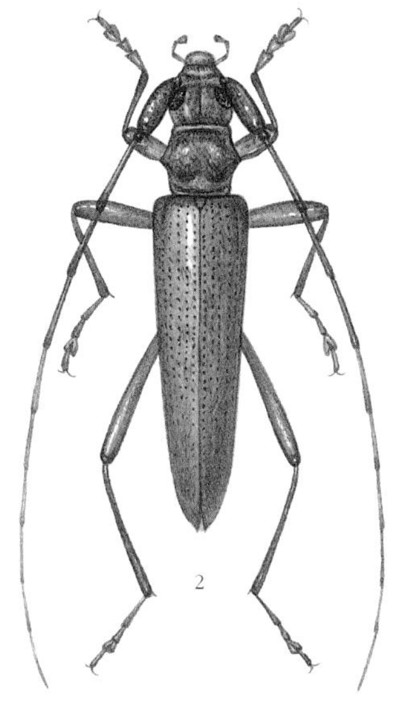
2

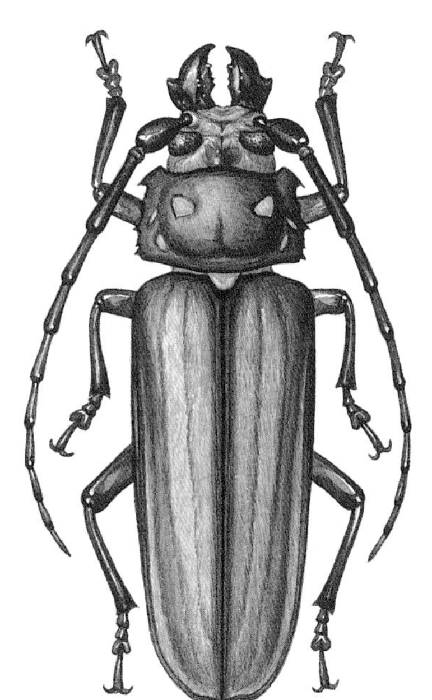
3-1

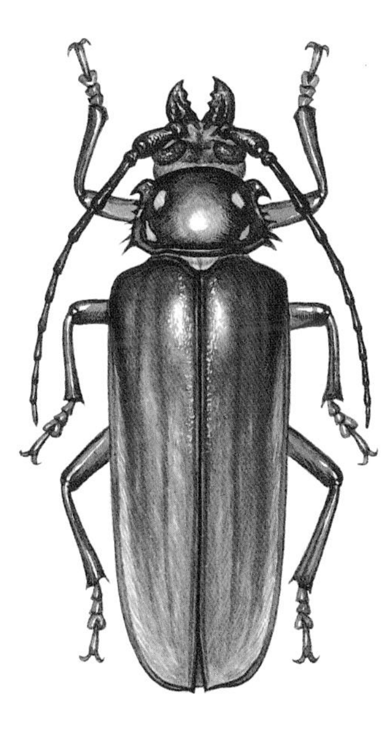
3-2

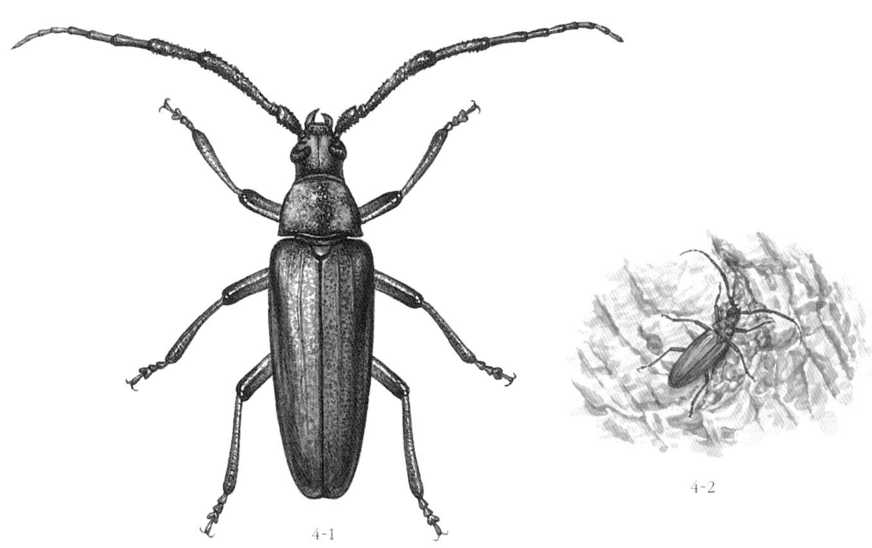
4-1

4-2

1. 노랑썩덩벌레
2. 깔따구하늘소
3-1. 장수하늘소 수컷
3-2. 장수하늘소 암컷
4-1. 버들하늘소
4-2. 나뭇진을 먹는 버들하늘소

하늘소과
톱하늘소아과

톱하늘소 *Prionus insularis insularis* 23~48mm 5~9월 애벌레

톱하늘소는 톱사슴벌레만큼 몸집이 크고 새카맣다. 앞가슴등판 양옆에 커다란 톱날 같은 돌기가 삐쭉삐쭉 나와 있고 더듬이도 톱날 같아서 '톱하늘소'라는 이름이 붙었다. 톱하늘소는 더듬이가 두껍고, 제 몸보다 짧다. 또 다른 하늘소는 더듬이가 11마디인데 톱하늘소만 12마디다. 톱하늘소는 온 나라 큰 나무가 우거진 깊은 산속에 산다. 어른벌레는 한여름에 더 많이 보인다. 낮에는 나무줄기에 난 구멍이나 틈에 숨어 있다가 밤이 되면 나와서 여기저기를 아주 빠르게 돌아다닌다. 또 나뭇잎 위에 앉아 있거나 수풀 사이를 날아다닌다. 손으로 잡으면 뒷다리와 딱지날개를 비벼 '끼이 끼이' 하고 소리를 낸다. 등불에도 날아온다. 애벌레는 살아 있는 나무나 죽은 나무속을 파먹고 산다. 소나무, 잣나무, 편백나무 같은 바늘잎나무와 느릅나무, 느티나무, 사과나무 같은 넓은잎나무에 두루 산다. 나무 밑동이나 뿌리를 갉아 먹는다. 땅속에서 번데기가 된 뒤 어른벌레로 날개돋이하면 밖으로 나온다.

하늘소과
검정하늘소아과

검정하늘소 *Spondylis buprestoides* 12~25mm 7~9월 애벌레

검정하늘소는 이름처럼 온몸이 까맣고, 살짝 반짝거린다. 더듬이는 아주 짧다. 딱지날개에는 세로줄 홈이 2개씩 나 있다. 이 세로줄은 수컷은 뚜렷한데 암컷은 희미하다. 턱이 몸에 비해 아주 크다. 몸 아랫면에는 노란 털이 나 있다. 온 나라 산에서 제법 쉽게 볼 수 있다. 7월에 가장 많이 보인다. 낮에는 나무 틈에 숨어 있다가 밤이 되면 나온다. 불빛으로 날아오기도 한다. 짝짓기를 마친 암컷은 소나무, 삼나무, 전나무 같은 바늘잎나무 뿌리에 알을 낳는다. 알에서 나온 애벌레는 나무줄기 속을 파먹으며 큰다. 처음에는 나무껍질에서 파먹다가 시나브로 나무속으로 파고들어 간다. 다 자란 애벌레는 나무속에서 소리를 내기도 한다. 나무속에서 번데기가 된 뒤 어른벌레로 날개돋이해 밖으로 나온다.

하늘소과
넓적하늘소아과

큰넓적하늘소 *Arhopalus rusticus rusticus* 12~30mm 6~8월 애벌레

큰넓적하늘소는 몸빛이 붉은 밤색이다. 딱지날개에는 튀어나온 세로줄이 2~3개씩 있고, 자잘한 털이 덮여 있다. 앞가슴등판은 둥그스름하다. 온 나라 산에서 쉽게 볼 수 있다. 어른벌레는 삼나무, 황철나무, 전나무, 소나무, 편백, 향나무 같은 나무에서 산다. 소나무를 잘라 쌓아 놓은 곳에서도 많이 보인다. 낮에는 나무껍질 밑에 숨어 있다가 해 질 녘에 나와 돌아다닌다. 밤에 불빛을 보고 날아오기도 한다. 짝짓기를 마친 암컷은 바늘잎나무 뿌리나 나무둥치에 알을 낳는다. 애벌레는 나무뿌리를 갉아 먹다가 자라면서 점점 나무줄기 속으로 파고들어 간다. 다 자란 애벌레는 나무속에서 겨울을 나고, 이듬해 번데기가 된 뒤 어른벌레로 날개돋이해서 밖으로 나온다.

하늘소과
넓적하늘소아과

작은넓적하늘소 *Asemum striatum* 8~22mm 5~8월 애벌레

작은넓적하늘소는 큰넓적하늘소와 닮았는데, 딱지날개에 튀어나온 세로줄이 6개씩 있어서 더 많다. 몸빛은 까맣거나 검은 밤색이다. 온몸에는 짧은 털이 나 있다. 더듬이는 몸보다 짧다. 온 나라 산에서 볼 수 있다. 낮에는 나무 틈 같은 곳에 숨어 있다가 밤에 나온다. 불빛에도 날아온다. 짝짓기를 마친 암컷은 전나무, 분비나무, 소나무, 잣나무, 가문비나무 같은 소나무과 나무에 알을 낳는다. 알에서 나온 애벌레는 나무속을 파먹으며 자란다.

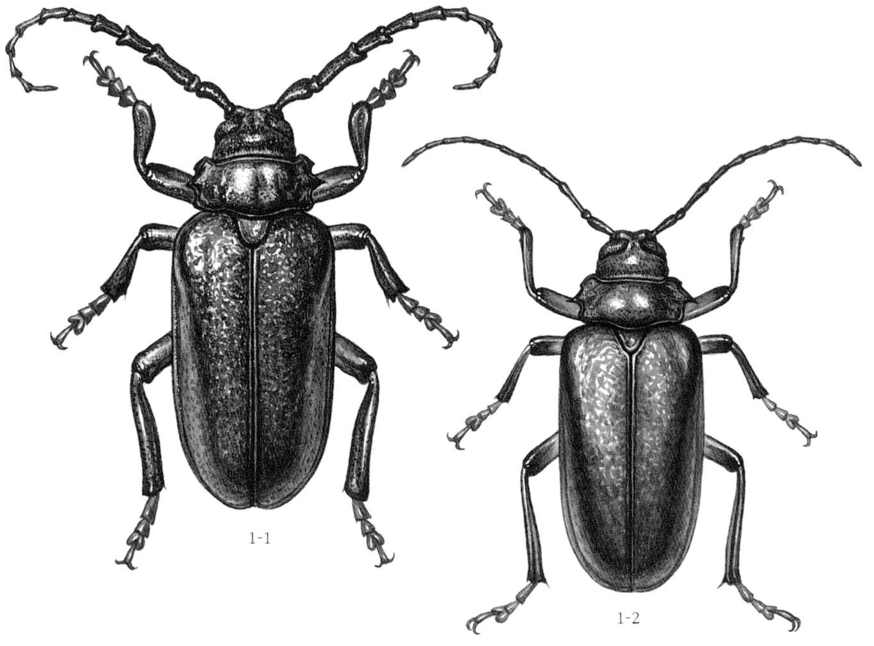

1-1

1-2

2

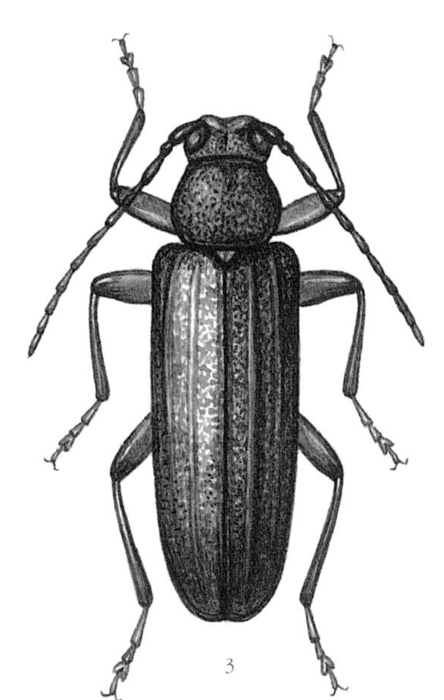

3

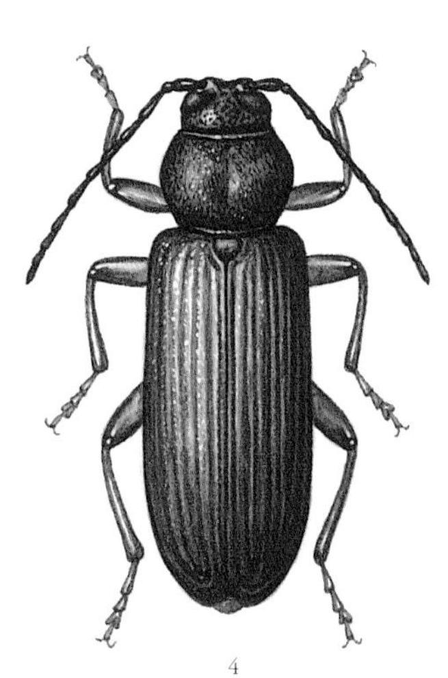

4

1-1. 톱하늘소 수컷
1-2. 톱하늘소 암컷
2. 검정하늘소
3. 큰넓적하늘소
4. 작은넓적하늘소

소나무하늘소 *Rhagium inquisitor rugipenne*

9~20mm 3~5월 어른벌레

소나무하늘소는 이름처럼 소나무에 많이 산다. 몸은 검은 밤색이고 하얀 털이 나 있다. 더듬이가 짧고, 앞가슴등판 양쪽에 가시 같은 돌기가 나 있다. 딱지날개에는 까만 점과 잿빛 점이 뒤섞여 얼룩덜룩하다. 온 나라 바늘잎나무 숲에서 쉽게 볼 수 있다. 짝짓기를 마친 암컷은 소나무나 잣나무, 분비나무 같은 바늘잎나무나 서어나무, 신갈나무 같은 넓은잎나무 나무껍질 틈에 알을 낳는다. 알에서 나온 애벌레는 나무줄기 속을 파먹고 자란다. 다 자란 애벌레는 나무껍질 아래에 번데기 방을 지은 뒤 그 속에서 번데기가 되고 어른벌레로 날개돋이한다. 날개돋이한 어른벌레는 그대로 번데기 방에서 겨울을 난다. 그리고 이듬해 이른 봄부터 나와 5월까지 낮에 나와 돌아다닌다. 소나무를 잘라 놓은 곳에서 자주 보인다.

하늘소과
꽃하늘소아과

봄산하늘소 *Brachyta amurensis*

8~10mm 4~6월 모름

봄산하늘소는 딱지날개가 노란데 까만 무늬가 나 있다. 몸빛과 까만 무늬 생김새가 여러 가지다. 머리와 앞가슴등판은 까맣다. 우리나라 중부와 북부 지방에서 많이 살고, 남부 지방에서는 산에서 가끔 보인다. 낮에 꽃에 날아온다.

하늘소과
꽃하늘소아과

고운산하늘소 *Brachyta bifasciata bifasciata*

16~23mm 4~6월 애벌레

고운산하늘소는 딱지날개가 노란데, 끄트머리는 까맣다. 가운데쯤에는 까만 점이 3개씩 있다. 경기도와 강원도 제법 높은 산에서 드물게 볼 수 있다. 낮에 꽃에 날아와 꽃가루와 꽃잎을 먹는다. 꽃 위에서 짝짓기를 하고, 암컷은 흙 속이나 식물 뿌리 둘레에 알을 낳는다. 알에서 나온 애벌레는 식물 줄기 속으로 파고들어 간다. 다 자란 애벌레는 다시 흙 속으로 들어가 번데기 방을 만든 뒤 번데기가 된다.

하늘소과
꽃하늘소아과

청동하늘소 *Gaurotes ussuriensis*

9~13mm 5~7월 애벌레

청동하늘소는 이름처럼 딱지날개가 청동빛을 띤다. 허벅지마디는 굵고 종아리마디는 가늘다. 허벅지마디 앞쪽이 빨갛고 마디는 까맣다. 온 나라 산에서 볼 수 있다. 낮에 꽃에 날아오고, 썩은 소나무에서도 가끔 보인다. 짝짓기를 마친 암컷은 가래나무, 느릅나무, 붉나무, 참나무 같은 나무껍질 밑이나 썩은 나뭇가지에 알을 낳는다. 알에서 나온 애벌레는 나무껍질 밑을 갉아 먹고 큰다. 애벌레로 겨울을 나고, 이듬해 다 자란 애벌레는 나무를 뚫고 나와 땅속으로 들어가 번데기가 된다.

하늘소과
꽃하늘소아과

남풀색하늘소 *Dinoptera minuta minuta*

6~8mm 5~7월 애벌레

남풀색하늘소는 다른 하늘소에 비해 몸이 작다. 몸은 파랗게 반짝거린다. 앞가슴은 아주 좁고 긴데, 딱지날개는 아주 넓적하다. 작은청동하늘소와 생김새가 닮았는데, 남풀색하늘소는 딱지날개에 있는 홈이 아주 작고 빽빽하게 나 있어서 다르다. 남풀색하늘소는 온 나라 산에서 산다. 한낮에 봄에 피는 여러 가지 꽃에 잘 날아와 꽃가루를 먹는다. 쥐똥나무 꽃처럼 하얀 꽃에 잘 날아온다. 짝짓기를 마친 암컷은 단풍나무, 호두나무, 물푸레나무 같은 넓은잎나무 썩은 가지에 알을 낳는다. 알에서 나온 애벌레는 나무껍질 밑을 갉아 먹고 큰다. 애벌레로 겨울을 나고, 이듬해 다 자란 애벌레는 땅으로 떨어진 뒤 땅속으로 들어가 번데기 방을 만들고 번데기가 된다.

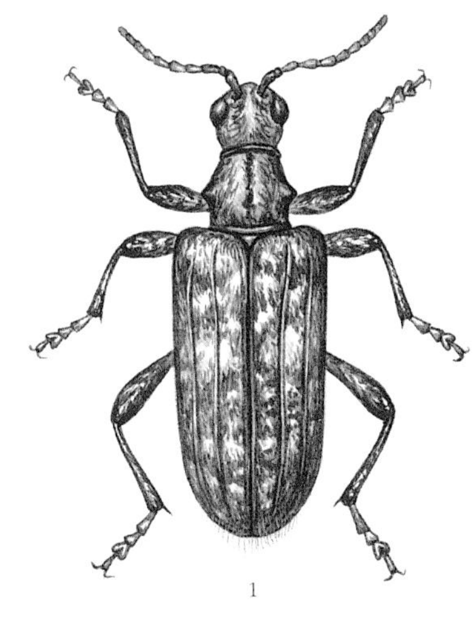

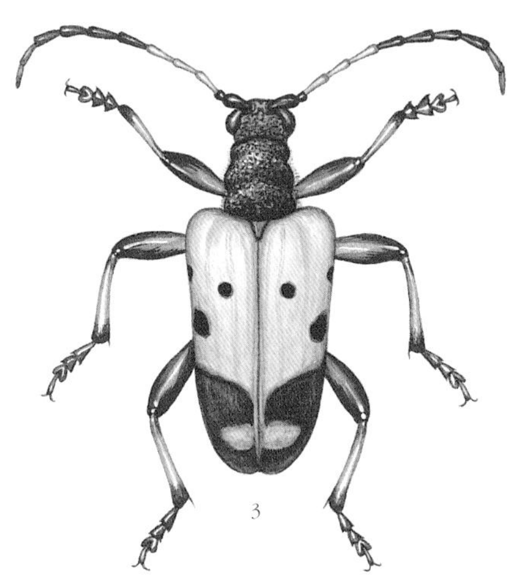

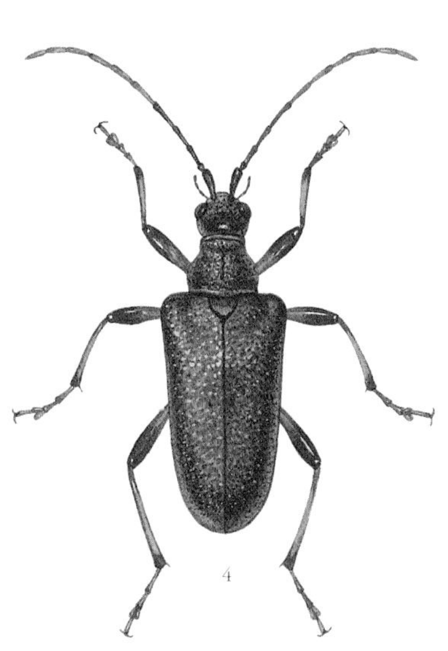

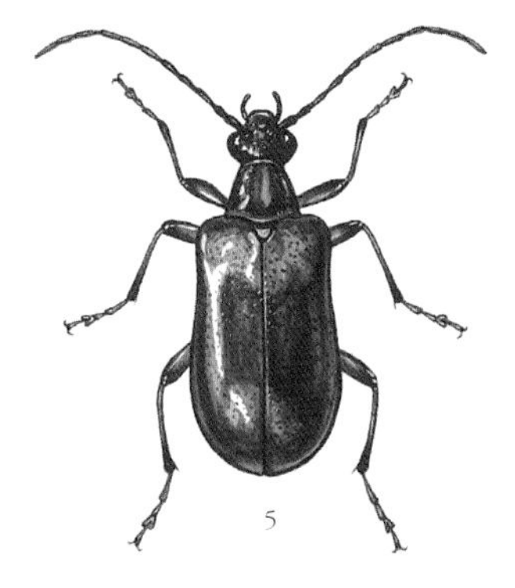

1. 소나무하늘소
2. 봄산하늘소
3. 고운산하늘소
4. 청동하늘소
5. 남풀색하늘소

하늘소과
꽃하늘소아과

우리꽃하늘소 *Sivana bicolor*

10~16mm 5~7월 애벌레

우리꽃하늘소는 딱지날개와 앞가슴등판이 빨갛고, 머리와 다리는 까맣다. 더듬이가 길어서 딱지날개 끝까지 온다. 경기도와 강원도 산에서 드물게 볼 수 있다. 낮에 나와 여러 가지 꽃에 날아온다. 짝짓기를 마친 암컷은 갈매나무에 알을 낳는다. 알에서 나온 애벌레는 갈매나무 뿌리나 나무속을 갉아 먹는다. 다 자란 애벌레는 땅속에서 번데기 방을 만들고 번데기가 된다. 어른벌레가 되면 땅을 뚫고 나온다. 수컷이 먼저 땅 위로 나오면 암컷이 나오는 곳에서 기다리다가 암컷이 나오면 바로 짝짓기를 한다.

하늘소과
꽃하늘소아과

따색하늘소 *Pseudosieversia rufa*

10~15mm 6~8월 애벌레

따색하늘소는 온몸이 붉은 밤색이고, 누런 털이 덮여 있다. 딱지날개 끄트머리가 잘린 듯이 반듯하다. 암컷은 딱지날개와 다리가 검은 밤색이다. 낮에 꽃에 날아오고, 잎이나 썩은 나뭇가지에서 쉬는 모습도 종종 보인다. 밤에 불빛으로 날아오기도 한다. 짝짓기를 마친 암컷은 가래나무나 물푸레나무 같은 넓은잎나무 뿌리나 나무 밑동에 알을 낳는다. 알에서 나온 애벌레는 나무뿌리를 갉아 먹고 자란다. 다 자란 애벌레는 땅속에서 번데기 방을 만든 뒤 어른벌레로 날개돋이해서 밖으로 나온다. 수컷이 먼저 날개돋이해서 밖으로 나와 암컷이 나오기를 기다리다가, 암컷이 밖으로 나오면 바로 짝짓기를 한다.

하늘소과
꽃하늘소아과

산각시하늘소 *Pidonia amurensis*

8~10mm 5~7월 모름

산각시하늘소는 다른 하늘소에 비해 몸이 작다. 딱지날개는 까만데, 누런 띠무늬가 있다. 하지만 개체에 따라 무늬가 다르다. 머리와 앞가슴등판은 까맣다. 다리는 누런 밤색이거나 까맣다. 더듬이는 몸보다 길다. 온 나라 산이나 숲 가장자리에서 볼 수 있다. 낮에 꽃에 날아와 꽃잎이나 꽃가루를 먹는다. 우리나라에는 15종쯤 되는 각시하늘소류가 있는데, 거의 모두 몸집이 작고 몸빛도 비슷해서 구별하기 어렵다.

하늘소과
꽃하늘소아과

노랑각시하늘소 *Pidonia debilis*

6~8mm 5~6월 애벌레

노랑각시하늘소는 온 나라 산에서 쉽게 볼 수 있다. 이름처럼 온몸이 노랗다. 봄에 여러 가지 꽃에 날아와 꽃가루를 갉아 먹는다. 한낮에 하얀 꽃에 수십 마리가 모이기도 한다. 짝짓기를 마친 암컷은 썩은 나뭇가지를 큰턱으로 물어뜯은 뒤 그 속에 알을 낳는다. 알을 낳은 암컷은 죽는다. 알에서 나온 애벌레는 나무속을 갉아 먹으며 큰다. 애벌레로 겨울을 나고 이듬해 봄에 번데기가 되어 어른벌레로 날개돋이한다. 어른벌레는 일주일쯤 산다.

하늘소과
꽃하늘소아과

줄각시하늘소 *Pidonia gibbicolis*

7~13mm 5~6월 애벌레

줄각시하늘소는 온 나라 넓은잎나무 숲에서 쉽게 볼 수 있다. 한낮에 여러 가지 꽃에 날아와 꽃가루를 갉아 먹는다. 산각시하늘소와 닮았는데, 줄각시하늘소는 앞가슴등판 가운데가 세로로 길게 솟아올랐고, 딱지날개에 있는 줄무늬가 날개 끝까지 이어져서 다르다.

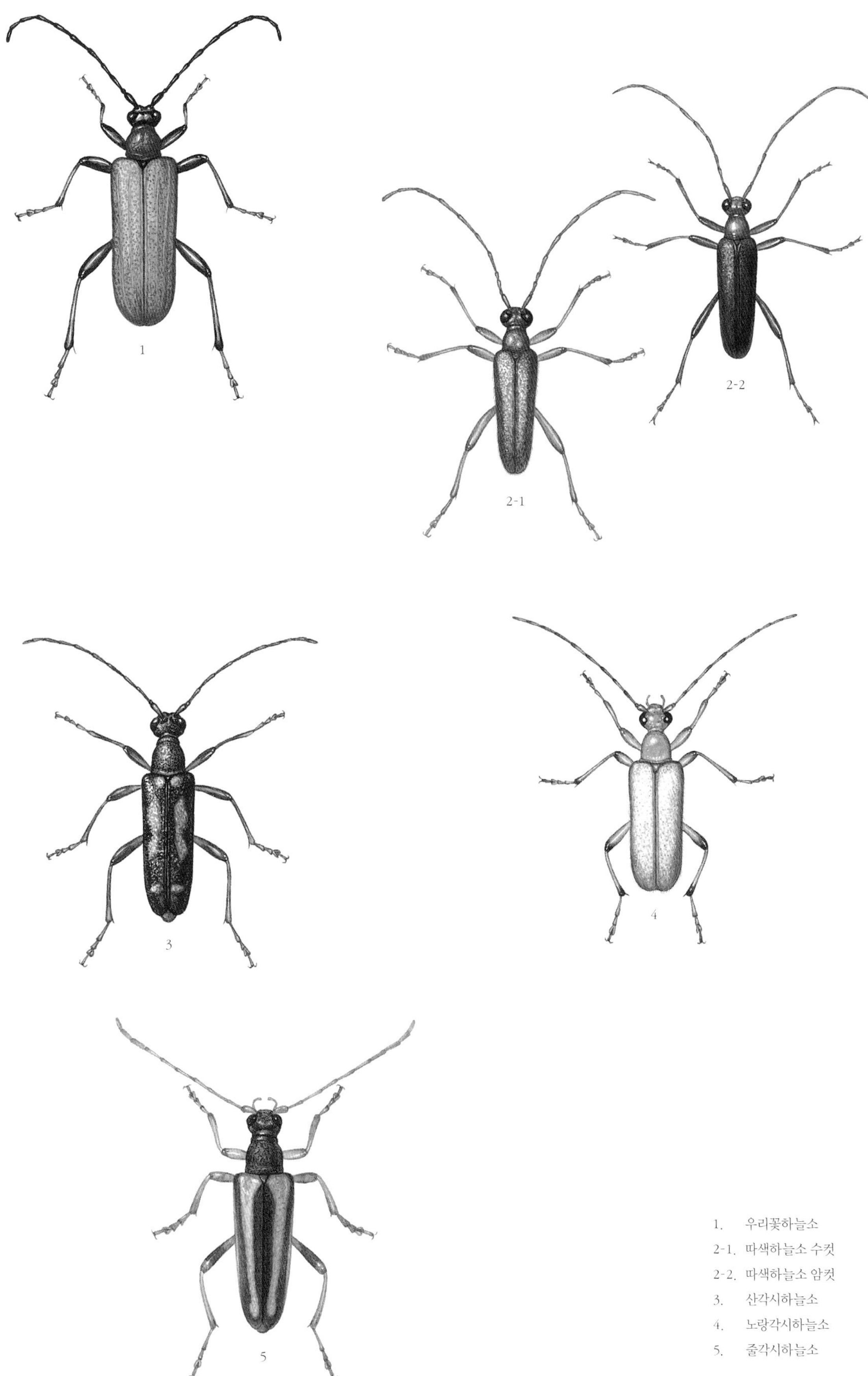

1. 우리꽃하늘소
2-1. 따색하늘소 수컷
2-2. 따색하늘소 암컷
3. 산각시하늘소
4. 노랑각시하늘소
5. 줄각시하늘소

하늘소과
꽃하늘소아과

넉점각시하늘소 *Pidonia puziloi*

5~8mm 5~7월 애벌레

넉점각시하늘소는 각시하늘소 무리 가운데 몸집이 가장 작다. 딱지날개에 하얀 무늬가 네 개 있다. 온 나라 넓은잎나무 숲에서 쉽게 볼 수 있다. 낮에 여러 가지 꽃에 날아와 꽃가루를 먹는다. 꽃 한 송이에 여러 마리가 모이기도 한다. 짝짓기를 마친 암컷은 썩은 나무껍질 밑이나 썩은 나뭇가지 속에 알을 낳는다. 알에서 나온 애벌레는 썩은 나무속을 파먹고 산다. 그 속에서 한두 해를 살다가 번데기가 된 뒤 여름 들머리부터 어른벌레로 날개돋이해서 구멍을 뚫고 나온다.

하늘소과
꽃하늘소아과

메꽃하늘소 *Judolidia znojkoi*

8~15mm 6~8월 애벌레

메꽃하늘소는 온몸이 파란빛이 도는 검은색이고 살짝 반짝거린다. 온 나라 산에서 산다. 낮에 여러 가지 꽃에 날아와 꽃가루를 먹는다. 짝짓기를 마친 암컷은 괴불나무나 물푸레나무, 소나무, 낙엽송 같은 나무뿌리 둘레 흙에 알을 낳는다. 알에서 나온 애벌레는 나무뿌리 속을 파고들어 가 줄기 쪽으로 올라간 뒤 나무껍질 밑을 갉아 먹고 산다고 한다.

하늘소과
꽃하늘소아과

꼬마산꽃하늘소 *Pseudalosterna elegantula*

4~7mm 5~7월 모름

꼬마산꽃하늘소는 딱지날개가 밤색이다. 더듬이와 머리, 앞가슴등판, 다리는 까맣다. 딱지날개는 위쪽이 넓고 아래쪽으로 좁아진다. 온 나라에서 산다. 낮에 여러 가지 꽃에 날아와 꽃가루를 먹는다. 짝짓기를 마친 암컷은 칡 같은 덩굴 식물 나무껍질 틈에 알을 낳는다. 애벌레는 나무껍질 밑을 갉아 먹고 크다가 번데기 방을 만들고 번데기가 된다.

하늘소과
꽃하늘소아과

남색산꽃하늘소 *Anoplodermorpha cyanea*

10~15mm 5~7월 모름

남색산꽃하늘소는 딱지날개가 푸르스름하고 까만 털이 나 있다. 머리와 더듬이, 앞가슴등판은 푸르스름한 검은색이다. 몸 아래쪽과 다리도 푸르스름한 검은색이고 까만 털이 잔뜩 나 있다. 중부와 북부 지방 산에서 보인다. 낮에 여러 가지 꽃에 날아와 꽃잎과 꽃가루를 먹는다. 짝짓기를 마친 암컷은 썩은 물푸레나무, 참나무 같은 나무껍질에 알을 낳는다. 애벌레는 나무속을 파먹고 크다가 어른벌레가 되면 구멍을 뚫고 밖으로 나온다.

하늘소과
꽃하늘소아과

수검은산꽃하늘소 *Anastrangalia scotodes continentalis*

7~14mm 5~7월 애벌레

수검은산꽃하늘소는 이름처럼 수컷은 온몸이 까맣고, 암컷은 딱지날개가 빨갛다. 더듬이 끄트머리 5마디가 잿빛을 띤다. 온 나라 산에서 제법 쉽게 볼 수 있다. 어른벌레는 여러 가지 꽃에 날아와 꽃가루를 갉아 먹는다. 짝짓기를 마친 암컷은 썩은 바늘잎나무 나무껍질 틈에 알을 낳는다. 애벌레는 나무줄기 속을 파먹고 큰다.

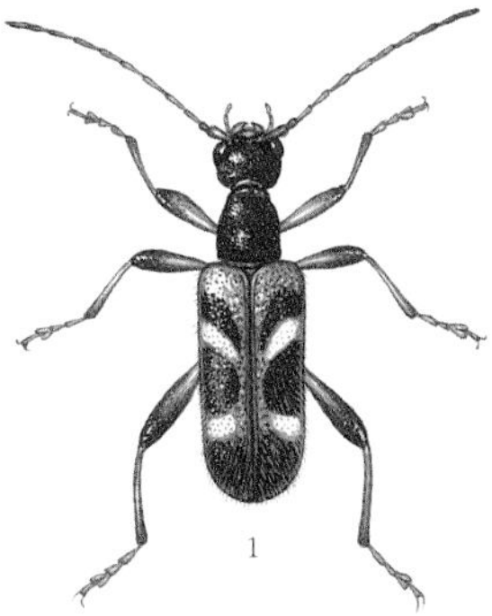

1

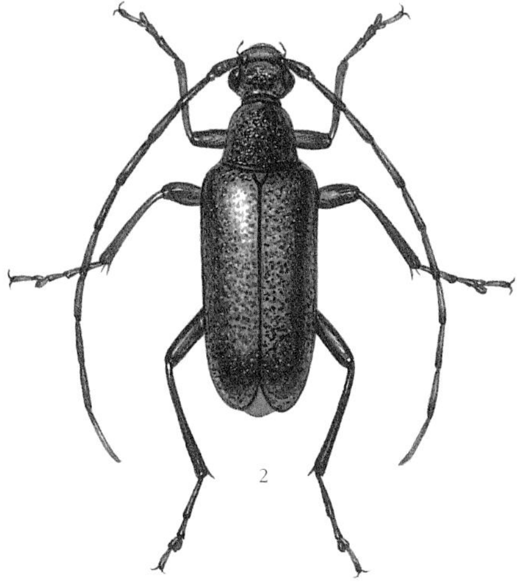

2

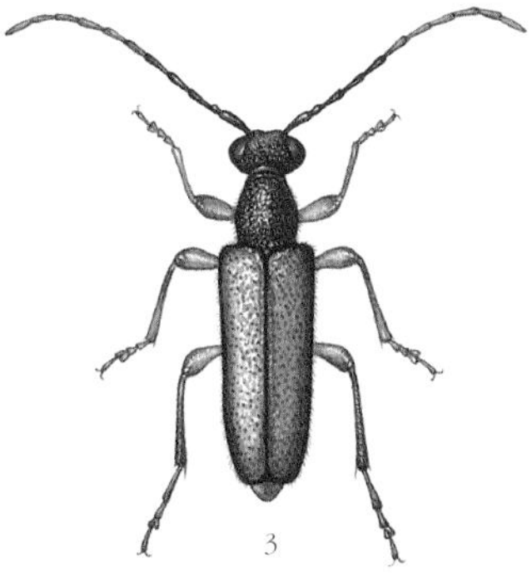

3

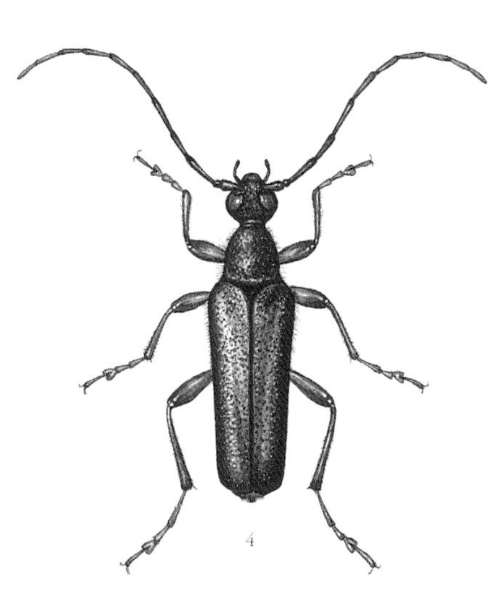

4

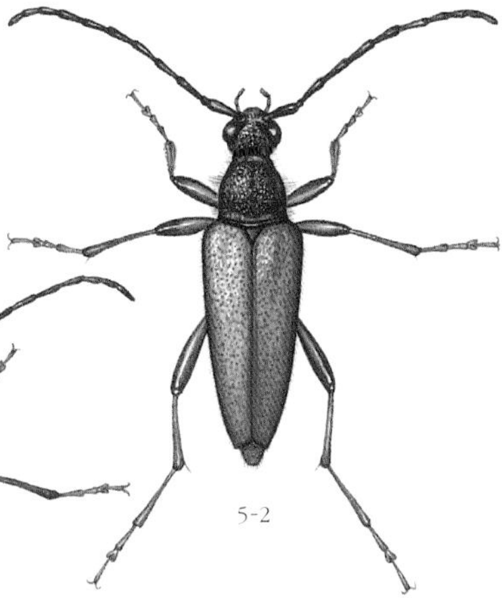

5-2

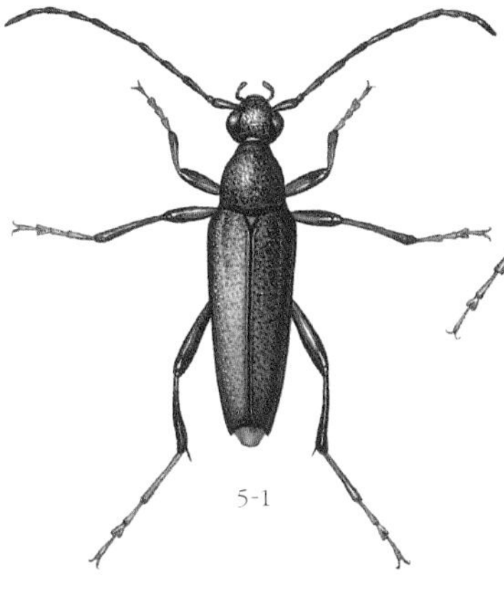

5-1

1. 넉점각시하늘소
2. 메꽃하늘소
3. 꼬마산꽃하늘소
4. 남색산꽃하늘소

5-1. 수검은산꽃하늘소 수컷

5-2. 수검은산꽃하늘소 암컷

하늘소과
꽃하늘소아과

옆검은산꽃하늘소 *Anastrangalia sequensi*

8 ~ 13mm 5 ~ 6월 애벌레

옆검은산꽃하늘소는 머리와 가슴이 까맣고, 노란 털이 나 있다. 딱지날개는 누런 밤색인데, 딱지날개가 맞붙는 곳과 날개 테두리, 날개 끝이 까맣다. 옆에서 보면 까맣게 보인다고 이런 이름이 붙었다. 온 나라 바늘잎나무 숲에서 볼 수 있다. 오뉴월 봄에 여러 가지 꽃에 날아와 꽃잎과 꽃가루를 먹는다. 짝짓기를 마친 암컷은 썩은 잎갈나무 나무껍질 속에 알을 낳는다. 알에서 나온 애벌레는 나무속을 파먹으며 큰다. 어른벌레가 되면 밖으로 나온다.

하늘소과
꽃하늘소아과

붉은산꽃하늘소 *Stictoleptura rubra*

12 ~ 22mm 6 ~ 9월 애벌레

붉은산꽃하늘소는 앞가슴등판과 딱지날개가 빨갛다. 더듬이는 톱니처럼 생겼다. 온 나라 산에서 쉽게 볼 수 있다. 어른벌레는 7~8월에 가장 많이 보인다. 낮에 여러 가지 꽃에 날아와 꽃가루를 먹는다. 늦은 오후에는 산꼭대기에서 날아다니기도 한다. 짝짓기를 마친 암컷은 쓰러지거나 썩은 소나무나 곰솔, 민물오리나무, 상수리나무나 졸참나무 나무껍질 틈에 알을 낳는다. 알에서 나온 애벌레는 나무속을 파먹고 산다.

하늘소과
꽃하늘소아과

긴알락꽃하늘소 *Leptura annularis annularis*

12 ~ 23mm 5 ~ 8월 애벌레

긴알락꽃하늘소는 몸에 노란 줄무늬가 4줄씩 가로로 나 있다. 맨 앞에 있는 노란 무늬는 U자처럼 굽었다. 수컷이 암컷보다 조금 작다. 수컷은 더듬이와 다리가 까만데, 암컷은 누런 밤색을 띤다. 어른벌레는 온 나라 산에서 흔하게 볼 수 있다. 낮에 신나무나 산딸기, 백당나무 같은 여러 가지 꽃에 날아오는데 5월에 가장 흔하다. 짝짓기를 마친 암컷은 여러 가지 썩은 분비나무나 잎갈나무 같은 바늘잎나무나 물오리나무 같은 넓은잎나무 나무껍질 틈에 알을 낳는다. 알에서 나온 애벌레는 나무속을 파먹고 산다.

하늘소과
꽃하늘소아과

꽃하늘소 *Leptura aethiops*

12 ~ 17mm 5 ~ 8월 애벌레

꽃하늘소는 온몸이 까맣다. 때때로 딱지날개가 짙은 밤색인 것도 있다. 수컷은 암컷보다 앞가슴등판이 길다. 제주도를 포함한 온 나라 산이나 들판에서 제법 쉽게 볼 수 있다. 낮에 여러 가지 꽃에 날아들어 꽃가루를 먹는다. 짝짓기를 마친 암컷은 썩은 바늘잎나무나 넓은잎나무 둥치에 알을 낳는다. 알에서 나온 애벌레는 처음에는 나무껍질 밑을 갉아 먹다가 시나브로 나무속을 파고든다. 다 자란 애벌레는 나무속에서 번데기가 된 뒤 어른벌레로 날개돋이해서 밖으로 나온다.

하늘소과
꽃하늘소아과

열두점박이꽃하늘소 *Leptura duodecimguttata duodecimguttata*

11 ~ 15mm 5 ~ 8월 애벌레

열두점박이꽃하늘소는 이름처럼 딱지날개에 노란 무늬가 12개 있다. 하지만 노란 무늬가 흐리거나 아예 없이 까만 것도 있다. 긴알락꽃하늘소와 생김새가 닮았는데, 딱지날개 맨 앞쪽 무늬가 다르다. 온 나라 산에서 제법 쉽게 볼 수 있다. 낮에 여러 가지 꽃에 날아와 꽃가루를 갉아 먹는다. 짝짓기를 마친 암컷은 죽은 물박달나무나 사과나무 같은 여러 가지 넓은잎나무 나무껍질 틈에 알을 낳는다. 알에서 나온 애벌레는 나무속을 파고들어 갉아 먹다가 그 속에서 번데기가 된다.

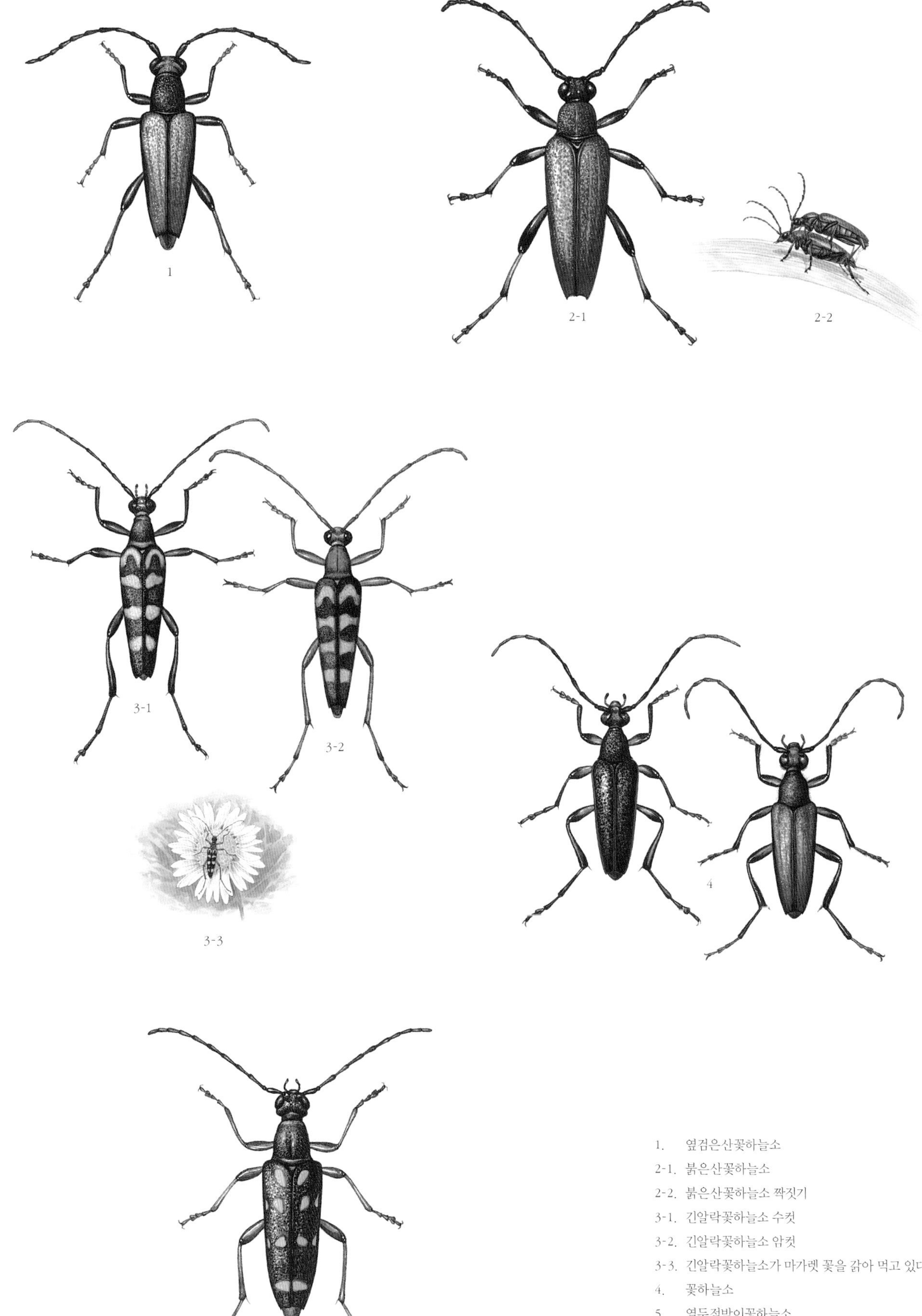

1. 옆검은산꽃하늘소
2-1. 붉은산꽃하늘소
2-2. 붉은산꽃하늘소 짝짓기
3-1. 긴알락꽃하늘소 수컷
3-2. 긴알락꽃하늘소 암컷
3-3. 긴알락꽃하늘소가 마가렛 꽃을 갉아 먹고 있다.
4. 꽃하늘소
5. 열두점박이꽃하늘소

하늘소과
꽃하늘소아과

노란점꽃하늘소 *Pedostrangalia femoralis* 11 ~ 16mm 6 ~ 7월 애벌레

노란점꽃하늘소는 이름과 달리 온몸이 까맣다. 허벅지마디 앞쪽은 누런색을 띤다. 나라 밖에서 사는 것은 딱지날개 어깨에 노란 점무늬가 있다. 온 나라에서 볼 수 있다. 여러 가지 꽃에 날아와 꽃가루를 먹는다. 짝짓기를 마친 암컷은 조팝나무 같은 넓은잎나무 나무껍질 속에 알을 낳는다.

하늘소과
꽃하늘소아과

알통다리꽃하늘소 *Oedecnema gebleri* 11 ~ 17mm 5 ~ 7월 애벌레

알통다리꽃하늘소는 이름처럼 수컷 뒷다리 허벅지마디가 알통처럼 툭 불거졌다. 머리와 앞가슴등판은 까맣다. 딱지날개는 빨간데 까만 점이 5쌍 마주 있다. 온 나라 산에서 제법 흔하게 볼 수 있다. 어른벌레는 여러 가지 꽃에 날아와 꽃가루를 갉아 먹는다. 짝짓기를 마친 암컷은 썩은 넓은잎나무나 바늘잎나무 둥치에 알을 낳는다. 알에서 나온 애벌레는 나무속을 파먹는다. 다 자란 애벌레는 뿌리 쪽 땅속에서 번데기 방을 만들고 번데기가 된다.

하늘소과
꽃하늘소아과

깔따구꽃하늘소 *Strangalomorpha tenuis tenuis* 6 ~ 15mm 5 ~ 8월 애벌레

깔따구꽃하늘소는 온몸이 까만데 짧고 하얀 털로 덮여 있다. 몸은 길쭉하고 딱지날개는 위쪽이 넓고 아래쪽으로 갸름해진다. 더듬이는 몸보다 길다. 온 나라 넓은잎나무 숲에서 산다. 산에 핀 여러 가지 꽃에 날아와 꽃가루를 먹고 짝짓기를 한다. 짝짓기를 마친 암컷은 버드나무나 귀룽나무, 느릅나무 나무껍질 틈에 알을 낳는다. 알에서 나온 애벌레는 나무껍질 밑을 갉아 먹다가 시나브로 줄기 속으로 파고들어 간다. 줄기 속에서 번데기가 된 뒤 어른벌레로 날개돋이해서 밖으로 나온다.

하늘소과
꽃하늘소아과

벌하늘소 *Necydalis major major* 21 ~ 32mm 7 ~ 8월 모름

벌하늘소는 생김새가 마치 벌을 닮았다고 붙은 이름이다. '벌붙이하늘소'라고도 한다. 온몸은 까맣고, 앞가슴등판은 둥그렇다. 뒷다리 허벅지마디는 곤봉처럼 불룩하고 끝이 까맣다. 아주 드물게 볼 수 있다. 사시나무나 오리나무, 느릅나무, 버드나무, 벚나무, 너도밤나무 같은 나무가 썩은 곳에 날아온다.

하늘소과
하늘소아과

청줄하늘소 *Xystrocera globosa* 15 ~ 35mm 6 ~ 8월 애벌레

청줄하늘소는 앞가슴등판과 딱지날개에 파르스름한 풀빛 세로 줄무늬가 있다. 수컷은 암컷보다 더듬이가 길고, 가운뎃다리가 더 길고 굵다. 온 나라 넓은잎나무 숲에서 볼 수 있다. 가끔 도시에서도 보인다. 밤에 나와 돌아다니고 불빛으로 날아오기도 한다. 어른벌레는 자귀나무에서 자주 보인다. 애벌레는 죽은 자귀나무 속을 파먹고 큰다.

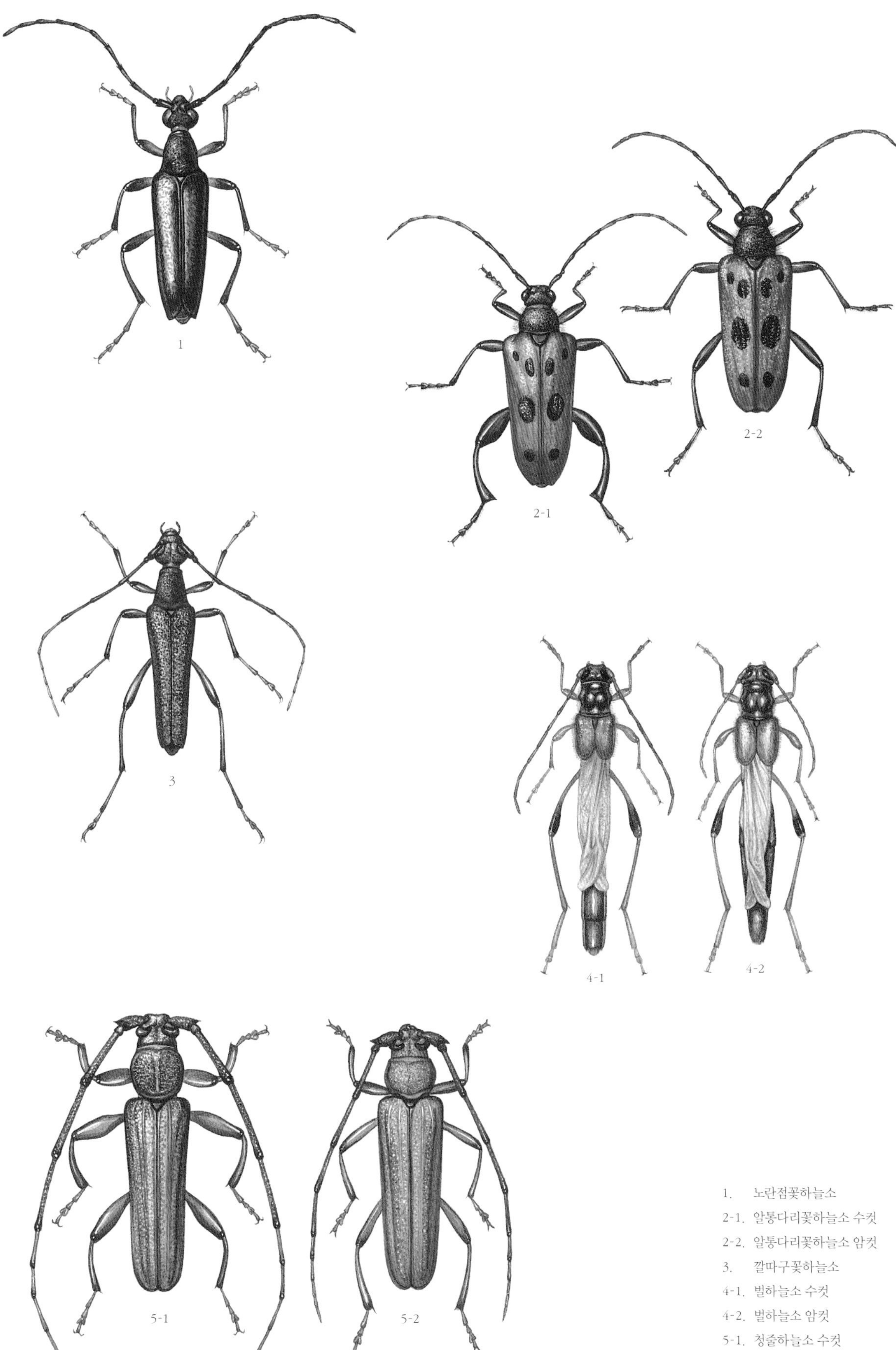

1. 노란점꽃하늘소
2-1. 알통다리꽃하늘소 수컷
2-2. 알통다리꽃하늘소 암컷
3. 깔따구꽃하늘소
4-1. 벌하늘소 수컷
4-2. 벌하늘소 암컷
5-1. 청줄하늘소 수컷
5-2. 청줄하늘소 암컷

하늘소과
하늘소아과

하늘소 *Neocerambyx raddei*

34~57mm 6~8월 애벌레

하늘소는 장수하늘소 다음으로 우리나라에서 큰 하늘소다. 몸집이 커서 장수하늘소라고 잘못 알기도 한다. 또 뽕나무하늘소와 생김새와 몸 크기가 비슷해서 헷갈린다. 겉에 무늬가 없고 윤기가 있어서 '미끈이하늘소'라고도 한다. 수컷 더듬이는 몸길이보다 길다. 암컷 더듬이는 수컷보다 짧다.

하늘소는 온 나라 넓은잎나무 숲에서 제법 쉽게 볼 수 있다. 밤에 나와 돌아다니고 참나무에 흐르는 나뭇진에 날아온다. 불빛을 보고 날아오기도 한다. 마을 가까운 낮은 산에도 사는데 굵은 참나무가 있어야 한다. 살아 있는 참나무나 밤나무에 알을 낳기 때문이다. 짝짓기를 마친 암컷은 나무껍질을 입으로 물어뜯고, 나무줄기 속에 알을 하나씩 낳는다. 알에서 나온 애벌레는 나무속을 파먹고 산다. 어릴 때는 연한 나무속을 갉아 먹다가 자라면 시나브로 줄기 한가운데로 뚫고 들어간다. 그러다 보면 나무는 말라 죽거나 바람에 부러지고 만다. 알에서 어른벌레가 되기까지 두세 해쯤 걸리는 것 같다. 나무속에서 번데기를 거쳐 어른벌레로 날개돋이해서 밖으로 나온다. 옛날에 전라도에서는 하늘소를 '뻠나무벌비'라고 하여 머리에 상처가 나서 곪았을 때 어른벌레와 애벌레를 약으로 썼다.

하늘소과
하늘소아과

작은하늘소 *Margites fulvidus*

12~19mm 5~8월 애벌레

작은하늘소는 온몸에 밤색 털이 덮여 있다. 털이 벗겨지면 붉은 밤색을 띤다. 앞가슴등판에는 붉은 밤색 털이 뭉쳐 점이 3개 있는 것처럼 보인다. 온 나라 산에서 볼 수 있다. 밤에 나와 참나무에 흐르는 나뭇진에 자주 모인다. 밤에 불빛으로 날아오기도 한다. 가끔 낮에 밤꽃에도 날아온다. 짝짓기를 마친 암컷은 썩은 밤나무나 참나무, 느티나무에 알을 낳는다. 알에서 나온 애벌레는 나무껍질 밑을 갉아 먹다가 시나브로 줄기 속으로 들어간다. 그 속에서 번데기가 된 뒤 어른벌레로 날개돋이해서 밖으로 나온다.

하늘소과
하늘소아과

털보하늘소 *Trichoferus campestris*

10~19mm 6~8월 애벌레

털보하늘소는 온몸이 붉은 밤색인데 누르스름한 짧은 털로 덮여 있다. 허벅지마디는 곤봉처럼 툭 불거졌다. 제주도를 포함한 온 나라에서 볼 수 있다. 밤에 나와 돌아다닌다. 불빛에도 날아온다. 짝짓기를 마친 암컷은 썩은 느릅나무나 물푸레나무, 사시나무, 자작나무, 사과나무, 배나무, 아까시나무 같은 나무에 알을 낳는다.

하늘소과
하늘소아과

송사리엿하늘소 *Stenhomalus taiwanus taiwanus*

5~7mm 5~6월 어른벌레

송사리엿하늘소는 하늘소 가운데 몸집이 아주 작다. 온 나라 넓은잎나무 숲에서 산다. 봄에 핀 꽃에 날아온다. 밤에 불빛으로 날아오기도 한다. 짝짓기를 마친 암컷은 썩은 산초나무에 알을 낳는다. 애벌레는 처음에는 나무껍질 밑을 갉아 먹다가 크면서 줄기 속으로 들어간다. 그곳에서 번데기 방을 만든 뒤 번데기가 되었다가 어른벌레로 날개돋이한다. 어른벌레는 번데기 방에서 겨울을 나고 봄에 밖으로 나온다.

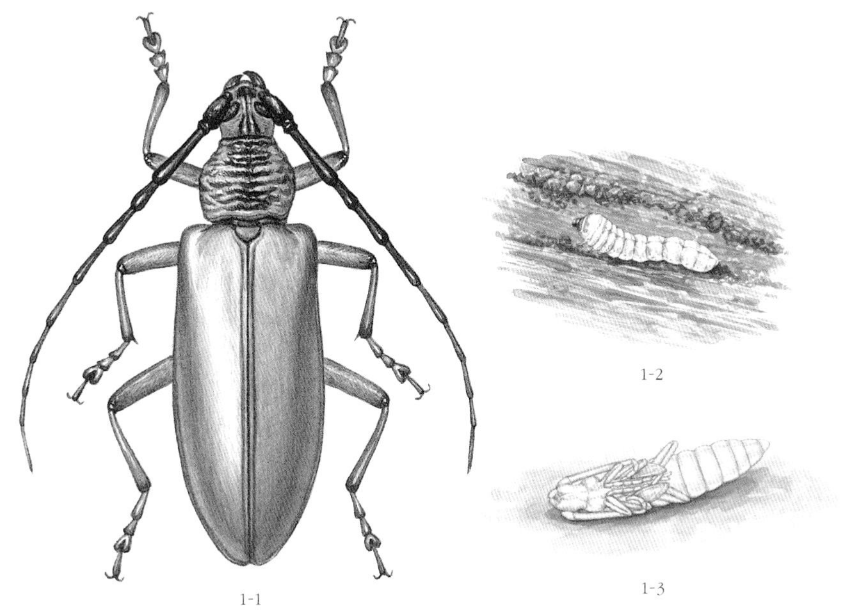

1-1

1-2

1-3

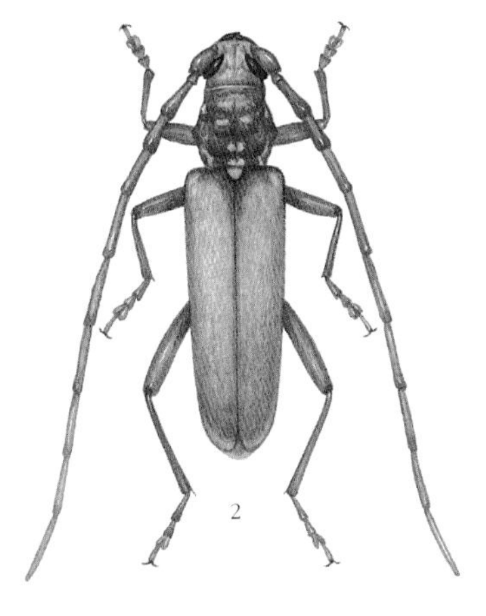

2

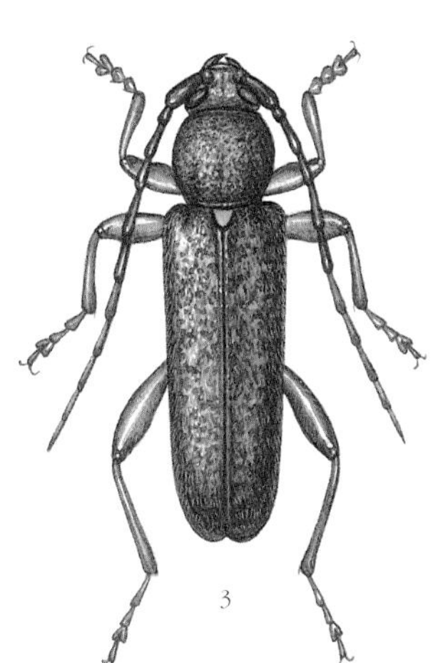

3

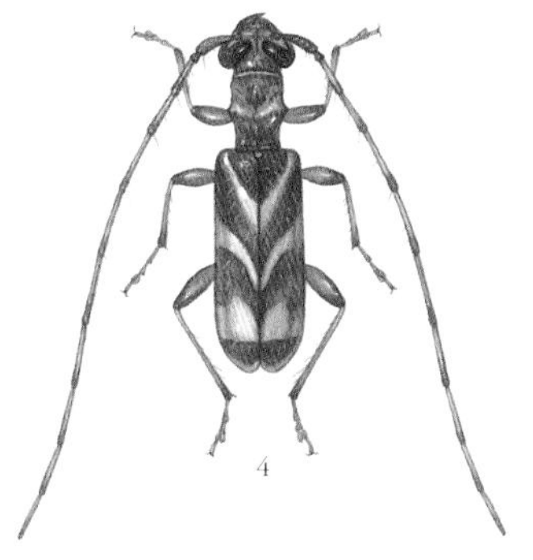

4

1-1. 하늘소
1-2. 하늘소 애벌레
1-2. 하늘소 번데기
2. 작은하늘소
3. 털보하늘소
4. 송사리엿하늘소

하늘소과
하늘소아과

굵은수염하늘소 *Pyrestes haematicus*

15~18mm · 5~8월 · 애벌레

굵은수염하늘소는 온몸이 불그스름하다. 더듬이는 굵다. 3번째 마디까지는 원통처럼 생겼는데, 그 뒤로는 톱니처럼 생겼다. 온 나라에서 볼 수 있다. 낮은 산 넓은잎나무 숲에서 볼 수 있는데, 8월에 가장 많이 보인다. 어른벌레는 산에 핀 꽃에 날아온다. 짝짓기를 마친 암컷은 녹나무, 생달나무, 후박나무, 비목나무 같은 나무 가는 가지에 알을 낳는다. 알에서 나온 애벌레는 크면서 시나브로 굵은 가지 속으로 파고든다. 다 자란 애벌레는 가지 안쪽을 갉아 땅바닥으로 떨어뜨린 뒤 그 속에서 겨울을 난다.

하늘소과
하늘소아과

벚나무사향하늘소 *Aromia bungii*

25~35mm · 6~8월 · 애벌레

벚나무사향하늘소는 이름처럼 벚나무에서 많이 보이고 몸에서 사향 냄새가 난다. 몸은 푸르스름한 빛이 도는 검은색으로 반짝이는데, 앞가슴등판만 빨갛다. 앞가슴등판 양옆으로 돌기가 뾰족하게 튀어나온다. 온 나라 낮은 산이나 마을 둘레, 숲 가장자리에서 산다. 도시에서도 볼 수 있다. 짝짓기를 마친 암컷은 오래된 벚나무나 복숭아나무, 자두나무, 매실나무, 버드나무 같은 나무에 알을 낳는다. 수십 마리 애벌레가 살아 있는 나무속을 파먹는다. 나무줄기 속에서 애벌레로 겨울을 난다.

하늘소과
하늘소아과

참풀색하늘소 *Chloridolum japonicum*

15~30mm · 7~9월 · 모름

참풀색하늘소는 머리와 앞가슴등판, 딱지날개가 풀빛으로 반짝거린다. 앞가슴등판 옆쪽에는 뾰족한 돌기가 나 있다. 수컷 더듬이는 몸길이 두 배가 될 만큼 길다. 수컷은 더듬이가 길고, 암컷은 짧다. 참나무 숲에서 드물게 볼 수 있다. 저녁이 되면 나와 날아다니기 시작하고, 늙은 참나무 모인다. 애벌레도 참나무 줄기 속을 갉아 먹는다.

하늘소과
하늘소아과

홍가슴풀색하늘소 *Chloridolum sieversi*

24~32mm · 6~9월 · 애벌레

홍가슴풀색하늘소는 앞가슴등판이 붉은 밤색이고, 딱지날개와 머리는 풀빛으로 반짝거린다. 앞가슴등판 양옆 가운데에는 뾰족한 돌기가 있다. 수컷은 더듬이가 몸길이보다 훨씬 길다. 섬과 바닷가를 뺀 온 나라에서 볼 수 있다. 낮에는 여러 가지 꽃에 날아오고, 밤에는 참나무 진에 모인다. 불빛에도 날아온다. 짝짓기를 마친 암컷은 썩어 가는 호두나무나 가래나무, 상수리나무 나무껍질 틈에 알을 낳는다. 알에서 나온 애벌레는 나무껍질 밑을 갉아 먹다가 줄기 속으로 파고들어 간다. 나무속에 번데기 방을 만들어 번데기가 된 뒤 어른벌레가 되면 나무 밖으로 나온다. 벚나무사향하늘소처럼 몸에서 향기가 난다.

하늘소과
하늘소아과

깔따구풀색하늘소 *Chloridolum viride*

15~26mm · 5~8월 · 애벌레

깔따구풀색하늘소는 딱지날개가 푸르스름한 풀빛이다. 붉은빛이 조금 섞이기도 한다. 앞가슴은 좁고 아주 길다. 또 뒷다리가 아주 길다. 낮은 산에서 산다. 낮에 나와 날아다니며 여러 꽃에 모여 꽃가루를 갉아 먹고, 꽃 위에서 짝짓기도 한다. 하얀 꽃에 잘 모인다. 참나무를 베어 쌓아 놓은 곳에도 날아온다. 짝짓기를 마친 암컷은 베어 놓은 참나무나 썩은 밤나무에 알을 낳는다. 알은 끈적끈적한 물에 싸여 나무에 붙는다. 알에서 나온 애벌레는 나무껍질 밑을 갉아 먹다가 겨울을 나고, 이듬해 봄에 줄기 속으로 들어가 번데기가 된다. 어른벌레로 날개돋이하면 나무를 뚫고 나온다.

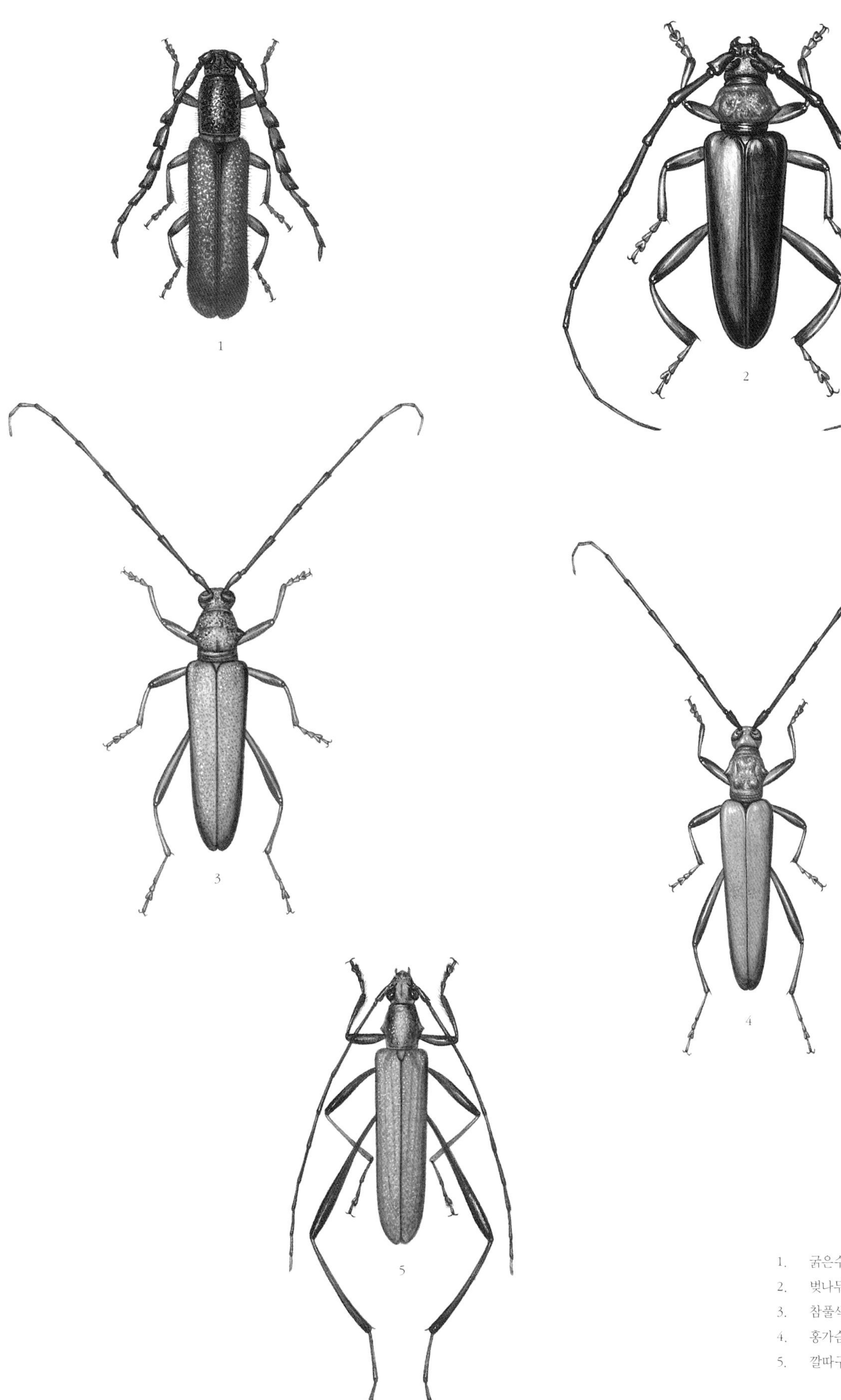

1. 굵은수염하늘소
2. 벚나무사향하늘소
3. 참풀색하늘소
4. 홍가슴풀색하늘소
5. 깔따구풀색하늘소

하늘소과
하늘소아과

노랑띠하늘소 *Polyzonus fasciatus*

15~20mm 7~9월 애벌레

노랑띠하늘소는 짙은 남색 딱지날개에 굵고 노란 무늬가 가로로 두 줄 나 있다. 수컷이 암컷보다 더듬이가 길다. 제주도를 포함한 온 나라 들판이나 낮은 산 풀밭에서 볼 수 있다. 어른벌레는 8월에 가장 많이 보인다. 낮에 여러 가지 꽃에 날아와 꽃가루를 먹는다. 벚나무사향하늘소처럼 몸에서 옅은 사향 냄새가 난다. 짝짓기를 마친 암컷은 여러 가지 버드나무에 알을 끈적끈적한 노란 물과 함께 붙여 낳는다. 알에서 나온 애벌레는 줄기 속을 파먹고 자란다.

하늘소과
하늘소아과

애청삼나무하늘소 *Callidiellum rufipenne*

6~13mm 4~7월 번데기

애청삼나무하늘소는 암컷과 수컷 몸빛이 다르다. 수컷 딱지날개는 파랗거나, 딱지날개 어깨 쪽만 빨갛거나 온몸이 까맣고 앞가슴등판과 다리가 밤색을 띠기도 하다. 암컷은 딱지날개가 빨갛기도 하다. 머리와 가슴이 붉거나 앞가슴등판에 밤색 점무늬가 있는 것도 있다. 온 나라 산이나 들판에서 보인다. 짝짓기를 마친 암컷은 썩어 가는 여러 가지 소나무나 전나무, 벚나무, 향나무, 측백나무, 편백나무에 알을 낳는다. 알에서 나온 애벌레는 줄기나 나뭇가지 속을 파먹으며 자라다가 가을에 번데기가 된다. 번데기로 겨울을 나고 이듬해 봄에 어른벌레가 되어 밖으로 나온다.

하늘소과
하늘소아과

주홍삼나무하늘소 *Oupyrrhidium cinnabarinum*

7~17mm 5~7월 애벌레

주홍삼나무하늘소는 이름처럼 다리와 더듬이만 빼고 주홍빛을 띤다. 다리 허벅지마디는 알통처럼 툭 불거졌다. 온 나라 넓은잎나무 숲에서 산다. 마을 둘레에서도 보인다. 맑은 날 베어 낸 나무 더미에 날아온다. 짝짓기를 마친 암컷은 오래된 느릅나무나 여러 가지 참나무에 알을 낳는다. 알에서 나온 애벌레는 나무껍질 밑을 갉아 먹다가 겨울을 난다. 다 자란 애벌레는 줄기 속으로 들어가 번데기 방을 만들고 번데기가 된다.

하늘소과
하늘소아과

호랑하늘소 *Xylotrechus chinensis*

15~26mm 7~8월 애벌레

호랑하늘소는 생김새가 꼭 말벌을 닮았다. 몸은 까만데 노란 줄무늬가 나 있다. 제주도를 뺀 온 나라에서 산다. 어른벌레는 뽕나무에서 많이 보인다. 짝짓기를 마친 암컷은 뽕나무 나무껍질 틈에 알을 낳는다. 알에서 나온 애벌레는 뽕나무 껍질 밑을 갉아 먹다가 겨울을 난다. 다 자란 애벌레는 줄기 속으로 들어가 번데기 방을 만들고 번데기가 된다.

하늘소과
하늘소아과

별가슴호랑하늘소 *Xylotrechus grayii grayii*

9~17mm 5~7월 애벌레

별가슴호랑하늘소는 이름처럼 가슴에 별처럼 하얀 점이 있다. 온 나라 넓은잎나무 숲에서 산다. 낮에 나와 날아다니며, 베어 낸 나무 더미에서 자주 보인다. 나무를 기어 다닐 때는 벌을 흉내 내며 더듬이를 흔든다. 짝짓기를 마친 암컷은 베어 낸 느릅나무나 참오동나무에 알을 낳는다.

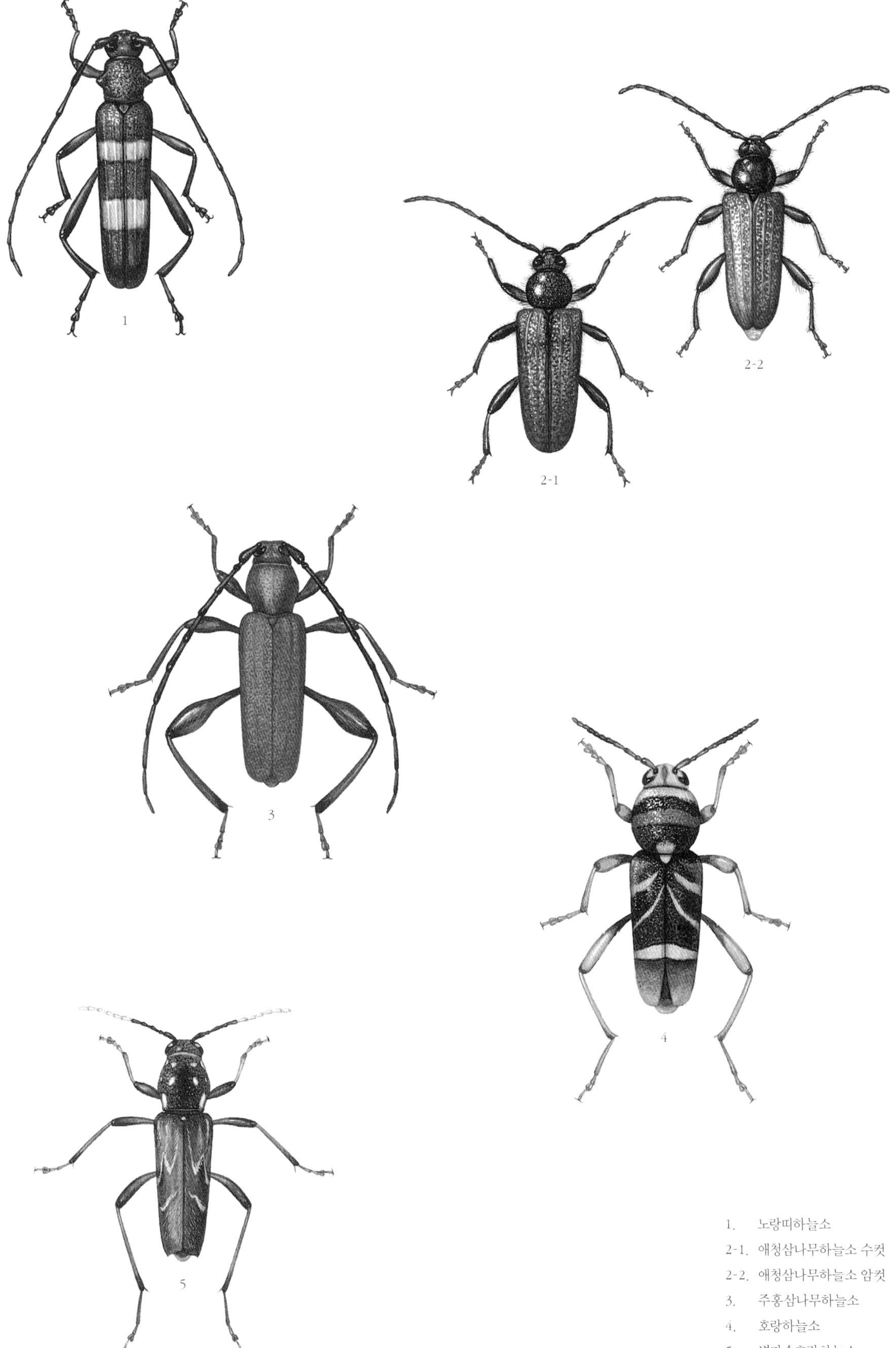

1. 노랑띠하늘소
2-1. 애청삼나무하늘소 수컷
2-2. 애청삼나무하늘소 암컷
3. 주홍삼나무하늘소
4. 호랑하늘소
5. 별가슴호랑하늘소

하늘소과
하늘소아과

포도호랑하늘소 *Xylotrechus pyrrhoderus pyrrhoderus*

9 ~ 15mm 7 ~ 9월 애벌레

포도호랑하늘소는 딱지날개에 노르스름한 띠가 2개씩 있다. 머리는 불그스름한 밤색이고, 앞가슴등판은 빨갛다. 제주도를 포함한 온 나라에서 산다. 이름처럼 포도나무를 기르는 과수원에서 쉽게 볼 수 있다. 짝짓기를 마친 암컷은 포도나무나 개머루, 담쟁이덩굴 같은 덩굴 눈이나 잎자루 사이에 알을 낳는다. 암컷 한 마리가 알을 50개쯤 낳는다. 알을 낳은 지 10일쯤 지나면 애벌레가 나온다. 알에서 나온 애벌레는 포도나무 껍질 밑을 갉아 먹는다. 애벌레로 겨울을 나고, 이듬해 봄에 깬 애벌레는 포도나무 줄기 속을 파먹는다. 7월쯤에 번데기가 된 뒤 어른벌레가 되어 밖으로 나온다. 밖으로 나오자마자 짝짓기를 하고 알을 낳는다.

하늘소과
하늘소아과

홍가슴호랑하늘소 *Xylotrechus rufilius rufilius*

9 ~ 13mm 5 ~ 9월 애벌레

홍가슴호랑하늘소는 이름처럼 앞가슴등판이 빨갛다. 머리와 딱지날개는 까맣다. 딱지날개에는 하얀 줄무늬가 있다. 포도호랑하늘소와 생김새가 닮았다. 온 나라 산이나 숲에서 쉽게 볼 수 있다. 베어 낸 나무 더미에 잘 날아온다. 짝짓기를 마친 암컷은 썩거나 오래된 호두나무, 참느릅나무, 고로쇠나무, 들메나무 같은 나무껍질 틈에 알을 낳는다. 알에서 나온 애벌레는 나무껍질 밑을 갉아 먹다가 크면서 줄기 속을 파먹는다. 줄기 속에서 번데기 방을 만들어 번데기가 된다.

하늘소과
하늘소아과

소범하늘소 *Plagionotus christophi*

11 ~ 16mm 4 ~ 6월 애벌레

소범하늘소는 딱지날개에 노란 줄무늬가 3쌍 있고 꽁무니에는 노란 점무늬가 있다. 딱지날개 어깨에는 빨간 띠무늬가 있다. 앞가슴등판은 공처럼 동그랗고, 앞쪽 가장자리에 노란 띠가 있다. 온 나라 낮은 산이나 참나무 숲에서 산다. 어른벌레는 넓은잎나무 숲이나 참나무를 베어 쌓아 놓은 곳에서 쉽게 볼 수 있다. 짝짓기를 마친 암컷은 여러 가지 참나무 껍질 틈에 산란관을 꽂고 알을 낳는다. 알에서 나온 애벌레는 나무껍질 밑을 갉아 먹으며 크다가 겨울을 난다. 다 자란 애벌레는 나무속을 파고들어 가 번데기 방을 만들고 번데기가 된다. 어른벌레로 날개돋이하면 나무를 뚫고 나온다.

하늘소과
하늘소아과

산흰줄범하늘소 *Clytus raddensis*

7 ~ 13mm 5 ~ 7월 애벌레

산흰줄범하늘소는 딱지날개에 허연 가로 줄무늬가 2쌍 나 있다. 딱지날개 테두리에도 허연 줄무늬가 있다. 머리와 가슴은 까만데 노란 털이 잔뜩 나 있다. 온 나라 넓은잎나무 숲에서 볼 수 있다. 썩은 참나무에 잘 날아오고 꽃에서도 볼 수 있다. 짝짓기를 마친 암컷은 썩은 참나무 나무껍질 밑에 알을 낳는다.

하늘소과
하늘소아과

벌호랑하늘소 *Cyrtoclytus capra*

8 ~ 19mm 5 ~ 8월 애벌레

벌호랑하늘소는 호랑하늘소처럼 생김새가 꼭 말벌을 닮았다. 딱지날개에 노란 줄무늬가 3쌍 있다. 머리와 가슴에도 노란 띠가 있다. 온 나라 넓은잎나무 숲이나 마을 둘레에서 흔히 볼 수 있다. 6월에 가장 많이 보인다. 썩은 넓은잎나무 줄기나 여러 가지 꽃에 날아온다. 짝짓기를 마친 암컷은 참나무나 호두나무, 버드나무, 오리나무, 물푸레나무 같은 넓은잎나무가 늙어 쓰러진 줄기에 꽁무니를 꽂고 알을 낳는다. 알에서 나온 애벌레는 나무껍질 밑을 갉아 먹고 크다가 시나브로 나무속으로 들어간다. 그리고 다 큰 애벌레는 나무속에서 번데기가 된다. 어른벌레로 날개돋이하면 나무를 뚫고 나온다. 어른벌레는 보름쯤 산다. 알에서 어른벌레가 되는 데 한 해가 걸린다.

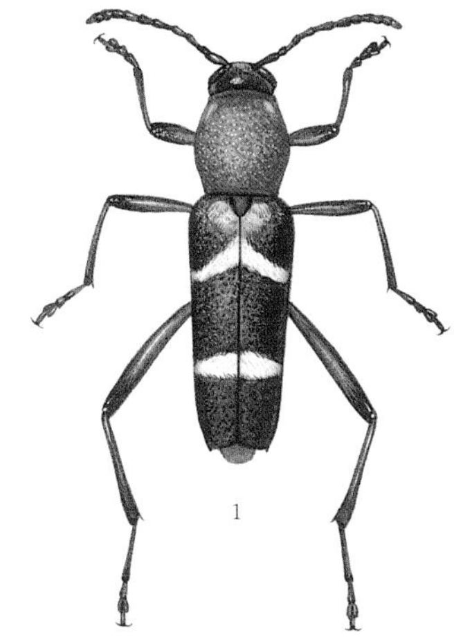

1

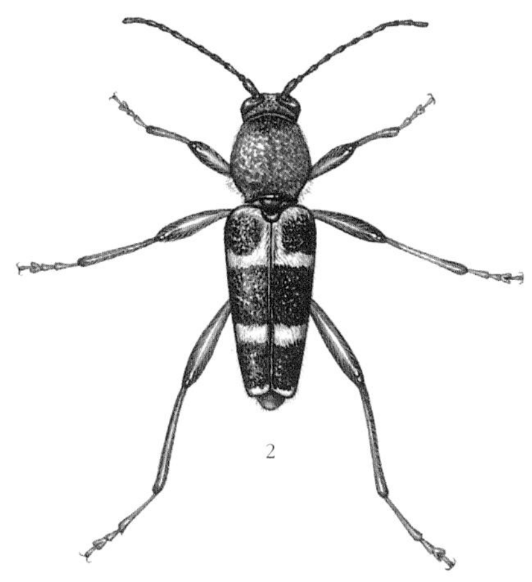

2

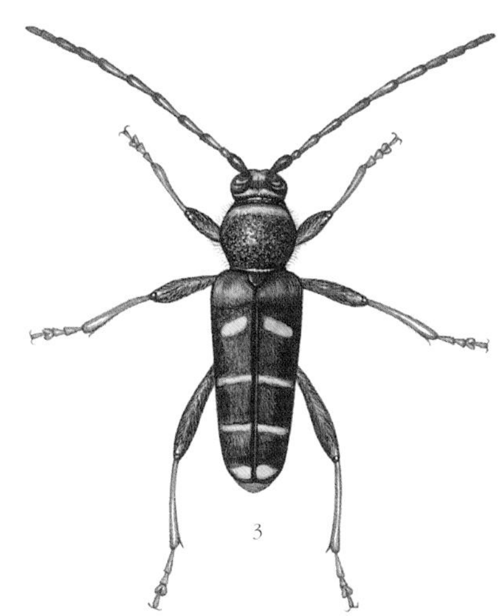

3

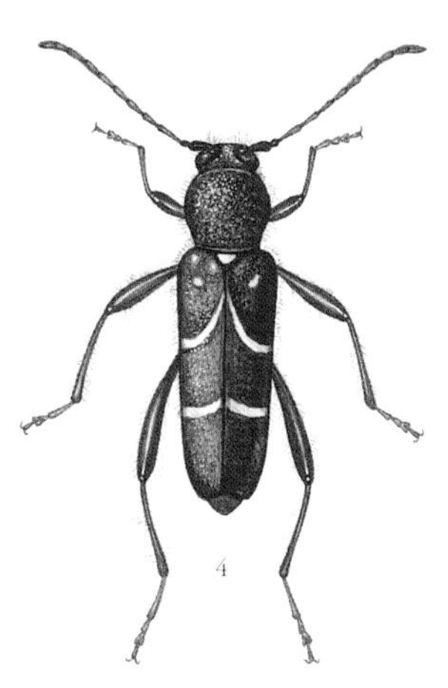

4

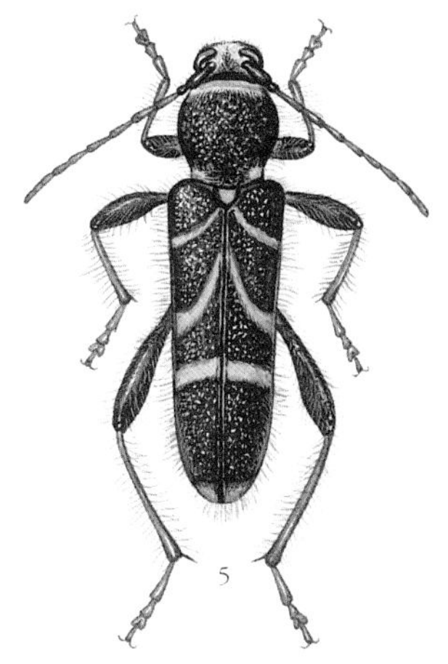

5

1. 포도호랑하늘소
2. 홍가슴호랑하늘소
3. 소범하늘소
4. 산흰줄범하늘소
5. 벌호랑하늘소

하늘소과
하늘소아과

범하늘소 *Chlorophorus diadema diadema*

8~16mm · 5~8월 · 애벌레

범하늘소는 우리범하늘소와 닮았다. 딱지날개 양쪽에 있는 낚싯바늘처럼 생긴 노란 무늬가 서로 이어져서 우리범하늘소와 다르다. 제주도를 포함한 온 나라 낮은 산이나 들판에서 산다. 한낮에 여러 가지 꽃에 날아와 꽃가루를 먹고, 쓰러져 썩은 나무 더미에 날아오기도 한다. 밤에 불빛으로 날아오기도 한다. 짝짓기를 마친 암컷은 쓰러지거나 베어 내 썩은 자작나무나 벚나무, 사과나무, 아까시나무 나무껍질 틈에 알을 낳는다. 알에서 나온 애벌레는 나무껍질 밑을 갉아 먹다가 크면서 나무속으로 들어간다. 그리고 번데기가 된 뒤 어른벌레로 날개돋이해서 구멍을 뚫고 밖으로 나온다.

하늘소과
하늘소아과

가시범하늘소 *Chlorophorus japonicus*

9~13mm · 5~8월 · 애벌레

가시범하늘소는 딱지날개에 노란 털로 된 줄무늬가 나 있다. 앞쪽에 있는 노란 줄무늬는 C자처럼 생겨서 작은방패판과 이어진다. 날개 끝 가장자리에 날카로운 가시가 있다. 낮은 산 넓은잎나무나 떨기나무 풀숲에서 산다. 우리나라 서남쪽 바닷가 가까운 곳에서 많이 산다. 국수나무 같은 여러 가지 나무 꽃에 모여 꽃가루를 먹고, 쓰러진 참나무에서도 보인다. 짝짓기를 마친 암컷은 썩은 감나무나 느티나무, 상수리나무 나무껍질 틈에 알을 낳는다. 알에서 나온 애벌레는 나무껍질 밑을 갉아 먹다가 시나브로 나무속으로 들어간 뒤 번데기가 된다.

하늘소과
하늘소아과

우리범하늘소 *Chlorophorus latofasciatus*

8~16mm · 5~8월 · 애벌레

우리범하늘소는 범하늘소와 닮았지만, 앞가슴등판 털이 더 길고 무늬는 더 작다. 또 딱지날개에 있는 낚싯바늘처럼 생긴 노란 무늬 가운데가 떨어져서 범하늘소와 다르다. 제주도를 포함한 온 나라에서 볼 수 있다. 봄부터 나와 여러 가지 꽃에 날아오고 썩은 나무 더미에서도 보인다. 짝짓기를 마친 암컷은 썩은 자작나무나 황철나무, 버드나무 나무껍질 틈에 알을 낳는다. 알에서 나온 애벌레는 나무껍질 밑을 갉아 먹다가 크면서 줄기 속으로 들어간다.

하늘소과
하늘소아과

홀쭉범하늘소 *Chlorophorus muscosus*

9~15mm · 6~8월 · 애벌레

홀쭉범하늘소는 몸이 누런 풀빛이다. 딱지날개에는 까만 무늬가 세 쌍 나 있다. 육점박이범하늘소와 닮았는데, 홀쭉범하늘소는 앞가슴등판에 있는 까만 무늬가 희미하다. 또 딱지날개에 있는 무늬가 가늘고 길며, 앞쪽에 있는 무늬가 아주 작고 구부러지지 않는다. 남쪽 바닷가와 제주도, 울릉도, 서해에 있는 섬에서 산다. 늙어서 쓰러진 나무나 베어 낸 나무 더미에서 많이 보인다. 여러 가지 꽃에도 날아와 꽃가루를 먹는다. 짝짓기를 마친 암컷은 죽어 가는 굴피나무, 감나무, 느티나무, 소사나무 같은 나무껍질 틈에 알을 낳는다.

하늘소과
하늘소아과

육점박이범하늘소 *Chlorophorus simillimus*

7~13mm · 5~7월 · 애벌레

육점박이범하늘소는 이름처럼 딱지날개에 까만 무늬가 여섯 개 뚜렷하게 나 있다. 어깨에 있는 까만 무늬는 갈고리처럼 휘어졌다. 몸은 까맣지만 풀빛이 도는 잿빛 털로 덮여 있다. 온 나라에서 제법 쉽게 볼 수 있다. 늙어서 썩거나 베어 낸 여러 가지 넓은잎나무에서 지낸다. 한낮에는 여러 가지 꽃에 날아와 꽃가루를 먹는다. 짝짓기를 마친 암컷은 썩은 호두나무나 느티나무, 단풍나무, 물푸레나무, 상수리나무, 층층나무, 자귀나무, 칡, 아까시나무 나무껍질 틈에 알을 낳는다. 알에서 나온 애벌레는 나무속을 파먹고 큰다.

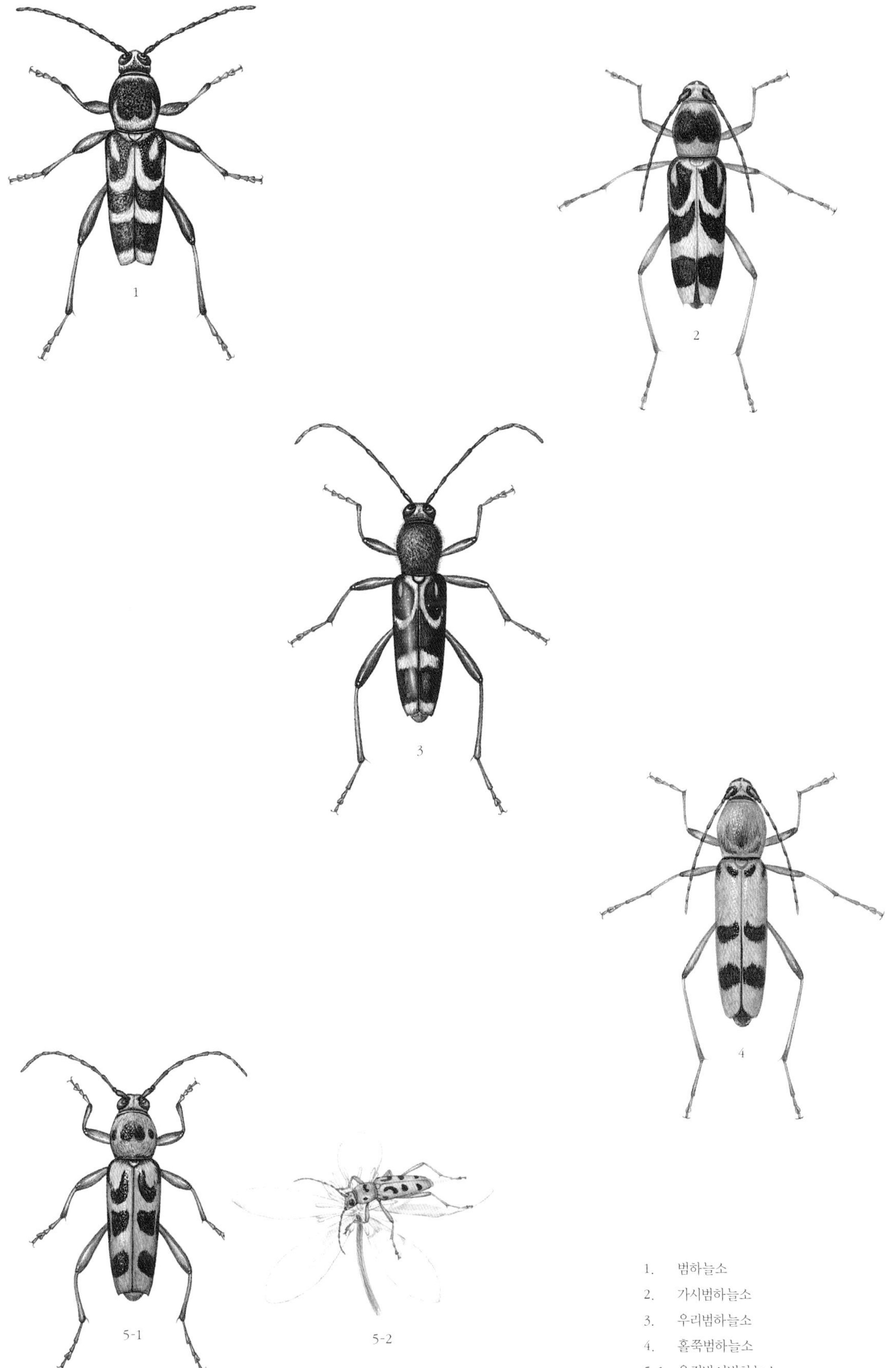

1. 범하늘소
2. 가시범하늘소
3. 우리범하늘소
4. 홀쭉범하늘소
5-1. 육점박이범하늘소
5-2. 육점박이범하늘소가 으아리 꽃에 날아왔다.

하늘소과
하늘소아과

측범하늘소 *Rhabdoclytus acutivittis acutivittis*

12~18mm 5~8월 애벌레

측범하늘소는 앞가슴등판 양쪽 가장자리에 까만 둥근 무늬가 있다. 딱지날개에는 잿빛 털이 덮여 있고 까만 무늬가 물결처럼 나 있다. 온 나라에서 쉽게 볼 수 있다. 여러 가지 꽃에 날아오고, 쓰러지거나 베어 낸 나무 더미에서 보인다. 짝짓기를 마친 암컷은 쓰러진 나무껍질 틈에 알을 낳는다. 알에서 나온 애벌레는 나무속을 파먹고 큰다.

하늘소과
하늘소아과

긴다리범하늘소 *Rhaphuma gracilipes*

6~11mm 5~7월 애벌레

긴다리범하늘소는 이름처럼 다리가 길다. 딱지날개는 까만데 허연 털로 된 가로 줄무늬가 3쌍 나 있다. 꼬마긴다리범하늘소와 닮았지만, 긴다리범하늘소는 딱지날개 양쪽 가장자리에 하얀 점무늬가 있어서 다르다. 온 나라 넓은잎나무 숲에서 볼 수 있다. 여러 가지 꽃에도 날아오고, 베어 낸 나무 더미에서도 볼 수 있다. 짝짓기를 마친 암컷은 썩거나 오래된 팽나무, 느티나무, 분비나무, 잎갈나무, 층층나무 나무껍질 틈에 알을 낳는다. 알에서 나온 애벌레는 나무껍질 밑을 갉아 먹다가 크면서 줄기 속을 파고들어 간다.

하늘소과
하늘소아과

가시수염범하늘소 *Demonax savioi*

7~12mm 5~6월 애벌레

가시수염범하늘소는 몸이 까맣고 잿빛 털로 덮여 있다. 앞가슴등판 가운데에 까만 점이 1쌍 있다. 온 나라에서 쉽게 볼 수 있다. 한낮에 여러 가지 하얀 꽃에 날아와 꽃가루를 먹는다. 짝짓기를 마친 암컷은 편백이나 삼나무에 알을 낳는다. 알에서 나온 애벌레는 나무속을 파먹고 크다가 겨울을 난다. 이듬해 봄에 어른벌레로 날개돋이해서 밖으로 나온다.

하늘소과
하늘소아과

반디하늘소 *Dere thoracica*

7~10mm 4~5월 어른벌레

반디하늘소는 온몸이 까만데, 앞가슴등판 가운데에 빨간 띠무늬가 있다. 온 나라 낮은 산에서 산다. 신나무나 조팝나무 꽃에 수십 마리가 무리 지어 꽃가루를 먹고 짝짓기를 한다. 짝짓기를 마친 암컷은 썩은 자귀나무, 보리수나무, 벚나무, 붉가시나무, 갈참나무 같은 나무에 알을 낳는다. 알에서 나온 애벌레는 나무껍질 밑을 파먹고 크다가 나무속으로 들어가 번데기가 된다. 가을에 어른벌레로 날개돋이한 뒤 나무속에서 그대로 겨울을 나고, 이듬해 봄에 밖으로 나온다.

하늘소과
하늘소아과

무늬소주홍하늘소 *Amarysius altajensis coreanus*

14~19mm 5~6월 애벌레

무늬소주홍하늘소는 딱지날개가 빨간데, 그 안에 까만 무늬가 길쭉하게 나 있다. 하지만 무늬가 없는 것도 있다. 무늬가 없으면 소주홍하늘소와 닮았다. 하지만 무늬소주홍하늘소는 앞가슴 가운데 뒤쪽이 살짝 모가 졌다. 제주도를 포함한 온 나라에서 볼 수 있다. 소주홍하늘소보다 훨씬 많이 보인다. 넓은잎나무가 자라는 산속에서 살면서 단풍나무 꽃에 잘 날아온다. 짝짓기를 마친 암컷은 단풍나무나 물푸레나무, 상수리나무, 포도나무 같은 나무껍질 속에 알을 낳는다. 알에서 나온 애벌레는 나무껍질 밑을 갉아 먹다가 크면서 줄기 속을 파고든다.

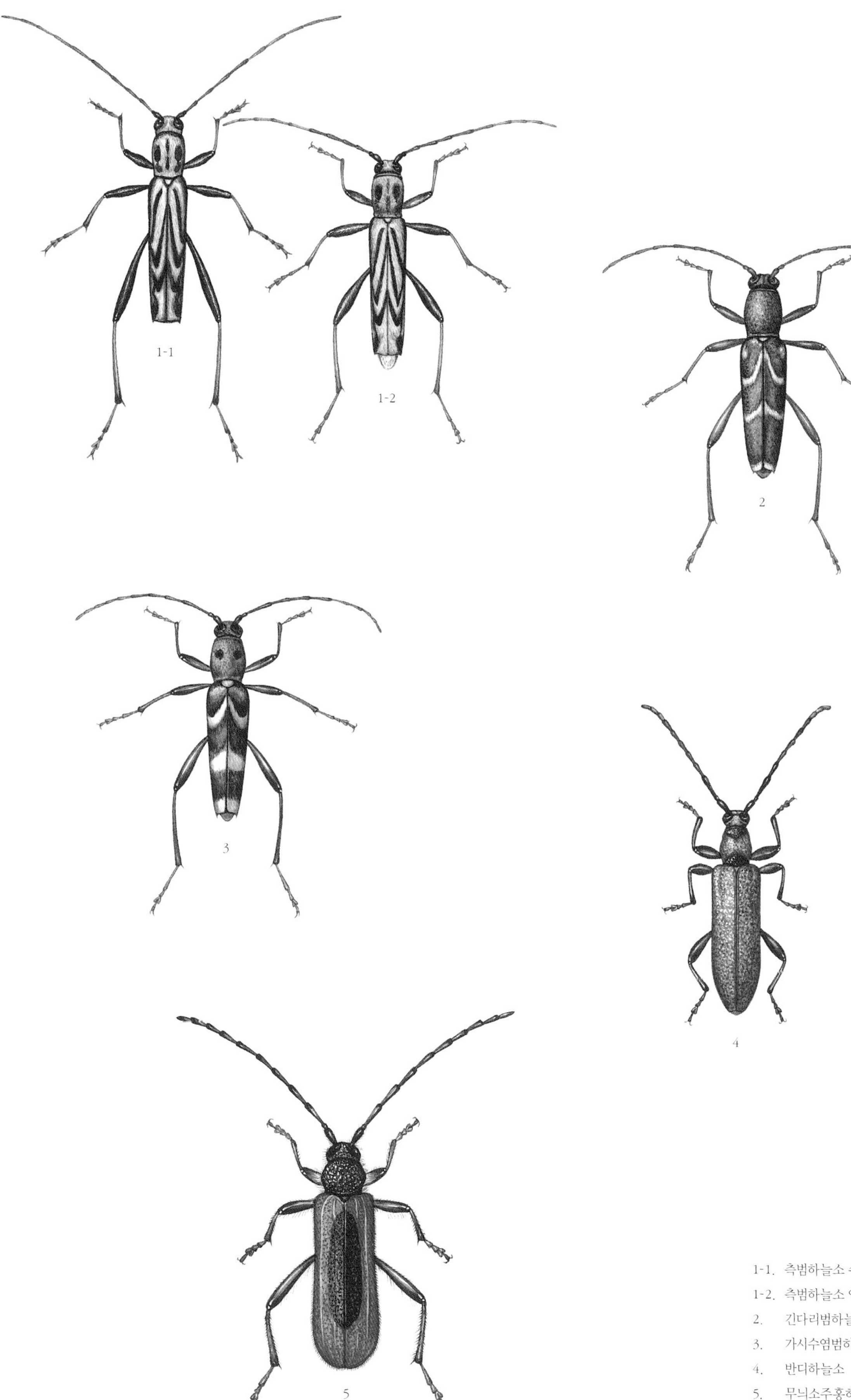

1-1. 측범하늘소 수컷
1-2. 측범하늘소 암컷
2. 긴다리범하늘소
3. 가시수염범하늘소
4. 반디하늘소
5. 무늬소주홍하늘소

하늘소과
하늘소아과

소주홍하늘소 *Amarysius sanguinipennis*

14~19mm 5~6월 어른벌레

소주홍하늘소는 앞가슴등판 양옆 가두리가 둥근데 뒤쪽으로 살짝 모가 졌고, 딱지날개가 온통 빨갛고 길이가 폭보다 세 배쯤 길다. 소주홍하늘소는 온 나라 넓은잎나무 숲에서 산다. 생강나무나 고로쇠나무, 참나무, 층층나무에서 볼 수 있다. 등나무 꽃을 비롯한 온갖 꽃에 날아온다. 짝짓기를 마친 암컷은 살아 있는 생강나무나 고로쇠나무 가지에 알을 낳는다. 알에서 나온 애벌레는 나무속을 뱅글뱅글 돌아가며 파먹는다. 어릴 때는 가는 가지를 파먹지만 커 갈수록 점점 굵은 가지를 파먹는다. 먹고 난 가지는 죽어서 부러진다. 애벌레는 가지 가운데 안쪽으로 깊이 파고들어 번데기 방을 만든다. 애벌레로 겨울을 나고 봄에 번데기가 된다. 5월 초에 어른벌레가 되면 작은 구멍을 파고 나무 밖으로 나온다.

하늘소과
하늘소아과

모자주홍하늘소 *Purpuricenus lituratus*

17~23mm 5~7월 어른벌레

모자주홍하늘소는 딱지날개가 빨간데, 모자처럼 생긴 까만 무늬가 있다. 앞가슴등판에는 까만 점무늬가 5개 있다. 딱지날개에 모자처럼 생긴 무늬가 아니라 동그란 무늬가 있으면 '달주홍하늘소'이고, 아무 무늬가 없으면 '주홍하늘소'다. 모자주홍하늘소는 제주도를 포함한 온 나라에 살지만 몇몇 곳 넓은잎나무 숲에서 보인다. 낮은 산이나 마을 둘레에서 보인다. 사과나무나 배나무 꽃에 날아오고, 떡갈나무 새순이나 여린 잎도 갉아 먹는다. 짝짓기를 마친 암컷은 썩은 상수리나무나 사과나무, 포도나무, 배나무 같은 나무껍질 틈에 꽁무니를 꽂고 알을 낳는다. 알을 낳으면 나무껍질 부스러기 따위로 알을 덮어 숨긴다. 알에서 나온 애벌레는 나무껍질 밑을 갉아 먹고 큰다. 가을에 어른벌레로 날개돋이한 뒤 그대로 겨울을 나고, 이듬해 봄에 나무 밖으로 나온다.

하늘소과
하늘소아과

먹주홍하늘소 *Anoplistes halodendri pirus*

14~18mm 5~6월 애벌레

먹주홍하늘소는 딱지날개가 까만데 어깨에 빨간 점이 한 쌍 있고, 딱지날개 테두리에 빨간 무늬가 뚜렷하게 나 있다. 중부 지방 위쪽에서 산다. 어른벌레는 산속 떡갈나무에서 자주 보인다. 낮에 여기저기 날아다니면서 참나무 새순이나 잎을 갉아 먹는다. 짝짓기를 마친 암컷은 잘라 낸 참나무나 아까시나무, 버드나무, 보리수나무, 인동덩굴 같은 나무에 알을 낳는다. 사람이 기르는 대추나무나 사과나무에도 알을 낳아서 피해를 주기도 한다. 알에서 나온 애벌레는 나무속을 파먹고 큰다. 애벌레로 겨울을 나고, 이듬해 봄에 어른벌레로 날개돋이해서 나무 밖으로 나온다.

하늘소과
목하늘소아과

흰깨다시하늘소 *Mesosa hirsuta continentalis*

10~18mm 5~8월 모름

흰깨다시하늘소는 딱지날개가 검은 밤색인데, 하얗고 까만 무늬가 얼룩덜룩하다. 깨다시하늘소와 닮았는데, 흰깨다시하늘소는 몸이 더 홀쭉하고 하얀 털로 덮였다. 오래되면 털이 많이 빠진다. 앞가슴등판과 딱지날개에는 까만 점이 여러 개 있다. 흰깨다시하늘소는 온 나라 산에서 쉽게 볼 수 있다. 어른벌레는 한낮에 죽은 넓은잎나무에 날아와 짝짓기를 하고 알을 낳는다. 밤에 불빛으로 날아오기도 한다. 암컷은 썩은 호두나무, 굴피나무, 느릅나무, 물오리나무, 밤나무 같은 나무에 알을 낳는다. 알에서 나온 애벌레는 나무속을 갉아 먹으며 크다가 겨울을 난다. 다 자란 애벌레는 나무속에 번데기 방을 만들고 번데기가 된다.

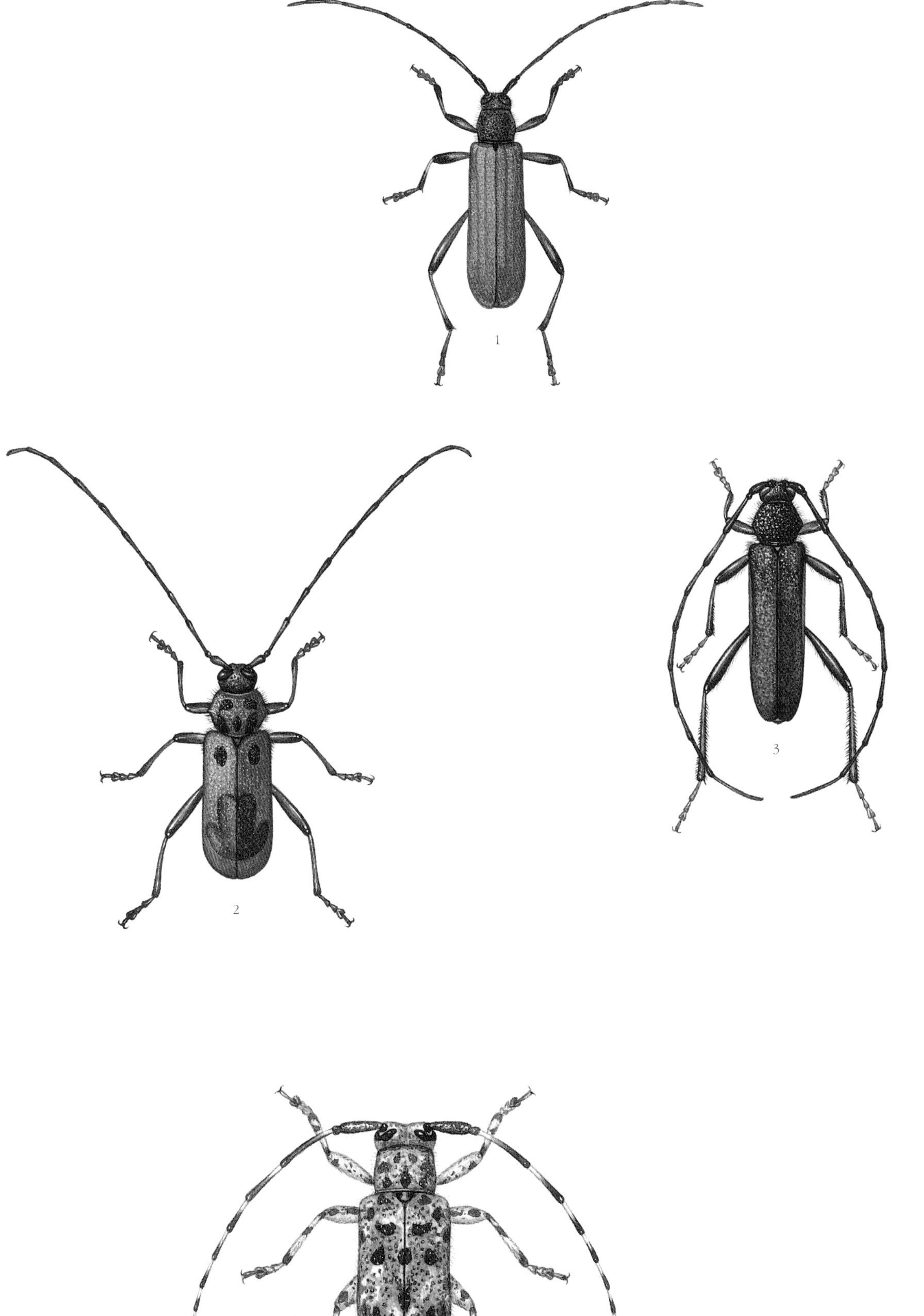

1. 소주홍하늘소
2. 모자주홍하늘소
3. 먹주홍하늘소
4. 흰깨다시하늘소

하늘소과
목하늘소아과

깨다시하늘소 *Mesosa myops* 10~17mm 5~8월 애벌레

깨다시하늘소는 몸이 까만데 검은색, 잿빛 무늬가 얼룩덜룩 나 있다. 온몸에는 누런 털이 나 있다. 앞가슴등판에는 까만 점무늬가 4개 뚜렷하게 나 있다. 딱지날개 가운데에는 잿빛 가로 줄무늬가 있다. 깨다시하늘소는 온 나라 숲에서 쉽게 볼 수 있다. 어른벌레는 오뉴월에 많이 보인다. 낮에 썩은 나무나 베어 낸 나무 더미에서 볼 수 있다. 밤에 불빛으로 날아오기도 한다. 몸빛이 나무껍질과 비슷해서 숨을 숨기기 때문에 언뜻 보면 잘 안 보인다. 위험을 느끼면 다리를 오므리고 죽은 척하며 땅에 툭 떨어진다. 짝짓기를 마친 암컷은 나무를 베어 쌓아 놓은 곳에 날아와 알을 낳는다. 알에서 나온 애벌레는 나무껍질 밑을 갉아 먹으며 큰다. 애벌레로 겨울을 나고 나무껍질 밑에 번데기 방을 만들어 번데기가 된 뒤 어른벌레로 날개돋이해서 나무 밖으로 나온다.

하늘소과
목하늘소아과

남색초원하늘소 *Agapanthia amurensis* 11~17mm 5~6월 애벌레

남색초원하늘소는 온몸이 짙은 파란색으로 반짝거린다. 몸에는 까만 털이 나 있다. 초원하늘소와 닮았지만, 남색초원하늘소는 딱지날개에 무늬가 없고 더듬이 1, 2번째 마디에 털 뭉치가 있어서 다르다. 남색초원하늘소는 온 나라 풀밭에서 쉽게 볼 수 있다. 어른벌레는 풀밭에 자라는 개망초나 엉겅퀴 같은 풀에 날아와 꽃가루를 먹는다. 짝짓기를 마친 암컷은 개망초나 고들빼기 같은 풀 줄기를 큰턱으로 뜯어낸 뒤 알 낳는 관을 꽂고 알을 낳는다. 알에서 나온 애벌레는 줄기 속을 파먹고 큰다. 겨울이 되면 식물 아래쪽으로 옮겨가 겨울을 난다. 애벌레는 줄기 속에서 두 해를 산다. 다 자란 애벌레는 풀 줄기를 안에서 물어뜯는다. 그러면 풀줄기 위쪽이 부러져 아래쪽만 남게 된다. 두 해 겨울을 넘긴 애벌레는 이듬해 봄에 줄기 아래쪽에서 번데기 방을 만들고 번데기가 된 뒤 어른벌레로 날개돋이해서 밖으로 나온다.

하늘소과
목하늘소아과

초원하늘소 *Agapanthia daurica daurica* 9~19mm 6~8월 애벌레

초원하늘소는 몸이 거무스름하다. 딱지날개에는 누런 털이 잔뜩 나 있어 얼룩덜룩하다. 더듬이는 파란빛이 도는 흰색이고 마디 끝이 까맣다. 남색초원하늘소와 달리 더듬이에 털 뭉치가 없다. 강원도와 경상북도 산속 풀밭에서 드물게 보인다. 어른벌레는 국화나 우엉 같은 국화과 식물에 날아온다.

하늘소과
목하늘소아과

원통하늘소 *Pseudocalamobius japonicus* 7~12mm 5~7월 번데기

원통하늘소는 몸이 까맣거나 검은 밤색이다. 이름처럼 몸은 가늘지만 원통처럼 생겼다. 더듬이가 몸길이보다 세 배나 더 길다. 온 나라 산에서 볼 수 있다. 맑은 날에 산길을 날아다니고, 뽕나무에 자주 모인다. 짝짓기를 마친 암컷은 노박덩굴이나 멍석딸기 같은 덩굴 식물 얇은 가지에 깔때기처럼 구멍을 뚫고 알을 낳는다. 번데기로 겨울을 난다고 알려졌다.

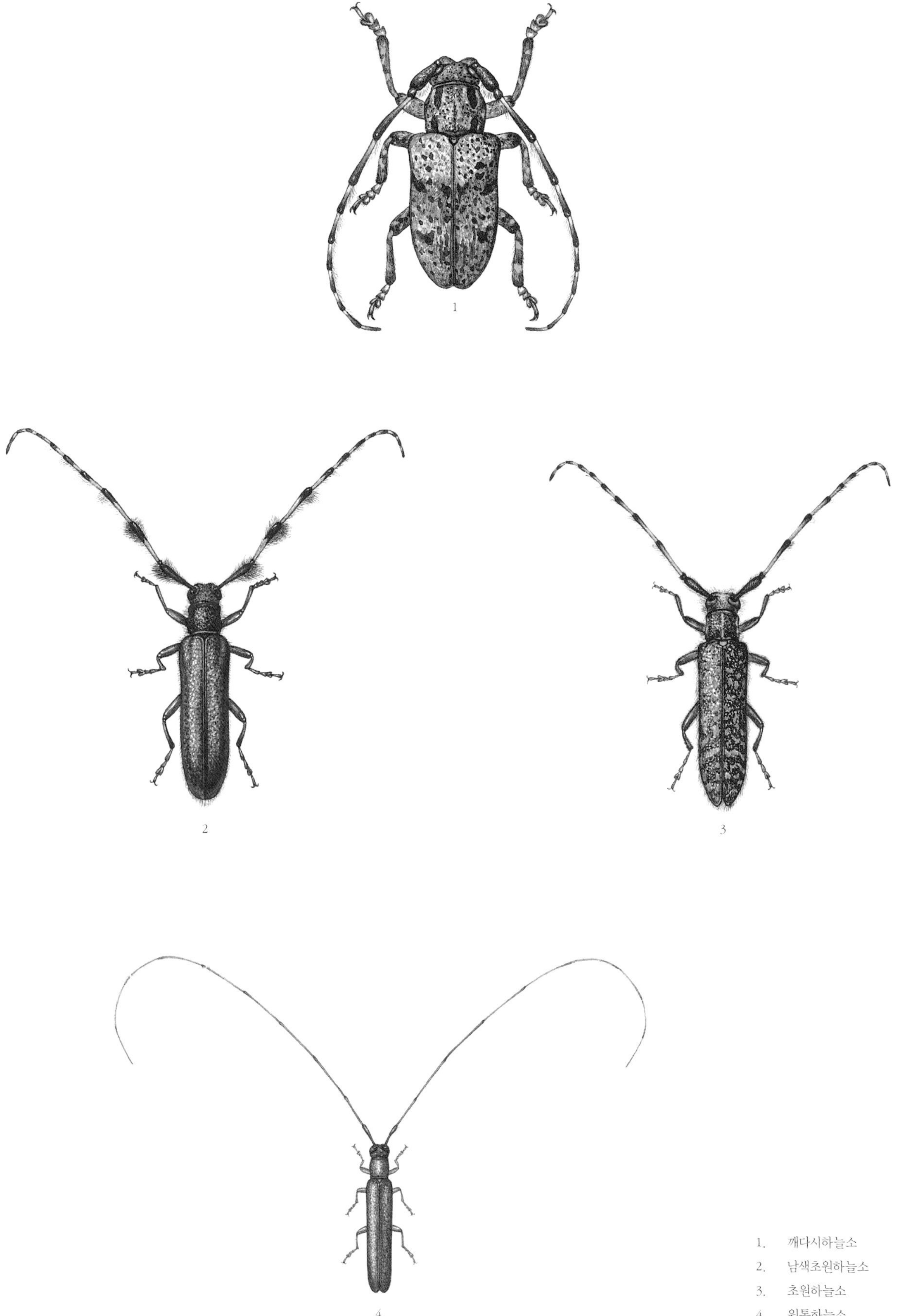

1. 깨다시하늘소
2. 남색초원하늘소
3. 초원하늘소
4. 원통하늘소

하늘소과
목하늘소아과

큰곰보하늘소 *Pterolophia annulata*

9~15mm 5~7월 애벌레

큰곰보하늘소는 온몸이 밤색인데, 딱지날개에는 하얀 가루가 덮여 얼룩덜룩하다. 손으로 만지면 가루가 벗겨진다. 온 나라 낮은 산이나 들판 넓은잎나무 숲에서 볼 수 있다. 잘 날지 않고, 죽은 나무에서 몸을 바짝 붙이고 숨어 지낸다. 가끔 밤에 불빛으로 날아오기도 한다. 짝짓기를 마친 암컷은 늙어서 썩은 후박나무나 팽나무, 자귀나무 같은 나무껍질에 알을 낳는다. 알에서 나온 애벌레는 나무껍질 밑을 갉아 먹다가 겨울을 난다. 이듬해 봄에 나무껍질 밑에 번데기 방을 만들고 번데기가 된 뒤 어른벌레로 날개돋이해서 밖으로 나온다.

하늘소과
목하늘소아과

흰점곰보하늘소 *Pterolophia granulata*

7~10mm 5~8월 애벌레

흰점곰보하늘소는 이름처럼 몸이 울퉁불퉁하다. 온몸은 검은데 누런 무늬가 얼룩덜룩하다. 딱지날개 뒤쪽에 커다란 하얀 무늬가 있다. 언뜻 보면 꼭 새똥처럼 보인다. 온 나라 넓은잎나무가 자라는 산이나 숲에서 볼 수 있다. 여름이 지나면 거의 보이지 않는다. 짝짓기를 마친 암컷은 썩거나 베어 낸 느릅나무, 때죽나무, 버드나무, 뽕나무, 자귀나무, 귤나무 같은 나무껍질에 알을 낳는다.

하늘소과
목하늘소아과

우리목하늘소 *Lamiomimus gottschei*

25~35mm 5~8월 애벌레

우리목하늘소는 온몸이 검은 밤색이고, 누런 얼룩무늬가 군데군데 나 있다. 앞가슴등판에는 작은 돌기가 우툴두툴 나 있고, 양옆에는 뾰족한 가시처럼 돌기가 있다. 딱지날개에는 넓은 가로 띠무늬가 있다. 온 나라 참나무 숲에서 쉽게 볼 수 있다. 어른벌레는 6월에 가장 많이 보인다. 참나무를 잘라 쌓아 놓은 곳에서 자주 보인다. 몸빛 때문에 나무에 딱 붙어 있으면 눈에 잘 안 띈다. 밤에 불빛으로 날아오기도 한다. 짝짓기를 마친 암컷은 썩은 참나무나 버드나무 둥치에 알을 낳는다. 알에서 나온 애벌레는 나무껍질 밑을 갉아 먹으면서 큰다. 애벌레에서 어른벌레로 날개돋이하는 데 3~4년쯤 걸린다고 한다.

하늘소과
목하늘소아과

솔수염하늘소 *Monochamus alternatus alternatus*

18~27mm 7~8월 애벌레

솔수염하늘소는 온몸이 붉은 밤색을 띤다. 딱지날개에는 하얀 세로줄과 까만 무늬가 번갈아 나 있다. 더듬이는 몸길이보다 두 배쯤 더 길다. 우리나라 남부 지방과 제주도에서 산다. 밤에 소나무나 잣나무, 삼나무 같은 바늘잎나무 어린 가지 나무껍질을 갉아 먹고, 나무를 베어 쌓아 놓은 곳에 날아와 짝짓기를 한다. 불빛으로 날아오기도 한다. 짝짓기를 마친 암컷은 나무껍질을 큰턱으로 물어뜯은 뒤 꽁무니를 집어넣고 알을 낳는다. 알에서 나온 애벌레는 나무껍질 밑에서 살다가 크면서 시나브로 나무속으로 들어간다. 애벌레로 겨울을 나고, 이듬해 나무속에서 번데기가 된 뒤 7~8월에 어른벌레로 날개돋이해서 밖으로 나온다. 소나무재선충을 옮겨서 소나무에 피해를 많이 준다.

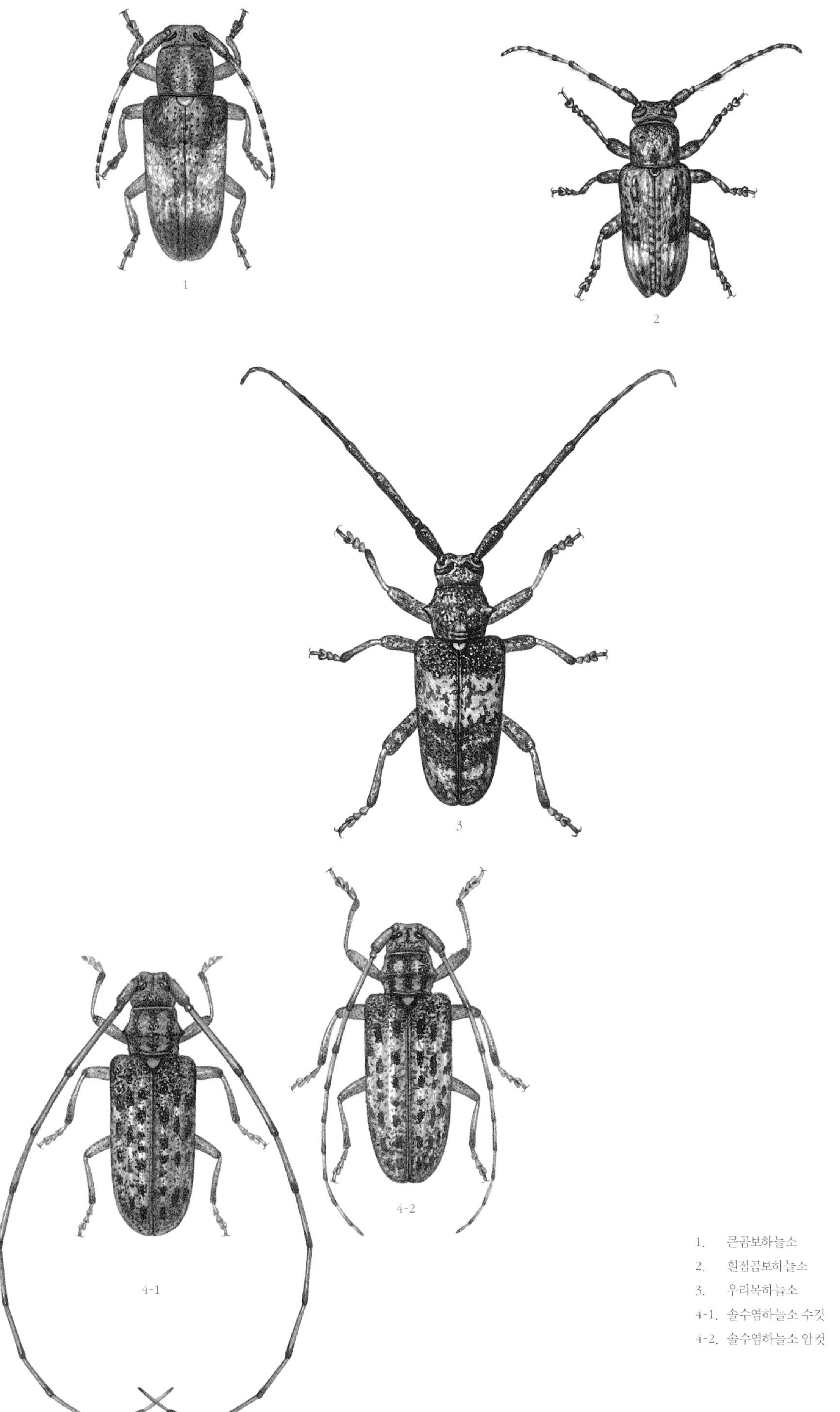

1. 큰곰보하늘소
2. 흰점곰보하늘소
3. 우리목하늘소
4-1. 솔수염하늘소 수컷
4-2. 솔수염하늘소 암컷

하늘소과
목하늘소아과

점박이수염하늘소 *Monochamus guttulatus* 12 ~ 15mm 5 ~ 8월 애벌레

점박이수염하늘소는 딱지날개에 작고 하얀 점들이 자잘하게 나 있는데, 아래쪽에 유난히 큰 하얀 점이 한 쌍 있다. 더듬이는 마디 끝마다 빨갛다. 수컷이 암컷보다 더듬이가 훨씬 길다. 몸은 구릿빛이 도는 밤색이고, 다리는 빨갛다. 온 나라 낮은 산이나 들판에서 제법 흔하게 볼 수 있다. 늙어서 썩은 넓은잎나무에 날아와 먹이를 먹고 짝짓기를 한다. 밤에는 불빛으로 날아오기도 한다. 짝짓기를 마친 암컷은 늙어 썩은 호두나무나 가래나무, 느릅나무 같은 나무껍질을 물어뜯은 뒤에 알을 낳는다. 알에서 나온 애벌레는 나무속을 파먹고 자란다. 다 자란 애벌레는 나무속 깊이 들어가 번데기 방을 만든 뒤 번데기가 된다. 수염하늘소 무리는 모두 더듬이가 몸길이보다 2~3배 긴데, 수염하늘소만 더듬이가 짧아서 몸길이보다 조금 길다. 긴수염하늘소는 남부 지방과 제주도에서 보인다.

하늘소과
목하늘소아과

북방수염하늘소 *Monochamus saltuarius* 11 ~ 19mm 5 ~ 8월 애벌레

북방수염하늘소는 가슴과 딱지날개에 붉은 밤색 무늬가 섞여 얼룩덜룩하다. 온 나라 바늘잎나무 숲에서 쉽게 볼 수 있다. 낮에도 보이지만 거의 밤에 나와서 바늘잎나무 가는 가지 껍질을 갉아 먹는다. 짝짓기를 마친 암컷은 오래되거나 썩은 잣나무, 소나무, 전나무 같은 바늘잎나무에 날아와 큰턱으로 구멍을 뚫고 알을 낳는다. 애벌레는 나무껍질 바로 밑을 갉아 먹는다. 자라면서 시나브로 나무속으로 파고들어 가 겨울을 난다. 이듬해 4월쯤 나무껍질 가까운 곳에서 번데기가 되고, 5월부터 어른벌레로 날개돋이해서 나무 밖으로 나온다. 솔수염하늘소처럼 소나무재선충을 옮겨서 피해를 주는 딱정벌레다. 잣나무에 소나무재선충을 옮기는데, 막 날개돋이를 마친 어른벌레가 나무속에서 구멍을 뚫고 나와 어린 가지를 갉아 먹을 때 몸에 있던 소나무재선충이 갉아 먹은 곳으로 들어가 퍼진다.

하늘소과
목하늘소아과

긴수염하늘소 *Monochamus subfasciatus subfasciatus* 10 ~ 19mm 5 ~ 8월 애벌레

긴수염하늘소는 수염하늘소 무리 가운데 몸집이 가장 작다. 이름처럼 더듬이가 몸길이보다 훨씬 길다. 몸은 검은 밤색이고 자잘한 무늬가 잔뜩 나 있다. 남부 지방과 제주도에서 보인다. 어른벌레는 늦봄부터 여름까지 보인다. 바늘잎나무를 갉아 먹고 짝짓기를 마친 암컷은 베어 낸 바늘잎나무에 날아와 알을 낳는다.

하늘소과
목하늘소아과

알락하늘소 *Anoplophora chinensis* 25 ~ 35mm 6 ~ 8월 애벌레

알락하늘소는 딱지날개에 크고 작은 하얀 무늬가 이리저리 흩어져 있다. 더듬이 마디마다 푸르스름한 하얀 무늬가 있다. 온 나라 넓은잎나무 숲에서 산다. 도시에서 보이기도 한다. 낮에 나와 여러 나무를 돌아다니며 가는 가지를 갉아 먹는다. 짝짓기를 마친 암컷은 버드나무나 뽕나무, 복숭아나무, 도시 가로수로 심어 놓은 플라타너스 같은 나무에 날아와 큰턱으로 나무에 상처를 낸 뒤 알을 하나씩 낳는다. 이렇게 알을 30~90개쯤 낳는다. 알에서 나온 애벌레는 살아 있는 나무속을 파고들며 갉아 먹는다. 그래서 애벌레가 낸 구멍으로 톱밥과 나뭇진이 흘러나온다. 애벌레로 겨울을 나고 이듬해 봄에 번데기가 된다. 어른벌레로 날개돋이하면 나무 밖으로 나온다. 어른벌레가 되는 데 2년 걸린다. 가로수에 피해를 주기도 한다.

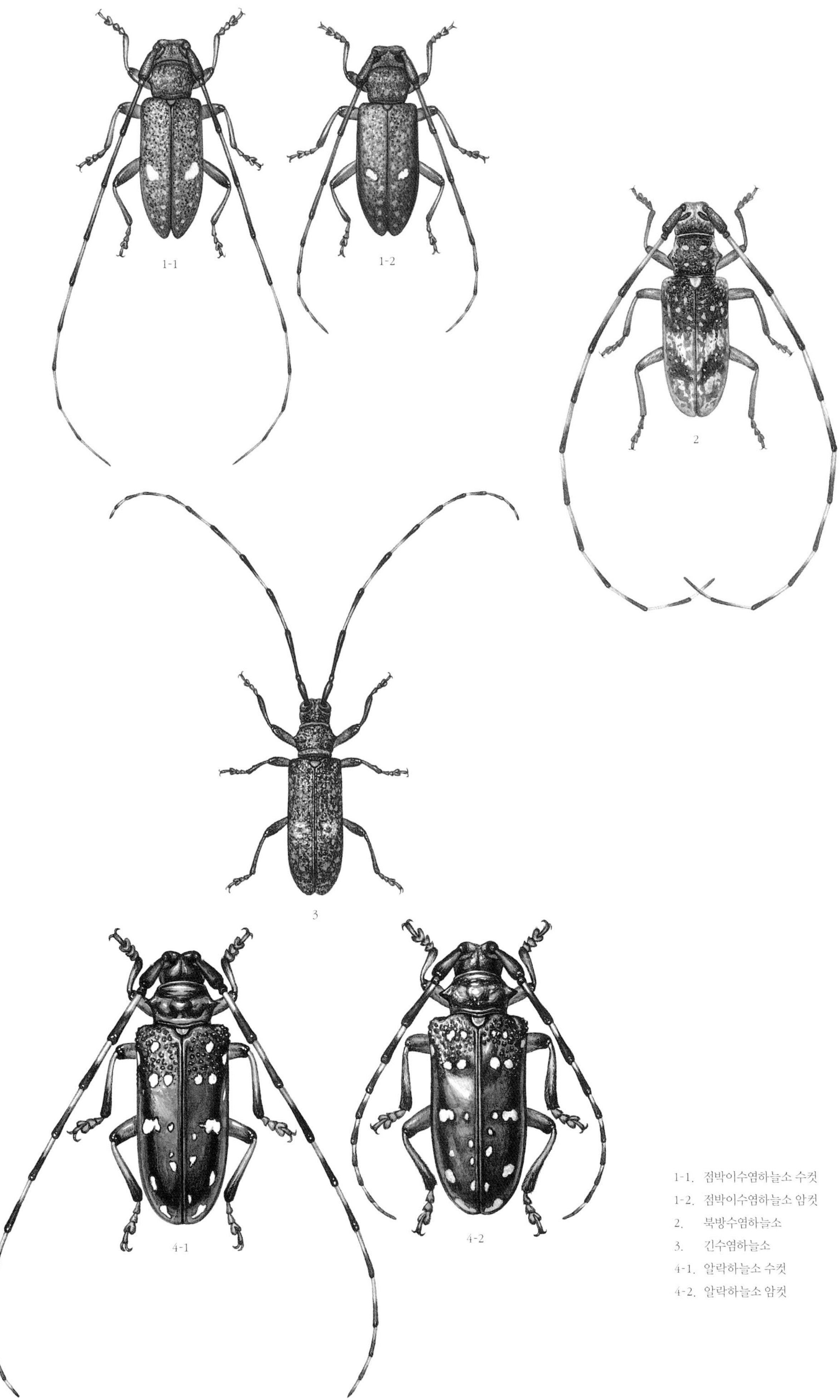

1-1. 점박이수염하늘소 수컷
1-2. 점박이수염하늘소 암컷
2. 북방수염하늘소
3. 긴수염하늘소
4-1. 알락하늘소 수컷
4-2. 알락하늘소 암컷

하늘소과
목하늘소아과

큰우단하늘소 *Acalolepta luxuriosa luxuriosa*

20~36mm · 6~9월 · 애벌레

온몸에 잔털이 우단처럼 잔뜩 덮여 있다고 '우단'이라는 이름이 붙었다. 몸빛이 검은 밤색이고, 딱지날개에 검은 밤색 가로 줄무늬가 있다. 제주도를 포함한 온 나라에서 산다. 어른벌레는 두릅나무에서 많이 볼 수 있다. 얇은 나뭇가지를 갉아 먹고, 밤에 불빛으로 날아오기도 한다. 짝짓기를 마친 암컷은 두릅나무나 팔손이나무 같은 두릅나무과 나무와 전나무, 피나무 같은 나무에 부실한 나뭇가지를 큰턱으로 물어뜯고 알을 낳는다. 알에서 나온 애벌레는 나무껍질 밑을 갉아 먹다가 크면서 나무속을 파고든다. 애벌레로 겨울을 나고, 이듬해 봄에 나무속에서 번데기가 된 뒤 어른벌레로 날개돋이해서 밖으로 나온다.

하늘소과
목하늘소아과

화살하늘소 *Uraecha bimaculata bimaculata*

15~25mm · 6~8월 · 애벌레

화살하늘소는 딱지날개에 검은 밤색 무늬가 마주 나 있다. 딱지날개 끝이 양쪽으로 화살처럼 뾰족하게 갈라졌다. 더듬이는 몸길이에 2배가 될 만큼 길다. 온 나라 넓은잎나무 숲에서 산다. 남부 지방에서 많이 보인다. 낮에는 나무에 붙어 꼼짝을 안 한다. 밤에 돌아다니고, 불빛으로 날아오기도 한다. 짝짓기를 마친 암컷은 오래된 단풍나무, 참나무, 벚나무, 생강나무 같은 여러 가지 넓은잎나무 가지에 알을 낳는다.

하늘소과
목하늘소아과

울도하늘소 *Psacothea hilaris hilaris*

14~30mm · 6~10월 · 애벌레

울릉도에서 맨 처음 찾았다고 '울도하늘소'다. 온몸이 잿빛 털로 덮였다. 몸에 누런 무늬가 많고 더듬이가 아주 길다. 요즘에는 온 나라에서 볼 수 있는데 남부 지방에서 더 많이 보인다. 어른벌레는 낮에 여러 가지 뽕나무와 무화과나무, 황철나무 같은 식물에 날아와 줄기나 잎사귀를 갉아 먹는다. 짝짓기를 마친 암컷은 여러 가지 뽕나무에 많이 날아와 나무껍질 속에 알을 낳는다. 일주일쯤 지나면 알에서 애벌레가 나온다. 애벌레도 뽕나무 속을 갉아 먹는다. 알에서 어른벌레가 되는 데 100일쯤 걸린다고 한다. 두점박이사슴벌레처럼 우리나라에는 사는 곳이 많지 않은 것으로 알려져 멸종위기종이 되었다가, 지금은 남쪽 지역에서 많이 사는 것으로 밝혀졌을 뿐만 아니라 사람이 기르는 방법도 알려져 보호종에서 풀렸다.

하늘소과
목하늘소아과

뽕나무하늘소 *Apriona germari*

35~45mm · 7~9월 · 애벌레

뽕나무하늘소는 장수하늘소나 하늘소처럼 눈에 띄게 몸집이 크다. 몸은 잿빛이나 푸른빛이 도는 누런 밤색 털로 덮여 있다. 앞가슴등판 양옆에는 뾰족한 가시가 있다. 딱지날개 앞쪽에 작은 알갱이들이 우툴두툴 나 있다. 수컷은 더듬이가 몸길이보다 조금 길고 암컷은 조금 짧다. 어른벌레는 온 나라에서 보인다. 뽕나무, 사과나무, 배나무, 버드나무, 벚나무 같은 여러 가지 넓은잎나무를 먹고 산다. 여름에 새로 난 나뭇가지 껍질이나 과일을 물어뜯고 즙을 빨아 먹는다. 밤에는 불빛을 보고 날아오기도 한다. 짝짓기를 마친 암컷은 7월 중순에서 8월 사이에 한 자리에 하나씩 알을 70개쯤 낳는다. 사과나무나 무화과나무에 알을 많이 낳는다. 아직 한두 해밖에 자라지 않은 가는 가지를 골라 껍질을 물어뜯고 그 속에 알을 낳는다. 열흘쯤 지나면 애벌레가 나와 나무속을 파먹으면서 자란다. 나무줄기 속에서 애벌레로 두 해 겨울을 나고 이듬해 늦은 봄에 번데기가 된다. 번데기로 두세 주를 보내고 여름에 어른벌레로 날개돋이한다. 7월 말에 가장 많이 보인다. 어른벌레는 30~40일쯤 산다. 나무속에 뽕나무하늘소 애벌레가 살면 나무가 약해지고 심할 때는 나무가 말라 죽기도 한다. 천적인 말총벌과 홍고치벌은 나무속에 있는 뽕나무하늘소 애벌레를 찾아내 알을 낳는다.

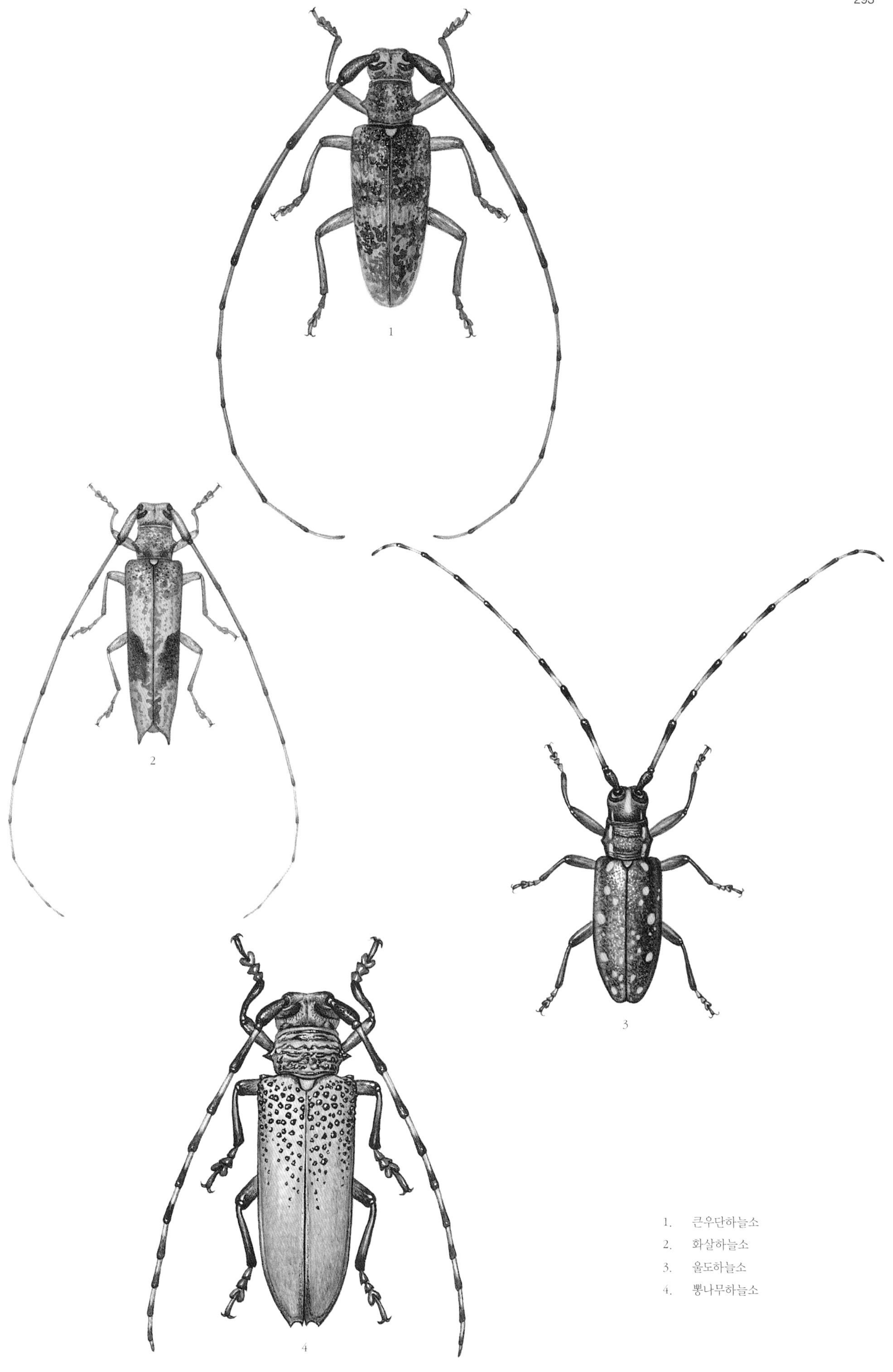

1. 큰우단하늘소
2. 화살하늘소
3. 울도하늘소
4. 뽕나무하늘소

하늘소과
목하늘소아과

참나무하늘소 *Batocera lineolata*

45~52mm · 5~7월 · 애벌레, 어른벌레

참나무하늘소는 우리나라에서 장수하늘소와 하늘소처럼 몸집이 큰 하늘소다. 남해 바닷가 넓은잎나무 숲에서 많이 산다. 앞가슴등판 가운데에 하얀 점무늬가 두 개 있다. 딱지날개 앞쪽에도 하얀 점이 여기저기 나 있다. 낮에는 나무에 붙어 쉬다가 밤에 돌아다니면서 참나무나 오리나무 가는 가지를 갉아 먹는다. 밤에 불빛으로 날아오기도 한다. 짝짓기를 마친 암컷은 오래 묵은 여러 가지 참나무나 밤나무, 오리나무, 오동나무, 느티나무, 버드나무 같은 여러 가지 넓은잎나무에 알을 낳는다. 나무껍질을 큰턱으로 뜯어 상처를 낸 뒤 알을 하나씩 여러 번 낳는다. 일주일쯤 지나 알에서 나온 애벌레는 나무속을 파먹고 산다. 애벌레가 파먹는 나무줄기는 툭 부풀어 오르기도 하고, 나무를 말라 죽게도 한다. 애벌레로 2~3년을 산다. 다 자란 애벌레는 굴 끝에 둥그런 번데기 방을 만들고 번데기가 된다. 어른벌레로 날개돋이하면 몸이 다 굳은 뒤에 나무 밖으로 나온다. 어른벌레가 되는 데 2~4년이 걸린다.

하늘소과
목하늘소아과

털두꺼비하늘소 *Moechotypa diphysis*

19~27mm · 4~10월 · 어른벌레

털두꺼비하늘소는 딱지날개 앞쪽에 까만 털 뭉치가 두 개 있고, 몸은 두꺼비처럼 울퉁불퉁하다. 5월 말에서 6월 사이에 가장 많이 보인다. 온 나라 산이 가까운 들판이나 마을에 자주 날아온다. 도시에서도 자주 보인다. 손으로 잡으면 '끼이, 끼이' 하고 소리를 낸다. 짝짓기를 마친 암컷은 베어 낸 지 얼마 안 된 상수리나무나 졸참나무, 굴피나무, 밤나무, 가시나무, 개서어나무, 복숭아나무 따위에 알을 낳는다. 표고버섯을 기르려고 베어 둔 참나무에도 낳는다. 나무껍질을 입으로 뜯어 상처를 내고 그 밑에 알을 낳는다. 보통 5월 초부터 알을 낳는다. 마른 나무보다는 축축한 나무를 좋아하고 너무 굵은 나무보다 지름이 10cm가 안 되는 나무에 낳기를 좋아한다. 열흘쯤 지나면 알에서 애벌레가 나온다. 애벌레는 나무속을 파먹고 산다. 애벌레가 사는 나무에서는 톱밥 같은 나무 부스러기가 떨어진다. 애벌레는 두 달쯤 뒤에 번데기가 되고, 번데기는 8일쯤 지나면 어른벌레로 날개돋이한다. 가을에 나온 어른벌레는 나무껍질이나 가랑잎 밑에서 겨울잠을 자고 이듬해 봄에 다시 나와 돌아다닌다.

하늘소과
목하늘소아과

점박이염소하늘소 *Olenecamptus clarus*

12~14mm · 6~8월 · 애벌레

점박이염소하늘소는 온몸은 까만데, 하얀 털로 덮여 있다. 털은 손으로 만지면 벗겨진다. 딱지날개에는 까만 점무늬가 세 쌍 있다. 온 나라 낮은 산 넓은잎나무 숲에서 보인다. 어른벌레가 뽕나무 잎을 갉아 먹어서 마을 둘레에서도 보인다. 잎 뒤에 붙어서 잎을 갉아 먹는다. 밤에 불빛으로 날아오기도 한다. 짝짓기를 마친 암컷은 뽕나무나 호두나무 가지에 알을 낳는다. 알에서 나온 애벌레는 나무껍질 밑을 갉아 먹다가 크면서 나무속으로 들어가 겨울을 난다. 다 자란 애벌레는 나무속에서 번데기가 된다.

하늘소과
목하늘소아과

굴피염소하늘소 *Olenecamptus formosanus*

11~16mm · 5~8월 · 애벌레

굴피염소하늘소는 온몸이 누렇다. 더듬이는 몸길이보다 훨씬 길다. 온 나라 몇몇 곳 넓은잎나무 숲에서 산다. 한낮에 호두나무나 뽕나무 같은 나무 잎 뒤에 붙어서 잎을 갉아 먹는다. 하지만 나무 높이 붙어 있어서 쉽게 보기 어렵다. 밤에 불빛으로 날아오기도 한다. 짝짓기를 마친 암컷은 호두나무나 뽕나무 가지를 큰턱으로 물어뜯은 뒤 꽁무니를 대고 알을 낳는다. 알에서 나온 애벌레는 처음에는 나무껍질 밑을 갉아 먹다가 크면서 나무속을 파고든다. 다 자란 애벌레는 나무속에서 번데기 방을 만들어 번데기가 된다. 어른벌레로 날개돋이하면 나무 밖으로 나온다.

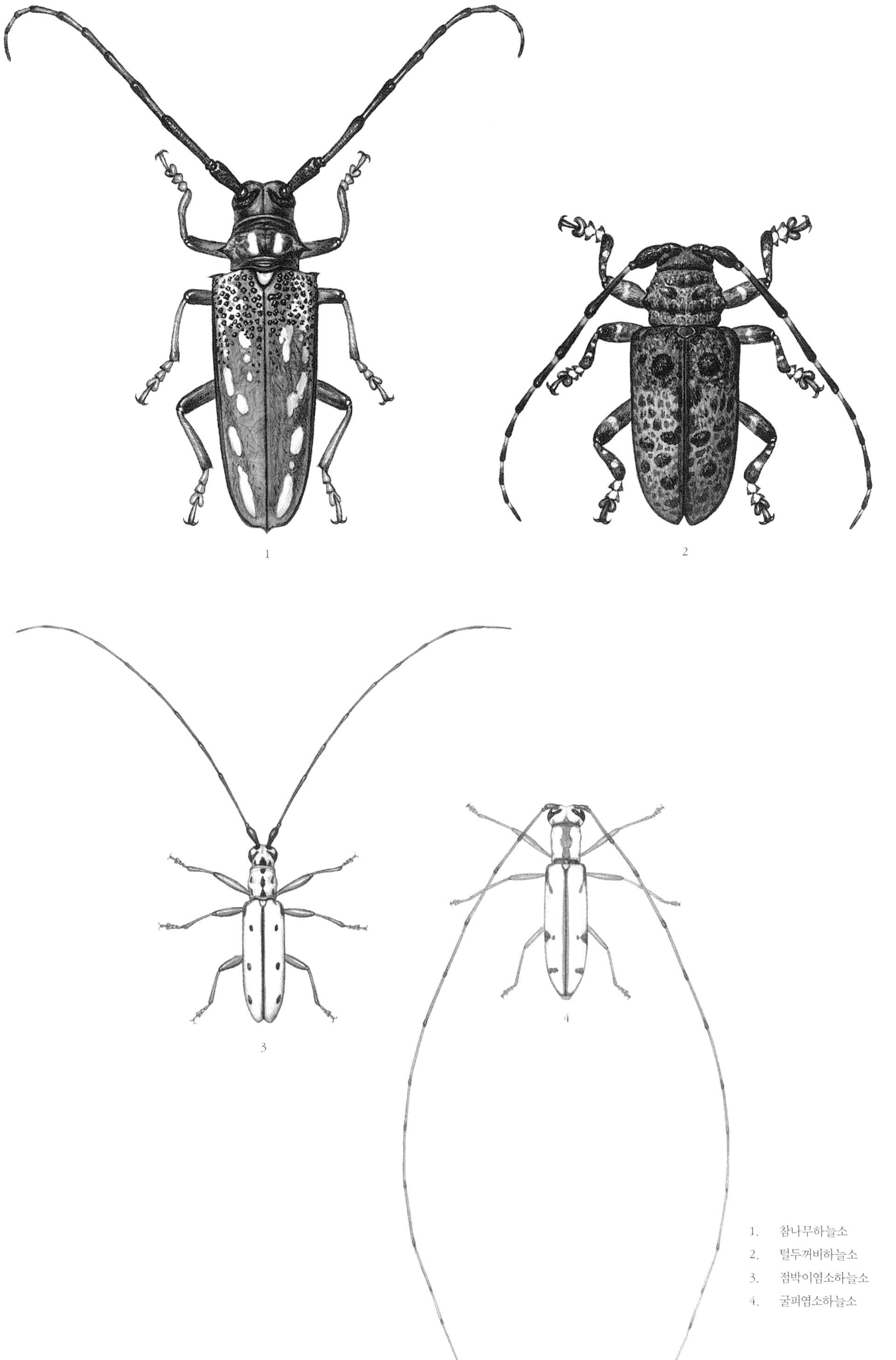

1. 참나무하늘소
2. 털두꺼비하늘소
3. 점박이염소하늘소
4. 굴피염소하늘소

하늘소과
목하늘소아과

무늬곤봉하늘소 *Rhopaloscelis unifasciatus* 5~9mm 4~7월 어른벌레

무늬곤봉하늘소는 몸이 거무스름하고 딱지날개에 잿빛 털이 촘촘하게 나 있다. 딱지날개 가운데쯤에 굵고 까만 띠무늬가 나 있다. 온 나라 넓은잎나무 숲에서 제법 쉽게 볼 수 있다. 낮에 나와 숲속을 돌아다니며 짝을 찾는다. 밤에 불빛으로 날아오기도 한다. 짝짓기를 마친 암컷은 참나무나 물푸레나무, 버드나무, 호두나무 같은 나무에 날아와 늙은 가지에 구멍을 뚫고 알을 낳는다. 알에서 나온 애벌레는 곧장 나무속을 파고들어간다. 가을에 어른벌레로 날개돋이해서 겨울을 난다.

하늘소과
목하늘소아과

새똥하늘소 *Pogonocherus seminiveus* 6~8mm 2~5월 어른벌레

생김새가 새똥을 닮았다고 '새똥하늘소'다. 온몸은 까만데, 딱지날개 앞쪽이 하얗다. 딱지날개 끝에는 뾰족한 가시처럼 생긴 돌기가 2개 있다. 온몸에는 털이 나 있다. 온 나라 두릅나무가 자라는 곳에서 쉽게 볼 수 있다. 어른벌레는 다른 하늘소보다 빨리 나오기 때문에 이른 봄부터 두릅나무 둘레를 돌아다녀야 만날 수 있다. 하지만 몸길이가 작고, 생김새가 새똥을 닮아서 잘 눈에 띄지 않는다. 또 위험을 느끼면 다리를 오므리고 죽은 척한다. 두릅나무나 느릅나무, 피나무, 팔손이 같은 나무 새순과 나무껍질을 갉아 먹고, 거기에 알을 낳는다. 알에서 나온 애벌레는 나무껍질 밑을 갉아 먹다가 크면서 나무속을 파고든다. 다 자란 애벌레는 나무속에 번데기 방을 만들고 번데기가 된다. 가을에 어른벌레로 날개돋이해서 구멍을 뚫고 나온 뒤 나무껍질 밑에서 겨울을 난다.

하늘소과
목하늘소아과

줄콩알하늘소 *Exocentrus lineatus* 6mm 안팎 5~8월 애벌레

줄콩알하늘소는 몸빛이 검은 밤색인데, 딱지날개에 하얀 세로줄 무늬가 있다. 온 나라 낮은 산에서 제법 쉽게 볼 수 있다. 낮에 나와 뽕나무나 팽나무 같은 여러 가지 나무 죽은 가지에 붙어 있다. 위험을 느끼면 온몸을 오므리고 땅에 툭 떨어진다. 밤에 불빛으로 날아오기도 한다. 짝짓기를 마친 암컷은 죽은 나뭇가지에 알을 낳는다. 알에서 나온 애벌레는 나무껍질 밑을 갉아 먹다가 크면서 나무속으로 들어간다. 애벌레로 겨울을 나고, 다 큰 애벌레는 나무속에서 어른벌레로 날개돋이한 뒤 밖으로 나온다.

하늘소과
목하늘소아과

별긴하늘소 *Saperda balsamifera* 12~14mm 5~7월 애벌레

별긴하늘소는 몸이 짙은 밤색이고, 딱지날개에 누런 점무늬가 나 있다. 경기도와 강원도 넓은잎나무 숲에서 드물게 볼 수 있다. 어른벌레는 6월에 가장 많이 보인다. 애벌레는 버드나무나 사시나무, 황철나무 같은 나무속을 갉아 먹고 자라며 애벌레로 겨울을 난다.

하늘소과
목하늘소아과

팔점긴하늘소 *Saperda octomaculata* 9~18mm 5~8월 애벌레

팔점긴하늘소는 이름처럼 딱지날개에 까만 점이 4쌍씩 여덟 개 있다. 몸에는 잿빛 가루가 덮여 있다. 앞가슴등판에도 까만 점이 2개 있다. 온 나라 넓은잎나무 숲에서 제법 쉽게 볼 수 있다. 어른벌레는 썩은 벚나무나 느릅나무, 마가목에서 자주 보인다. 낮에 나와 날아다니고, 밤에 불빛으로 날아오기도 한다.

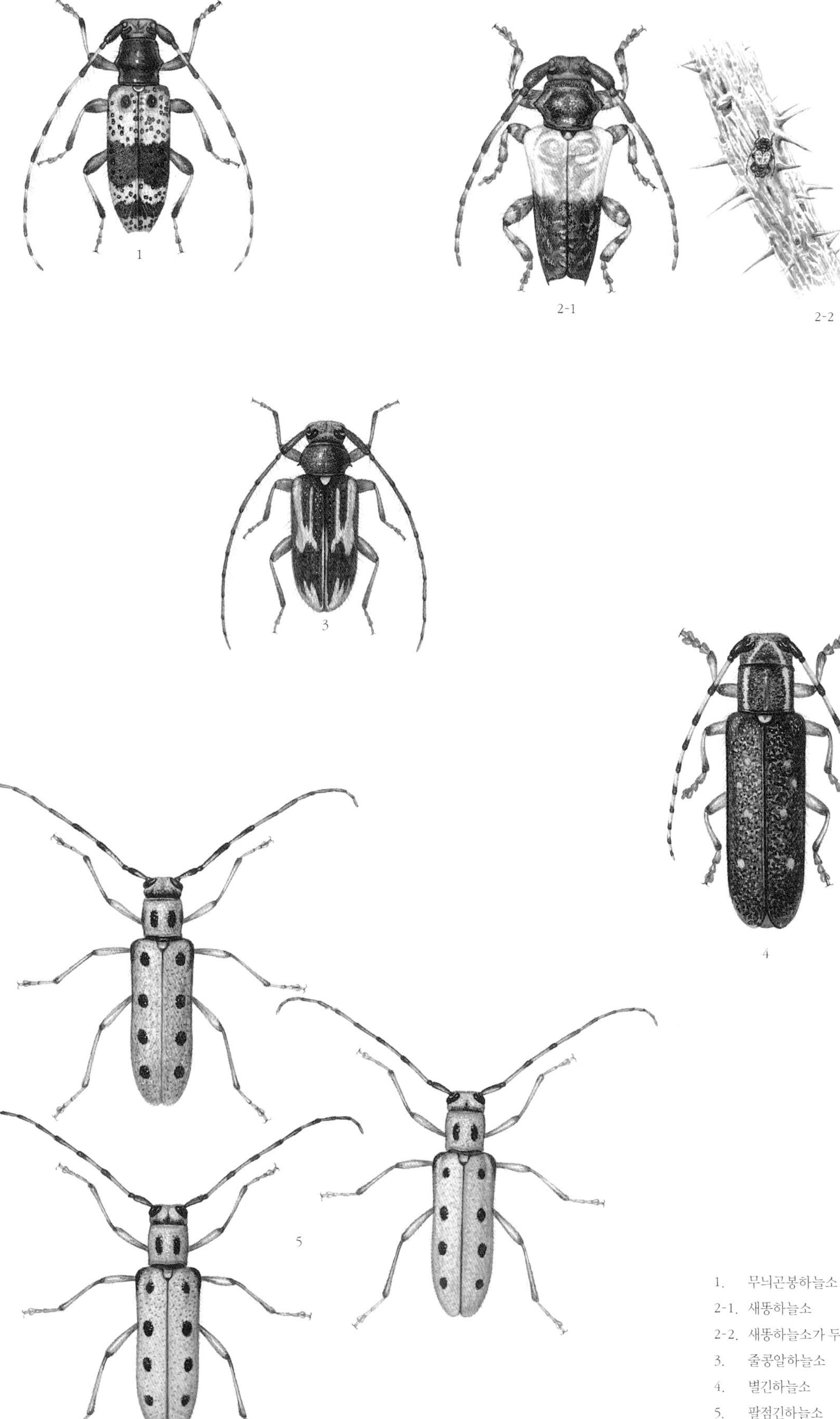

1. 무늬곤봉하늘소
2-1. 새똥하늘소
2-2. 새똥하늘소가 두릅나무에 날아왔다.
3. 줄콩알하늘소
4. 별긴하늘소
5. 팔점긴하늘소

하늘소과
목하늘소아과

녹색네모하늘소 *Eutetrapha metallescens*

12 ~ 17mm 5 ~ 8월 어른벌레

녹색네모하늘소는 이름처럼 몸이 풀빛으로 반짝거린다. 누런빛이 돌기도 한다. 앞가슴등판에는 까만 무늬가 2개 있다. 딱지날개에도 까만 무늬가 3쌍 있다. 맨 아래쪽 까만 무늬는 갈고리처럼 휘어진다. 제주도를 포함한 온 나라에서 산다. 넓은잎나무가 자라는 산에서 늦봄부터 여름까지 나온다. 어른벌레는 피나무나 느릅나무, 머루 잎을 갉아 먹고, 오후에 나무를 잘라 쌓아 놓은 곳이나 썩은 나무에서 많이 보인다. 밤에 불빛으로 날아오기도 한다. 짝짓기를 마친 암컷은 썩은 나무에 작은 구멍을 뚫고 알을 한 개씩 낳는다. 알에서 나온 애벌레는 나무껍질 밑을 갉아 먹는다. 다 자란 애벌레는 나무속을 파고들어 가 번데기 방을 만든 뒤 그 속에서 번데기가 된다. 가을에 어른벌레로 날개돋이한 뒤 겨울을 난다.

하늘소과
목하늘소아과

삼하늘소 *Thyestilla gebleri*

10 ~ 15mm 5 ~ 7월 애벌레

삼하늘소는 온몸이 검고, 배 쪽은 하얀 털이 덮여 있어 하얗게 보인다. 머리와 앞가슴등판, 딱지날개에 하얀 줄무늬가 있다. 온몸이 다 까만 것도 있다. 몸은 짧고 뚱뚱하다. 이름처럼 '삼'이라는 풀에 사는 작은 하늘소다. 삼은 2~3m 높이까지 자라는 키가 큰 풀인데 예전에는 집집마다 밭에 심어 길렀다. 삼밭에 가면 여러 마리가 이 풀 저 풀에 모여 있다. 삼을 많이 심어 기를 때는 마을 둘레에도 삼하늘소가 흔했다. 어쩌다 삼이 남아 있는 곳에서는 삼하늘소를 볼 수 있다. 어른벌레는 5월부터 7월까지 나타나는데 6월에 가장 많다. 어른벌레는 낮에 나와 삼에서 눈이나 잎을 갉아 먹는다. 짝짓기를 마친 암컷은 삼이나 엉겅퀴, 모시풀 줄기를 큰턱으로 물어뜯은 뒤 알을 낳는다. 알에서 나온 애벌레는 줄기 속을 파먹고 자란다. 겨울이 오면 뿌리 쪽으로 내려가 겨울을 난다. 이듬해 봄에 다 자란 애벌레는 번데기 방을 만들고, 어른벌레로 날개돋이하면 밖으로 나온다.

하늘소과
목하늘소아과

황하늘소 *Menesia flavotecta*

6 ~ 10mm 5 ~ 7월 애벌레

황하늘소는 이름처럼 머리와 앞가슴등판, 딱지날개에 노란 무늬가 있다. 강원도 숲에서 볼 수 있다. 어른벌레는 주로 낮에 나와 가래나무 잎을 갉아 먹는다. 밤에 불빛으로 날아오기도 한다. 짝짓기를 마친 암컷은 가래나무 껍질 밑이나 가지에 알을 낳는다. 알에서 나온 애벌레는 나무껍질 밑을 갉아 먹는다. 날씨가 추워지면 애벌레로 겨울을 난다. 다 크면 나무속으로 들어가 번데기 방을 만들고 번데기가 된다.

하늘소과
목하늘소아과

당나귀하늘소 *Eumecocera impustulata*

8 ~ 11mm 5 ~ 7월 애벌레

당나귀하늘소는 온몸이 푸르스름한 빛이 돌거나 밤색, 노란색으로 여러 가지다. 앞가슴등판에는 까만 줄무늬가 있다. 제주도를 포함한 온 나라 낮은 산 넓은잎나무 숲에서 제법 쉽게 볼 수 있다. 어른벌레는 낮에 나와 느릅나무나 서어나무, 피나무 같은 나뭇잎을 갉아 먹는다. 밤에 불빛으로 날아오기도 한다. 짝짓기를 마친 암컷은 느릅나무나 서어나무, 밤나무 나뭇가지 껍질 틈에 알을 낳는다. 애벌레로 겨울을 나고, 이듬해 이른 봄에 번데기가 되어 어른벌레로 날개돋이한다.

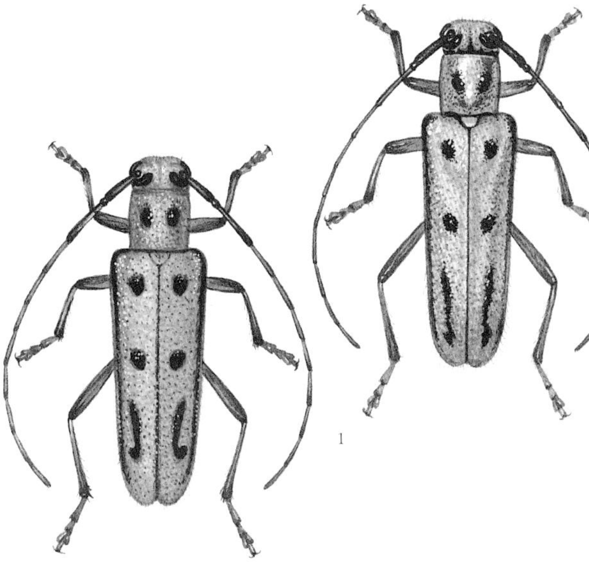

1

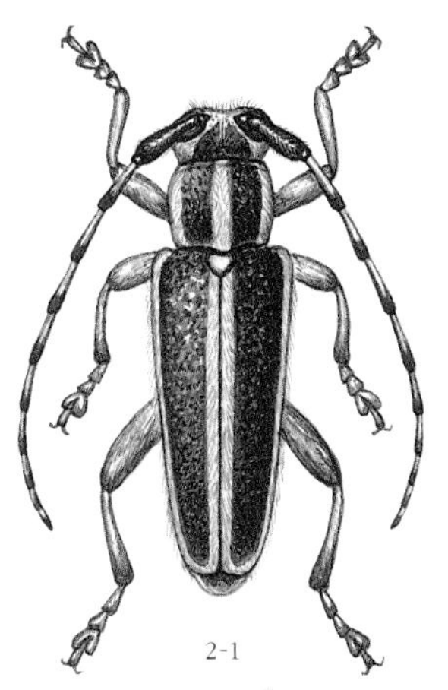

2-1

2-2

3

4

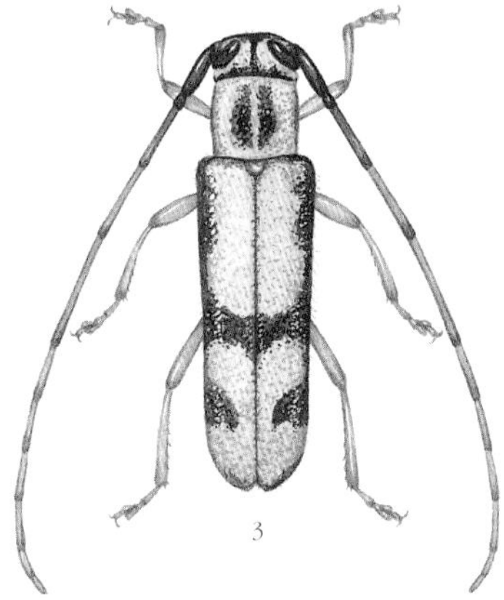

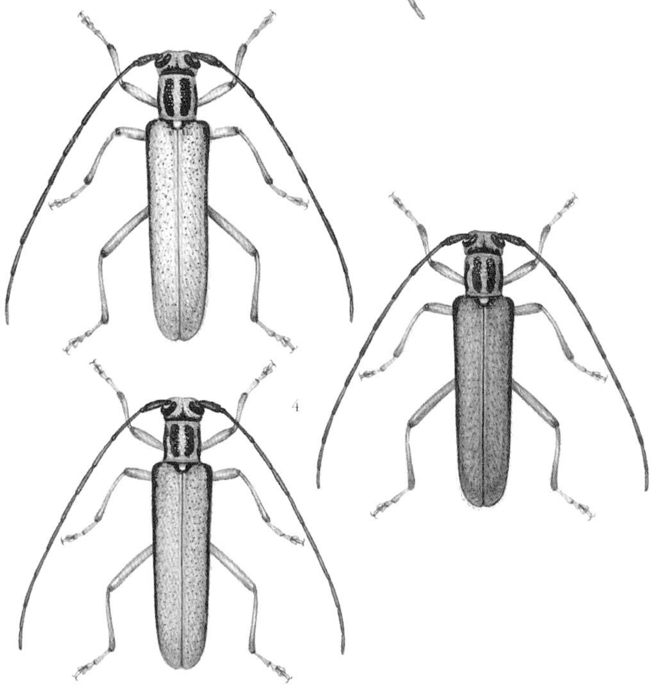

1. 녹색네모하늘소
2-1. 삼하늘소
2-2. 삼하늘소가 삼 잎에 앉아 있다.
3. 황하늘소
4. 당나귀하늘소

하늘소과
목하늘소아과

국화하늘소 *Phytoecia rufiventris*

6 ~ 9mm 4 ~ 5월 어른벌레, 애벌레

국화하늘소는 몸이 까만데, 앞가슴등판에 빨간 점이 있다. 온 나라 들판에서 제법 쉽게 볼 수 있다. 이름처럼 어른벌레는 국화과 식물에 날아와 잎을 갉아 먹고, 짝짓기를 하고 알을 낳는다. 낮에 쑥이나 개망초에서 많이 보인다. 짝짓기를 마친 암컷은 살아 있는 줄기를 큰턱으로 물어뜯은 뒤 그 속에 알을 낳는다. 보름쯤 지나면 알에서 애벌레가 깨어 나온다. 애벌레가 줄기 속을 아래쪽으로 내려가면서 파먹는다. 그래서 위쪽 줄기가 말라 죽는다. 8월쯤 뿌리까지 내려가 번데기 방을 만들고 그 속에서 번데기가 된다. 9월쯤 어른벌레로 날개돋이해서 밖으로 나온다. 밖으로 나온 어른벌레는 먹이를 먹다가 식물 뿌리가 있는 땅속으로 들어가 겨울을 난다. 알에서 늦게 깨어난 애벌레는 그대로 땅속에서 겨울잠을 자기도 한다.

하늘소과
목하늘소아과

노랑줄점하늘소 *Epiglenea comes comes*

8 ~ 11mm 5 ~ 8월 애벌레

노랑줄점하늘소는 이름처럼 까만 몸에 노란 줄이 나 있다. 앞가슴등판에는 가운데와 양옆에 노란 줄이 있다. 딱지날개 앞쪽에는 노란 세로 줄무늬가 나 있고 그 뒤로 노란 줄무늬가 가로로 나 있다. 눈 뒤쪽도 노랗다. 온 나라 낮은 산에서 제법 쉽게 볼 수 있다. 어른벌레는 한낮에 자귀나무나 붉나무, 호두나무 죽은 나무에 잘 날아온다. 애벌레는 썩은 가래나무, 호두나무 같은 나무껍질 밑을 갉아 먹는다. 다 자란 애벌레는 나무속으로 들어가 겨울을 난 뒤 이듬해 봄에 번데기가 된다.

하늘소과
목하늘소아과

선두리하늘소 *Nupserha marginella marginella*

9 ~ 13mm 5 ~ 7월 모름

선두리하늘소는 온몸이 누런 밤색인데 머리만 까맣다. 딱지날개 양쪽 가장자리에는 까만 줄이 나 있다. 제주도를 포함한 온 나라 풀밭이나 넓은잎나무 숲에서 산다. 어른벌레는 낮에 나와 돌아다니며 사과나무나 배나무, 쉬나무, 황벽나무, 쉬땅나무, 피나무, 버드나무 같은 나무를 갉아 먹는다.

하늘소과
목하늘소아과

사과하늘소 *Oberea vittata*

12 ~ 19mm 5 ~ 8월 애벌레

사과하늘소는 온몸이 까맣고, 다리와 앞가슴등판은 주황색이다. 딱지날개 위쪽도 주황빛이다. 온 나라 산에서 제법 쉽게 볼 수 있다. 어른벌레는 6~7월에 많이 보인다. 사과나무, 배나무, 복사나무에 잘 날아온다. 밤에 불빛으로 날아오기도 한다. 짝짓기를 마친 암컷은 사과나무나 배나무, 복사나무 가지에 알을 하나씩 낳는다고 한다. 우리나라에는 사과하늘소 무리가 9종쯤 산다.

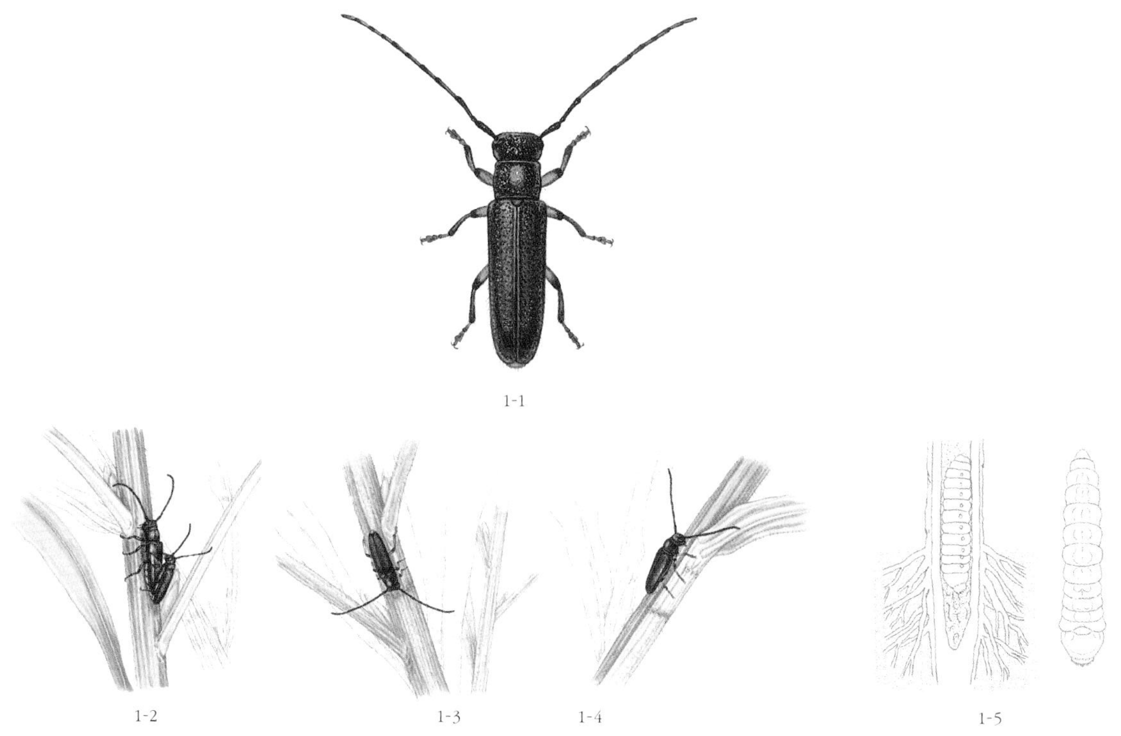

1-1

1-2 1-3 1-4 1-5

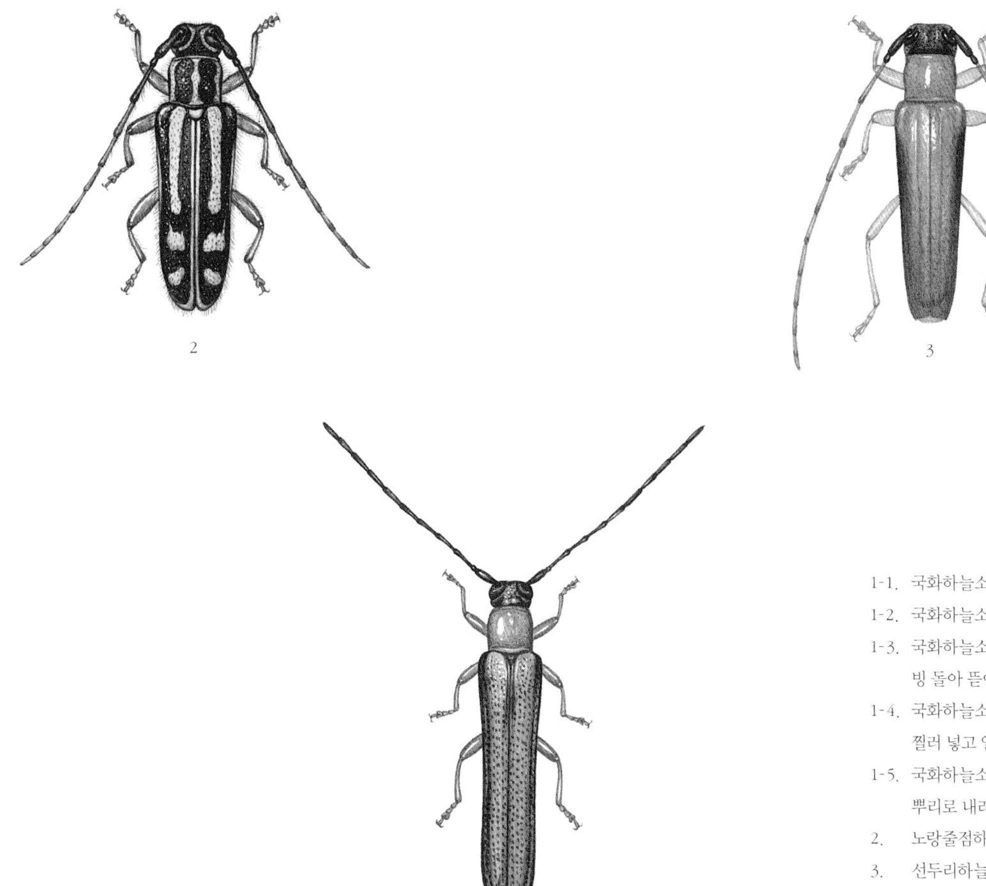

2 3

4

1-1. 국화하늘소
1-2. 국화하늘소 짝짓기 모습
1-3. 국화하늘소가 개망초 줄기를 큰턱으로 빙 돌아 뜯어 알 낳을 곳을 만들고 있다.
1-4. 국화하늘소가 산란관을 줄기 속에 찔러 넣고 알을 낳고 있다.
1-5. 국화하늘소 애벌레가 줄기 속을 파먹으며 뿌리로 내려가고 있다.
2. 노랑줄점하늘소
3. 선두리하늘소
4. 사과하늘소

하늘소과
목하늘소아과

홀쭉사과하늘소 *Oberea fuscipennis*

11 ~ 19mm 6 ~ 8월 애벌레

홀쭉사과하늘소는 온몸이 누런 밤색이다. 더듬이는 까맣다. 딱지날개 양옆과 뒤쪽은 검다. 몸이 가늘고 길쭉하다. 온 나라 산에서 제법 쉽게 볼 수 있다. 낮에 어른벌레가 산등성이나 산길에서 빠르게 날아다닌다. 밤에 불빛으로도 날아온다. 짝짓기를 마친 암컷은 쉬나무나 황벽나무에 날아와 알을 낳는다.

하늘소과
목하늘소아과

두눈사과하늘소 *Oberea oculata*

16 ~ 18mm 5 ~ 7월 애벌레

두눈사과하늘소는 주황빛 앞가슴등판에 두 눈처럼 새까만 점이 두 개 나 있다. 머리와 더듬이는 까맣고, 딱지날개는 잿빛이다. 몸이 길쭉하고 원통처럼 생겼다. 시냇가나 강 둘레에서 자라는 버드나무에서 볼 수 있다. 짝짓기를 마친 암컷은 수양버들이나 호랑버들, 키버들 같은 버드나무에 날아와 줄기에 큰턱으로 구멍을 낸 뒤 알을 낳는다. 알에서 나온 애벌레는 버드나무 줄기 속을 파먹고 자란다.

하늘소과
목하늘소아과

고리사과하늘소 *Oberea pupillata*

15 ~ 20mm 5 ~ 6월 애벌레

고리사과하늘소는 머리와 더듬이가 까맣다. 앞가슴등판은 주홍색인데 까만 무늬가 있다. 딱지날개 위쪽은 주황색인데 날개 끝으로 갈수록 푸르스름한 검은색을 띤다. 다리는 빨갛다. 중부 지방 산에서 볼 수 있다.

하늘소과
목하늘소아과

모시긴하늘소 *Paraglenea fortunei*

9 ~ 25mm 5 ~ 7월 애벌레

모시긴하늘소는 앞가슴등판에 까만 점 무늬가 2개 있다. 딱지날개는 까만데 풀빛이 도는 넓은 가로 무늬가 있다. 남부 지방에서 산다. 무궁화나 모시풀에서 자주 보인다. 짝짓기를 마친 암컷은 모시풀 줄기 속에 알을 낳는다. 알에서 나온 애벌레는 줄기 속을 갉아 먹으면 큰다. 애벌레로 겨울을 나고 이듬해 어른벌레가 된다.

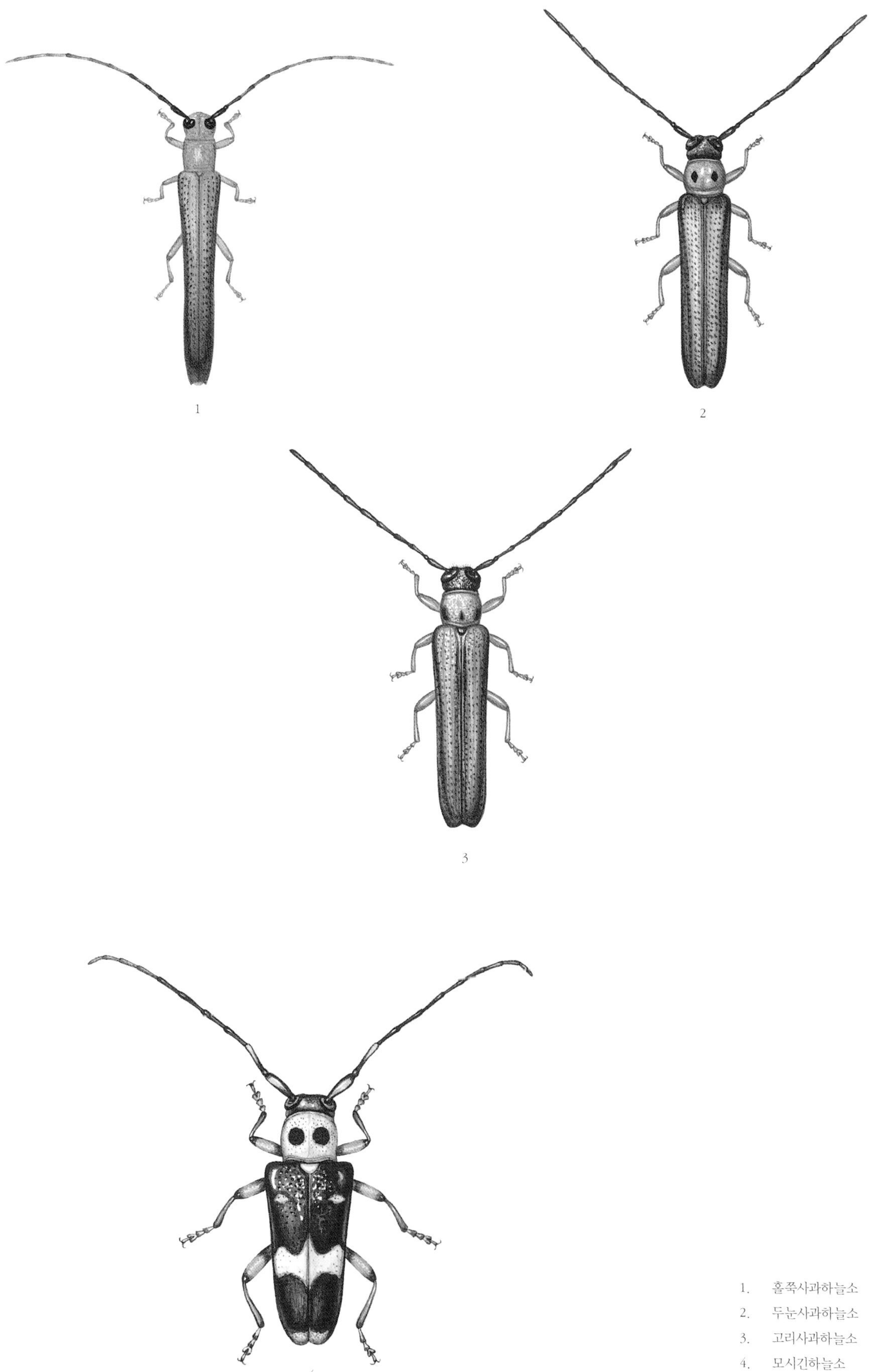

1. 홀쭉사과하늘소
2. 두눈사과하늘소
3. 고리사과하늘소
4. 모시긴하늘소

잎벌레과
뿌리잎벌레아과

원산잎벌레 *Donacia flemola*

7~8mm · 5~6월 · 모름

원산잎벌레는 몸이 까맣다. 앞가슴등판에는 홈이 잔뜩 파여 있다. 뿌리잎벌레아과 무리는 우리나라에 8종이 알려졌다. 이 무리는 어른벌레와 애벌레가 물에 자라는 식물을 갉아 먹는다. 뿌리잎벌레아과 무리는 다른 잎벌레 무리와 달리 첫 번째 배마디 길이가 나머지 배마디 길이를 합한 길이보다 길거나 같다.

잎벌레과
뿌리잎벌레아과

렌지잎벌레 *Donacia lenzi*

6~8mm · 5~11월 · 모름

렌지잎벌레는 몸빛이 풀빛이 도는 구릿빛이거나 까맣다. 더듬이는 붉은 밤색인데 마디 아래쪽이 까맣다. 더듬이 세 번째 마디가 두 번째 마디 길이와 같다. 어른벌레는 5~7월에 많이 볼 수 있다. 저수지나 늪에서 자라는 순채나 수련 잎을 갉아 먹는다. 물에 잠긴 잎은 안 먹고 떠 있는 잎을 먹는다. 애벌레도 어른벌레처럼 물 위에 뜬 잎을 갉아 먹는다.

잎벌레과
뿌리잎벌레아과

벼뿌리잎벌레 *Donacia provostii*

6mm 안팎 · 6~11월 · 애벌레

벼뿌리잎벌레는 몸이 풀빛이거나 푸르스름한 빛이 도는 구릿빛이다. 배 쪽에는 하얀 털이 잔뜩 나 있다. 더듬이는 붉은 밤색이다. 더듬이 세 번째 마디가 두 번째 마디 길이보다 짧다. 어른벌레는 6월 말부터 보인다. 7~8월에 짝짓기를 마친 암컷이 순채나 개연꽃, 가래, 마름 같이 저수지나 늪에 자라는 식물 잎 뒷면에 알을 낳는다. 알에서 나온 애벌레는 식물 뿌리를 갉아 먹는다. 벼 뿌리를 갉아 먹기도 한다. 애벌레는 11월부터 땅속에 들어가 겨울을 나고 이듬해 5월에 다시 나와 잎을 갉아 먹는다. 그러다 6월쯤에 번데기가 된다.

잎벌레과
뿌리잎벌레아과

넓적뿌리잎벌레 *Plateumaris sericea sibirica*

7~11mm · 5~9월 · 번데기

넓적뿌리잎벌레는 온몸이 검은 밤색이고, 쇠붙이처럼 반짝거린다. 보는 각도에 따라 청동빛, 구릿빛이 돈다. 앞가슴등판에는 주름이 자글자글하다. 허벅지마디는 툭 불거졌다. 낮은 산이나 들판에 있는 풀밭에서 산다. 사초과 식물인 바랭이, 왕바랭이, 강아지풀 따위를 갉아 먹는다. 짝짓기를 마친 암컷은 사초과 식물 잎에 5월 말쯤 알을 낳는다. 날씨가 추워지면 번데기로 겨울을 난다.

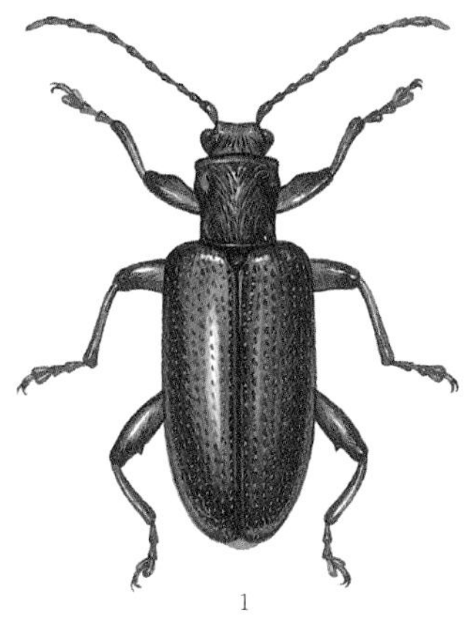
1

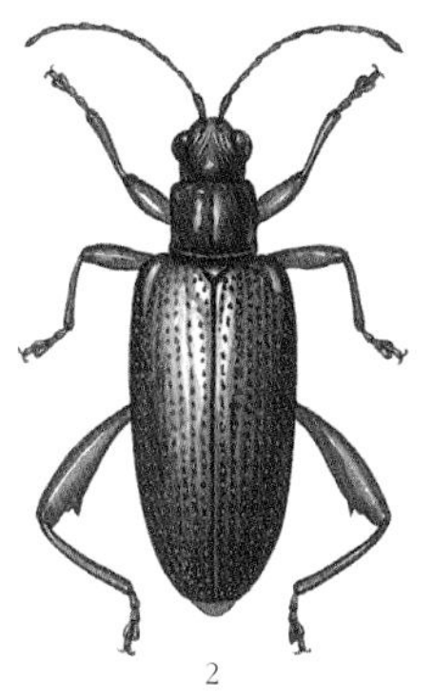
2

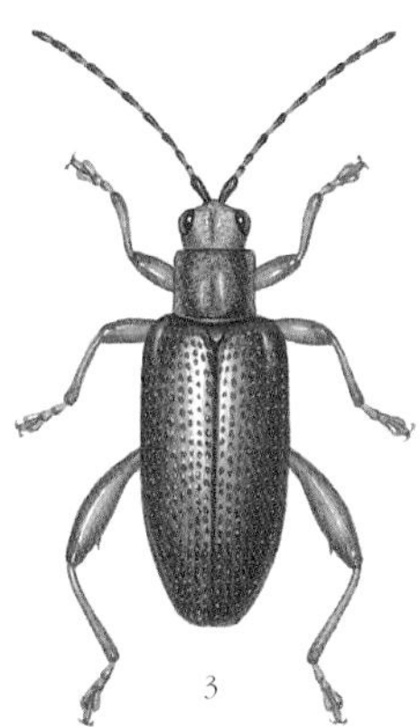
3

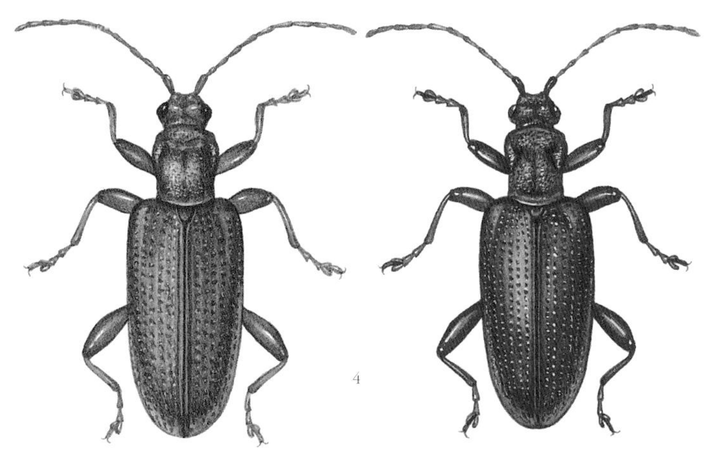
4

1. 원산잎벌레
2. 렌지잎벌레
3. 벼뿌리잎벌레
4. 넓적뿌리잎벌레

잎벌레과
혹가슴잎벌레아과

혹가슴잎벌레 *Zeugophora annulata*

4mm 안팎 · 4~8월 · 번데기

혹가슴잎벌레는 몸이 밤색을 띠는데 딱지날개에는 까만 테두리를 두른 하얀 점무늬가 있다. 하지만 저마다 딱지날개 색깔과 무늬가 여러 가지다. 또 더듬이 첫 두 마디는 밤색이고 나머지 마디는 까맣다. 어른벌레는 여름부터 가을까지 보인다. 참빗살나무나 화살나무, 노박덩굴, 회나무, 황벽나무 잎을 갉아 먹는다. 이듬해 4월에 짝짓기를 하고 알을 낳는다. 알에서 나온 애벌레는 얇은 나뭇잎 사이에 굴을 파고들어 가 산다. 다 자란 애벌레는 땅속에 들어가 번데기가 된다. 혹가슴잎벌레아과 무리는 앞가슴등판 옆이 혹처럼 튀어나왔다.

잎벌레과
혹가슴잎벌레아과

쌍무늬혹가슴잎벌레 *Zeugophora bicolor*

5mm 안팎 · 6~9월 · 모름

쌍무늬혹가슴잎벌레는 혹가슴잎벌레와 생김새가 닮았지만, 몸이 조금 더 크다. 이름과 달리 몸에 쌍무늬는 없다. 머리와 더듬이, 다리는 까맣고 앞가슴등판 가운데쯤부터 딱지날개까지 붉은 밤색이다. 앞가슴등판이 혹처럼 볼록하다. 산속 풀밭에서 보인다. 낮에 나와 참빗살나무, 화살나무 같은 나뭇잎을 갉아 먹는다.

잎벌레과
수중다리잎벌레아과

수중다리잎벌레 *Poecilomorpha cyanipennis*

7~10mm · 4~7월 · 애벌레

수중다리잎벌레는 딱지날개가 푸른 남색이고, 반짝거린다. 뒷다리 허벅지마디가 넓적하고 커다란 돌기가 있다. 머리와 앞가슴등판은 붉은 밤색이고 까만 무늬가 있다. 들판 풀밭에서 산다. 어른벌레는 고삼 줄기를 갉아 자른 뒤 나오는 물을 핥아 먹는다고 한다. 애벌레는 허물을 3번 벗고 4령 애벌레가 되면 땅속에 들어가 번데기 방을 만들고 번데기가 된다.

잎벌레과
수중다리잎벌레아과

남경잎벌레 *Temnaspis nankinea*

7~9mm · 4~6월 · 모름

남경잎벌레는 더듬이, 머리, 가슴이 검은 푸른색이다. 딱지날개는 누런 밤색이다. 앞가슴등판 앞쪽이 혹처럼 튀어나왔다. 뒷다리 허벅지마디 안쪽에 돌기가 세 개 있다. 종아리마디는 안쪽으로 크게 휘었다. 숲 가장자리나 산골짜기 풀밭에서 산다. 어른벌레는 물푸레나무 잎이나 싹을 갉아 먹는다. 봄에 나온 어른벌레는 바로 짝짓기를 한다. 짝짓기를 마친 암컷은 물푸레나무 새 줄기를 큰턱으로 물어뜯은 뒤 작은 구멍을 뚫고 알을 낳는다. 알에서 나온 애벌레는 줄기 속을 파먹고 한 달쯤 자란다. 다 자란 애벌레는 줄기에서 나와 땅에 떨어진 뒤 땅속에 들어가 번데기 방을 만들고 번데기가 된다. 번데기에서 날개돋이한 어른벌레는 그대로 땅속에서 겨울을 나고 이듬해 봄에 나온다. 한 해 한 번 날개돋이한다.

잎벌레과
긴가슴잎벌레아과

아스파라가스잎벌레 *Crioceris quatuordecimpunctata*

6~7mm · 4~5월 · 어른벌레

아스파라가스잎벌레는 빨간 앞가슴등판에 까만 점이 5개 있다. 딱지날개도 붉은 밤색인데 까맣고 큰 무늬가 5쌍, 작은 무늬가 2쌍 있다. 이름처럼 백합과 아스파라거스속 식물 잎을 갉아 먹는다. 산에서 볼 수 있다. 어른벌레로 겨울을 나고, 5월 초와 중순쯤에 아스파라거스 잎에 노란 알을 낳는다. 애벌레도 아스파라거스 잎을 갉아 먹다가, 땅속에 들어가 하얀 고치를 만들고 번데기가 된다.

1

2

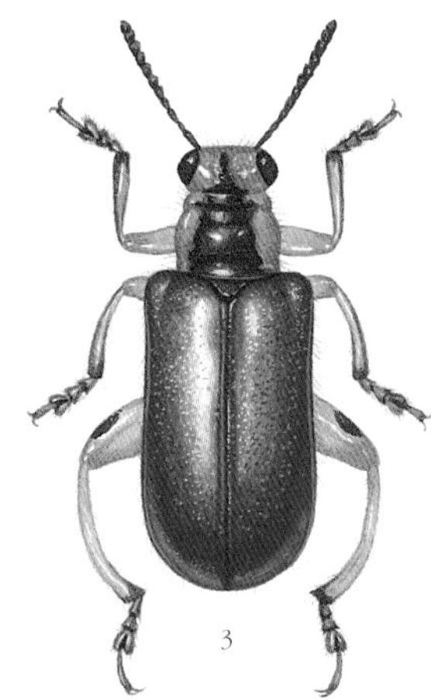
3

4

5

1. 혹가슴잎벌레
2. 쌍무늬혹가슴잎벌레
3. 수중다리잎벌레
4. 남경잎벌레
5. 아스파라가스잎벌레

잎벌레과
긴가슴잎벌레아과

곰보날개긴가슴잎벌레 *Lilioceris gibba*

7 ~ 9mm 4 ~ 5월 모름

곰보날개긴가슴잎벌레는 이름처럼 딱지날개에 곰보처럼 움푹 파인 홈이 아주 많다. 온몸은 빨갛다. 어른벌레는 백합과 식물 잎을 갉아 먹는다.

잎벌레과
긴가슴잎벌레아과

백합긴가슴잎벌레 *Lilioceris merdigera*

7 ~ 9mm 5 ~ 6월 번데기

백합긴가슴잎벌레는 온몸이 빨갛고, 번쩍거린다. 더듬이, 겹눈, 다리 마디, 다리 끝은 까맣다. 딱지날개에 자잘한 홈이 이리저리 나 있다. 앞가슴등판은 원통처럼 길고 가운데에 세로로 파인 줄이 나 있다. 들판이나 낮은 산 풀밭에서 산다. 어른벌레와 애벌레 모두 백합 같은 백합과 식물 잎을 갉아 먹는다. 어른벌레는 위험할 때 앞날개와 배를 비벼 소리를 낸다. 짝짓기를 마친 암컷은 알을 250개쯤 낳는다. 애벌레는 자기가 싼 똥을 등에 짊어지고 다니며 자기 몸을 숨긴다. 다 자란 애벌레는 땅속에 들어가 번데기가 된다. 한 해에 한 번 날개돋이한다.

잎벌레과
긴가슴잎벌레아과

고려긴가슴잎벌레 *Lilioceris sieversi*

8mm 안팎 6 ~ 8월 어른벌레

고려긴가슴잎벌레는 앞가슴등판이 빨갛고, 딱지날개는 검은 남색을 띠며 반짝거린다. 온 나라 들판과 낮은 산에서 산다. 어른벌레는 벼과 식물 잎을 갉아 먹는다. 애벌레는 자기 등에 자기가 싼 똥을 짊어지고 다닌다. 날씨가 추워지면 나무껍질 밑에서 어른벌레로 겨울잠을 잔다.

잎벌레과
긴가슴잎벌레아과

점박이큰벼잎벌레 *Lema adamsii*

5 ~ 6mm 4 ~ 9월 어른벌레

점박이큰벼잎벌레는 온몸이 붉은 밤색이며 반짝거린다. 앞가슴등판과 딱지날개에 까만 무늬가 두 쌍씩 나 있다. 낮은 산이나 들판에서 보인다. 어른벌레로 겨울을 나고, 4월에 겨울잠에서 깨 나온다. 여기저기를 잘 날아다니며 참마 잎을 갉아 먹는다. 5월에 짝짓기를 하고 빨간 알을 잎 위에 낳는다. 다 자란 애벌레는 땅속에 들어가 하얀 고치를 만들고 그 속에서 번데기가 된다. 알에서 어른벌레가 되는 데 한 달쯤 걸린다. 한 해에 한 번 날개돋이한다.

잎벌레과
긴가슴잎벌레아과

주홍배큰벼잎벌레 *Lema fortunei*

8mm 안팎 5 ~ 9월 어른벌레

주홍배큰벼잎벌레는 이름처럼 배가 빨갛다. 머리와 앞가슴등판도 빨갛다. 딱지날개는 파랗고 양쪽에 모두 18개 세로줄 홈이 나 있다. 산속 풀밭에서 산다. 어른벌레는 봄부터 가을까지 보이는데 6월에 가장 많다. 어른벌레와 애벌레 모두 참마 잎을 갉아 먹는다. 짝짓기를 마친 암컷은 참마 줄기에 알을 여러 개 낳아 붙인다. 알을 낳는 동안 암컷 등에 수컷이 올라타 있다. 일주일쯤 지나면 알에서 애벌레가 깨어 나온다. 애벌레는 무리를 지어 참마 잎을 갉아 먹는다. 또 자기가 싼 똥을 짊어지고 다니면서 몸을 숨긴다. 열흘쯤 지나면 허물을 세 번 벗고 종령 애벌레가 된다. 다 큰 애벌레는 땅속으로 들어가 번데기 방을 짓는다. 번데기가 된 지 5일쯤 되면 어른벌레로 날개돋이한다. 한 해에 두 번 날개돋이한다.

1

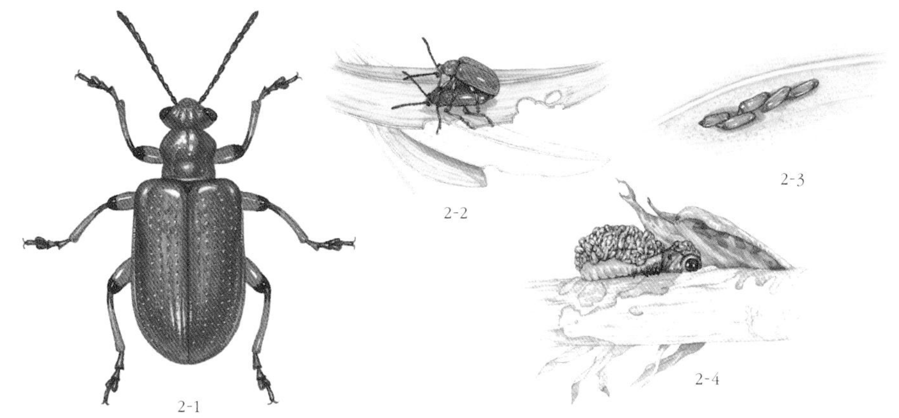

2-1 2-2 2-3 2-4

3

4

5

1. 곰보날개긴가슴잎벌레
2-1. 백합긴가슴잎벌레
2-2. 백합긴가슴잎벌레 짝짓기
2-3. 백합긴가슴잎벌레 알
2-4. 백합긴가슴잎벌레 애벌레가 똥을 짊어진 모습
3. 고려긴가슴잎벌레
4. 점박이큰벼잎벌레
5. 주홍배큰벼잎벌레

잎벌레과
긴가슴잎벌레아과

붉은가슴잎벌레 *Lema honorata*

5~6mm · 4~10월 · 어른벌레

붉은가슴잎벌레는 이름처럼 머리와 앞가슴등판이 빨갛다. 딱지날개는 짙은 파란색이고 반짝거린다. 세로로 홈이 파인 줄이 있다. 어른벌레는 낮은 산 풀밭에서 보인다. 박주가리나 참마 같은 마과 식물 잎을 갉아 먹는다. 몸에 독이 있어서 제 몸을 지킨다. 짝짓기를 마친 암컷은 5월에 노란 알을 낳는다. 알에서 나온 애벌레는 잎을 갉아 먹다가 7월 말쯤에 번데기가 된다. 애벌레 등은 끈끈한 물로 덮여 있다. 8~9월에 어른벌레로 날개돋이한 뒤 10월까지 잎을 갉아 먹다가 날씨가 추워지면 어른벌레로 겨울을 난다. 한 해에 한 번 날개돋이한다.

잎벌레과
긴가슴잎벌레아과

배노랑긴가슴잎벌레 *Lema concinnipennis*

5mm 안팎 · 4~9월 · 어른벌레

배노랑긴가슴잎벌레는 이름처럼 배 세 번째 마디부터 노랗다. 온몸은 짙은 남빛으로 반짝거린다. 사는 모습이 적갈색긴가슴잎벌레와 거의 똑같다. 어른벌레는 온 나라 산에서 봄부터 9월까지 보인다. 어른벌레와 애벌레는 닭의장풀 잎을 갉아 먹는다. 짝짓기할 때가 되면 수컷이 더듬이와 앞다리로 암컷 머리를 비비며 구애를 한다. 짝짓기를 마친 암컷은 5~7월에 잎 뒤에 알을 덩어리로 낳는다. 일주일쯤 지나 알에서 나온 애벌레는 흩어지지 않고 모여서 잎을 갉아 먹는다. 애벌레가 위험을 느끼면 윗몸을 일으켜서 이리저리 흔들어 천적에게 위협을 한다. 또 자기가 싼 똥을 등에 짊어지고 다닌다. 3령 애벌레가 되면 뿔뿔이 흩어져 잎을 갉아 먹는다. 다 자란 애벌레는 땅속이나 가랑잎 속으로 들어가 입에서 하얀 실을 토해 고치를 만든 뒤 그 속에서 번데기가 된다. 알에서 번데기가 되는 데 20일쯤 걸린다. 어른벌레로 날개돋이해서 나온 뒤 잎을 갉아 먹다가 9월부터 잠을 자러 들어가서 그대로 겨울을 난다. 한 해에 한 번 어른벌레가 된다.

잎벌레과
긴가슴잎벌레아과

홍줄큰벼잎벌레 *Lema delicatula*

4mm 안팎 · 4~6월 · 어른벌레

홍줄큰벼잎벌레는 딱지날개가 짙은 파란색인데, 그 가운데에 빨간 줄무늬가 가로로 넓게 나 있다. 앞가슴등판과 다리는 빨갛다. 머리는 까만데 이마는 붉은 밤색이다. 어른벌레로 겨울을 나고 4~5월부터 산이나 들판에서 보이기 시작한다. 어른벌레는 닭의장풀 잎을 갉아 먹는다. 짝짓기를 마친 암컷은 5~6월에 알을 낳는다. 일주일쯤 지나면 알에서 애벌레가 나온다. 애벌레는 닭의장풀 줄기 속을 파먹는다. 한 해에 한 번 날개돋이한다.

잎벌레과
긴가슴잎벌레아과

적갈색긴가슴잎벌레 *Lema diversa*

6mm 안팎 · 4~8월 · 어른벌레

적갈색긴가슴잎벌레는 이름처럼 몸빛이 붉은 밤색을 띠며 반짝인다. 때로는 딱지날개가 파랗고 끄트머리만 붉은 밤색을 띠기도 하고, 딱지날개가 붉은 밤색인데 가운데에 파란 세로줄이 있기도 하다. 배노랑긴가슴잎벌레와 몸빛만 다를 뿐 생김새가 아주 닮았다. 또 가시다리큰벼잎벌레와도 닮았는데, 적갈색긴가슴잎벌레는 가운뎃다리 종아리마디에 돌기가 없어서 다르다. 온 나라 들판과 낮은 산 풀밭에서 산다. 어른벌레와 애벌레는 닭의장풀 잎을 갉아 먹는다. 짝짓기를 마친 암컷은 잎 뒤에 알을 몇십 개 낳아 붙인다. 일주일쯤 지나면 알에서 애벌레가 깨어 나온다. 애벌레는 무리 지어 살면서 닭의장풀 잎을 갉아 먹는다. 애벌레는 자기가 싼 똥을 몸에 뒤집어써서 몸을 숨긴다. 열흘쯤 지나면 애벌레는 다 커서 종령 애벌레가 된다. 그러면 뿔뿔이 흩어져 땅속으로 들어가 하얀 고치를 만든다. 열흘쯤 지나면 어른벌레로 날개돋이해서 땅 위로 나온다. 한 해에 두세 번 날개돋이한다. 날씨가 추워지면 돌 틈이나 땅속에 들어가 어른벌레로 겨울잠을 잔다.

1

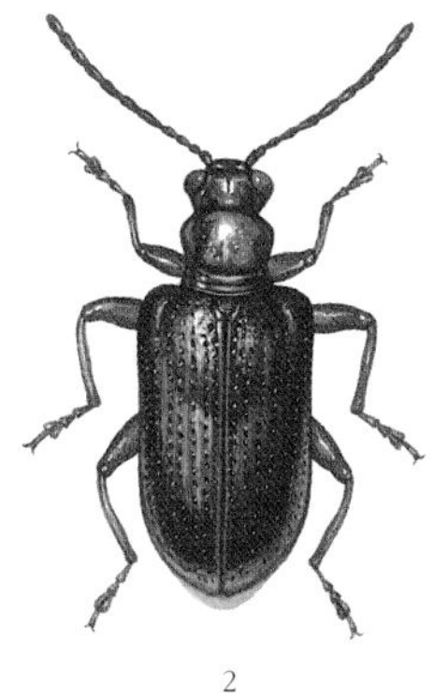
2

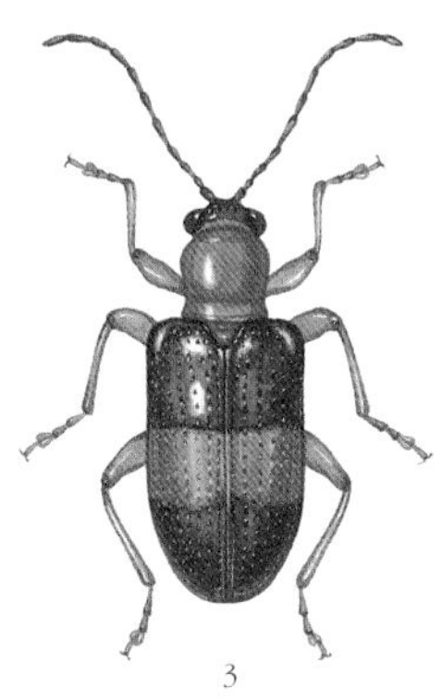
3

4

1. 붉은가슴잎벌레
2. 배노랑긴가슴잎벌레
3. 홍줄큰버잎벌레
4. 적갈색긴가슴잎벌레

잎벌레과
긴가슴잎벌레아과

등빨간남색잎벌레 *Lema scutellaris*

5mm 안팎 · 6~7월 · 어른벌레

등빨간남색잎벌레는 적갈색긴가슴잎벌레와 닮았다. 딱지날개는 파란데 위쪽과 끄트머리가 붉은 밤색을 띤다. 허벅지마디는 붉은 밤색인데, 끝은 까맣다. 산이나 풀밭에서 보인다. 어른벌레는 닭의장풀 잎을 갉아 먹는다. 짝짓기를 마친 암컷은 닭의장풀 잎에 알을 하나씩 낳아 붙인다. 알에서 나온 애벌레는 똥을 등에 얹고 산다. 한 해에 한 번 날개돋이한다.

잎벌레과
긴가슴잎벌레아과

벼잎벌레 *Oulema oryzae*

4mm 안팎 · 5~9월 · 어른벌레

벼잎벌레는 앞가슴등판이 빨갛고, 딱지날개는 짙은 파란색으로 반짝거린다. 이름처럼 벼 잎을 갉아 먹는다. 벼 잎 끝에서 아래쪽으로 갉아 먹는데 잎맥 사이에 있는 잎살을 갉아 먹어서 하얀 줄무늬가 생긴다. 어른벌레로 겨울을 난 뒤 5~6월에 논에 날아온다. 짝짓기를 마친 암컷은 5~6월에 벼 잎에 알을 3~12개쯤 덩어리로 낳는다. 알에서 나온 애벌레는 13~18일쯤 살면서 벼 잎을 갉아 먹는다. 애벌레는 등에 똥을 짊어지고 다닌다. 다 자란 애벌레는 하얀 고치를 만들고 그 속에 들어가 번데기가 된다. 10일쯤 지나 7월부터 어른벌레가 나온다. 날개돋이한 어른벌레는 벼 잎을 갉아 먹다가 9월 말부터 논 둘레 땅속으로 들어간 뒤 겨울을 난다. 한 해에 한 번 날개돋이한다.

잎벌레과
큰가슴잎벌레아과

중국잎벌레 *Labidostomis chinensis*

6~9mm 안팎 · 7월 · 모름

중국잎벌레는 딱지날개가 노랗다. 머리와 다리, 앞가슴등판은 까맣고, 앞가슴등판에는 자잘한 털이 나 있다. 어른벌레는 7월에 아주 드물게 보인다.

잎벌레과
큰가슴잎벌레아과

동양잎벌레 *Labidostomis amurensis amurensis*

7mm 안팎 · 4~5월 · 모름

동양잎벌레는 몸이 까만데, 앞쪽은 풀빛을 띤다. 딱지날개는 누런 밤색이거나 붉은 밤색이다. 어깨에 작고 까만 무늬가 있기도 하다. 어른벌레는 가는기린초 잎을 갉아 먹는다고 한다.

잎벌레과
큰가슴잎벌레아과

넉점박이큰가슴잎벌레 *Clytra arida*

8~11mm · 6~10월 · 모름

넉점박이큰가슴잎벌레는 이름처럼 딱지날개에 까만 점이 네 개 있다. 온 나라 낮은 산이나 들판에서 볼 수 있다. 어른벌레는 6월에 가장 많이 보인다. 낮에 나와 돌아다니면서 자작나무나 버드나무, 오리나무, 박달나무, 싸리나무, 참나무 잎을 갉아 먹는다. 짝짓기를 마친 암컷이 알을 땅에 떨어뜨려 낳으면, 알에서 나온 애벌레가 개미집에 들어가 산다고 한다.

잎벌레과
큰가슴잎벌레아과

만주잎벌레 *Smaragdina mandzhura*

3mm 안팎 · 4~7월 · 모름

만주잎벌레는 딱지날개와 앞가슴등판이 풀빛으로 쇠붙이처럼 반짝거린다. 앞가슴등판에는 작은 홈이 잔뜩 파였다.

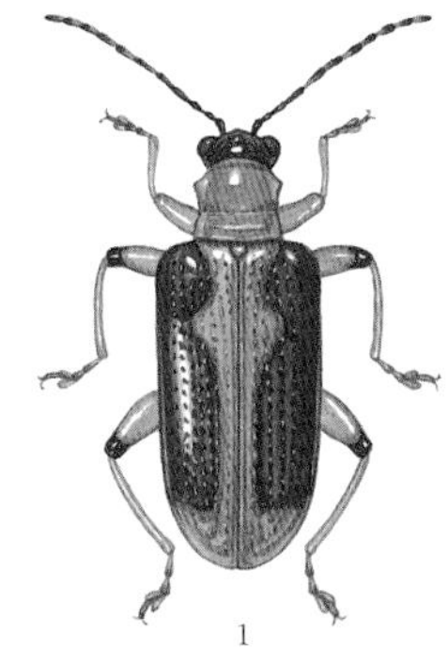

1

2

3

4

5

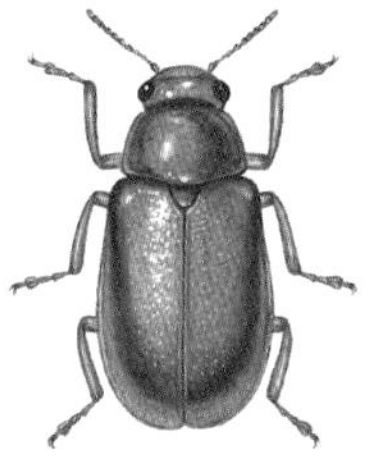

6

1. 등빨간남색잎벌레
2. 벼잎벌레
3. 중국잎벌레
4. 동양잎벌레
5. 넉점박이큰가슴잎벌레
6. 만주잎벌레

잎벌레과
큰가슴잎벌레아과

반금색잎벌레 *Smaragdina semiaurantiaca*

5~6mm · 4~6월 · 모름

반금색잎벌레는 머리와 딱지날개가 짙은 풀빛이 도는 파란색으로 반짝거린다. 앞가슴등판과 다리는 누렇다. 낮은 산이나 들판에서 볼 수 있다. 어른벌레는 버드나무 잎, 참소리쟁이 꽃, 보리장나무 잎을 갉아 먹는다.

잎벌레과
큰가슴잎벌레아과

민가슴잎벌레 *Coptocephala orientalis*

5mm 안팎 · 6~8월 · 모름

민가슴잎벌레는 딱지날개 앞쪽 가장자리와 뒤쪽에 커다란 까만 무늬가 한 쌍씩 있다. 앞다리는 가운뎃다리와 뒷다리보다 더 길고 가늘다. 넉점박이큰가슴잎벌레와 생김새가 아주 닮았다. 하지만 몸이 더 작다. 머리는 아주 넓다. 어른벌레는 여름에 물가에 자라는 사철쑥 잎을 갉아 먹는다.

잎벌레과
통잎벌레아과

삼각산잎벌레 *Pachybrachis scriptidorsum*

모름 · 8월쯤 · 모름

삼각산잎벌레는 까만 몸에 노란 무늬가 잔뜩 나 있다. 삼각산잎벌레는 통잎벌레아과에 속하는데, 우리나라에는 통잎벌레아과 무리가 37종쯤 알려졌다. 몸이 작지만 몸빛과 무늬가 다양하다. 통잎벌레아과 무리는 다른 잎벌레처럼 여러 가지 잎을 갉아 먹는다. 애벌레는 자기 몸을 숨길 수 있는 U자처럼 생긴 주머니 집을 지고 다닌다. 애벌레는 주머니 속에서 몸을 V자로 구부리고 산다. 위험할 때는 애벌레 머리로 주머니 입구를 꽉 막아 버린다.

잎벌레과
통잎벌레아과

어깨두점박이잎벌레 *Cryptocephalus bipunctatus cautus*

4~6mm · 6~7월 · 모름

어깨두점박이잎벌레는 딱지날개가 누렇고, 딱지날개 앞쪽 가장자리 어깨에 까만 무늬가 있다. 어깨에 까만 무늬가 없기도 하다. 또 딱지날개가 맞붙는 곳에는 까만 줄이 나 있다. 앞가슴등판은 까맣다.

잎벌레과
통잎벌레아과

소요산잎벌레 *Cryptocephalus hyacinthinus*

4mm 안팎 · 5~8월 · 모름

소요산잎벌레는 몸이 풀빛으로 반짝인다. 다리는 밤색인데 가끔 가운뎃다리와 뒷다리가 풀빛을 띠기도 한다. 어른벌레는 밤나무나 상수리나무, 졸참나무 잎을 갉아 먹는다.

잎벌레과
통잎벌레아과

팔점박이잎벌레 *Cryptocephalus peliopterus peliopterus*

8mm 안팎 · 4~7월 · 모름

팔점박이잎벌레는 이름과 달리 딱지날개에 점이 8개 보이는 종은 거의 안 보이고, 거의 딱지날개 어깨 양쪽에만 까만 점이 한 쌍 있다. 앞가슴등판에 굵고 까만 세로줄이 두 개 있다. 온 나라 낮은 산이나 들판에서 볼 수 있다. 어른벌레는 6월에 가장 많다. 떡갈나무나 버드나무, 사시나무, 벚나무, 오리나무 잎을 갉아 먹는다. 짝짓기를 마친 암컷은 알을 땅에 떨어뜨려 낳는다. 알에서 나온 애벌레는 참나무나 호장근 잎을 갉아 먹는다고 한다.

1

2

3

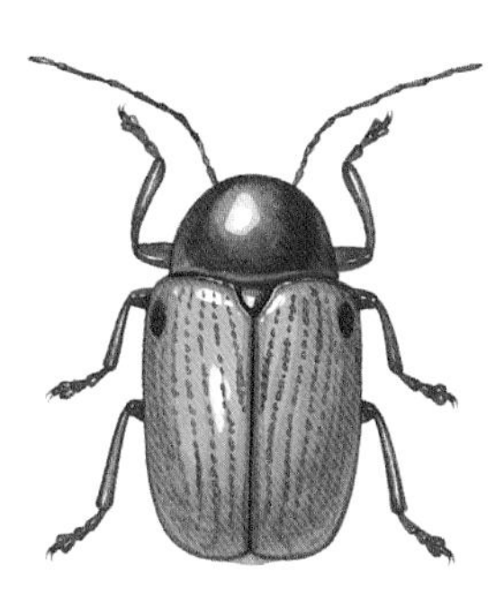
4

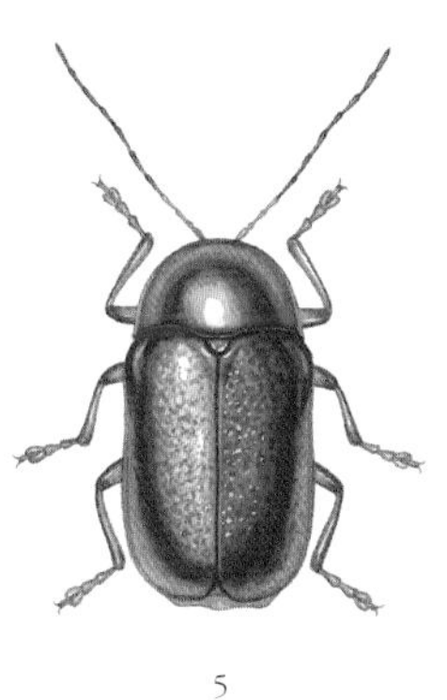
5

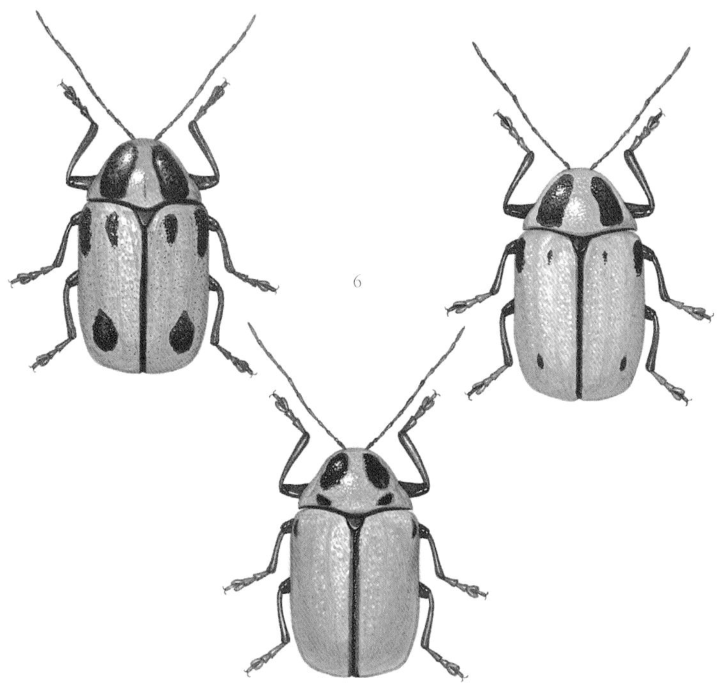
6

1. 반금색잎벌레
2. 민가슴잎벌레
3. 삼각산잎벌레
4. 어깨두점박이잎벌레
5. 소요산잎벌레
6. 팔점박이잎벌레

잎벌레과
통잎벌레아과

콜체잎벌레 *Cryptocephalus koltzei koltzei*

4 ~ 5mm 5 ~ 7월 모름

콜체잎벌레는 딱지날개에 노란 점무늬가 세 쌍 있다. 딱지날개 가장자리도 노랗다. 앞가슴등판 앞쪽과 옆쪽 가장자리도 노랗다. 온 나라 들판 풀밭에서 볼 수 있다. 어른벌레는 쑥 같은 여러 가지 식물에서 보인다.

잎벌레과
통잎벌레아과

육점통잎벌레 *Cryptocephalus sexpunctatus sexpunctatus*

5 ~ 6mm 5 ~ 6월 모름

육점통잎벌레는 이름처럼 빨간 딱지날개에 까만 점무늬가 3쌍 나 있다. 앞가슴등판은 까맣고 가운데와 앞과 옆 가장자리는 붉은 밤색이다. 산속 넓은잎나무 숲에서 산다. 어른벌레와 애벌레가 사시나무 잎을 갉아 먹는다고 한다.

잎벌레과
반짝이잎벌레아과

두릅나무잎벌레 *Oomorphoides cupreatus*

3mm 안팎 3 ~ 10월 애벌레

두릅나무잎벌레는 몸이 구릿빛이나 피랗게 반짝거려 '반짝이잎벌레'라고도 한다. 몸은 달걀처럼 볼록하다. 이름처럼 두릅나무 잎을 갉아 먹는다. 산이나 마을 둘레에 자라는 두릅나무에서 제법 쉽게 볼 수 있다. 음나무나 송악 잎도 갉아 먹는다. 짝짓기를 마친 암컷은 4월 말부터 5월에 걸쳐 두릅나무 잎 뒷면에 알을 낳는데, 알을 낳은 뒤에 암컷은 자기 똥으로 알을 덮어 숨긴다. 그리고 가느다란 실에 종처럼 매달아 놓는다. 알에서 나온 애벌레는 자기 똥으로 집을 만들어 그 속에 들어가 산다고 한다. 애벌레로 겨울을 나고 이듬해 봄에 번데기가 된 뒤 어른벌레로 날개돋이한다.

잎벌레과
톱가슴잎벌레아과

톱가슴잎벌레 *Syneta adamsi*

4 ~ 8mm 3 ~ 10월 애벌레

톱가슴잎벌레는 이름처럼 앞가슴등판 양쪽 가장자리에 톱날처럼 크고 작은 돌기가 있다. 온몸은 누런 밤색인데 저마다 조금씩 색깔이 다르다. 어른벌레는 산속 풀밭에서 보인다. 제법 높고 추운 곳에 적응한 잎벌레다. 어른벌레는 자작나무류 나뭇잎을 갉아 먹는다고 한다. 짝짓기를 마친 암컷은 땅에 알을 낳는다. 2~3주가 지나면 알에서 애벌레가 나온다. 애벌레는 땅속에 들어가 나무뿌리를 갉아 먹는다. 우리나라에는 톱가슴잎벌레아과에 1종만 산다.

잎벌레과
꼽추잎벌레아과

금록색잎벌레 *Basilepta fulvipes*

4mm 안팎 6 ~ 8월 애벌레

금록색잎벌레는 딱지날개가 거무스름한 풀색이나 파란색, 밤색으로 여러 가지다. 앞가슴등판도 노란색이거나 파란색, 빨간색으로 여러 가지다. 앞가슴등판 양옆이 심하게 튀어나왔다. 온 나라 논밭이나 낮은 산, 숲 가장자리, 냇가 풀밭에서 볼 수 있다. 어른벌레가 쑥이나 국화 같은 식물 잎을 갉아 먹는다. 8월에 짝짓기를 마친 암컷이 알을 낳는다. 두 주쯤 지나 알에서 애벌레가 나온다. 애벌레는 땅속에서 식물 뿌리를 갉아 먹는다. 한 해에 한 번 날개돋이한다.

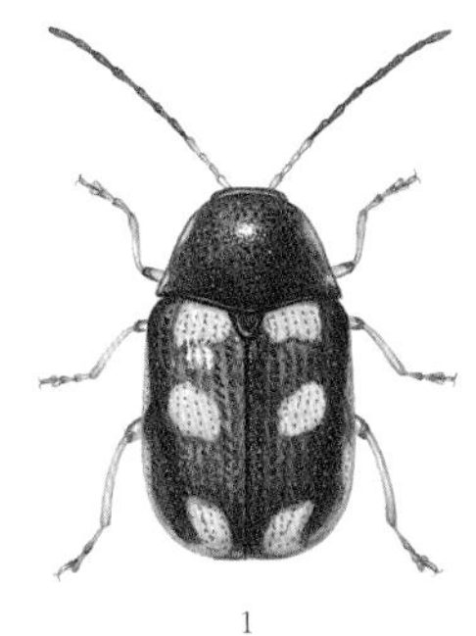

1

2

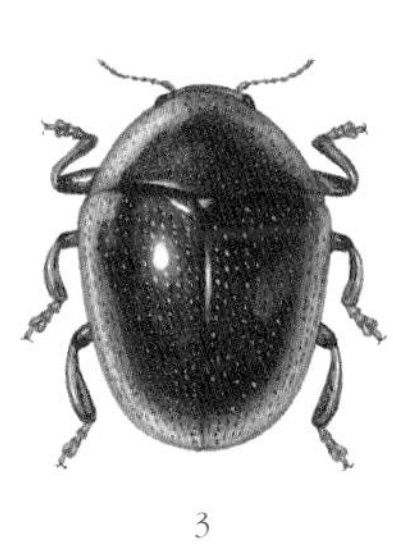

3

4

5

1. 콜체잎벌레
2. 육점통잎벌레
3. 두릅나무잎벌레
4. 톱가슴잎벌레
5. 금록색잎벌레

잎벌레과
꼽추잎벌레아과

점박이이마애꼽추잎벌레 *Basilepta punctifrons*

4mm 안팎 · 7월쯤 · 모름

점박이이마애꼽추잎벌레는 온몸이 노르스름한 밤색이다. 머리와 앞가슴등판, 딱지날개에는 작은 홈이 잔뜩 파여 있다. 모든 허벅지마다 아래쪽에는 가시처럼 뾰족한 돌기가 있다. 우리나라 남부 지방에만 사는 잎벌레다. 어른벌레는 7월쯤 보이는데 사초과 식물을 갉아 먹는다고 한다.

잎벌레과
꼽추잎벌레아과

콩잎벌레 *Pagria signata*

2mm 안팎 · 6~8월 · 어른벌레

콩잎벌레는 머리와 가슴이 붉은 밤색이거나 까맣다. 딱지날개는 밤색으로 반짝이고, 가운데에 까만 줄이 있다. 딱지날개가 온통 까맣기도 하다. 이름처럼 콩 잎을 잘 갉아 먹는다. 어른벌레는 온 나라 들판에서 보인다. 짝짓기를 마친 암컷은 알을 10개쯤 낳은 뒤 끈적끈적한 물로 알을 반달처럼 덮는다. 알에서 나온 애벌레는 콩 줄기를 파먹는다. 다 자란 애벌레는 땅으로 내려가 땅속에서 번데기가 된다. 그리고 8~9월에 어른벌레로 날개돋이한다. 한 해에 한 번 날개돋이한다.

잎벌레과
꼽추잎벌레아과

고구마잎벌레 *Colasposoma dauricum Mannerheim*

5~6mm · 6~8월 · 애벌레

고구마잎벌레는 몸이 뚱뚱하고 까맣게 반짝거린다. 때때로 딱지날개에 구릿빛이나 파란색, 파란 풀빛을 띤다. 금록색잎벌레와 생김새가 닮았는데 머리가 더 크다. 앞가슴등판에 홈이 파인 세로줄이 있다. 딱지날개 가장자리에 테두리가 둘러져 있다. 들판이나 강가 풀밭에서 산다. 어른벌레는 이름처럼 고구마 잎을 잘 갉아 먹고 메꽃 같은 다른 풀들도 갉아 먹는다. 짝짓기를 마친 암컷은 풀빛이 도는 알을 한 개씩 땅에 낳는다. 알에서 나온 애벌레는 땅속으로 들어가 식물 뿌리를 갉아 먹는다. 애벌레로 겨울을 나고 이듬해 5~6월에 번데기가 되었다가 6~7월에 어른벌레로 날개돋이해서 나온다.

잎벌레과
꼽추잎벌레아과

주홍꼽추잎벌레 *Acrothinium gaschkevitchii gaschkevitchii*

5~7mm · 5~8월 · 모름

주홍꼽추잎벌레는 몸이 풀빛으로 번쩍거리고, 딱지날개 가운데는 불그스름한 구릿빛을 띤다. 들판이나 밭에서 보인다. 어른벌레와 애벌레가 포도나무나 머루, 박하 같은 식물 잎이나 뿌리를 갉아 먹는다.

잎벌레과
꼽추잎벌레아과

흰활무늬잎벌레 *Trichochrysea japana*

6~8mm · 5~8월 · 모름

흰활무늬잎벌레는 딱지날개 뒤쪽에 하얀 무늬가 활처럼 나 있다. 몸은 붉은빛을 띤 구릿빛이다. 온몸에는 하얀 털이 잔뜩 나 있다. 어른벌레는 산에서 볼 수 있다. 밤나무나 상수리나무 잎을 갉아 먹는다.

잎벌레과
꼽추잎벌레아과

포도꼽추잎벌레 *Bromius obscurus*

5mm 안팎 · 5~8월 · 모름

포도꼽추잎벌레는 몸은 까맣고, 딱지날개는 붉은 밤색이다. 딱지날개가 까맣기도 하다. 이름처럼 포도나무 잎을 갉아 먹는다. 지역에 따라 암컷이 짝짓기하지 않은 채 알을 낳아도 애벌레가 나오는 '단위 생식'을 하는 것으로 알려졌다. 유럽에서는 암컷이 짝짓기하지 않고 낳은 알에서 애벌레가 나오는 것으로 알려졌지만, 북미에서는 짝짓기를 해야 애벌레가 깨어 나오는 것으로 보고되었다.

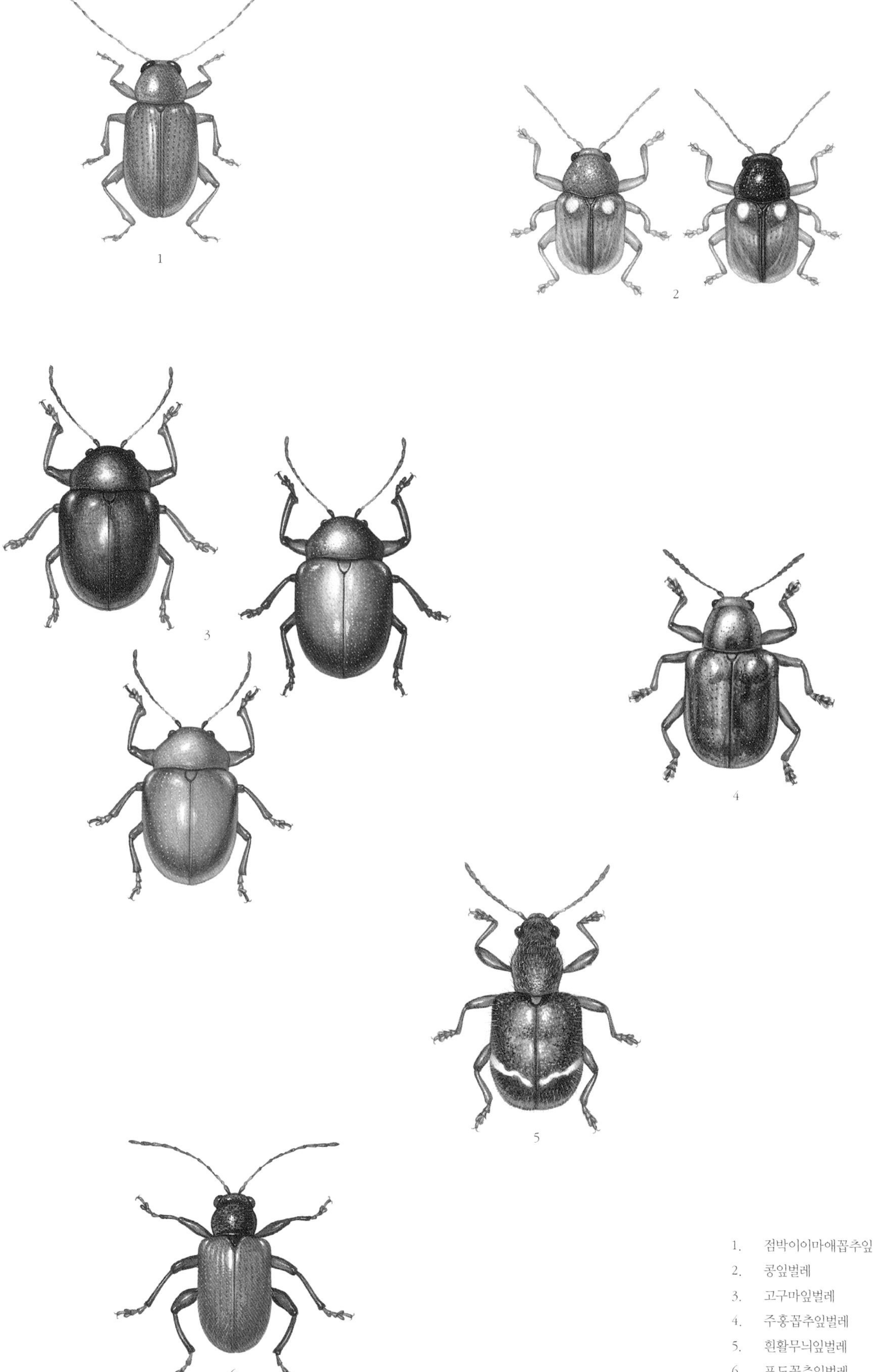

1. 점박이이마애꼽추잎벌레
2. 콩잎벌레
3. 고구마잎벌레
4. 주홍꼽추잎벌레
5. 흰활무늬잎벌레
6. 포도꼽추잎벌레

잎벌레과
꼽추잎벌레아과

사과나무잎벌레 *Lypesthes ater*

6 ~ 7mm 안팎 5 ~ 7월 모름

사과나무잎벌레는 몸이 까만데, 하얀 가루로 덮여 있다. 손으로 만지면 하얀 가루가 벗겨진다. 더듬이는 실처럼 가늘고, 앞가슴등판은 동그란 원통처럼 생겼다. 이름처럼 사과나무에서 많이 볼 수 있다. 어른벌레는 사과나무뿐만 아니라 배나무, 호두나무, 매화나무 잎도 갉아 먹는다.

잎벌레과
꼽추잎벌레아과

중국청람색잎벌레 *Chrysochus chinensis*

11 ~ 23mm 5 ~ 9월 애벌레, 번데기

중국청람색잎벌레는 잎벌레 가운데 몸집이 제법 크다. 딱지날개는 푸르스름한 남색으로 번쩍거린다. 온 나라 산과 들에 자라는 박주가리에서 자주 보인다. 어른벌레는 6월에 가장 많이 보인다. 여러 마리가 무리 지어 박주가리 잎을 잘 갉아 먹는다. 고구마나 감자, 쑥 잎을 갉아 먹기도 한다. 애벌레로 겨울을 나고, 이듬해 봄에 번데기가 되어 5월쯤부터 어른벌레로 날개돋이한다. 가을에 흙과 침을 섞어 고치를 만들고 번데기가 되어 겨울을 나기도 한다. 짝짓기를 마친 암컷은 7~8월에 박주가리 줄기나 뿌리 둘레 땅속에 알을 덩어리로 낳는다. 알에서 나온 애벌레는 땅속에서 박주가리 뿌리를 갉아 먹는다. 중국청람색잎벌레는 중국에서 처음 찾아 이름이 붙었지만, 오래전부터 우리나라에서 살던 토박이 잎벌레다.

잎벌레과
잎벌레아과

쑥잎벌레 *Chrysolina aurichalcea*

7 ~ 10mm 4 ~ 11월 알, 어른벌레

쑥잎벌레는 몸빛이 붉은 구릿빛이나 거무스름한 푸른빛을 띠며 번쩍거린다. 딱지날개에 작은 홈이 파여 줄지어 나 있다. 암컷은 수컷보다 배가 훨씬 부풀어 뚱뚱하다. 이름처럼 쑥 잎을 갉아 먹는다. 온 나라 쑥이 자라는 어느 곳에서나 쉽게 볼 수 있다. 어른벌레와 애벌레 모두 쑥을 갉아 먹는다. 10월에 짝짓기를 하고 알을 쑥 뿌리 둘레에 낳는다. 알로 그대로 겨울을 나고, 이듬해 봄에 애벌레가 나온다. 애벌레는 낮에는 땅속에 숨어 있다가, 밤에 쑥 줄기를 타고 올라와 잎을 갉아 먹는다. 여름 들머리에 땅속에서 번데기가 된다. 일주일쯤 지나면 어른벌레로 날개돋이해서 흙을 뚫고 나온다. 어른벌레로 겨울을 나기도 한다.

잎벌레과
잎벌레아과

박하잎벌레 *Chrysolina exanthematica exanthematica*

7 ~ 9mm 4 ~ 11월 알, 어른벌레

박하잎벌레는 딱지날개가 구릿빛이 돌고, 작고 까만 돌기가 혹처럼 돋아 세로로 줄지어 나 있다. 이름처럼 박하 잎을 갉아 먹는다. 온 나라 들판이나 낮은 산 풀밭에서 볼 수 있다. 알로 겨울을 나거나 알을 낳지 않은 채 어른벌레로 겨울을 나기도 한다. 이듬해 봄에 알에서 나온 애벌레는 박하 잎을 갉아 먹고 큰다. 애벌레는 땅속에서 지내다가 배가 고프면 박하 줄기를 타고 올라와 잎을 갉아 먹는다. 세 번 허물을 벗고 다 자란 애벌레는 땅속으로 들어가 번데기가 된다. 9~13일쯤 번데기로 있다가 여름 들머리에 어른벌레로 날개돋이한다. 한여름이 되면 어른벌레는 다시 땅속으로 들어가 여름잠을 잔다. 8~9월에 다시 나와 박하 잎을 갉아 먹고 짝짓기를 한다. 11월이 되면 어른벌레는 나무껍질 틈에 숨어 겨울을 난다.

1

2

3-1

3-2

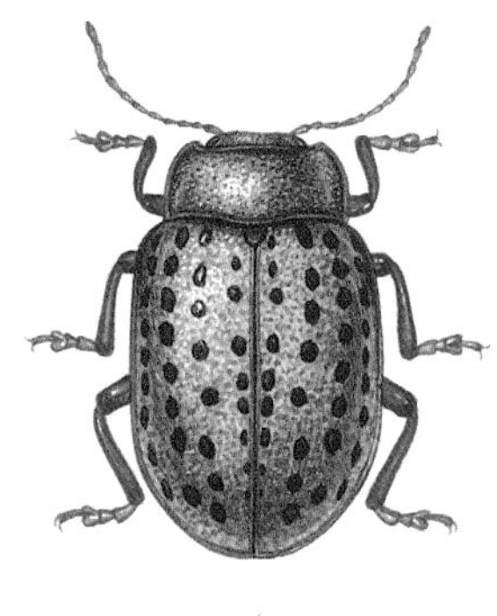

4

1. 사과나무잎벌레
2. 중국청람색잎벌레

3-1. 쑥잎벌레

3-2. 쑥잎벌레 암컷이 쑥 잎을 갉아 먹고 있다.

4. 박하잎벌레

잎벌레과
잎벌레아과

청줄보라잎벌레 *Chrysolina virgata*

11 ~ 15mm · 6 ~ 9월 · 모름

청줄보라잎벌레는 우리나라에 사는 잎벌레 가운데 몸이 가장 크다. 몸이 까맣지만 등 쪽은 푸른빛과 붉은빛 광택이 있다. 보는 각도에 따라 빛깔이 다르게 보인다. 위에서 내려다보면 붉은 구릿빛 줄이 두 줄 보인다. 등에는 큰 홈들이 많이 파여서 곰보처럼 보인다. 앞가슴등판과 딱지날개 양옆은 홈이 더 크다. 어른벌레는 봄부터 가을까지 온 나라 논밭이나 냇가, 낮은 산 풀밭에서 보이는데 6월에 가장 많다. 물가에 피는 층층이꽃, 들깨, 쉽싸리 같은 꿀풀과 풀 뿌리나 줄기를 갉아 먹는다. 애벌레는 9월 말쯤에 땅속으로 들어가 겨울을 난 뒤 이듬해 3~4월에 번데기가 된다. 4월부터 어른벌레로 날개돋이해 나온다.

잎벌레과
잎벌레아과

좁은가슴잎벌레 *Phaedon brassicae*

3 ~ 4mm · 봄 ~ 가을 · 어른벌레

좁은가슴잎벌레는 온몸이 검은 푸른색이다. 온 나라 풀밭이나 밭 둘레에서 산다. 어른벌레와 애벌레 모두 미나리냉이나 냉이, 무, 배추 같은 십자화과 식물을 갉아 먹는다. 땅속에서 어른벌레로 겨울을 나고, 5월이 되면 나와 짝짓기를 한다. 짝짓기를 마친 암컷은 식물 줄기를 큰턱으로 물어뜯어 상처를 낸 뒤 그 속에 알을 낳는다. 4일쯤 지나면 알에서 애벌레가 나온다. 알에서 나온 애벌레는 잎을 씹어 먹고 큰다. 애벌레가 위험을 느끼면 살갗 돌기를 풍선처럼 부풀린 뒤 고약한 냄새를 풍긴다. 허물을 두 번 벗고 다 자란 애벌레는 땅속으로 들어가 번데기가 된다.

잎벌레과
잎벌레아과

좀남색잎벌레 *Gastrophysa atrocyanea*

5mm 안팎 · 3 ~ 6월 · 어른벌레

좀남색잎벌레는 몸이 거무스름한 파란색이다. 딱지날개에는 홈이 파여 세로줄이 나 있다. 온 나라 들판이나 논밭에서 산다. 소리쟁이가 자라는 곳이면 도시에서도 보인다. 어른벌레는 소리쟁이나 참소리쟁이, 수영, 여뀌 같은 잎에 무리 지어 모여서 갉아 먹는다. 암컷은 수컷과 달리 배가 아주 뚱뚱하게 부풀어 올랐고 노랗다. 짝짓기를 마친 암컷은 잎 뒤에 알을 30~40개 덩어리로 낳는다. 사흘쯤 지나면 알에서 애벌레가 깨어 나온다. 애벌레는 어른벌레처럼 소리쟁이 잎을 갉아 먹고 허물을 두 번 벗고 크다가 20일쯤 지나면 흙 속으로 들어가 번데기가 된다. 5~6월에 어른벌레로 날개돋이한 뒤에 잎을 먹다가 땅속으로 들어가 겨울을 난다.

잎벌레과
잎벌레아과

호두나무잎벌레 *Gastrolina depressa*

6 ~ 8mm · 5 ~ 7월 · 어른벌레

호두나무잎벌레는 몸이 거무스름한 파란색으로 반짝거린다. 앞가슴등판 양쪽 가장자리는 살짝 누렇다. 암컷이 수컷보다 크다. 더듬이는 염주 알이 이어진 것처럼 생겼고 11마디다. 이름처럼 호두나무나 가래나무 잎을 갉아 먹는다. 짝짓기를 마친 암컷은 알을 잎 뒷면에 덩어리로 낳아 붙인다. 알에서 나온 애벌레는 흩어지지 않고 서로 모여 잎을 갉아 먹는다. 3령 애벌레가 되면 뿔뿔이 흩어진다. 보름 안에 다 자라 번데기가 되고 어른벌레로 날개돋이한다. 어른벌레는 며칠 동안 잎을 갉아 먹은 뒤 나무 틈이나 돌 틈에 들어가 그대로 잠을 자고 다음해 4~5월 봄에 깨어난다.

1

2

3-1

3-1

4

1. 청줄보라잎벌레
2. 좁은가슴잎벌레

3-1. 좀남색잎벌레

3-2. 좀남색잎벌레 짝짓기

4. 호두나무잎벌레

잎벌레과
잎벌레아과

버들꼬마잎벌레 *Plagiodera versicolora*

4mm 안팎 · 4~11월 · 어른벌레

버들꼬마잎벌레는 온몸이 거무스름한 파란빛을 띠며 반짝거린다. 버드나무에서 볼 수 있다. 어른벌레나 애벌레나 버드나무 잎을 갉아 먹는다. 짝짓기를 마친 암컷은 버드나무 잎 뒤에 알을 10~30개 모아 낳는다. 알에서 나온 애벌레는 흩어지지 않고 모여 잎을 갉아 먹는다. 그러다 자라면 뿔뿔이 흩어진다. 허물을 두 번 벗고 다 자란 애벌레는 꽁무니를 잎에 붙이고 거꾸로 매달려 번데기가 된다. 5월이 되면 어른벌레로 날개돋이한다. 날씨가 추워지면 어른벌레는 가랑잎 더미 속으로 들어가 겨울을 난다.

잎벌레과
잎벌레아과

사시나무잎벌레 *Chrysomela populi*

11mm 안팎 · 4~8월 · 어른벌레

사시나무잎벌레는 잎벌레 가운데 몸집이 큰 편이다. 머리와 앞가슴등판은 푸른빛이 도는 검은색이고, 딱지날개는 빨갛다. 봄부터 가을까지 보이는데 5월이나 6월에 가장 흔하다. 사시나무, 황철나무, 버드나무 잎을 갉아 먹는다. 어른벌레로 겨울을 나고, 봄이 되면 짝짓기를 한 뒤 나뭇잎에 쌀알처럼 길쭉한 알을 무더기로 붙여 낳는다. 알을 낳으면 남생이무당벌레가 날아와 알을 먹어 치우기도 한다. 5일쯤 지나면 알에서 애벌레가 깨어나서 무리 지어 잎을 갉아 먹기 시작한다. 애벌레가 갉아 먹고 난 자리는 잎맥만 남기 때문에 잎이 촘촘한 그물처럼 된다. 어른벌레나 애벌레나 건드리면 모두 고약한 냄새가 나는 희뿌연 물을 내뿜는다. 애벌레는 허물을 세 번 벗고 종령 애벌레가 되어 뿔뿔이 흩어진다. 다 자란 애벌레는 꽁무니를 나무줄기나 잎 뒷면에 붙이고 거꾸로 매달려 번데기가 된다. 알에서 어른벌레가 되는 데 한 달쯤 걸린다. 날씨가 추워지면 어른벌레는 땅속이나 돌 틈, 가랑잎 더미 속에 들어가 겨울을 난다. 한 해에 두 번 어른벌레로 날개돋이한다. 사시나무잎벌레와 버들잎벌레, 버들꼬마잎벌레는 사는 모습이 비슷하다. 사시나무잎벌레와 버들잎벌레는 한 해에 두 번 어른벌레로 날개돋이하지만, 버들꼬마잎벌레는 한 해에 여러 번 날개돋이한다.

잎벌레과
잎벌레아과

버들잎벌레 *Chrysomela vigintipunctata vigintipunctata*

6~9mm · 4~10월 · 어른벌레

버들잎벌레는 딱지날개가 빨갛고, 앞가슴등판은 까맣다. 딱지날개에는 까만 점무늬가 9~10쌍 나 있다. 점무늬 때문에 무당벌레로 여길 때도 있는데, 버들잎벌레는 더듬이가 더 길다. 이름처럼 버드나무 잎을 갉아 먹는다. 온 나라 냇가나 골짜기에 자라는 버드나무에서 흔히 볼 수 있다. 어른벌레는 한 해 내내 볼 수 있는데 5~6월에 가장 많이 보인다. 어른벌레로 겨울을 나고, 이른 봄에 나와 버드나무 싹을 갉아 먹고 짝짓기를 한다. 짝짓기를 마친 암컷은 버드나무 잎 뒤에 알을 수십 개 낳아 붙인다. 알은 쌀알처럼 생겼다. 알에서 나온 애벌레도 버드나무 잎을 갉아 먹는다. 애벌레는 20일쯤 지나 허물을 세 번 벗고 다 자란다. 그러면 잎 뒤에 거꾸로 붙어 번데기가 된다. 5~6월에 어른벌레로 날개돋이한다. 알에서 어른벌레가 되는 데 한 달쯤 걸린다. 한 해에 두세 번 날개돋이한다.

잎벌레과
잎벌레아과

참금록색잎벌레 *Plagiosterna adamsi*

6~9mm · 5~9월 · 모름

참금록색잎벌레는 앞가슴등판은 빨갛고, 딱지날개는 파랗거나 풀빛으로 반짝거린다. 온 나라 논밭이나 냇가, 골짜기에서 볼 수 있다. 어른벌레는 오리나무 잎을 갉아 먹는다. 불빛으로 날아오기도 한다. 우리나라와 중국에서만 사는 잎벌레다.

1

2-1

2-2

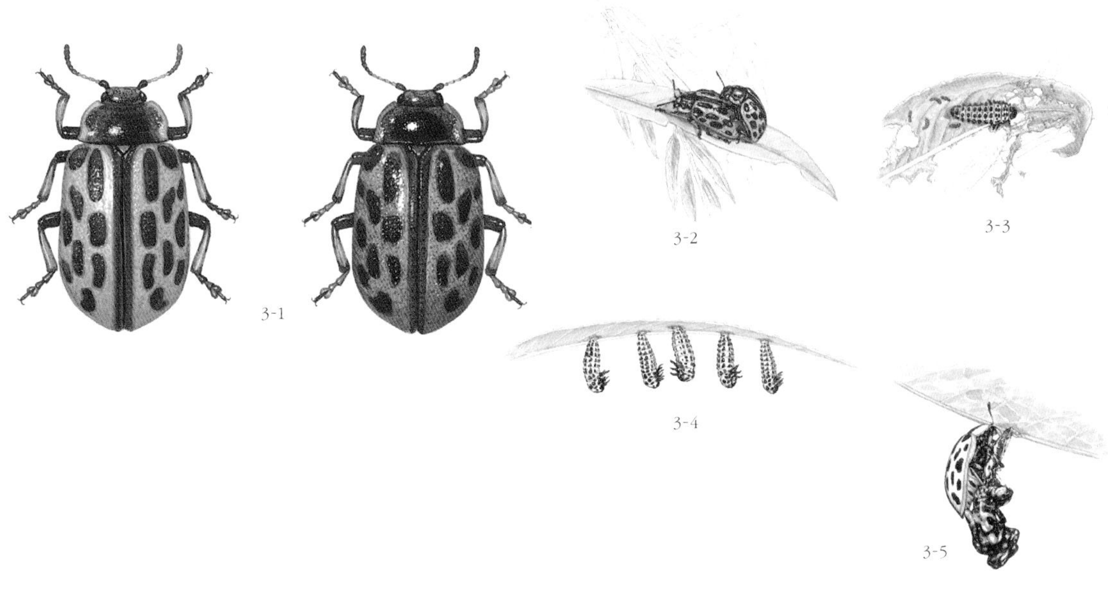

3-1

3-2

3-3

3-4

3-5

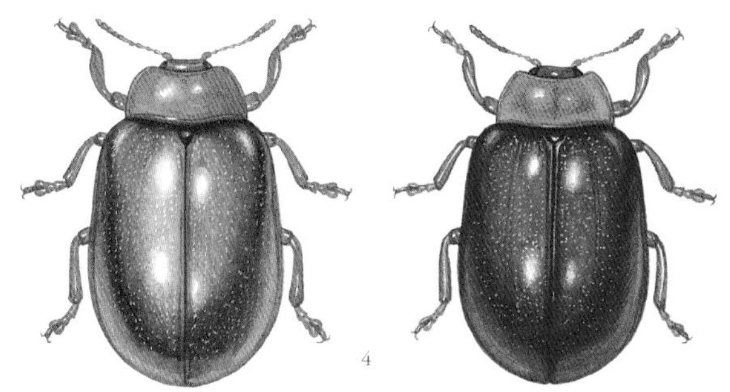

4

1. 버들꼬마잎벌레
2-1. 사시나무잎벌레
2-2. 사시나무잎벌레 알
3-1. 버들잎벌레
3-2. 버들잎벌레 짝짓기
3-3. 버들잎벌레 애벌레
3-4. 버들잎벌레 번데기
3-5. 버들잎벌레 날개돋이
4. 참금록색잎벌레

잎벌레과
잎벌레아과

남색잎벌레 *Plagiosterna aenea aenea*

8mm 안팎 · 5~8월 · 어른벌레

남색잎벌레는 몸빛이 여러 가지다. 딱지날개가 풀빛이거나 짙은 남색, 밤색으로 반짝거린다. 다리는 푸른빛을 띠는 검은색이거나 붉은 밤색이다. 온 나라에서 산다. 5월에 가장 많이 볼 수 있다. 사시나무나 버드나무, 오리나무, 자작나무 잎을 갉아 먹는다. 애벌레는 5월부터 무리 지어 산다. 위험을 느끼면 고약한 냄새를 풍긴다. 다 자란 애벌레는 잎 뒤에 거꾸로 매달려 번데기가 된다.

잎벌레과
잎벌레아과

십이점박이잎벌레 *Paropsides duodecimpustulata*

8~10mm · 4~7월 · 어른벌레

십이점박이잎벌레는 무당벌레를 똑 닮았다. 독이 있는 무당벌레를 흉내 내서 천적을 피한다. 하지만 무당벌레는 위험을 느끼면 다리 마디에서 독물이 나오지만, 십이점박이잎벌레는 몸을 그냥 움츠린 채 땅으로 뚝 떨어질 뿐이다. 몸에 점무늬가 12개 있어서 '십이점박이잎벌레'다. 하지만 저마다 무늬 생김새가 많이 다르다. 딱지날개가 온통 붉기도 하고, 점무늬가 아닌 줄무늬가 있기도 하다. 온 나라 낮은 산이나 논밭 둘레에서 보인다. 어른벌레로 겨울을 나고 봄에 나와 짝짓기를 한다. 짝짓기를 마친 암컷은 돌배나무나 콩배나무, 사과나무 잎에 알을 20개쯤 뭉쳐 붙여 낳는다. 알에서 나온 애벌레는 잎을 갉아 먹으며 허물을 세 번 벗고 큰다. 애벌레는 위험을 느끼면 고약한 냄새를 풍겨 몸을 지킨다. 다 자란 4령 애벌레는 땅으로 내려가 번데기가 되고, 열흘쯤 지나면 어른벌레로 날개돋이한다. 어른벌레는 무더운 여름부터 여름잠을 자기 시작해서 이듬해 봄까지 잔다. 알에서 어른벌레가 되는 데 46일쯤 걸린다. 한 해에 한 번 날개돋이한다.

잎벌레과
잎벌레아과

수염잎벌레 *Gonioctena fulva*

5~6mm · 5~7월 · 어른벌레

수염잎벌레는 온몸이 붉거나 밤색이다. 작은방패판은 까맣다. 어른벌레로 겨울을 나고 봄에 나와 싸리나무나 버드나무 잎을 갉아 먹고 짝짓기를 한다. 짝짓기를 마친 암컷은 어린잎이나 줄기에 알 덩어리를 낳는다. 알은 투명하고 끈적끈적한 물로 덮여 있다. 알에서 나온 애벌레는 5월 말부터 6월까지 잎을 갉아 먹고 세 번 허물을 벗고 큰다. 종령 애벌레는 잎에 거꾸로 매달려 번데기가 된다. 번데기가 된 지 6~9일쯤 지나 7~8월에 어른벌레가 된다. 어른벌레는 땅속으로 들어가 여름잠을 자며 그대로 겨울을 난다.

잎벌레과
잎벌레아과

홍테잎벌레 *Entomoscelis orientalis*

6mm 안팎 · 5~6월 · 모름

홍테잎벌레는 몸이 주황색을 띤다. 앞가슴등판과 딱지날개 가운데에 까만 무늬가 커다랗게 나 있다. 그래서 이름처럼 마치 빨간 테두리를 두른 것 같다. 버드나무 잎을 갉아 먹는다.

1

2

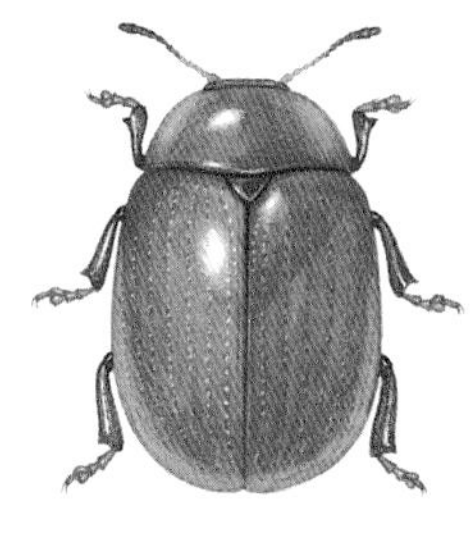

3

4

1. 남색잎벌레
2. 십이점박이잎벌레
3. 수염잎벌레
4. 홍테잎벌레

잎벌레과
긴더듬이잎벌레아과

열점박이별잎벌레 *Oides decempunctatus*

10 ~ 13mm · 8 ~ 9월 · 알

열점박이별잎벌레는 몸이 큰 잎벌레다. 생김새가 무당벌레를 똑 닮았는데, 더듬이가 훨씬 길어서 다르다. 딱지날개에 까만 점이 10개 있다. 어른벌레는 온 나라 들판에서 보인다. 포도나무나 개머루, 담쟁이덩굴 같은 포도과 식물 잎을 갉아 먹는다. 짝짓기를 마친 암컷은 가을에 땅속에 알을 낳는다. 알로 겨울을 나고, 이듬해 봄에 애벌레가 깨어 땅 위로 나온다. 허물을 두 번 벗고 종령 애벌레가 된다. 애벌레는 위험을 느끼면 몸에서 고약한 냄새가 나는 노란 물을 내어 제 몸을 지킨다. 다 자란 애벌레는 땅속으로 들어가 번데기 방을 만들고 번데기가 된다. 20일쯤 지나면 어른벌레로 날개돋이해서 밖으로 나온다. 한 해에 한 번 어른벌레로 날개돋이한다. 어른벌레도 위험을 느끼면 입과 다리 마디에서 고약한 냄새가 나는 노란 물이 나오고, 땅으로 툭 떨어져 죽은 척한다.

잎벌레과
긴더듬이잎벌레아과

파잎벌레 *Galeruca extensa*

11 ~ 12mm · 5 ~ 10월 · 알

파잎벌레는 몸이 까맣거나 검은 밤색이나. 딱지날개에는 튀어나온 줄이 4개씩 있다. 이름처럼 파나 부추, 원추리, 산달래, 참산부추 따위를 갉아 먹는다. 어른벌레는 5월부터 10월까지 온 나라 논밭이나 숲 가장자리, 낮은 산에서 보인다. 애벌레는 처음에는 서로 모여 지내다가 크면서 뿔뿔이 흩어진다. 위험을 느끼면 고약한 냄새가 나는 누런 물을 뿜어내고, 몸을 둥글게 만 뒤 땅으로 뚝 떨어진다. 애벌레는 허물을 두 번 벗고 종령 애벌레가 된다. 다 자란 애벌레는 땅속에 들어가 번데기 방을 만들고 노란 번데기가 된다. 일주일쯤 지나면 어른벌레로 날개돋이한다. 어른벌레가 되면 두 달쯤 살면서 짝짓기를 하고, 가을에 암컷이 땅속에 알을 낳는다. 알로 겨울을 나고 이듬해 3~5월에 애벌레가 나온다.

잎벌레과
긴더듬이잎벌레아과

질경이잎벌레 *Lochmaea capreae*

5mm 안팎 · 5 ~ 9월 · 어른벌레

질경이잎벌레는 딱지날개가 누런 밤색이다. 더듬이와 다리는 까맣다. 버드나무나 황철나무 같은 나무에서 보인다. 어른벌레로 겨울을 나고 봄에 나와 짝짓기를 한다. 짝짓기를 마친 암컷은 6~7월에 땅 위에 알을 20개쯤 덩어리로 낳는다. 애벌레는 허물을 세 번 벗고 자란 뒤 땅속으로 들어가 번데기가 된다. 8~9월쯤 어른벌레로 날개돋이한다. 한 해에 한 번 날개돋이한다.

잎벌레과
긴더듬이잎벌레아과

딸기잎벌레 *Galerucella grisescens*

4mm 안팎 · 4 ~ 11월 · 어른벌레

딸기잎벌레는 온몸이 짙은 밤색이고, 노란 털이 촘촘히 나 있다. 딸기나 소리쟁이, 고마리 같은 풀잎을 갉아 먹는다. 어른벌레는 물가를 좋아해서 논이나 냇물이 흐르는 들판에서 보인다. 어른벌레는 3월부터 나와 짝짓기한 뒤, 암컷은 잎 뒤에 알을 16~23개 뭉쳐 낳는다. 알에서 나온 애벌레는 허물을 두 번 벗고 종령 애벌레가 된다. 알에서 나온 지 한 달쯤 지나 다 자란 애벌레는 잎 뒤에 꽁무니로 거꾸로 매달려 번데기가 된다. 알에서 어른벌레가 되는 데 한 달쯤 걸린다. 한 해에 3~5번 날개돋이한다. 날씨가 추워지면 마른 가랑잎 속에 들어가 어른벌레로 겨울을 난다.

1

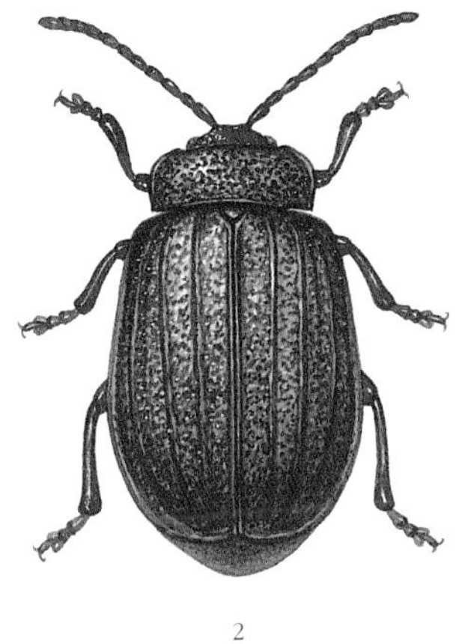

2

3

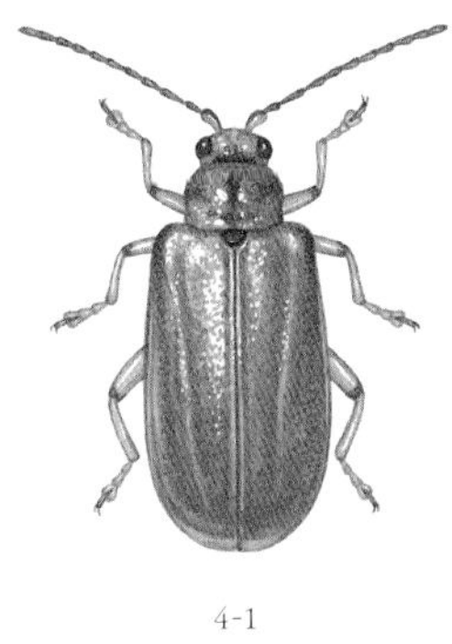

4-1

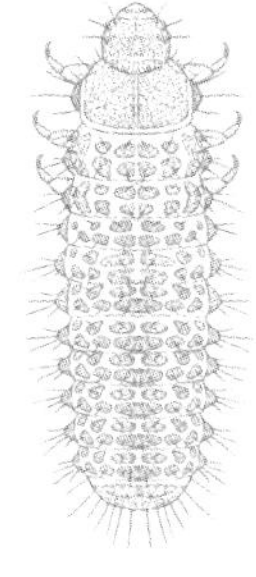

4-2

1. 열점박이별잎벌레
2. 파잎벌레
3. 질경이잎벌레
4-1. 딸기잎벌레
4-2. 딸기잎벌레 애벌레

잎벌레과
긴더듬이잎벌레아과

일본잎벌레 *Galerucella nipponensis* 4~6mm 4~8월 어른벌레

일본잎벌레는 딱지날개가 까맣고, 옆 가장자리 테두리는 짙은 밤색이다. 앞가슴등판도 까맣고 앞 가장자리는 누런 밤색이다. 일본잎벌레는 어른벌레와 애벌레 모두 저수지나 늪 같은 고인 물에 자라는 마름이나 순채 같은 잎을 갉아 먹기 때문에 물에 사는 것으로 오해하는 경우도 있다. 어른벌레로 겨울을 나고 봄에 깨어난 일본잎벌레는 6~8월에 물에 잠기지 않는 마름 잎에 알을 20개쯤 낳는다. 일주일쯤 지나 알에서 깨어난 애벌레는 물에 잠기지 않은 마름 잎을 갉아 먹는다. 2주일쯤 지나면 잎에서 번데기가 된 뒤 어른벌레로 날개돋이한다. 날씨가 추워지면 어른벌레는 연못 둘레 풀숲에서 겨울을 난다. 한 해에 한 번 날개돋이한다.

잎벌레과
긴더듬이잎벌레아과

띠띤수염잎벌레 *Xanthogaleruca maculicollis* 6mm 안팎 4~8월 어른벌레

띠띤수염잎벌레는 몸이 누런 밤색이다. 딱지날개 어깨에는 까만 무늬가 있고, 옆 가장자리는 까맣다. 머리에 까만 무늬가 1개, 앞가슴등판에 3개 있다. 봄에 짝짓기를 마친 암컷이 알을 낳는다. 알에서 나온 애벌레는 느릅나무나 느티나무, 오리나무 잎을 갉아 먹는다. 여름에 어른벌레가 되어 가을까지 보인다. 날씨가 추워지면 나무껍질 밑이나 가랑잎 속에 들어가 어른벌레로 겨울을 난다.

잎벌레과
긴더듬이잎벌레아과

돼지풀잎벌레 *Ophraella communa* 4~7mm 4~5월 어른벌레

돼지풀잎벌레는 온몸이 누런 밤색을 띤다. 딱지날개에는 검은 세로 줄무늬가 4개씩 나 있다. 더듬이는 검은 밤색이고 11마디다. 앞가슴등판 가운데와 양옆에는 까만 무늬가 있다. 돼지풀잎벌레는 북미에서 살던 잎벌레로 북미에서 들어온 돼지풀, 단풍잎돼지풀, 둥근잎돼지풀을 갉아 먹는다. 잎맥만 남기고 잎을 갉아 먹는다. 한 해에 두 번 날개돋이를 한다.

잎벌레과
긴더듬이잎벌레아과

남방잎벌레 *Apophylia flavovirens* 4~6mm 5~9월 모름

남방잎벌레는 머리가 까맣고, 앞가슴등판은 노랗다. 딱지날개는 풀빛으로 반짝거린다. 이름처럼 남쪽 지방에서 사는 잎벌레다.

잎벌레과
긴더듬이잎벌레아과

노랑가슴녹색잎벌레 *Agelasa nigriceps* 5~8mm 4~5월 어른벌레

노랑가슴녹색잎벌레는 딱지날개가 풀빛이 도는 파란색으로 반짝거린다. 앞가슴등판은 누렇다. 생김새가 남색잎벌레와 닮았는데, 노랑가슴녹색잎벌레는 앞가슴등판에 낮게 파인 곳이 있어서 다르다. 온 나라 산에서 산다. 어른벌레나 애벌레 모두 다래나무 잎을 갉아 먹는다. 짝짓기를 마친 암컷은 5월에 다래나무 잎 뒤에 알을 무더기로 붙여 낳는다. 알에서 나온 애벌레는 처음에는 무리 지어 잎을 갉아 먹다가, 크면서 뿔뿔이 흩어진다. 애벌레는 허물을 세 번 벗고 땅속으로 들어가 번데기가 된다. 한 달쯤 지나면 어른벌레로 날개돋이한다.

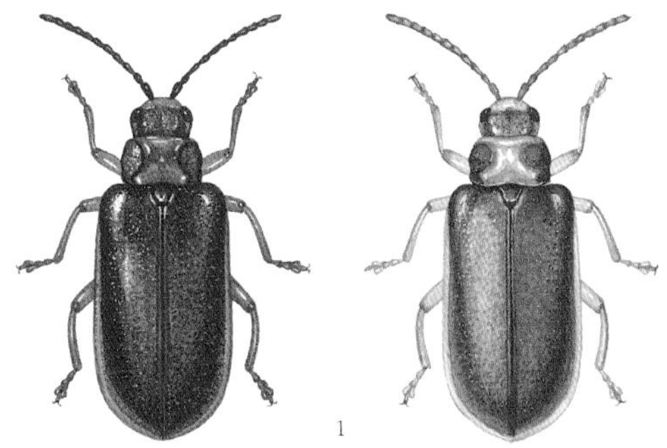

1

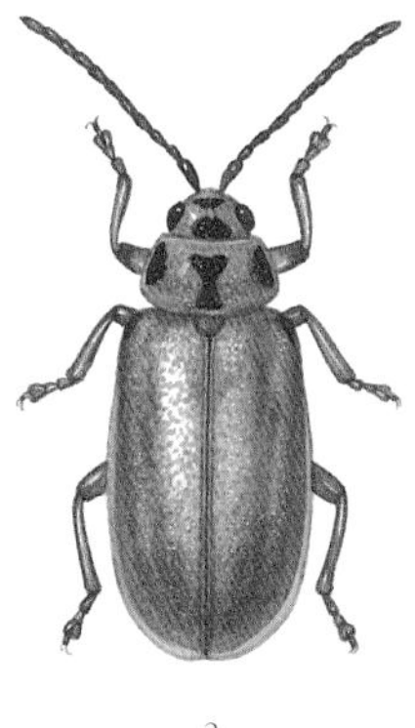

2

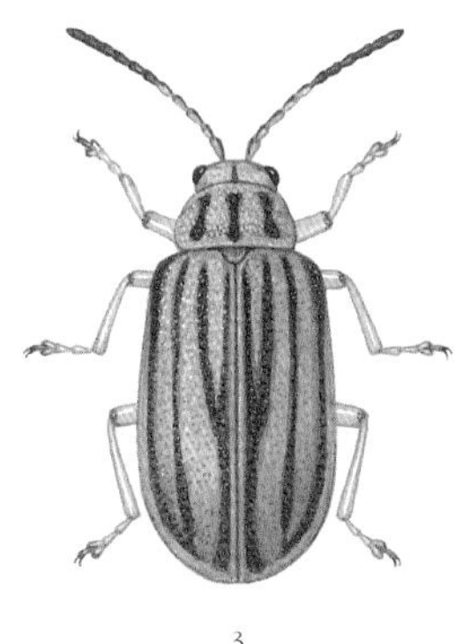

3

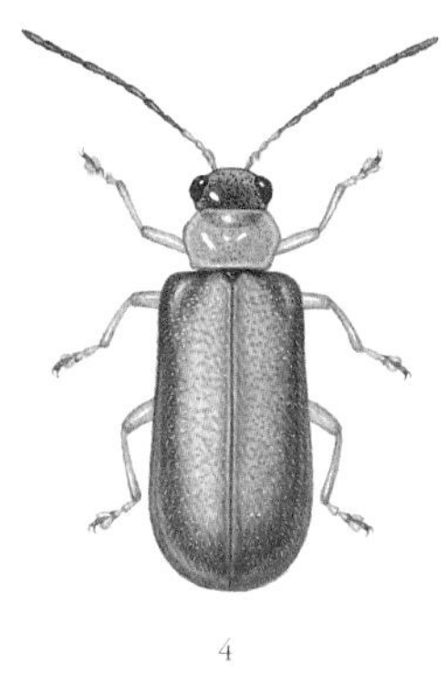

4

5

1. 일본잎벌레
2. 띠띤수염잎벌레
3. 돼지풀잎벌레
4. 남방잎벌레
5. 노랑가슴녹색잎벌레

잎벌레과
긴더듬이잎벌레아과

상아잎벌레 *Gallerucida bifasciata*

7~10mm · 3~8월 · 어른벌레

상아잎벌레는 이름처럼 딱지날개에 상아 빛깔을 띤 노란 띠무늬가 마주 나 있다. 온 나라 산이나 들판에서 볼 수 있다. 어른벌레와 애벌레 모두 호장근이나 수영, 소리쟁이, 까치수영, 며느리배꼽 같은 식물 잎을 갉아 먹는다. 낮에는 들판이나 산길 둘레에서 잘 날아다닌다. 어른벌레로 땅속이나 가랑잎 밑에서 겨울을 나고 이듬해 봄에 나와 짝짓기를 한다. 짝짓기를 마친 암컷은 5~6월에 애벌레가 먹는 식물 둘레 땅속에 알을 낳는다. 알에서 나온 애벌레는 밖으로 나와 소리쟁이 줄기를 타고 오른다. 애벌레는 허물을 두 번 벗는다. 다 자란 애벌레는 다시 땅속으로 들어가 번데기가 된다. 알에서 번데기가 되는 데 두 주쯤 걸린다. 땅속에서 번데기로 두 달쯤 있다가 여름과 가을 사이에 어른벌레로 날개돋이해서 땅 위로 나온다.

잎벌레과
긴더듬이잎벌레아과

솔스키잎벌레 *Gallerucida flavipennis*

6~8mm · 4~6월 · 모름

솔스키잎벌레는 머리와 다리가 까맣다. 딱지날개는 누런 밤색이고, 작은 홈이 파여 줄 지어 나 있다. 앞가슴등판 양쪽에 가로로 홈이 파여 있다. 온 나라 논밭이나 숲 가장자리, 공원에서 볼 수 있다. 짝짓기를 마친 암컷은 5월에 알을 낳는다. 다 자란 애벌레는 땅속에 들어가 번데기가 되고, 날개돋이한 뒤 그대로 겨울을 난다.

잎벌레과
긴더듬이잎벌레아과

오리나무잎벌레 *Agelastica coerulea*

5~8mm · 4~8월 · 어른벌레

오리나무잎벌레는 몸이 까맣지만 보는 각도에 따라 보랏빛이나 풀빛을 띤 남색으로 보인다. 이름처럼 낮은 산이나 들판에 자라는 오리나무나 버드나무에서 산다. 어른벌레로 겨울을 나고, 이듬해 4~5월에 나와 오리나무 잎을 갉아 먹고 짝짓기를 한다. 짝짓기를 마친 암컷은 쌀알처럼 생긴 노란 알을 오리나무 잎 뒤에 10개쯤씩 덩어리로 붙여 낳는다. 알에서 나온 애벌레는 서로 모여 잎맥만 남기고 잎을 갉아 먹는다. 허물을 두 번 벗으며 한 달쯤 지나면 다 자란 3령 애벌레가 된다. 가끔 오리나무 잎을 깡그리 갉아 먹어서 나무를 말라 죽게도 한다. 위험을 느끼면 애벌레 돌기 속에 감춘 속살을 풍선처럼 밖으로 부풀린다. 그러면 그 속살에서 고약한 냄새가 나는 물이 나온다. 종령 애벌레는 땅속으로 들어가 흙을 빚어 번데기 방을 만들고 번데기가 된다. 20일쯤 지나면 번데기에서 어른벌레로 날개돋이한다. 여름에 나온 어른벌레는 잎을 갉아 먹다가 8월 말쯤 다시 땅속으로 들어가 이듬해 봄까지 잠을 잔다. 알에서 어른벌레까지 한 해에 한 번 날개돋이한다.

잎벌레과
긴더듬이잎벌레아과

오이잎벌레 *Aulacophora indica*

5~8mm · 5~10월 · 어른벌레

오이잎벌레는 몸이 주황색으로 번쩍거린다. 딱지날개는 아주 얇아서 속이 비친다. 앞가슴등판 가운데에 가로로 홈이 파여 줄을 이룬다. 온 나라 들판, 논밭 둘레, 낮은 산에서 볼 수 있다. 낮에 나와 오이나 참외, 호박, 배추 같은 농작물 잎을 많이 갉아 먹는다. 어른벌레는 봄부터 나와 짝짓기를 한 뒤 암컷은 5~6월에 땅속에 알을 낳는다. 알에서 나온 애벌레는 땅속에서 오이나 참외 같은 농작물 뿌리를 갉아 먹는다. 애벌레로 3~4주, 번데기로 2주쯤 지나 8~11월에 어른벌레로 날개돋이한다. 날씨가 추워지면 마른 땅속에 여러 마리가 모여 어른벌레로 겨울을 난다.

1

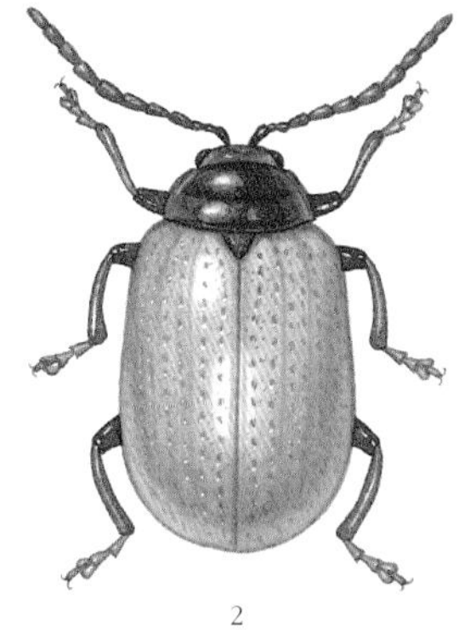
2

3

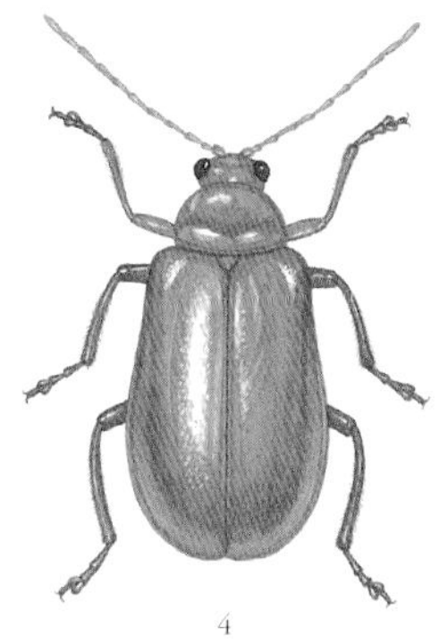
4

1. 상아잎벌레
2. 솔스키잎벌레
3. 오리나무잎벌레
4. 오이잎벌레

잎벌레과
긴더듬이잎벌레아과

검정오이잎벌레 *Aulacophora nigripennis nigripennis*

5~7mm · 4~11월 · 어른벌레

검정오이잎벌레는 오이잎벌레와 생김새가 닮았는데, 딱지날개가 까매서 다르다. 온 나라 들판에서 쉽게 볼 수 있다. 어른벌레는 낮에 나와 콩이나 박, 오이 같은 농작물 잎을 갉아 먹고 팽나무, 등나무, 오리나무 같은 나뭇잎도 갉아 먹는다. 5~6월에 짝짓기를 마친 암컷은 땅속에 알을 낳는다. 알에서 나온 애벌레는 땅속에서 식물 뿌리를 갉아 먹는다. 알에서 어른벌레가 되는 데 한 달쯤 걸린다. 날씨가 추워지면 어른벌레 여러 마리가 모여 겨울잠을 잔다.

잎벌레과
긴더듬이잎벌레아과

세점박이잎벌레 *Paridea angulicollis*

5mm 안팎 · 4~11월 · 어른벌레

세점박이잎벌레는 이름처럼 딱지날개에 까만 점이 세 개 있다. 가끔 가운데에 점이 없거나 아예 점이 없기도 하다. 짝짓기를 마친 암컷은 4월 말쯤에 누런 알을 땅속에 2~3개씩 낳는다. 알에서 나온 애벌레는 땅속에서 하늘타리나 돌외 뿌리를 갉아 먹는다. 한 달쯤 지나면 번데기가 되어 어른벌레로 날개돋이한다.

잎벌레과
긴더듬이잎벌레아과

네점박이잎벌레 *Paridea oculata*

5mm 안팎 · 4~8월 · 모름

네점박이잎벌레는 이름처럼 딱지날개에 까만 무늬가 네 개 나 있다. 작은방패판도 까맣다.

잎벌레과
긴더듬이잎벌레아과

두줄박이애잎벌레 *Medythia nigrobilineata*

3mm 안팎 · 5~9월 · 모름

두줄박이애잎벌레는 이름처럼 딱지날개에 짙은 밤색 세로 줄무늬가 2개 길게 나 있다. 콩과 식물 잎을 갉아 먹는다. 애벌레는 뿌리를 갉아 먹는다. 5월 중순부터 짝짓기를 마친 암컷이 알을 낳는다.

잎벌레과
긴더듬이잎벌레아과

노랑배잎벌레 *Exosoma flaviventre*

4~5mm · 5~8월 · 모름

노랑배잎벌레는 몸이 검은 파란색인데 이름처럼 배는 누렇다.

잎벌레과
긴더듬이잎벌레아과

노랑가슴청색잎벌레 *Cneorane elegans*

7mm 안팎 · 5~6월 · 모름

노랑가슴청색잎벌레는 이름처럼 앞가슴등판이 붉은 밤색을 띤다. 딱지날개는 풀빛이 도는 파란색이다. 작은방패판은 까맣다. 댑싸리를 갉아 먹는다고 한다.

잎벌레과
긴더듬이잎벌레아과

노랑발톱잎벌레 *Monolepta pallidula*

4~5mm · 6~9월 · 모름

노랑발톱잎벌레는 온몸이 누런 밤색이고 겹눈만 까맣다. 종아리마디 앞쪽은 누런 밤색이다.

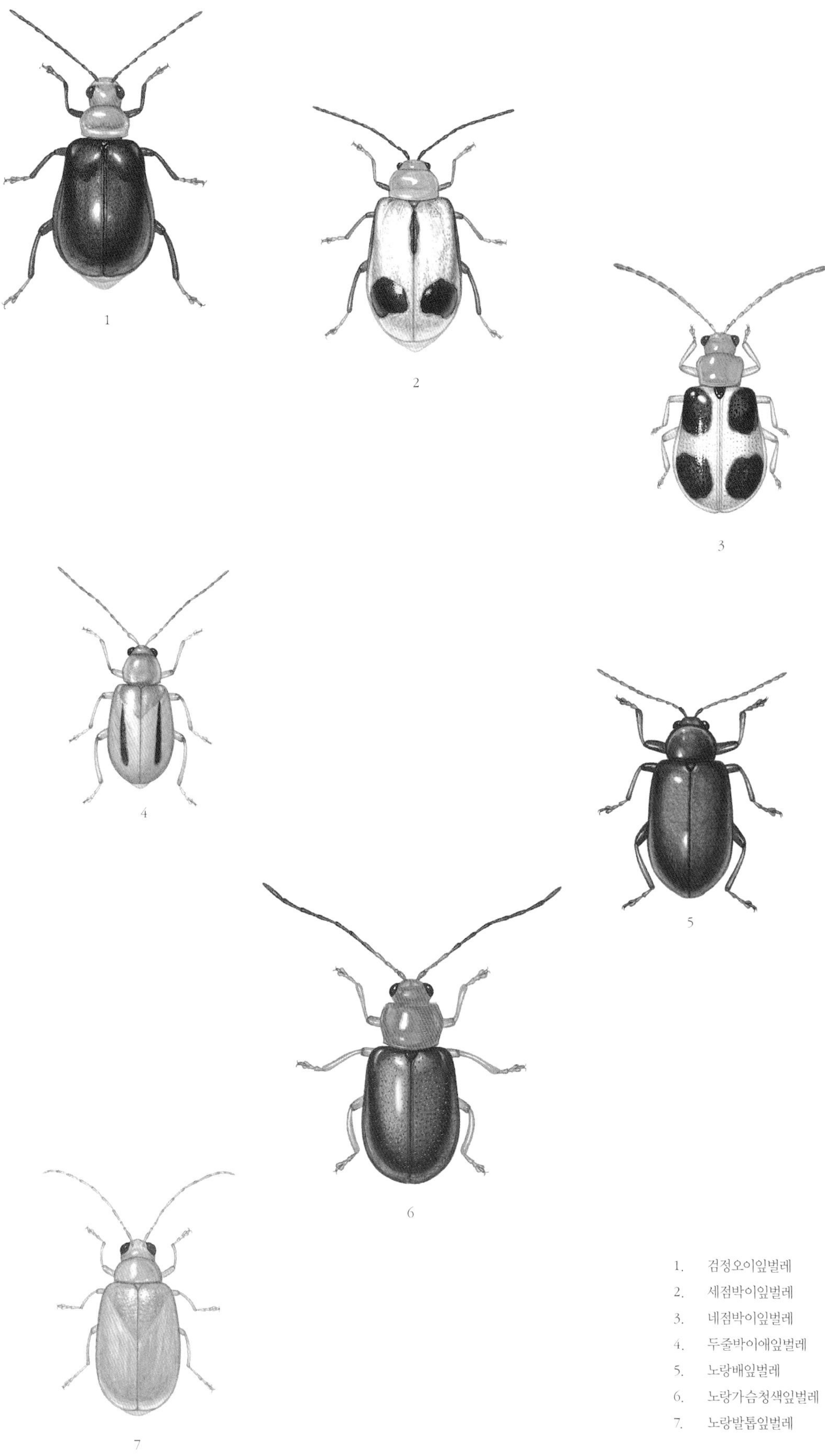

1. 검정오이잎벌레
2. 세점박이잎벌레
3. 네점박이잎벌레
4. 두줄박이애잎벌레
5. 노랑배잎벌레
6. 노랑가슴청색잎벌레
7. 노랑발톱잎벌레

잎벌레과
긴더듬이잎벌레아과

크로바잎벌레 *Monolepta quadriguttata*

4mm 안팎 4~9월 알

크로바잎벌레는 머리와 가슴이 주황색이다. 딱지날개는 까맣고, 허연 점이 두 개 있다. 딱지날개 끄트머리는 누런 밤색이다. 온 나라 들판이나 논밭, 냇가, 공원에서 산다. 어른벌레는 낮에 나와 돌아다니며 크로바나 쇠비름 같은 풀이나 배추, 무, 옥수수, 콩, 땅콩, 호박, 가지 같은 농작물 잎을 갉아 먹는다. 짝짓기를 마친 암컷은 식물 줄기나 뿌리 가까운 땅속에 알을 낳고, 알은 그대로 겨울을 난다. 알에서 나온 애벌레는 땅속 뿌리를 갉아 먹는다. 한 해에 두 번 어른벌레가 된다.

잎벌레과
긴더듬이잎벌레아과

어리발톱잎벌레 *Monolepta shirozui*

4mm 안팎 5~9월 모름

어리발톱잎벌레는 온몸이 누런 밤색이다. 딱지날개 위쪽과 끄트머리가 까맣기도 하다. 애벌레는 때죽나무 잎을 갉아 먹는다고 한다.

잎벌레과
긴더듬이잎벌레아과

뽕나무잎벌레 *Fleutiauxia armata*

5~7mm 4~6월 애벌레

뽕나무잎벌레는 딱지날개가 파란 풀빛을 띤다. 앞가슴등판과 작은방패판은 까맣다. 머리는 누런 밤색인데, 앞쪽은 까맣고, 정수리는 파란 풀빛을 띤다. 어른벌레는 뽕나무나 사과나무 같은 여러 가지 나뭇잎을 갉아 먹는다. 5월에 짝짓기를 하고 누런 알을 2~3개씩 먹이식물 뿌리 둘레에 낳는다. 한 달쯤 지나면 알에서 애벌레가 나와 땅속에 들어간 뒤 뿌리를 갉아 먹는다. 애벌레로 겨울을 난다고 한다. 이듬해 봄에 번데기가 되고 어른벌레로 날개돋이한다. 한 해에 한 번 날개돋이한다.

잎벌레과
긴더듬이잎벌레아과

푸른배줄잎벌레 *Gallerucida gloriosa*

7~9mm 4~7월 모름

푸른배줄잎벌레는 딱지날개가 자줏빛과 풀빛이 아롱대는 무지개빛을 띤다. 다리도 자줏빛을 띤다.

잎벌레과
벼룩잎벌레아과

왕벼룩잎벌레 *Ophrida spectabilis*

9~12mm 6~10월 알

왕벼룩잎벌레는 몸이 붉은 밤색으로 반짝거린다. 딱지날개에는 허연 무늬가 앞쪽과 뒤쪽에 어지럽게 나 있다. 딱지날개 가운데에는 하얀 점무늬가 있다. 다리 발목마디도 하얗다. 뒷다리 허벅지마디는 알통처럼 툭 불거졌다. 더듬이는 4번째 마디까지는 노랗고, 나머지 마디는 까맣다. 잎벌레 가운데 몸집이 크다. 온 나라 산에서 자라는 붉나무나 옻나무, 개옻나무에서 많이 보인다. 가을에 짝짓기를 마친 암컷은 붉나무나 옻나무 가지 틈새에 알을 낳는다. 알은 그대로 겨울을 나고, 이듬해 4월쯤에 애벌레가 깨어 나온다. 애벌레는 무리를 지어 잎을 갉아 먹는다. 붉나무 잎을 갉아 먹으면 애벌레 몸빛이 푸른 보라색을 띠고, 옻나무나 개옻나무 잎을 갉아 먹으면 몸이 노란색을 띤다. 그리고 꽁무니를 들어 이리저리 움직이며 자기가 싼 똥으로 몸을 덮어 자기 몸을 숨긴다. 허물을 두 번 벗고 한 달쯤 지나면 다 자란 종령 애벌레가 된다. 다 자란 애벌레는 땅속으로 들어가 침과 흙을 섞어 번데기 방을 만든다. 그 속에서 번데기가 되어 보름쯤 지나면 8월부터 10월 사이에 어른벌레로 날개돋이한다.

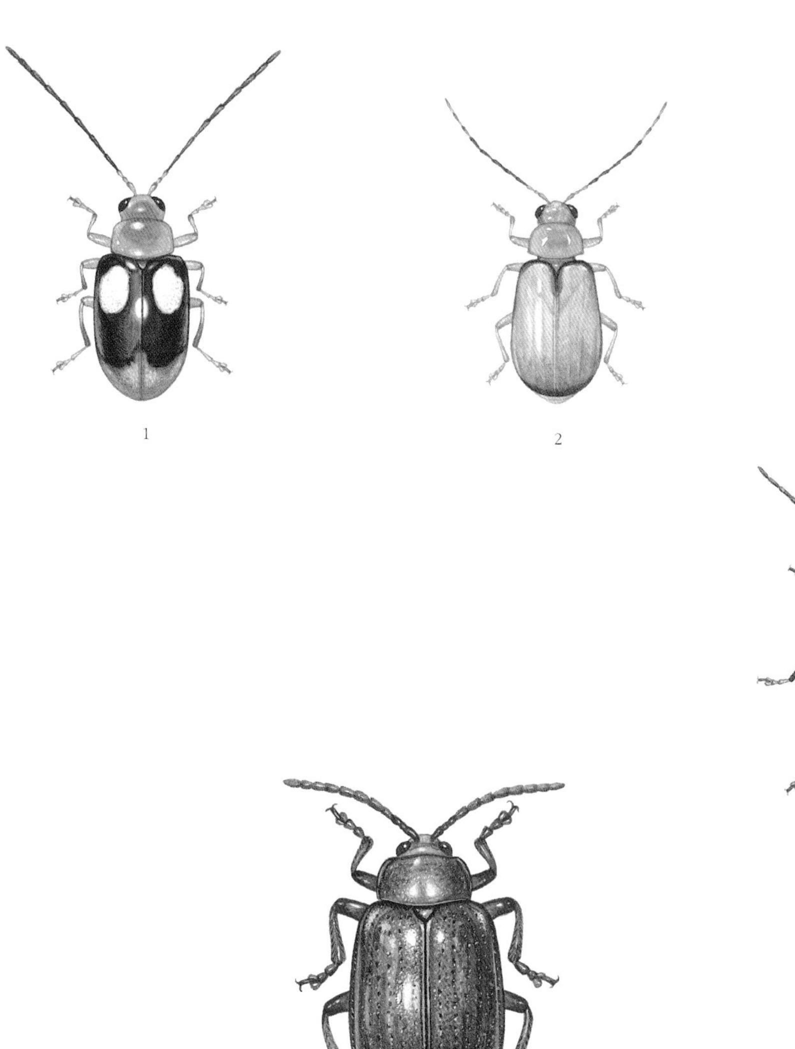

1 2 4

3

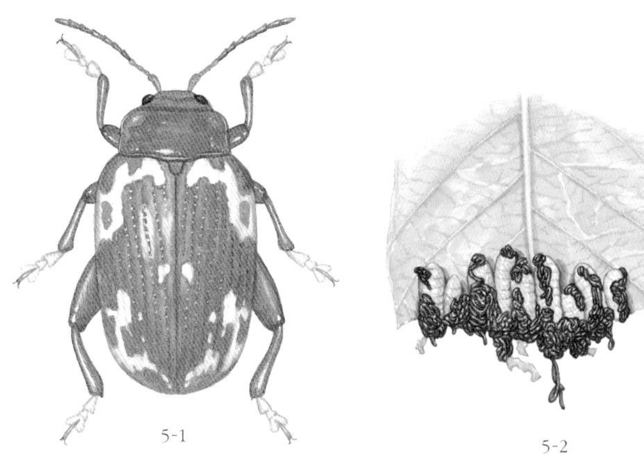

5-1 5-2

1. 크로바잎벌레
2. 어리발톱잎벌레
3. 뽕나무잎벌레
4. 푸른배줄잎벌레

5-1. 왕벼룩잎벌레

5-2. 똥 뒤집어 쓰고 개옻나무 먹는 왕벼룩잎벌레 애벌레

잎벌레과
벼룩잎벌레아과

벼룩잎벌레 *Phyllotreta striolata*

2mm 안팎 · 3~11월 · 어른벌레

벼룩처럼 톡톡 높이 튄다고 '벼룩잎벌레'다. 벼룩잎벌레아과 무리는 모두 뒷다리 허벅지마디가 알통처럼 툭 불거졌다. 또 몸집이 벼룩만큼 작다. 온몸은 까맣고, 딱지날개에 노란 세로줄 무늬가 뚜렷하게 나 있다. 어른벌레는 무나 배추를 심은 밭에서 많이 볼 수 있다. 어른벌레로 겨울을 나고, 이듬해 봄부터 나와 무나 배추 같은 십자화과 식물 잎을 갉아 먹는다. 4월에 짝짓기를 마친 암컷은 뿌리 둘레에 누런 알을 1개씩 150~200개쯤 낳는다. 알에서 나온 애벌레는 땅속에 들어가 뿌리를 갉아 먹는다. 어른벌레는 잎을 갉아 구멍을 내고, 애벌레는 뿌리를 갉아 놓아서 배추나 무를 기르는 농사에 피해를 주기도 한다. 한 해에 두세 번 날개돋이한다.

잎벌레과
벼룩잎벌레아과

발리잎벌레 *Altica caerulescens*

4mm 안팎 · 3~11월 · 모름

발리잎벌레는 벼룩잎벌레처럼 위험을 느낄 때 벼룩처럼 톡톡 튀어 다닌다. 뒷다리 허벅지마디가 알통처럼 툭 불거졌다. 온몸은 검은 파란빛으로 반짝거린다. 봄부터 가을까지 깨풀이 자라는 밭둑 같은 곳에서 볼 수 있다. 짝짓기를 마친 암컷은 애벌레가 먹을 잎에 알을 무더기로 낳아 붙인다. 일주일쯤 지나면 알에서 애벌레가 깨어 나온다. 알에서 나온 애벌레는 무리를 지어 잎을 갉아 먹는다. 한 잎을 다 먹으면 다 같이 다른 잎으로 옮겨 간다. 허물을 두 번 벗으면 다 자란다. 다 자란 종령 애벌레는 줄기를 타고 내려와 땅속으로 들어간다. 입에서 나온 침과 흙을 섞어 번데기 방을 만들고 그 속에서 번데기가 된다. 일주일쯤 지나면 어른벌레로 날개돋이해서 밖으로 나온다. 알에서 어른벌레가 되는 데 한 달쯤 걸린다.

잎벌레과
벼룩잎벌레아과

바늘꽃벼룩잎벌레 *Altica oleracea oleracea*

3mm 안팎 · 3~11월 · 모름

바늘꽃벼룩잎벌레는 몸이 검은 파란색이거나 청동색, 풀빛을 띠는 파란색으로 여러 가지 빛깔을 띤다. 딱지날개에는 상어 비늘처럼 생긴 옆주름이 있다.

잎벌레과
벼룩잎벌레아과

황갈색잎벌레 *Phygasia fulvipennis*

5~6mm · 4~6월 · 어른벌레

황갈색잎벌레는 딱지날개가 붉은 밤색이다. 더듬이와 머리, 앞가슴등판은 까맣다. 온 나라 낮은 산이나 숲 가장자리에서 보인다. 어른벌레로 땅속에서 겨울을 나고, 이듬해 5~6월에 나와 여러 마리가 모여 잎을 갉아 먹고 짝짓기를 한다. 어른벌레는 독이 있는 박주가리나 큰조롱 잎을 잘 갉아 먹는다. 박주가리에는 독이 있다. 그래서 황갈색잎벌레는 먼저 박주가리 잎 잎맥을 큰턱으로 잘라 독물이 흐르지 않게 한 뒤 잎 가장자리부터 먹기 시작한다. 짝짓기를 마친 암컷은 6월쯤에 땅속에 누런 알을 덩어리로 낳는다. 알에서 나온 애벌레는 식물 뿌리를 갉아 먹는다.

잎벌레과
벼룩잎벌레아과

알통다리잎벌레 *Crepidodera plutus*

3mm 안팎 · 4~10월 · 어른벌레

알통다리잎벌레는 이름처럼 뒷다리 허벅지마디가 알통처럼 툭 불거졌다. 온몸은 파르스름한 풀빛으로 반짝거린다. 가슴과 딱지날개에는 자잘한 홈이 잔뜩 파여 있다. 더듬이는 11마디인데, 4마디까지는 붉은 밤색이고 나머지는 까맣다. 어른벌레로 겨울을 나고 봄에 나온다.

1

2

3

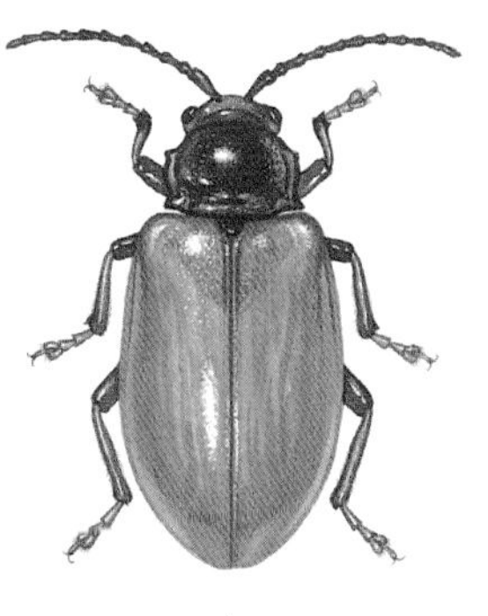
4

5

1. 벼룩잎벌레
2. 발리잎벌레
3. 바늘꽃벼룩잎벌레
4. 황갈색잎벌레
5. 알통다리잎벌레

잎벌레과
벼룩잎벌레아과

보라색잎벌레 *Hemipyxis plagioderoides*

3~5mm · 5~6월 · 어른벌레

보라색잎벌레는 딱지날개가 푸르스름한 검은색이다. 머리와 가슴은 까맣다. 어른벌레로 겨울을 난다. 짝짓기를 마친 암컷은 5~6월에 불그스름한 알을 잎에 붙여 낳는다. 알에서 나온 애벌레는 질경이 잎을 갉아 먹고, 어른벌레가 되는 데 한 달 넘게 걸린다. 한 해에 한 번 날개돋이한다.

잎벌레과
벼룩잎벌레아과

단색둥글잎벌레 *Argopus unicolor*

4~5mm · 5~9월 · 모름

단색둥글잎벌레는 온몸이 붉은 밤색이다. 더듬이는 까만데, 4번째 마디까지는 누런 밤색이다. 다리는 붉은 밤색이다.

잎벌레과
벼룩잎벌레아과

점날개잎벌레 *Nonarthra cyanea*

4mm 안팎 · 3~11월 · 어른벌레

딱지날개에 점처럼 파인 홈이 있어서 '점날개잎벌레'라는 이름이 붙었다. 온몸은 검은 남색으로 번쩍거린다. 뒷다리 허벅지마디가 아주 크다. 더듬이는 8마디다. 온 나라 낮은 산이나 들판에 핀 여러 가지 꽃에서 볼 수 있다. 어른벌레로 겨울을 나고, 이른 봄부터 양지꽃이나 개망초, 노루귀, 원추리, 민들레 같은 꽃에 날아와 꽃가루와 꽃잎, 잎을 큰턱으로 베어 씹어 먹는다. 위험을 느끼면 마치 벼룩처럼 톡톡 튀어 도망간다. 벼룩잎벌레아과 무리는 모두 벼룩처럼 뛸 수 있다. 또 앞날개와 배를 비벼 소리를 낸다. 짝짓기를 마친 암컷은 5월에 누런 알을 낳는다. 알에서 나온 애벌레는 이끼를 먹고 자란다. 위험을 느끼면 몸에서 투명한 물이 나온다. 다 자란 애벌레는 땅속에 들어가 번데기가 된다. 한 해에 한 번 날개돋이한다.

잎벌레과
가시잎벌레아과

노랑테가시잎벌레 *Dactylispa angulosa*

4mm 안팎 · 4~11월 · 모름

노랑테가시잎벌레는 고슴도치처럼 딱지날개 옆 가장자리에 잔가시가 잔뜩 나 있다. 딱지날개에는 혹이 울퉁불퉁 나 있다. 온몸은 까만데 다리와 더듬이는 붉은 밤색이다. 온 나라 들판이나 낮은 산에서 산다. 어른벌레는 벚나무에서 많이 보이고, 애벌레는 벚나무, 졸참나무, 산박하, 꿀풀, 쑥 같은 식물에서 볼 수 있다. 위험을 느끼면 땅으로 툭 떨어져 숨는다. 몸집이 아주 작아서 풀숲에 떨어지면 쉽게 찾을 수 없다. 짝짓기를 마친 암컷은 여름 들머리에 참나무 잎 속에 알을 낳는다. 알에서 나온 애벌레는 잎 속으로 굴을 파고들어 간다. 7~8월이 되면 어른벌레가 날개돋이해 나온다. 가시잎벌레아과 무리는 모두 몸에 가시가 돋아 있다. 우리나라에 8종이 알려졌다. 하늘소처럼 머리와 앞가슴등판을 비벼 소리를 낸다.

잎벌레과
가시잎벌레아과

안장노랑테가시잎벌레 *Dactylispa excisa excisa*

4mm 안팎 · 4~10월 · 모름

안장노랑테가시잎벌레는 말안장처럼 딱지날개 앞쪽과 뒤쪽이 넓게 옆으로 늘어났다. 가장자리에는 가시가 잔뜩 나 있다. 앞가슴등판에도 뾰족하고 길쭉한 가시가 있다. 드물게 볼 수 있다.

1

2

3

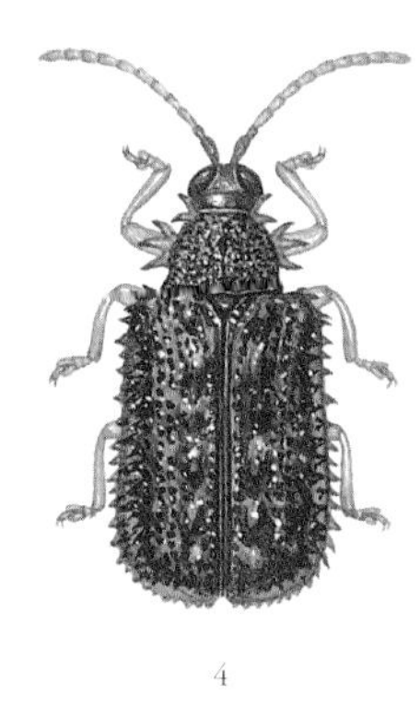

4

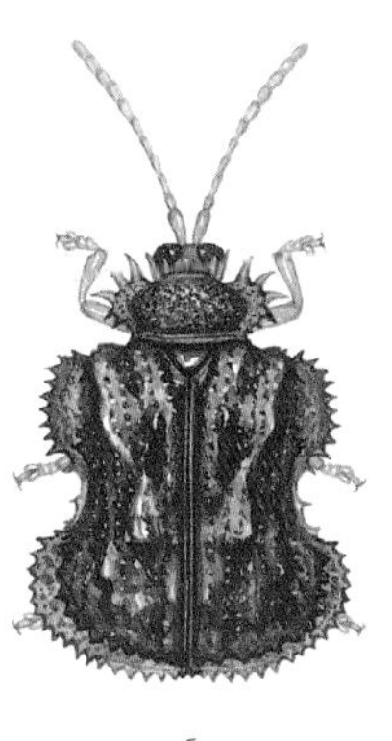

5

1. 보라색잎벌레
2. 단색둥글잎벌레
3. 점날개잎벌레
4. 노랑테가시잎벌레
5. 안장노랑테가시잎벌레

잎벌레과
가시잎벌레아과

큰노랑테가시잎벌레 *Dactylispa masonii*

5mm 안팎 4~7월 모름

큰노랑테가시잎벌레는 딱지날개 가장자리가 노랗고 가시가 잔뜩 났다. 딱지날개는 울퉁불퉁하다. 몸은 어두운 검은 밤색이다. 앞가슴등판 앞쪽에도 뾰족한 돌기가 났다. 짝짓기를 마친 암컷은 잎 가장자리에 알을 낳는다. 알에서 나온 애벌레는 머위나 쑥부쟁이 잎을 갉아 먹는다고 한다.

잎벌레과
가시잎벌레아과

사각노랑테가시잎벌레 *Dactylispa subquadrata subquadrata*

5mm 안팎 4~10월 모름

사각노랑테가시잎벌레는 몸이 까만데 더듬이와 다리는 누렇다. 딱지날개는 울퉁불퉁하고, 가장자리에는 가시가 잔뜩 나 있다. 딱지날개 앞쪽과 뒤쪽이 옆으로 넓게 늘어났다. 어른벌레는 졸참나무 잎을 갉아 먹고, 5월에 짝짓기를 마친 암컷이 잎 끝에 알을 1개씩 낳아 붙인다. 알에서 나온 애벌레는 잎 속으로 굴을 파고 들어가 산다. 애벌레가 잎 속에서 굴을 파고 다니며 속살을 파먹으면 겉으로 허연 줄무늬가 생긴다. 7월에 굴속에서 번데기가 되었다가 어른벌레로 날개돋이해 나온다.

잎벌레과
남생이잎벌레아과

모시금자라남생이잎벌레 *Aspidomorpha transparipennis*

6~7mm 4~11월 어른벌레

모시금자라남생이잎벌레는 이름처럼 더듬이와 머리, 딱지날개가 금빛을 띤다. 다른 남생이잎벌레처럼 딱지날개가 투명해서 속이 훤히 비치고, 딱지날개 앞뒤로 다리처럼 생긴 검은 밤색 무늬가 나 있다. 더듬이 끝 두 마디는 까맣다. 온 나라 낮은 산 풀밭에서 볼 수 있다. 어른벌레로 가랑잎이나 덤불 속에 들어가 겨울을 나고, 이듬해 봄에 나온 어른벌레는 메꽃이나 방아풀 같은 잎을 갉아 먹고 짝짓기를 한다. 짝짓기를 마친 암컷은 5~8월에 잎 뒤쪽에 알을 2층으로 쌓아 붙여 낳는다. 알을 낳을 때 꽁무니에서 거품이 함께 나와 알 덩어리를 덮는다. 이 거품은 나중에 네모난 주머니처럼 단단하게 굳어 알을 지킨다. 알에서 나온 애벌레는 짚신처럼 생겼다. 다른 남생이잎벌레 애벌레처럼 자기가 벗은 허물과 자기가 싼 똥을 몸에 올려 짊어지고 다닌다. 또 늘 꽁무니를 치켜들고 다닌다. 허물을 네 번 벗으면 종령 애벌레가 된다. 그리고 잎 위에서 번데기가 된다. 일주일쯤 지나면 어른벌레로 날개돋이한다. 알에서 어른벌레로 날개돋이하는 데 4주쯤 걸린다. 한 해에 여름과 가을 두 번 날개돋이한다.

잎벌레과
남생이잎벌레아과

남생이잎벌레붙이 *Glyphocassis spilota spilota*

5mm 6~8월 모름

남생이잎벌레붙이는 몸이 붉은 밤색인데 까만 무늬가 여기저기 나 있다. 앞가슴등판에도 까만 무늬가 3개 있다. 딱지날개가 맞붙는 곳도 까맣다. 몸은 바가지처럼 볼록하다. 어른벌레는 고구마나 메꽃 같은 식물 잎을 갉아 먹는다고 한다.

잎벌레과
남생이잎벌레아과

적갈색남생이잎벌레 *Cassida fuscorufa*

6mm 안팎 4~9월 어른벌레

적갈색남생이잎벌레는 이름처럼 몸이 붉은 밤색이다. 더듬이는 까만데 5번째 마디까지는 붉은 밤색을 띤다. 다리도 까맣다. 어른벌레로 겨울을 나고, 이듬해 4월에 겨울잠에서 깨 나온다. 5월에 짝짓기를 마친 암컷은 쑥 잎 뒤에 알을 1개씩 낳는다. 알은 얇은 막으로 두 겹 감싸 잎에 붙인 뒤 똥으로 덮는다. 알에서 나온 애벌레는 7월까지 쑥 잎을 갉아 먹으면서 큰다.

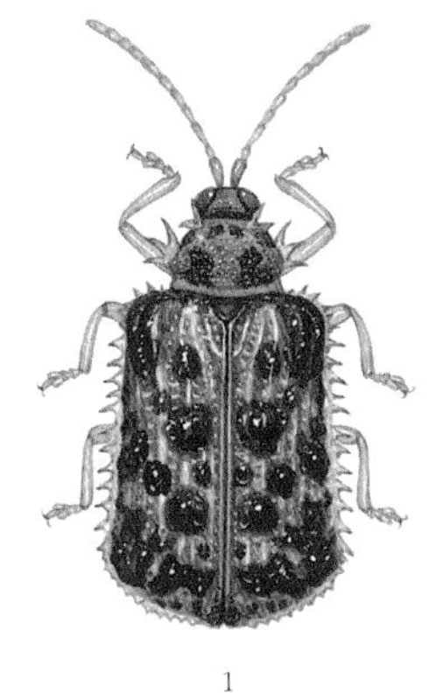

1

2

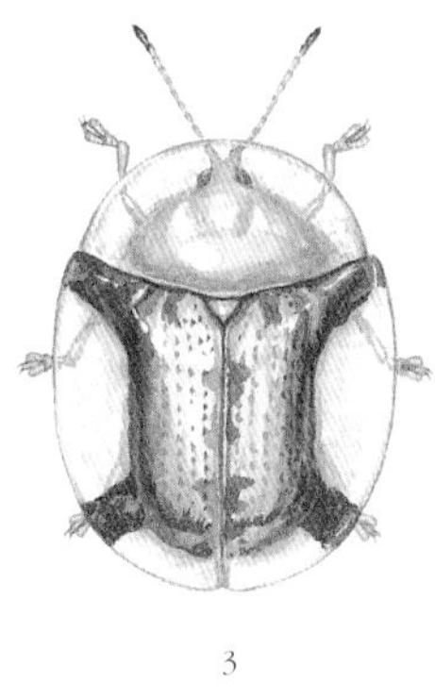

3

4

5

1. 큰노랑테가시잎벌레
2. 사각노랑테가시잎벌레
3. 모시금자라남생이잎벌레
4. 남생이잎벌레붙이
5. 적갈색남생이잎벌레

잎벌레과
남생이잎벌레아과

남생이잎벌레 *Cassida nebulosa*

7mm 안팎 5~8월 어른벌레

생김새가 꼭 남생이를 닮았다고 '남생이잎벌레'다. 남생이처럼 머리와 다리를 앞가슴등판과 딱지날개 속에 숨기고 더듬이만 내 놓은 채 기어 다닌다. 다른 남생이잎벌레보다 몸이 조금 더 길쭉하고 납작하다. 앞가슴등판은 방패처럼 크다. 딱지날개에는 검은 점무늬가 이리저리 나 있다. 온 나라 낮은 산 풀밭에서 볼 수 있다. 어른벌레와 애벌레 모두 명아주과 식물 잎을 갉아 먹고 산다. 잎 뒤쪽에 숨어서 단단한 잎맥은 놔두고 잎살만 갉아 먹는다. 어른벌레로 겨울을 나고 이듬해 봄에 나와 짝짓기를 한다. 짝짓기를 마친 암컷은 잎 뒤쪽에 알을 낳는데, 3층으로 차곡차곡 쌓아 낳는다. 알 무더기를 다 낳으면 꽁무니에서 끈끈한 물을 내어 덮어 놓아서 꼭 지갑처럼 생겼다. 알에서 나온 애벌레는 꼭 짚신처럼 생겼다. 잎을 갉아 먹고 살면서, 자기가 벗은 허물과 싼 똥을 몸에 짊어지고 다닌다. 꼭 새똥처럼 보이게 해서 제 몸을 숨긴다. 다 자란 애벌레는 잎 위에서 번데기가 된다. 번데기도 애벌레처럼 허물과 똥을 그대로 짊어지고 있다.

잎벌레과
남생이잎벌레아과

노랑가슴남생이잎벌레 *Cassida pallidicollis*

6mm 안팎 6~8월 모름

노랑가슴남생이잎벌레는 이름처럼 딱지날개는 까맣고 앞가슴등판이 노랗다.

잎벌레과
남생이잎벌레아과

애남생이잎벌레 *Cassida piperata*

5~6mm 4~10월 어른벌레

애남생이잎벌레는 남생이잎벌레와 똑 닮았다. 더듬이와 다리는 누런 밤색이고, 배는 까맣다. 앞가슴등판과 딱지날개는 누렇다. 딱지날개에는 자잘한 홈이 파여 있고, 검은 무늬가 있다. 온 나라 논밭 둘레나 시냇가, 바닷가 풀밭에서 볼 수 있다. 어른벌레로 겨울을 나고, 이듬해 봄에 나와 5월에 짝짓기를 하고 알을 1개씩 낳는다. 알은 투명한 막으로 두 겹 싸여 있다. 알에서 나온 애벌레는 쇠무릎이나 명아주, 개비름 같은 풀잎을 갉아 먹는다. 한 해에 봄, 가을 두 번 어른벌레로 날개돋이한다. 알에서 어른벌레가 되는 데 한 달이 조금 넘는다.

잎벌레과
남생이잎벌레아과

청남생이잎벌레 *Cassida rubiginosa rubiginosa*

7~9mm 4~7월 어른벌레

청남생이잎벌레는 남생이잎벌레와 닮았지만, 몸빛이 풀빛을 띠고 딱지날개에 점무늬가 없어서 다르다. 온 나라 논밭이나 숲 가장자리, 냇가, 공원 풀밭에서 볼 수 있다. 어른벌레로 겨울을 나고, 이듬해 봄에 나와 엉겅퀴 같은 식물 잎을 갉아 먹고 짝짓기를 한다. 짝짓기를 마친 암컷은 5월에 알을 1~9개 낳는다. 낳은 알은 두 겹으로 된 막으로 감싼 뒤 똥으로 덮는다. 알에서 나온 애벌레는 배 끝에 있는 돌기 끝에 허물과 똥을 뭉쳐 등에 짊어지고 다닌다. 다 자란 애벌레는 잎에 붙어 번데기가 된다.

잎벌레과
남생이잎벌레아과

엑스자남생이잎벌레 *Cassida versicolor*

6mm 안팎 4~6월 어른벌레

엑스자남생이잎벌레는 이름처럼 딱지날개 가운데에 X자처럼 생긴 노란 무늬가 있다. 어른벌레로 겨울을 나고 4월부터 보인다. 벚나무나 사과나무, 배나무 같은 나뭇잎을 갉아 먹는다. 4월 말에 짝짓기를 마친 암컷은 잎에 알을 1개씩 낳는다. 알은 두 겹으로 된 막으로 싸여 있고 똥으로 덮는다. 알에서 나온 애벌레는 똥을 등에 짊어지고 다니며 잎을 갉아 먹는다. 5월 중순부터 6월 초까지 어른벌레로 날개돋이해서 나온다.

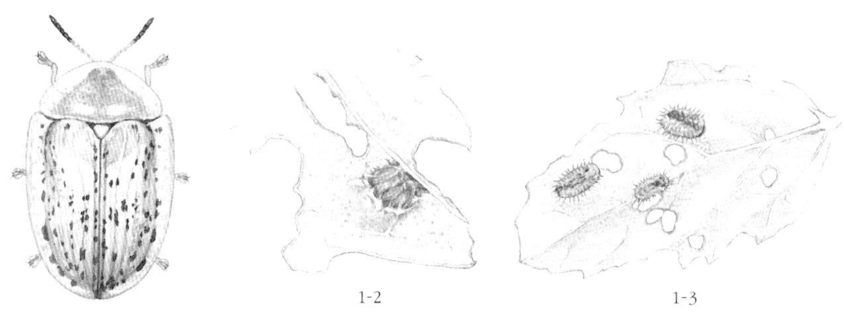

1-1 1-2 1-3

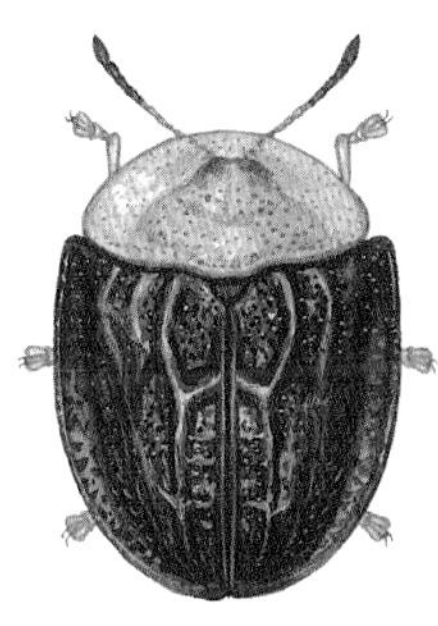

2

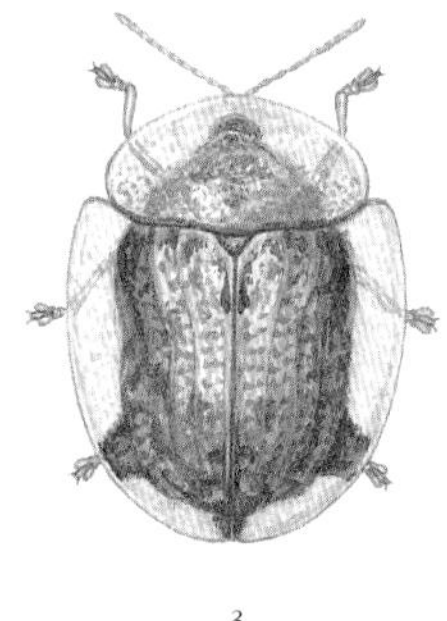

3

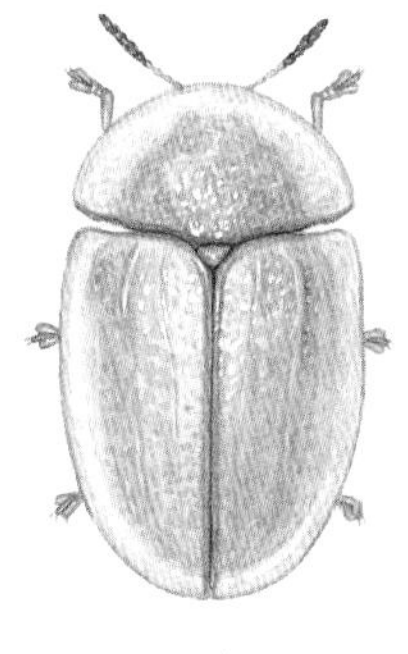

4

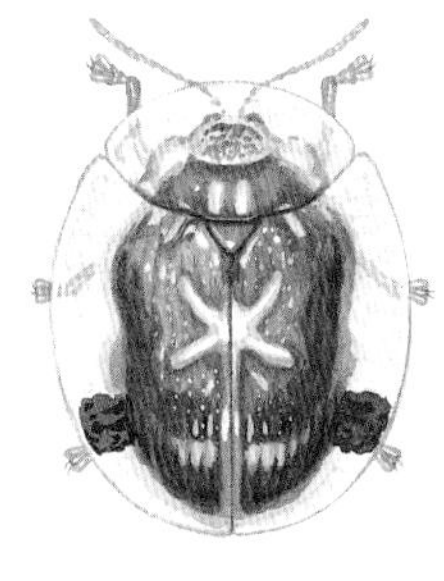

5

1-1. 남생이잎벌레
1-2. 남생이잎벌레 알
1-3. 남생이잎벌레 애벌레
2. 노랑가슴남생이잎벌레
3. 애남생이잎벌레
4. 청남생이잎벌레
5. 엑스자남생이잎벌레

잎벌레과
남생이잎벌레아과

곱추남생이잎벌레 *Cassida vespertina*

4~7mm 4~7월 어른벌레

곱추남생이잎벌레는 이름처럼 딱지날개 앞쪽이 곱추처럼 불룩 솟았다. 온몸이 까만데 군데군데가 노르스름하다. 딱지날개는 울퉁불퉁하다. 어른벌레로 겨울을 나고 4월 말쯤에 보인다. 어른벌레와 애벌레는 사위질빵 잎만 먹는다. 짝짓기를 마친 암컷은 5월 초에 알을 낳는다. 알은 두 겹으로 된 붉은 막으로 덮어 잎에 붙여 낳는다. 5~7월에 알에서 애벌레가 나오면 사위질빵 잎을 갉아 먹으며 큰다. 애벌레는 꽁무니에 있는 기다란 돌기에 허물과 똥을 붙여 등에 얹고 다닌다. 개미 같은 벌레가 가까이 와서 위험을 느끼면 이 허물과 똥을 들었다 내렸다 하며 위협을 한다. 다 자란 애벌레는 똥과 허물을 짊어진 채 번데기가 된다. 일주일쯤 지나면 어른벌레로 날개돋이해서 나온다. 한 해에 한 번 날개돋이한다.

잎벌레과
남생이잎벌레아과

큰남생이잎벌레 *Thlaspida biramosa biramosa*

7~9mm 5~6월 모름

큰남생이잎벌레는 애남생이잎벌레와 닮았지만, 몸집이 더 크고 더듬이 끝 5마디가 까매서 다르다. 몸은 누런 밤색과 까만색이 뒤섞여 있다. 몸 가장자리로 앞가슴등판과 딱지날개가 옆으로 늘어나 있다. 딱지날개는 투명해서 속이 훤히 비친다. 온 나라 산속 풀밭에서 산다. 어른벌레와 애벌레 모두 작살나무나 좀작살나무 잎을 흔히 갉아 먹는다. 다른 남생이잎벌레처럼 짝짓기를 마친 암컷은 잎 뒤쪽에 알을 쌓아 낳는다. 알에서 나온 애벌레는 허물을 세 번 벗고 자란다. 다른 남생이잎벌레 애벌레처럼 허물과 똥을 짊어지고 다니며 자기 몸을 숨긴다. 다 자란 애벌레는 잎 위에서 번데기가 된다.

잎벌레과
남생이잎벌레아과

루이스큰남생이잎벌레 *Thlaspida lewisii*

5~7mm 6~8월 모름

루이스큰남생이잎벌레는 앞가슴등판과 딱지날개가 망토처럼 옆으로 늘어났고, 투명해서 속이 훤히 비친다. 위험을 느끼면 앞가슴등판과 딱지날개 속으로 다리를 숨기고 딱 붙으면 개미나 노린재가 어쩌지 못 한다. 큰남생이잎벌레와 닮았지만, 루이스큰남생이잎벌레는 누런 밤색이고, 딱지날개 앞쪽 가장자리에 밤색 무늬가 있어서 다르다. 온 나라 산이나 숲 가장자리에서 산다. 어른벌레는 물푸레나무나 쇠물푸레나무, 쥐똥나무 잎을 갉아 먹는다. 큰턱이 약해서 잎맥은 못 갉아 먹고 잎살만 갉아 먹어 구멍을 낸다. 짝짓기를 마친 암컷은 5월 중순쯤에 알을 2층으로 쌓아 낳는다. 알을 다 낳으면 암컷 꽁무니에서 끈끈한 물을 내어서 알 덩어리를 덮는다. 끈끈한 물은 딴딴하게 굳어 마치 주머니처럼 되어서 알 덩어리를 지킨다. 5일쯤 지나면 알에서 애벌레가 나온다. 알에서 나온 애벌레는 남생이잎벌레 애벌레처럼 자기가 벗은 허물과 자기가 싼 똥을 짊어지고 다닌다. 그러면 꼭 새똥처럼 보여서 제 몸을 감춘다. 허물을 네 번 벗고 보름쯤 자라면 다 큰 종령 애벌레가 된다. 종령 애벌레는 잎 위에서 번데기가 된다. 일주일쯤 지나면 어른벌레로 날개돋이한다. 한 해에 한 번 날개돋이한다.

콩바구미과
콩바구미아과

알락콩바구미 *Megabruchidius dorsalis*

4~6mm 모름 모름

알락콩바구미는 원래 유럽에서 살던 바구미인데, 우리나라로 들어와 퍼졌다. 온몸이 거무스름한 누런 밤색이다. 딱지날개 끄트머리에 까만 점이 한 쌍 있거나 없다. 어른벌레는 쥐엄나무 잎을 갉아 먹고 거기에 알을 낳는다. 알에서 깨어난 애벌레는 열매 속에 들어가 산다고 한다.

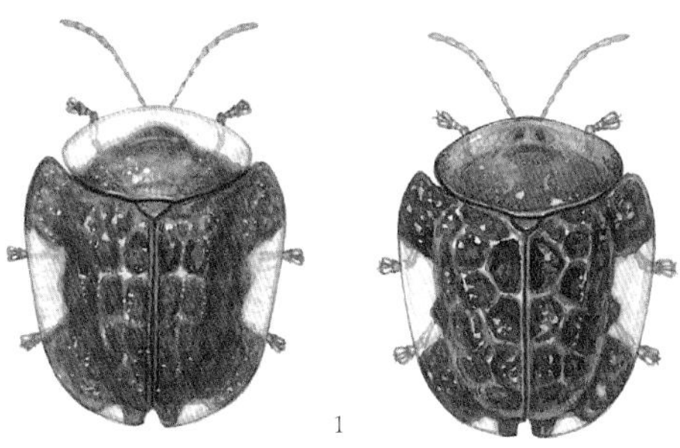

1

2-1 2-2 2-3

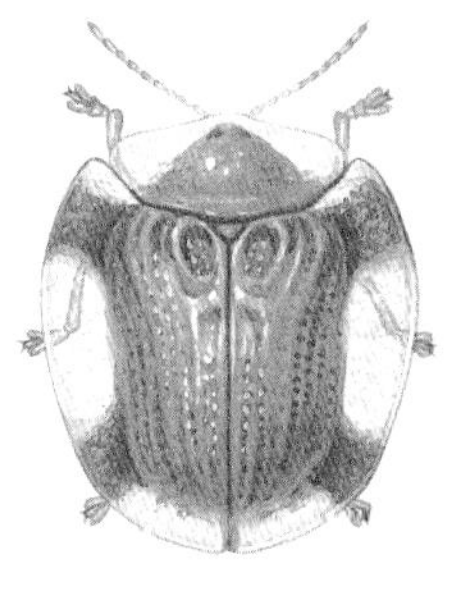

3

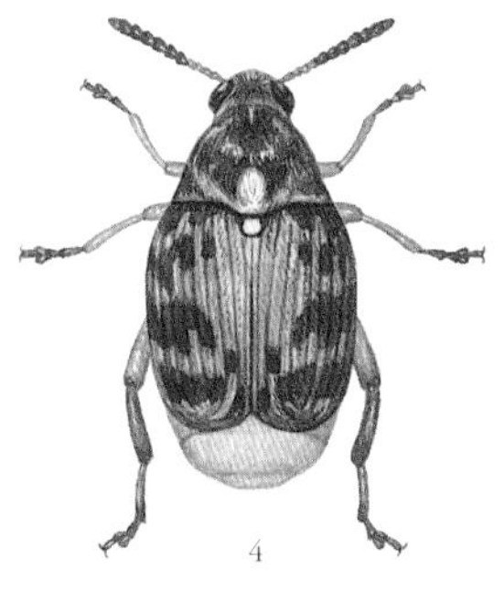

4

1. 곱추남생이잎벌레
2-1. 큰남생이잎벌레
2-2. 큰남생이잎벌레 애벌레가 허물을 짊어진 모습
2-3. 개미가 다가오자 큰남생이잎벌레가 몸을 바닥에 딱 붙였다.
3. 루이스큰남생이잎벌레
4. 알락콩바구미

콩바구미과
콩바구미아과

팥바구미 *Callosobruchus chinensis* ❶ 2~3mm ◉ 5~10월 ❸ 모름

팥바구미는 앞가슴등판에 짧고 하얀 점무늬가 두 개 있다. 딱지날개는 누런 밤색이고, 검고 하얀 무늬가 나 있다. 수컷 더듬이는 빗살처럼 갈라졌고, 암컷은 톱니처럼 생겼다. 이름처럼 팥을 갉아 먹고 산다. 콩이나 팥을 심은 밭에서 살고, 갈무리해 둔 콩, 동부, 녹두, 완두, 땅콩 같은 콩 종류에서도 산다. 짝짓기를 마친 암컷은 잘 여문 팥이나 꼬투리에 알을 붙여 낳는다. 일주일쯤 지나면 알에서 애벌레가 깨어 나온다. 구더기처럼 생긴 애벌레는 팥을 주둥이로 갉아 속으로 들어가 산다. 애벌레로 보름쯤 지내다 어른벌레로 날개돋이해서 밖으로 나온다. 어른벌레는 열흘쯤 살면서 짝짓기를 하고 알을 낳고 죽는다.

주둥이거위벌레과
주둥이거위벌레아과

포도거위벌레 *Aspidobyctiscus lacunipennis* ❶ 4mm 안팎 ◉ 5~7월 ❸모름

포도거위벌레는 온몸이 검은 밤색이고 반짝거린다. 주둥이는 길쭉하다. 더듬이 끝은 곤봉처럼 볼록하다. 딱지날개에 홈이 파여 세로줄이 나 있다. 이름처럼 포도나무에서 많이 보인다. 어른벌레는 온 나라에서 산다. 짝짓기를 마친 암컷은 포도나무 잎을 둥글게 만 뒤 그 속에 알을 14개쯤 낳는다.

주둥이거위벌레과
주둥이거위벌레아과

뿔거위벌레 *Byctiscus congener* ❶ 5~7mm ◉ 5~7월 ❸ 어른벌레

뿔거위벌레는 온몸이 파르스름한 풀빛으로 반짝거린다. 딱지날개에 작은 점무늬가 잔뜩 나 있다. 또 세로 줄무늬가 세 줄씩 나 있다. 수컷은 앞가슴등판 양쪽에 뾰족한 돌기가 튀어나왔다. 어른벌레는 낮은 산에서 산다. 사과나무, 피나무, 황철나무, 자작나무, 고로쇠나무, 당단풍, 버드나무 같은 나무에서 자주 보인다. 짝짓기를 마친 암컷은 나뭇잎을 두세 장 둥글게 만 뒤 그 속에 알을 낳는다.

주둥이거위벌레과
주둥이거위벌레아과

황철거위벌레 *Byctiscus rugosus* ❶ 5~8mm ◉ 5~6월 ❸ 모름

황철거위벌레는 온몸이 풀빛으로 반짝거린다. 하지만 때로는 붉은빛이 돌기도 한다. 딱지날개에는 홈이 잔뜩 파여 우둘투둘하다. 주둥이가 길쭉한데, 수컷 주둥이는 살짝 굽었다. 어른벌레는 황철나무, 자작나무, 사과나무, 단풍나무, 피나무 같은 나무에서 보인다. 짝짓기를 마친 암컷은 나뭇잎을 말아 그 속에 알을 낳는다.

주둥이거위벌레과
주둥이거위벌레아과

댕댕이덩굴털거위벌레 *Mecorhis plumbea* ❶ 5mm 안팎 ◉ 5~8월 ❸ 모름

댕댕이덩굴털거위벌레는 몸이 까만데 햇빛을 받으면 푸르스름한 빛이 돌며 반짝거린다. 이름처럼 온몸에 허연 털이 잔뜩 나 있다. 주둥이는 머리와 앞가슴등판을 더한 길이보다 길다. 주둥이 가운데쯤에서 더듬이가 나온다. 어른벌레는 장미나 찔레나무, 해당화 같은 나무에서 볼 수 있다.

주둥이거위벌레과
주둥이거위벌레아과

어리복숭아거위벌레 *Rhynchites foveipennis* ❶ 5~8mm ◉ 5~6월 ❸ 어른벌레

어리복숭아거위벌레는 몸이 불그스름한 빛이 도는 자주색으로 반짝거린다. 주둥이가 가늘고 길쭉하다. 온 나라 낮은 산이나 들판에서 산다. 사과나무, 배나무, 살구나무, 자두나무, 개복숭아나무, 복사나무 열매가 열리면 낮에 어른벌레가 날아온다. 짝짓기를 마친 암컷은 긴 주둥이로 열매에 구멍을 뚫고 그 안에 알을 낳는다. 알에서 나온 애벌레는 열매를 파먹고 큰다.

1-1
1-2

2

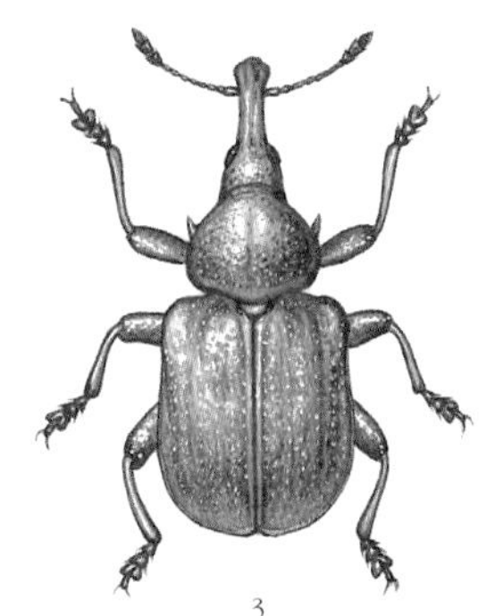
3

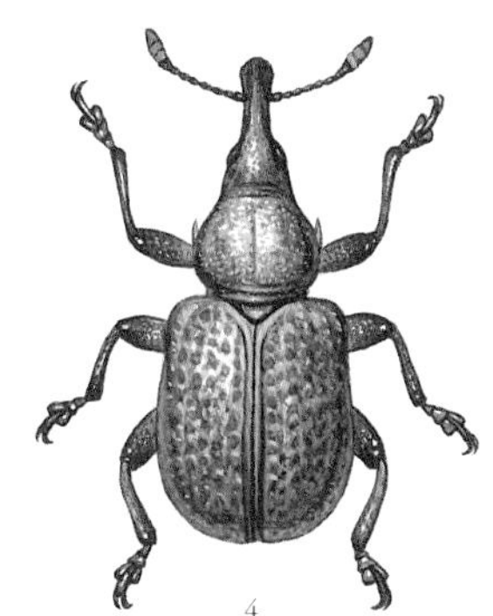
4

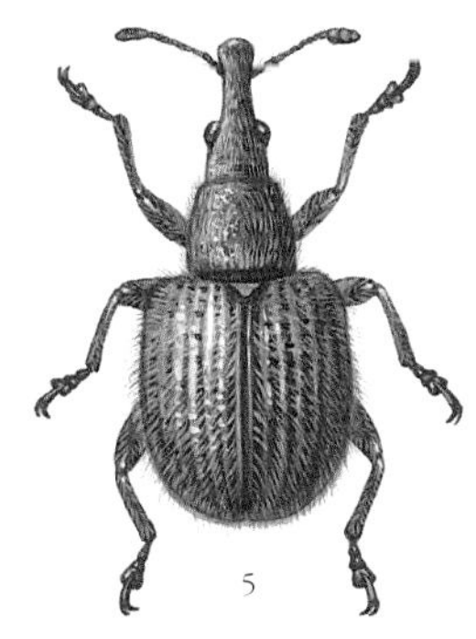
5

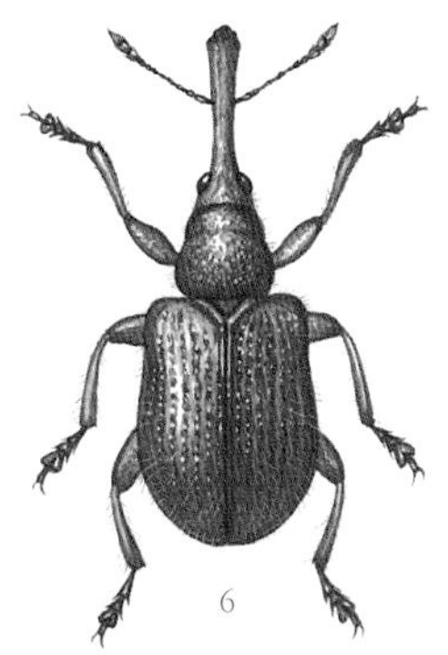
6

1-1. 팥바구미
1-2. 팥바구미가 팥에 알을 붙여 낳았다.
2. 포도거위벌레
3. 뿔거위벌레
4. 황철거위벌레
5. 댕댕이덩굴털거위벌레
6. 어리복숭아거위벌레

주둥이거위벌레과
주둥이거위벌레아과

복숭아거위벌레 *Rhynchites heros* 7~10mm 4~6월 애벌레, 번데기

복숭아거위벌레는 몸이 보랏빛이 도는 자주색으로 반짝거린다. 주둥이는 길고 앞으로 살짝 굽었다. 어른벌레는 4월부터 6월까지 볼 수 있다. 번데기로 겨울을 나고, 4~5월에 어른벌레로 날개돋이해 나온다. 어른벌레는 복사나무, 매실나무, 자두나무, 배나무 같은 나무 어린눈과 잎, 꽃봉오리, 열매에 구멍을 내며 갉아 먹는다. 짝짓기를 마친 암컷은 긴 주둥이로 열매에 구멍을 뚫고 그 속에 알을 1개씩 모두 20~50개쯤 낳는다. 알을 낳은 구멍은 몸에서 끈끈한 물을 내어 막는다. 10일쯤 지나 알에서 나온 애벌레는 복숭아나 자두, 매실 같은 과일 속을 파먹고 산다. 한 달쯤 지나 다 자란 애벌레는 열매에서 나와 땅으로 떨어진다. 그러고는 땅속으로 들어가 번데기 방을 만든 뒤 번데기가 되어 겨울을 난다. 때로는 다 자란 애벌레로 겨울을 나기도 한다. 한 해에 한 번 날개돋이한다. 어른벌레는 50일쯤 산다.

주둥이거위벌레과
주둥이거위벌레아과

도토리거위벌레 *Cyllorhynchites ursulus quercuphillus* 8~10mm 6~9월 애벌레

도토리거위벌레는 몸이 까맣고 온몸에 잿빛 털이 나 있다. 이름처럼 도토리가 열리는 참나무에서 산다. 어른벌레는 6월부터 9월까지 중부와 남부 지방에서 볼 수 있는데, 8월에 가장 많다. 어른벌레는 도토리에 주둥이를 꽂고 물을 빨아 먹는다. 짝짓기를 마친 암컷은 긴 주둥이로 도토리에 구멍을 낸 뒤 그 속에 알을 한두 개씩 모두 20~30개쯤 낳는다. 그런 뒤 가지를 잘라 가지째 땅으로 떨어뜨린다. 일주일쯤 지나면 알에서 애벌레가 깨어 나온다. 애벌레는 도토리를 먹고 살다가 20일쯤 지나면 다 자라서 도토리 껍질을 뚫고 밖으로 나온다. 그러고는 땅속으로 들어가 흙집을 짓고 겨울을 난다. 열 달쯤 잠을 자다가 이듬해 5월에 깨어나 번데기가 된다. 한 해에 한 번 날개돋이한다.

거위벌레과
목거위벌레아과

거위벌레 *Apoderus jekelii* 6~10mm 5~9월 어른벌레

거위벌레는 이름처럼 머리가 거위처럼 길쭉하게 늘어났다. 머리는 까맣고 앞가슴등판과 배는 빨갛다. 딱지날개는 주홍색이고, 곰보처럼 자잘한 홈들이 세로로 9줄씩 파여 있다. 다리는 까만데, 허벅지마디에 빨간 띠가 있는 거위벌레도 있다. 온 나라 낮은 산이나 들판에서 볼 수 있다. 어른벌레는 오리나무나 박달나무, 자작나무, 개암나무, 상수리나무, 졸참나무, 밤나무 같은 여러 나뭇잎을 좋아한다. 짝짓기를 마친 암컷은 나뭇잎을 원통처럼 둥그렇게 말고 그 속에 알을 1~2개씩 낳는다. 말린 잎은 시들어서 땅으로 일찍 떨어진다. 애벌레는 말린 잎 속을 갉아 먹다가 다 크면 땅속으로 들어가 번데기가 되고, 날개돋이한 뒤 겨울을 난다. 한 해에 한 번 날개돋이한다.

거위벌레과
목거위벌레아과

북방거위벌레 *Compsapoderus erythropterus* 3~5mm 4~8월 번데기

북방거위벌레는 온몸이 까맣게 반짝거린다. 딱지날개가 네모나고 넓적하다. 노랑배거위벌레와 생김새가 닮았지만, 북방거위벌레는 몸이 까맣고 배가 노랗지가 않다. 수컷 머리가 암컷보다 훨씬 길다. 온 나라 낮은 산에서 볼 수 있다. 짝짓기를 마친 암컷은 장미나 멍석딸기 같은 장미과 식물이나 싸리나무, 참나무 잎을 말아서 알집을 만들고 알을 낳는다. 4~5일쯤 지나면 알에서 애벌레가 깨어 나온다. 애벌레는 알집 속에서 나뭇잎을 갉아 먹고 크다가 보름쯤 지나면 번데기가 된다. 그리고 4~5일 뒤에 어른벌레로 날개돋이한다. 새로 날개돋이한 어른벌레는 다시 짝짓기를 해서 여름에 또 알을 낳는다. 알에서 나온 애벌레는 땅속으로 들어가 번데기가 된 뒤 겨울을 난다.

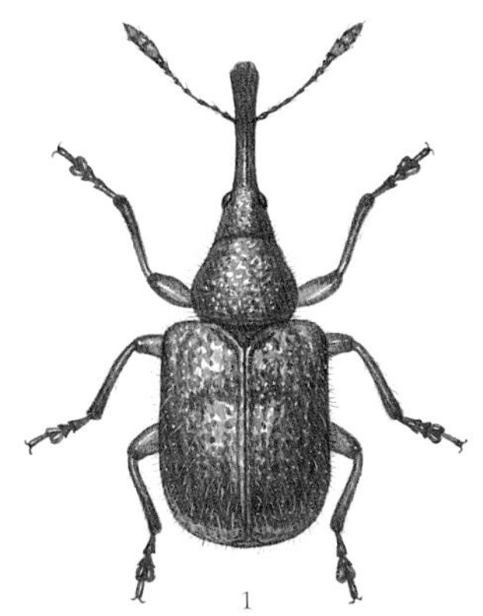

1

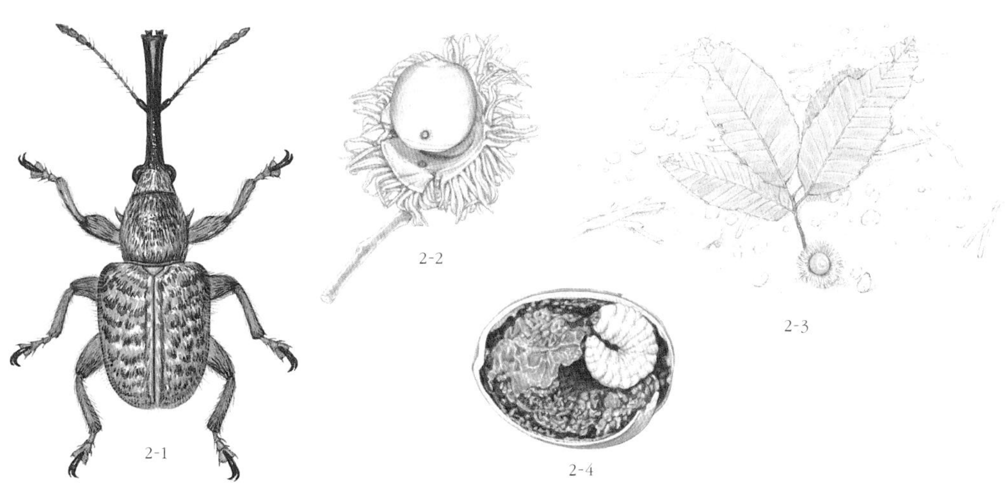

2-1 2-2 2-3 2-4

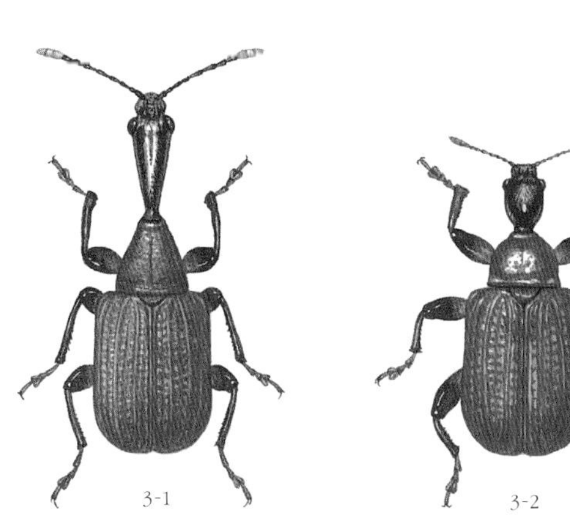

3-1 3-2

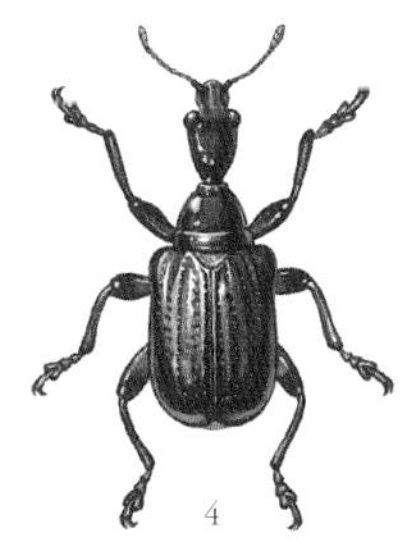

4

1. 복숭아거위벌레
2-1. 도토리거위벌레
2-2. 도토리거위벌레 상수리에 알 낳은 흔적
2-3. 도토리거위벌레 상수리 떨어뜨리기
2-4. 도토리거위벌레 다 자란 애벌레
3-1. 거위벌레 수컷
3-2. 거위벌레 암컷
4. 북방거위벌레

거위벌레과
목거위벌레아과

분홍거위벌레 *Leptapoderus rubidus*
5~7mm 5~7월 모름

분홍거위벌레는 이름처럼 온몸이 분홍빛을 띠며 반짝거린다. 딱지날개에는 홈이 파인 세로줄이 9개씩 있다. 더듬이 끝은 곤봉처럼 불룩하다. 온 나라 산에서 산다. 짝짓기를 마친 암컷은 물푸레나무나 고광나무, 여뀌 같은 식물 잎을 말아 올린다. 잎을 하나 말아 올리는데 세 시간쯤 걸린다고 한다. 애벌레는 그 속에서 잎을 갉아 먹으며 큰다. 다 자란 애벌레는 땅속으로 들어가 번데기가 된다.

거위벌레과
목거위벌레아과

어깨넓은거위벌레 *Paroplapoderus angulipennis*
5~7mm 5~9월 모름

어깨넓은거위벌레는 몸이 누런 밤색이다. 앞가슴등판 앞쪽과 딱지날개 가운데에는 까만 무늬가 있다. 딱지날개 앞쪽 양옆 모서리가 튀어나왔다. 딱지날개 뒤쪽에는 커다란 돌기가 한 쌍 있다. 중부와 남부 지방 낮은 산이나 들판에서 산다. 짝짓기를 마친 암컷은 팽나무나 느릅나무, 느티나무 잎을 말아 올린 뒤 그 속에 알을 낳는다.

거위벌레과
목거위벌레아과

느릅나무혹거위벌레 *Phymatopoderus latipennis*
6mm 안팎 4~7월 모름

느릅나무혹거위벌레는 몸이 까맣게 반짝거린다. 딱지날개에는 혹처럼 돋은 돌기가 많다. 다리와 더듬이는 귤색이다. 뒷다리 허벅지마디에 까만 띠가 있다. 온 나라 산에서 산다. 짝짓기를 마친 암컷은 좀깨잎나무나 거북꼬리, 쐐기풀 같은 모시풀과 잎을 접어 올린 뒤 그 속에 알을 낳는다.

거위벌레과
목거위벌레아과

등빨간거위벌레 *Tomapoderus ruficollis*
7mm 안팎 5~10월 모름

등빨간거위벌레는 머리와 가슴이 주황색이다. 딱지날개는 파르스름한 빛이 나며 까맣게 반짝거린다. 딱지날개 앞쪽 양쪽 어깨에 작고 뾰족한 돌기가 있다. 온 나라 낮은 산이나 들판에서 산다. 짝짓기를 마친 암컷은 느릅나무나 느티나무 잎을 말아 올린다. 나뭇잎을 한쪽 반만 L자처럼 자른 뒤 원통처럼 말아 알집을 만든다. 알에서 나온 애벌레는 말아 놓은 잎 속을 갉아 먹는다.

거위벌레과
목거위벌레아과

노랑배거위벌레 *Cycnotrachelodes cyanopterus*
4mm 안팎 4~6월 모름

노랑배거위벌레는 이름처럼 배가 노랗다. 몸은 까맣게 반짝거린다. 수컷이 암컷보다 앞가슴등판이 더 길다. 온 나라 낮은 산에서 산다. 짝짓기를 마친 암컷은 아까시나무나 싸리나무 잎을 말아 올린다. 하나 말아 올리는데 한두 시간쯤 걸린다. 위험을 느끼면 땅으로 툭 떨어지면서 날개를 펴고 날아간다. 밤에 가끔 불빛으로 날아오기도 한다.

거위벌레과
목거위벌레아과

사과거위벌레 *Morphocorynus nigricollis*
6~9mm 6~10월 어른벌레

사과거위벌레는 몸이 붉은 밤색으로 반짝거린다. 산에서 볼 수 있다. 어른벌레로 겨울을 나고 6월에 나온다. 여러 가지 벚나무나 사과나무, 밤나무 잎을 갉아 먹어 구멍을 낸다. 짝짓기를 마친 암컷은 잎 가운데를 큰턱으로 반쯤 자른다. 그러고는 끝부터 원통으로 말아 올린 뒤 그 속에 알을 낳는다. 알에서 나온 애벌레는 잎 속을 갉아 먹고 큰다. 그리고 가을에 번데기가 된 뒤 어른벌레로 날개돋이한다. 한 해에 한 번 날개돋이한다.

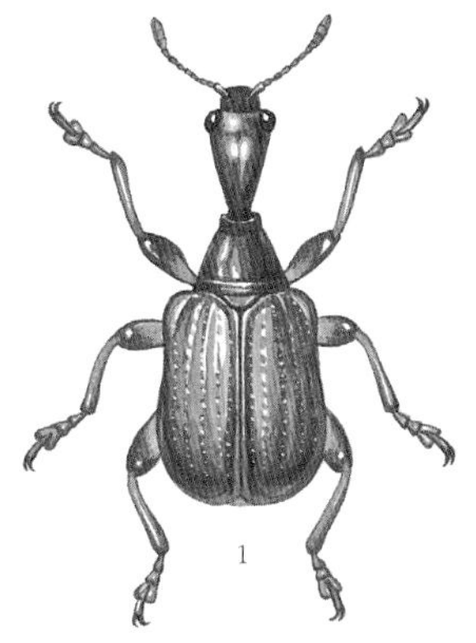
1

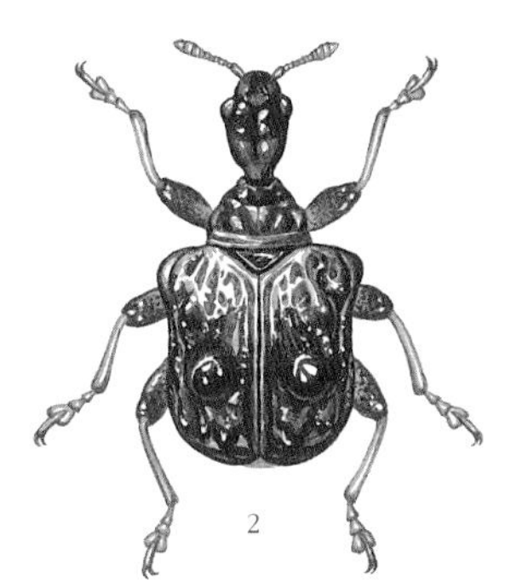
2

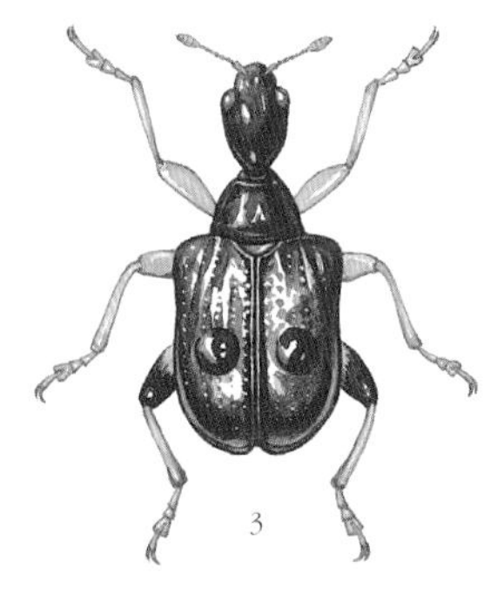
3

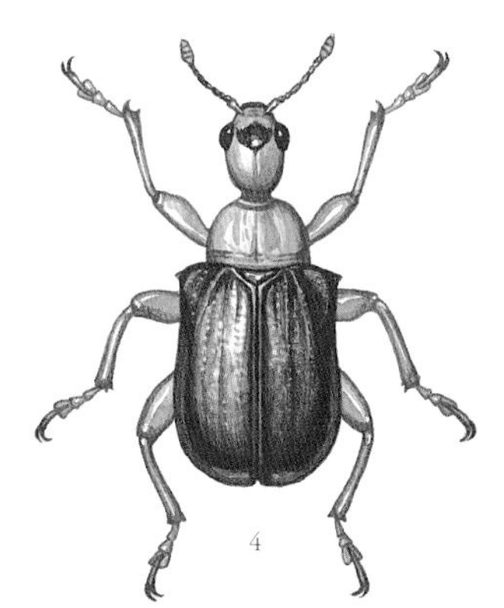
4

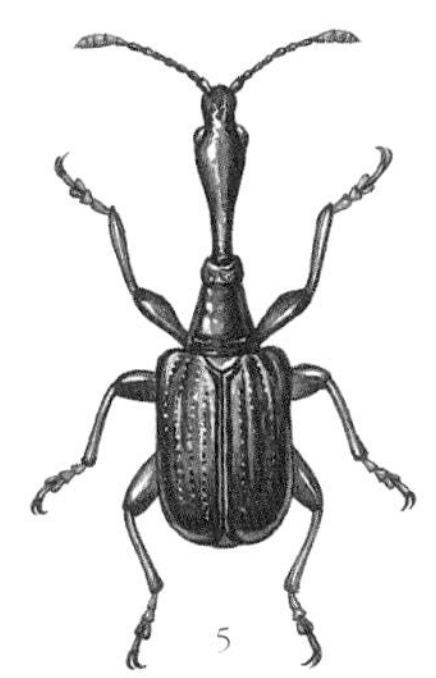
5

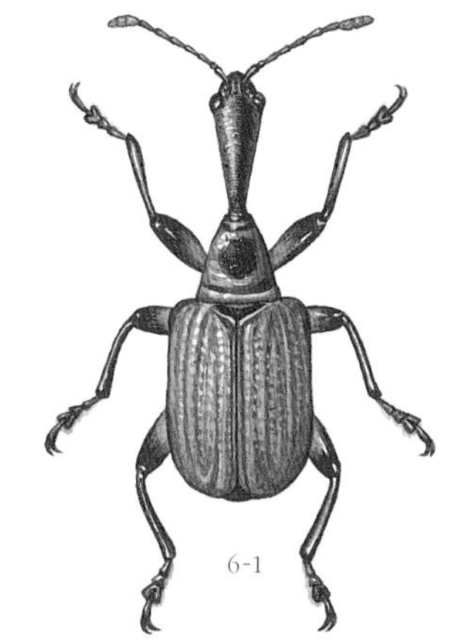
6-1

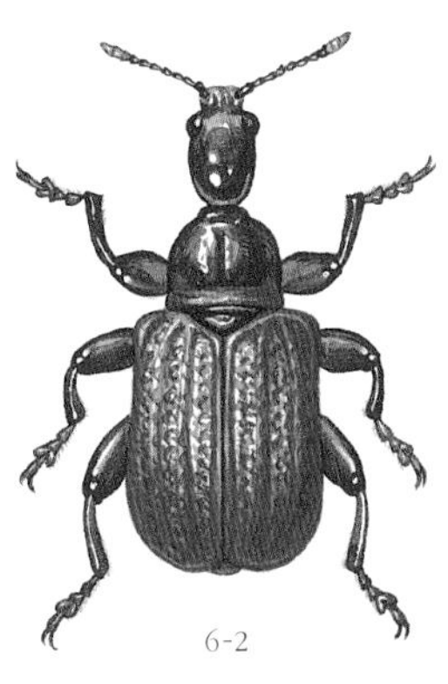
6-2

1. 분홍거위벌레
2. 어깨넓은거위벌레
3. 느릅나무혹거위벌레
4. 등빨간거위벌레
5. 노랑배거위벌레

6-1. 사과거위벌레 수컷

6-2. 사과거위벌레 암컷

거위벌레과
목거위벌레아과

왕거위벌레 *Paracycnotrachelus chinensis*

❶ 8~12mm ◎ 4~8월 ❁ 애벌레

왕거위벌레는 거위벌레 무리 가운데 가장 흔하게 볼 수 있다. 또 이름처럼 거위벌레 가운데 몸이 가장 크다. 암컷은 뒷머리 길이가 짧아서 몸길이도 짧다. 둘 다 색깔은 붉은 밤색인데 조금 옅은 것도 있고 아주 짙어서 검붉은 밤색인 것도 있다. 머리나 가슴이나 다리가 붉은 것도 있고 까만 것도 있다. 온 나라 낮은 산에서 살면서 참나무 잎을 많이 갉아 먹는다. 짝짓기를 마친 암컷은 참나무, 밤나무, 오리나무, 자작나무 잎을 말아 올린 뒤 알을 낳는다. 하나 말아 올리는데 2시간쯤 걸린다. 알에서 나온 애벌레는 잎 속에서 지내며 잎을 갉아 먹는다. 애벌레로 겨울을 나고, 이듬해 봄에 날개돋이한다. 한 해에 한 번 날개돋이한다. 위험을 느끼면 땅으로 툭 떨어져 죽은 척한다.

거위벌레과
거위벌레아과

싸리남색거위벌레 *Euops lespedezae koreanus*

❶ 2~3mm ◎ 4~8월 ❁ 어른벌레

싸리남색거위벌레는 다른 거위벌레와 달리 머리가 길지 않다. 온몸이 파랗고 반짝거린다. 앞가슴등판에 작은 점무늬가 많다. 딱지날개에는 홈이 파여 세로줄이 나 있다. 앞다리가 길고, 허벅지마디는 알통처럼 툭 불거졌다. 온 나라 산이나 숲 가장자리에서 산다. 짝짓기를 마친 암컷은 졸참나무나 물참나무, 여러 가지 싸리나무 잎을 갉아 먹는다.

창주둥이바구미과
창주둥이바구미아과

목창주둥이바구미 *Pseudopiezotrachelus collaris*

❶ 주둥이를 빼고 2mm 안팎 ◎ 5~10월 ❁ 모름

목창주둥이바구미는 몸이 까맣게 반짝거린다. 주둥이는 길쭉하다. 콩이나 팥, 녹두에서 많이 볼 수 있다.

왕바구미과
흰줄왕바구미아과

흰줄왕바구미 *Cryptoderma fortunei*

❶ 주둥이를 빼고 9~15mm ◎ 5~9월 ❁ 모름

흰줄왕바구미는 이름처럼 앞가슴등판과 딱지날개에 하얀 줄무늬가 있어서 왕바구미와 다르다. 온몸에 밤색 가루가 덮여 있는데, 오래되면 가루가 벗겨진다. 더듬이는 주둥이 앞쪽에 있는데 L자처럼 굽지 않고 쭉 뻗는다. 온 나라 낮은 산이나 들판에서 보인다. 참나무에 흐르는 나뭇진에서 볼 수 있다. 밤에 불빛으로 날아오기도 한다.

왕바구미과
왕바구미아과

왕바구미 *Sipalinus gigas*

❶ 주둥이를 빼고 15~29mm ◎ 5~9월 ❁ 어른벌레

왕바구미는 이름처럼 우리나라 바구미 가운데 몸집이 가장 크다. 온몸은 까맣고, 누런 가루가 덮여 있다. 오래되면 가루가 벗겨진다. 앞가슴등판과 딱지날개에 까만 세로 줄무늬가 있다. 온 나라 낮은 산에서 산다. 어른벌레는 6~7월에 가장 많이 보인다. 소나무, 잣나무, 삼나무, 밤나무, 참나무, 버드나무 같은 나무에서 산다. 나무에 흐르는 나뭇진이나 베어 낸 소나무 더미에 잘 모인다. 밤에 불빛으로 날아오기도 한다. 짝짓기를 마친 암컷은 죽은 지 얼마 안 되는 나무껍질 밑을 주둥이로 헤집고 알을 낳는다. 알을 낳은 암컷은 곧 죽는다. 알에서 나온 애벌레는 나무속을 갉아 먹고 큰다. 나무속에서 애벌레로 겨울을 나기도 하고, 어른벌레로 땅속에 들어가 겨울을 나기도 한다. 한 해에 한 번 날개돋이한다.

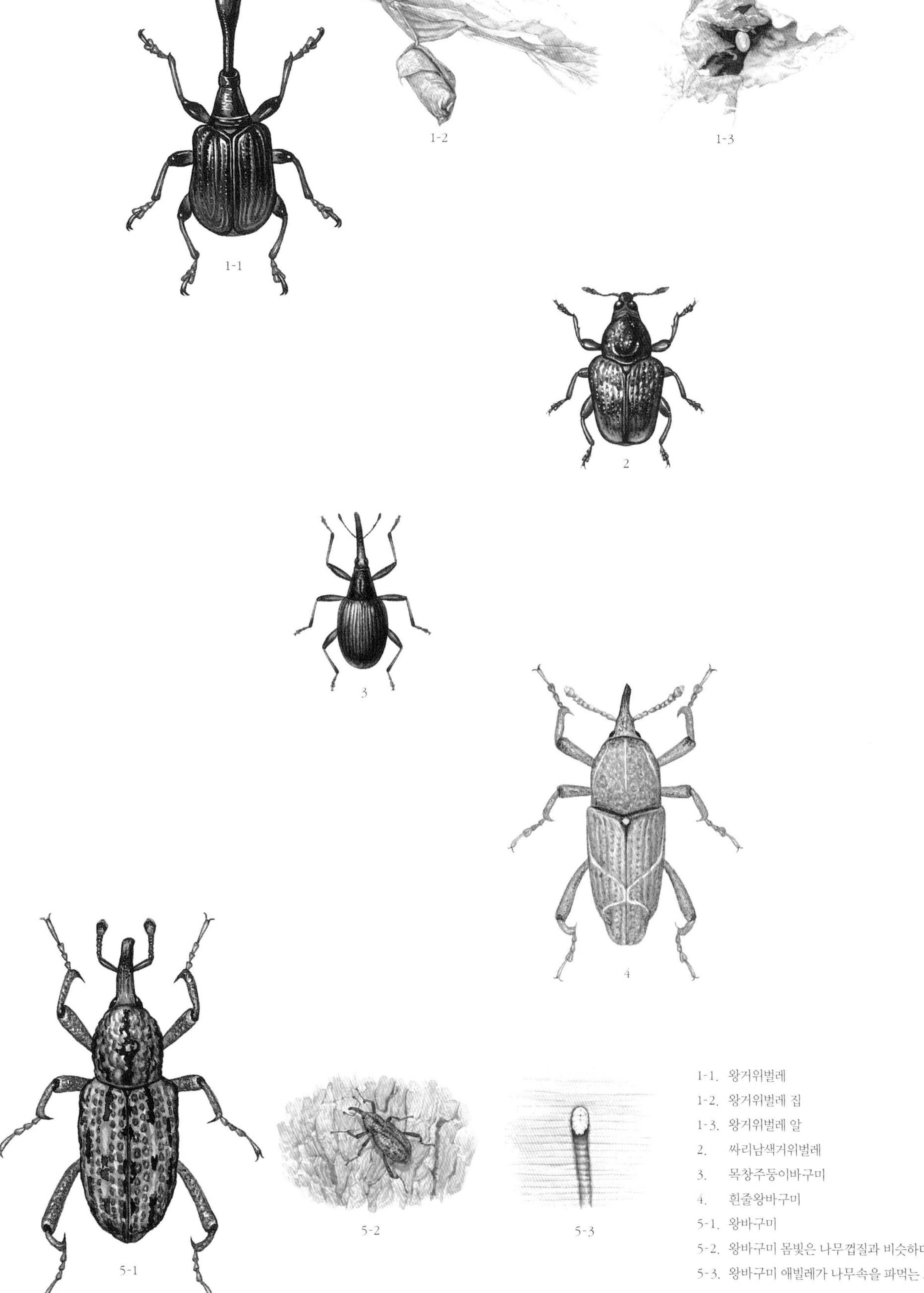

1-1. 왕거위벌레
1-2. 왕거위벌레 집
1-3. 왕거위벌레 알
2. 싸리남색거위벌레
3. 목창주둥이바구미
4. 흰줄왕바구미
5-1. 왕바구미
5-2. 왕바구미 몸빛은 나무껍질과 비슷하다.
5-3. 왕바구미 애벌레가 나무속을 파먹는 모습

왕바구미과
참왕바구미아과

어리쌀바구미 *Sitophilus zeamais*

주둥이를 빼고 2~3mm · 연중 · 어른벌레, 애벌레, 알

어리쌀바구미는 갈무리해 둔 쌀이나 보리, 밀, 수수, 옥수수에 꼬인다. 수컷은 주둥이가 짧고 뭉툭하며, 등이 거칠어 보인다. 암컷은 주둥이가 가늘고 길며 등이 반질반질하다. 딱지날개에 노르스름한 점이 네 개 있다. 쌀 알갱이보다 작고 몸 빛깔은 검은 밤색이다. 쌀통 속에서 기어 다니면서 낟알을 갉아 먹고, 낟알 속에 알을 낳는다. 어른벌레는 석 달에서 넉 달을 살면서 알을 백 개가 넘게 낳는다. 겨울을 나는 것은 200일 넘게 살기도 한다. 그대로 두면 쌀통 속에서 어른벌레가 거듭 태어나면서 수가 늘어난다. 따뜻하고 습도가 높은 곳, 바람이 잘 통하지 않고 햇볕이 잘 들지 않는 곳에서 아주 빨리 퍼진다. 무더운 여름에는 수가 더 늘어난다. 어리쌀바구미가 먹은 쌀은 속이 비어서 잘 부스러지고, 밥을 하면 맛이 없다. 어리쌀바구미는 어두운 곳을 좋아하고 햇볕을 싫어한다. 어리쌀바구미가 꼬인 쌀을 햇볕에 널어 두면 어른벌레가 기어 나가고 낟알 속에 있는 애벌레도 죽는다. 서늘한 곳에 쌀통을 두어도 어리쌀바구미가 잘 꼬이지 않는다. 또 붉은 고추나 마늘을 쌀통에 넣어 두면 어리쌀바구미가 덜 생긴다. 어리쌀바구미는 한 해에 서너 번 날개돋이한다. 어른벌레는 늦가을에 곡식 틈이나 그 둘레에서 겨울잠을 잔다. 애벌레나 알로 겨울을 나기도 한다. 5월쯤에 깨어나 짝짓기를 하고, 낟알에 구멍을 뚫고 알을 하나씩 낳는다. 알에서 깨어난 애벌레가 다 자라면 낟알 속에서 번데기가 된다.

소바구미과
소바구미아과

북방길쭉소바구미 *Ozotomerus japonicus laferi*

주둥이를 빼고 5~10mm · 6~8월 · 모름

북방길쭉소바구미는 몸이 까맣고, 허연 털이 나 있다. 주둥이는 짧고 넓적하다. 딱지날개 가운데에 거꾸로 된 심장꼴 무늬가 있다. 수컷은 더듬이 끝 네 번째 마디가 불룩하게 부풀었는데, 암컷은 밋밋하다. 낮은 산에서 볼 수 있다.

소바구미과
소바구미아과

우리흰별소바구미 *Platystomos sellatus longicrus*

주둥이를 빼고 6~10mm · 6~8월 · 모름

우리흰별소바구미는 머리가 하얗고, 몸이 밤색이다. 딱지날개에 하얀 무늬가 있다. 더듬이가 제 몸길이보다도 더 길다. 수컷 더듬이가 암컷보다 길다. 온 나라 낮은 산에서 볼 수 있다. 어른벌레가 죽은 나뭇가지에 붙어 있는 모습을 볼 수 있다. 밤에 불빛으로 날아오기도 한다.

소바구미과
소바구미아과

줄무늬소바구미 *Sintor dorsalis*

주둥이를 빼고 5mm 안팎 · 5~9월 · 모름

줄무늬소바구미는 앞가슴등판과 딱지날개에 검은 八자 무늬가 있다. 딱지날개 뒤쪽에는 까만 무늬가 2개 있다. 수컷 더듬이가 암컷보다 더 길다. 몸은 까맣고 밤색 털로 덮여 있다. 온 나라 낮은 산이나 들판에서 볼 수 있다. 애벌레로 50일쯤 살다가 어른벌레로 날개돋이한다.

소바구미과
소바구미아과

회떡소바구미 *Sphinctotropis laxus*

주둥이를 빼고 4~8mm · 5~10월 · 모름

회떡소바구미는 딱지날개 앞쪽에 八자처럼 생긴 무늬가 있다. 몸은 까맣고 허연 털로 덮여 있다. 주둥이는 넓적하고 하얀 털로 덮여 있다. 더듬이는 실처럼 길쭉하다. 더듬이 끝 네 마디는 곤봉처럼 불룩하다. 온 나라 낮은 산이나 들판에서 산다. 죽은 넓은잎나무 둥치에 돋은 버섯을 먹고 산다. 애벌레도 버섯을 파먹으며 산다. 그리고 그 속에서 번데기가 된다. 애벌레는 50일쯤 지나면 번데기를 거쳐 어른벌레로 날개돋이한다.

1-1

1-2

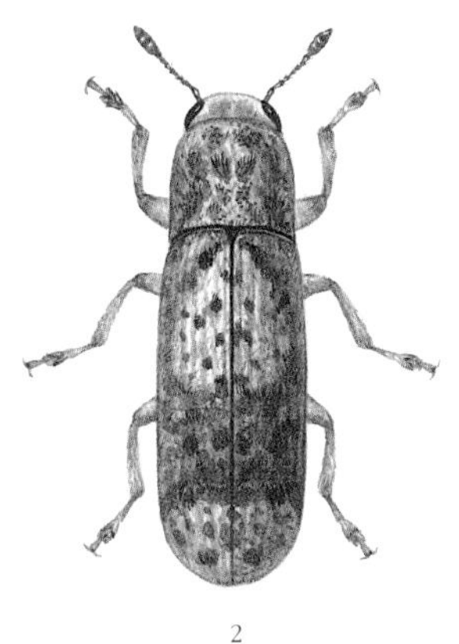
2

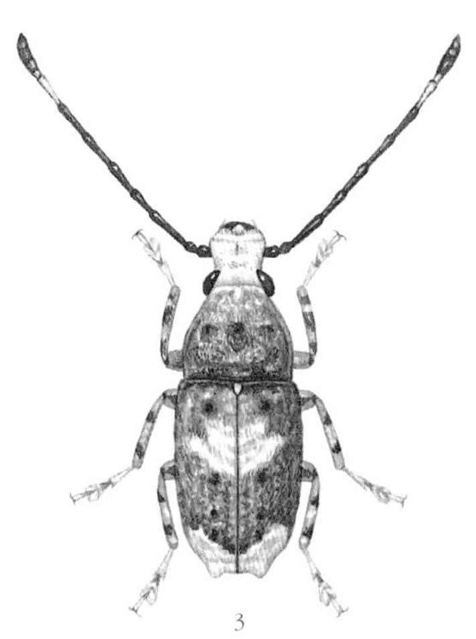
3

4

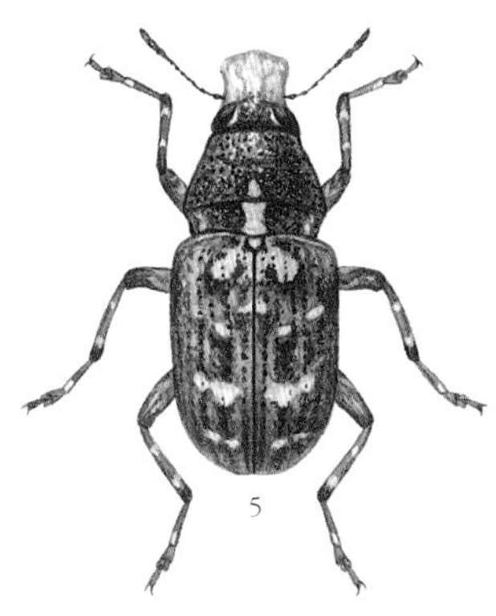
5

1-1. 어리쌀바구미
1-2. 어리쌀바구미가 쌀알 갉아 먹는 모습
2. 북방길쭉소바구미
3. 우리흰별소바구미
4. 줄무늬소바구미
5. 회떡소바구미

소바구미과
소바구미아과

소바구미 *Exechesops leucopis*

주둥이를 빼고 3~7mm 5~9월 모름

소바구미는 몸이 누런 밤색 털로 덮여 있다. 머리는 하얀 털로 덮여 있다. 딱지날개에 까만 점이 흩어져 있다. 더듬이는 실처럼 길쭉한데, 수컷이 훨씬 더 길다. 짝짓기를 마친 암컷은 때죽나무 열매 속에 알을 낳는다. 애벌레는 때죽나무 열매 속을 갉아 먹으며 큰다.

벼바구미과
벼바구미아과

벼물바구미 *Lissorhoptrus oryzophilus*

주둥이를 빼고 3mm 안팎 5~8월 어른벌레

벼물바구미는 이름처럼 벼를 갉아 먹는다. 애벌레는 벼 뿌리를 갉아 먹고, 어른벌레는 벼 잎을 갉아 먹는다. 벼 말고도 개밀이나 새, 띠 같은 사초과 식물과 방동사니, 물달개비, 여뀌, 꿩의밥 같은 잎도 갉아 먹는다. 날씨가 추워지면 논둑이나 물둑 풀밭이나 땅속에서 어른벌레로 겨울을 난다. 5월 말쯤에 모내기한 논으로 날아와 물속과 물 위를 오가면서 벼 잎을 갉아 먹는다. 짝짓기를 마친 암컷은 물속에 잠긴 벼 잎집 속에 알을 60~100개쯤 낳는다. 알에서 나온 애벌레는 물속에서 벼 뿌리를 갉아 먹다가 번데기가 된다. 애벌레로 7주, 번데기로 1~2주를 지내고 7~8월에 어른벌레로 날개돋이한다. 한 해에 한 번 날개돋이한다. 본디 미국에서 살던 벌레인데, 1980년대에 우리나라에 들어와 온 나라에 퍼져 살게 되었다. 벼 잎을 갉아 먹으면 잎이 하얗게 바뀌다가 온 포기가 말라 죽어서 피해를 준다.

바구미과
밤바구미아과

닮은밤바구미 *Curculio conjugalis*

주둥이를 빼고 7~8mm 5~8월 모름

닮은밤바구미는 온몸이 짙은 밤색이다. 주둥이가 길쭉하고 곧게 뻗다가 끝에서 옆으로 구부러진다. 주둥이 가운데쯤에 더듬이가 있다. 앞가슴등판 가운데와 양쪽에 세로 줄무늬가 3줄 있다. 딱지날개에는 누런 털이 나 있어 얼룩덜룩하다. 제법 높은 산 참나무에서 보인다.

바구미과
밤바구미아과

도토리밤바구미 *Curculio dentipes*

주둥이를 빼고 6~15mm 4~10월 애벌레

도토리밤바구미는 밤바구미와 닮았다. 최근까지 같은 종으로 여겼다. 도토리밤바구미는 딱지날개에 드문드문 밤색 점무늬가 나 있다. 온 나라 숲에서 산다. 어른벌레는 참나무나 밤나무 새순이나 잎을 갉아 먹는다. 가을에 짝짓기를 마친 암컷은 도토리나 밤에 긴 주둥이로 구멍을 뚫고 알을 낳는다. 알에서 나온 애벌레는 도토리나 밤 속을 파먹고 크다가 겨울을 난다. 다 자란 애벌레는 열매에서 나와 땅속으로 들어간 뒤 번데기가 된다. 그리고 4월에 어른벌레로 날개돋이한다.

바구미과
밤바구미아과

개암밤바구미 *Curculio dieckmanni*

주둥이를 빼고 7mm 안팎 5~9월 모름

개암밤바구미는 딱지날개가 잿빛이지만 누런 털로 덮이고 검은 점이 있어 얼룩덜룩하다. 작은방패판 앞쪽 앞가슴등판에는 노란 털로 된 삼각형 무늬가 있다. 주둥이는 길쭉하고 더듬이는 주둥이 가운데쯤에서 ㄴ자처럼 꺾어졌다. 어른벌레는 개암나무나 물개암나무에서 보인다. 애벌레는 신갈나무, 개암나무, 다릅나무 열매 속을 파먹는다고 한다.

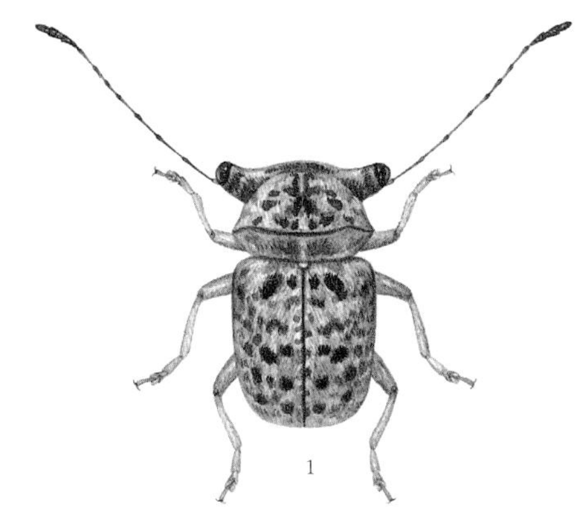

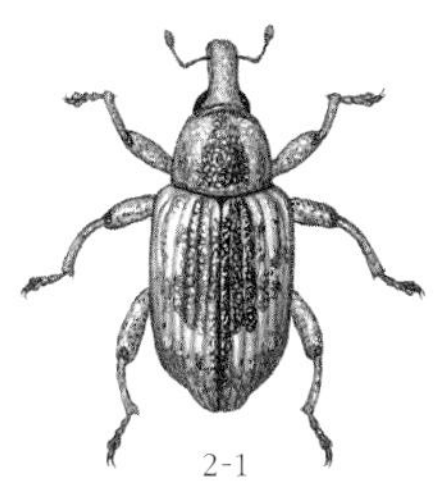

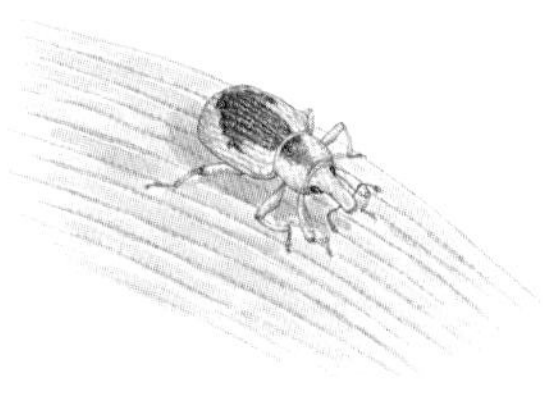

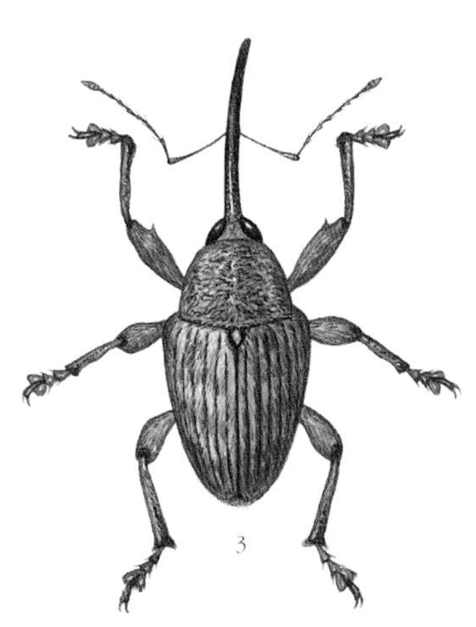

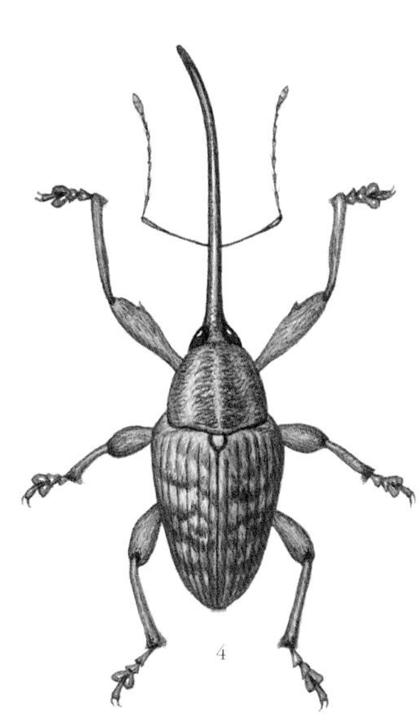

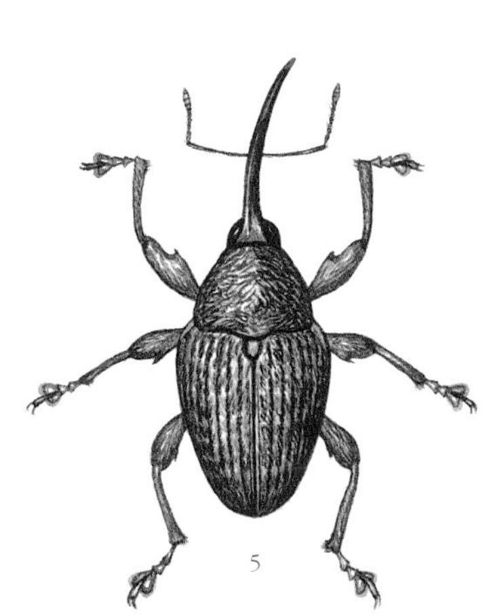

1. 소바구미
2-1. 벼물바구미
2-2. 벼물바구미가 벼에 올라와 있는 모습
3. 닮은밤바구미
4. 도토리밤바구미
5. 개암밤바구미

바구미과
밤바구미아과

검정밤바구미 *Curculio distinguendus*

주둥이를 빼고 5~8mm · 7~9월 · 애벌레

검정밤바구미는 이름처럼 온몸이 까맣고, 누런 털이 나 있다. 작은방패판은 노랗다. 딱지날개에는 허연 점들이 자글자글 나 있다. 제주도를 포함한 온 나라 낮은 산이나 들판에서 산다. 어른벌레는 밤나무나 상수리나무에서 보인다. 짝짓기를 마친 암컷은 밤이나 도토리, 개암나무 열매나 다릅나무 꼬투리에 긴 주둥이로 구멍을 뚫고 알을 낳는다. 알에서 나온 애벌레는 열매 속에 살면서 속을 파먹는다.

바구미과
밤바구미아과

알락밤바구미 *Curculio flavidorsum*

주둥이를 빼고 3mm 안팎 · 4~7월 · 모름

알락밤바구미는 몸이 검은 밤색이다. 주둥이는 길쭉하고 끄트머리에서 굽는다. 더듬이는 주둥이 가운데쯤에서 ㄴ자처럼 굽는다. 딱지날개는 하얗고, 노랗고, 누런 비늘로 덮여 있어 얼룩덜룩하다. 앞가슴등판은 누렇다.

바구미과
밤바구미아과

밤바구미 *Curculio sikkimensis*

주둥이를 빼고 6~10mm · 8~9월 · 애벌레

밤바구미는 주둥이가 아주 가늘고 길어서 5mm쯤 된다. 온몸이 비늘처럼 생긴 털로 빽빽하게 덮여 있다. 잿빛이 나는 노란 털인데 짙은 밤색 털이 섞여 있어서 무늬처럼 보인다. 어른벌레는 8월 중순부터 9월 중순 사이에 가장 많이 볼 수 있다. 어른벌레는 15~23일쯤 산다. 밤을 거두기 20일쯤 전부터 밤 속에 알을 낳는다. 애벌레는 밤 속에서 한 달쯤 살고 밖으로 나온다. 밖으로 나온 애벌레는 땅속으로 들어가 흙집을 짓고 그 속에서 겨울을 난다. 땅속에서 두 해 넘게 애벌레로 살기도 한다. 겨울을 난 애벌레는 이듬해 7월에 번데기가 되었다가 여름에서 가을 사이에 어른벌레가 되어 땅 위로 올라온다. 밤바구미는 복숭아명나방과 함께 밤나무에 가장 많은 피해를 주는 벌레다. 애벌레가 밤을 파먹는다. 1960년대부터 밤나무를 많이 심어 기르면서 밤바구미도 부쩍 늘었다. 밤바구미는 여물어 가는 밤송이에 알을 깐다. 긴 주둥이로 밤 껍질 속까지 구멍을 뚫고 알 낳는 관을 꽂아 알을 낳는다. 알에서 깨어난 애벌레는 밤을 파먹으면서 자란다. 다 자라면 밤 껍질에 둥근 구멍을 뚫고 밖으로 나온다. 밤바구미는 참나무 열매인 도토리나 붉가시 열매에도 알을 낳는다. 밤바구미 애벌레가 든 밤은 겉이 멀쩡해서 밤을 쪼개 보거나 애벌레가 구멍을 뚫고 밖으로 나오기 전에는 밤바구미가 들었는지 알 수 없고, 밤이 상했는지도 알 수가 없다. 밤을 따서 두어도 줄곧 파먹는다. 밤을 오래 두고 먹으려면 먼저 밤을 물에 담가서 물에 뜨는 것을 골라낸다. 애벌레가 먹은 밤은 속이 썩어서 독한 냄새를 풍긴다. 9월 말이 지나서 밤을 거두면 피해가 더 크다.

바구미과
밤바구미아과

흰띠밤바구미 *Curculio styracis*

주둥이를 빼고 6mm 안팎 · 4~7월 · 모름

흰띠밤바구미는 몸이 까만데 이름처럼 딱지날개에 하얀 띠무늬가 가로로 한 줄 나 있다. 주둥이는 길쭉하고 가운데쯤에 더듬이가 ㄴ자처럼 나 있다. 어른벌레가 때죽나무 열매에 알을 낳는다고 한다.

바구미과
밤바구미아과

어리밤바구미 *Labaninus confluens*

주둥이를 빼고 3mm 안팎 · 5~8월 · 모름

어리밤바구미는 온몸이 까맣다. 주둥이는 길고 가운데에 더듬이가 나 있다. 앞가슴등판 아래쪽 가장자리를 따라 하얀 무늬가 있다. 딱지날개 가운데에는 하얀 가로 띠무늬가 있다. 작은방패판 둘레에도 하얀 무늬가 있다.

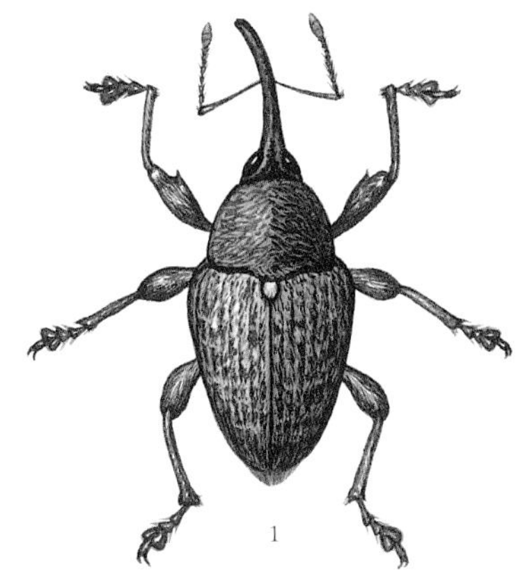

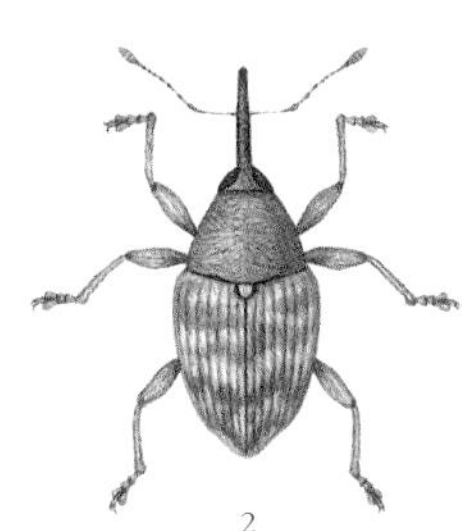

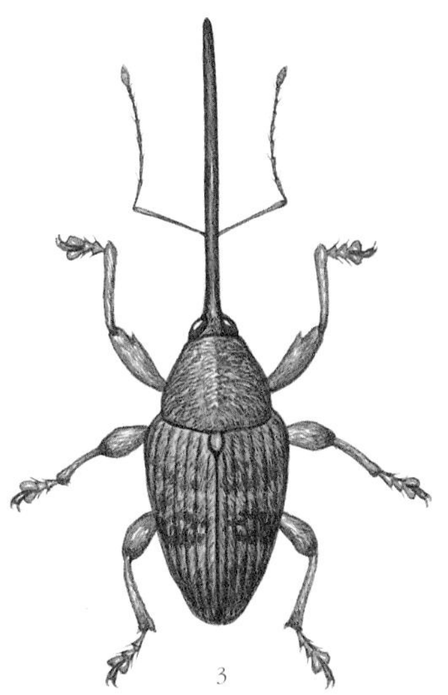

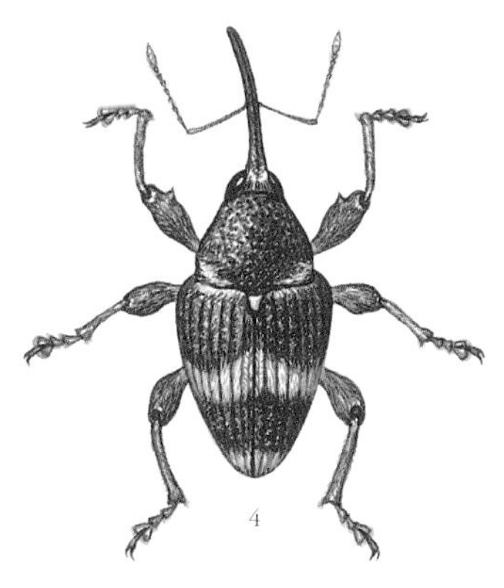

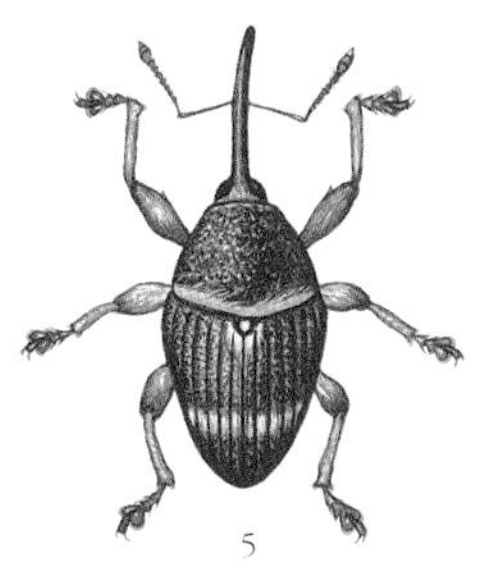

1. 검정밤바구미
2. 알락밤바구미
3. 밤바구미
4. 흰띠밤바구미
5. 어리밤바구미

바구미과
밤바구미아과

딸기꽃바구미 *Anthonomus bisignifer*

주둥이를 빼고 3mm 안팎 4~7월 모름

딸기꽃바구미는 머리와 주둥이, 앞가슴등판이 검은 밤색이거나 까맣다. 딱지날개는 불그스름한 밤색이고 양 뒤쪽에 하얀 테두리가 있는 까만 무늬가 동그랗게 나 있다. 주둥이는 머리와 앞가슴등판 길이를 더한 길이보다 살짝 더 길다. 더듬이는 주둥이 앞쪽에 ㄴ자처럼 나 있다. 작은방패판에 하얀 비늘이 덮여 있다. 이름처럼 딸기에서도 보이지만 나무딸기나 찔레나무 같은 장미과 식물에서 더 많이 보인다.

바구미과
밤바구미아과

배꽃바구미 *Anthonomus pomorum*

주둥이를 빼고 3mm 안팎 6~7월 어른벌레

배꽃바구미는 딱지날개에 잿빛 띠가 있다. 앞다리 허벅지마디는 다른 다리보다 훨씬 두툼하다. 어른벌레로 겨울을 나고 4월에 나와 짝짓기를 한다. 짝짓기를 마친 암컷은 배나무나 사과나무 꽃봉오리에 구멍을 뚫고 그 속에 알을 낳는다. 일주일쯤 지나 알에서 애벌레가 나와 꽃을 갉아 먹는다. 애벌레가 배와 사과 꽃눈을 갉아 먹어서 피해를 준다. 5월부터 번데기가 되어 6~7월에 어른벌레가 나온다. 어른벌레는 잎 뒤에 모여 잎을 갉아 먹는다.

바구미과
밤바구미아과

붉은버들벼바구미 *Dorytomus roelofsi*

주둥이를 빼고 4~6mm 5~9월 모름

붉은버들벼바구미는 몸이 누런 밤색이거나 붉은 밤색인데 드문드문 털과 점이 나 있다. 딱지날개는 거무스름한 밤빛인데, 딱지날개가 맞붙는 곳은 색깔이 더 밝다. 주둥이는 길쭉하고 끄트머리가 앞으로 굽는다. 더듬이는 주둥이 끝 쪽에 나 있다. 모든 허벅지마디는 곤봉처럼 불룩하다. 어른벌레는 버드나무 꽃눈에 알을 낳는다.

바구미과
밤바구미아과

느티나무벼룩바구미 *Orchestes sanguinipes*

3mm 안팎 4~6월 어른벌레

느티나무벼룩바구미는 뒷다리가 아주 커서 벼룩처럼 톡톡 뛰어 다닌다. 몸빛은 여러 가지인데 몸이 검고 더듬이와 다리가 붉은 밤색을 많이 띤다. 앞가슴등판과 딱지날개에는 아무 무늬가 없다. 온몸에는 잿빛 털이 잔뜩 나 있다. 어른벌레로 겨울을 난다. 4월부터 나와 주둥이로 느티나무와 비술나무 잎에 구멍을 뚫고 물을 빨아 먹는다. 짝짓기를 마친 암컷은 잎 뒷면 주맥 속에 알을 낳는다. 알에서 나온 애벌레는 잎에 굴을 파고 다니며 속살을 갉아 먹는다. 허물을 두 번 벗고 종령 애벌레가 된 뒤 잎 가장자리 잎 속에 방을 만들어 번데기가 된다. 그리고 5월에 어른벌레로 날개돋이한다. 어른벌레는 10월까지 잎을 갉아 먹다가 땅으로 내려가 가랑잎 속이나 땅속에서 겨울을 난다.

바구미과
애바구미아과

쑥애바구미 *Baris ezoana*

주둥이를 빼고 3mm 안팎 모름 모름

쑥애바구미는 온몸이 까맣다. 주둥이는 길게 늘어났고 아래로 굽는다. 더듬이는 주둥이 가운데쯤에서 나온다. 딱지날개는 홈이 파여 세로줄이 나 있다. 이름처럼 쑥에서 볼 수 있다. 애바구미아과 무리는 우리나라에 5종이 알려졌다. 하지만 생김새가 다 비슷해서 구별하기가 쉽지 않다.

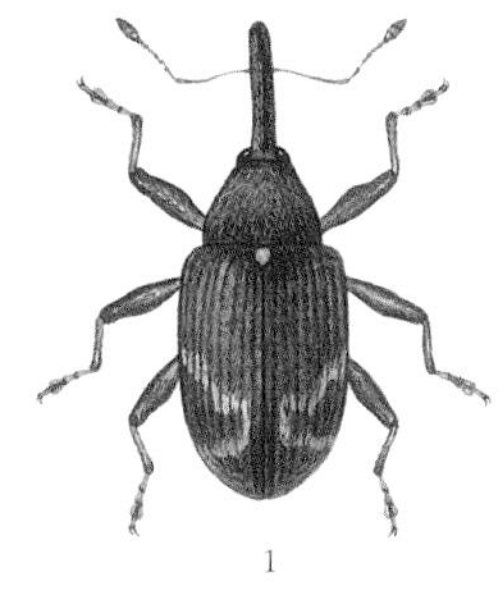
1

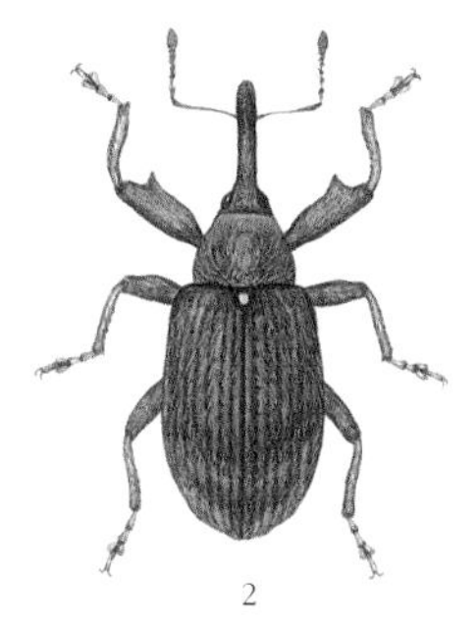
2

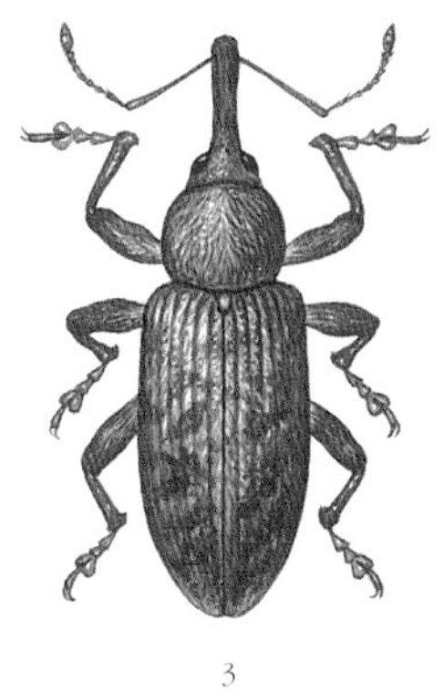
3

4

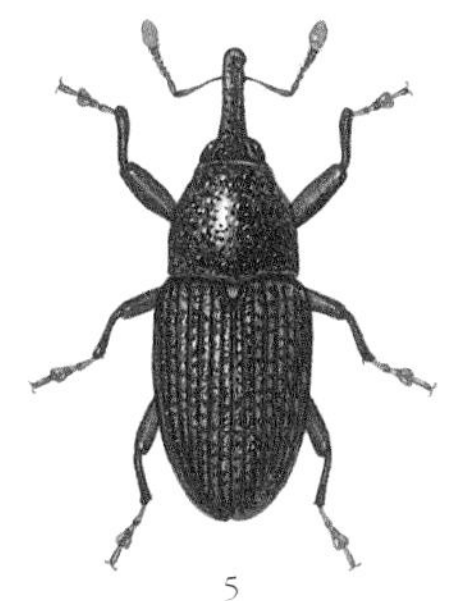
5

1. 딸기꽃바구미
2. 배꽃바구미
3. 붉은버들벼바구미
4. 느티나무벼룩바구미
5. 쑥애바구미

바구미과
애바구미아과

흰점박이꽃바구미 *Anthinobaris dispilota*

주둥이를 빼고 5mm 안팎 5~9월 모름

흰점박이꽃바구미는 온몸이 까맣다. 딱지날개에 하얗거나 노란 무늬가 있다. 주둥이는 갈고리처럼 아래로 심하게 구부러졌다. 온 나라 낮은 산 풀밭에서 산다. 어른벌레는 여러 가지 꽃에 날아와 꽃가루를 먹는다. 애벌레는 죽은 나뭇가지나 살아 있는 나무에서도 산다.

바구미과
좁쌀바구미아과

환삼덩굴좁쌀바구미 *Cardipennis shaowuensis*

주둥이를 빼고 3mm 안팎 5~9월 모름

환삼덩굴좁쌀바구미는 이름처럼 좁쌀만큼 작고 앞가슴등판 가운데와 옆에 하얀 무늬가 가늘게 나 있다. 딱지날개가 맞붙는 곳도 하얗다. 어른벌레는 환삼덩굴에서 많이 보인다.

바구미과
거미바구미아과

금수바구미 *Metialma cordata*

주둥이를 빼고 4mm 안팎 5~7월 어른벌레

금수바구미는 온몸이 까만데 누런 털이 잔뜩 나 있어 얼룩덜룩하다. 눈이 아주 크고 서로 가까이 붙어 있다. 작은방패판 앞쪽에는 누런 털이 뭉쳐 나 있다. 산속 풀밭에서 보인다. 나무껍질 밑에서 어른벌레로 겨울을 난다고 한다.

바구미과
거미바구미아과

거미바구미 *Metialma signifera*

주둥이를 빼고 4mm 안팎 5~8월 모름

거미바구미는 생김새가 금수바구미와 닮았다. 금수바구미처럼 눈이 크고 가까이 붙어 있다. 온몸은 까만데 누런 털이 나 있어서 얼룩덜룩하다. 금수바구미와 달리 작은방패판 뒤쪽에 하얀 털이 나 있다. 주둥이는 두툼하고 길쭉하게 아래로 굽는다.

바구미과
버들바구미아과

버들바구미 *Cryptorhynchus lapathi*

주둥이를 빼고 8mm 안팎 4~8월 알

버들바구미는 몸이 검은 밤색이다. 앞가슴등판과 딱지날개 앞쪽에 돌기가 튀어나왔다. 딱지날개는 울퉁불퉁하다. 알로 겨울을 나고 4월쯤에 애벌레가 나온다. 알에서 나온 애벌레는 나무껍질 밑을 파고들어 가 갉아 먹는다. 40일쯤 지나 줄기 속으로 굴을 파고들어 가 번데기 방을 만들고 번데기가 된다. 7~8월에 어른벌레가 된다. 어른벌레는 포플러 나뭇가지를 갉아 나무즙을 빨아 먹는다. 버들바구미가 갉아 먹은 나뭇가지는 말라 죽거나 바람이 불면 부러지기도 한다. 위험을 느끼면 땅에 뚝 떨어진다. 어른벌레로 30일쯤 산다. 짝짓기를 마친 암컷은 나뭇가지 속에 알을 낳는다.

바구미과
버들바구미아과

극동버들바구미 *Eucryptorrhynchus brandti*

주둥이를 빼고 11mm 안팎 4~11월 어른벌레

극동버들바구미는 배자바구미처럼 몸에 까만색과 하얀 색이 섞여 있다. 꼭 새똥을 닮아서 천적 눈을 속인다. 또 위험을 느끼면 땅으로 뚝 떨어져 죽은 척한다. 배자바구미와 닮았지만 극동버들바구미는 앞가슴등판이 모두 하얘서 다르다. 또 극동버들바구미 몸이 더 날씬하다. 온 나라 낮은 산이나 들판에서 볼 수 있다. 어른벌레는 가죽나무에서 지내며 짝짓기를 한다. 짝짓기를 마친 암컷은 가죽나무 껍질에 알을 낳는다. 알에서 나온 애벌레는 나무속을 파먹고 큰다. 다 자란 애벌레는 나무속에서 번데기가 되었다가 7월쯤 어른벌레로 날개돋이한다.

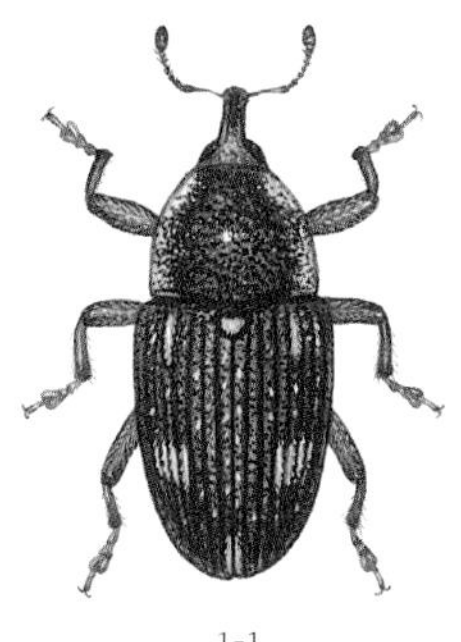
1-1

1-2

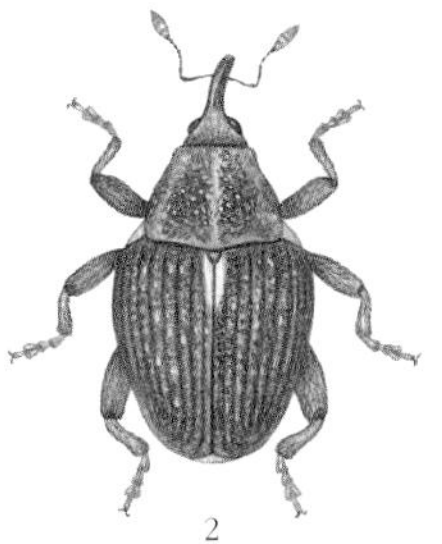
2

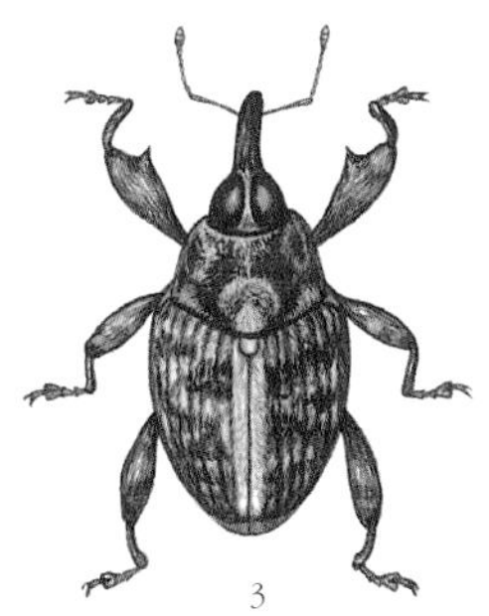
3

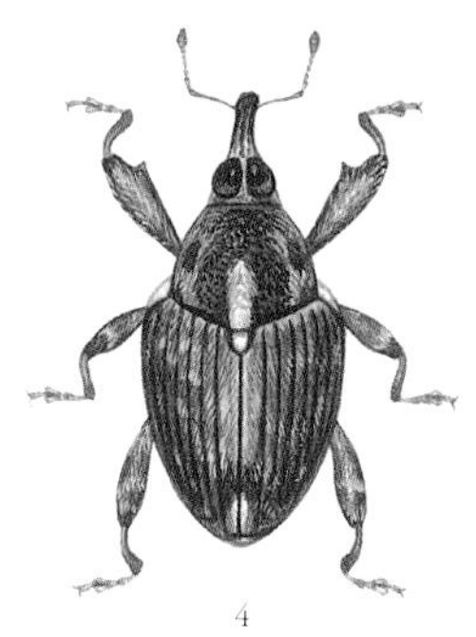
4

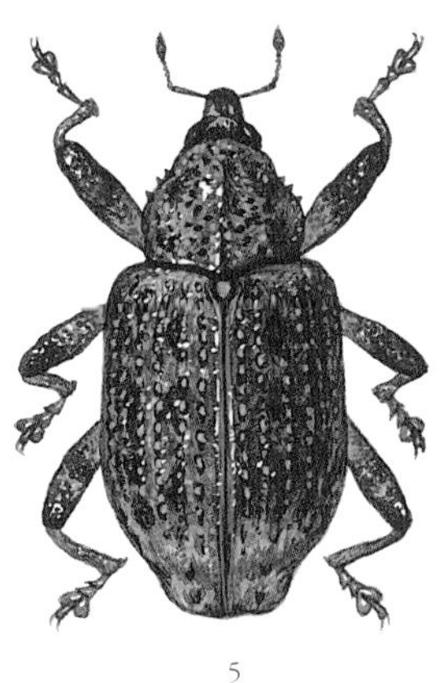
5

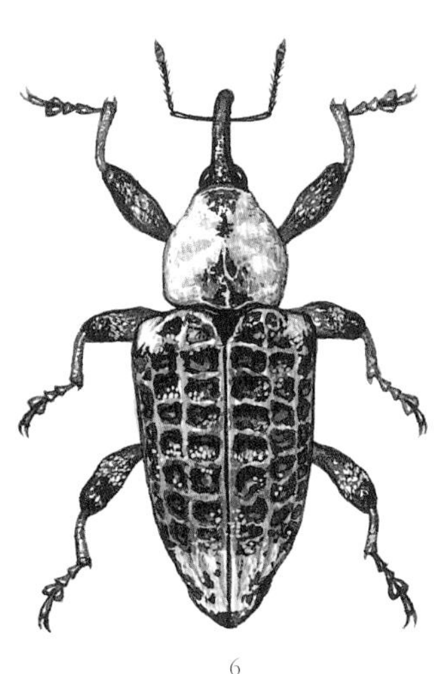
6

1-1. 흰점박이꽃바구미
1-2. 흰점박이꽃바구미 짝짓기
2. 환삼덩굴좁쌀바구미
3. 금수바구미
4. 거미바구미
5. 버들바구미
6. 극동버들바구미

바구미과
버들바구미아과

솔흰점박이바구미 *Shirahoshizo rufescens*

주둥이를 빼고 4~8mm · 5~8월 · 모름

솔흰점박이바구미는 이름처럼 딱지날개에 하얀 점이 4개 있다. 온몸은 붉은 밤색이다. 흰점박이바구미와 생김새가 거의 똑같다. 온 나라 산에서 볼 수 있다. 어른벌레는 나무껍질 속을 갉아 먹는다.

바구미과
버들바구미아과

큰점박이바구미 *Syrotelus septentrionalis*

주둥이를 빼고 10~15mm · 6~10월 · 모름

큰점박이바구미는 몸이 검은 밤색인데 누렇고 검은 털들이 얼룩덜룩 나 있다. 딱지날개에는 크고 작은 홈이 파여 울퉁불퉁하고, 날개 끝이 뾰족하다. 산에 자라는 나무에서 보인다. 어른벌레는 여러 가지 참나무나 자작나무에서 자주 보인다고 한다.

바구미과
버들바구미아과

흰가슴바구미 *Gasterocercus tamanukii*

9mm 안팎 · 5~7월 · 어른벌레

흰가슴바구미는 이름처럼 앞가슴과 딱지날개가 하얗고 까만 무늬가 얼룩덜룩 나 있다. 극동버들바구미나 배자바구미처럼 몸에 검고 하얀 무늬가 어우러져 꼭 새똥처럼 보인다. 수컷은 앞다리가 아주 길다. 온 나라 들판에서 볼 수 있다. 어른벌레는 나무에 수십 마리씩 무리 지어 지낸다.

바구미과
참바구미아과

등나무고목바구미 *Acicnemis palliata*

주둥이를 빼고 5~7mm · 5~9월 · 모름

등나무고목바구미는 몸이 까만데 밤색 털로 덮여 있다. 딱지날개와 앞가슴등판에 까만 무늬가 커다랗게 나 있다. 마른 나무줄기 색깔이랑 비슷해서 몸을 숨긴다. 이름처럼 등나무에서 보인다. 애벌레는 등나무 줄기 속을 파고들어 가 산다.

바구미과
참바구미아과

솔곰보바구미 *Hylobius haroldi*

주둥이를 빼고 7~13mm · 5~7월 · 모름

솔곰보바구미는 몸이 검거나 붉은 밤색이다. 딱지날개에 노란 줄무늬가 희미하게 나 있다. 온 나라 바늘잎나무 숲에서 볼 수 있다. 어른벌레는 소나무 같은 바늘잎나무 순을 먹는다. 소나무를 잘라 쌓아 놓은 곳에서 많이 보인다. 밤에 불빛으로 날아오기도 한다. 애벌레는 썩은 소나무 속을 파먹고 큰다.

바구미과
참바구미아과

사과곰보바구미 *Pimelocerus exsculptus*

주둥이를 빼고 13~16mm · 4~8월 · 어른벌레

사과곰보바구미는 딱지날개가 곰보처럼 움푹움푹 파여서 울퉁불퉁하다. 온몸은 까만데 딱지날개에 누런 털이 무늬처럼 나 있다. 주둥이는 굵고 짧다. 온 나라 산에서 산다. 어른벌레는 밤나무나 여러 가지 참나무, 버드나무, 사과나무, 자작나무 같은 나무껍질 틈에서 많이 보인다. 밤에 불빛으로 날아오기도 한다. 5월 중순에 짝짓기를 하고 알을 낳는다. 애벌레는 땅속에서 밤나무 뿌리를 갉아 먹는다. 가을에 어른벌레로 날개돋이한 뒤 겨울을 난다.

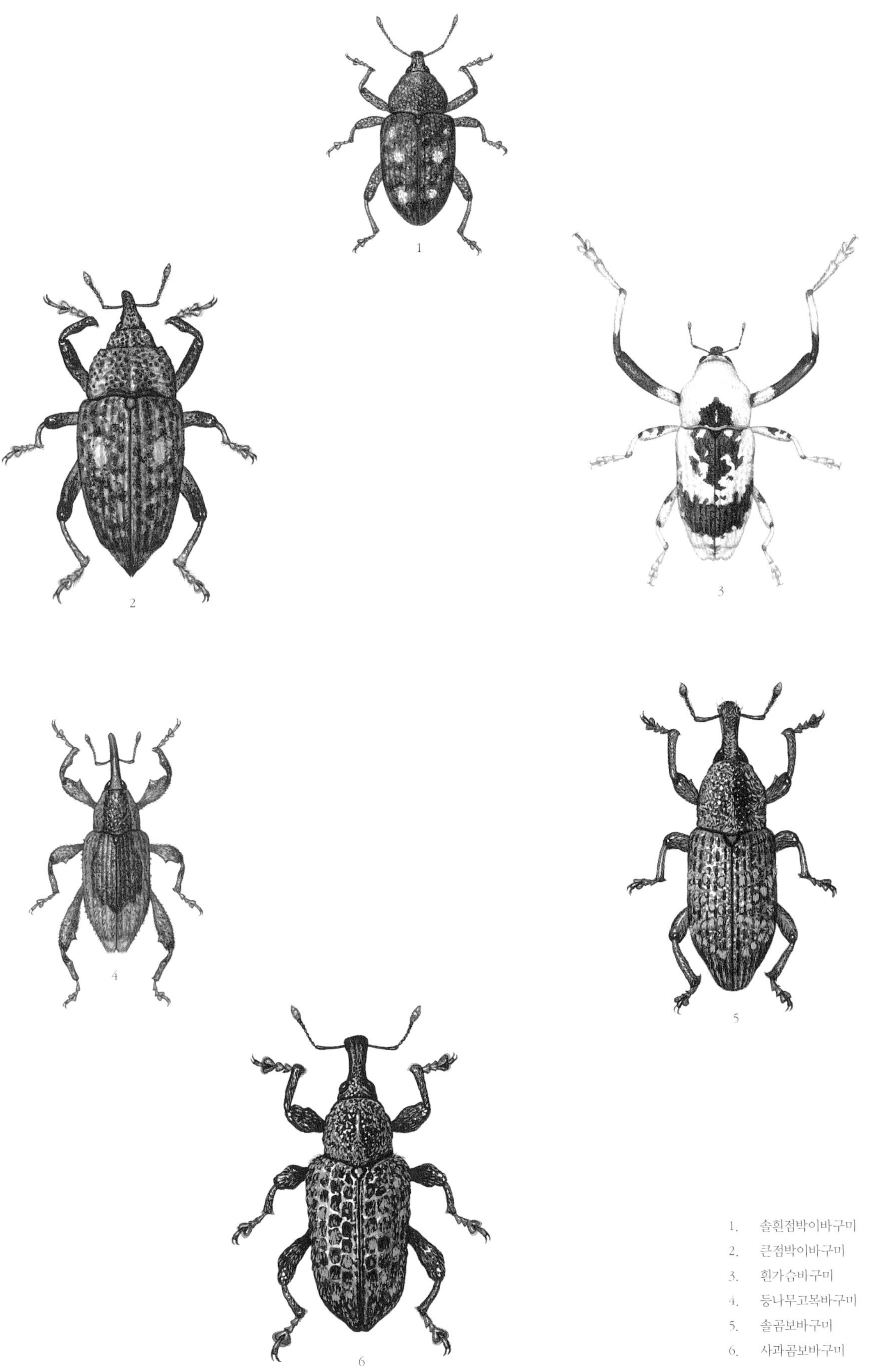

1. 솔흰점박이바구미
2. 큰점박이바구미
3. 흰가슴바구미
4. 등나무고목바구미
5. 솔곰보바구미
6. 사과곰보바구미

바구미과
참바구미아과

옻나무바구미 *Ectatorhinus adamsii*

주둥이를 빼고 15~20mm ● 5~8월 ● 애벌레

옻나무바구미는 가슴과 딱지날개에 돌기가 있어 울퉁불퉁하다. 다리에도 혹처럼 생긴 돌기가 나 있다. 온 나라 낮은 산이나 들판에서 산다. 어른벌레는 여러 가지 넓은잎나무 나뭇진에 모여든다. 참나무나 오리나무, 붉나무, 옻나무 같은 나뭇진에 잘 모인다. 손으로 건드리면 다리를 오므리고 죽은 척한다. 뒷날개가 퇴화해서 날지 못한다.

바구미과
참바구미아과

옻나무통바구미 *Mecysolobus erro*

주둥이를 빼고 7mm 안팎 ● 4~7월 ● 모름

옻나무통바구미는 온몸이 까만데 딱지날개 뒤쪽이 발그스름하다. 어른벌레가 붉나무나 옻나무 어린 가지에 알을 낳는다고 한다.

바구미과
참바구미아과

배자바구미 *Sternuchopsis trifidus*

주둥이를 빼고 9~10mm ● 4~9월 ● 어른벌레

배자바구미는 온 나라에서 자라는 칡넝쿨이나 칡 잎에 잘 앉아 있다. '배자'는 옛날 저고리 위에 덧입던 옷이다. 배자바구미 몸통에 있는 검은 무늬가 배자를 닮았다고 붙은 이름이다. 크기가 작고 통통한데 빛깔은 검은색과 흰색이 얼룩덜룩하게 섞여 있다. 주둥이가 몸에 견주어 길지만 보통 때는 주둥이를 머리 밑으로 바짝 구부리고 있어서 위에서는 보이지 않는다. 게다가 몸통과 딱지날개가 울퉁불퉁해서 웅크리고 있으면 꼭 새똥처럼 보인다. 배자바구미는 새똥처럼 생겨서 자기를 잡아먹는 새나 다른 동물 눈을 피할 수 있다. 배자바구미는 이른 봄부터 늦가을까지 볼 수 있고 6월에 가장 흔하다. 주둥이로 칡 줄기에 구멍을 내고 그 속에 알을 낳는다. 알을 낳은 암컷은 곧 죽는다. 애벌레는 칡 줄기 속에서 깨어나 줄기 속을 파먹고 산다. 애벌레가 들어 있는 곳은 칡 줄기가 혹처럼 불룩하게 부풀어 있다. 애벌레는 그 속에서 번데기가 되고, 9월쯤 어른벌레가 되어 땅속이나 덤불 속, 나무껍질 밑에서 겨울을 난다. 알에서 어른벌레로 날개돋이하는 데 석 달쯤 걸린다. 봄이 되면 칡 줄기에서 나와 짝짓기를 한다.

바구미과
참바구미아과

노랑무늬솔바구미 *Pissodes nitidus*

주둥이를 빼고 6~8mm ● 3~11월 ● 어른벌레

노랑무늬솔바구미는 온몸이 붉은 밤색으로 반짝거리고 여기저기에 흰 털이 나 있다. 앞가슴등판에 하얀 점이 2개 있고, 딱지날개에는 허연 가로 띠무늬가 2개 있다. 작은방패판은 허연 털로 덮여 있다. 어른벌레는 여러 가지 소나무 가지에 구멍을 뚫고 즙을 빨아 먹는다. 나무 틈에서 어른벌레로 겨울을 나고 이듬해 봄에 짝짓기를 마친 암컷이 나무껍질에 구멍을 뚫고 알을 낳는다. 알에서 나온 애벌레는 나무껍질 밑을 파고 다니며 갉아 먹고, 다 자라면 나무줄기 속에서 번데기 방을 만들고 번데기가 된다. 6~7월이 되면 어른벌레로 날개돋이해서 구멍을 뚫고 나온다.

바구미과
참바구미아과

오뚜기바구미 *Trigonocolus tibialis*

주둥이를 빼고 4mm 안팎 ● 5~9월 ● 모름

오뚜기바구미는 몸이 까맣고 불룩하다. 더듬이와 다리는 불그스름하다. 온몸에는 잿빛 털이 나 있다. 딱지날개는 심장꼴로 생겼고, 세로줄이 나 있다. 산에서 보인다.

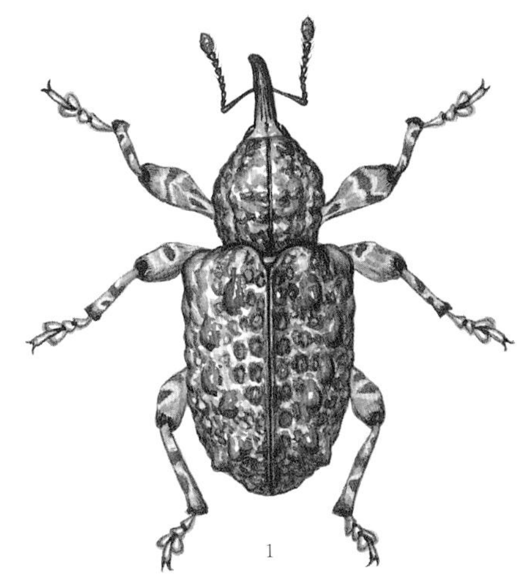

1

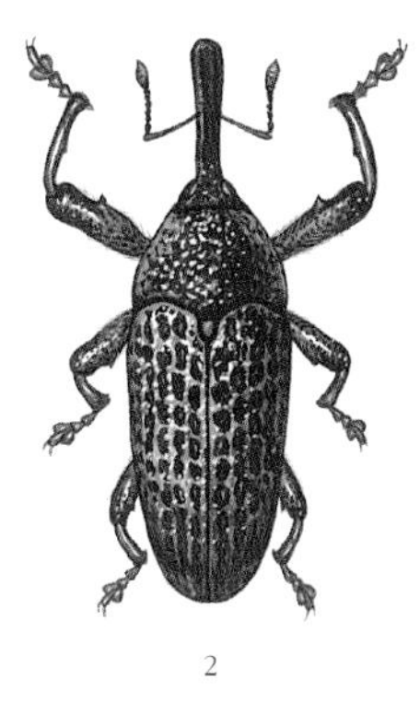

2

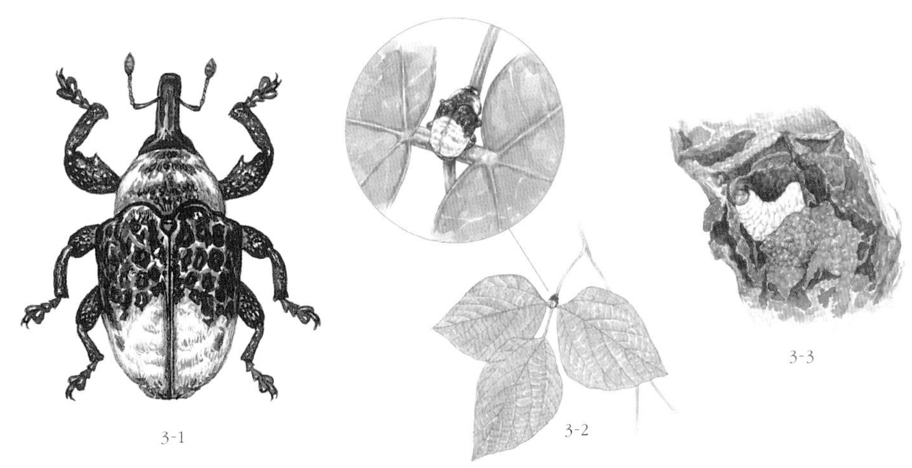

3-1

3-2

3-3

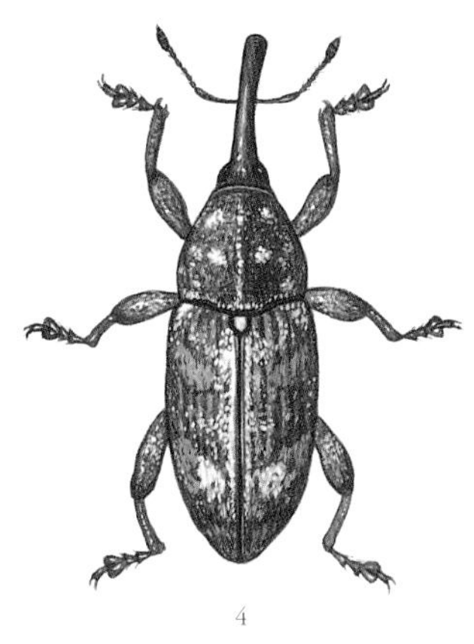

4

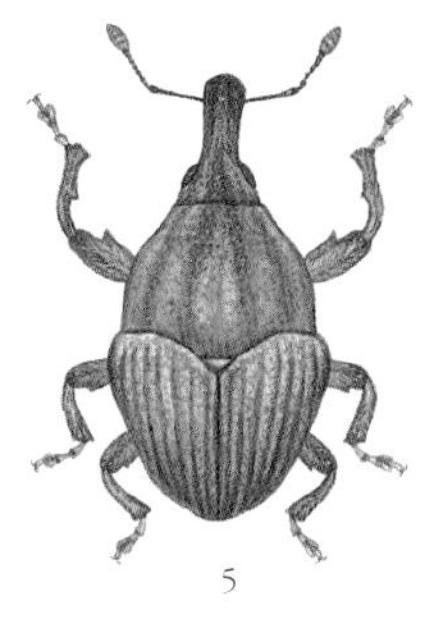

5

1. 옻나무바구미
2. 옻나무통바구미

3-1. 배자바구미

3-2. 배자바구미는 꼭 새똥처럼 보인다.

3-3. 칡 줄기 속에 사는 배자바구미 애벌레

4. 노랑무늬솔바구미
5. 오뚜기바구미

바구미과
흙바구미아과

채소바구미 *Listroderes costirostris*

8mm 안팎 · 4~10월 · 모름

채소바구미는 온몸이 누런 밤색인데 짙거나 옅어서 얼룩덜룩하다. 딱지날개에 허연 무늬가 V자처럼 나 있다. 들판이나 마을, 논밭 둘레에서 볼 수 있다. 어른벌레와 애벌레가 십자화과 식물을 먹는다고 한다.

바구미과
줄주둥이바구미아과

둥근혹바구미 *Catapionus fossulatus*

9~13mm · 5~7월 · 모름

둥근혹바구미는 몸이 까만데 풀빛과 구릿빛이 도는 비늘이 온몸을 덮고 있다. 머리와 앞가슴등판 가운데에 까만 줄무늬가 있다. 딱지날개에는 곰보처럼 홈이 파인다. 온몸에 잿빛 털이 나 있다. 산이나 숲 가장자리에서 산다. 어른벌레는 어수리나 단풍터리풀 잎을 갉아 먹고, 애벌레는 땅속에서 뿌리를 갉아 먹는다고 한다.

바구미과
줄주둥이바구미아과

다리가시뭉뚝바구미 *Anosimus decoratus*

4mm 안팎 · 5~10월 · 모름

다리가시뭉뚝바구미는 몸이 누런 밤색이고, 누런 비늘과 검은 밤색 비늘이 얼룩덜룩 덮여 있다. 주둥이는 오각형으로 생겼다.

바구미과
줄주둥이바구미아과

뭉뚝바구미 *Ptochidius tessellatus*

4~6mm · 4~8월 · 모름

뭉뚝바구미는 이름처럼 주둥이가 뭉뚝하다. 온몸은 누렇거나 누런 밤색 비늘이 덮여 얼룩덜룩하다. 딱지날개에는 홈이 파여 세로줄이 나 있다. 어른벌레는 참나무에서 많이 보인다.

바구미과
줄주둥이바구미아과

밤색주둥이바구미 *Cyrtepistomus castaneus*

5~6mm · 5~9월 · 모름

밤색주둥이바구미는 이름처럼 온몸이 짙은 밤색을 띤다. 딱지날개에는 홈이 파여 세로줄이 나 있다. 온몸에는 짧은 잿빛 털이 나 있다. 주둥이는 뭉뚝하다. 다리 발목마디와 더듬이 끄트머리 불룩한 마디는 빨갛다. 참나무나 밤나무가 자라는 산에서 볼 수 있다. 짝짓기를 하지 않고 암컷이 알을 낳아도 알에서 애벌레가 나오는 '단위 생식'을 한다.

바구미과
줄주둥이바구미아과

털줄바구미 *Calomycterus setarius*

4mm 안팎 · 5~8월 · 모름

털줄바구미는 몸이 까만데, 허연 비늘이 듬성듬성 덮여 있어 얼룩덜룩하다. 딱지날개는 달걀처럼 둥그스름하다. 딱지날개에 곧추선 털이 나 있고, 앞가슴에는 누운 털이 나 있다. 주둥이는 뭉툭하다. 들판에서 보인다.

바구미과
줄주둥이바구미아과

긴더듬이주둥이바구미 *Eumyllocerus malignus*

4~6mm · 5~10월 · 모름

긴더듬이주둥이바구미는 몸이 까맣고 풀빛이 도는 둥근 비늘로 덮여 있다. 더듬이가 유난히 길다. 더듬이는 붉은 밤색이다. 어른벌레는 낮은 산 숲속에서 산다. 떡갈나무 잎을 갉아 먹는다고 한다.

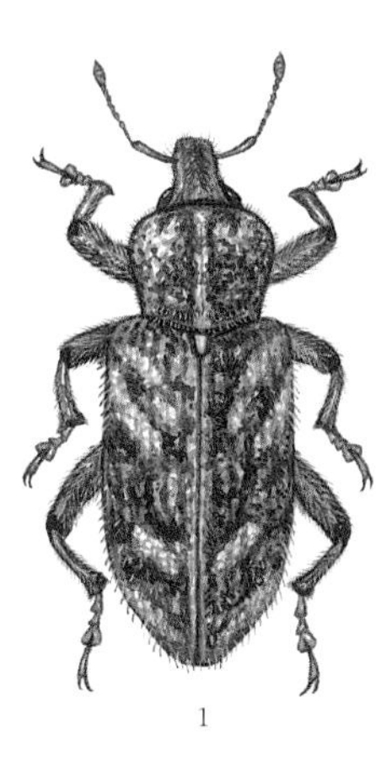
1

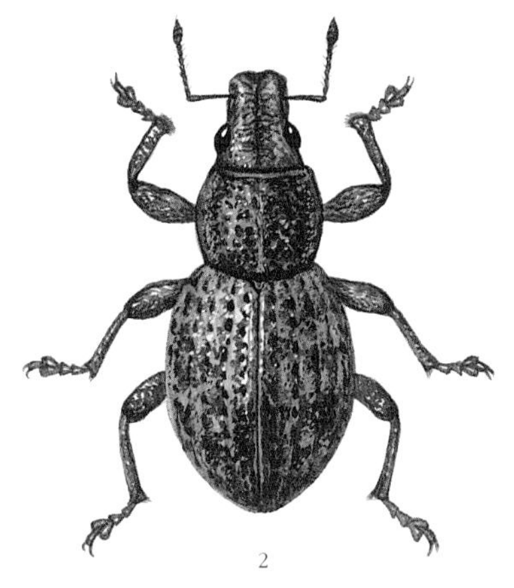
2

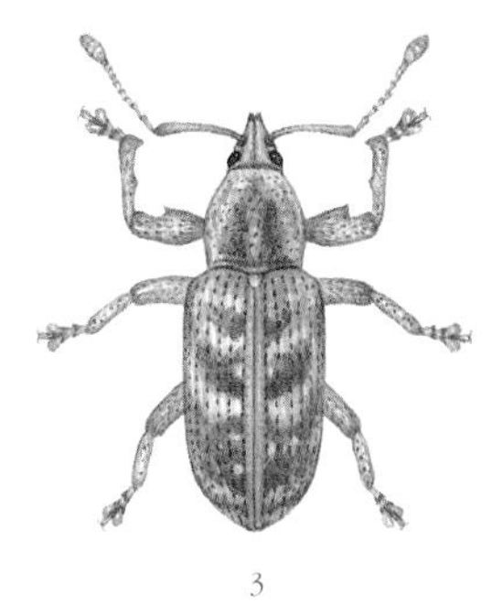
3

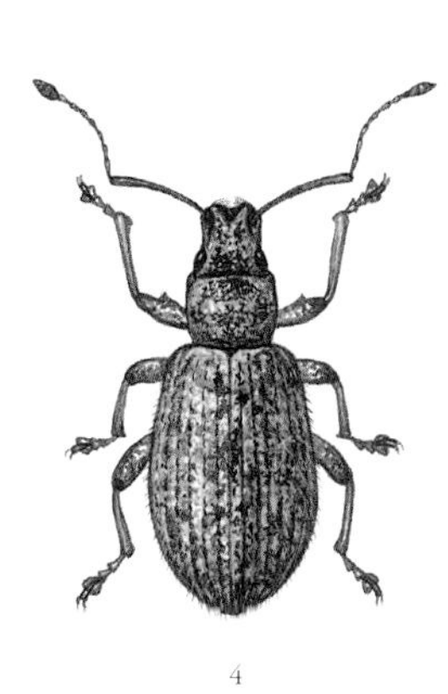
4

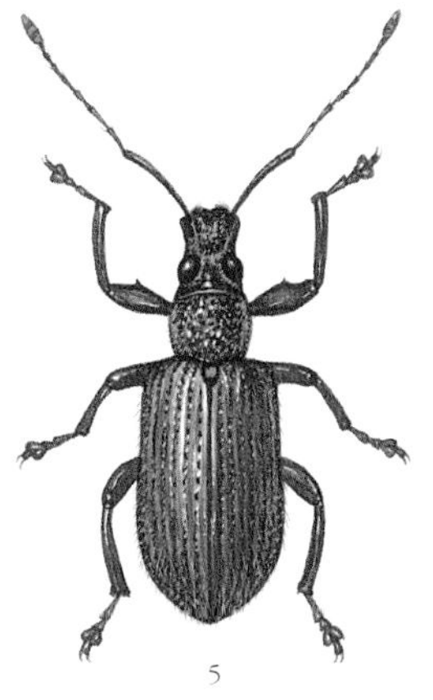
5

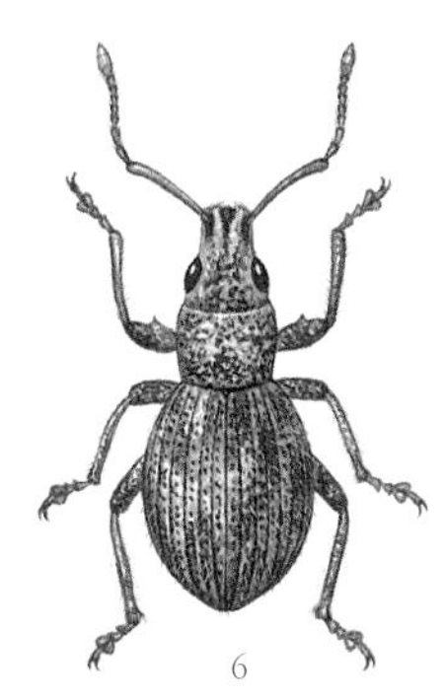
6

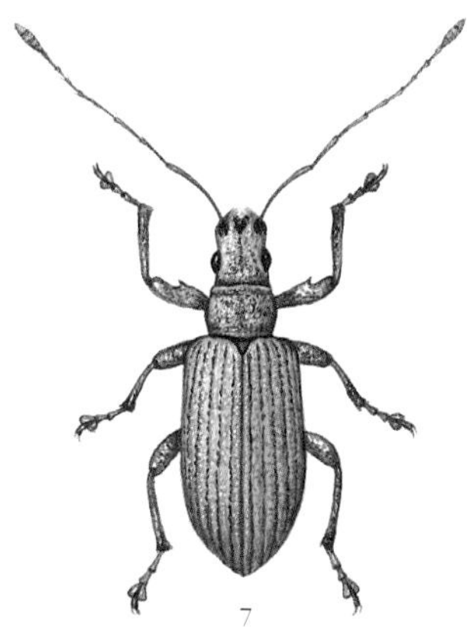
7

1. 채소바구미
2. 둥근혹바구미
3. 다리가시뭉뚝바구미
4. 뭉뚝바구미
5. 밤색주둥이바구미
6. 털줄바구미
7. 긴더듬이주둥이바구미

바구미과
줄주둥이바구미아과

주둥이바구미 *Lepidepistomodes fumosus*

5~6mm · 4~8월 · 모름

주둥이바구미는 앞가슴등판과 딱지날개에 까만 점무늬가 많이 나 있다. 낮은 산 숲에 살며 참나무나 밤나무 잎을 갉아 먹는다.

바구미과
줄주둥이바구미아과

섭주둥이바구미 *Nothomyllocerus griseus*

4~5mm · 4~10월 · 모름

섭주둥이바구미는 온몸이 누런 밤색이다. 딱지날개에는 짧은 털이 나 있다. 밤나무나 참나무, 자작나무, 오리나무에서 보인다.

바구미과
줄주둥이바구미아과

왕주둥이바구미 *Phyllolytus variabilis*

6~10mm · 5~9월 · 모름

왕주둥이바구미는 온몸이 누런 밤색이거나 붉은 밤색인데, 풀빛이 도는 비늘이 온몸에 덮여 있다. 또 온몸에는 하얀 털이 나 있다. 주둥이는 뭉툭하다. 여름에 여러 가지 참나무와 밤나무, 붉가시나무에서 볼 수 있다. 암컷은 짝짓기를 하지 않고 알을 낳아도 알에서 애벌레가 나오는 '단위 생식'을 한다.

바구미과
줄주둥이바구미아과

혹바구미 *Episomus turritus*

13~17mm · 5~9월 · 애벌레

혹바구미는 딱지날개 끝에 혹처럼 생긴 돌기가 한 쌍 있다. 몸은 잿빛 털로 덮여 있다. 온 나라 낮은 산에서 산다. 어른벌레는 칡, 아까시나무, 등나무, 싸리나무 같은 콩과 식물 잎을 갉아 먹는다고 한다. 손으로 건드리면 다리를 오므리고 죽은 척한다. 7~8월에 짝짓기를 마친 암컷은 잎을 잘라 봉지처럼 주머니를 만들고 그 속에 알을 10개쯤 낳는다. 알에서 나온 애벌레는 땅에 떨어져 땅속으로 들어간 뒤 뿌리를 갉아 먹고 자란다.

바구미과
줄주둥이바구미아과

갈녹색가루바구미 *Phyllobius incomptus*

4~7mm · 모름 · 모름

갈녹색가루바구미는 이름처럼 온몸에 잿빛이 도는 밤색 비늘이 덮여 있다.

바구미과
줄주둥이바구미아과

쌍무늬바구미 *Eugnathus distinctus*

4~8mm · 5~9월 · 모름

쌍무늬바구미는 온몸에 풀빛 비늘이 덮여 있다. 비늘이 벗겨지면 몸은 까맣다. 주둥이는 뭉뚝하다. 겹눈 사이부터 주둥이 끝까지 가운데로 홈이 파여 있다. 딱지날개 가운데에 비늘이 빽빽하게 모여 짙은 가로 띠무늬가 한 쌍 있다. 온 나라 산에서 볼 수 있다. 어른벌레는 싸리나무나 칡 같은 콩과 식물에서 보인다.

바구미과
줄주둥이바구미아과

홍다리청바구미 *Chlorophanus auripes*

12mm 안팎 · 6~10월 · 모름

홍다리청바구미는 온몸이 밤색인데 풀빛이 도는 비늘로 덮여 있다. 다리는 누렇고, 주둥이는 뭉뚝하다.

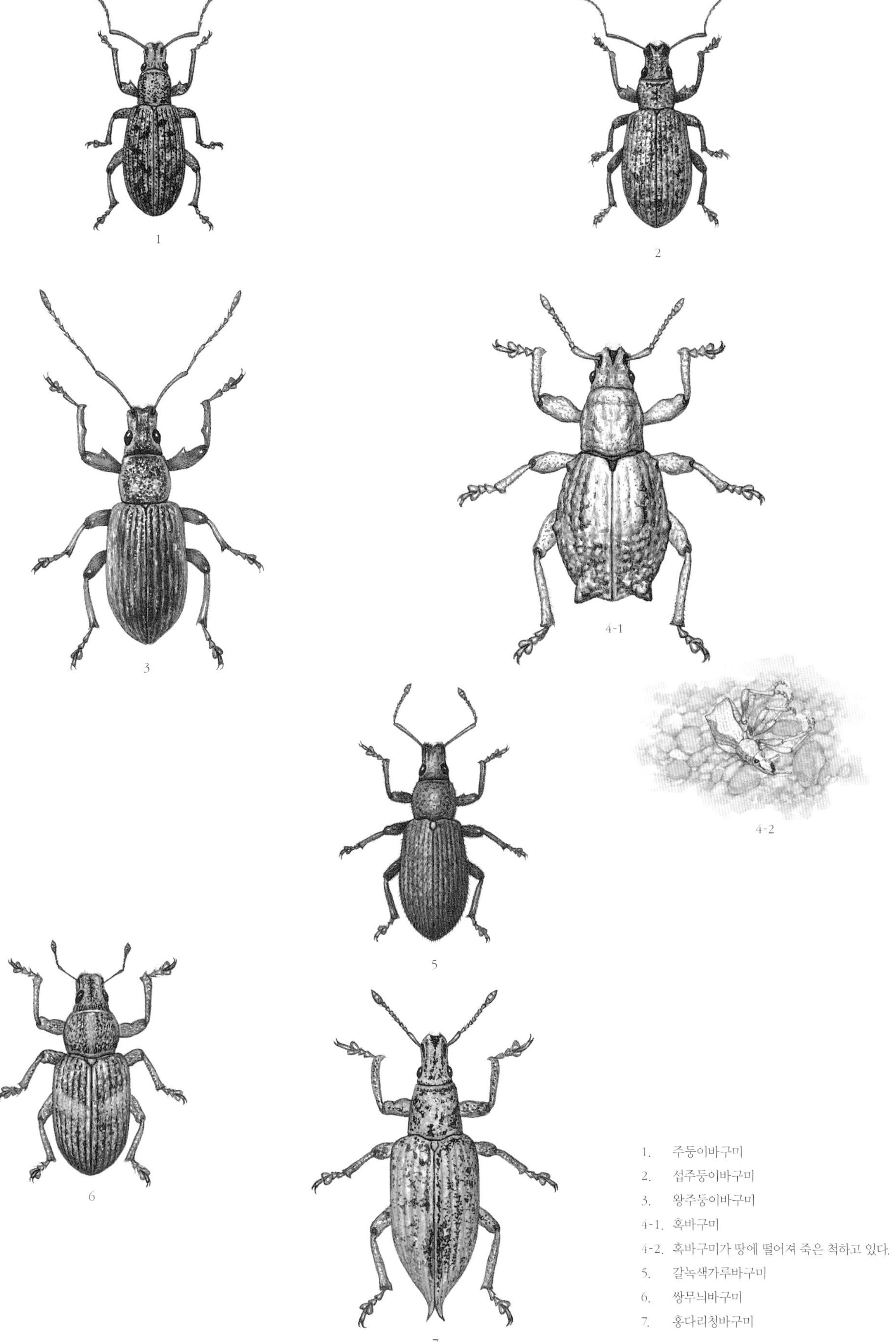

1. 주둥이바구미
2. 섭주둥이바구미
3. 왕주둥이바구미

4-1. 혹바구미

4-2. 혹바구미가 땅에 떨어져 죽은 척하고 있다.

5. 갈녹색가루바구미
6. 쌍무늬바구미
7. 홍다리청바구미

바구미과
줄주둥이바구미아과

황초록바구미 *Chlorophanus grandis*

12~14mm · 6~9월 · 모름

황초록바구미는 몸이 까만데, 금빛이 도는 풀빛 가루가 온몸에 덮여 반짝인다. 손으로 만지면 가루가 쉽게 벗겨진다. 주둥이는 짧고 굵다. 딱지날개 끝은 뾰족하고 날카롭다. 온 나라 들판에서 자라는 여러 가지 버드나무에서 산다. 어른벌레는 버드나무 잎을 주로 갉아 먹는데 싸리나 사과나무, 장미 잎도 갉아 먹는다. 애벌레는 땅속에서 나무뿌리를 갉아 먹는다고 한다. 위험을 느끼면 땅으로 툭 떨어져 몸을 숨긴다.

바구미과
줄주둥이바구미아과

천궁표주박바구미 *Scepticus griseus*

6~8mm · 4~8월 · 어른벌레

천궁표주박바구미는 몸이 까만데, 잿빛 털이 빽빽이 나 있다. 이마에서 주둥이로 골이 파여 있다. 어른벌레는 팽나무에서 많이 보인다.

바구미과
줄주둥이바구미아과

뽕나무표주박바구미 *Scepticus insularis*

6~8mm · 5~8월 · 애벌레

뽕나무표주박바구미는 온몸이 거무스름한 밤색을 띤다. 주둥이는 뭉툭하다. 이마부터 주둥이까지 홈이 파여 있지 않다. 딱지날개 앞쪽에 돌기가 튀어나왔다. 이름과 달리 면화나 담배 어린잎이나 새순 따위를 갉아 먹는다. 한 해에 한 번 날개돋이한다.

바구미과
줄주둥이바구미아과

밀감바구미 *Sympiezomias lewisi*

8~10mm · 5~8월 · 모름

밀감바구미는 앞가슴등판 가운데에 세로로 까만 홈이 넓게 파여 있다. 이름처럼 귤나무나 뽕나무를 갉아 먹는다.

바구미과
줄주둥이바구미아과

털보바구미 *Enaptorrhinus granulatus*

7~8mm · 4~8월 · 애벌레

털보바구미는 이름처럼 수컷 딱지날개 끝과 뒷다리 종아리마디에 누런 털이 길고 수북하게 나 있다. 암컷은 뒷다리 종아리마디가 밋밋하고 털이 적다. 딱지날개에는 하얀 줄무늬가 나 있다. 어른벌레는 온 나라 낮은 산이나 들판 풀밭에서 볼 수 있다. 5~6월에 가장 많이 보인다. 낮에 나와 여러 가지 참나무 잎을 갉아 먹는다.

바구미과
줄주둥이바구미아과

땅딸보가시털바구미 *Pseudocneorhinus bifasciatus*

5mm 안팎 · 6~10월 · 모름

땅딸보가시털바구미는 이름처럼 온몸에 가시처럼 생긴 짧은 털이 잔뜩 나 있다. 또 온몸에는 잿빛 밤색 비늘이 덮여 있다. 머리 옆에 세모난 혹이 있다. 몸은 아주 작지만 뚱뚱하다. 산속 풀밭이나 도시공원, 귤을 기르는 농장에서 산다. 수컷과 짝짓기를 하지 않고 암컷 혼자 알을 낳는다고 한다. 어른벌레가 감귤 잎을 먹어치우기도 한다.

바구미과
줄주둥이바구미아과

가시털바구미 *Pseudocneorhinus setosus*

6mm 안팎 · 5~8월 · 모름

가시털바구미는 이름처럼 온몸에 까만 가시털이 잔뜩 나 있다. 낮은 산 풀밭에서 산다. 암컷 혼자 짝짓기를 하지 않고 알을 낳아도 알에서 애벌레가 나오는 '단위 생식'을 한다.

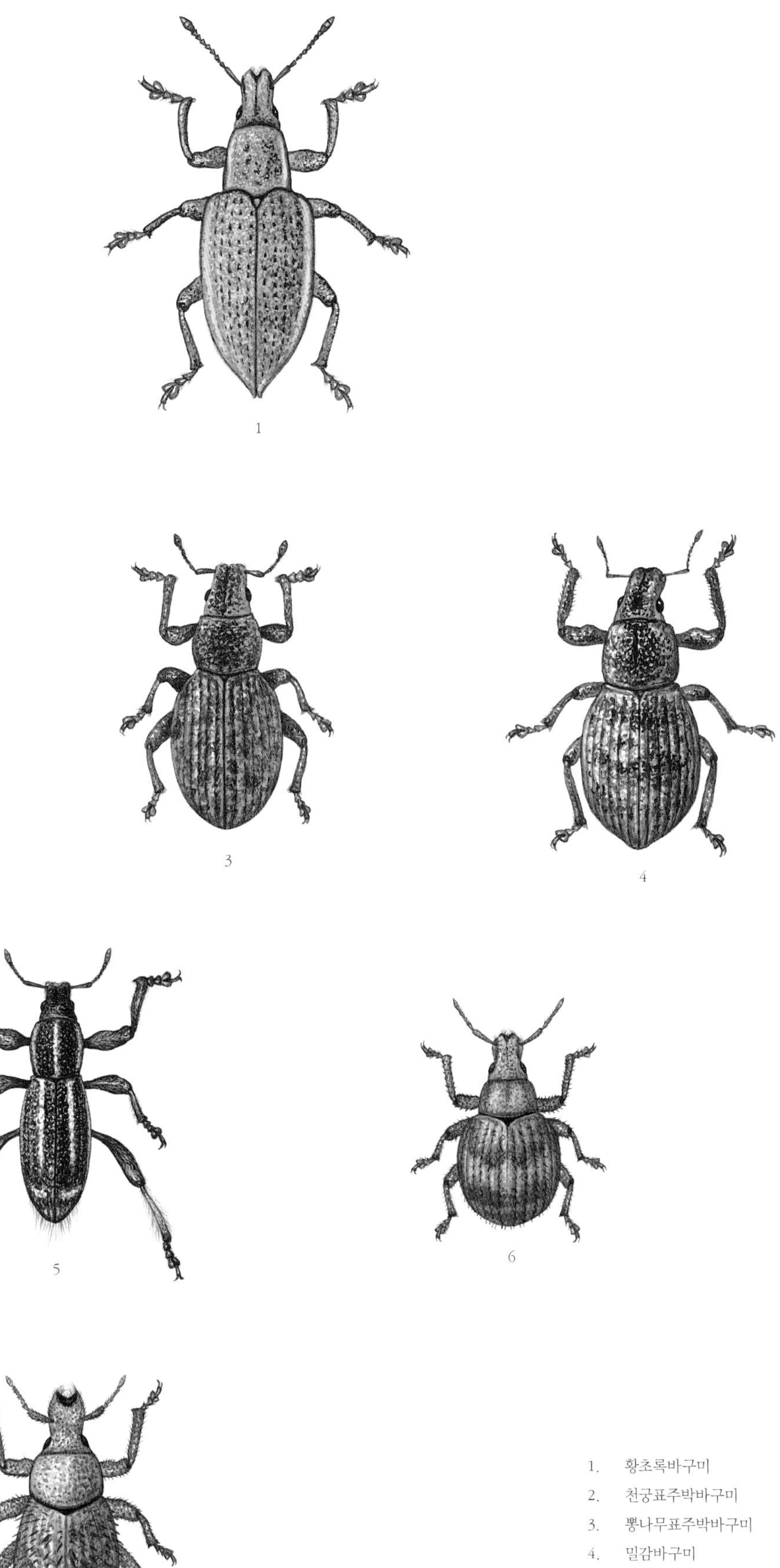

1. 황초록바구미
2. 천궁표주박바구미
3. 뽕나무표주박바구미
4. 밀감바구미
5. 털보바구미
6. 땅딸보가시털바구미
7. 가시털바구미

바구미과
뚱보바구미아과

알팔파바구미 *Hypera postica*

주둥이를 빼고 5~6mm 5~8월 어른벌레

알팔파바구미는 다른 나라에서 들어온 바구미다. 미국에서 사료로 쓰려고 기르는 알팔파라는 식물을 갉아 먹는다고 한다. 3월부터 날아와 논에 거름으로 기르는 자운영과 살갈퀴, 얼치기완두 같은 콩과 식물 잎과 줄기를 갉아 먹는다. 또 밭에서 기르는 배추나 콩 같은 곡식을 갉아 먹는다. 5월에 날개돋이한 어른벌레는 잎을 갉아 먹다가 어른벌레로 겨울을 난다. 그리고 겨울부터 이른 봄까지 자운영 같은 먹이식물 줄기 속에 알을 낳는다. 2월 중순부터 알에서 애벌레가 깨어난다. 알에서 깨어난 애벌레는 4월 말쯤에 번데기가 되고 5월에 날개돋이한다. 한 해에 한 번 날개돋이한다.

바구미과
길쭉바구미아과

우엉바구미 *Larinus latissimus*

주둥이를 빼고 5~8mm 4~7월 어른벌레

우엉바구미는 몸이 까맣고, 누런 밤색 털로 덮여 있다. 군데군데 까만 점도 있다. 다리 발목마디는 빨갛다. 들판 풀밭에서 산다. 어른벌레로 겨울을 나고 이듬해 4월에 나와 엉겅퀴 꽃에 많이 모여 꽃가루를 먹고 알을 낳는다. 애벌레는 꽃 씨방을 파먹고 자라다가 7월에 어른벌레로 날개돋이한다. 이때 나온 어른벌레는 우엉 잎을 잘 갉아 먹는다.

바구미과
길쭉바구미아과

흰띠길쭉바구미 *Lixus acutipennis*

주둥이를 빼고 9~14mm 5~8월 모름

흰띠길쭉바구미는 흰줄바구미와 닮았지만 몸이 더 날씬하고, 주둥이에 하얀 줄무늬가 없어서 다르다. 온몸은 하얀 털로 덮여 있다. 딱지날개 가운데에 V자처럼 생긴 까만 무늬가 있다. 온 나라 낮은 산 풀밭이나 논밭 둘레, 냇가, 마을 둘레에서 산다. 어른벌레는 쑥을 잘 갉아 먹는다고 한다. 위험을 느끼면 잎 뒤로 들어가 숨는다.

바구미과
길쭉바구미아과

가시길쭉바구미 *Lixus divaricatus*

주둥이를 빼고 15~17mm 5~7월 모름

가시길쭉바구미는 몸이 붉고, 더듬이는 까맣다. 온몸에 누런 가루가 덮였는데 잘 벗겨진다. 앞가슴등판과 딱지날개에 작은 점무늬가 나 있다. 딱지날개 끝은 가시처럼 뾰족하다. 온 나라 산속 풀밭에서 산다. 어른벌레는 5월부터 보이는데, 7월에 가장 많다. 쑥에 올라와 짝짓기를 하거나 쉬고 있는 모습을 자주 볼 수 있다.

바구미과
길쭉바구미아과

길쭉바구미 *Lixus imperessiventris*

주둥이를 빼고 8~12mm 5~9월 어른벌레

길쭉바구미는 온몸이 붉은 밤색 가루로 덮여 있다. 손으로 만지면 벗겨진다. 오래되면 가루가 벗겨져 검은 밤색으로 보인다. 점박이길쭉바구미와 닮았지만, 길쭉바구미 딱지날개 끝이 더 뾰족하다. 온 나라 낮은 산이나 들판, 논밭, 냇가, 마을 둘레에서 산다. 어른벌레는 낮에 나와 풀잎에 잘 앉아 있다.

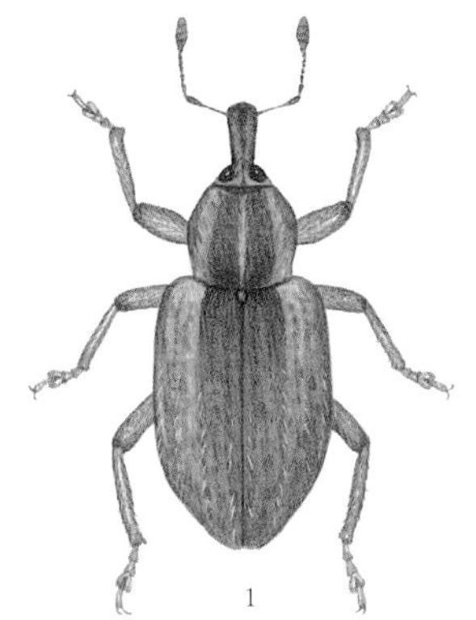

1

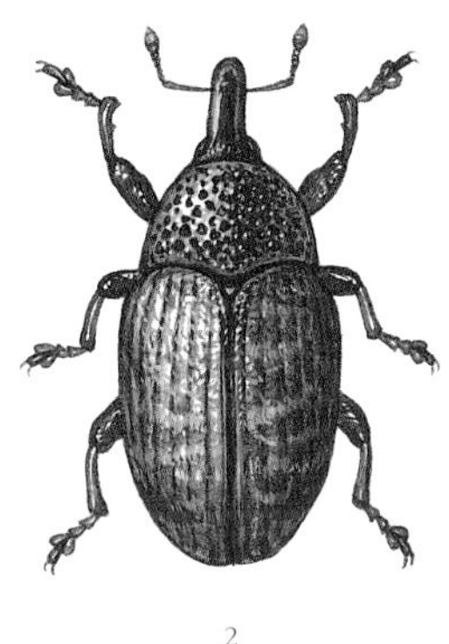

2

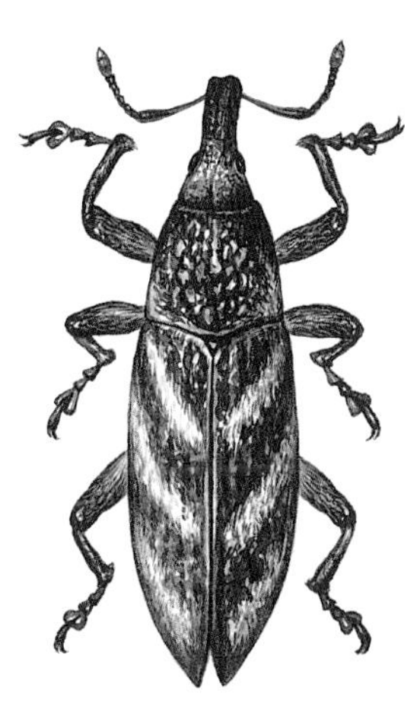

3

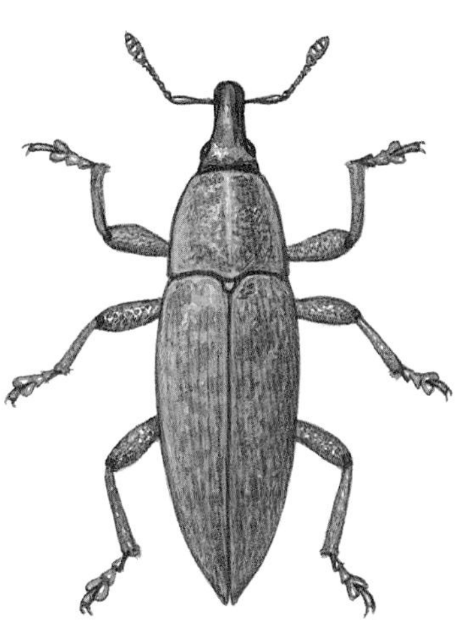

4

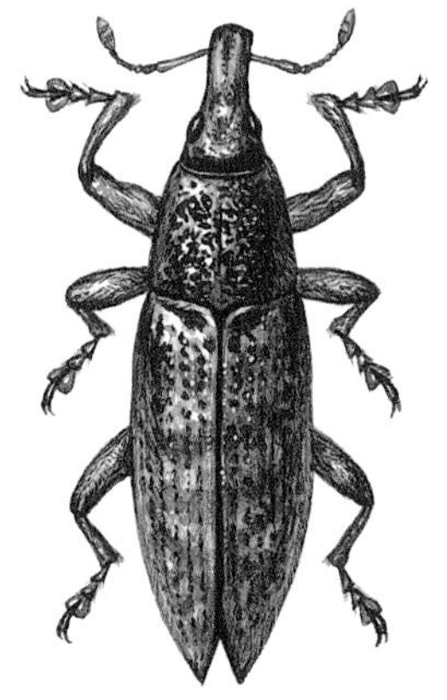

5

1. 알팔파바구미
2. 우엉바구미
3. 흰띠길쭉바구미
4. 가시길쭉바구미
5. 길쭉바구미

바구미과
길쭉바구미아과

점박이길쭉바구미 *Lixus maculatus*

주둥이를 빼고 6~12mm · 4~9월 · 애벌레

점박이길쭉바구미는 이름처럼 딱지날개에 누런 가루가 점박이처럼 얼룩덜룩 나 있다. 머리와 주둥이는 까맣다. 몸에는 누런 털로 덮여 있다. 털이 빠지면 까맣다. 어른벌레는 낮은 산이나 들판 풀밭에서 5~7월에 많이 보인다. 어른벌레는 여러 가지 풀을 갉아 먹는데, 쑥이나 여뀌에서 많이 보인다.

바구미과
길쭉바구미아과

대륙흰줄바구미 *Pleurocleonus sollicitus*

주둥이를 빼고 11mm 안팎 · 3~6월 · 어른벌레

대륙흰줄바구미는 딱지날개에 하얀 가루가 덮여 있다. 가루가 벗겨지면 까맣다. 머리와 가슴이 붙어 세모나다. 온 나라 들판에서 보인다.

바구미과
통바구미아과

민가슴바구미 *Carcilia strigicollis*

주둥이를 빼고 8~11mm · 6~9월 · 모름

민가슴바구미는 몸은 까만데 하얀 털이 나 있고, 누런 가루가 덮였다. 딱지날개에는 노란 털이 얼룩덜룩하게 나 있다. 손으로 만지면 쉽게 벗겨진다. 중부와 남부 지방 산이나 숲 가장자리에서 산다. 어른벌레는 고로쇠나무나 참나무에 모인다. 애벌레는 썩은 나무속에서 산다.

바구미과
통바구미아과

볼록민가슴바구미 *Carcilia tenuistriata*

주둥이를 빼고 6~12mm · 6~8월 · 애벌레

볼록민가슴바구미는 온몸이 누런 털로 덮여 있는데, 털이 빠지면 까맣다. 민가슴바구미와 닮았는데, 볼록민가슴바구미는 몸빛이 붉은 밤색이고, 가운데가슴 배 쪽에 돌기가 솟아올랐다. 낮은 산이나 들판에서 산다. 어른벌레는 밤에 나와 돌아다니고, 불빛에도 잘 날아온다.

바구미과
긴나무좀아과

광릉긴나무좀 *Platypus koryoensis*

4~6mm · 6월 · 애벌레

광릉에서 처음 찾았다고 '광릉긴나무좀'이다. 딱지날개는 배를 다 덮지 못한다. 딱지날개 끝은 자른 듯 반듯하다. 더듬이는 11마디인데, 끝 세 마디가 넓게 부풀었다. 나무속에 굴을 파고 산다. 짝짓기를 마친 암컷은 나무속에 굴을 파면서 알을 하나씩 떨어뜨려 낳는다. 열흘쯤 지나면 알에서 애벌레가 깨어 나온다. 애벌레는 따로 혼자 살면서 나무속에 굴을 파고 지내며 암컷과 수컷이 가져와 나무속에 퍼진 '라펠라'라는 균을 먹고 산다. 다 자란 애벌레로 겨울을 난다. 이듬해 봄에 굴속에서 번데기가 되었다가 6월 중순쯤 어른벌레로 날개돋이하면 파놓은 구멍을 따라 밖으로 나온다. 한 해에 한 번 날개돋이한다. 애벌레가 나무속을 파고 다니면 물과 영양분이 오르내리는 길이 막혀 나무를 시들게 한다.

바구미과
나무좀아과

왕소나무좀 *Ips cembrae*

5mm 안팎 · 모름 · 모름

왕소나무좀은 온몸이 밤색이나 까만데 노란 털이 잔뜩 나 있다. 딱지날개에는 홈이 파여 세로줄이 나 있다. 어른벌레가 나무속에 굴을 파고 다니며 파먹는다.

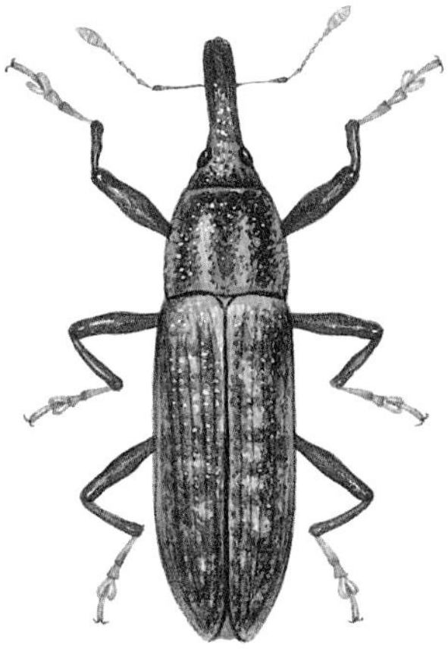

1

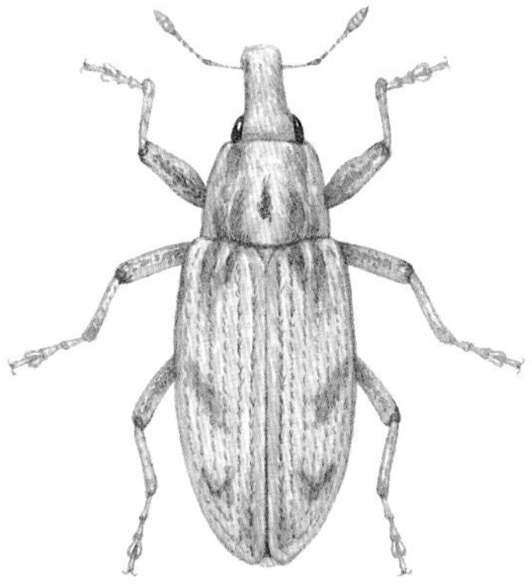

2

3

4

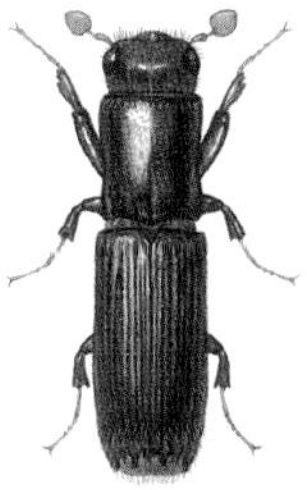

5-1

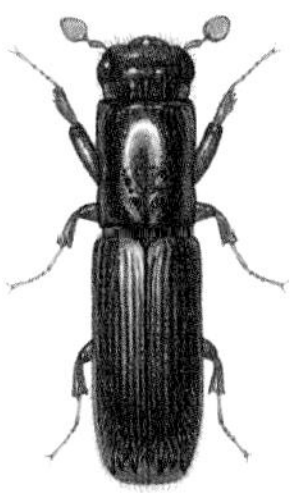

5-2

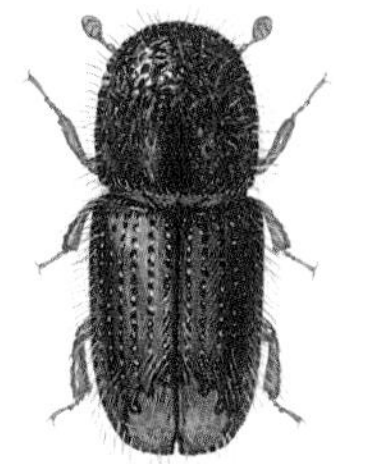

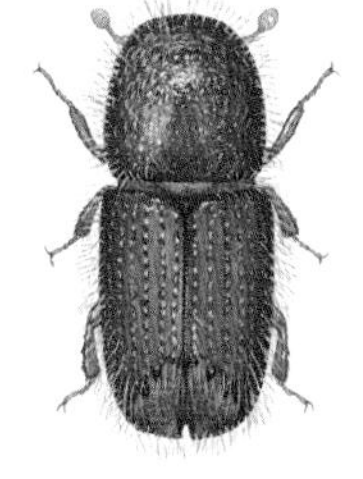

6

1. 점박이길쭉바구미
2. 대륙흰줄바구미
3. 민가슴바구미
4. 볼록민가슴바구미

5-1. 광릉긴나무좀 수컷

5-2. 광릉긴나무좀 암컷

6. 왕소나무좀

바구미과
나무좀아과

암브로시아나무좀 *Xyleborinus saxeseni*

2mm 안팎 · 4~8월 · 어른벌레

암브로시아나무좀은 온몸이 붉은 밤색이다. 다리와 더듬이는 누렇다. 딱지날개에는 홈이 파여 세로줄이 나 있다. 열대 지방에서 많이 산다. 우리나라에서는 느티나무와 밤나무, 벚나무, 산사나무 같은 여러 가지 넓은잎나무와 바늘잎나무에서 산다. 나무속에 굴을 파며 사는데, 나무에 피는 암브로시아균을 먹는다고 한다. 한 해에 한두 번 날개돋이한다. 어른벌레는 4~5월과 7~8월에 나오고, 애벌레는 6~7월과 8~12월에 나와 나무속에서 암브로시아균을 먹고 자란다. 암브로시아균이 퍼지면 나무가 말라 죽기도 한다.

바구미과
나무좀아과

팥배나무좀 *Xylosandrus crasiussculus*

2mm 안팎 · 5월쯤 · 모름

팥배나무좀은 사과나무나 밤나무 속에서 많이 산다. 나무속에 굴을 파고 살면서 나무를 말라 죽이거나 울타리로 만든 방부 목재 속을 갉아 먹기도 한다.

바구미과
나무좀아과

왕녹나무좀 *Xyleborus mutilatus Blandford*

4mm 안팎 · 3~8월 · 모름

왕녹나무좀은 온몸이 까맣게 반짝거린다. 온몸에는 밤색 털이 나 있다. 앞가슴등판이 딱지날개보다 더 넓다. 앞가슴등판 맨 앞에는 작은 돌기 2개가 톡 튀어나왔다. 다리와 더듬이는 빨갛다. 머리는 앞가슴등판에 가려 안 보인다. 어른벌레는 생강나무나 층층나무, 개암나무, 때죽나무 같은 나무속을 파먹는다.

바구미과
나무좀아과

소나무좀 *Tomicus piniperda*

3~6mm · 3~7월 · 어른벌레

소나무좀은 온몸이 까맣거나 검은 밤색으로 반짝거린다. 온몸에는 잿빛 털이 나 있다. 딱지날개에는 홈이 파여 세로줄이 나 있다. 이름처럼 소나무나 해송, 잣나무, 스트로브잣나무 속에 굴을 파고 산다. 한 해에 한 번 날개돋이한다. 어른벌레는 나무껍질 밑에서 겨울을 난다. 봄에 짝짓기를 한 암컷은 나무껍질에 구멍을 뚫고 들어가 알을 낳는다. 12~20일쯤 지나면 알에서 애벌레가 나온다. 애벌레는 나무속에 굴을 뚫으며 속을 파먹는다. 그러면 나무가 말라죽기도 한다. 다 자란 애벌레는 번데기가 되어 16~20일쯤 지난 6월에 어른벌레로 날개돋이한다. 어른벌레가 나온 구멍에서는 하얀 송진이 흘러나온다. 밖으로 나온 어른벌레는 다른 나무로 옮겨가 피해를 입힌다.

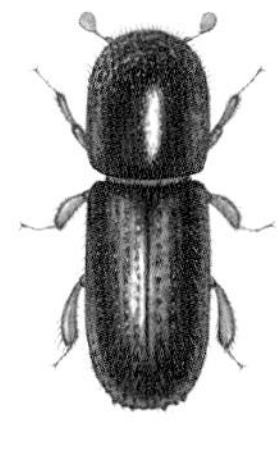

1

2

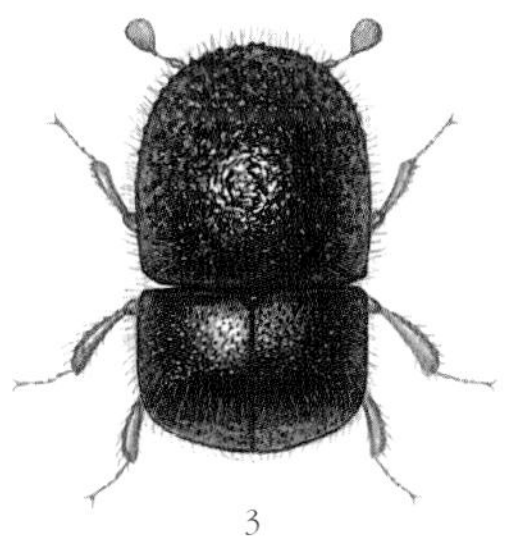

3

4-1

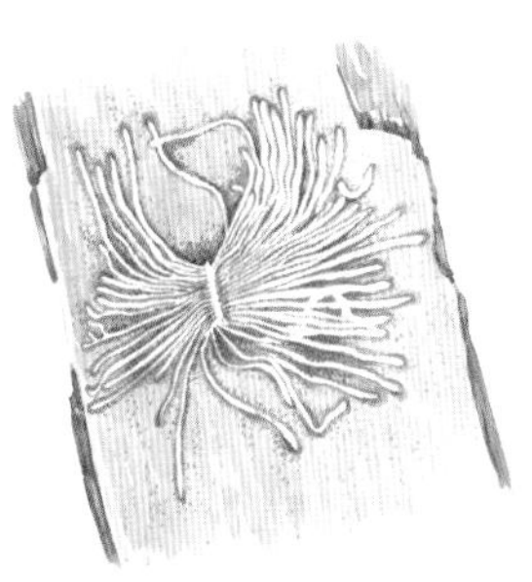

4-2

1. 암브로시아나무좀
2. 팥배나무좀
3. 왕녹나무좀

4-1. 소나무좀

4-2. 소나무좀이 나무속을 판 굴 모습

더 알아보기

우리 이름 찾아보기

바

사

아

학명 찾아보기

D

T

U

V

X

Z

참고한 책

단행본

《갈참나무의 죽음과 곤충 왕국》 정부희, 상상의숲, 2016
《검역해충 분류동정 도해집(딱정벌레목)》 농림축산검역본부. 2018
《곤충 개념 도감》 필통 속 자연과 생태, 2013
《곤충 검색 도감》 한영식, 진선북스, 2013
《곤충 도감 - 세밀화로 그린 보리 큰도감》 김진일 외, 보리, 2019
《곤충 마음 야생화 마음》 정부희, 상상의숲, 2012
《곤충 쉽게 찾기》 김정환, 진선북스, 2012
《곤충의 비밀》 이시모리 요시히코, 길벗스쿨, 2019
《곤충의 행성》 하워드 E. 에번스, 사계절, 2005
《곤충, 크게 보고 색다르게 찾자》 김태우, 필통 속 자연과 생대, 2010
《곤충들의 수다》 정부희, 상상의숲, 2015
《곤충분류학》 우건석, 집현사, 2014
《곤충은 대단해》 마루야마 무네토시, 까치, 2015
《곤충의 밥상》 정부희, 상상의숲, 2013
《곤충의 비밀》 이수영, 예림당, 2000
《곤충의 빨간 옷》 정부희, 상상의숲, 2014
《곤충의 유토피아》 정부희, 상상의숲, 2011
《과수병 해충》 농촌진흥청. 1997
《나무와 곤충의 오랜 동행》 정부희, 상상의숲, 2013
《내가 좋아하는 곤충》 김태우, 호박꽃, 2010
《논 생태계 수서무척추동물 도감(증보판)》 농촌진흥청, 2008
《동물 분류학》 한국동물분류학회 편, 집현사, 2014
《딱정벌레》 오웬 데이비, 타임주니어, 2019
《딱정벌레》 박해철, 다른세상, 2006
《딱정벌레의 세계》 아서 브이 에번스, 찰스 엘 벨러미, 까치, 2004
《딱정벌레 왕국의 여행자》 한영식, 이승일, 사이언스북스, 2004
《리처드 도킨스의 진화론 강의》 리처드 도킨스, 옥당, 2016
《물속 생물 도감》 권순직, 전영철, 박재흥, 자연과생태, 2013
《미니 가이드 8. 딱정벌레》 박해철 외, 교학사, 2006
《버섯살이 곤충의 사생활》 정부희, 지성사, 2012
《봄, 여름, 가을, 겨울 곤충일기》 이마모리 미스히코, 1999
《사계절 우리 숲에서 만나는 곤충》 정부희, 지성사, 2015
《사슴벌레 도감》 김은중, 황정호, 안승락. 자연과생태. 2019
《성게, 메뚜기, 불가사리가 그렇게 생긴 이유》 모토카와 다쓰오, 김영사, 2018
《세상의 모든 딱정벌레》 패트리스 부샤르, 사람의 무늬, 2018

《쉽게 찾는 우리 곤충》 김진일, 현암사, 2010

《신 산림해충 도감》 국립산림과학원. 2008

《우리 곤충 200가지》 국립수목원, 지오북, 2010

《우리 곤충 도감》 이수영, 예림당, 2004

《우리 땅 곤충 관찰기 1~4》 정부희, 길벗스쿨, 2015

《우리 산에서 만나는 곤충 200가지》 국립수목원, 지오북, 2013

《우리 주변에서 쉽게 찾아보는 한국의 곤충》 박성준 외, 국립환경과학원, 2012

《우리가 정말 알아야 할 우리 곤충 백가지》 김진일, 현암사, 2009

《이름으로 풀어보는 우리나라 곤충 이야기》 박해철, 북피아주니어, 2007

《잎벌레 세계》 안승락, 자연과 생태, 2013

《전략의 귀재들 곤충》 토머스 아이스너, 삼인, 2007

《조상 이야기-생명의 기원을 찾아서》 리처드 도킨스, 까치, 2011

《전국자연환경조사 데이터북 3권 한국의 동물2(곤충)》 강동원 외. 국립생태원. 2017

《조영권이 들려주는 참 쉬운 곤충 이야기》 조영권, 철수와영희, 2016

《종의 기원》 다윈, 동서문화사, 2009

《주머니 속 곤충 도감》 손상봉, 황소걸음, 2013

《주머니 속 딱정벌레 도감》 손상봉, 황소걸음, 2009

《지구 생태계의 왕 딱정벌레》 스티브 젠킨스, 보물창고, 2020

《하늘소 생태 도감》 장현규 외, 지오북, 2015

《하천 생태계와 담수무척추동물》 김명철, 천승필, 이존국, 지오북, 2013

《한국 곤충 생태 도감Ⅲ - 딱정벌레목》 김진일, 1999

《한국 밤 곤충 도감》 백문기, 자연과 생태, 2016

《한국동식물도감 제10권 동물편(곤충류 Ⅱ)》 조복성, 문교부, 1969

《한국동식물도감 제30권 동물편(수서곤충류)》 윤일병 외, 문교부, 1988

《한국의 곤충 제12권 1호 상기문류》 김진일, 환경부 국립생물자원관, 2011

《한국의 곤충 제12권 2호 바구미Ⅰ》 홍기정, 박상욱, 한경덕. 국립생물자원관. 2011

《한국의 곤충 제12권 3호 측기문류》 김진일, 환경부 국립생물자원관, 2012

《한국의 곤충 제12권 4호 병대벌레류Ⅰ》 강태화, 환경부 국립생물자원관, 2012

《한국의 곤충 제12권 5호 거저리류》 정부희, 환경부 국립생물자원관, 2012

《한국의 곤충 제12권 6호 잎벌레류(유충)》 이종은, 환경부 국립생물자원관, 2012

《한국의 곤충 제12권 7호 바구미류Ⅱ》 홍기정 외, 환경부 국립생물자원관, 2012

《한국의 곤충 제12권 8호 바구미류Ⅳ》 박상욱 외, 환경부 국립생물자원관, 2012

《한국의 곤충 제12권 9호 거저리류》 정부희, 환경부 국립생물자원관, 2012

《한국의 곤충 제12권 10호 비단벌레류》 이준구, 안기정, 환경부 국립생물자원관, 2012

《한국의 곤충 제12권 11호 바구미류Ⅴ》 한경덕 외, 환경부 국립생물자원관, 2013

《한국의 곤충 제12권 12호 거저리류》 정부희, 환경부 국립생물자원관, 2013

《한국의 곤충 제12권 13호 딱정벌레류》 박종균, 박진영, 환경부 국립생물자원관, 2013

《한국의 곤충 제12권 14호 송장벌레》 조영복, 환경부. 국립생물자원관, 2013

《한국의 곤충 제12권 21호 네눈반날개아과》 김태규, 안기정, 환경부 국립생물자원관, 2015

《한국의 곤충 제12권 26호 수서딱정벌레Ⅱ》 이대현, 안기정. 국립생물자원관. 2019

《한국의 곤충 제12권 27호 거저리상과》 정부희, 국립생물자원관. 2019

《한국의 곤충 제12권 28호 반날개아과》 조영복. 국립생물자원관. 2019

《한국의 딱정벌레》 김정환, 교학사, 2001

《화살표 곤충 도감》 백문기, 자연과 생태, 2016

《확장된 표현형》 리처드 도킨스, 을유문화사, 2016

《原色日本甲虫図鑑 Ⅰ~Ⅳ》 保育社, 1985

《原色日本昆虫図鑑 上, 下》 保育社, 2008

《日本産カミキリムシ検索図説》 大林 延夫, 東海大学出版会, 1992

《日本産コガネムシ上科標準図鑑》 荒谷 邦雄, 岡島 秀治, 学研

논문

갈색거저리(Tenebrio molitor L.)의 발육특성 및 육계용 사료화 연구. 구희연. 전남대학교. 2014

강원도 백두대간내에 서식하는 지표배회성 딱정벌레의 군집구조와 분포에 관한 연구. 박용환. 강원대학교. 2014

골프장에서 주둥무늬차색풍뎅이, Adoretus tenuimaculatus (Coleoptera: Scarabaeidae)와 기주식물간의 상호관계에 관한 연구. 이동운. 경상대학교. 2000

광릉긴나무좀의 생태적 특성 및 약제방제. 박근호. 충북대학교. 2008

광릉숲에서의 장수하늘소(딱정벌레목: 하늘소과) 서식실태 조사결과 및 보전을 위한 제언. 변봉규 외. 한국응용곤충학회지. 2007

국내 습지와 인근 서식처에서 딱정벌레류(딱정벌레목, 딱정벌레과)의 시공간적 분포양상. 도윤호. 부산대학교. 2011

극동아시아 바수염반날개속 (딱정벌레목: 반날개과: 바수염반날개아과)의 분류학적 연구. 박종석. 충남대학교. 2006

기주식물에 따른 딸기잎벌레(Galerucella grisescens(Joannis))의 생활사 비교. 장석원. 대전대학교. 2002

기주에 따른 팥바구미(Callosobruchus chinensis L.)의 산란 선호성 및 성장. 김슬기. 창원대학교. 2016

꼬마남생이무당벌레(Propylea japonica Thunberg)의 온도별 성충 수명, 산란수 및 두 종 진딧물에 대한 포식량. 박부용, 정인홍, 김길하, 전성욱, 이상구. 한국응용곤충학회지. 2019

꼬마남생이무당벌레[Propylea japonica (Thunberg)]의 온도발육모형. 이상구, 박부용, 전성욱, 정인홍, 박세근, 김정환, 지창우, 이상범. 한국응용곤충학회지. 2017

노란테먼지벌레(Chlaenius inops)의 精子形成에 對한 電子顯微鏡的 觀察. 김희룡. 경북대학교. 1986

노랑무당벌레의 발생기주 및 생물학적 특성. 이영수, 장명준, 이진구, 김준란, 이준호. 한국응용곤충학회지. 2015

녹색콩풍뎅이의 방제에 관한 연구. 이근식. 상주대학교. 2005

농촌 경관에서의 서식처별 딱정벌레 (딱정벌레목: 딱정벌레과) 군집 특성. 강방훈. 서울대학교. 2009

느티나무벼룩바구미(Rhynchaenussanguinipes)의 생태와 방제. 김철수. 한국수목보호연구회. 2005

도토리거위벌레(Mechoris ursulus Roelfs)의 번식 행동과 전략. 노환춘. 서울대학교. 1999

도토리거위벌레(Mechoris ursulus Roelofs)의 산란과 가지절단 행동. 이경희. 서울대학교. 1997

돌소리쟁이를 섭식하는 좀남색잎벌레의 생태에 관하여. 장석원, 이선영, 박영준, 조영호, 남상호. 대전대학교. 2002

동아시아산 길앞잡이(Coleoptera: Cicindelidae)에 대한 계통학적 연구. 오용균. 경북대학교. 2014

멸종위기종 비단벌레 (Chrysochroa fulgidissima) (Coleoptera: Buprestidae) 및 멋조롱박딱정벌레 (Damaster mirabilissimus mirabilissimus) (Coleoptera: Carabidae)의 완전 미토콘드리아 유전체 분석. 홍미연. 전남대학교. 2009

무당벌레(Hamonia axyridis)의 촉각에 분포하는 감각기의 미세구조. 박수진. 충남대학교. 2001

무당벌레(Harmonia axyridis)의 초시 칼라패턴 변이와 효과적인 사육시스템 연구. 서미자. 충남대학교. 2004

바구미상과: 딱정벌레목. 홍기정, 박상욱, 우건석. 농촌진흥청. 2001

바닷가에 서식하는 따개비반날개족과 바닷말반날개속의 분자계통학적 연구 (딱정벌레목: 반날개과). 전미정. 충남대학교. 2006

바수염반날개속의 분자 계통수 개정 및 한국산 Oxypodini족의 분류학적 연구 (딱정벌레목: 반날개과: 바수염반날개아과). 송정훈. 충남대학교. 2011

버들바구미 생태(生態)에 관(關)한 연구(硏究). 강전유. 한국산림과학회. 1971

버들바구미 생태에 관한 연구. 강전유. 한국임학회지. 1971

버섯과 연관된 한국산 반날개류 4 아과의 분류학적 연구 (딱정벌레목 : 반날개과: 입치레반날개아과, 넓적반날개아과, 밑빠진버섯벌레아과, 뾰족반날개아과). 김명희. 충남대학교. 2005

벼물바구미의 가해식물. 김용헌, 임경섭. 한국응용곤충학회지. 1992

벼잎벌레(Oulema oryzae) 월동성충의 산란 및 유충 발육에 미치는 온도의 영향. 이기열, 김용헌, 장영덕. 한국응용곤충학회지. 1998

부산 장산의 딱정벌레류 분포 및 다양성에 관한 연구. 박미화. 경남과학기술대학교. 2013

북방수염하늘소의 교미행동. 김주섭. 충북대학교. 2007

뽕나무하늘소 (Apriona germari) 셀룰라제의 분자 특성. 위아동. 동아대학교. 2006

뽕밭에서 월동하는 뽕나무하늘소(Apriona germari Hope)의 생태적 특성. 윤형주 외. 한국응용곤충학회지. 1997

산림생태계내의 한국산 줄범하늘소족 (딱정벌레목: 하늘소과: 하늘소아과)의 분류학적 연구. 한영은. 상지대학교. 2010

상주 두심지의 딱정벌레상과(Caraboidea) 발생상에 관한 연구. 정현서. 상주대학교. 2006

소나무림에서 간벌이 딱정벌레류의 분포에 미치는 영향. 강미영. 경남과학기술대학교. 2013

소나무재선충과 솔수염하늘소의 생태 및 방제물질의 선발과 이용에 관한 연구. 김동수. 경상대학교. 2010

소나무재선충의 매개충인 솔수염하늘소 성충의 우화 생태. 김동수 외. 한국응용곤충학회지. 2003

솔수염하늘소 成蟲의 活動리듬과 소나무材線蟲 防除에 關한 硏究. 조형제. 진주산업대학교. 2007

Systematics of the Korean Cantharidae (Coleoptera). 강태화. 성신여자대학교. 2008

알팔파바구미 성충의 밭작물 유식물에 대한 기주선호성. 배순도, 김현주, Bishwo Prasad Mainali, 윤영남, 이건휘. 한국응용곤충학회지. 2013

애반딧불이(Luciola lateralis)의 서식 및 발생에 미치는 환경 요인. 오홍식. 대전대학교. 2009

외래종 돼지풀잎벌레(Ophrealla communa LeSage)의 국내 발생과 분포현황. 손재천, 안승락, 이종은, 박규택. 한국응용곤충학회지. 2002

우리나라에서 무당벌레(Harmoniaaxyridis Coccinellidae)의 초시무늬의 표현형 변이와 유전적 상관. 서미자, 강은진, 강명기,

이희진 외. 한국응용곤충학회지. 2007
유리알락하늘소를 포함한 14종 하늘소의 새로운 기주식물 보고 및 한국산 하늘소과[딱정벌레목: 잎벌레상과]의 기주식물 재검토. 임종옥 외. 한국응용곤충학회지. 2014
유충의 이목 침엽수 종류에 따른 북방수염하늘소의 성장과 발육 및 생식. 김주. 강원대학교. 2009
일본잎벌레의 분포와 먹이원 분석. 최종윤, 김성기, 권용수, 김남신. 생태와 환경. 2016
잎벌레과: 딱정벌레목. 이종은, 안승락. 농촌진흥청. 2001
잣나무林의 딱정벌레目과 거미目의 群集構造에 關한 硏究. 김호준. 고려대학교. 1988
저곡해충편람. 국립농산물검사소. 농림수산식품부. 1993
저장두류에 대한 팥바구미의 산란, 섭식 및 우화에 미치는 온도의 영향. 김규진, 최현순. 한국식물학회. 1987
제주도 습지내 수서곤충(딱정벌레목) 분포에 관한 연구. 정상배, 제주대학교. 2006
제주 감귤에 발생하는 밑빠진벌레과 종 다양성 및 애넓적밑빠진벌레 개체군 동태. 정용석. 제주대학교. 2011
제주 교래 곶자왈과 그 인근 지역의 딱정벌레類 분포에 관한 연구. 김승언. 제주대학교. 2011
제주 한경-안덕 곶자왈에서 함정덫 조사를 통한 지표성 딱정벌레의 종다양성 분석. 민동원. 제주대학교. 2014
제주도의 먼지벌레 (II). 백종철, 권오균. 한국곤충학회지. 1993
제주도의 먼지벌레 (IV). 백종철. 한국토양동물학회지. 1997
제주도의 먼지벌레 (V). 백종철, 정세호. 한국토양동물학회지. 2003
제주도의 먼지벌레 (VI). 백종철, 정세호. 한국토양동물학회지. 2004
제주도의 먼지벌레. 백종철. 한국곤충학회지. 1988
주요 소똥구리종의 생태: 토양 환경에서의 역할과 구충제에 대한 반응. 방혜선. 서울대학교. 2005
주황긴다리풍뎅이(Ectinohoplia rufipes: Coleoptera, Scarabaeidae)의 골프장 기주식물과 방제전략. 최우근. 경상대학교. 2002
진딧물의 포식성 천적 꼬마남생이무당벌레(Propylea japonica Thunberg) (딱정벌레목: 딱정벌레과)의 생물학적 특성. 이상구. 전북대학교. 2003
진딧물天敵 무당벌레의 分類學的 硏究. 농촌진흥청. 1984
철모깍지벌레(Saissetia coffeae)에 대한 애홍점박이무당벌레(Chilocorus kuwanae)의 포식능력. 진혜영, 안태현, 이봉우, 전혜정, 이준석, 박종균, 함은혜. 한국응용곤충학회지. 2015
청동방아벌레(Selatosomus puncticollis Motschulsky)의 생태적 특성 및 감자포장내 유충밀도 조사법. 권민, 박천수, 이승환. 한국응용곤충학회. 2004
춘천지역 무당벌레(Harmoniaaxyridis)의 기생곤충. 박해철, 박용철, 홍옥기, 조세열. 한국곤충학회지. 1996
크로바잎벌레의 생활사 조사 및 피해 해석. 최귀문, 안재영. 농촌진흥청. 1972
큰이십팔점박이무당벌레(Henosepilachna vigintioctomaculata Motschulsky)의 생태적 특성 및 강릉 지역 발생소장. 권민, 김주일, 김점순. 한국응용곤충학회지. 2010
팥바구미(Callosobruchus chinensis) (Coleoptera: Bruchidae) 産卵行動의 生態學的 解析. 천용식. 고려대학교. 1991
한국 남부 표고버섯 및 느타리버섯 재배지에 분포된 해충상에 관한 연구. 김규진, 황창연. 한국응용곤충학회지. 1996
韓國産 Altica屬(딱정벌레目: 잎벌레科: 벼룩잎벌레亞科)의 未成熟段階에 관한 分類學的 硏究. 강미현. 안동대학교. 2013
韓國産 Cryptocephalus屬 (딱정벌레目: 잎벌레科: 통잎벌레亞科) 幼蟲의 分類學的 硏究. 강승호. 안동대학교. 2014
韓國産 거위벌레科(딱정벌레目)의 系統分類 및 生態學的 硏究. 박진영. 안동대학교. 2005

한국산 거저리과의 분류 및 균식성 거저리의 생태 연구. 정부희. 성신여자대학교. 2008

한국산 검정풍뎅이과(딱정벌레목, 풍뎅이상과)의 분류 및 형태 형질에 의한 수염풍뎅이속의 분지분석. 김아영. 성신여자대학교. 2010

한국산 길앞잡이 (딱정벌레목, 딱정벌레과). 김태흥, 백종철, 정규환. 한국토양동물학회지. 2005

한국산 납작버섯반날개아족(딱정벌레목: 반날개과: 바수염반날개아과)의 분류학적 연구. 김윤호. 충남대학교. 2008

한국산 머리먼지벌레속(딱정벌레목: 딱정벌레과)의 분류. 문창섭. 순천대학교. 1995

韓國産 머리먼지벌레族 (딱정벌레 目: 딱정벌레科)의 分類. 문창섭. 순천대학교. 2006

한국산 먼지벌레 (14). 백종철. 한국토양동물학회지. 2005

한국산 먼지벌레. 백종철, 김태흥. 한국토양동물학회지. 2003

한국산 먼지벌레. 백종철. 한국토양동물학회지. 1997

한국산 멋쟁이딱정벌레 (딱정벌레목: 딱정벌레과)의 형태 및 분자분류학적 연구. 최은영. 경북대학교. 2013

한국산 모래톱물땡땡이속(딱정벌레목, 물땡땡이과)의 분류학적 연구. 윤석만. 한남대학교. 2008

한국산 무늬먼지벌레족(Coleoptera: Carabidae)의 분류학적 연구. 최익제. 경북대학교. 2014

한국산 무당벌레과의 분류 및 생태. 박해철. 고려대학교. 1993

한국산 무당벌레붙이과[딱정벌레목: 머리대장상과]의 분류학적 검토. 정부희. 한국응용곤충학회지. 2014

한국산 미기록종 가시넓적거저리의 생활사 연구. 정부희, 김진일. 한국응용곤충학회지. 2009

한국산 바닷가 반날개과의 다양성 (곤충강: 딱정벌레목). 유소재. 충남대학교. 2009

한국산 방아벌레붙이아과(딱정벌레목: 머리대장상과: 버섯벌레과)의 분류학적 검토. 정부희, 박해철. 한국응용곤충학회지. 2014

한국산 버섯반날개속의 분류학적 검토 (딱정벌레목: 반날개과 : 뾰족반날개아과). 반영규. 충남대학교. 2013

한국산 뿔벌레과(딱정벌레목)의 분류학적 연구. 민홍기. 한남대학교. 2008

한국산 사과하늘소속(딱정벌레목: 하늘소과)의 분류학적 연구. 김경미. 경북대학교. 2012

한국산 사슴벌레붙이(딱정벌레목, 사슴벌레붙이과)의 실내발육 특성. 유태희, 김철학, 임종옥, 최익제, 이제현, 변봉규. 한국응용곤충학회 학술대회논문집. 2016

한국산 수시렁이과(딱정벌레목)의 분류학적 연구. 신상언. 성신여자대학교. 2004

한국산 수염잎벌레속(딱정벌레목: 잎벌레과: 잎벌레아과)의 분류 및 생태학적 연구. 조희욱. 안동대학교. 2007

한국산 알물방개아과와 띵공물방개아과 (딱정벌레목: 물방개과)의 분류학적 연구. 이대현. 충남대학교. 2007

한국산 좀비단벌레족 딱정벌레목 비단벌레과의 분류학적 연구. 김원목. 고려대학교. 2001

한국산 주둥이방아벌레아과 (딱정벌레목: 방아벌레과)의 분류학적 재검토 및 방아벌레과의 분자계통학적 분석. 한태만. 서울대학교. 2013

한국산 줄반날개아과(딱정벌레목: 반날개과)의 분류학적 연구. 이승일. 충남대학교. 2007

한국산 톨보잎벌레붙이속(Lagria Fabricius)(딱정벌레목: 거저리과: 잎벌레붙이아과)에 대한 분류학적 연구. 정부희, 김진일. 한국응용곤충학회지. 2009

한국산 하늘소(천우)과 갑충에 관한 분류학적 연구. 조복성. 대한민국학술원논문집. 1961

한국산 하늘소붙이과 딱정벌레목 거저리상과의 분류학적 연구. 유인성. 성신여자대학교. 2006

韓國産 호리비단벌레屬(딱정벌레目 : 비단벌레科: 호리비단벌레亞科)의 分類學的 硏究. 이준구. 성신여자대학교. 2007

한국산(韓國産) 먼지벌레 족(4). 문창섭, 백종철. 한국토양동물학회지. 2006

한반도 하늘소과 갑충지. 이승모. 국립과학관. 1987

호두나무잎벌레(Gastrolina deperssa)의 형태적 및 생태학적 특성. 장석준, 박일권. 한국응용곤충학회지. 2011

호두나무잎벌레의 생태적 특성에 관한 연구. 이재현. 강원대학교. 2010

저자 소개

그림

옥영관
서울에서 태어났습니다. 어릴 때 살던 동네는 아직 개발이 되지 않아 둘레에 산과 들판이 많았답니다. 그 속에서 마음껏 뛰어놀면서 늘 여러 가지 생물에 호기심을 가지고 자랐습니다. 홍익대학교 미술대학과 대학원에서 회화를 공부하고 작품 활동과 전시회를 여러 번 열었습니다. 또 8년 동안 방송국 애니메이션 동화를 그리기도 했습니다. 2012년부터 딱정벌레를 시작으로 세밀화 도감에 들어갈 그림을 그리고 있습니다. 《세밀화로 그린 보리 어린이 잠자리 도감》, 《잠자리 나들이 도감》, 《세밀화로 그린 보리 어린이 나비 도감》, 《나비 나들이 도감》, 《세밀화로 그린 큰도감 나비 도감》, 《세밀화로 보는 정부희 선생님 곤충교실》(5권)에 그림을 그렸습니다.

글

강태화
한서대학교 생물학과를 졸업하고, 성신여자대학교 생물학과 대학원에서 〈한국산 병대벌레과(딱정벌레목)에 대한 계통분류학적 연구〉로 박사 학위를 받았습니다. 지금은 전남생물산업진흥원 친환경농생명연구센터에서 곤충을 연구하고 있습니다.

김종현
오랫동안 출판사에서 편집자로 일하다 지금은 여러 가지 도감과 그림책, 옛이야기 글을 쓰고 있습니다. 《세밀화로 그린 보리 어린이 바닷물고기 도감》, 《세밀화로 그린 보리 어린이 잠자리 도감》, 《세밀화로 그린 보리 어린이 나비 도감》, 《한반도 바닷물고기 대도감》 같은 책을 편집했고, 《곡식 채소 나들이도감》, 《약초 도감-세밀화로 그린 보리 큰도감》에 글을 썼습니다. 또 만화책 《바다 아이 창대》, 옛이야기 책 《무서운 옛이야기》 《꾀보 바보 옛이야기》 《꿀단지 복단지 옛이야기》에 글을 썼습니다.